全国高等教育自学考试指定教材（公共课程）

物　理（工）

全国高等教育自学考试指导委员会　组编
吴王杰　编

邓新元
狄增如　审
解希顺

机械工业出版社

2006年全国高等教育自学考试指导委员会对原“《物理（工）》自学考试大纲”进行了修订，本教材是按照新大纲重新编写的物理自考教材。教材的教学内容和难易程度符合自学考试大纲的要求，体系合理，内容详略得当，繁简适宜，文字叙述通俗易懂，插图形象直观，例题数量较多，习题的难易、题型与考试试题基本一致。本教材符合自学考试要求，适应考生自学的需要，可供参加自考的考生使用。

图书在版编目（CIP）数据

物理(工)/吴王杰编．—北京：机械工业出版社，2007.8
(2023.7重印)
全国高等教育自学考试指定教材．公共课程
ISBN 978-7-111-21985-9

Ⅰ．物…　Ⅱ．吴…　Ⅲ．物理学-高等教育-自学考试-教材　Ⅳ．04

中国版本图书馆CIP数据核字（2007）第115113号

机械工业出版社（北京市百万庄大街22号　邮政编码100037）
策划编辑：李永联　张金奎
责任编辑：张金奎　李永联　版式设计：霍永明
责任校对：程俊巧　责任印制：单爱军
北京虎彩文化传播有限公司印刷
2023年7月第1版·第26次印刷
184mm×260mm · 21.25印张 · 516千字
标准书号：ISBN 978-7-111-21985-9
定价：49.80元

电话服务
客服电话：010-88361066
010-88379833
010-68326294

网络服务
机　工　官　网：www.cmpbook.com
机　工　官　博：weibo.com/cmp1952
金　　书　　网：www.golden-book.com
机工教育服务网：www.cmpedu.com

组 编 前 言

当您开始阅读本书时，人类已经迈入了二十一世纪。

这是一个变幻难测的世纪，这是一个催人奋进的时代。科学技术飞速发展，知识更替日新月异。希望、困惑、机遇、挑战，随时随地都有可能出现在每一个社会成员的生活之中。抓住机遇，寻求发展，迎接挑战，适应变化的制胜法宝就是学习——依靠自己学习、终生学习。

作为我国高等教育组成部分的自学考试，其职责就是在高等教育这个水平上倡导自学、鼓励自学、帮助自学、推动自学，为每一个自学者铺就成才之路。组织编写供读者学习的教材就是履行这个职责的重要环节。毫无疑问，这种教材应当适合自学，应当有利于学习者掌握、了解新知识、新信息，有利于学习者增强创新意识、培养实践能力、形成自学能力，也有利于学习者学以致用、解决实际工作中所遇到的问题。具有如此特点的书，我们虽然沿用了“教材”这个概念，但它与那种仅供教师讲、学生听，教师不讲、学生不懂，以“教”为中心的教科书相比，已经在内容安排、形式体例、行文风格等方面都大不相同了。希望读者对此有所了解，以便从一开始就树立起依靠自己学习的坚定信念，不断探索适合自己的学习方法，充分利用已有的知识基础和实际工作经验，最大限度地发挥自己的潜能，达到学习的目标。

欢迎读者提出意见和建议。

祝每一位读者自学成功。

全国高等教育自学考试指导委员会

2007 年 9 月

编者的话

1998年全国高等教育自学考试指导委员会决定在高等工科各专业自学考试的教学计划中设立物理课（包括物理实验），简称物理（工）。该课程为必修课，共6学分，其中理论内容5学分，实验内容1学分。课程基本要求和能力培养基本上与全日制高等工科院校的物理课相同。

2006年全国高等教育自学考试指导委员会对原“《物理（工）》自学考试大纲”进行了修订，本书是根据修订后颁布的考试大纲的要求编写的。教材基本上保持传统的内容体系，包括力学、热学、电磁学、振动波动和光学、近代物理学五篇，共12章。为了使考生能通过自学获得最基本的物理知识，能够应用简单的微积分和矢量方法对物理习题和问题进行分析和计算等课程要求，并更好地适应自学考试的特点，我们在编写过程中采取了如下措施。

（1）教材内容及难易程度严格按照教育部颁发的“《物理（工）》自学考试大纲”所规定的课程内容和自学要求编写。教材每章后都有内容提要以突出课程的基本要求。

（2）教材加强了对物理学基本现象、基本概念、基本原理的阐述，使学生能够比较全面地认识和正确理解物理学的基本内容。本书力求论述条理清楚、严谨，文字简洁、通畅。为了帮助学生增强应用物理学公式解决简单物理问题的能力，书中对所有的重点难点内容都配置了相应的典型例题。

（3）依据大纲中规定的考核知识点及考核要求精选了习题，并将习题分为选择、填空、计算三类，这与课程考试试题题型基本一致，以便于学生对基本知识点的自测。所有习题均由编者本人核算了答案。

（4）全书注重在教学内容中渗透学习物理学的思维和研究方法，以期提高学生的科学素质和分析解决问题的基本能力，培养学生的辩证唯物主义世界观和严谨求实的科学态度以及开拓创新的探索精神。

全书统一采用SI单位制和1994年实施的《量和单位》中的国家标准，以及全国自然科学名词审定委员会公布的“物理学名词”。书后附有《物理（工）》自学考试大纲、SI单位制中的单位、常用基本物理量和全部习题的参考答案。本书编者同时编写了配套的辅导教材《物理（工）自学考试指导与题解》，由机械工业出版社出版。

本书由清华大学物理系邓新元教授、北京师范大学物理系狄增如教授和东南大学物理系解希顺教授审稿。他们认真、细致地审阅了全稿，提出了许多中肯、有益的修改意见和宝贵建议。编者在此向他们表示衷心的感谢。本书还参考了近年来出版的部分优秀大学物理教材（见参考文献），我们对此一并表示诚挚的谢意！

本书在编写过程中还始终得到了教育部全国高等教育自学考试指导委员会教材出版处和命题二处以及全国高等教育自学考试指导委员会物理专业委员会的关心和大力支持。

由于编者水平有限，缺点、错误在所难免，恳请使用本教材的师生不吝提出宝贵的意见。

编 者

2007 年 2 月

目　录

组编前言

编者的话

第1篇　力　学

第1章　质点运动学和牛顿运动定律 …… 3

1.1　参考系　质点 …… 3

1.2　位矢、速度和加速度 …… 4

1.3　圆周运动及其描述 …… 10

1.4　牛顿运动定律 …… 13

1.5　力学中常见的力 …… 15

1.6　牛顿运动定律的应用 …… 18

内容提要 …… 21

习题 …… 22

第2章　守恒定律 …… 26

2.1　动量与冲量　质点的动量定理 …… 26

2.2　质点系的动量定理 …… 29

2.3　动量守恒定律 …… 30

2.4　质点的角动量定理和角动量守恒定律 …… 32

2.5　功　动能定理 …… 37

2.6　保守力　势能 …… 41

2.7　功能原理 …… 45

2.8　机械能守恒定律 …… 48

2.9　刚体的定轴转动 …… 50

内容提要 …… 57

习题 …… 58

第2篇　热　学

第3章　气体动理论 …… 65

3.1　分子运动论的基本观点 …… 65

3.2　热力学平衡态　气体的状态参量 …… 66

3.3　理想气体的物态方程 …… 68

3.4　理想气体的压强公式 …… 70

3.5　理想气体的温度公式 …… 72

3.6　能量均分定理　理想气体的热力学能 …… 73

3.7　麦克斯韦速率分布定律 …… 75

内容提要 …… 79

习题 …… 80

第4章　热力学基础 …… 83

4.1　热力学过程 …… 83

4.2　功与热　热力学能 …… 84

4.3　热力学第一定律 …… 87

4.4　热力学第一定律对理想气体等值过程的应用 …… 88

4.5　理想气体的绝热过程 …… 92

4.6　循环过程 …… 93

4.7　宏观过程的方向性 …… 95

4.8　热力学第二定律 …… 97

4.9　热力学第二定律的微观实质和统计意义 …… 98

内容提要 …… 101

习题 …… 102

第3篇　电　磁　学

第5章　静电场 …… 107

5.1　电荷和库仑定律 …… 107

5.2　电场和电场强度 …… 110

5.3　高斯定理 …… 116

5.4　静电场的环路定理　电势 …… 123

5.5　静电场中的导体 …… 129

5.6 静电场的能量 …… 135
内容提要 …… 137
习题 …… 139
第6章 恒定电流的磁场 …… 143
6.1 恒定电流 …… 143
6.2 磁场 磁感应强度 …… 146
6.3 毕奥-萨伐尔定律 …… 147
6.4 磁场的高斯定理 …… 151
6.5 安培环路定理 …… 153
6.6 磁场对载流导线的作用 …… 157
6.7 磁场对运动电荷的作用 …… 160
内容提要 …… 164
习题 …… 164
第7章 电磁感应与电磁场 …… 170
7.1 电磁感应的基本规律 …… 170
7.2 动生电动势 …… 174
7.3 感生电动势 …… 177
7.4 互感和自感 …… 180
7.5 磁场的能量 …… 182
7.6 麦克斯韦电磁场理论简介 …… 184
内容提要 …… 188
习题 …… 189

第4篇 振动、波动和光学

第8章 机械振动 …… 195
8.1 简谐振动 …… 195
8.2 简谐振动的旋转矢量表示法 …… 200
8.3 简谐振动的能量 …… 202
8.4 同方向同频率简谐振动的合成 …… 203
内容提要 …… 206
习题 …… 207
第9章 机械波 …… 211
9.1 机械波的产生和传播 …… 211
9.2 平面简谐波的表达式 …… 213
9.3 波的能量 波的能量密度 …… 217
9.4 惠更斯原理 …… 219
9.5 波的叠加原理 波的干涉 驻波 …… 221
内容提要 …… 225
习题 …… 226
第10章 波动光学 …… 230
10.1 光的干涉 杨氏双缝干涉 …… 230
10.2 光程 薄膜的等厚干涉 …… 235
10.3 光的衍射 惠更斯-菲涅尔原理 单缝夫琅禾费衍射 …… 240
10.4 光栅 光栅衍射 …… 244
10.5 光的偏振 …… 246
内容提要 …… 250
习题 …… 252

第5篇 近代物理学

第11章 狭义相对论 …… 257
11.1 伽利略变换 经典力学的时空观 …… 257
11.2 狭义相对论基本原理 洛伦兹变换 …… 258
11.3 狭义相对论时空观 …… 261
11.4 狭义相对论动力学基础 …… 265
内容提要 …… 268
习题 …… 269
第12章 波和粒子 …… 271
12.1 光电效应 爱因斯坦方程 …… 271
12.2 光的波粒二象性 …… 274
12.3 玻尔氢原子理论 …… 276
12.4 德布罗意波 …… 280
12.5 海森伯不确定关系式 …… 282
内容提要 …… 284
习题 …… 285
习题答案 …… 287
附录 …… 293
附录A SI单位制中的单位 …… 293
附录B 常用基本物理常量（CODATA 2002年推荐值） …… 294
参考文献 …… 295

《物理（工）自学考试大纲》

第1篇 力 学

力学又称为经典力学，是研究物体机械运动的学科。机械运动是物质运动的最基本的形式，是物质在时间、空间中位置的变化，包括移动、转动、流动、变形、振动、波动等。力是物质间的一种相互作用，机械运动状态的变化是由这种相互作用引起的。

力学知识最早起源于对自然现象的观察和在生产劳动中的经验。古代人从对日、月运行的观察和对弓箭、车轮等的使用中，了解了一些简单的运动规律，如匀速移动和转动，但对力和运动之间的关系，直到欧洲文艺复兴时期以后才逐渐有了正确的认识。伽利略在实验研究和理论分析的基础上，最早阐明自由落体运动的规律，提出加速度的概念。牛顿继承和发展了前人的研究成果（特别是开普勒的行星运动三定律），提出了物体运动三定律。伽利略、牛顿奠定了动力学的基础。牛顿运动定律的建立标志着力学开始成为一门科学。

力学是一门基础科学，同时也是一门技术科学。力学不仅是物理学、天文学的基础，也是许多工程学的基础。现在，无论是土木工程、建筑工程、水利工程、机械工程、船舶工程等，还是现代的航空航天工程、核技术工程等，都与力学有关。力学还有一个重要特征，那就是与数学在发展中始终相互推动，相互促进。一种力学理论往往和相应的一个数学分支相伴产生，如运动基本定律和微积分，运动方程的求解和常微分方程等。

力学和其他基础科学的结合也产生一些交叉性的分支，最早的是和天文学结合产生的天体力学。在20世纪，特别是60年代以来，出现更多的交叉分支，其中有等离子体动力学、电流体动力学、磁流体力学、热弹性力学、生物力学、地质力学、地球动力学、地球构造动力学、地球流体力学等。

力学的研究方法遵循认识论的基本法则：从实践到理论再回到实践。一般地讲，在力学中经常根据对自然现象的观察，特别是定量观测的结果，抓住起主要作用的因素，忽略一些次要因素，建立各种模型，例如质点、质点系、刚体、弹性固体、连续介质等。在模型的基础上可以运用已知的力学或物理学的规律，以及合适的数学工具，进行理论上的演绎推导，得出新的结论。理论和模型是否合理，有待于新的观测、工程实践或者科学实验等加以验证。然而，力学研究工作方式又是丰富多彩的，有些只是纯数学的推理，甚至着眼于理论体系在逻辑上的完善化，有些着重数值方法和近似计算，有些着重实验技术等等。而现代的力学实验设备，诸如大型的风洞、水洞，它们的建立和使用本身就是一个综合性的科学技术项目，需要多工种、多学科的协作。

力学可粗分为静力学、运动学和动力学三部分，静力学研究力的平衡或物体的静止问题；运动学只考虑物体怎样运动，它运用几何学的方法来研究物体的运动，通常不考虑力和质量等因素的影响；动力学讨论物体运动和所受力的关系。本课程只简单介绍最基本的运动学和动力学问题。

本篇分为两章，第 1 章学习质点运动学和牛顿运动定律，包括参考系、质点、运动方程、位移、速度和加速度、直线运动和圆周运动等运动学基本内容，而动力学则以牛顿运动三定律为基础，并运用牛顿定律分析力学问题。第 2 章学习物体运动的动量、角动量和能量等重要属性，着重介绍动量守恒定律、角动量守恒定律和机械能守恒定律。守恒定律是自然界最基本的规律，具有极大的普遍性。第 2 章还介绍刚体定轴转动的基本概念和规律。

第1章　质点运动学和牛顿运动定律

物质世界是在不断运动着的，物质的运动形态是多种多样、千变万化的。其中最简单、最基本的运动形态是物体之间或物体各部分之间相对位置的变化，称为机械运动。各种机械及机器的运转、弹簧的伸长和压缩、宇宙飞船的航行等都是机械运动。水、空气的流动等等也是机械运动。

运动学研究怎样描述物体的机械运动，涉及物体运动的轨道以及位移、速度、加速度等物理量随时间的变化，但它并不研究物体为什么作这样和那样的变化。而牛顿运动定律研究的是物体机械运动状态变化的规律。

1.1　参考系　质点

1.1.1　参考系和坐标系

在地球上的某个人认为他看到了月球在运动，但对于在月球上的宇航员来说是地球在运动。单纯从运动学的观点看，对任何运动的描述都是相对的，即一切运动都是相对的。为了描述物体的运动，只可选取一个或几个相互间保持相对静止的物体作为参考（或参照），以研究这个物体相对于参考物体的运动。被选作参考的物体称为**参考系**。只有先选定一个参考系，才能正确描述物体的运动。参考系的选取主要看问题的性质和研究问题的方便。例如，如果要研究物体在地面上的运动，最方便的是选取地球为参考系。一个星际宇宙飞船在火箭刚发射时，主要研究它相对于地面的运动，所以就选地面作为参考系；当飞船绕地球运行时，则选取地球为参考系；而当飞船飞离地球，绕太阳运行时，则应选太阳为参考系。同一物体的运动，由于我们所选取的参考系不同，对它的运动描述就不同。例如，行驶车厢中的自由落体相对于车厢参考系的运动是自由落体运动，而相对于地面参考系，则是沿抛物线运动。通常，若不特别说明，都是以地球为参考系；而在行星运动问题中，一般以太阳为参考系。选取合适的参考系可以更方便地研究物体的运动。

因此，在描述一个物体的运动时，必须指明描述运动的参考系，但一般约定：如果采用的是地面参考系可以不必特别指出。

选取某个参考系后，为了定量地确定物体的位置，就需要在参考系上建立适当的**坐标系**。常用的坐标系有笛卡儿坐标系、极坐标系、自然坐标系、柱面坐标系和球面坐标系等。选取什么样的坐标系，要视问题的性质和研究问题的方便而定。

注意：参考系是具体的物体，而坐标系是参考系的一个数学抽象。

1.1.2　质点

在研究物体的运动问题时，物体的形状和大小是各式各样、千差万别的。一般情况下，物体作机械运动时，其内部各点的位置变化是各不相同的。如果物体的线度和形状在所研究的现象中不起作用或者所起的作用可以忽略，就可以近似地把物体看作是一个只有质量而没有大小和形状的理想物体，这就是**质点**。因此，质点只是力学中所研究的一个理想的物理模型。把物体抽象成质点，实际上就是研究物体整体的运动。

能否把一个物体抽象成质点，不是决定于物体的大小，而是取决于问题的性质。同一个物体在一个问题中可以当作是质点，在另外一个问题中可能就不能当作质点。一般地，当物体间的距离远大于物体本身的线度时，则物体可抽象为质点。例如，在研究地球绕太阳运动的公转时，由于地球的直径不到平均日地距离的万分之一，直径与此距离相比要小得多，因此，地球上的各点相对于太阳的运动可认为是相同的，也就是说可以忽略地球的线度和形状，把地球当作一个质点。但在研究地球的自转运动时，就不能把地球当作质点了。

另外，当物体作平移运动时，物体上各点的运动情况都一样，例如行驶的火车车厢。在这种运动中，物体上各点都作同等的运动，因而任一点的运动都能代表整体的运动，物体的形状大小就可以不加考虑。因此，平动的物体都可以简化为一个质点。

在物理学中有大量的理想化模型，它们都是对实际研究对象的一种抽象。在力学中有质点模型、刚体模型等。建立理想化的模型是物理学中一个十分重要的研究方法，它使研究对象和问题得以简化，便于作比较精确的描述。在学习大学物理学时，应该高度注意这一点。

1.2　位矢、速度和加速度

1.2.1　位置矢量

质点在空间的位置可以用一个矢量来表示。如图1-1所示，设质点在时刻 t 处于位置 P，我们从坐标原点 O 向此点引一条有向线段 OP，并记作矢量 $\boldsymbol{r}$。$\boldsymbol{r}$ 的方向确定了 P 点相对于坐标轴的方位，$\boldsymbol{r}$ 的大小就是 P 点到原点的距离。方位和距离都确定了，P 点的位置也就完全确定了。用来确定质点位置的这一矢量 $\boldsymbol{r}$ 叫做质点的**位置矢量**，简称**位矢**。

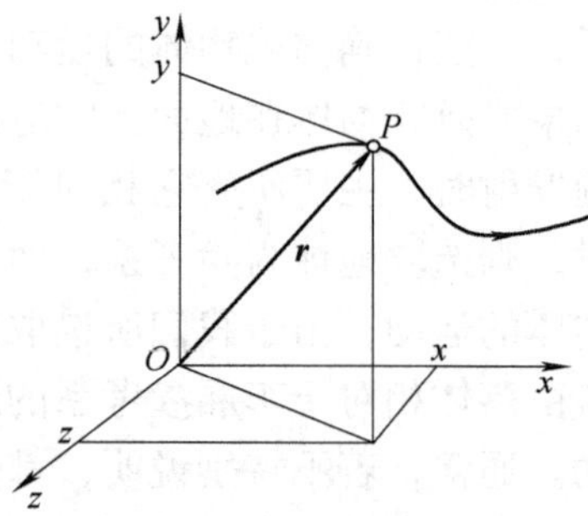

图1-1　位置矢量

质点运动时，它的位矢 $\boldsymbol{r}$ 随时间 t 变化，我们可以用函数

$$\boldsymbol{r}=\boldsymbol{r}(t) \tag{1-1}$$

来表示。上式给出了任意时刻质点在空间的位置，也称为质点的**运动方程**。质点的运动方程反映了质点运动的全部情况。

在笛卡儿坐标系中，质点的位置 P 也可以用它在 x、y、z 轴的坐标 x、y、z 来表示，位矢 $\boldsymbol{r}$ 可以写为

$$\boldsymbol{r}=x(t)\boldsymbol{i}+y(t)\boldsymbol{j}+z(t)\boldsymbol{k} \tag{1-2}$$

式中，$\boldsymbol{i}$、$\boldsymbol{j}$、$\boldsymbol{k}$ 分别表示沿 x、y、z 轴正方向的单位矢量。单位矢量是大小为一个长度单位的矢量，在笛卡儿坐标系中，$\boldsymbol{i}$、$\boldsymbol{j}$、$\boldsymbol{k}$ 都是大小和方向均不变的常矢量。注意，式中的坐标值 x、y、z 一般都是随时间变化的，是时间 t 的函数。$\boldsymbol{r}$ 的大小为

$$r=|\boldsymbol{r}|=\sqrt{x^2+y^2+z^2} \tag{1-3}$$

注意：位矢具有以下特征：①矢量性：$\boldsymbol{r}$ 是矢量，有大小和方向；②瞬时性：质点在运

动时，不同时刻其位矢 $\boldsymbol{r}$ 不同；③相对性：位矢 $\boldsymbol{r}$ 依赖于坐标系的选取。

在笛卡儿坐标系中，质点的运动方程式（1-2）也可以写成坐标分量的形式

$$\begin{cases} x = x(t) \\ y = y(t) \\ z = z(t) \end{cases} \tag{1-4}$$

坐标分量形式的运动方程可以看作是质点在坐标轴方向同时进行的三个分运动，或者说，我们可以把一个质点的运动分解为各个坐标轴方向上的独立分运动；反过来讲，$\boldsymbol{r}$ 是各个分运动叠加的结果。

从上式中消去参数 t 便得到质点运动的**轨迹方程**，所以式（1-4）也是运动轨迹的参数方程。质点运动学的重要任务之一就是找出质点运动所遵循的运动方程。

【例题1-1】　已知一质点在平面上的运动方程为

$$\boldsymbol{r} = A\cos\omega t\boldsymbol{i} + A\sin\omega t\boldsymbol{j}$$

式中，A、ω 均为大于零的常量，求该质点的运动轨迹。

解　质点在 x、y 坐标轴上的分运动方程分别为

$$x = A\cos\omega t$$

$$y = A\sin\omega t$$

将上面两式分别平方后再相加，即可得到

$$x^2 + y^2 = A^2$$

这就是质点的轨迹方程。显然，质点的运动轨迹是以坐标原点为圆心、半径为 A 的圆。

1.2.2　位移和路程

如图1-2所示，设质点在 t_1 时刻处于位置 P_1 点，质点在 t_2 时刻处于位置 P_2 点，P_1 和 P_2 的位矢分别为 $\boldsymbol{r}(t_1)$ 和 $\boldsymbol{r}(t_2)$，则质点在 t_1 到 t_2 时间间隔内位矢的增量为

$$\Delta\boldsymbol{r} = \boldsymbol{r}(t_2) - \boldsymbol{r}(t_1) \tag{1-5}$$

$\Delta\boldsymbol{r}$ 称为质点在 t_1 到 t_2 时间内的**位移矢量**，简称**位移**。位移是描述质点空间位置变化的物理量，它是从质点初始时刻位置指向终点时刻位置的有向线段。

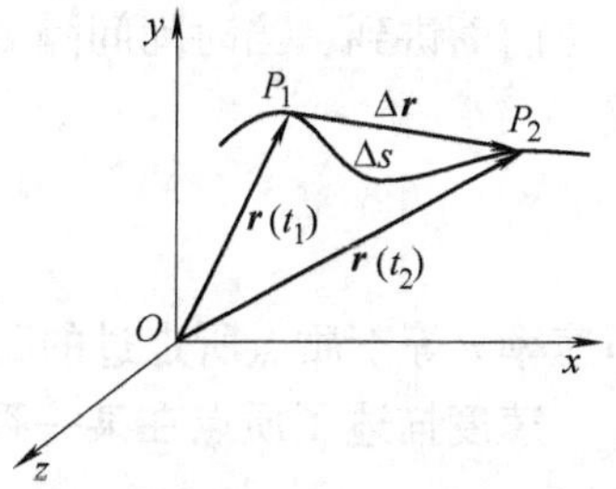

图1-2　位移与路程

在笛卡儿坐标系中，设质点在 t_1 时刻的坐标为 x_1、y_1、z_1，在 t_2 时刻的坐标为 x_2、y_2、z_2，则这段时间内，质点的位移为

$$\Delta\boldsymbol{r} = (x_2 - x_1)\boldsymbol{i} + (y_2 - y_1)\boldsymbol{j} + (z_2 - z_1)\boldsymbol{k} = \Delta x\boldsymbol{i} + \Delta y\boldsymbol{j} + \Delta z\boldsymbol{k} \tag{1-6}$$

式中，Δx、Δy、Δz 分别为质点在 t_1 到 t_2 时间间隔内各坐标分量的增量。

与位矢一样，位移也具有矢量性、瞬时性和相对性等特性。

质点运动的实际路径是图1-2中的曲线段 Δs，其长度叫做**路程**。特别需要注意的是位移 $\Delta\boldsymbol{r}$ 和路程 Δs 的区别。首先，$\Delta\boldsymbol{r}$ 是矢量，仅与质点的始、末位矢 $\boldsymbol{r}(t_1)$ 和 $\boldsymbol{r}(t_2)$ 有关，而与中间过程无关；Δs 是标量，与过程有关，它是质点运动轨迹的长度。其次，一般情况下路程并不等于位移的大小，即 $\Delta s \neq |\Delta\boldsymbol{r}|$。例如，当质点经一闭合路径回到起始位置时，其位移为零，而路程则不为零。只有当时间间隔 Δt 取无穷小的极限情况下，位移的大小 $|\mathrm{d}\boldsymbol{r}|$ 才等于路程 $\mathrm{d}s$。

1.2.3 速度

一般情况下,仅知道质点在某时刻的位矢还不能完全确定质点的运动状态,为确定质点的运动状态,还需要知道质点运动的方向和快慢。描述质点运动的方向和快慢的物理量是速度。

如图 1-2 所示，质点在时间 $\Delta t = t_2 - t_1$ 内的位移是 $\Delta \boldsymbol{r}$，为表示质点在这一段时间内的运动快慢和方向，定义质点的**平均速度**

$$\overline{\boldsymbol{v}} = \frac{\Delta \boldsymbol{r}}{\Delta t} \tag{1-7}$$

由上式可知，由于位移 $\Delta \boldsymbol{r}$ 是矢量，所以平均速度也是矢量，其方向与位移 $\Delta \boldsymbol{r}$ 的方向相同。

当 Δt 趋于零时，上式的极限就是位矢对时间的变化率，它反映了某一时刻质点的运动快慢和方向，我们把它称为质点在时刻 t 的**瞬时速度**，简称**速度**，用$\boldsymbol{v}$ 表示，即

$$\boldsymbol{v} = \lim_{\Delta t \to 0} \frac{\Delta \boldsymbol{r}}{\Delta t} = \frac{\mathrm{d}\boldsymbol{r}}{\mathrm{d}t} \tag{1-8}$$

显然，速度$\boldsymbol{v}$ 是矢量。从图 1-2 可以看出，速度$\boldsymbol{v}$ 的方向是位移 $\Delta \boldsymbol{r}$ 在 $\Delta t \to 0$ 时的极限方向，当 $\Delta t \to 0$ 时，位移 $\Delta \boldsymbol{r}$ 趋向于和轨道相切，即某点速度沿该点轨迹的切线方向。从数学上看，速度$\boldsymbol{v}$ 就是位矢 $\boldsymbol{r}$ 对时间的一阶导数。

速度的大小叫速率，以 v 表示

$$v = |\boldsymbol{v}| = \left| \frac{\mathrm{d}\boldsymbol{r}}{\mathrm{d}t} \right| = \lim_{\Delta t \to 0} \frac{|\Delta \boldsymbol{r}|}{\Delta t} \tag{1-9}$$

前面讲到，当时间间隔 $\Delta t \to 0$ 时，位移的大小 $|\mathrm{d}\boldsymbol{r}|$ 等于路程 $\mathrm{d}s$ 。因此，上式可以写成

$$v = \lim_{\Delta t \to 0} \frac{\Delta s}{\Delta t} = \frac{\mathrm{d}s}{\mathrm{d}t} \tag{1-10}$$

即速率 v 等于质点所走过的路程 s 对时间的变化率。

速度描述了质点在某一瞬时的运动状态，一般来说，速度是随时间变化的，即

$$\boldsymbol{v} = \boldsymbol{v}(t) \tag{1-11}$$

物理量的单位采用国际单位制，简称 SI 制。在国际单位制中，长度的单位是 m（米），时间的单位是 s（秒），速度的单位是 m/s（米/秒）。

与位矢、位移一样，速度也具有三个特征：①矢量性：速度有大小和方向；②瞬时性：质点的运动速度是时刻 t 的函数；③相对性：质点的运动速度依赖于参考系的选取。

将式（1-2）代入式（1-8），就得到笛卡儿坐标系中速度矢量$\boldsymbol{v}$ 的表达式

$$\boldsymbol{v} = \frac{\mathrm{d}x}{\mathrm{d}t}\boldsymbol{i} + \frac{\mathrm{d}y}{\mathrm{d}t}\boldsymbol{j} + \frac{\mathrm{d}z}{\mathrm{d}t}\boldsymbol{k} = v_x\boldsymbol{i} + v_y\boldsymbol{j} + v_z\boldsymbol{k} \tag{1-12}$$

式中，$v_x = \frac{\mathrm{d}x}{\mathrm{d}t}$，$v_y = \frac{\mathrm{d}y}{\mathrm{d}t}$，$v_z = \frac{\mathrm{d}z}{\mathrm{d}t}$分别是速度在三个坐标轴方向的分量。由上式，速率也可表示为

$$v = \sqrt{v_x^2 + v_y^2 + v_z^2} \tag{1-13}$$

综上所述，质点在作机械运动时，在任一时刻的位置由位矢 $\boldsymbol{r}$ 描述，而该时刻运动的快慢和方向则由速度$\boldsymbol{v}$ 来描述。只有当质点的位矢和速度同时被确定时，质点的运动状态才被

确定。

1.2.4　加速度

加速度是描述质点运动速度变化的物理量。设质点在 t 与 $t+\Delta t$ 时刻的位置分别在 P、Q 处，其速度分别为$\boldsymbol{v}(t)$和$\boldsymbol{v}(t+\Delta t)$，如图 1-3a 所示；速度的变化为 $\Delta\boldsymbol{v}$，如图 1-3b 所示。定义这段时间内的平均加速度为

$$\overline{\boldsymbol{a}}=\frac{\Delta\boldsymbol{v}}{\Delta t} \tag{1-14}$$

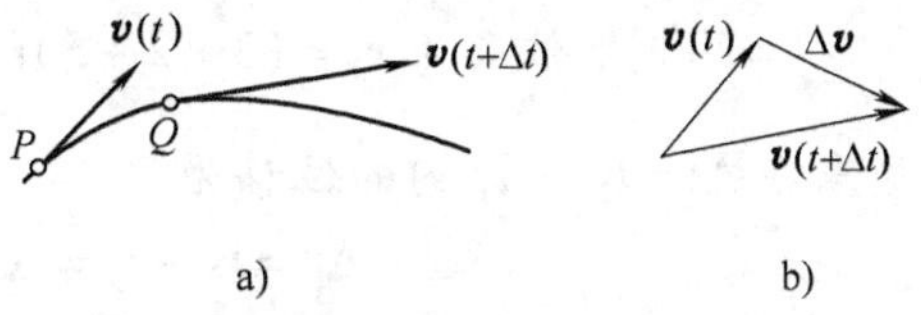

图 1-3　速度的变化

平均加速度只能粗略地描述质点速度在一段时间内的变化。当 Δt 趋于零时，上式的极限就是速度对时间的变化率，称为质点在时刻 t 的**瞬时加速度**，简称**加速度**，用 $\boldsymbol{a}$ 表示，即

$$\boldsymbol{a}=\lim_{\Delta t\to 0}\frac{\Delta\boldsymbol{v}}{\Delta t}=\frac{\mathrm{d}\boldsymbol{v}}{\mathrm{d}t}=\frac{\mathrm{d}^2\boldsymbol{r}}{\mathrm{d}t^2} \tag{1-15}$$

加速度精确地描述了质点在时刻 t 速度变化的快慢和方向。从数学上看，加速度 $\boldsymbol{a}$ 就是 $\boldsymbol{v}$ 对时间 t 的一阶导数，或者是位矢 $\boldsymbol{r}$ 对时间 t 的二阶导数。

将式（1-12）代入式（1-15），就得到笛卡儿坐标系中加速度矢量 $\boldsymbol{a}$ 的表达式

$$\boldsymbol{a}=\frac{\mathrm{d}v_x}{\mathrm{d}t}\boldsymbol{i}+\frac{\mathrm{d}v_y}{\mathrm{d}t}\boldsymbol{j}+\frac{\mathrm{d}v_z}{\mathrm{d}t}\boldsymbol{k}=\frac{\mathrm{d}^2x}{\mathrm{d}t^2}\boldsymbol{i}+\frac{\mathrm{d}^2y}{\mathrm{d}t^2}\boldsymbol{j}+\frac{\mathrm{d}^2z}{\mathrm{d}t^2}\boldsymbol{k}=a_x\boldsymbol{i}+a_y\boldsymbol{j}+a_z\boldsymbol{k} \tag{1-16}$$

式中，$a_x=\frac{\mathrm{d}v_x}{\mathrm{d}t}=\frac{\mathrm{d}^2x}{\mathrm{d}t^2}$，$a_y=\frac{\mathrm{d}v_y}{\mathrm{d}t}=\frac{\mathrm{d}^2y}{\mathrm{d}t^2}$，$a_z=\frac{\mathrm{d}v_z}{\mathrm{d}t}=\frac{\mathrm{d}^2z}{\mathrm{d}t^2}$分别是加速度在三个坐标轴方向的分量。

加速度的大小

$$a=\sqrt{a_x^2+a_y^2+a_z^2} \tag{1-17}$$

加速度 $\boldsymbol{a}$ 是一个矢量，它的方向是 $\Delta t\to 0$ 时 $\Delta\boldsymbol{v}$ 的极限方向。注意到描述质点运动状态的速度$\boldsymbol{v}$ 是矢量，所以加速度 $\boldsymbol{a}$ 不仅表示质点速度大小的变化，也表示速度方向的变化。一般情况下，质点任一时刻的加速度方向并不沿着该时刻质点速度的方向（轨迹的切线方向）。

加速度与速度一样具有矢量性、瞬时性、相对性三个特征。

在国际单位制中，加速度的单位是 $\mathrm{m/s^2}$（米/秒^2）。

在研究物体的运动学问题时，如果已知物体的运动方程（即位矢），就可以通过运动方程对时间求导数，得到物体的速度和加速度。

【例题 1-2】　一质点在 xy 平面内运动，运动方程为

$$x=3t+5,\ y=\frac{1}{2}t^2+3t-4$$

式中，t 以 s 计，x、y 以 m 计。

（1）以时间 t 为变量，写出质点位矢的表达式。

（2）写出 $t=1\mathrm{s}$ 和 $t=2\mathrm{s}$ 时的位矢，并写出这 1s 内质点的位移及平均速度。

（3）写出该质点的速度表达式，并计算 $t=4\mathrm{s}$ 时质点的速度。

（4）写出该质点的加速度表达式，并计算 $t=4\mathrm{s}$ 时质点的加速度。

解 (1) 质点的位矢为

$$\boldsymbol{r}=x\boldsymbol{i}+y\boldsymbol{j}=(3t+5)\boldsymbol{i}+\left(\frac{1}{2}t^2+3t-4\right)\boldsymbol{j}$$

(2) $t=1\text{s}$ 时，位矢为 $\boldsymbol{r}_1=(3\times1+5)\boldsymbol{i}+\left(\frac{1}{2}\times1^2+3\times1-4\right)\boldsymbol{j}=8\boldsymbol{i}-0.5\boldsymbol{j}(\text{m})$

$t=2\text{s}$ 时，位矢为 $\boldsymbol{r}_2=(3\times2+5)\boldsymbol{i}+\left(\frac{1}{2}\times2^2+3\times2-4\right)\boldsymbol{j}=11\boldsymbol{i}+4\boldsymbol{j}(\text{m})$

质点在 $\Delta t=t_2-t_1$ 内的位移为

$$\Delta\boldsymbol{r}=\boldsymbol{r}_2-\boldsymbol{r}_1=\Delta x\boldsymbol{i}+\Delta y\boldsymbol{j}=3\boldsymbol{i}+4.5\boldsymbol{j}(\text{m})$$

这段时间内的平均速度为 $\overline{\boldsymbol{v}}=\frac{\Delta\boldsymbol{r}}{\Delta t}=\frac{\Delta x}{\Delta t}\boldsymbol{i}+\frac{\Delta y}{\Delta t}\boldsymbol{j}=3\boldsymbol{i}+4.5\boldsymbol{j}(\text{m/s})$

$\overline{\boldsymbol{v}}$的大小为 $|\overline{\boldsymbol{v}}|=\sqrt{\overline{v}_x^2+\overline{v}_y^2}=\sqrt{3^2+(4.5)^2}\text{m/s}=5.4\text{m/s}$

$\overline{\boldsymbol{v}}$的方向与 Ox 轴正向的夹角为

$$\alpha=\arccos\left(\frac{\overline{v}_x}{|\overline{\boldsymbol{v}}|}\right)=\arccos\left(\frac{3}{5.4}\right)=56°15'$$

(3) 质点的速度为

$$\boldsymbol{v}=v_x\boldsymbol{i}+v_y\boldsymbol{j}=\frac{\mathrm{d}x}{\mathrm{d}t}\boldsymbol{i}+\frac{\mathrm{d}y}{\mathrm{d}t}\boldsymbol{j}$$

由题中所给条件可求得 $v_x=\frac{\mathrm{d}x}{\mathrm{d}t}=3\text{m/s}$，$v_y=\frac{\mathrm{d}y}{\mathrm{d}t}=(t+3)(\text{m/s})$

所以 $\boldsymbol{v}=v_x\boldsymbol{i}+v_y\boldsymbol{j}=3\boldsymbol{i}+(t+3)\boldsymbol{j}(\text{m/s})$

当 $t=4\text{s}$ 时，质点的速度为 $\boldsymbol{v}_4=3\boldsymbol{i}+(4+3)\boldsymbol{j}=3\boldsymbol{i}+7\boldsymbol{j}(\text{m/s})$

$\boldsymbol{v}_4$ 的大小为 $v_4=|\boldsymbol{v}_4|=\sqrt{v_x^2+v_y^2}=\sqrt{3^2+7^2}\text{m/s}=7.6\text{m/s}$

$\boldsymbol{v}_4$ 的方向与 Ox 轴正向的夹角为

$$\alpha=\arccos\left(\frac{v_x}{v_4}\right)=\arccos\left(\frac{3}{7.6}\right)=66°45'$$

(4) 质点的加速度为

$$\boldsymbol{a}=a_x\boldsymbol{i}+a_y\boldsymbol{j}=\frac{\mathrm{d}v_x}{\mathrm{d}t}\boldsymbol{i}+\frac{\mathrm{d}v_y}{\mathrm{d}t}\boldsymbol{j}$$

由于 $a_x=\frac{\mathrm{d}v_x}{\mathrm{d}t}=0$，$a_y=\frac{\mathrm{d}v_y}{\mathrm{d}t}=1\text{m/s}^2$

所以 $\boldsymbol{a}=1\boldsymbol{j}(\text{m/s}^2)$

$\boldsymbol{a}$ 与 t 无关，表明此质点作匀加速运动，其大小为

$$a=|\boldsymbol{a}|=1\text{m/s}^2$$

$\boldsymbol{a}$ 的方向与 Oy 轴正向同向，或者说与 Ox 轴正向的夹角为 90°。

从本题的结果可以看出，质点在 Ox 轴方向作匀速直线运动，而在 Oy 轴方向作匀加速直线运动。这与质点在无阻力的空气中所作的平抛或斜抛运动是类似的。如图 1-4 所示，设物体以初速$\boldsymbol{v}_0$ 从坐标原点向上斜抛，$\boldsymbol{v}_0$ 与水平方向(x 轴)的夹角称为抛射角，用 α 表示，则$\boldsymbol{v}_0$

沿 x 轴和 y 轴上的分量分别是

$$\begin{cases} v_{0x} = v_0\cos\alpha \\ v_{0y} = v_0\sin\alpha \end{cases} \tag{1-18}$$

抛体在整个运动过程中的加速度为重力加速度，沿 Oy 轴负方向

$$\boldsymbol{a} = \boldsymbol{g} = -g\boldsymbol{j}$$

抛体运动是一种曲线运动，它可以看作是两个独立的直线运动：沿 x 轴方向是速度为 $v_0\cos\alpha$ 的匀速直线运动，沿 y 轴方向是初速度为 $v_0\sin\alpha$、加速度为 $-g$（方向向下）的匀加速直线运动。因此，抛体的运动方程为

$$\begin{aligned} x &= v_0 t\cos\alpha \\ y &= v_0 t\sin\alpha - \frac{1}{2}gt^2 \end{aligned} \tag{1-19}$$

上式清楚地表明：抛体运动是由沿 x 轴的匀速直线运动和沿 y 轴的匀加速直线运动叠加而成的。这就是抛体运动的可叠加性。

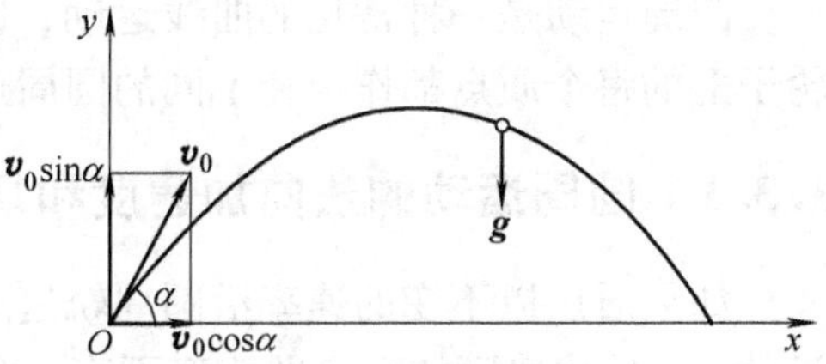

图1-4　抛体运动

运动学中的另一类问题是已知质点的加速度或速度，以及 $t=0$ 时的初始条件（例如初始位置 $\boldsymbol{r}_0$ 和初始速度 $\boldsymbol{v}_0$），求物体的运动方程或运动轨迹。这类问题可以通过利用式(1-18)和式(1-15)对时间积分来求解。下面以直线运动为例说明。

【例题1-3】　一质点沿 Ox 轴作加速直线运动，$t=0$ 时的位置是 x_0、速度是 v_0，加速度为 $a=a_0+bt$，其中 a_0 和 b 是常量。求经过 t(s)后质点运动的速度和位置。

解　由题意可知，质点运动的加速度不是常量，而是时间的函数。已知初始时刻质点的位置和速度，通过积分即可求得任意时刻质点的运动速度。由于质点作一维直线运动，这里矢量可用标量代替，通过最后结果的正负即可判断出物理量的方向。

质点作直线运动，由定义 $a=\dfrac{dv}{dt}$，得

$$dv = a dt = (a_0 + bt)dt$$

初始条件是 $t=0$ 时 $v=v_0$，对上式两边从初始时刻到任意时刻积分，得

$$\int_{v_0}^{v} dv = \int_0^t (a_0 + bt)dt$$

$$v = v_0 + a_0 t + \frac{b}{2}t^2$$

质点沿 Ox 轴运动，由定义 $v=\dfrac{dx}{dt}$，得

$$dx = v dt$$

同样地，利用初始条件对上式两边积分，得

$$x - x_0 = \int_0^t v dt = \int_0^t \left(v_0 + a_0 t + \frac{b}{2}t^2\right)dt = v_0 t + \frac{1}{2}a_0 t^2 + \frac{b}{6}t^3$$

则经过 t 秒后质点的位置为

$$x = x_0 + v_0 t + \frac{1}{2}a_0 t^2 + \frac{b}{6}t^3$$

显然，如果 $b=0$，则质点做匀加速直线运动，则

$$v=v_0+a_0t$$

$$x=x_0+v_0t+\frac{1}{2}a_0t^2$$

这些就是我们熟知的匀加速直线运动的速度和加速度公式。

1.3 圆周运动及其描述

圆周运动是一种常见的曲线运动，是曲线运动的一个重要特例。例如，绕固定轴转动的轮子上的每个质点都作半径不同的圆周运动，所以，圆周运动又是研究物体转动的基础。

1.3.1 圆周运动的法向加速度和切向加速度

如果质点以不变的速率沿圆周轨道运动，这种运动称为匀速率圆周运动。在匀速率圆周运动中，虽然速度的大小即速率不变，但是速度的方向在不断变化。所以它是变速度运动，也有加速度。我们先从匀速率圆周运动这个特例来求圆周运动的法向加速度。

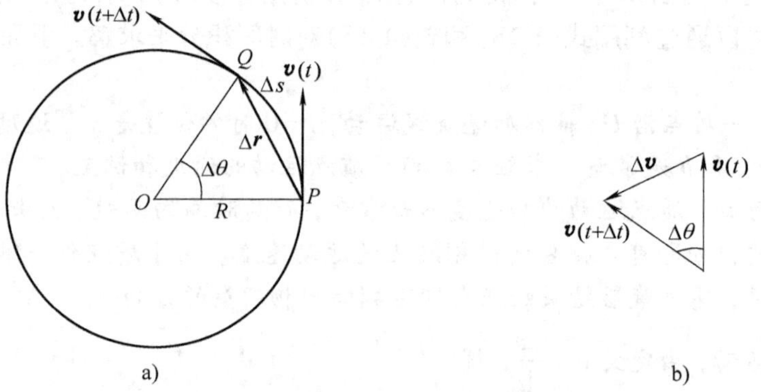

图 1-5 圆周运动的法向加速度

如图 1-5a 所示，设圆轨道的圆心为 O，半径为 R，质点在 t 与 $t+\Delta t$ 时刻的位置分别在 P、Q，其速度分别为$\boldsymbol{v}(t)$和$\boldsymbol{v}(t+\Delta t)$，转过的角度为 $\Delta\theta$，移动的路程为 Δs。如图 1-5b 所示，Δt 时间内速度的变化为 $\Delta \boldsymbol{v}$。由于是匀速率圆周运动，故$\boldsymbol{v}(t)$和$\boldsymbol{v}(t+\Delta t)$两个矢量的大小相等，且等于速率 v。根据加速度的定义，t 时刻质点的加速度为

$$\boldsymbol{a}=\lim_{\Delta t\to 0}\frac{\Delta \boldsymbol{v}}{\Delta t}$$

下面分别求匀速率圆周运动中质点的加速度 $\boldsymbol{a}$ 的大小和方向。加速度的大小为

$$a=|\boldsymbol{a}|=\lim_{\Delta t\to 0}\frac{|\Delta \boldsymbol{v}|}{\Delta t}$$

从图 1-5 可以看出，图 b 的矢量三角形和图 a 中的三角形 OPQ 是两个相似的等腰三角形，因此得到

$$\frac{|\Delta v|}{v}=\frac{|\Delta \boldsymbol{r}|}{R}$$

$$|\Delta v|=\frac{v}{R}|\Delta \boldsymbol{r}|$$

因此

$$a=\lim_{\Delta t\to 0}\frac{|\Delta v|}{\Delta t}=\lim_{\Delta t\to 0}\frac{v}{R}\ \frac{|\Delta \boldsymbol{r}|}{\Delta t}=\frac{v}{R}\lim_{\Delta t\to 0}\frac{|\Delta \boldsymbol{r}|}{\Delta t}$$

利用式(1-9)，就得到

$$a=\frac{v^2}{R} \tag{1-20}$$

而加速度 $\boldsymbol{a}$ 的方向就是当 $\Delta t\to 0$ 时 Δv 的极限方向。由图1-5可以看出，$\Delta t\to 0$ 时，$\Delta\theta\to 0$，Δv 趋向与v垂直，即 $\boldsymbol{a}$ 与v垂直。由此得到：加速度 $\boldsymbol{a}$ 的方向沿半径指向圆心。因此，$\boldsymbol{a}$ 叫做向心加速度。注意：向心加速度描述质点作圆周运动时速度方向的变化。

在一般圆周运动中，质点速度的大小和方向都在变化着，速度大小和方向的变化都有相应的加速度。我们把描述速度方向变化的加速度称为**法向加速度**，用 $\boldsymbol{a}_n$ 表示，法向加速度指向圆心；把描述速度大小变化的加速度称为**切向加速度**，用 $\boldsymbol{a}_\tau$ 表示。切向加速度的方向沿切向，对于加速率圆周运动，$\boldsymbol{a}_\tau$ 与速度v同向，对于减速率圆周运动，则 $\boldsymbol{a}_\tau$ 与速度v反向。如图1-6所示，圆周运动的加速度 $\boldsymbol{a}$ 由这两部分相互垂直的分量按矢量加法合成

$$\boldsymbol{a}=\boldsymbol{a}_\tau+\boldsymbol{a}_n \tag{1-21}$$

加速度 $\boldsymbol{a}$ 的方向和它的切向加速度 $\boldsymbol{a}_\tau$ 之间的夹角为 φ，角度 φ 和加速度 $\boldsymbol{a}$ 一样，一般都是变化的。

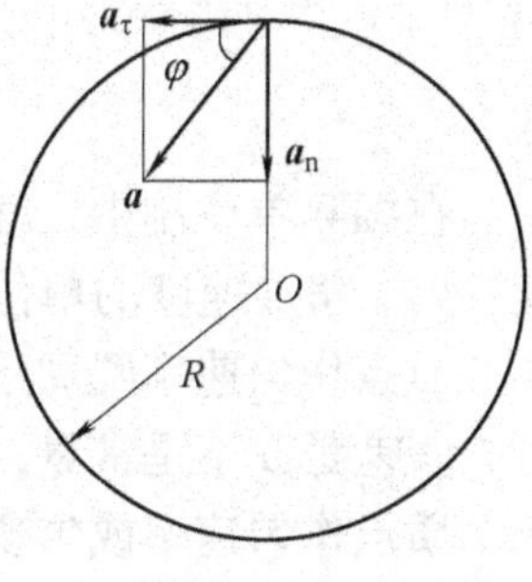

图1-6　圆周运动的加速度

可以证明：法向加速度的大小与匀速率圆周运动的向心加速度相同，即

$$a_n=\frac{v^2}{R} \tag{1-22}$$

法向加速度只改变速度的方向，而切向加速度改变速度的大小即速率，它的作用与直线运动中的加速度相似，因此，切向加速度的大小可表示为

$$a_\tau=\frac{dv}{dt} \tag{1-23}$$

加速度 $\boldsymbol{a}$ 的大小为

$$a=\sqrt{a_\tau^2+a_n^2}=\sqrt{\left(\frac{dv}{dt}\right)^2+\left(\frac{v^2}{R}\right)^2} \tag{1-24}$$

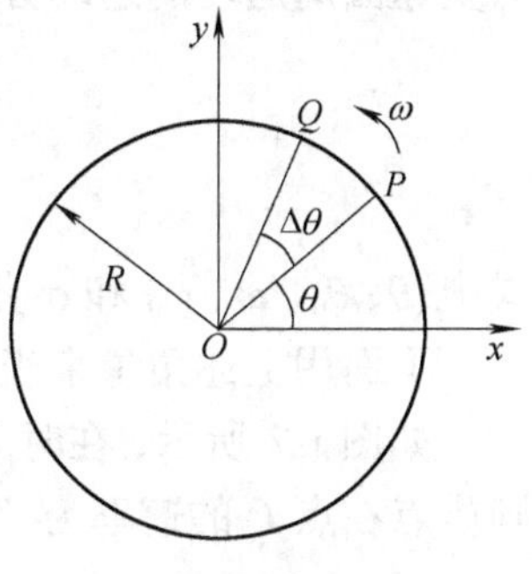

图1-7　圆周运动的角量描述

1.3.2　圆周运动的角量描述

如图1-7所示，一质点在 Oxy 平面上作半径为 R 的圆周运动，某时刻它位于 P 点。当质点在圆周上运动时，由于它到圆心的距离保持不变，可以仅用质点所在处的半径与坐标轴 Ox 的夹角 θ 就能完全确定质点在圆周上的位置。θ 称为**角坐标**，当质点沿圆周运动时，角坐标 θ 随时间而改变，即 θ 是时间的函

数 $\theta(t)$。

设经过时间 Δt，质点从 P 点运动到 Q 点，质点转过的角度 $\Delta\theta$ 称为**角位移**。角位移不但有大小而且有转向，一般规定沿逆时针转向的角位移为正值，沿顺时针转向的角位移为负值。

角位移 $\Delta\theta$ 与时间 Δt 之比，称为在 Δt 这段时间内质点的平均角速度

$$\bar{\omega}=\frac{\Delta\theta}{\Delta t}$$

当 Δt 趋于零时，上式的极限就是角坐标对时间的变化率，称为质点在该时刻的**瞬时角速度**，简称**角速度**，即

$$\omega=\lim_{\Delta t\to 0}\frac{\Delta\theta}{\Delta t}=\frac{\mathrm{d}\theta}{\mathrm{d}t} \tag{1-25}$$

设质点在某一时刻的角速度为 ω_0，经过 Δt 时间后，角速度为 ω，因此，Δt 时间内角速度的增量为 $\Delta\omega=\omega-\omega_0$，角速度的增量 $\Delta\omega$ 与时间 Δt 的比值称为这段时间内的平均角加速度

$$\bar{\alpha}=\frac{\Delta\omega}{\Delta t} \tag{1-26}$$

当 Δt 趋于零时，上式的极限就是角速度对时间的变化率，称为质点在该时刻的**瞬时角加速度**，简称**角加速度**，用 α 表示

$$\alpha=\lim_{\Delta t\to 0}\frac{\Delta\omega}{\Delta t}=\frac{\mathrm{d}\omega}{\mathrm{d}t}=\frac{\mathrm{d}^2\theta}{\mathrm{d}t^2} \tag{1-27}$$

在国际单位制中，角坐标和角位移的单位是 rad(弧度)，所以角速度的单位为 rad/s(弧度/秒)，角加速度的单位为 $\mathrm{rad/s^2}$(弧度/秒^2)。

质点作匀速率圆周运动时，角速度 ω 是常量，角加速度 α 为零。质点作变速率圆周运动时，角速度 ω 不是常量，如果角加速度 α 是常量，质点的运动就是匀变速圆周运动。

质点作匀速率或匀变速率圆周运动时，用角量表示的运动方程与匀速或匀变速直线运动的运动方程完全相似。匀速率圆周运动的运动方程为

$$\theta=\theta_0+\omega t \tag{1-28}$$

匀变速圆周运动的运动方程为

$$\begin{cases}\omega=\omega_0+\alpha t\\ \theta=\theta_0+\omega_0 t+\dfrac{1}{2}\alpha t^2\end{cases} \tag{1-29}$$

式中，θ、θ_0、ω、ω_0 和 α 分别表示角坐标、初始角坐标、角速度、初始角速度和角加速度。

下面用上述角量来表示圆周运动的法向加速度和切线加速度。

如图 1-7 所示，在时间 Δt 内质点从点 P 运动到点 Q，所经过的圆弧 PQ 的长度 $\Delta s=R\Delta\theta$，则质点在点 P 的速率为

$$v=\lim_{\Delta t\to 0}\frac{\Delta s}{\Delta t}=\frac{\mathrm{d}s}{\mathrm{d}t} \tag{1-30}$$

即圆周运动的速率等于质点走过的弧长对时间的变化率。可以将上式改写成

$$v=\lim_{\Delta t\to 0}\frac{\Delta s}{\Delta t}=\lim_{\Delta t\to 0}\frac{R\Delta\theta}{\Delta t}=R\frac{\mathrm{d}\theta}{\mathrm{d}t}=R\omega \tag{1-31}$$

上式是质点作圆周运动时速率和角速度之间的瞬时关系。将它代入式(1-22)和式(1-23)，得到

$$a_n = \frac{v^2}{R} = \omega^2 R \tag{1-32}$$

$$a_\tau = \frac{dv}{dt} = \frac{d(R\omega)}{dt} = R\frac{d\omega}{dt} = R\alpha \tag{1-33}$$

这就是用角速度和角加速度表示的圆周运动的法向加速度和切向加速度。

【例题1-4】 一质点作半径 $R=1\text{m}$ 的圆周运动，其角坐标随时间的变化关系为 $\theta = t^2+1$ (rad)，t 以秒计。(1)求质点的速度和加速度；(2) 问 θ 多大时，该质点的切向加速度与法向加速度大小相等？

解 (1) 根据式(1-31)，速度的大小即速率为

$$v = R\frac{d\theta}{dt} = 2t(\text{m/s})$$

速度的方向沿圆周的切向。

欲求质点的加速度，应先分别求该质点的切向加速度和法向加速度。根据式(1-32)和式(1-33)，切向加速度和法向加速度的大小分别为

$$a_\tau = \frac{dv}{dt} = \frac{d(2t)}{dt} = 2\text{m/s}^2$$

$$a_n = \frac{v^2}{R} = \frac{(2t)^2}{1} = 4t^2(\text{m/s}^2)$$

所以，质点加速度的大小为

$$a = \sqrt{a_\tau^2 + a_n^2} = \sqrt{2^2 + (4t^2)^2} = 2\sqrt{1+4t^4}(\text{m/s}^2)$$

其方向与切向的夹角 φ 为

$$\varphi = \arctan\frac{a_n}{a_\tau} = \arctan 2t^2$$

(2) 由题意，$a_n = a_\tau$，可得

$$t^2 = 0.5\text{s}^2$$

此时质点的角坐标是

$$\theta = t^2 + 1 = (0.5+1)\text{rad} = 1.5\text{rad}$$

即此处质点的切向加速度和法向加速度的大小相等。

1.4 牛顿运动定律

牛顿在他1687年出版的名著《自然哲学的数学原理》中以定律的形式提出了力学运动的三条规律，这三条定律统称为牛顿运动定律。牛顿运动定律是经典力学的基础，虽然牛顿定律一般是对质点而言的，但这并不限定它们的广泛适用性，因为复杂的物体在原则上可看作是质点的组合。从牛顿运动定律出发可以导出刚体、流体、弹性体等的运动规律，从而建立起整个经典力学的体系。

媒介来传递的，认为物体间的万有引力是通过引力场而相互作用的。就是说，任何具有质量的物体，在它周围空间都存在着某种特殊形式的物质，这种物质称为引力场。

如图1-8所示，两个质量分别为 m_1 和 m_2 的质点相距为 r 时，各自受到的万有引力 $\boldsymbol{F}_1$ 和 $\boldsymbol{F}_2$ 是一对作用力与反作用力，方向如图，而万有引力的大小为

$$F_1 = F_2 = G\frac{m_1 m_2}{r^2} \tag{1-37}$$

式中，G 叫做引力常量，在国际单位制中，它的大小经测定为 $G = 6.67\times10^{-11}\mathrm{N\cdot m^2/kg^2}$。式(1-37)称为**万有引力定律**。

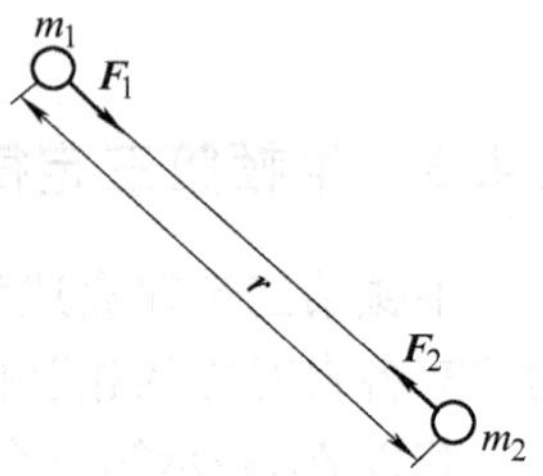

图1-8 万有引力

万有引力定律只适用于质点和可以视为质点的物体。地球可以近似看作是质量均匀分布的球体，计算它对地面上的物体的万有引力时，可以把地面物体看作质点，而地球的质量全部集中在地心，引力方向指向地心。

重力是由地球对它表面附近的物体的引力引起的，忽略地球自转的影响(其误差不超过0.4%)，物体所受的重力就等于它所受的万有引力。因此，常将地球对它表面附近的物体的引力称为**重力**。物体因受重力作用而产生的加速度称为重力加速度。按照牛顿第二定律，重力 $\boldsymbol{P}$ 和重力加速度 $\boldsymbol{g}$ 之间满足关系

$$\boldsymbol{P} = m\boldsymbol{g} \tag{1-38}$$

设地球的质量为 m'，半径为 R，物体的质量为 m，重力等于万有引力，故有

$$mg = G\frac{m'm}{R^2}$$

由此得到

$$g = \frac{Gm'}{R^2} \tag{1-39}$$

上式表明：地球表面上各物体的重力加速度是与物体自身的质量无关的一个常量。这里，我们把地球表面附近物体到地心的距离 r 用地球半径 R 来计算。通常，取重力加速度的大小的值为 $g = 9.8\mathrm{m/s^2}$。

1.5.2 弹性力

弹性力是物体在外力作用下发生形变时，物体内部产生的企图恢复物体为原来形状的力。它的方向要根据物体形变的情况来决定。弹性力产生在直接接触的物体之间，常见的表现形式有三种：弹簧的弹性力、物体间相互挤压而引起的弹性力以及绳子的拉力。

1. 弹簧的弹性力

实验表明，在弹簧的形变(伸长或压缩)较小时，弹性力的大小 F 与形变即弹簧伸长或压缩的长度 x 成正比

$$F = kx \tag{1-40}$$

上式称为**胡克定律**，其中 k 叫弹簧的劲度系数，弹性力的方向总是力图使弹簧恢复原状。

2. 物体间相互挤压而引起的弹性力

实验表明，两个物体通过一定面积相互挤压，两个物体都会发生形变，因而产生施于对方的弹力作用，这种弹力通常又称为正压力或支持力。在物体的形变(伸长或压缩)较小时，

这种挤压弹性力总是垂直于物体间的接触面或接触点的公切面，故亦称为法向力，而它们的大小取决于相互挤压的程度。

3. 绳子的拉力

它是在绳子受拉而发生拉伸形变时所引起的弹性力。这种弹性力是由于绳子发生了伸长形变而产生的，其大小取决于绳子收紧的程度，方向总是沿着绳子并指向绳子收紧的方向。

绳子产生拉力时，其内部各段之间也有相互的弹性力作用，这种内部的弹性力称为张力。当绳子的质量可以忽略不计时，绳子上张力处处相等，且等于绳子两端的拉力。

1.5.3 摩擦力

摩擦力产生在直接接触的物体之间，并以两物体之间是否有相对运动或相对运动的趋势为先决条件。摩擦力的方向沿两物体接触面的切线方向，并与物体相对运动或相对运动趋势的方向相反。

1. 静摩擦力

如果沿桌面推动一个纸箱，而纸箱保持不动，则此时纸箱与桌面之间的摩擦力称为静摩擦力。静摩擦力的大小 F_s 介于零与最大静摩擦力 F_{max} 之间，即

$$0 < F_s \leqslant F_{max}$$

而最大静摩擦力的大小为

$$F_{max} = \mu_s F_N \tag{1-41}$$

式中，μ_s 称为静摩擦因数，它与两物体接触面的材料性质、粗糙程度、干湿情况等因素有关，通常由实验测定。F_N 为法向支持力的大小。

2. 滑动摩擦力

当作用于上述物体的力超过最大静摩擦力而使物体与桌面间发生相对滑动时，两接触面之间的摩擦力称为滑动摩擦力。滑动摩擦力的方向与两物体之间相对滑动的方向相反，大小为

$$F = \mu F_N \tag{1-42}$$

式中，μ 称为动摩擦因数，通常它比静摩擦因数稍小一些，计算时对二者一般可不加区别，近似地认为 $\mu_s = \mu$。

3. 粘性阻力

当固体在流体（液体、气体等）中运动，或流体内部的各部分之间发生相对运动时，流体与固体之间或流体内部相互之间也存在着另一种摩擦力，即粘性阻力。粘性阻力的方向和物体相对于流体的速度方向相反，其大小和相对速度的大小有关。在相对运动速率 v 较小时，阻力 F_d 的大小与 v 成正比

$$F_d = kv \tag{1-43}$$

式中，比例系数 k 决定于物体的大小和形状以及流体的性质。

【例题 1-5】 如图 1-9a 所示，放置在水平地面上的静止物体受水平向右、大小为 $F = 10N$ 的外力作用。设物体所受重力的大小为 $P = 30N$，物体与地面间的静摩擦因数 $\mu_s = 0.5$。试分析：(1) 物体的受力情况；(2) 地面对物体的摩擦力是什么性质的摩擦力？

解 (1) 按题意，首先确定本题所要研究的对象是物体。根据题设，分析该物体的受力情况，并将各力画在受力图上，如图 1-9b 所示。

物体的受力情况是:(1)外力 $\boldsymbol{F}$，方向向右;(2)重力 $\boldsymbol{P}$，方向铅直向下;(3)地面对物体的法向支持力 $\boldsymbol{F}_N$，方向向上:(4) 物体存在着向右的相对滑动或相对滑动趋势，因此,地面对物体必存在着方向向左的摩擦力,用 $\boldsymbol{F}_s$ 表示。

(2) 现在来分析摩擦力 $\boldsymbol{F}_s$ 是静摩擦力还是滑动摩擦力。也就是说，物体最终是仅有相对滑动趋势而实际上并未发生相对滑动，还是真正发生了滑动？要回答这一问题，一般必须进行具体计算。为此，可先假定地面对物体作用的是静摩擦力，即假定物体仍然保持静止。这时物体在水平方向处于两力平衡状态，所受的外力 $\boldsymbol{F}$ 和静摩擦力必定等值反向。由此得静摩擦力的大小为

$$F_s = F = 10\text{N}$$

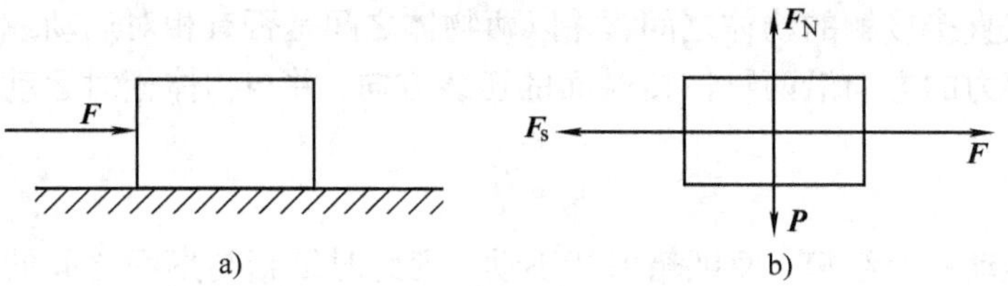

图 1-9

上述假定是否合理，必须取决于

$$F_s \leqslant F_{max}$$

是否成立，其中 F_{max} 为最大静摩擦力。因物体在铅直方向无运动，重力 $\boldsymbol{P}$ 与支持力 $\boldsymbol{F}_N$ 平衡，由此得支持力 $\boldsymbol{F}_N$ 的大小为

$$F_N = P = 30\text{N}$$

于是，可得最大静摩擦力

$$F_{max} = \mu_s F_N = 0.5 \times 30\text{N} = 15\text{N}$$

所以,上述保持静止的假定是合理的，即地面对物体确实存在着静摩擦力的作用，使物体保持静止。

如果外力 $\boldsymbol{F}$ 的大小是 12N，不难推断，此时物体仍受静摩擦力作用。所不同的是，此时随着外力的变大，静摩擦力的大小也随之增大到 12N，以维持物体静止。如果进一步增大外力 $\boldsymbol{F}$ 使之为 20N，我们仍可先作相对静止的假定，这时静摩擦力的大小为 20N，但静摩擦力超过了最大静摩擦力，这显然不符合 $F_s \leqslant F_{max}$。由此可知，在外力 F 为 20N 情况下所作的相对静止这一假定是不对的，实际上是发生了滑动。这时，地面对物体作用的摩擦力便是阻碍相对滑动的滑动摩擦力。若动摩擦因数 $\mu = 0.45$，计算出这个滑动摩擦力为 $F = \mu F_N = 13.5\text{N}$。

1.6 牛顿运动定律的应用

利用牛顿运动定律原则上能解决经典质点动力学中的所有问题。在应用牛顿运动定律解质点动力学问题时，其基本方法如下:

1)认物体:根据问题确定一个物体作为研究对象;如果问题涉及几个物体，就要一个一个

地作为对象进行分析。

2）看运动：分析所认定的研究对象的运动状态，包括运动轨迹、速度、加速度、初始运动状态等；如果问题涉及几个物体时，还要确定出它们运动之间的关系。

3）查受力：对每一个研究对象独立地进行受力分析，并画出受力图。

4）建坐标：牛顿运动定律是矢量公式，必须根据需要建立合适的坐标系，将位矢、速度、加速度、力等矢量分解成各个坐标轴上的分量。

5）列方程：根据牛顿第二定律列出物体在各坐标轴方向上的分量方程。

6）求结果：对方程进行求解，并对求出的结果进行适当的分析；求解时应尽量进行代数运算，最后代入数字计算，并注意各物理量单位的正确使用。

【例题1-6】 桌上有一质量为 $m_0=1.5\text{kg}$ 的物体B，其上放一质量为 $m=2.45\text{kg}$ 的另一物体A，两物体之间、物体B与桌面之间的动摩擦因数均为 $\mu=0.25$。要将物体B从物体A下面抽出，至少需要多大的水平力 $\boldsymbol{F}$？

解 本题有两个物体，可以采用隔离体法来求解。如图1-10所示，设物体B对物体A的摩擦力为 $\boldsymbol{F}_{AB}$，物体A对物体B的摩擦力为 $\boldsymbol{F}_{BA}$，桌面对物体B的摩擦力为 $\boldsymbol{F}_B$。因为它们之间有相对滑动，因此都是滑动摩擦力，它们的大小分别为 $F_{AB}=F_{BA}=\mu mg$，$F_B=\mu(m_0+m)g$。

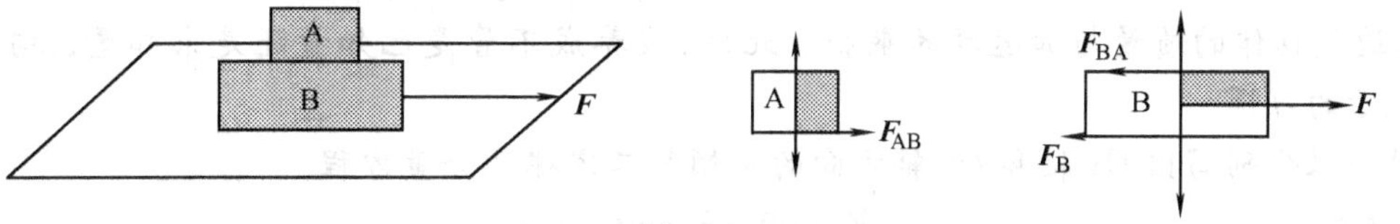

图 1-10

对物体A，沿水平方向仅受到力 $\boldsymbol{F}_{AB}$，根据牛顿第二定律，有

$$\mu mg=ma_A$$

$$a_A=\mu g$$

对物体B，沿水平方向受到三个力 $\boldsymbol{F}_{BA}$、$\boldsymbol{F}_B$、$\boldsymbol{F}$，根据牛顿第二定律，有

$$F-\mu(m_0+m)g-\mu mg=m_0a_B$$

$$F=\mu(m_0+2m)g+m_0a_B$$

要将物体B从物体A下面抽出，B的加速度必须不小于A的加速度，即需满足条件 $a_B\geqslant a_A$。因此有

$$F=\mu(m_0+2m)g+m_0a_B\geqslant\mu(m_0+2m)g+m_0a_A$$

将 $a_A=\mu g$ 代入上式得到

$$F\geqslant2\mu(m_0+m)g$$

由此得到水平力 $\boldsymbol{F}$ 的最小值为

$$F_{min}=2\mu(m_0+m)g=2\times0.25\times(1.5+2.45)\times9.8\text{N}=19.4\text{N}$$

【例题1-7】 如图1-11所示，质量为 $m=0.5\text{kg}$ 的小球挂在倾角 $\theta=30°$的光滑斜面上。当斜面以加速度 $a=2.0\text{m/s}^2$ 沿图1-11a中所示方向运动时，绳中的张力及小球对斜面的正压力各是多大？

解 题中小球通过绳的约束与斜面一起运动，小球的质量已知，因此，以小球为研究对

滑动摩擦力 $F=\mu F_N$

6. 牛顿运动定律的简单应用

应用牛顿运动定律解决简单的直线和圆周运动问题。

习 题

一、选择题

1. 对质点的运动，有以下几种表述，正确的是 [ ]

A. 在直线运动中，质点的加速度和速度的方向相同。

B. 在某一过程中平均速率不为零，则平均速度也不可能为零。

C. 在直线运动中，加速度不断减小，则速度也不断减小。

D. 若某质点加速度的大小和方向不变，其速度的大小和方向可不断变化。

2. 某质点的运动方程为 $x=2t-3t^3+12(\mathrm{m})$，则该质点作 [ ]

A. 匀加速直线运动，加速度沿 Ox 轴正向。

B. 匀加速直线运动，加速度沿 Ox 轴负向。

C. 变加速直线运动，加速度沿 Ox 轴正向。

D. 变加速直线运动，加速度沿 Ox 轴负向。

3. 质点沿半径为 R 的圆周作匀速率圆周运动，每 T 秒转一圈，在 $2T$ 时间间隔中，其平均速度大小与平均速率分别为 [ ]

A. $\frac{2\pi R}{T},\frac{2\pi R}{T}$　　B. $0,\frac{2\pi R}{T}$　　C. $0,0$　　D. $\frac{2\pi R}{T},0$

4. 质点作圆周运动时，下列表述中正确的是 [ ]

A. 速度方向一定指向切向，加速度方向一定指向圆心。

B. 法向分速度为零，所以法向加速度也一定为零。

C. 必有加速度，但法向加速度可以为零。

D. 法向加速度一定不为零。

5. 关于惯性有下面四种表述，正确的为： [ ]

A. 物体静止或作匀速运动时才具有惯性。

B. 物体受力作变速运动时才具有惯性。

C. 物体受力作变速运动时才没有惯性。

D. 物体在任何情况下均有惯性。

6. 下列表述中正确的是 [ ]

A. 质点运动的方向和它所受的合外力方向相同。

B. 质点的速率为零，它所受的合外力一定为零。

C. 质点作匀速率圆周运动，它所受的合外力必定与运动方向垂直。

D. 摩擦力总是阻碍物体间的相对运动，它的方向总是与物体的运动方向相反。

7. 质量分别为 m 和 m_0 的滑块A和B，叠放在光滑水平桌面上，如图1-13所示。A和B间的静摩擦因数为 μ_s，动摩擦因数为 μ，系统原处于静止。今有一水平力 $\boldsymbol{F}$ 作用于A上，要使A、B不发生相对滑动，则应有 [ ]

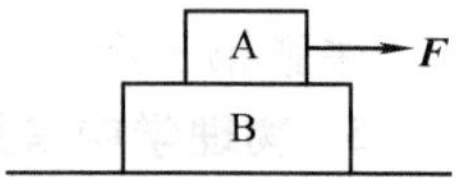

图 1-13

A. $F \leqslant \mu_s mg$　　B. $F \leqslant \mu_s \left(1 + \frac{m}{m_0}\right) mg$

C. $F \leqslant \mu_s (m + m_0) g$　　D. $F \leqslant \mu \left(1 + \frac{m}{m_0}\right) mg$

8. 一质量为 m 的石块被大风刮得从崖顶落下，若大风对石块始终作用一个稳定水平力 $\boldsymbol{F}$，则石块下落过程中的加速度大小应为 [　　]

A. $\sqrt{g^2 + \left(\frac{F}{m}\right)^2}$　　B. $\frac{F}{m}$　　C. g　　D. 0

9. 在足够长的管中装有粘滞液体，放入钢球由静止开始向下运动，下列说法中正确的是 [　　]

A. 钢球运动越来越慢，最后静止不动。

B. 钢球运动越来越慢，最后达到稳定的速度。

C. 钢球运动越来越快，一直无限制地增加。

D. 钢球运动越来越快，最后达到稳定的速度。

二、填空题

1. 一质点运动的加速度为 $\boldsymbol{a} = 2t\boldsymbol{i} + 3t^2\boldsymbol{j}$，其初始速度与初始位移均为零，则该质点的运动方程为__________，2s 时该质点的速度为__________。

2. 一质点以初速 v_0 和抛射角 θ_0 作斜抛运动，则到达最高处的速度大小为__________，切向加速度大小为__________，法向加速度大小为__________，合加速度大小为__________。

3. 一质点沿半径为 R 的圆周运动，在 $t=0$ 时经过 P 点，此后它的速率 v 按 $v = A + Bt$（A、B 为正的已知常量）变化，则质点沿圆周运动一周再经过 P 点时的切向加速度 $a_\tau =$ __________，法向加速度 $a_n =$ ________。

4. 一质点从静止出发沿半径为 3m 的圆周运动，切向加速度大小为 $3\mathrm{m/s^2}$ 并保持不变，则经过________ s 后它的总加速度恰好与半径成 45°角。在此时间内质点经过的路程为________ m，角位移为________ rad，在 1s 末总加速度大小为________ $\mathrm{m/s^2}$。

5. 如图 1-14 所示，一根轻弹簧的两端分别固连着质量相等的两个物体 A 和 B，用轻线将它们悬挂起来，在将线烧断的瞬间，物体 A 的加速度大小是________ $\mathrm{m/s^2}$，物体 B 的加速度大小是________ $\mathrm{m/s^2}$。

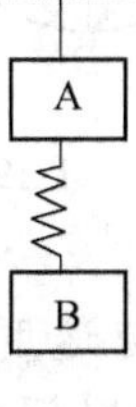

图 1-14

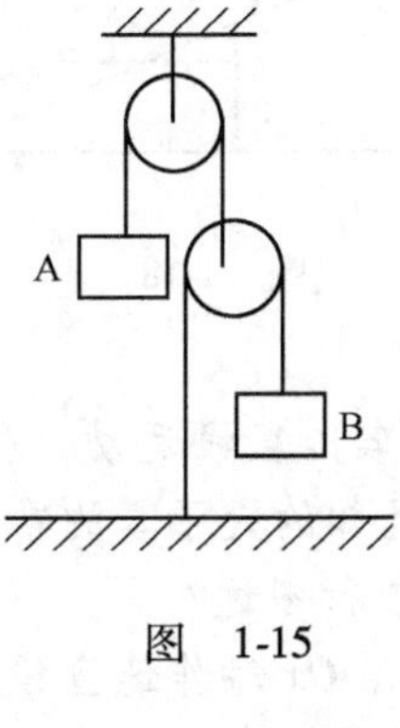

图 1-15

6. 如图1-15所示，A、B两物体质量均为m，用质量不计的定滑轮和细绳连接，并不计摩擦，则A获得的加速度大小为________，B获得的加速度大小为________。

7. 一个圆锥摆摆线的长度为l，摆线与竖直方向的夹角恒为θ，如图1-16所示。则摆锤转动的周期为________。

8. 如图1-17所示，一细线一端系着质量为m的小球，另一端固定于O点，小球可在竖直平面中摆动，将小球拉至水平位置后自由释放，当球摆到与铅直线成θ角的位置时，小球的切向加速度大小为________；法向加速度大小为________。

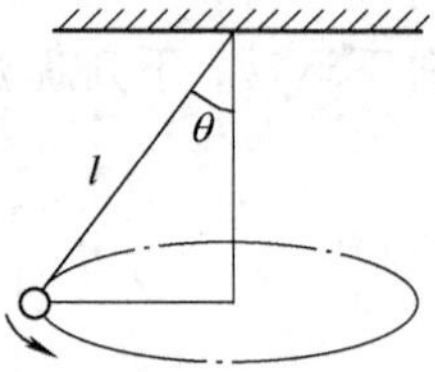

图 1-16

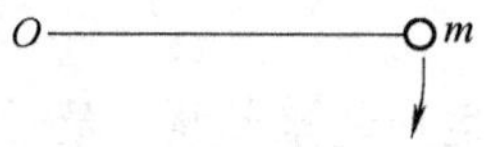

图 1-17

三、计算题

1. 一质点在xy平面内运动，运动方程为$x=3t$，$y=2t^2+3$，式中t以s计，x,y以m计。求:(1) $t=2$s时的位矢、速度和加速度;(2) 在$t=1$s和$t=2$s这段时间内，质点位移的大小和方向;(3)在$t=1$s到$t=2$s内质点的平均速度;(4) 质点的轨迹方程。

2. 一质点沿x轴运动，加速度$a=-2t$，$t=0$时$x_0=3$m，$v_0=1$m/s。求:(1) t时刻质点的速度和位置；(2) 速度为零时质点的位置和加速度;(3) 从开始($t=0$)到速度为零这段时间内质点的位移大小。

3. 如图1-18所示，路灯距地面高为H，行人身高为h，若人以匀速v背向路灯行走，则人头影子移动的速度为多大?

4. 质点沿半径$R=0.1$m的圆作圆周运动，自A沿顺时针方向经B、C到达D点，如图1-19所示，所需时间为2s。试求:(1) 质点在2s内位移的大小和路程;(2) 质点在2s内的平均速率和平均速度的大小。

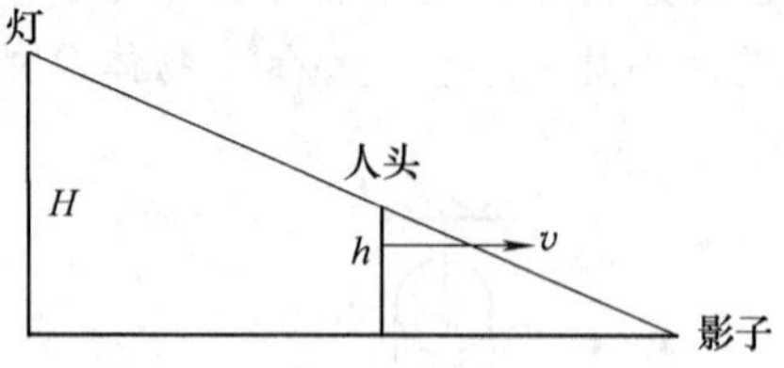

图 1-18

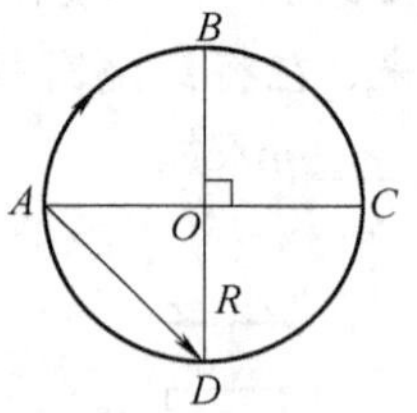

图 1-19

5. 一小轿车作直线运动，刹车时速度为v_0，刹车后其加速度与速度成正比而反向，即$a=-kv$，k为已知的大于零的常量。试求:(1) 刹车后轿车的速度与时间的函数关系;(2) 刹车后轿车最多能行多远?

6. 一质点沿Ox轴作速直线运动，加速度为$a=-kx$，k为一正的常量，假定质点在x_0处的速度是v_0，试求质点速度的大小v与坐标x的函数关系。

7. 一飞轮以 $n=1500\text{run/min}$ 的转速转动，受到制动后均匀地减速，经 $t=50\text{s}$ 后静止。试求:(1) 角加速度 α;(2) 制动后 $t=25\text{s}$ 时飞轮的角速度，以及从制动开始到停转，飞轮的转数 N;(3) 设飞轮的半径 $R=1\text{m}$，则 $t=25\text{s}$ 时飞轮边缘上一点的速度和加速度的大小。

8. 一质点沿半径为 R 的圆周运动，质点所经过的弧长与时间的关系为 $s=bt+\frac{1}{2}ct^2$，其中 b,c 为常量，且 $Rc>b^2$。求切向加速度与法向加速度大小相等之前所经历的时间。

9. 一质点在半径为 0.10m 的圆周上运动，设 $t=0$ 时质点位于 x 轴上(参见图 1-7)，其角速度为 $\omega=12t^2$。(1) 求在 $t=2.0\text{s}$ 时质点的法向加速度、切向加速度和角位置。(2) t 为多大时，法向加速度和切向加速度的数值相等?

10. 试由牛顿第二定律导出自由落体运动的运动方程 $y=\frac{1}{2}gt^2$。

11. 质量为 m 的物体放在水平地面上，物体与地面间的静摩擦因数为 μ_s，今对物体施一与水平方向成 θ 角的斜向上的拉力。试求物体能在地面上运动的最小拉力。

12. 如图 1-20 所示，一根细绳跨过定滑轮，在细绳两端分别悬挂质量为 m_1 和 m_2 的物体，且 $m_1<m_2$。假设滑轮的质量与细绳的质量均略去不计，滑轮与细绳间的摩擦力以及轮轴的摩擦力亦略去不计。试求物体的加速度和细绳的张力。

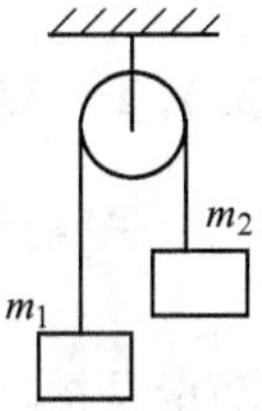

图 1-20

13. 一质量为 80kg 的人乘降落伞下降，向下的加速度为 2.5m/s^2，降落伞的质量为 2.5kg，试求空气作用在伞上的力和人作用在伞上的力。

14. 质量为 m 的质点，原来静止，在一变力作用下运动，该力方向恒定，大小随时间变化，关系为 $F=F_0\left(2-\frac{t}{T}\right)$，其中 F_0、T 为常量，求经过 $t=2T$ 时质点的速率。

15. 质量为 $m=0.1\text{kg}$ 的小球沿半径为 $R=1\text{m}$ 的圆周运动，角坐标 $\theta=t^4-3(\text{rad})$，求 $t=1\text{s}$ 时小球所受外力的大小。

16. 地球的半径 $R=6.4\times10^3\text{km}$，地面上的重力加速度 $g=Gm_E/R^2=9.8\text{m/s}^2$，其中 G 为引力常量，m_E 为地球质量。求在地球赤道上空、转动周期与地球自转周期($T=24\text{h/d}$)相同的地球同步卫星离地面的高度。

第2章 守 恒 定 律

上一章学习的牛顿第二定律阐明了力及其对物体所产生的瞬时效应，即产生加速度。因此,当一个力作用于物体上并维持一定时间使质点的位置发生一定变化时，物体的运动状态一般将发生变化。本章学习动量、角动量、功和能等描述物体运动状态和过程变化的物理量,着重讲述三个定理和三个守恒定律，即动量定理和动量守恒定律、角动量定理和角动量守恒定律、功能原理和机械能守恒定律。本章最后介绍刚体定轴转动的基本概念和定律。

2.1 动量与冲量 质点的动量定理

2.1.1 动量与冲量

牛顿把物体的质量 m 与速度矢量$\boldsymbol{v}$ 的乘积定义为物体的**动量**

$$\boldsymbol{p}=m\boldsymbol{v} \tag{2-1}$$

动量是描写物体机械运动状态的物理量，它是一个矢量，其大小为$|m\boldsymbol{v}|=mv$，方向为速度的方向。在国际单位制中，动量的单位是 kg · m/s(千克 · 米/秒)。

当一个力作用于物体并维持一定时间，会产生什么效果呢？为此我们先引入描写力的时间积累作用的物理量，这就是冲量 $\boldsymbol{I}$。如果物体(质点)所受的外力 $\boldsymbol{F}$ 为一恒力，则在 t_1 到 t_2 时间内，力 $\boldsymbol{F}$ 对物体的**冲量**定义为

$$\boldsymbol{I}=\boldsymbol{F}(t_2-t_1) \tag{2-2}$$

一般情况下，如果外力 $\boldsymbol{F}$ 是变力，则定义冲量为

$$\boldsymbol{I}=\int_{t_1}^{t_2}\boldsymbol{F}\mathrm{d}t \tag{2-3}$$

由冲量的上述定义式可知，冲量 $\boldsymbol{I}$ 是一个矢量，其方向一般并不与外力 $\boldsymbol{F}$ 的方向相同。冲量的单位由力和时间的单位确定，在国际单位制中，冲量的单位是 N · s(牛顿 · 秒)。

质点的动量是一个状态量，而力的冲量表征力的时间累积效应，是一个与过程有关的量。

2.1.2 质点的动量定理

我们知道，力作用物体上会产生加速度，因而会改变物体的速度，因此,冲量与物体运动状态的变化有关。

我们可以把牛顿第二定律 $\boldsymbol{F}=m\dfrac{\mathrm{d}\boldsymbol{v}}{\mathrm{d}t}$写成如下形式

$$\boldsymbol{F}\mathrm{d}t=m\mathrm{d}\boldsymbol{v}=\mathrm{d}(m\boldsymbol{v})=\mathrm{d}\boldsymbol{p} \tag{2-4}$$

此式也称为质点动量定理的微分形式。设一质量为 m 的质点受到合力 $\boldsymbol{F}$ 作用，在时刻 t_1、t_2 相应的速度分别为$\boldsymbol{v}_1$ 和$\boldsymbol{v}_2$。将上式从 $t_1\rightarrow t_2$ 这段时间进行积分，即得

$$\int_{t_1}^{t_2} \boldsymbol{F}\mathrm{d}t = \int_{p_1}^{p_2} \mathrm{d}\boldsymbol{p} = \boldsymbol{p}_2 - \boldsymbol{p}_1 = m\boldsymbol{v}_2 - m\boldsymbol{v}_1 \tag{2-5}$$

左边的积分就是质点所受的合力 $\boldsymbol{F}$ 的冲量 $\boldsymbol{I}$。因此

$$\boldsymbol{I} = \boldsymbol{p}_2 - \boldsymbol{p}_1 \tag{2-6}$$

式(2-6)表明:在一段时间过程内质点所受到的合力的冲量，等于这段时间内该质点动量的增量，这称为**质点的动量定理**。

在动量定理中，$\boldsymbol{F}$ 是方向和大小都可以变化的力，但是，我们可以不去管力的变化的细节，力的冲量总等于始末动量的矢量差，冲量的方向指向质点动量增量的方向。这就是利用动量定理解决问题的优点所在。

从动量定理可以知道，在相同的冲量作用下，不同质量物体的速度变化是不相同的，质量大的物体速度变化小，质量小的物体速度变化大，但它们的动量变化却是相同的，所以用动量的变化能更好地反映物体机械运动的状态变化。

质点的动量定理是牛顿第二定律的推论，因此与牛顿第二定律一样只适用于惯性系。

上述动量定理的表达式是矢量式，为计算方便，我们建立笛卡儿坐标系，把冲量、力和动量都分解成沿 x 轴、y 轴和 z 轴的分量，于是动量定律可写成分量形式

$$\begin{cases} I_x = \int_{t_1}^{t_2} F_x \mathrm{d}t = mv_{2x} - mv_{1x} \\ I_y = \int_{t_1}^{t_2} F_y \mathrm{d}t = mv_{2y} - mv_{1y} \\ I_z = \int_{t_1}^{t_2} F_z \mathrm{d}t = mv_{2z} - mv_{1z} \end{cases} \tag{2-7}$$

上式表明，冲量在某个方向的分量等于在该方向上质点动量分量的增量。冲量在某一方向的分量只能改变该方向的动量分量，而不能改变与它相垂直的其他方向的动量分量。

动量定理在处理打击和碰撞等问题中特别有用。两物体碰撞时互相作用的力称为冲力。冲力的特点是作用时间极短，而力的大小变化极快，这就是所谓力的脉冲。一般而言，冲力大小随时间而变化，情况比较复杂，所以很难把每一时刻的冲力测量出来，因此，无法直接应用牛顿第二定律求解。但若我们能够知道两物体在碰撞前、后的动量，那么根据动量定理，就可得出物体所受的冲量；若我们还能测出碰撞时间 Δt，那么还可以由冲量算出在碰撞时间 Δt 内的物体所受到的平均冲力 $\overline{\boldsymbol{F}}$。

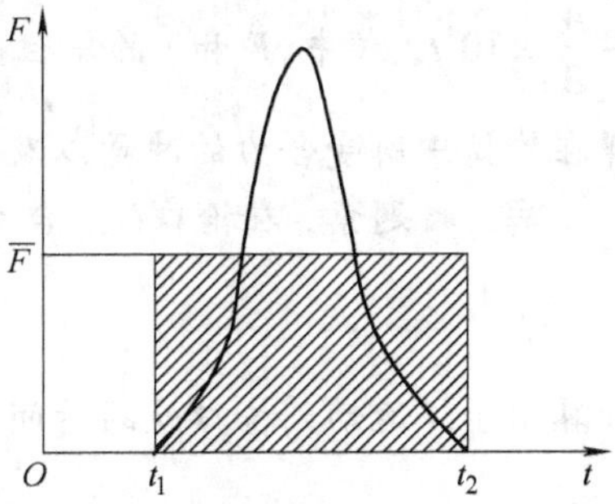

图 2-1 平均冲力

如图 2-1 所示，假设冲力的方向不变，冲量的大小 I 就是冲力随时间变化的曲线下的面积，可以找到一个不变的力 $\overline{\boldsymbol{F}}$，使它在相同的时间 $\Delta t = t_2 - t_1$ 内的冲量与 I 相等，即图中所示的阴影矩形面积与冲力曲线下的面积相等，因此得到

$$\overline{\boldsymbol{F}}\Delta t = \int_{t_1}^{t_2} \boldsymbol{F}\mathrm{d}t = m\boldsymbol{v}_2 - m\boldsymbol{v}_1$$

$$\overline{\boldsymbol{F}} = \frac{m\boldsymbol{v}_2 - m\boldsymbol{v}_1}{\Delta t} \tag{2-8}$$

平均冲力的计算避开了复杂的冲力计算，对于估算打击或者碰撞的强度十分方便。

在实际生产和生活中常常要减小冲力，避免冲力造成损坏。例如，轮船在驶靠码头时，在码头和船体相接触处都装有橡胶轮胎作为缓冲装备，这是为了延长碰撞时间以减小冲力；火车车厢两端的缓冲器和车底下的减振器都是为了达到这样的目的；当人们用手去接抛过来的篮球时，手在接触球后要先向后退缩一下，再把球握住，其目的也是延缓篮球对手的冲击时间，从而减小球对手的冲力。

【例题2-1】 一质量为700g的足球从$h_1=5\text{m}$高处自由落下，落地后反跳到$h_2=3.2\text{m}$的高处。问:(1) 球在与地面撞击的极短过程中动量变化如何？球受到的地面冲量有多大？(2) 若球与地面的接触时间是0.02s，球对地面的平均作用力有多大？

解 (1) 球刚落地时速度的大小为

$$v_1=\sqrt{2gh_1}=\sqrt{2\times9.8\times5}\text{m/s}=9.9\text{m/s}$$

方向为铅直向下。反跳时(即离开地面的一瞬间) 足球的速度大小为

$$v_2=\sqrt{2gh_2}=\sqrt{2\times9.8\times3.2}\text{m/s}=7.9\text{m/s}$$

方向为铅直向上。

取坐标轴y，以向上为正，则$v_{2y}=7.9\text{m/s}$，$v_{1y}=-9.9\text{m/s}$，球的动量产生相应变化。根据质点的动量定理，球的动量改变正是球受地面的冲量所致，所以

$$I_y=mv_{2y}-mv_{1y}=0.7\times[7.9-(-9.9)]\text{kg}\cdot\text{m/s}=12.5\text{kg}\cdot\text{m/s}$$

其方向和动量增量的方向相同，即方向为铅直向上。

(2)已知球与地面的接触时间$\Delta t=0.02\text{s}$，故由$I_y=\overline{F}_y\Delta t$可算得地面对球的平均冲力的大小为

$$\overline{F}_y=\frac{I_y}{\Delta t}=\frac{12.5}{0.02}\text{N}=625\text{N}$$

方向亦为铅直向上。

根据作用与反作用的关系，球对地面作用的平均冲力的大小也为625N，但方向为铅直向下。

【例题2-2】 一人将枪托在肩上，进行水平射击。一颗子弹从枪口射出时的速率为300m/s。设在$t=0$时射击，子弹在枪筒里前进时所受的合力的大小F随时间t变化，$F=400-\frac{4}{3}\times10^4t$，式中，$F$和$t$的单位分别是N和s。假使子弹运动到枪口处合力恰好为零，求子弹在枪筒中所受合力的冲量以及子弹的质量。

解 按题意，在枪口处，合力$F=0$，即

$$400-\frac{4}{3}\times10^4t=0$$

计算出子弹运动到枪口处的时间

$$t=\frac{400\times3}{4\times10^4}\text{s}=3\times10^{-2}\text{s}=0.03\text{s}$$

因此子弹在枪筒中所受合力的冲量为

$$I=\int_0^{0.03}F\text{d}t=\int_0^{0.03}\left(400-\frac{4}{3}\times10^4t\right)\text{d}t=6\text{N}\cdot\text{s}$$

冲量的方向沿水平方向朝向枪口。

因为 $v_{0x}=0$，$v=300\text{m/s}$，根据动量定理

$$I=mv-mv_0=mv$$

由此算出子弹的质量

$$m=\frac{I}{v}=\frac{6}{300}\text{kg}=2\times10^{-2}\text{kg}$$

2.2 质点系的动量定理

在许多问题中常常会遇到由彼此间存在相互作用的若干个质点组成的系统，例如太阳和行星组成的系统。由存在相互作用的若干个质点组成的系统称为**质点系**。

2.2.1 质点系的内力和外力

质点系内各质点间的相互作用力称为**内力**，系统以外的其他物体对系统内任意一质点的作用力称为**外力**。内力总是成对出现的，大小相等，方向相反，它们是作用力与反作用力。

外力和内力都是相对系统而言的，例如，如果把地球、月球和太阳当作一个系统，那么它们之间的万有引力都是内力；如果把地球、月球当作一个系统，那么太阳对地球和月球的万有引力就变成外力，而地球和月球之间的万有引力才是内力。

2.2.2 质点系的动量定理推导

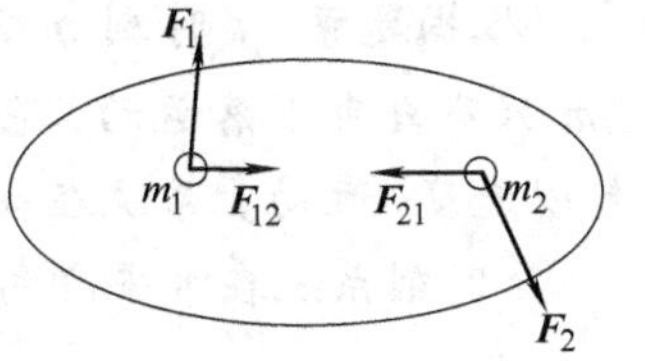

图 2-2 内力与外力

如图 2-2 所示，考虑两个质量为 m_1、m_2 的质点组成的质点系，用 $\boldsymbol{F}_1$、$\boldsymbol{F}_2$ 分别表示 m_1、m_2 受到的外力，它们间的相互作用力即内力为 $\boldsymbol{F}_{12}$和 $\boldsymbol{F}_{21}$。

考虑一段时间过程，两个物体在开始时刻 t_1 的初速度分别为$\boldsymbol{v}_{10}$、$\boldsymbol{v}_{20}$，在结束时刻 t_2 的末速度分别为$\boldsymbol{v}_1$、$\boldsymbol{v}_2$。对两个质点分别应用质点的动量定理，有

$$\int_{t_1}^{t_2}(\boldsymbol{F}_1+\boldsymbol{F}_{12})\,\mathrm{d}t=m_1\boldsymbol{v}_1-m_1\boldsymbol{v}_{10}$$

$$\int_{t_1}^{t_2}(\boldsymbol{F}_2+\boldsymbol{F}_{21})\,\mathrm{d}t=m_2\boldsymbol{v}_2-m_2\boldsymbol{v}_{20}$$

将两式相加，得到

$$\int_{t_1}^{t_2}(\boldsymbol{F}_1+\boldsymbol{F}_2)\,\mathrm{d}t+\int_{t_1}^{t_2}(\boldsymbol{F}_{12}+\boldsymbol{F}_{21})\,\mathrm{d}t=(m_1\boldsymbol{v}_1+m_2\boldsymbol{v}_2)-(m_1\boldsymbol{v}_{10}+m_2\boldsymbol{v}_{20})$$

因两内力的大小相等、方向相反，即 $\boldsymbol{F}_{12}=-\boldsymbol{F}_{21}$，因此上式变成

$$\int_{t_1}^{t_2}(\boldsymbol{F}_1+\boldsymbol{F}_2)\,\mathrm{d}t=(m_1\boldsymbol{v}_1+m_2\boldsymbol{v}_2)-(m_1\boldsymbol{v}_{10}+m_2\boldsymbol{v}_{20}) \qquad (2\text{-}9)$$

式(2-9)的左边是作用于质点系中各质点上的合外力的冲量，也就是系统所受合外力的总冲量；右边第一项是系统内两个质点的末动量之和，称为系统的末动量，而第二项是系统内两个质点的初动量之和，称为系统的初动量。因此，作用于系统的总冲量等于系统动量的增量。

很容易将式(2-9)的结论推广到包含 n 个质点的质点系。设其中的第 i 个质点的质量为 m_i，作用在它上面的外力是 $\boldsymbol{F}_i$，考虑一段时间过程，m_i 在开始时刻 t_1 的初速度为$\boldsymbol{v}_{i0}$，在结束

时刻 t_2 的末速度分别为v_i。用$\boldsymbol{p}_0 = m_1 v_{10} + m_2 v_{20} + \cdots + m_n v_{n0}$表示系统内所有质点的初动量之和，用$\boldsymbol{p} = m_1 v_1 + m_2 v_2 + \cdots + m_n v_n$表示系统内所有质点的末动量之和，用$\boldsymbol{F} = \boldsymbol{F}_1 + \boldsymbol{F}_2 + \cdots + \boldsymbol{F}_n$ 表示系统受到的合外力。由于系统质点间的内力总是成对出现的，所以其矢量和必为零。因此得到

$$\int_{t_1}^{t_2} \boldsymbol{F} \mathrm{d}t = \boldsymbol{p}_2 - \boldsymbol{p}_1 \tag{2-10}$$

上式表明：质点系受到的合外力的总冲量等于系统总动量的增量，这就是**质点系的动量定理**。

注意：系统内各质点间相互作用的内力不会引起系统总动量的改变，系统总动量的改变完全由所受合外力的冲量来决定。但是，系统内各个质点动量的变化不仅与该质点所受外力的冲量有关，也和内力的冲量有关。

【例题2-3】 一装沙车以 $v = 3\text{m/s}$ 的速率从沙斗下面通过，如图 2-3 所示。每秒钟落入车厢的沙的质量为 500kg，如果使车厢的速率保持不变，装沙车需用多大的牵引力？（车与轨道的摩擦不计）。

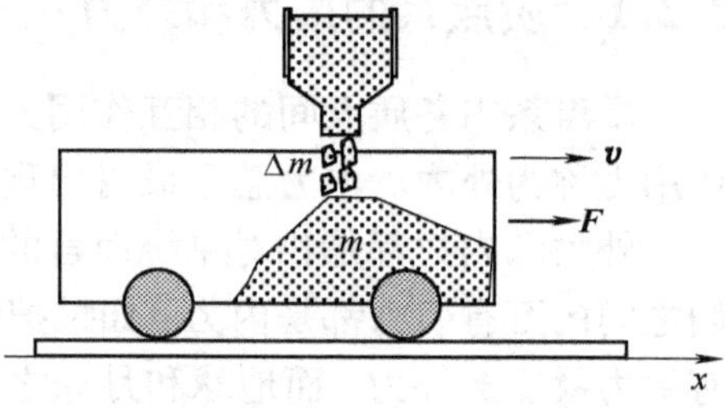

图 2-3

解 设 t 时刻装沙车和已落入车厢的沙子的总质量为 m，而在 Δt 时间内落入车厢的沙子的质量为 Δm。可以将 m 和 Δm 作为研究系统。

根据题意，t 时刻 m 沿 x 轴方向的速度为 v，而 Δm 只有垂直下落运动，它在 x 轴方向的速度为零；在$(t+\Delta t)$时刻 Δm 已落入车厢随车子一起以速度v 运动。系统在 x 轴方向受到的合外力就是装沙车的牵引力，设为 $\boldsymbol{F}$。

t 时刻系统在水平方向的初态总动量为

$$mv + \Delta m \cdot 0 = mv$$

$(t+\Delta t)$时刻系统在水平方向的末态总动量为

$$mv + \Delta mv = (m + \Delta m)v$$

根据质点系的动量定理，系统在水平方向总动量的增量等于合外力 $\boldsymbol{F}$ 的总冲量，因此有

$$F\Delta t = (m + \Delta m)v - mv = \Delta mv$$

这样就得到装沙车所用的牵引力

$$F = \frac{\Delta m}{\Delta t}v = 500\text{kg/s} \times 3\text{m/s} = 1500\text{N}$$

2.3 动量守恒定律

2.3.1 质点系的动量守恒定律

若在一定的过程中系统所受外力之矢量和等于零或完全不受外力，即满足

$$\boldsymbol{F} = \boldsymbol{F}_1 + \boldsymbol{F}_2 + \cdots + \boldsymbol{F}_n = 0$$

根据式(2-10)，系统总动量的增量为零，即

$$\boldsymbol{p} - \boldsymbol{p}_0 = 0$$

也可以写成如下形式

$$\boldsymbol{p}=\boldsymbol{p}_0=\text{常矢量} \tag{2-11}$$

上式表明，如果一个质点系所受的合外力为零，那么这一质点系的总动量就保持不变。这就是**质点系的动量守恒定律**。

动量是矢量，系统的总动量是指系统内所有质点的动量之矢量和，而一般不指代数和。动量守恒定律说明的是系统的总动量是不变量，并不表示其中某个质点的动量不变。实际上，系统内部各个质点的动量仍在变化，这一变化与质点所受的外力和内力的冲量有关，在内力的作用下，动量可以在系统内的各个质点之间转移。动量是物体机械运动的一种量度，动量守恒定律反映了系统内机械运动的转移。

特别地，在两个物体组成的系统中，若合外力的矢量和 $\boldsymbol{F}_1+\boldsymbol{F}_2=0$，则由

$$\int_{t_1}^{t_2}(\boldsymbol{F}_1+\boldsymbol{F}_2)\mathrm{d}t=(m_1 v_1+m_2 v_2)-(m_1 v_{10}+m_2 v_{20})=0$$

可得

$$(m_1 v_1-m_1 v_{10})=-(m_2 v_2-m_2 v_{20})$$

上式表明:每个物体的动量都发生了变化,其中一个物体动量的增加,等于(或来源于)另一个物体动量的减少(即负的动量增量)。亦即两者交换了动量。物体动量变化和彼此交换动量的原因是，它们之间内力的冲量分别对两个物体的作用。

动量守恒是对某一系统而言的，它与系统的划分密切相关。在应用动量守恒定律时必须指明所考察的系统。另外，动量守恒定律式(2-11)中各个物体的速度应是相对于同一惯性系的速度，并且对各个质点的动量求和应是对某一时刻的各质点动量求和。

质点系的动量守恒定律虽然由牛顿运动定律推导而来，但近代的科学实验和理论分析表明，动量守恒定律不仅适用于宏观物体的运动过程，也适用于分子、原子、原子核等微观粒子的相互作用过程;不仅适用于低速运动物体的运动过程，也适用于高速运动物体的运动过程。它比牛顿运动定律具有更大的普遍性，是物理学最普遍、最基本的定律之一,是自然界的普适定律。

质点系动量守恒的条件是作用于质点系中各质点的所有外力的矢量和为零。因此，在应用质点系的动量守恒定律时，必须明确动量守恒是有条件的。如果在所考虑的时间内，系统所受外力之矢量和不为零，但是系统所受外力与系统的内力相比甚小而可忽略不计时，系统的总动量仍然可以近似看成是守恒的。例如，对于碰撞、爆炸等过程，虽外力不为零，但过程极为短暂且内力远大于外力(如空气阻力、摩擦力或重力等)，外力往往可忽略，认为系统动量仍然保持守恒。

2.3.2 沿某一方向的动量守恒定律

动量守恒定律式(2-11)是矢量式，在实际问题中常常需要把它应用到某一个方向上。为计算方便，我们建立笛卡儿坐标系，把合外力和系统的动量都分解成沿 x 轴、y 轴和 z 轴的分量，于是动量守恒定律可写成分量形式

$$\begin{cases}\text{当 } F_x=0 \text{ 时} \quad p_x=C_1\\ \text{当 } F_y=0 \text{ 时} \quad p_y=C_2\\ \text{当 } F_z=0 \text{ 时} \quad p_z=C_3\end{cases} \tag{2-12}$$

式中,C_1、C_2 和 C_3 均为常量。

根据式(2-11)，如果系统受到的合外力不为零，但是合外力在某一方向上的分量为零，此时尽管系统的总动量并不守恒，但是系统在该方向上的动量仍然保持守恒，即动量守恒定律可在某一方向上成立。例如当质点系受到的合外力在 x 轴方向的分量为零($F_x=0$)时，系统的总动量在 x 轴方向的分量守恒，即

$$p_x=\text{常量} \tag{2-13}$$

这一结论称为沿某一方向的动量守恒定律。

质点系动量守恒定律给出的是系统初态和末态的总动量之间的关系，无需考虑初态与末态之间力学过程的变化细节。因此,通过选取适当的系统，可以将物体间复杂的相互作用力当作内力，只要分析系统所受的合外力或者合外力的某个分量，如果满足为零的条件,就可以应用动量守恒定律求解。这是应用动量守恒定律求解问题比牛顿定律优越的地方。

【例题2-4】 如图 2-4 所示，设炮车以仰角 α 发射一颗炮弹，炮车和炮弹的质量分别为 $m_{车}$ 和 m，炮弹相对于地面的出口速度为v，试求炮车反冲(即炮车倒退) 速度$v_{反}$。炮车与地面间的摩擦力在发射炮弹的过程中可以忽略不计。

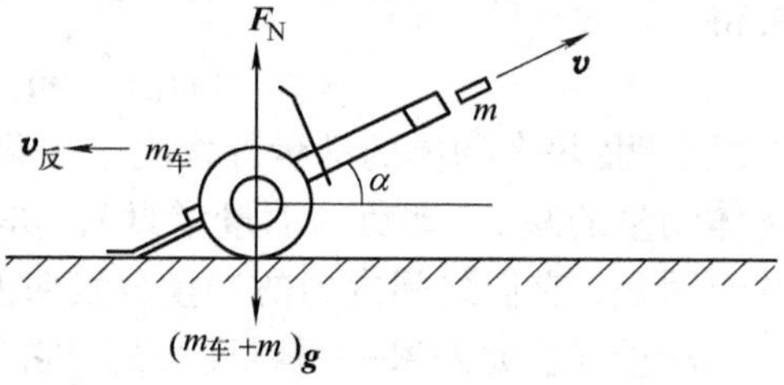

图 2-4

解 我们可把炮车与炮弹看成为一系统。在炮弹发射过程中，炮弹受到火药爆炸的冲击力而射出炮筒，炮车受到反冲力而后退，尽管它们变化复杂，但是它们是炮车与炮弹系统中的一对相互作用的内力，不会改变系统的总动量。

而系统所受外力有:炮车和炮弹的重力$(m_{车}+m)\boldsymbol{g}$、地面的支持力 $\boldsymbol{F}_N$(忽略地面的摩擦力)。在发射前，重力和支持力是相互平衡的。但在炮弹发射过程中，由于炮车受到反冲力作用使地面的支持力 $\boldsymbol{F}_N$ 增大，支持力 $\boldsymbol{F}_N$ 和重力$(m_{车}+m)\boldsymbol{g}$ 不再平衡，因而系统的动量不守恒。然而,重力和支持力都是沿竖直方向的，它们沿水平方向的分量等于零，所以系统沿水平方向的动量守恒。

如题图 2-4 所示，设 x 轴正方向水平向右，假设炮车的速度$v_{车}$与选定的 x 轴正方向相反，则有

$$mv\cos a-m_{车}v_{车}=0$$

由 x 轴方向上的动量守恒定律式(2-13)，得到

$$v_{车}=\frac{m}{m_{车}}v\cos\alpha$$

炮车的反冲速度与炮弹出口速度的水平分量方向相反，即向后倒退。

2.4 质点的角动量定理和角动量守恒定律

2.4.1 质点的角动量

在自然界中经常会遇到质点围绕着一定的中心运转的情况。例如，行星绕太阳的公转，人造卫星绕地球转动，电子绕原子核转动等等。我们采用角动量的概念描述这样的运动。角动量与动量一样，是物理学中的一个重要的基本概念。

我们先来看一个简单情形。如图 2-5 所示，质量为 m 的质点在向心力的作用下作匀速圆周运动，设圆的半径为 r，则质点对圆心的位矢就是 $\boldsymbol{r}$。质点的速度是$\boldsymbol{v}$，方向沿圆的切线方向，此时质点的动量 $\boldsymbol{p}=m\boldsymbol{v}$。质点的位矢 $\boldsymbol{r}$ 与它的动量 $\boldsymbol{p}$ 处处垂直。我们把质点位矢 $\boldsymbol{r}$ 的大小 r 和动量 $\boldsymbol{p}$ 的大小 p 的乘积定义为作圆周运动的质点对圆心 O 的角动量的大小，用 L 表示

$$L=pr=mvr \tag{2-14}$$

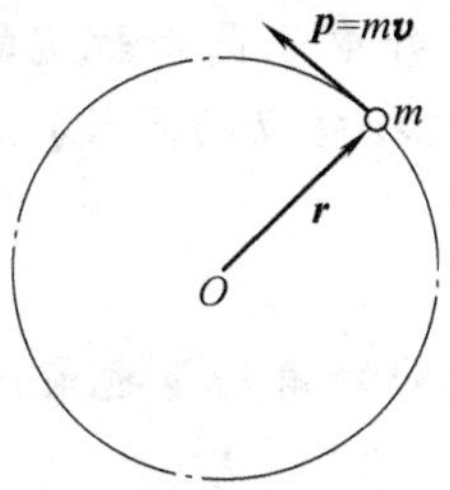

图 2-5　圆周运动的角动量

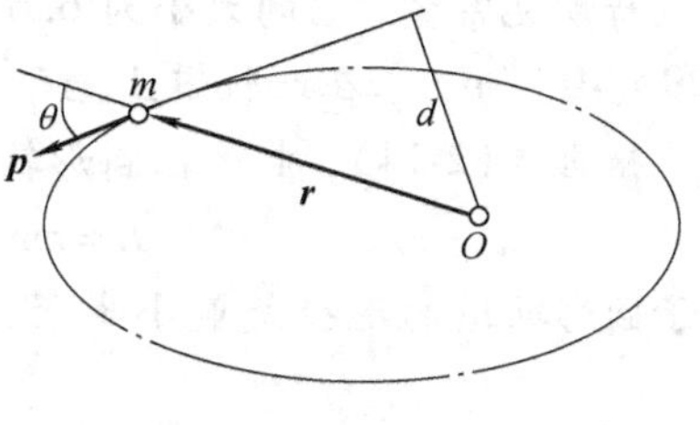

图 2-6　行星的轨道角动量

一般情况下，质点的动量和它对于给定点的位矢不一定垂直。如图 2-6 所示，行星绕太阳在椭圆轨道上运动时，除了几个特殊位置外，行星的动量 $\boldsymbol{p}$ 和它对太阳的位矢 $\boldsymbol{r}$ 并不互相垂直。在这种情形中，质点对某一给定点 O 的角动量的大小 L 是质点的动量和点 O 到沿动量方向的直线的垂直距离 d 的乘积，即

$$L=pd=mvd \tag{2-15}$$

因为 $d=r\sin\theta$，θ 是 $\boldsymbol{r}$ 和 $\boldsymbol{p}$ 之间的夹角，于是上式可以写成

$$L=pr\sin\theta \tag{2-16}$$

质点作直线运动时，对空间某定点也有角动量。如图 2-7 所示，设质点沿 AB 作直线运动，选择直线外某点 O 为参考点，从 O 到质点处画一条位矢 $\boldsymbol{r}$，则在质点运动过程中对给定点 O 的角动量的大小 L 亦为式(2-16)。

角动量是矢量，它可以用位矢 $\boldsymbol{r}$ 和动量 $\boldsymbol{p}$ 的矢积来定义

$$\boldsymbol{L}=\boldsymbol{r}\times\boldsymbol{p}=\boldsymbol{r}\times m\boldsymbol{v} \tag{2-17}$$

上式表明，角动量 $\boldsymbol{L}$ 的大小为 $L=rp\sin\theta$，方向垂直于位矢 $\boldsymbol{r}$ 和动量 $\boldsymbol{p}$ 所组成的平面，指向是由 $\boldsymbol{r}$ 经小于 180°的角转到 $\boldsymbol{p}$ 的右手螺旋前进的方向，即由右手螺旋定则确定，如图 2-8 所示。

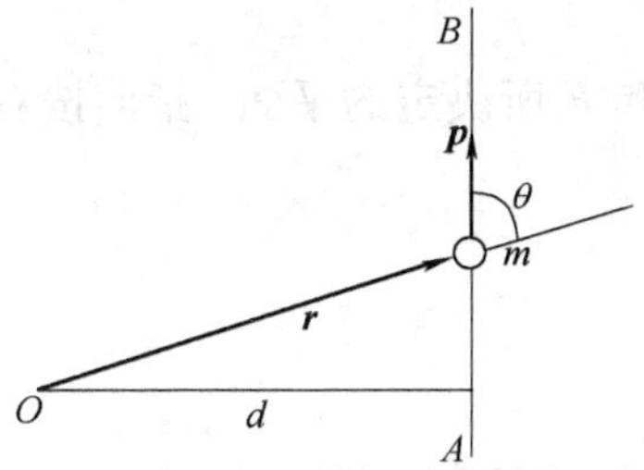

图 2-7　直线运动的角动量

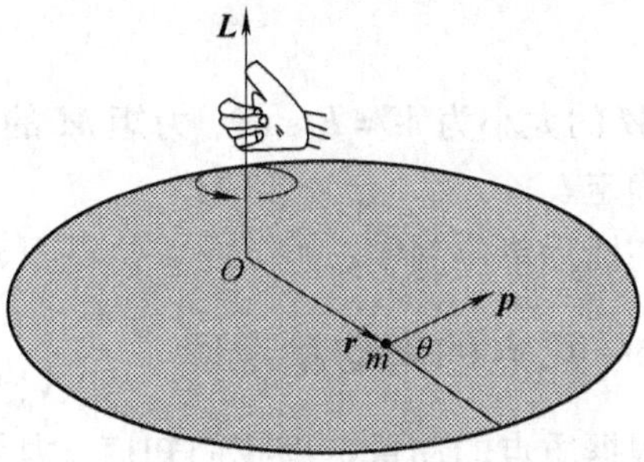

图 2-8　确定角动量方向的右手螺旋定则

角动量 $\boldsymbol{L}$ 的单位由动量和位矢的单位决定，在国际单位制中，它的单位是 $kg\cdot m^2/s$（千克·米^2/秒）。

由于质点的角动量是矢径 $\boldsymbol{r}$ 和动量 $\boldsymbol{p}$ 的矢积，角动量也就和参考点 O 的选取有关，所以

在定义质点的角动量时，必须明确是对空间哪一点的角动量。

式(2-17)定义的角动量是物理学中一个与动量同等重要的物理量，它不仅适用于描述从宇观到微观的各种研究对象，而且它是自然界中广泛存在的一个守恒量，因此，了解研究对象的角动量属性具有十分重要的意义。

【例题 2-5】 根据玻尔假设，氢原子内电子绕核运动的角动量只可能是 $h/2\pi$ 的整数倍，其中 h 是普朗克常量，它的大小为 $6.63\times10^{-34}\text{kg}\cdot\text{m}^2/\text{s}$。已知电子圆形轨道的最小半径为 $r=0.529\times10^{-10}\text{m}$，求在此轨道上电子运动的频率 ν(即每秒绕核转动的圈数)。

解 根据式(2-14)，电子在圆形轨道上对核的角动量为

$$L=mrv=mr(2\pi\nu r)=2\pi mr^2\nu$$

由于电子圆形轨道的半径是最小半径，由题意，电子绕核运动的角动量也最小，且等于 $h/2\pi$，即

$$L=2\pi mr^2\nu=\frac{h}{2\pi}$$

于是得到轨道上电子运动的频率

$$\nu=\frac{h}{4\pi^2mr^2}=\frac{6.63\times10^{-34}}{4\pi^2\times9.1\times10^{-31}\times(0.529\times10^{-10})^2}\text{Hz}=6.59\times10^{15}\text{Hz}$$

2.4.2 力矩

与定义质点的角动量相类似，我们来定义力对固定点的力矩。

如图 2-9 所示，设质量为 m 的质点绕参考点 O 运动，某时刻质点的位矢是 $\boldsymbol{r}$，此处质点受到的合力是 $\boldsymbol{F}$，$\boldsymbol{r}$ 和 $\boldsymbol{F}$ 之间的夹角是 θ。定义力 $\boldsymbol{F}$ 对参考点 O 的力矩的大小为

$$M=Fd=Fr\sin\theta \tag{2-18}$$

参考点 O 到力 $\boldsymbol{F}$ 的作用线的垂直距离 d 称为**力臂**。

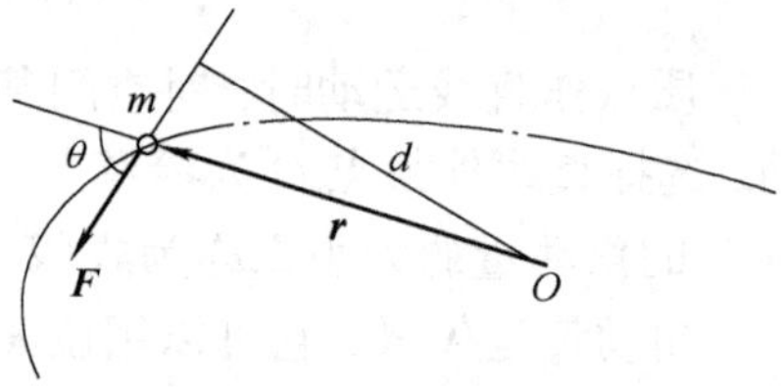

图 2-9 力矩的定义

力矩也是一个矢量，其大小和方向由下面的矢积定义

$$\boldsymbol{M}=\boldsymbol{r}\times\boldsymbol{F} \tag{2-19}$$

力矩 $\boldsymbol{M}$ 的大小为 $M=Fr\sin\theta$，力矩 $\boldsymbol{M}$ 的方向垂直于由 $\boldsymbol{r}$ 和 $\boldsymbol{F}$ 所决定的平面，指向按右手螺旋定则确定。

在国际单位制中，力矩的单位是 N · m(牛顿 · 米)。

2.4.3 质点的角动量定理

根据质点的动量定理我们知道，力是动量变化的原因。下面来讨论、推导力矩和质点角动量的变化之间的关系。

将式(2-17)两边对时间 t 求一次导数，得

$$\frac{\mathrm{d}\boldsymbol{L}}{\mathrm{d}t}=\frac{\mathrm{d}}{\mathrm{d}t}(\boldsymbol{r}\times\boldsymbol{p})=\frac{\mathrm{d}\boldsymbol{r}}{\mathrm{d}t}\times\boldsymbol{p}+\boldsymbol{r}\times\frac{\mathrm{d}}{\mathrm{d}t}(\boldsymbol{p})$$

因为$\frac{\mathrm{d}\boldsymbol{r}}{\mathrm{d}t}=\boldsymbol{v}$，$\boldsymbol{p}=m\boldsymbol{v}$，而$\boldsymbol{v}\times m\boldsymbol{v}=0$，因此

$$\frac{\mathrm{d}\boldsymbol{L}}{\mathrm{d}t}=\boldsymbol{r}\times\frac{\mathrm{d}\boldsymbol{p}}{\mathrm{d}t}$$

根据牛顿第二定律，动量$\boldsymbol{p}$的时间变化率就是质点受到的合力$\boldsymbol{F}$，即$\frac{\mathrm{d}\boldsymbol{p}}{\mathrm{d}t}=\boldsymbol{F}$。因此

$$\frac{\mathrm{d}\boldsymbol{L}}{\mathrm{d}t}=\boldsymbol{r}\times\boldsymbol{F}$$

根据式(2-19)，力矩$\boldsymbol{M}=\boldsymbol{r}\times\boldsymbol{F}$，这样就得到

$$\boldsymbol{M}=\frac{\mathrm{d}\boldsymbol{L}}{\mathrm{d}t}\tag{2-20}$$

上式表明：质点所受的合力对参考点O的力矩等于质点对同一点O的角动量的时间变化率。这个结论就称为**质点的角动量定理**。式(2-20)与牛顿第二定律在数学形式上是相似的。

式(2-20)也可以写成

$$\boldsymbol{M}\mathrm{d}t=\mathrm{d}\boldsymbol{L}$$

设$\boldsymbol{L}_2$和$\boldsymbol{L}_1$分别为质点在时刻t_2和t_1对参考点O的角动量，将上式两边分别积分，得

$$\int_{t_1}^{t_2}\boldsymbol{M}\mathrm{d}t=\boldsymbol{L}_2-\boldsymbol{L}_1\tag{2-21}$$

式中，$\int_{t_1}^{t_2}\boldsymbol{M}\mathrm{d}t$为质点在时间间隔$(t_2-t_1)$内所受到的**角冲量**。上式表明：对同一参考点$O$，质点所受到的角冲量等于质点角动量的增量，这称为**质点角动量定理的积分形式**。积分形式的质点角动量定理与质点的动量定理式(2-5)在数学形式上是相似的。

对于质点系，根据质点的角动量定理和牛顿运动定律不难导出质点系的角动量定理，且仍然具有式(2-20)的形式

$$\boldsymbol{M}=\frac{\mathrm{d}\boldsymbol{L}}{\mathrm{d}t}\tag{2-22}$$

式中，$\boldsymbol{M}$是质点系各个质点所受合外力对同一个参考点O的力矩的矢量和；$\boldsymbol{L}$是各个质点对O的角动量的矢量和。

角动量定理同样是矢量式，把式(2-20)中的$\boldsymbol{M}$和$\boldsymbol{L}$在笛卡儿坐标系中分解成沿x轴、y轴和z轴的分量，于是角动量定理可写成分量形式

$$\begin{cases}M_x=\dfrac{\mathrm{d}L_x}{\mathrm{d}t}\\M_y=\dfrac{\mathrm{d}L_y}{\mathrm{d}t}\\M_z=\dfrac{\mathrm{d}L_z}{\mathrm{d}t}\end{cases}\tag{2-23}$$

上述各个分量式表明：质点对某坐标轴的角动量的时间变化率，等于质点所受外力对同一坐标轴的力矩的代数和。

2.4.4　质点的角动量守恒定律

根据质点的角动量定理式(2-20)，如果质点所受的外力矩$\boldsymbol{M}=0$，可得

$$\frac{\mathrm{d}\boldsymbol{L}}{\mathrm{d}t}=0 \quad \text{或} \ \boldsymbol{L}=\text{常矢量} \tag{2-24}$$

上式表明:如果对于某一参考点 O,质点所受的外力矩为零,则质点对该参考点的角动量保持不变。这一结论称为**质点的角动量守恒定律**。

力矩 $\boldsymbol{M}=0$ 的条件可以是力臂 $r=0$,也可以是力的大小 $F=0$。还有一种重要的情形是 F 和 r 都不为零,但 $\boldsymbol{r}$ 与 $\boldsymbol{F}$ 同方向或反方向,此时 $\sin\theta=0$,$M=Fr\sin\theta=0$。在这种情形中,质点所受作用力的作用线始终通过给定的点,这样的力称为**有心力**,而给定点称为**力心**。所以,质点在有心力的作用下相对于力心其角动量守恒。例如,质点作匀速圆周运动时,受到的向心力就是有心力,它对圆心的力矩始终为零,因此,质点对圆心的角动量的大小和方向都不变。

同动量守恒定律一样,角动量守恒定律也是自然界普遍适用的一条基本规律。很多重要的自然现象都可以用角动量守恒定律来解释。例如,地球在太阳的引力作用下沿椭圆轨道运动,如图 2-10 所示,太阳对地球的引力 $\boldsymbol{F}$ 与地球相对于太阳中心(取作参考点 O)的矢径 $\boldsymbol{r}$ 方向相反,因此,地球所受的引力 $\boldsymbol{F}$ 的力矩等于零。忽略其他行星对地球的引力作用,那么地球对太阳的角动量 $\boldsymbol{L}$ 守恒。首先,角动量 $\boldsymbol{L}$ 的方向不变,表明矢径 $\boldsymbol{r}$ 和地球轨道动量 mv(v 是公转速度)所决定的平面在空间的方位保持不变,地球就在这个平面内运动,所以它的轨道是二维的。另外,地球对太阳的角动量的大小不变,它将始终保持太阳系形成之初地球对太阳的初始角动量大小,这也解释了为什么地球受到太阳的引力作用而不会落到太阳上去,如果那样的话,地球的角动量将变为零,这就违背了角动量守恒定律。

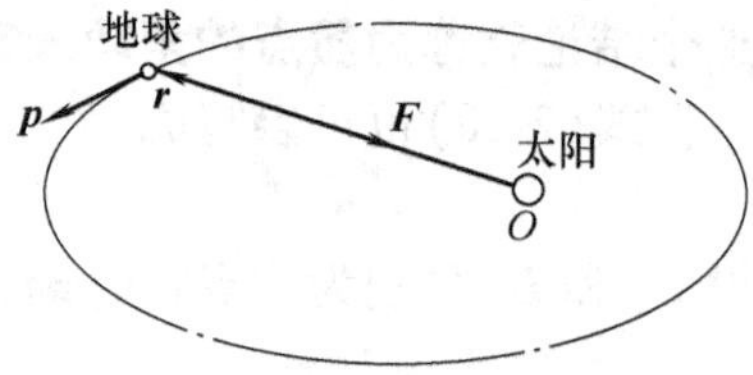

图 2-10 地球轨道角动量守恒

地球上经常能观察到流星,但是绝大多数流星是不会直接撞击地球的,因为它们受到地球的引力作用,角动量守恒,故只有极少数开始时相对于地球的角动量为零的那些流星才会掉到地球上。另外的原因是摩擦,流星在运行过程中受到的微弱摩擦作用,使原来的角动量逐渐减小,最终变为零,从而能落到地球上成为陨石。

人造地球卫星运行一段时间后,会掉回地球上来。这主要也是由于大气的摩擦。大气摩擦力总是与卫星运动方向相反,它对地心的力矩不为零,在此力矩的作用下,卫星的角动量逐渐减小,最后掉回地球。

【例题 2-6】 如图 2-11 所示,将一个小球系在轻绳的一端,放在光滑的水平桌面上,轻绳的另一端从桌面中间的光滑小孔穿出。先使小球以一初角速度 ω_0 在水平桌面上作半径为 r_0 的圆周运动,然后向下慢慢地拉绳,使小球的圆周运动半径减小。求当半径缩小为 r 时小球转动的角速度。

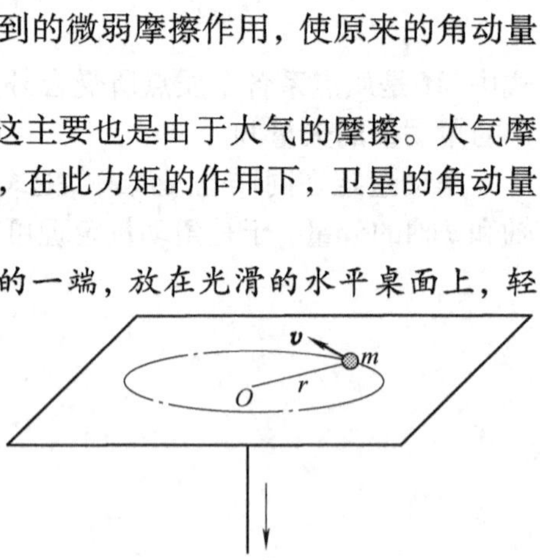

图 2-11

解 本题可以利用质点的角动量守恒定律求解。在光滑的水平桌面上,由于小球受到的外力始终指向 O 点,对固定参考点 O(桌面小孔)而言,小球受到的力矩为零,小球的角动量守恒,因而得到

$$mr_0v_0=mrv$$

根据圆周运动的线速度和角速度的关系 $v_0=r_0\omega_0$,$v=r\omega$

$$r_0^{\ 2}\omega_0 = r^2\omega$$

这样得到当半径缩小为 r 时小球转动的角速度

$$\omega = \frac{r_0^2}{r^2}\omega_0$$

因此，运动半径减小时，小球的角速度增大，即小球越转越快。

2.5 功 动能定理

当一个力作用于物体上并维持一定时间，使质点的位置发生一定变化时，物体的运动状态一般要改变。我们把外力对物体作用一段距离而产生的效果，称为力对物体的空间累积效应。描写这个累积效应的物理量就是功。外力对物体做功，物体运动的能量必然要发生相应的变化，为此在本节还要进一步讨论功与能的关系。

2.5.1 功

在力的作用下质点位置发生变化，就说力对质点做了功。力对质点所做的功定义为力在质点位移方向上的分量与位移大小的乘积。

1. 恒力沿直线所做的功

如图 2-12 所示，物体(可视作质点) 在恒力 $\boldsymbol{F}$ 作用下作直线运动，其位移为 $\Delta\boldsymbol{r}$，力与位移的夹角为 θ，则力在这段位移上所做的功可以用矢量 $\boldsymbol{F}$ 和 $\Delta\boldsymbol{r}$ 的标积来定义

$$W = \boldsymbol{F}\cdot\Delta\boldsymbol{r} = F|\Delta r|\cos\theta \tag{2-25}$$

功是标量。功的大小随力 $\boldsymbol{F}$ 与位移之间的夹角 θ 的变化而变化，因此，功的大小有正负之分。当 $0\leqslant\theta<\frac{\pi}{2}$ 时，$W>0$，$\boldsymbol{F}$ 对物体做正功；当 $\theta=\frac{\pi}{2}$ 即力的方向与位移的方向垂直时，$W=0$，$\boldsymbol{F}$ 对物体不做功；当 $\frac{\pi}{2}<\theta\leqslant\pi$ 时，$W<0$，$\boldsymbol{F}$ 对物体做负功。

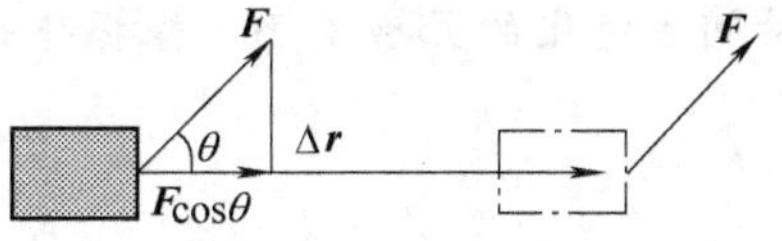

图 2-12 恒力的功

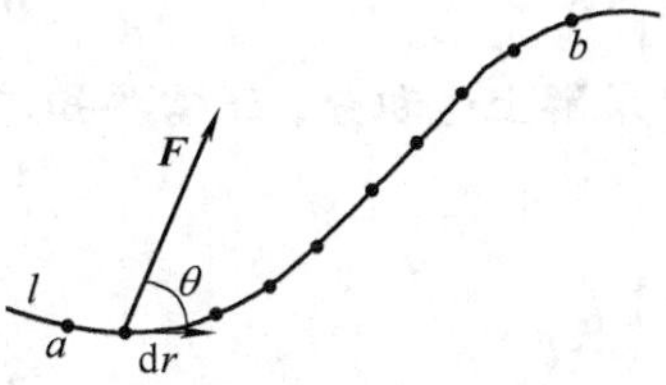

图 2-13 变力的功

2. 变力沿曲线路径所做的功

如图 2-13 所示，一质点在变力 $\boldsymbol{F}$ 的作用下沿路径 l 运动。设在时刻 t 经时间间隔 $\mathrm{d}t$，质点的位移为 $\mathrm{d}\boldsymbol{r}$，相应的元路程是 $\mathrm{d}s$，$\mathrm{d}s$ 近似地为与 $\mathrm{d}\boldsymbol{r}$ 重合的直线，且 $\mathrm{d}s=|\mathrm{d}\boldsymbol{r}|$。在这段无穷小的元路程上，可以认为力 $\boldsymbol{F}$ 的大小和方向的变化都很小，即 $\boldsymbol{F}$ 可以看作是恒力。按照功的定义式(2-25)，$\boldsymbol{F}$ 对质点所做的元功为

$$\mathrm{d}W = F\cos\theta\mathrm{d}s = F\cos\theta|\mathrm{d}\boldsymbol{r}| = \boldsymbol{F}\cdot\mathrm{d}\boldsymbol{r} \tag{2-26}$$

如果质点在力 $\boldsymbol{F}$ 的作用下沿曲线 l 从点 a 移动到点 b，则力 $\boldsymbol{F}$ 所做的总功为所有位移元上该力所做元功之总和，即对 $\mathrm{d}W$ 积分

$$W_{ab} = \int_a^b \boldsymbol{F} \cdot \mathrm{d}\boldsymbol{r} \tag{2-27}$$

在笛卡儿坐标系中，可以把力 $\boldsymbol{F}$ 和位移 $\mathrm{d}\boldsymbol{r}$ 分解，因此，上式可写成

$$W_{ab} = \int_a^b (F_x \mathrm{d}x + F_y \mathrm{d}y + F_z \mathrm{d}z) \tag{2-28}$$

如果有几个力 $\boldsymbol{F}_1$、$\boldsymbol{F}_2$、…、$\boldsymbol{F}_n$ 同时作用在质点上，由于矢量的标积服从分配律，根据功的定义，合力 $\boldsymbol{F}$ 所做的功为

$$\begin{aligned} W &= \int_a^b \boldsymbol{F} \cdot \mathrm{d}\boldsymbol{r} = \int_a^b (\boldsymbol{F}_1 + \boldsymbol{F}_2 + \boldsymbol{F}_3 + \cdots + \boldsymbol{F}_n) \cdot \mathrm{d}\boldsymbol{r} \\ &= \int_a^b \boldsymbol{F}_1 \cdot \mathrm{d}\boldsymbol{r} + \int_a^b \boldsymbol{F}_2 \cdot \mathrm{d}\boldsymbol{r} + \cdots + \int_a^b \boldsymbol{F}_n \cdot \mathrm{d}\boldsymbol{r} \\ &= W_1 + W_2 + \cdots + W_n \end{aligned} \tag{2-29}$$

上式表明:合力所做的功为各分力独立所做的功的代数和。

在国际单位制中，力的单位是N(牛顿)，位移的单位是m(米)，所以功的单位是N·m(牛顿·米)，称为J(焦耳或焦)。

【例题2-7】 一个物体沿 x 轴作直线运动，所受合力沿 x 轴方向，大小为 $F = 10 + 6x^2$ (N)，试求该物体从 $x=0$ 处运动到 $x=4\mathrm{m}$ 时合力所做的功。

解 在物体运动过程中，作用在物体上的合力的大小随位置变化，因此，物体受到一个变力作用。由于物体只在 x 轴上移动，所以该力对该物体所做的功为

$$W = \int_{x_1}^{x_2} F\mathrm{d}x = \int_0^4 (10 + 6x^2)\mathrm{d}x = (10x + 2x^3)\Big|_0^4 = 10 \times 4 + 2 \times 4^3 \mathrm{J} = 168\mathrm{J}$$

【例题2-8】 物体由静止出发作直线运动，质量为 m，受力 $F = bt$，b 为常量。求在 T 秒内此力所做的功。

解 本题同样是变力做功问题，但已知的不是变力与位置坐标 x 的函数关系，而是与时间 t 的函数关系，因此，需要进行积分变量的变换。力 $\boldsymbol{F}$ 所做的元功 $\mathrm{d}W = \boldsymbol{F} \cdot \mathrm{d}\boldsymbol{r} = F\mathrm{d}x$，利用关系 $\mathrm{d}x = v\mathrm{d}t$，有

$$W = \int F\mathrm{d}x = \int_0^T bt \cdot v\mathrm{d}t$$

为了求解上述积分，还需要知道物体的速率 v 随时间 t 变化的函数关系，根据牛顿运动定律

$$F = m\frac{\mathrm{d}v}{\mathrm{d}t} = bt$$

$$\mathrm{d}v = \frac{bt}{m}\mathrm{d}t$$

由题意，$t=0$ 时的初速率 $v_0=0$。设任意时刻 t 的速率为 v，对上式进行积分

$$\int_0^v \mathrm{d}v = \int_0^t \frac{bt}{m}\mathrm{d}t$$

积分后得到速率 v 随时间 t 变化的函数关系为

$$v = \frac{bt^2}{2m}$$

将 v 的上述函数关系代入前面的功的积分式 $W = \int_0^T bt \cdot v\mathrm{d}t$，得到此力所做的功为

$$W = \int_0^T bt \cdot \frac{bt^2}{2m}\mathrm{d}t = \frac{b^2}{8m}T^4$$

2.5.2 功率

为了描述力做功的快慢，我们引入功率的概念。它定义为力在单位时间内所做的功。设在 Δt 时间内做 ΔW 的功，那么在这段时间内的平均功率是

$$\overline{P} = \frac{\Delta W}{\Delta t} \tag{2-30}$$

当 $\Delta t \to 0$ 时，上式的极限就是 t 时刻的瞬时功率 P，简称功率

$$P = \lim_{\Delta t \to 0}\frac{\Delta W}{\Delta t} = \frac{\mathrm{d}W}{\mathrm{d}t} \tag{2-31}$$

根据式(2-26)，有

$$P = \frac{\mathrm{d}W}{\mathrm{d}t} = F\cos\theta\frac{|\mathrm{d}\boldsymbol{r}|}{\mathrm{d}t} = F\cos\theta\frac{\mathrm{d}s}{\mathrm{d}t} = F\cos\theta v = \boldsymbol{F}\cdot\boldsymbol{v} \tag{2-32}$$

这就是说，功率等于力 $\boldsymbol{F}$ 与物体速度 $\boldsymbol{v}$ 的标积。

在国际单位制中，功率的单位是J/s(焦耳/秒)，符号为W(瓦或瓦特)；通常多用kW（千瓦)作单位，$1\mathrm{kW} = 10^3\mathrm{W}$。

由式(2-32)可知，当汽车的发动机功率一定时，若要加大牵引力，就得降低速度；反之，若要获得较大的速度，牵引力就得减小。一般汽车发动机的功率是恒定的(如早先的上海桑塔纳轿车，发动机的最大功率是66kW），因此在起动或爬坡时，因所需驱动力较大，司机总是调到低速档驾驶。

2.5.3 质点的动能定理

在2.1节我们已经知道，在机械运动中，力的时间累积作用(冲量）引起了物体动量的变化。那么，力的空间累积效应(做功）将会产生怎样的效果呢？本节将从牛顿运动定律出发，导出力对物体做功与物体动能改变的关系。

如图2-14所示，质量为 m 的物体在合力 $\boldsymbol{F}$ 作用下自起点 a 沿曲线路径 l 运动到终点 b，设物体在 a 点的速度为 $\boldsymbol{v}_1$，在 b 点速度为 $\boldsymbol{v}_2$，注意合力 $\boldsymbol{F}$ 的切向分量 $F_\tau = F\cos\theta = ma_\tau$，则合力 $\boldsymbol{F}$ 所做的功为

$$W_{ab} = \int_a^b \boldsymbol{F}\cdot\mathrm{d}\boldsymbol{r} = \int_a^b F_\tau \mathrm{d}r = \int_a^b ma_\tau \mathrm{d}s = \int_a^b m\frac{\mathrm{d}v}{\mathrm{d}t}\mathrm{d}s$$

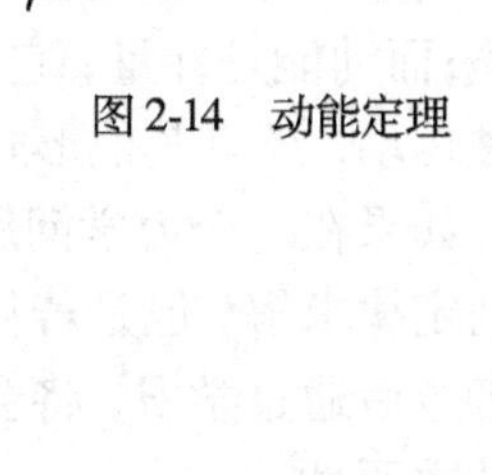

图2-14 动能定理

进行如下积分变换，$\frac{\mathrm{d}v}{\mathrm{d}t}\mathrm{d}s = \frac{\mathrm{d}s}{\mathrm{d}t}\mathrm{d}v = v\mathrm{d}v$，因此，上述路径积分就变换为对速率 v 的积分

$$W_{ab} = \int_{v_a}^{v_b} mv\mathrm{d}v$$

对上式右边进行积分，即得

$$W_{ab} = \frac{1}{2}mv_b^2 - \frac{1}{2}mv_a^2 \tag{2-33}$$

注意上式中$\frac{1}{2}mv^2$是物体速率的函数，它是表征物体运动状态的一个新的物理量，叫做物体的**动能**，常以E_k表示

$$E_k=\frac{1}{2}mv^2 \tag{2-34}$$

当物体具有一定的运动速率时，它就具有一定的动能。如果物体的速率发生变化，物体的动能也随着状态的变化一起变化。因此，动能是描述物体运动状态的物理量。而

$$\Delta E_k=E_{kb}-E_{ka}=\frac{1}{2}mv_b^2-\frac{1}{2}mv_a^2 \tag{2-35}$$

是物体在合力作用过程中末态与始态的动能之差,即动能的增量。这样式(2-33)就可写成

$$W_{ab}=E_{kb}-E_{ka} \tag{2-36}$$

表明合力对物体所做的功等于物体动能的增量，这个结论称为**质点的动能定理**。它表述了做功与物体运动状态改变(即动能的增量)之间的关系。

动能是标量，其单位与功的单位相同，也是J(焦耳)。

由质点动能定理式(2-36)可知，在合力对物体做正功($W>0$)的过程中，物体末态的动能$\frac{1}{2}mv_b^2$大于始态的动能$\frac{1}{2}mv_a^2$;反之，在合力对物体作负功($W<0$)的过程中，物体在末态的动能小于始态的动能，这时物体实际上是反抗合力做功，或者说，物体克服施力物体的作用力做了正功，使物体减少或损失动能。所以，物体动能的改变可用功来量度。动能是运动物体所具有的做功本领。

从物理意义上来说，不能把功与动能混为一谈。前面讲过，动能是反映物体运动状态的物理量，是一种状态量。亦即物体在某时刻(或相应的位置)处于一定的运动状态，就相应地具有一定的动能。而功则涉及到力所经历的位移过程，它是一个与空间过程有关的过程量。如果说物体在某一时刻或某一位置具有多少功，是没有任何意义的。

下面简要地比较一下动能和动量。动能和动量都是利用质量和速度来表示物体的运动状态的，它们都是运动状态的函数，因而两者之间必然存在着内在联系。不难看出，两者在数量上的关系为

$$E_k=\frac{p^2}{2m} \tag{2-37}$$

当然，两者也是有区别的，动量是矢量，它与过程中力的冲量相联系，纯属机械运动的性质;而动能是标量，它与运动过程中力的功相联系，它是能量的一种形式。能量并不限于机械运动，还有其他形式的能量，如热能、电磁能、核能等等。

如果在一个力学问题中涉及到物体在力的作用下经历一段位移过程，虽然也可运用牛顿运动定律求解，但是若从功与能的观点出发，运用质点动能定理去求解，往往要简便得多。读者今后通过学习，将会逐步体察到从功和能的观点出发，审视和解决物理学和其他科技问题的重要性。

【例题2-9】 质量为m的质点系在一端固定的绳子上，在粗糙水平面上作半径为R的圆周运动。当它运动一周时，速度由初速v_0减小为$v_0/2$。求:(1)摩擦力做的功;(2)动摩擦因数;(3)静止前质点运动了多少圈?

解 (1) 根据动能定理，质点运动一周过程中摩擦力对它的功等于质点动能的增量，即

$$W=\frac{1}{2}mv^2-\frac{1}{2}mv_0^2=\frac{1}{2}m\left(\frac{v_0}{2}\right)^2-\frac{1}{2}mv_0^2=-\frac{3}{8}mv_0^2$$

这个功小于零，即摩擦力对质点做负功，或者说质点克服摩擦力做了正功，损失了动能。

(2) 因摩擦力方向与运动方向相反，它们间的夹角 $\theta=\pi$，且在轨道上任何一点的摩擦力大小都是 $F=\mu mg$，因此，可以根据功的定义来计算这个功

$$W=\int_0^{2\pi R}F\cos\theta\mathrm{d}s=-\int_0^{2\pi R}\mu mg\mathrm{d}s=-\mu mg\cdot 2\pi R$$

利用前面动能定理求出的结果，得到

$$-\mu mg\cdot 2\pi R=-\frac{3}{8}mv_0^2$$

可得动摩擦因数

$$\mu=\frac{3v_0^2}{16\pi Rg}$$

(3) 设质点在静止前运动了 n 圈，则质点走的路程是 $n\cdot 2\pi R$，摩擦力做的功为

$$\int_0^{n\cdot 2\pi R}f\cos\theta\mathrm{d}s=-\int_0^{n\cdot 2\pi R}\mu mg\mathrm{d}s=-n\mu mg\cdot 2\pi R$$

静止时质点的动能为零，根据质点的动能定理

$$-n\mu mg\cdot 2\pi R=0-\frac{1}{2}mv_0^2$$

可解得质点转的圈数为

$$n=\frac{4}{3}$$

2.6 保守力 势能

2.6.1 保守力作功的特征

不同性质的力所做的功具有不同的特征。下面我们讨论重力、引力和弹性力所做的功，并分析其特征。

1. 重力的功

如图 2-15 所示，设物体在重力作用下从位置 a 沿一曲线路径 acb 运动到位置 b，在地面附近，重力 $\boldsymbol{P}=m\boldsymbol{g}$ 可以视作不变的恒力，而始、末位置 a 点和 b 点相对于地面的高度分别用 h_a 和 h_b 表示。建立垂直向上的 Oh 轴，则重力的元功为

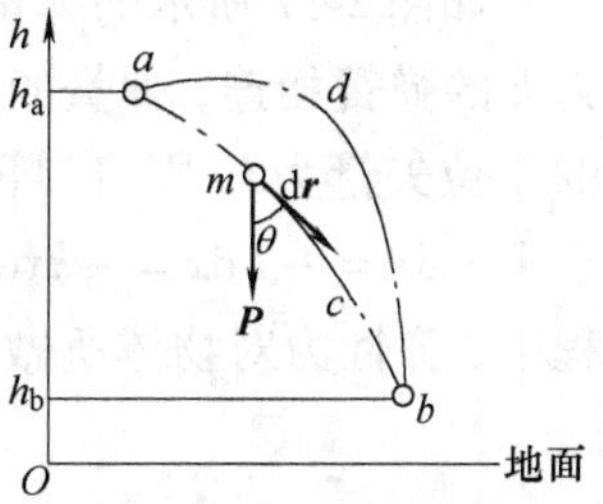

图 2-15 重力的功

$$\mathrm{d}W=\boldsymbol{P}\cdot\mathrm{d}\boldsymbol{r}=m\boldsymbol{g}\cdot\mathrm{d}\boldsymbol{r}=mg\mathrm{d}r\cos\theta=-mg\mathrm{d}h$$

这样，在全部路程中，重力 $\boldsymbol{P}$ 所做的功为

$$W_{ab}=\int_{acb}\mathrm{d}W=\int_{h_a}^{h_b}(-mg)\mathrm{d}h=mgh_a-mgh_b \quad (2\text{-}38)$$

不难看出，如果物体从位置 a 沿另外一条曲线路径 adb 运动到位置 b，重力 $\boldsymbol{P}$ 所做的功

也是这个数值。从这个结果可以看出，重力所做的功与物体所经过的路径无关，只与物体的始、末位置有关。我们注意到，在式(2-38)中没有任何与路径(形状、长度)有关的量。如果物体沿图2-15中任一闭合路径 $adbca$ 绕行一周，重力所做的功必为零，即

$$W_{adbca} = \oint_L \mathrm{d}W = \oint_L m\boldsymbol{g} \cdot \mathrm{d}\boldsymbol{r} = 0 \tag{2-39}$$

上式中的积分符号表示沿着任何闭合路径 L 的积分。

2. 万有引力的功

如图2-16所示，两个质量分别为 m_0 和 m 的质点在万有引力 $\boldsymbol{F}$ 作用下相对运动，以 m_0 所在处为原点，m_0 指向 m 的方向为矢径 $\boldsymbol{r}$ 的正方向，m 受到的引力方向与矢径方向相反。设 m 在 m_0 的万有引力作用下从 a 点运动到 b 点，万有引力所做的功为

$$W_{ab} = \int_{r_a}^{r_b} \boldsymbol{F}(\boldsymbol{r}) \cdot \mathrm{d}\boldsymbol{r}$$

由于 $\boldsymbol{F} \cdot \mathrm{d}\boldsymbol{r} = F|\mathrm{d}\boldsymbol{r}|\cos(\pi - \theta) = -F|\mathrm{d}\boldsymbol{r}|\cos\theta = -F\mathrm{d}r$，这样就将上式中对矢径 $\boldsymbol{r}$(矢量)的积分变换为对矢径长度 r(标量)的积分，因此

$$W_{ab} = \int_{r_a}^{r_b} -\frac{Gm_0m}{r^2}\mathrm{d}r = \left(-\frac{Gm_0m}{r_a}\right) - \left(-\frac{Gm_0m}{r_b}\right) \tag{2-40}$$

同样看出，如果质点从位置 a 沿另外一条路径运动到位置 b，引力 $\boldsymbol{F}$ 所做的功也是这个数值，即万有引力所做的功与物体所经过的路径无关，只与物体的始、末位置有关。同样地，如果物体 m 在万有引力的作用下沿任一闭合路径绕行一周，万有引力所做的功必为零。

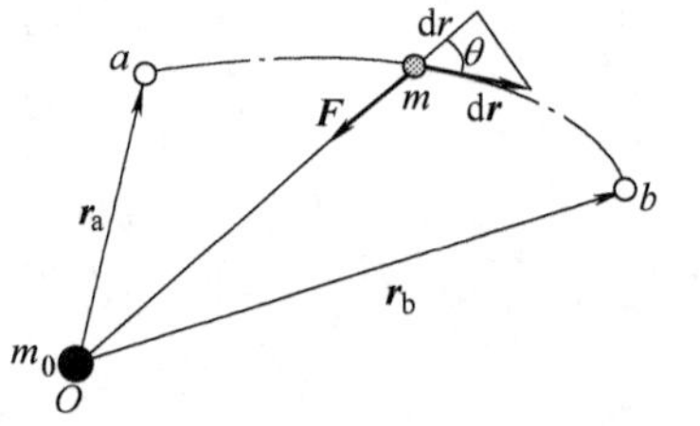

图2-16 万有引力的功

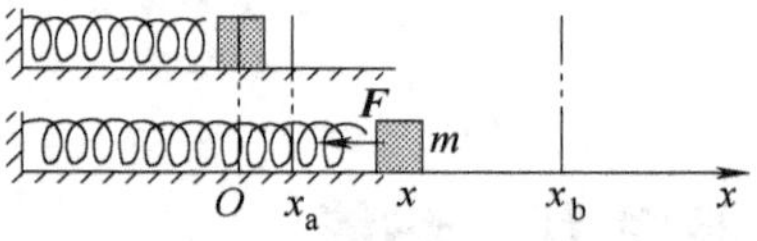

图2-17 弹性力的功

3. 弹性力的功

如图2-17所示的弹簧振子，质量为 m 的物体放置在光滑的水平桌面上，与一个劲度系数为 k 的弹簧相连，弹簧的另一端固定。以弹簧的平衡位置 O 为原点，取 x 轴正向向右，相应的单位矢量为 $\boldsymbol{i}$，则将弹簧向右拉 $x(x>0)$ 时，物体受到弹簧向左的弹性力，即 $\boldsymbol{F} = -kx\boldsymbol{i}$。由于 $\boldsymbol{F} \cdot \mathrm{d}\boldsymbol{x} = -F\mathrm{d}x = -kx\mathrm{d}x$，则当物体从初位置 x_a(即 a 点)运动到末位置 x_b(即 b 点)的过程中，弹性力对物体所做的功为

$$W_{ab} = \int_{x_a}^{x_b} -kx\mathrm{d}x = \frac{1}{2}kx_a^2 - \frac{1}{2}kx_b^2 \tag{2-41}$$

同样地，弹性力所做的功只和始、末位置 x_a、x_b 有关，而与物体移动的具体路径无关。当物体自 a 出发，使弹簧伸长到 b 再回缩到 a，则在整个闭合路径中弹性力所做的功为零，这些特点与重力做功和万有引力做功的特点是相同的。

2.6.2 保守力和非保守力

1. 保守力

凡是做功与路径无关，仅与物体(质点）的始、末位置有关的力称为**保守力**。前面介绍的重力、万有引力和弹性力做功都具有这样的特征，它们都是保守力。另外，在电磁学中将要学习的静电力也是保守力。

保守力做功与路径无关的特点与保守力 $\boldsymbol{F}$ 沿任意闭合路径 L 所做的功为零的特点是一致的，可用数学式表示为

$$\oint_L \boldsymbol{F}(\boldsymbol{r}) \cdot \mathrm{d}\boldsymbol{r} = 0 \tag{2-42}$$

2. 非保守力

凡是做功与路径有关的力称为**非保守力**。常见的摩擦力，物体间相互作非弹性碰撞时的冲击力都属于非保守力。例如，一个物体在一个不光滑的平面上移动时，若经不同的路径从同一始位置到达同一末位置，则显然在路程较长的路径上摩擦力做了更多的功。非保守力 $\boldsymbol{F}$ 具有沿任意闭合路径 L 做功不等于零的特点，即

$$\oint_L \boldsymbol{F}(\boldsymbol{r}) \cdot \mathrm{d}\boldsymbol{r} \neq 0 \tag{2-43}$$

2.6.3 势能

下面由保守力做功的特点引入与保守力相应的势能概念。

上面关于保守力做功的特征表明：如果物体在保守力的作用下运动，那么物体从初位置 a 运动到末位置 b 的过程中，不论它经历了什么路径，保守力对它所做的功都是相同的。因此，保守力的功取决于物体的始末位置。由此可以看到，物体在保守力作用下，在位置 a 的运动状态和在位置 b 的运动状态之间存在着确定的差别，而且这种差别可以唯一地由保守力的功 W_{ab} 来量度。

质点的动能定理告诉我们，物体动能的改变可用功来量度，动能是运动物体所具有的做功本领。类似地我们可以说，物体在保守力作用下的每一个位置都具有一种能量，物体位置的改变引起了物体这种能量的变化，而这种能量的变化可以唯一地由保守力的功 W_{ab} 来量度。我们就把物体处在保守力作用下的某个位置时所具有的能量称为**势能**，用 E_{p} 表示。势能是物体在保守力作用下处于某个位置时所具有的做功本领。

一般地说，只要系统内物体间存在着相互作用的某种保守力，则系统相应地必然拥有只取决于系统位置状态(即系统内物体间的相对位置）的一种势能。设物体在位置 a 时的势能是 $E_{\mathrm{p}a}$，在位置 b 时的势能是 $E_{\mathrm{p}b}$，在物体从位置 a 沿任意路径运动到位置 b 的过程中保守力做功 W_{ab}，则定义

$$W_{ab} = E_{\mathrm{p}a} - E_{\mathrm{p}b} \tag{2-44}$$

如果我们定义势能的增量 $\Delta E_{\mathrm{p}} = E_{\mathrm{p}b} - E_{\mathrm{p}a}$，则上式可写成

$$W_{ab} = E_{\mathrm{p}a} - E_{\mathrm{p}b} = -\Delta E_{\mathrm{p}} \tag{2-45}$$

式(2-44)或式(2-45)的物理意义是：保守力的功等于势能的减少。

势能也是一个标量，势能的单位与功的单位相同。

非保守力所做的功随所经的路径不同而异，所以不能引入与其相关的势能。

用保守力做功定义的只是势能的变化，因此，势能只有相对意义，客观上并不存在某一位置的绝对势能，某一位置的势能是相对于一个基准位置来说的。通常可把基准位置的势能人为地规定为零，即势能零点。例如，设 b 处为势能零点，即 $E_{pb}=0$，则可得 a 处的势能

$$E_{pa} = E_{pa} - E_{pb} = W_{ab} = \int_a^b \boldsymbol{F}\cdot \mathrm{d}\boldsymbol{r} \tag{2-46}$$

上式表明：质点在某一位置的势能，等于质点在相应的保守力作用下由该点移动到势能零点处保守力所做的功。

我们已经知道，重力、万有引力和弹性力都是保守力，都可以按照式(2-44)或式(2-46)来计算与之相应的势能。

1. 重力势能

将式(2-38)与式(2-44)对比，可以定义位于高度 h 处、质量为 m 的物体与地球组成的系统所拥有的重力势能为

$$E_p = mgh \tag{2-47}$$

它表示物体受重力作用位于高度 h 处具有的做功本领(能量)。利用上述重力势能定义，重力所做的功式(2-38)就等于系统在始、末位置状态时重力势能之差。按照式(2-47)，高度为零处的势能为零，因此，一般选定地面作为重力势能零点。

2. 引力势能

将式(2-40)与式(2-44)对比，可以定义相距为 r 的 m 和 m_0 两物体所构成系统的引力势能为

$$E_p = -\frac{Gm_0m}{r} \tag{2-48}$$

利用上述引力势能定义，引力所做的功式(2-40)就等于系统在始、末位置状态时引力势能之差。按照式(2-48)，$r=\infty$ 处势能为零，因此，一般把引力势能零点选取在无限远处。

要注意的是，质点 m 在质点 m_0 的引力作用下从 a 点位置移动到无限远处，引力做的功是 $W_{a\infty} = -\dfrac{Gm_0m}{r}$，即做了负功，使系统的引力势能从负值增大到零。反之，引力做正功，系统的引力势能减少。

我们知道，如果忽略地球自转的影响，地球表面附近的物体所受的重力就等于它所受的万有引力。下面我们证明：在地球表面附近，引力势能也近似地与重力势能相等。

若以质量为 m 的物体在地球表面($r_b=R$，R 为地球半径)处为引力势能零点，即设 $E_{pb}=0$，则根据式(2-46)，物体在离地面上高度 h 处($r_a=R+h$)的引力势能 E_{pa} 等于物体在地球引力作用下由该点移动到势能零点处($r_b=R$)保守力所做的功。利用式(2-40)并设 $r_a=R+h$，$r_b=R$，得到

$$E_{pa} = E_{pa} - E_{pb} = W_{ab} = \left(-\frac{Gm_0m}{R+h}\right) - \left(-\frac{Gm_0m}{R}\right) = \frac{Gm_0mh}{R(R+h)}$$

式中，m_0 为地球质量。由于 $R>>h$，所以 $R(R+h)\approx R^2$，又因在地面附近物体受到的万有引力等于重力，即有 $\dfrac{Gm_0}{R^2}=g$(g 是地球表面的重力加速度)，故物体在离地面上高度 h 处的引力势能近似为

$$E_p = mgh$$

这就是式(2-47)表示的重力势能。

3. 弹性势能

将式(2-41)与式(2-44)对比，可以定义弹簧在伸长(或压缩) 量为 x 时，弹性系统所具有的弹性势能为

$$E_p = \frac{1}{2}kx^2 \tag{2-49}$$

它表示弹性系统在弹簧伸长(或压缩) 量为 x 时，拥有大小为 $kx^2/2$ 的做功本领。利用弹性势能定义，弹性力所做的功式(2-41)同样等于弹性系统在始、末位置状态时的弹性势能之差。按照式(2-49)，$x=0$ 时弹性势能为零，因此，一般选定弹簧处于原长(其伸长或压缩量 $x=0$)时的平衡位置作为弹性势能零点。

最后指出，势能是属于参与保守力相互作用的物体所组成的系统的，而不是属于其中个别物体的。例如，重力势能是属于地球与受重力作用的物体所组成的系统。对弹簧的弹性势能来说也是如此，它是属于物体与弹簧所组成的弹性系统。但为了叙述方便，把系统等字省去，常常说成是“物体的势能”。

2.7 功能原理

2.7.1 质点系的动能定理

本章2.5节导出的单个物体(质点) 的动能定理，可以推广到由多个物体组成的质点系统。下面我们讨论质点系中功和能之间的关系。

先考虑由两个质量分别为 m_1 和 m_2 的质点组成的质点系，它们间的相互作用力分别为 $\boldsymbol{F}_{12}$ 和 $\boldsymbol{F}_{21}$，这是质点系的内力，两质点受到的外力分别为 $\boldsymbol{F}_1$ 和 $\boldsymbol{F}_2$。设 m_1 和 m_2 分别从初位置 a_1 点和 a_2 点运动到末位置 b_1 点和 b_2 点，m_1 的初速度和末速度分别为 v_{10}、v_1，m_2 的初速度和末速度分别为 v_{20}、v_2。

对质点 m_1 和 m_2 分别应用质点的动能定理

$$\int_{a_1}^{b_1} \boldsymbol{F}_1 \cdot \mathrm{d}\boldsymbol{r}_1 + \int_{a_1}^{b_1} \boldsymbol{F}_{12} \cdot \mathrm{d}\boldsymbol{r}_1 = \frac{1}{2}m_1 v_1^2 - \frac{1}{2}m_1 v_{10}^2$$

$$\int_{a_2}^{b_2} \boldsymbol{F}_2 \cdot \mathrm{d}\boldsymbol{r}_2 + \int_{a_2}^{b_2} \boldsymbol{F}_{21} \cdot \mathrm{d}\boldsymbol{r}_2 = \frac{1}{2}m_2 v_2^2 - \frac{1}{2}m_2 v_{20}^2$$

两式相加得

$$\left(\int_{a_1}^{b_1} \boldsymbol{F}_1 \cdot \mathrm{d}\boldsymbol{r}_1 + \int_{a_2}^{b_2} \boldsymbol{F}_2 \cdot \mathrm{d}\boldsymbol{r}_2\right) + \left(\int_{a_1}^{b_1} \boldsymbol{F}_{12} \cdot \mathrm{d}\boldsymbol{r}_1 + \int_{a_2}^{b_2} \boldsymbol{F}_{21} \cdot \mathrm{d}\boldsymbol{r}_2\right)$$
$$= \left(\frac{1}{2}m_1 v_1^2 + \frac{1}{2}m_2 v_2^2\right) - \left(\frac{1}{2}m_1 v_{10}^2 + \frac{1}{2}m_2 v_{20}^2\right)$$

上式左边前两项表示外力做功之和，后面两项表示系统内力做功之和，上式右边前两项表示两质点末动能之和，后两项表示两质点初动能之和。这表明外力和内力做的功之和等于系统末动能与系统初动能之差。

很容易将上式的结论推广到包含 n 个质点的质点系。设 $W_{外}$ 表示作用在各质点上所有外力做功的和，$W_{内}$ 表示作用在质点系内部所有内力做功的和，E_k 是系统内所有质点的末动能之和(称为系统的末态总动能)，E_{k0}是系统内所有质点的初动能之和(称为系统的初态总动能)。这样上式就可以一般写成

$$W_{外}+W_{内}=E_k-E_{k0}=\Delta E_k \tag{2-50}$$

式中,ΔE_k 表示质点系总动能的增量。上式表明:所有外力对质点系做的功与所有内力对质点系做的功之和等于质点系总动能的增量。这就是**质点系的动能定理**。

虽然系统内每一对内力是作用力与反作用力，所有内力的矢量和为零，但一对相互作用的质点受力后的位移不一定相同，内力做功的代数和不一定等于零，所以,内力可以改变系统的总动能。但根据质点系的动量定理，内力不能改变系统的总动量。另外，系统的总动能是状态量，质点系的任一运动状态对应一定的总动能，总动能的增量可正可负，视功的正负而定。

【例题 2-10】 如图 2-18 所示,在光滑的水平面上有一质量为 m_b 的静止物体 B，在 B 上又有一质量为 m_a 的静止物体 A。A 在受到冲击后以$\boldsymbol{v}_a$(相对于水平面)向右运动，A 和 B 之间的摩擦因数为 μ，A 逐渐带动 B 一起运动，问 A 从开始运动到相对于 B 静止时，在 B 上运动多远?

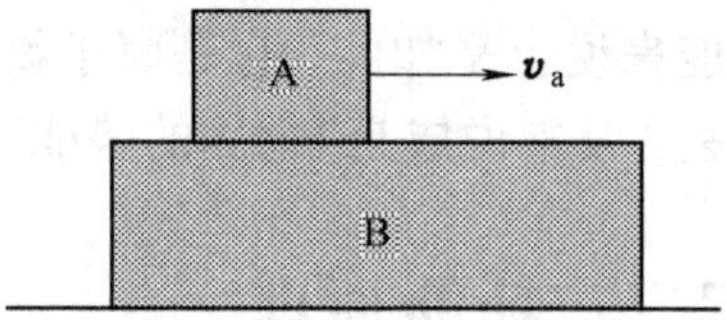

图 2-18

解 取 A 和 B 组成的系统，A 和 B 之间的摩擦力是内力，在 A 受到冲击以后系统在水平方向不受外力，因此,水平方向上的动量守恒。设 A 相对于 B 静止时的速度为v，即此时它们具有共同的速度v，根据系统的动量守恒定律

$$m_a v_a=(m_a+m_b)v \tag{1}$$

在垂直方向系统受到的重力始终与水平面的支持力相平衡，且与运动方向垂直，因而不做功。A 受冲击后系统在水平方向不受外力，即系统在上述运动过程中合外力为零，因此 $W_{外}=0$。但 A 和 B 之间的摩擦力 $-\mu m_a g$ 是内力，它做功不为零。设 A 从开始运动到相对于 B 静止时，A 在 B 上移动了 x，则内力做功 $W_{内}=-\mu m_a g x$。由质点系的动能定理

$$W_{外}+W_{内}=E_k-E_{k0}$$

得到

$$-\mu m_a g x=\frac{1}{2}(m_a+m_b)v^2-\frac{1}{2}m_a v_a^2 \tag{2}$$

联立解式(1)和式(2)，得到 A 在 B 上移动的距离为

$$x=\frac{m_b v_a^2}{2\mu g(m_a+m_b)}$$

2.7.2 质点系的功能原理

在质点系的动能定理中，功是一切力所做的功，包括外力对系统所做的功和系统内力做的功。我们可以进一步把内力分为保守内力和非保守内力，它们做的功分别用 $W_{保内}$和 $W_{非保内}$表示，即

$$W_{内}=W_{保内}+W_{非保内}$$

这样，质点系的动能定理表达式可写为

$$W_{外} + W_{保内} + W_{非保内} = E_k - E_{k0} \tag{2-51}$$

对于每一个保守力，都可以定义与之相应的势能。设在质点系的运动过程中，系统初态的势能是 E_{p0}，末态势能是 E_p，则根据式(2-45)，保守内力做的功等于势能的减少，即

$$W_{保内} = E_{p0} - E_p = -\Delta E_p \tag{2-52}$$

将式(2-52)代入式(2-51)，得到

$$W_{外} + (E_{p0} - E_p) + W_{非保内} = E_k - E_{k0}$$

移项，得到

$$W_{外} + W_{非保内} = (E_k + E_p) - (E_{k0} + E_{p0}) \tag{2-53}$$

我们将系统的动能和势能之和定义为系统的**机械能**，用符号 E 表示

$$E = E_k + E_p \tag{2-54}$$

上式定义的系统机械能是表征系统机械运动状态的能量。系统机械运动状态由系统内各个质点的速度和各个质点间相对位置确定，各个质点的速度决定了系统的动能，各个质点间相对位置决定了系统的势能。因此,系统在一定运动状态下就具有一定的动能和势能，因而具有一定的机械能。由于动能和势能是系统在一定状态下因为运动和相对位置所具有的做功本领，因此机械能就是系统总的做功本领。

有了机械能的定义，式(2-53)就可以写成

$$W_{外} + W_{非保内} = E - E_0 \tag{2-55}$$

上式表明:质点系在运动过程中，外力所做的功与系统内非保守内力所做的功的总和等于系统机械能的增量。这就是**质点系的功能原理**。

从功能原理可以看出，功和机械能是密切相关的，它们之间既有联系，又有区别。功是机械能变化与转换的量度，机械能是物体系统在一定运动状态下所具有的做功本领。

功能原理实际上是质点系动能定理的另一种表达形式，它们都给出了机械运动能量与功之间的关系。但是在利用质点系的功能原理或质点系的动能定理求解力学问题时，需要注意它们之间的区别。质点系的动能定理要求计算系统外力所做的功和系统的保守内力功及非保守内力功。但保守内力所做的功，例如重力的功和弹性力的功等，在功能原理表述中不再出现，已为系统势能的变化所代替。因此，在解决问题时，如果计算了保守内力所做的功(用质点系动能定理的形式)，就不必考虑势能的变化;反之，考虑了势能的变化(用功能原理的形式)，就不必计算保守内力的功。

【例题2-11】 如图2-19所示，一质量为 m 的木块与一劲度系数为 k 的轻弹簧相连，木块以初速度 v_0 从弹簧平衡位置处向右运动，木块与水平面之间的摩擦因数为 μ，求木块能够达到的最远距离。

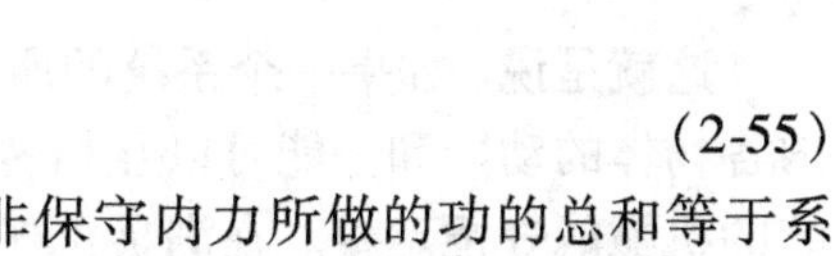

图 2-19

解 将木块和弹簧作为系统，系统受到的外力有木块的重力、水平面对木块的支持力、水平面对木块的摩擦力，而弹簧对木块的弹性力是内力，是保守内力，系统中没有非保守内力。

在垂直方向上，重力始终与支承力相平衡，且与运动方向垂直，因而不做功。设木块能够达到的最远距离(弹簧的伸长量)为 x，此时木块的速度为零。在木块向右运动到达最远距离 x 的过程中，外力(摩擦力)做功。因此

$$W_{外} + W_{非保内} = W_{外} = -\mu mgx$$

系统在开始运动时的初态，弹簧是原长，弹性势能为零，因而初态机械能就是木块的动能；在末态处木块的动能为零，因而末态机械能就是弹簧的弹性势能。根据功能原理，得到

$$-\mu mgx = E - E_0 = \frac{1}{2}kx^2 - \frac{1}{2}mv_0^2$$

即

$$kx^2 + 2\mu mgx - mv_0^2 = 0$$

解上述方程，并考虑到 x 为正值，得到木块能够达到的最远距离为

$$x = \frac{1}{2k}\left(-2\mu mg + \sqrt{(2\mu mg)^2 + 4kmv_0^2}\right) = \frac{\mu mg}{k}\left(\sqrt{1 + \frac{kv_0^2}{\mu^2 mg^2}} - 1\right)$$

2.8 机械能守恒定律

根据质点系的功能原理式(2-55)，在一个力学过程中，若系统的外力和非保守内力都不做功，或者它们的功之和为零，即有 $W_{外} + W_{非保内} = 0$，那么 $E - E_0 = 0$，也就是

$$E = E_0 = 常量 \tag{2-56}$$

这就是说，如果一个系统的所有外力和非保守内力都不做功或其做功之和为零，则系统内各物体的动能和势能可以互相转换，但系统的机械能总是保持为一常量。这个结论称为系统的**机械能守恒定律**。在满足机械能守恒条件的情况下，系统内的动能与势能是可以相互转换的，而其转换是通过系统内保守力做功来实现的。

在实际中，真正完全遵从机械能守恒定律的力学系统并不多见，总会存在摩擦力、空气阻力之类的非保守力做功。例如，如果系统存在着非保守内力，并且这种非保守内力(例如摩擦力)做负功，则系统的机械能将减少。此外，在许多系统内部，除了机械运动外，还进行着非力学的过程，在这种情况下，机械能也不守恒。

如果一个系统和外界没有物质和能量交换，这个系统称为孤立系统。大量实验事实证明，在孤立系统机械能发生变化的同时，必然有等值的其他形式的能量在变化，使得整个孤立系统内各种形式的能量的总和保持不变。这就是说，在自然界中任何系统都具有能量，能量有各种不同的形式，可以从一种形式转换为另一种形式，从一个物体传递给另一个物体(或系统)，在转换和传递的过程中，能量不会消失，也不能创生。这一结论称为**能量守恒定律**。

能量守恒定律是在概括了无数实验事实的基础上建立起来的。它是物理学中最具有普遍性的定律之一，也是整个自然界都服从的普遍规律。

能量守恒定律能使我们更深刻地理解功的意义。按能量守恒定律，一个物体或系统的能量变化时，必然有另一个物体或系统的能量同时也发生变化。所以，当外界用做功的方式(以后在热力学中将看到，也可以用传递热量等其他方式）使一个系统的能量变化时，其实质是这个系统和另一个系统(指外界)之间发生了能量的交换，而所交换的能量在数量上就等于功(或传递的热量等）。因此，从本质上说，做功是能量交换或转化的一种形式；从数量上说，功是能量交换或转化的一种量度。还可以说，功率是单位时间内能量转换的量度。

这里再一次指出，不能把功和能看作是等同的。功是过程量，它总是和能量变化或交换

的过程相联系的;而能量只决定于系统的状态，系统在一定状态时，就具有一定的能量，所以，能量是状态量。例如，一个在重力场中运动的物体，当它在一定的运动状态(在一定位置,具有一定的速度)时，它就具有一定大小的机械能(动能和重力势能)。可以说，能量是系统状态的单值函数。

【例题 2-12】 如图 2-20 所示，在高 $h=20\text{m}$ 处以初速 $v_0=18\text{m/s}$ 倾斜地抛出质量 $m=50\text{g}$ 的小石块。(1)若空气阻力忽略不计，求石块到达地面时的速率。(2)如果考虑空气阻力，而石块落地时速率变成 $v=20\text{m/s}$，求空气阻力所做的功。

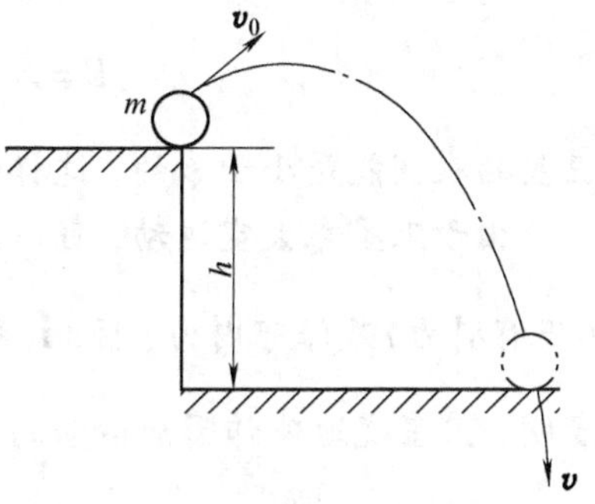

图 2-20

解 (1)把石块和地球作为研究的系统。先分析系统受力，在抛出小石块的过程中，如果不计空气阻力，则石块只受到重力(保守内力)作用，系统不受外力，故系统的机械能守恒。取地面作为势能零点，系统在开始位置，石块的动能为 $mv_0^2/2$，势能为 mgh；在落地处，设石块的速率为 v，则动能为 $mv^2/2$。根据机械能守恒定律，有

$$\frac{1}{2}mv_0^2+mgh=\frac{1}{2}mv^2+0$$

$$v=\sqrt{v_0^2+2gh}=\sqrt{18^2+2\times9.8\times20}\text{m/s}=26.8\text{m/s}$$

(2) 仍把石块和地球看作一个系统，在抛出后，除重力(保守内力)外，还有外力即空气阻力，它对系统做功 $W_{阻}$，因此机械能不守恒。应用功能原理，阻力做功等于系统机械能的增量，仍取地面为势能零点，得到

$$W_{阻}=\left(\frac{1}{2}mv^2+0\right)-\left(\frac{1}{2}mv_0^2+mgh\right)$$

代入题中数据,计算得到空气阻力所做的功为

$$W_{阻}=\left[\left(\frac{1}{2}\times0.05\times20^2+0\right)-\left(\frac{1}{2}\times0.05\times18^2+0.05\times9.8\times20\right)\right]\text{J}=-7.91\text{J}$$

【例题 2-13】 当人造地球卫星有足够的速度时，就可以在地球引力的作用下在稳定的轨道上绕地球作圆周运动。试求人造地球卫星的动能、势能和机械能。卫星的机械能是否守恒?

解 将地球和卫星作为一个系统。设卫星以速率 v 绕地球作匀速圆周运动，使卫星保持稳定圆周轨道的条件是地球的引力等于卫星作圆周运动的向心力，即

$$m\frac{v^2}{r}=\frac{Gm_{地}m}{r^2}$$

式中,$r=h+R$ 为卫星作圆周运动的半径；h 为卫星离地面的高度；R 为地球半径；m 为卫星的质量；$m_{地}$ 为地球的质量。由上式求得

$$v^2=\frac{Gm_{地}}{r}$$

所以卫星的动能

$$E_k=\frac{1}{2}mv^2=\frac{Gm_{地}m}{2r}$$

卫星与地球间的万有引力是系统中的保守内力，以无限远处为系统势能零点，则卫星距离地心 r 处时，引力势能为

$$E_p = -\frac{Gm_{地} m}{r}$$

卫星的动能和势能之和就是卫星的机械能 E

$$E = E_k + E_p = \frac{1}{2}mv^2 - \frac{Gm_{地} m}{r} = -\frac{Gm_{地} m}{2r}$$

卫星的机械能是小于零的，这样的运动称为束缚运动。

由于卫星在太空运动，可以忽略阻力，所以地球和卫星系统不受外力作用，唯一的内力(万有引力)是保守内力，因此，系统的机械能守恒，即 $E = -\frac{Gm_{地} m}{2r}$ 是一个常量。这个结果表明，卫星绕地球作圆周运动的轨道半径 r 保持不变。

2.9 刚体的定轴转动

2.9.1 刚体

到目前为止，我们学习的是质点的运动或者物体的平动，然而，实际物体是有形状、大小的，它可以平动、转动。因此，对于机械运动的研究只限于质点代表的平动是不够的。

如果在研究一个物体运动时需要考虑它的大小和形状，但是可以不考虑它在外力作用下的形变，我们就可以用一个简化的力学模型来代替它，这就是**刚体**。刚体是实际物体的一种近似，刚体考虑了物体的形状和大小，但不考虑外力作用下的形变。刚体也是一个理想模型。

刚体一般具有一定的体积，刚体可以看成是由无限多个很小的体积元组成，每个体积元可看作是一个质点或质元。由于刚体的形状在运动过程中保持不变，刚体内任意两质点之间的距离在运动过程中保持不变，刚体实际上就是一种特殊的质点系，所以可以利用研究质点系的方法来研究刚体。

2.9.2 刚体的平动和定轴转动

1. 刚体的平动

在刚体运动过程中，如果其上任一条直线始终保持方向不变，这样的运动叫做**刚体的平动**。例如一个圆柱体的平动，在运动过程中，圆柱体中所有质点的位移都是相同的，而且在任何时刻，各个质点的速度和加速度也都分别相同，我们可以选取刚体上任一点的运动来代表圆柱体的运动。刚体平动时，内部各点在任意一段时间内的位移以及任一时刻的速度和加速度都分别相等。也就是说，刚体平动时各点的运动情况相同。

刚体内任一点的运动都能代表整个刚体的运动。这样，我们就可以用质点运动学和动力学知识来解决刚体的平动运动学问题及动力学问题。因此，本节不再单独讨论刚体的平动。

2. 刚体的定轴转动

刚体运动时，如果刚体内各个质元都绕同一直线作圆周运动，这种运动称为刚体的转

动，这一直线称为轴。例如机床飞轮的转动，旋转式门窗的开、关，地球自转等等都是转动。如果轴相对于我们所取的参考系(如地面)是固定不动的，就称为刚体绕固定轴的转动，简称**刚体的定轴转动**。本节研究的就是刚体的定轴转动。

刚体作定轴转动时，刚体内轴上所有各点都保持固定不动。刚体内不在轴上的其他各点，都在通过该点、并垂直于轴的平面内绕轴作圆周运动，圆心在轴上，半径就是该点与轴的垂直距离。刚体内离轴远近不同的各点在同一时间内转过的圆弧长度是不同的，但各点在同一时间内绕轴转过的角度是相等的，且各点的角速度和角加速度亦分别相同。因为刚体内各点之间的相对位置不随刚体转动变化，所以我们可用1.3.2节介绍的角量来描述整个刚体的运动。

设刚体绕固定不动的 z 轴转动，如图2-21所示，为了确定刚体在任一时刻的位置，取垂直于轴的任一平面作为参考平面，它与轴交于 O 点，并在该平面内取某一固定直线 OA，作为计算角坐标的参考位置。P 点是参考平面上的刚体质元，由原点 O 到点 P 的连线 OP 与参考轴 OA 之间的夹角 θ 可确定刚体在任一时刻的方位，故 θ 称为刚体的角坐标。一般以点 P 沿逆时针方向转动的角坐标为正，反之为负。

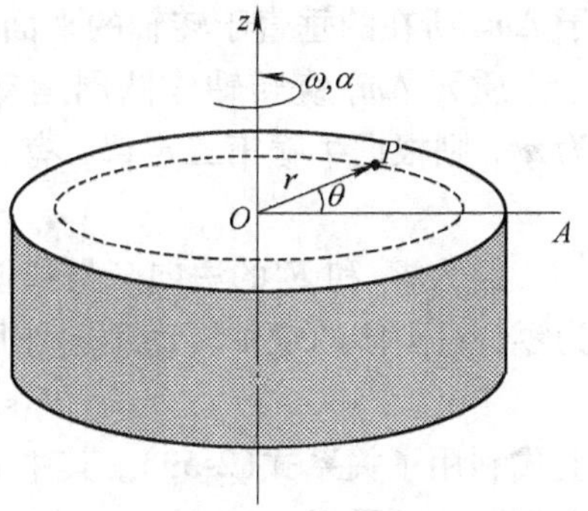

图2-21 刚体定轴转动

当刚体转动时，角坐标 θ 随时间而变，它是时间 t 的单值连续函数，即 $\theta=\theta(t)$，这个函数关系称为刚体定轴转动的转动方程。从刚体转动方程出发，仿照质点运动学，我们定义刚体的定轴转动的**角速度** ω 和**角加速度** α 为

$$\omega=\frac{\mathrm{d}\theta}{\mathrm{d}t}$$

$$\alpha=\frac{\mathrm{d}\omega}{\mathrm{d}t}=\frac{\mathrm{d}^2\theta}{\mathrm{d}t^2}$$

角速度 ω 的方向沿转轴，其指向与刚体上各质元沿圆周的绕行方向之间遵从右手螺旋定则；角速度 α 的方向也沿转轴，$\alpha>0$ 时与 ω 的方向相同，$\alpha<0$ 时与 ω 的方向相反。

当刚体作定轴转动时，其上各点都在作圆周运动。若其中某点到轴的距离为 r，则其速度 v、法向加速度 $\boldsymbol{a}_\mathrm{n}$ 和切向加速度 $\boldsymbol{a}_\tau$ 等线量和角量的数值关系分别为

$$v=r\omega \tag{2-57}$$

$$a_\mathrm{n}=\frac{v^2}{r}=\omega^2 r \tag{2-58}$$

$$a_\tau=\frac{\mathrm{d}v}{\mathrm{d}t}=r\alpha \tag{2-59}$$

上述各式表示描述整个刚体转动的角量与描述刚体内任一点作圆周运动的相应线量的关系。

2.9.3 刚体的定轴转动定律

在外力的作用下，质点的运动速度会发生变化，即产生加速度。那么是什么使刚体绕定轴转动的角速度发生变化呢？

如图 2-22 所示，将刚体看成是无限多的质元组合，考虑其中任意一个质量为 Δm_i 的质元，Δm_i 绕转轴作圆周运动，圆心为 O 点，半径为 r_i，即 Δm_i 相对于参考点 O 的位矢为 $\boldsymbol{r}_i$。设 Δm_i 受到的外力为 $\boldsymbol{F}_i$，内力为 $\boldsymbol{F}_i'$，它们与位矢 $\boldsymbol{r}_i$ 的夹角分别为 φ_i 和 θ_i。经验告诉我们，如果对刚体施加一个与转轴平行的力，这样的力不会使刚体绕 z 轴转动，也不会改变转动角速度 ω，因此，在刚体定轴转动问题中，可以不考虑 $\boldsymbol{F}_i$ 和 $\boldsymbol{F}_i'$沿 z 轴的分量。我们可以合理地假定：$\boldsymbol{F}_i$ 和 $\boldsymbol{F}_i'$的作用线都位于 Δm_i 所在的垂直于转轴的平面内。

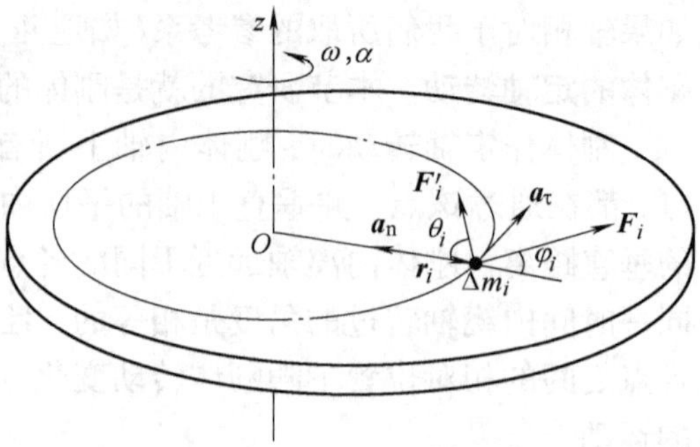

图 2-22　刚体定轴转动定律

质元 Δm_i 绕转轴作圆周运动，设它的加速度为 $\boldsymbol{a}_i$，则根据牛顿第二定律，有

$$\boldsymbol{F}_i + \boldsymbol{F}_i' = \Delta m_i \boldsymbol{a}_i$$

因为 $\boldsymbol{F}_i$ 和 $\boldsymbol{F}_i'$的法向分量指向 O 点，即法向力的作用线通过转轴，它们对定轴 Oz 的力矩为零，对刚体的定轴转动不起作用。因此，只需考虑上式在切向的投影式

$$F_i \sin\varphi_i + F_i' \sin\theta_i = \Delta m_i a_{i\tau} = \Delta m_i r_i \alpha$$

上式利用了关系式(2-59)，其中 α 是刚体绕定轴转动的角加速度（对所有质元都一样）。将上式两边同乘以 r_i，得

$$F_i r_i \sin\varphi_i + F_i' r_i \sin\theta_i = \Delta m_i r_i^2 \alpha$$

上式左边第一项是外力 $\boldsymbol{F}_i$ 对转轴的力矩，第二项是是内力 $\boldsymbol{F}_i'$对转轴的力矩。对刚体中的所有质元都可以写出这样的等式，将所有这些式子全部相加，得到

$$\sum_i F_i r_i \sin\varphi_i + \sum_i F_i' r_i \sin\theta_i = \left(\sum_i \Delta m_i r_i^2\right)\alpha \tag{2-60}$$

刚体内部各质点之间的内力都是成对出现的，它们大小相等，方向相反，且力的作用线在同一条直线上，它们对转轴的力臂相等，每一对内力矩都因成对出现而相互抵消，因而所有的内力矩之和为零，即 $\sum\limits_i \boldsymbol{F}_i' r_i \sin\theta_i = 0$。我们把对转轴的所有外力矩之和，即合外力矩的大小用 M 表示，$M = \sum\limits_i F_i r_i \sin\varphi_i$，而将上式右边括号中的求和用 J 表示，即

$$J = \sum_i \Delta m_i r_i^2 \tag{2-61}$$

J 称为刚体对定轴的**转动惯量**，即刚体对某一轴的转动惯量 J 等于此刚体所有各质元的质量与它们各自到该轴距离平方的乘积之总和。这样，式(2-60)就可表示为

$$M = J\alpha \tag{2-62}$$

上式表明：刚体在外力对定轴的合外力矩 M 作用下，将获得角加速度，角加速度的大小与合外力矩的大小成正比，与刚体对该轴的转动惯量成反比，这称为刚体的**定轴转动定律**。该定律表述了刚体在合外力矩作用下绕定轴转动的瞬时效应，即某时刻的合外力矩将引起该时刻刚体转动状态的改变，亦即使刚体获得角加速度。当合外力矩为零时，角加速度也为零，则刚体处于静止或匀角速度转动状态；若合外力矩为一恒量，则刚体作匀角加速度转动；若合外力矩时时变化，则刚体将作变角加速度转动。

刚体定轴转动定律反映了外力矩对定轴转动刚体的瞬时作用规律，它在刚体力学中的地位相当于质点力学中的牛顿第二定律。

式(2-61)定义的转动惯量 J 是量度刚体转动惯性的物理量。一般刚体的质量是连续分布的，因此，式(2-61)可以用积分的形式表示

$$J=\int_m r^2\mathrm{d}m=\int_V r^2\rho\mathrm{d}V \tag{2-63}$$

式中，$\mathrm{d}V$ 是质元 $\mathrm{d}m$ 的体积；ρ 为体积元 $\mathrm{d}V$ 处的密度；积分遍及整个刚体。转动惯量 J 由刚体本身的几何形状、质量分布以及转轴的位置所决定。同样的质量分布，对于不同位置的转轴，有不同的转动惯量；同样的质量，离轴越远，则转动惯量越大。

转动惯量恒为正值。在国际单位制中它的单位是 $\mathrm{kg}\cdot\mathrm{m}^2$（千克·米^2）。具有对称性、几何形状简单、密度均匀（均质）的刚体对不同转轴的转动惯量都可以较为方便地通过式(2-63)的积分计算出来。

【例题2-14】 求质量为 m、半径为 R、厚为 h 的均质圆盘对通过盘心并与盘面垂直的轴的转动惯量。

解 如图2-23所示，将圆盘看成由许多薄圆环组成。取任一半径为 r，宽度为 $\mathrm{d}r$ 的薄圆环，薄圆环的质量为 $\mathrm{d}m$，以 ρ 表示圆盘的质量体密度，则有

$$\mathrm{d}m=\rho\mathrm{d}V=\rho 2\pi rh\mathrm{d}r$$

因为此薄圆环上各点到转轴的距离都是 r，所以这个薄圆环对转轴的转动惯量为

$$\mathrm{d}J=r^2\mathrm{d}m=2\pi r^3h\rho\mathrm{d}r$$

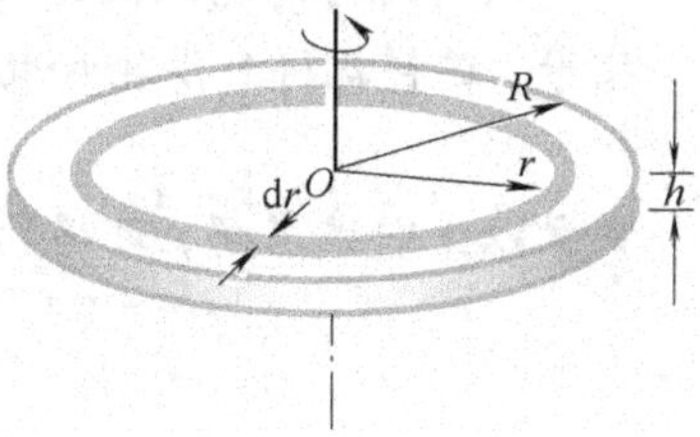

图 2-23

对上式积分，就得到整个圆盘对通过盘心并与盘面垂直的轴的转动惯量

$$J=\int\mathrm{d}J=\int_0^R 2\pi r^3h\rho\mathrm{d}r=\frac{1}{2}\pi R^4h\rho$$

而 $\rho=\dfrac{m}{\pi R^2h}$，因此

$$J=\frac{1}{2}mR^2$$

由于上述结果中并没有出现圆盘的厚度 h，所以一个质量为 m、半径为 R 的实心圆柱体对其中心轴的转动惯量也与此结果相同。

【例题2-15】 如图2-24a所示，质量为 m，半径为 R 的定滑轮（当作均匀圆盘）上面绕有细绳。绳的两端分别悬挂质量为 m_1 和 m_2 的两个物体，$m_2>m_1$，绳与滑轮之间无相对滑动且绳子不伸长，忽略轴处摩擦。求物体的加速度及绳中的张力。

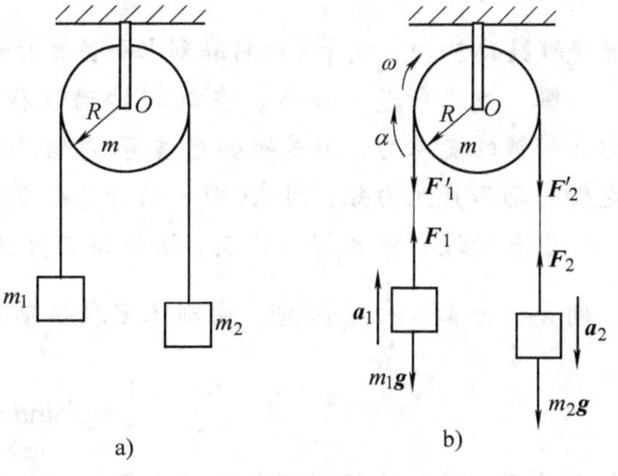

图 2-24

解 用刚体定轴转动定律解决问题时，首先要确定研究对象，进行受力分析。有物体间的关联运动时，对平动物体用牛顿第二定律列方程，对转动物体用定轴转动定律列方

程，再由角量和线量之间的关系，将平动和转动联系起来，通过联立方程，求解未知量。

本题中有定滑轮和 m_1 和 m_2 两个物体，分别进行受力分析，如图2-24b所示。两边绳子中的张力 $F_1=F_1'$，$F_2=F_2'$，因 $m_2>m_1$，故 m_1 向上运动，m_2 向下运动，由于绳子不伸长，可以假设它们加速度的大小 $a_1=a_2=a$，而定滑轮在两边绳子拉力提供的力矩的作用下顺时针旋转，设定轴转动的角加速度为 α。

定滑轮 m 绕通过 O 点的轴转动，设使刚体顺时针方向转动的力矩为正，使刚体逆时针方向转动的力矩为负，应用刚体定轴转动定律式(2-62)有

$$RF_2-RF_1=J\alpha=\frac{1}{2}mR^2\alpha$$

物体 m_1 和 m_2 作直线运动，根据牛顿第二定律分别得到

$$m_2g-F_2=m_2a$$
$$F_1-m_1g=m_1a$$

因为绳与滑轮之间无相对滑动，所以滑轮边缘处的切向加速度和两个物体运动的加速度相等，这样就得到滑轮和物体之间的运动学关系为

$$a=R\alpha$$

联立以上四式求解，可得物体运动的加速度为

$$a=\frac{(m_2-m_1)}{m_1+m_2+m/2}g$$

而滑轮两边绳中的张力分别为

$$F_1=\frac{(2m_2+m/2)m_1}{m_1+m_2+m/2}g$$
$$F_2=\frac{(2m_1+m/2)m_2}{m_1+m_2+m/2}g$$

【例题2-16】 如图2-25所示，一长为 l、质量为 m 的匀质细杆竖直放置，其下端与一固定铰链 O 相连，并可绕其转动(杆的转动惯量为 $J=\frac{1}{3}ml^2$)。当其受到微小扰动时，细杆将在重力的作用下由静止开始绕铰链 O 转动。试计算细杆转到水平位置时的角加速度。

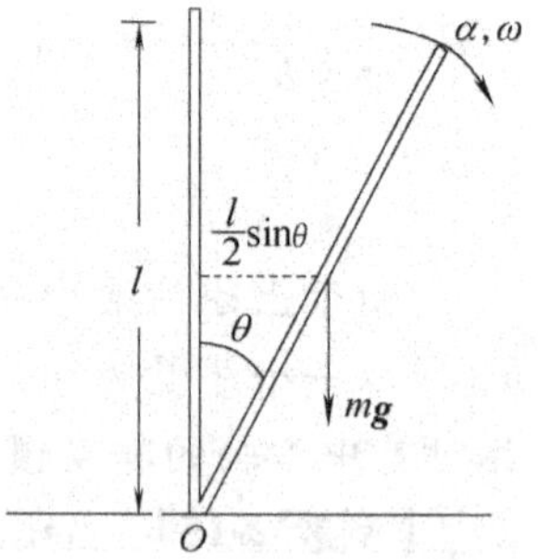

图 2-25

解 先进行受力分析。在细杆转动过程中，它受到自身的重力和铰链的支承力，但是铰链的支承力始终通过 O 点，对细杆的定轴转动不产生力矩，因此，唯一的外力矩是重力 mg 产生的。

取转动过程中的任一状态，细杆与铅直线夹角为 θ，此时外力矩的大小为 $M=\frac{1}{2}mgl\sin\theta$。由刚体定轴转动定律式(2-62)，有

$$\frac{1}{2}mgl\sin\theta=J\alpha=\frac{1}{3}ml^2\alpha$$

由上式解出转动过程中任意时刻的角加速度

$$\alpha=\frac{3g}{2l}\sin\theta$$

当细杆转到水平位置时，$\theta=\pi/2$，此时角加速度 $\alpha=\dfrac{3g}{2l}$。

2.9.4 刚体定轴转动的角动量定理和角动量守恒定律

我们已经学习了质点相对于某一参考点的角动量，现在仿照质点角动量式(2-17)来定义刚体的角动量。

在刚体的定轴转动中，刚体上所有的质元都在绕同一个轴作圆周运动。如图2-26所示，考虑刚体上某个质元 Δm_i，它所在圆周的圆心为 O 点，半径为 r_i，相对于参考点 O 的位矢为 $\boldsymbol{r}_i$。定义 Δm_i 对参考点 O 的角动量就是它对转轴的角动量

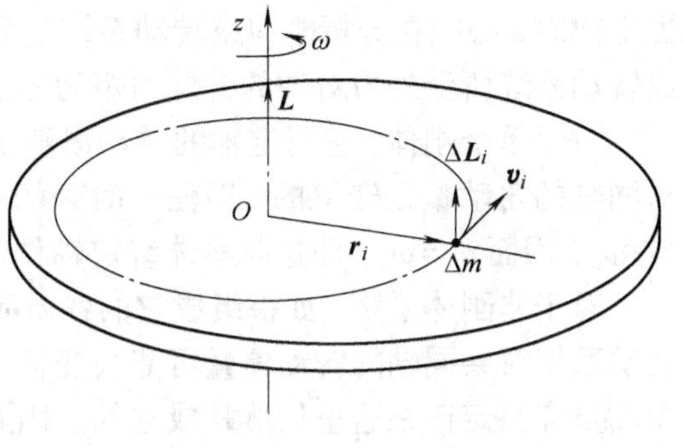

图2-26 刚体的角动量

$$\Delta\boldsymbol{L}_i=\boldsymbol{r}_i\times\Delta m_i\,\boldsymbol{v}_i \qquad (2\text{-}64)$$

由于 Δm_i 作圆周运动，显然，角动量 $\Delta\boldsymbol{L}_i$ 的大小为

$$\Delta L_i=\Delta m_i r_i v_i=\Delta m_i r_i(\omega r_i)=\Delta m_i {r_i}^2\omega$$

$\Delta\boldsymbol{L}_i$ 的方向由右手螺旋定则确定，$\Delta\boldsymbol{L}_i$ 垂直于圆周轨道的平面，与转轴 Oz 的方向相同。

显然，定轴转动刚体上的所有质元对转轴的角动量方向都相同，都沿 Oz 轴的方向。因此，将上式对所有质元求和就得到刚体对转轴的角动量

$$L=\sum_i\Delta L_i=\sum_i(\Delta m_i r_i^2)\omega=(\sum_i\Delta m_i r_i^2)\omega$$

利用式(2-61)关于转动惯量的定义，上式可写成

$$L=J\omega \qquad (2\text{-}65)$$

上式表明，刚体对固定转动轴 Oz 的角动量 L，等于它对该轴的转动惯量 J 和绕该轴转动的角速度 ω 的乘积。

根据刚体定轴转动定律式(2-62)，有

$$M=J\alpha=J\frac{\mathrm{d}\omega}{\mathrm{d}t}=\frac{\mathrm{d}(J\omega)}{\mathrm{d}t}=\frac{\mathrm{d}L}{\mathrm{d}t} \qquad (2\text{-}66)$$

上式表明：刚体所受对某给定轴的合外力矩等于刚体对该轴的角动量的时间变化率。这是用刚体角动量表示的定轴转动定律。

将式(2-66)写成

$$M\mathrm{d}t=\mathrm{d}L \qquad (2\text{-}67)$$

设刚体在力矩 $\boldsymbol{M}$ 的作用下，在从时刻 t_0 到 t 的过程中，转动角速度从 ω_0 变成 ω。将上式对 $t_0\to t$ 这段时间进行积分，得到

$$\int_{t_0}^{t}M\mathrm{d}t=\int_{L_0}^{L}\mathrm{d}L=L-L_0=J\omega-J\omega_0 \qquad (2\text{-}68)$$

上式左边 $\int_{t_0}^{t}M\mathrm{d}t$ 为合外力矩作用在 $t_0\to t$ 时间内的积累效果，称为**角冲量**，这与冲量即力在一段时间内的累积效应是相似的。上式表明：刚体所受的角冲量等于刚体在这段时间内的角动量的增量，这就是**刚体定轴转动的角动量定理**。有时将式(2-66)和式(2-68)分别称为刚体定

轴转动角动量定理的微分形式和积分形式。

在刚体作定轴转动时，如果它所受的合外力矩 $\boldsymbol{M}$ 为零(或不受外力矩作用)，根据刚体定轴转动角动量定理，刚体对转轴的角动量保持不变

$$L = J\omega = \text{常量} \tag{2-69}$$

这就是**刚体定轴转动的角动量守恒定律**。

刚体定轴转动的角动量守恒定律，其表达式与动量守恒定律相似，在具体运用角动量守恒定律时，必须在分析刚体或转动系统受力情况的基础上，明确指出它的适用条件，即刚体或转动系统所受外力对轴的合外力矩为零。

对于单个刚体，它对定轴的转动惯量 J 保持不变，如果所受合外力矩 $\boldsymbol{M}$ 为零，则该刚体对同轴的角动量是守恒的，即任一时刻的角动量 $J\omega$ 应等于初始时刻的角动量 $J\omega_0$，亦即 $J\omega = J\omega_0$，因而 $\omega=\omega_0$，即这时物体绕定轴作匀角速度转动。

对于非刚体系统，如果组成它的各质元或各个部分以相同的角速度绕共同轴转动，此时转动系统对共同轴的转动惯量可能会变化，刚体定轴转动定律不再适用，而刚体定轴转动的角动量守恒定律在这里仍然是成立的。因此当物体绕定轴转动时，如果它对轴的转动惯量是可变的，则在满足角动量守恒的条件下，物体的角速度 ω 随转动惯量 J 的改变而变，但两者之乘积 $J\omega$ 却保持不变，因而当 J 变大时，ω 变小；J 变小时，ω 变大。如芭蕾舞演员表演时就利用了这样的原理，她伸展或者收缩手臂和腿来改变对转动轴的转动惯量，从而达到使转速加快或减慢的目的。人手持哑铃在转台上的自由转动也是属于系统绕定轴转动的角动量守恒定律的一个例子，因为人、转台和一对哑铃的重力以及地面对转台的支持力都平行于转轴，不产生力矩，即 $M=0$，故系统对转轴的角动量应始终保持不变。

【例题 2-17】 如图 2-27 所示，一质量为 m_0 的子弹以水平速度 v_0 射入一静止悬于顶端 O 点的均匀长杆的下端，子弹从杆穿出后其速度损失了 3/4，求子弹穿出时长杆所获得的角速度 ω。已知杆的长度为 l，质量为 m，可绕光滑轴 O 在铅直面内摆动。

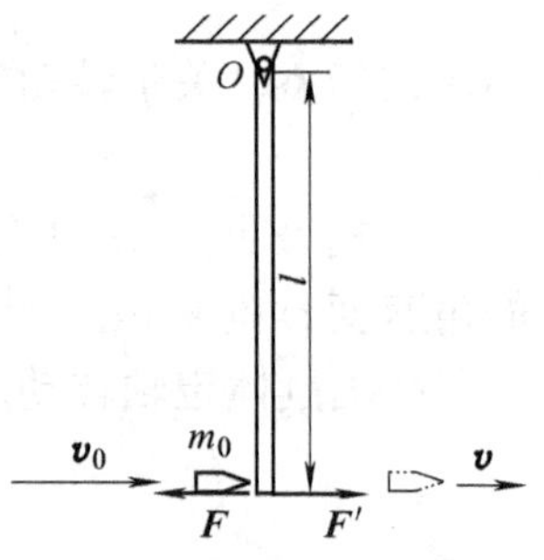

图 2-27

解 本题有两种解法，一种解法是将子弹和长杆分开来分析，另一种解法是将它们作为一个系统来分析。

【解法一】 先考虑子弹的运动。设长杆对子弹的阻力为 $\boldsymbol{F}$，这是子弹在水平方向受到的外力。在子弹穿出长杆的过程中，子弹的速度从 v_0 变成 v。应用质点动量定理的分量式(2-7)中的第一式，$\boldsymbol{F}$ 的冲量等于子弹动量的增量，即

$$\int F\mathrm{d}t = m_0(v - v_0) = -\frac{3}{4}m_0 v_0$$

再考虑长杆的运动。设子弹对长杆的反作用力为 $\boldsymbol{F}'$，这个力对长杆产生一个外力矩 $F'l$，长杆在这个力矩作用下，转动角速度从 0 变成 ω。根据刚体定轴转动角动量定理式(2-68)，刚体所受的角冲量等于刚体在这段时间内的角动量增量

$$\int F'l\mathrm{d}t = l\int F'\mathrm{d}t = J\omega$$

式中，$J=\dfrac{1}{3}ml^2$ 是长杆对定轴 O 的转动惯量。由于长杆对子弹的阻力 $\boldsymbol{F}$ 和子弹对长杆的反作

用力 $\boldsymbol{F}'$ 是一对作用力与反作用力，即

$$F' = -F$$

联立解上述三个方程，得到子弹穿出后长杆获得的角速度

$$\omega = \frac{9m_0v_0}{4ml}$$

【解法二】 把子弹和长杆作为一个系统来进行分析。子弹穿出长杆的过程时间极短，可以认为长杆来不及转动，仍处于铅直位置。在子弹从进入长杆至穿出的过程中，系统受到的外力为子弹、长杆各自所受的重力以及轴的支承力，但这些力都通过转轴，对轴均不产生力矩，故此过程中系统的角动量守恒。

子弹射入细杆前一瞬间，子弹相对于轴 O 的角动量为 m_0v_0l，而长杆静止，它对轴 O 的角动量为零，因此，系统的初角动量为

$$L_0 = m_0v_0l$$

子弹穿出长杆时，设子弹的速率变为 v，长杆获得的角速度为 ω，子弹相对于轴 O 的角动量变为 $m_0vl = \frac{1}{4}m_0v_0l$，长杆对轴 O 的角动量 $J\omega = \frac{1}{3}ml^2\omega$，因此，子弹穿出长杆时系统的角动量为

$$L = \frac{1}{4}m_0v_0l + \frac{1}{3}ml^2\omega$$

由于子弹射入长杆和穿出长杆时系统的角动量守恒，$L_0 = L$，即

$$m_0v_0l = \frac{1}{4}m_0v_0l + \frac{1}{3}ml^2\omega$$

由上式解得子弹射出长杆时获得的角速度 ω 为

$$\omega = \frac{9m_0v_0}{4ml}$$

内容提要

1. 动量与冲量　质点的动量定理

质点的动量定理：$\boldsymbol{I} = \int_{t_1}^{t_2}\boldsymbol{F}\mathrm{d}t = \int_{p_1}^{p_2}\mathrm{d}\boldsymbol{p} = \boldsymbol{p}_2 - \boldsymbol{p}_1 = m\boldsymbol{v}_2 - m\boldsymbol{v}_1$

平均冲力的计算：$\overline{\boldsymbol{F}} = \dfrac{m\boldsymbol{v}_2 - m\boldsymbol{v}_1}{\Delta t}$

2. 质点系的动量定理

质点系的动量定理：$\int_{t_1}^{t_2}\sum_i \boldsymbol{F}_i\mathrm{d}t = \sum_i \boldsymbol{p}_i - \sum_i \boldsymbol{p}_{i0}$

3. 质点系的动量守恒定律

当合外力为零时，$\sum_i \boldsymbol{p}_i = \sum_i m_i\boldsymbol{v}_i =$ 常矢量。

系统的总动量在某个方向上守恒：如果合外力在某一方向上（例如 x 轴方向）分量的代数和为零，则 $p_x = \sum_i m_iv_{ix} =$ 常量。

4. 质点的角动量、力矩和质点的角动量定理

角动量：$\boldsymbol{L}=\boldsymbol{r}\times\boldsymbol{p}=\boldsymbol{r}\times m\boldsymbol{v}$

力矩：$\boldsymbol{M}=\boldsymbol{r}\times\boldsymbol{F}$

质点的角动量定理：$\boldsymbol{M}=\dfrac{\mathrm{d}\boldsymbol{L}}{\mathrm{d}t}$或者$\int_{t_1}^{t_2}\boldsymbol{M}\mathrm{d}t=\boldsymbol{L}_2-\boldsymbol{L}_1$

质点的角动量守恒定律：当质点所受的力矩$\boldsymbol{M}=0$时，$\dfrac{\mathrm{d}\boldsymbol{L}}{\mathrm{d}t}=0$ 或$\boldsymbol{L}=$常矢量。

5. 功 动能定理

元功：$\mathrm{d}W=\boldsymbol{F}\cdot\mathrm{d}\boldsymbol{r}$

功：$W_{ab}=\int_a^b\boldsymbol{F}\cdot\mathrm{d}\boldsymbol{r}=\int_a^b(F_x\mathrm{d}x+F_y\mathrm{d}y+F_z\mathrm{d}z)$

功率：$P=\dfrac{\mathrm{d}W}{\mathrm{d}t}=\boldsymbol{F}\cdot\boldsymbol{v}$

动能：$E_\mathrm{k}=\dfrac{1}{2}mv^2$

质点的动能定理：$W_{ab}=E_{\mathrm{k}b}-E_{\mathrm{k}a}$

6. 保守力与势能

重力、引力和弹性力所做的功及其特点

保守力：保守力做功与路径无关，或$\oint_L\boldsymbol{F}(\boldsymbol{r})\cdot\mathrm{d}\boldsymbol{r}=0$。

势能：设b处为势能零点，则$E_{\mathrm{p}a}=E_{\mathrm{p}a}-E_{\mathrm{p}b}=W_{ab}=\int_a^b\boldsymbol{F}\cdot\mathrm{d}\boldsymbol{r}$。

几种常见的势能：重力势能$E_\mathrm{p}=mgh$、引力势能$E_\mathrm{p}=-\dfrac{Gm_0m}{r}$和弹性力势能$E_\mathrm{p}=\dfrac{1}{2}kx^2$

7. 质点系的动能定理 功能原理

质点系的动能定理：$W_{外}+W_{内}=E_\mathrm{k}-E_{\mathrm{k}0}=\Delta E_\mathrm{k}$

机械能：$E=E_\mathrm{k}+E_\mathrm{p}$

功能原理：$W_{外}+W_{非保内}=E-E_0$

机械能守恒定律：当$W_{外}+W_{非保内}=0$时，$E=E_0=$常量

8. 刚体的定轴转动

转动惯量：$J=\sum_i\Delta m_ir_i^2$或者$J=\int_m r^2\mathrm{d}m=\int_V r^2\rho\mathrm{d}V$

刚体定轴转动定律：$M=J\alpha$

刚体定轴转动角动量定理：$M=\dfrac{\mathrm{d}L}{\mathrm{d}t}$或者$\int_0^t M\mathrm{d}t=L-L_0=J\omega-J\omega_0$

刚体定轴转动的角动量守恒定律：合外力矩M为零时，$L=J\omega=$常量

习 题

一、选择题

1. 质量为m的铁锤铅直向下打在桩上而静止，设打击时间为Δt，打击前锤的速率为v，

则打击时铁锤受到的合力大小应为　[　　]

A. $\dfrac{mv}{\Delta t}+mg$　　B. mg　　C. $\dfrac{mv}{\Delta t}-mg$　　D. $\dfrac{mv}{\Delta t}$

2. 如图2-28所示，一颗卫星沿椭圆轨道绕地球旋转，若卫星在远地点A和近地点B的角动量与动能分别为L_A、E_{kA}和L_B、E_{kB}，则有　[　　]

A. $L_B>L_A$，$E_{kB}>E_{kA}$　　B. $L_B>L_A$，$E_{kB}=E_{kA}$

C. $L_B=L_A$，$E_{kB}>E_{kA}$　　D. $L_B=L_A$，$E_{kB}=E_{kA}$

3. 一辆炮车放在无摩擦的水平轨道上，以仰角α发射一颗炮弹，炮车和炮弹的质量分别为$m_车$和m。当炮弹飞离炮口时，炮车动能与炮弹动能之比为　[　　]

A. $\dfrac{m_车}{m}$　　B. $\dfrac{m}{m_车}$　　C. $\dfrac{m_车}{m\cos^2\theta}$　　D. $\dfrac{m}{m_车}\cos^2\theta$

4. 甲将弹簧拉伸0.05m后，乙又继续再将弹簧拉伸0.03m，甲乙二人谁做功多些？　[　　]

A. 甲比乙多　　B. 乙比甲多　　C. 甲和乙一样多　　D. 不一定

5. 如图2-29所示，一个质点在水平面内作匀速率圆周运动，在自A点到B点的六分之一圆周运动过程中，下列几种结论中　[　　]

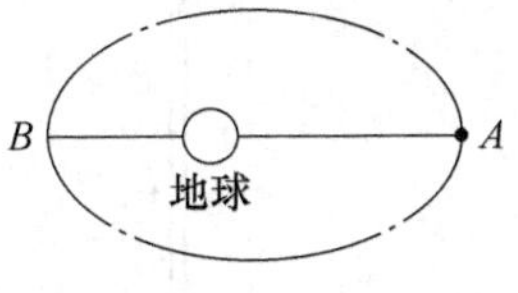

图　2-28

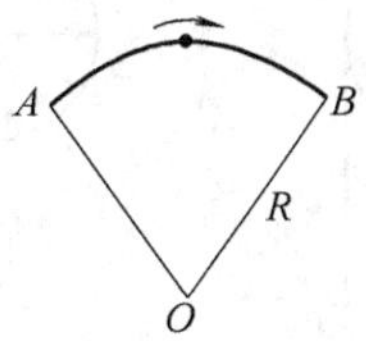

图　2-29

(1) 合力的功为零。
(2) 合力为零。
(3) 合力的冲量为零。
(4) 合力的冲量不为零。
(5) 合力不为零。
(6) 合力的功不为零。

正确的应为

A. (1)、(2)、(3)　　B. (1)、(4)、(5)

C. (1)、(2)、(4)、(6)　　D. (1)、(2)、(4)、(5)

6. 如图2-30所示，足够长的木条A置于光滑水平面上，另一木块B在A的粗糙平面上滑动，则A、B组成的系统的总动能　[　　]

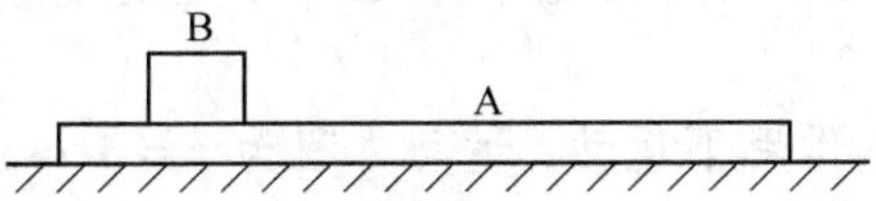

图　2-30

A. 不变。　　B. 增加到一定值。

C. 减少到零。　　D. 减小到一定值后不变。

7. 下列说法中哪个是正确的？　　[　　]

A. 系统不受外力作用，则它的机械能和动量都是守恒的。

B. 系统所受的外力矢量和为零，内力都是保守力，则机械能和动量都守恒。

C. 系统所受的外力矢量和不为零，内力都是保守力，则机械能和动量都不守恒。

D. 系统不受外力的作用，内力都是保守力，则机械能和动量都守恒。

8. 如图2-31所示，一轻绳绕在半径为 r 的重滑轮上，轮对轴的转动惯量为 J，一是以力 $\boldsymbol{F}$ 向下拉绳使轮转动（见图2-31a）；二是以重量等于 F 的重物挂在绳上使之转动（见图2-31b），若两种情况使轮边缘获得的切向加速度分别为 a_1 和 a_2，则有　　[　　]

A. $a_1 = a_2$　　B. $a_1 > a_2$　　C. $a_1 < a_2$　　D. 开始时 $a_1 = a_2$，以后 $a_1 > a_2$

9. 如图2-32所示，一质量为6m，长为 L 的均匀直杆可绕过上端点 O 的水平轴转动，一质量为 m 的质点以水平速度 v 射入静止直杆的下端并留在直杆内，与直杆一起转动。子弹射入后直杆获得的角速度应为　　[　　]

A. $\dfrac{v}{3L}$　　B. $\dfrac{v}{2L}$　　C. $\dfrac{v}{L}$　　D. $\dfrac{3v}{2L}$

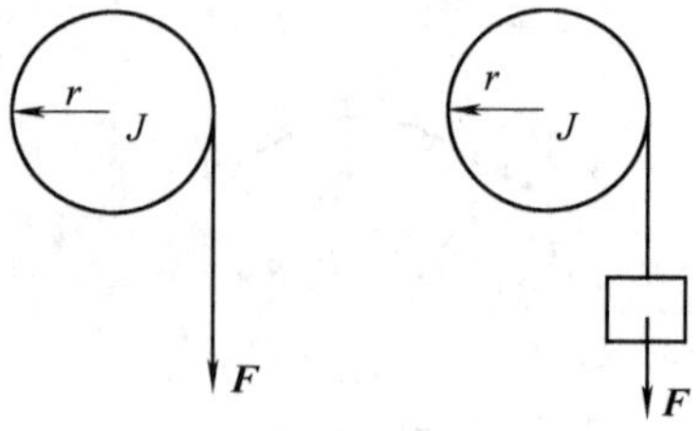

a)　　b)

图　2-31

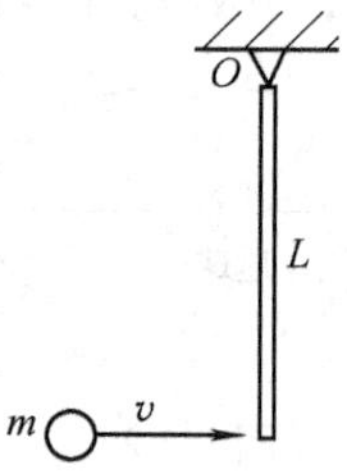

图　2-32

二、填空题

1. 一初始静止的质点，其质量 $m = 0.5\text{kg}$，现受一随时间变化的外力 $\boldsymbol{F} = (10 - 5t)\text{(N)}$ 作用，则在第2s末该质点的速度大小为________ m/s，加速度大小为________ m/s^2。

2. 一小车质量 $m_1 = 200\text{kg}$，车上放一装有沙子的箱子，质量 $m_2 = 100\text{kg}$，已知小车与沙箱以 $v_0 = 3.5\text{km/h}$ 的速率一起在光滑的直线轨道上前进，现将一质量 $m_3 = 50\text{kg}$ 的物体A垂直落入沙箱中，如图2-33所示，则此后小车的运动速率为________ km/h。

3. 哈雷彗星在椭圆轨道上绕日运行，其近日点距离太阳 $8.9 \times 10^{10}\text{m}$，远日点距离太阳 $5.3 \times 10^{12}\text{m}$，则哈雷彗星在近日点处的速率与远日点处的速率之比为________。

4. 质量为 m 的质点在力作用下运动，运动方程为 $x = A\cos\omega t$，式中 A、ω 都是正的常量，则力在 $t = 0$ 到 $t = \pi/(2\omega)$ 这段时间内所做的功为________。

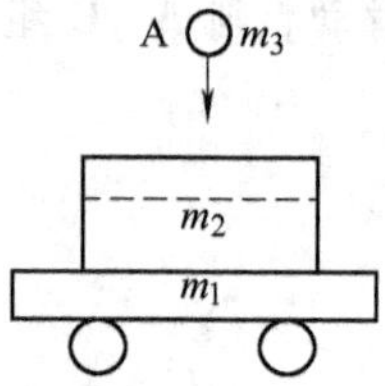

图　2-33

5. 一个质点在几个力的同时作用下运动，它的运动方程为 $\boldsymbol{r} = 3t\boldsymbol{i} -$

$5t\boldsymbol{j}+10\boldsymbol{k}$(m)，其中一个力为 $\boldsymbol{F}=2\boldsymbol{i}+3t\boldsymbol{j}-t^2\boldsymbol{k}$(N)，则最初 2s 内这个力对质点做的功为________J。

6. 一质量为 m 的人造卫星沿一圆形轨道运动，地球半径为 R，卫星离地面的高度为 $2R$，地球的质量为 $m_{地}$，则卫星的机械能为________。

7. 质量分别为 m 和 m' 的两个粒子开始时处于静止状态，且彼此相距无限远，在以后任一时刻，当它们相距为 d 时，则该时刻彼此接近的相对速率为________。

8. 如图 2-34 所示，一质量为 m 的小球由静止开始沿四分之一圆弧形木槽滚动，木槽的质量也为 m，槽的圆半径为 R，放在光滑水平面上，若不计摩擦，则小球离开木槽时的速率应为________。

9. 一长为 l，质量不计的细杆，两端分别附着小球 m_1 和 m_2($m_1>m_2$)，如图 2-35 所示，细杆可绕通过杆中心并垂直于杆的水平轴转动，先将杆置于水平然后放开，则系统刚开始转动时的角加速度应为________。

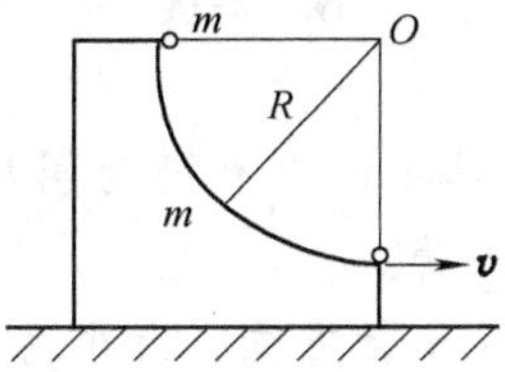

图 2-34

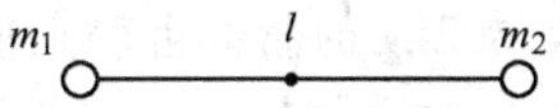

图 2-35

10. 一长为 l 质量为 m 的匀质细杆竖直放置，其下端与一固定铰链 O 相连，并可绕其转动。当其受到微小扰动时，细杆将在重力的作用下由静止开始绕铰链 O 转动，则细杆转到与铅直线呈 θ 角时的角加速度为________。

三、计算题

1. 一支枪每秒发射 10 颗质量为 2.0×10^{-3} kg、速率为 500m/s 的子弹向墙壁射去，求：(1)每粒子弹的动量大小；(2)子弹作用于墙壁的平均冲力。

2. 一质点受合力作用，合力为 $\boldsymbol{F}=10t\boldsymbol{i}+2(2-t)\boldsymbol{j}+3t^2\boldsymbol{k}$(N)。求此质点从静止开始在 2s 内所受合力的冲量和质点在 2s 末的动量。

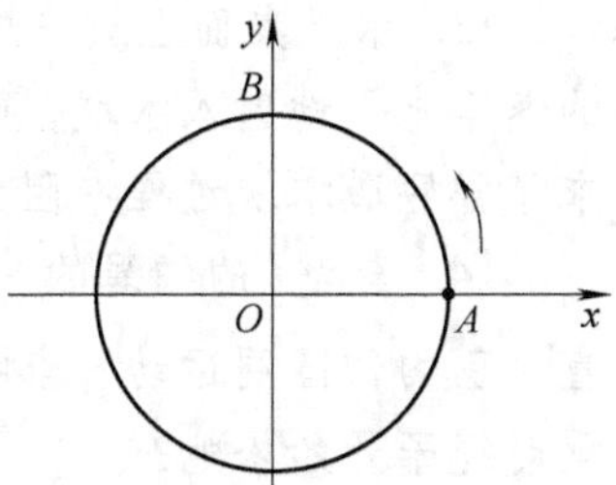

图 2-36

3. 一个质量 $m=50$g，以速率 $v=20$m/s 作匀速圆周运动的小球在 1/4 周期内从图 2-36 中 A 点出发运动到 B 点。问向心力加给小球的冲量是多大？

4. 一质量为 240t 的驳船上载有一辆质量为 10t 的卡车，停泊在岸边的静水中，若卡车以相对于驳船 5km/h 的速度在驳船上行驶，求驳船的速度。

5. 一质量为 $m=2200$kg 的汽车以 $v=60$km/h 的速率沿一平直路线前进。求汽车对路线一侧距路线 $d=50$m 一点的角动量是多大？汽车对路线上任一点的角动量又是多大？

6. 电子的质量为 9.1×10^{-31}kg，在半径为 5.3×10^{-11}m 的圆周轨道上绕氢原子核作匀速圆周运动，已知电子的角动量为 $h/2\pi$(h 为普朗克常量，$h=6.63\times10^{-34}$J·s)，求电子的角速度。

7. 如图 2-37 所示，在平板中央开一小孔，质量为 $m=50\text{g}$ 的小球用细线系住，细线穿过小孔后，挂一质量为 $m_1=200\text{g}$ 的重物，小球作匀速圆周运动，当半径 $r_1=24.8\text{cm}$ 时，重物达到平衡。今在 m_1 的下方再挂一质量为 $m_2=100\text{g}$ 的另一重物，问小球作匀速圆周运动的半径 r_2 又是多少？

8. 一质量为 2t 的汽车沿笔直公路运动，它的 v-t 图如图 2-38 所示。求 $t=1\text{s}$ 到 $t=5\text{s}$ 的过程中合力对汽车所做的功。

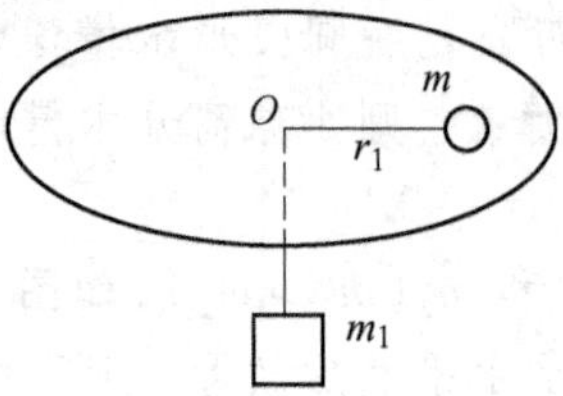

图 2-37

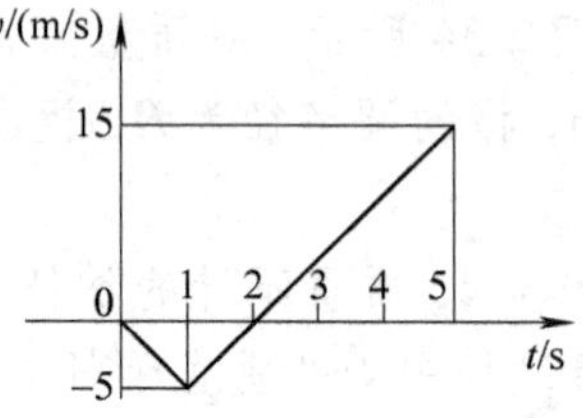

图 2-38

9. 质量为 2kg 的物体由静止出发沿直线运动，作用在物体上的力 $\boldsymbol{F}$ 随时间 t 变化的规律是 $F=4t(\text{N})$，方向始终不变，试求在最初 2s 内，力 $\boldsymbol{F}$ 所做的功。

10. 质量为 $m=2\text{kg}$ 的物体沿 x 轴作直线运动，所受力沿 x 轴方向，大小为 $F=10+6x^2$ (m)。如果在 $x=0$ 处速度为 $v_0=0$，试求该物体从 $x=0$ 处运动到 $x=4\text{m}$ 处时速度的大小。

11. 一质量为 m 的质点在沿 x 轴方向的力 $F=F_0\text{e}^{-kx}$ 作用下（其中 F_0、k 为正的常量）从 $x=0$ 处自静止出发，求它沿 x 轴运动时所能达到的最大速率。

12. 一辆汽车的速率 $v_0=36\text{km/h}$，行驶至一斜率为 0.01 的斜坡时，关掉发动机油门。设车与路面之间的摩擦力为车重的 0.05 倍，问汽车能冲上斜坡多远？

13. 水平桌面上放一质量为 $m_{块}=1\text{kg}$ 的厚木块。一质量为 $m=20\text{g}$ 的子弹以 $v_1=200\text{m/s}$ 的速率水平地射入木块，穿出木块后的速率为 $v_2=100\text{m/s}$，并使木块获得 $v=2\text{m/s}$ 的速率。求子弹穿透木块过程中阻力所做的功（木块与桌面间的摩擦力不计）。

14. 长为 l 的细绳的一端固定，另一端系一质量为 m 的小球，如图 2-39 所示，小球可在竖直平面内作圆周运动，若将小球在最低点处以水平初速 $v_0=\sqrt{4gl}$ 抛出，求小球上升到什么位置时绳子开始松弛？

15. 一块陨石在距离地面高为 h 处的速率为 v_0，忽略大气阻力，求陨石坠地时的速率。令地球质量为 $m_{地}$，地球半径为 R，万有引力常量为 G。

16. 如图 2-40 所示，劲度系数为 360N/m 的弹簧，右端系一质量为 0.25kg 的物体 A，左端固定于墙上，置于光滑水平台面上，物体 A 右方放一质量为 0.15kg 的物体 B，将 A、B 和弹簧一同压缩 0.2m，然后除去外力，求：(1) A、B 刚脱离时 B 的速度；(2) A、B 脱离后，A 继续向右运动的最大距离。

17. 有两个自由质点，其质量分别为 m_1 和 m_2，它们之间的相互作用符合万有引力定律，开始时，两质点的距离为 l，它们都处于静止状态，试求当它们的距离变为 $l/2$ 时，两质点的速率各为多少？

18. 如图 2-41 所示，半径为 r，转动惯量为 J 的定滑轮 A 可绕水平光滑轴 O 转动，轮上缠绕有轻绳，绳一端系有质量为 m 的物体 B，B 可在倾角为 θ 的光滑斜面上滑动，求 B 的加速度和绳中张力。

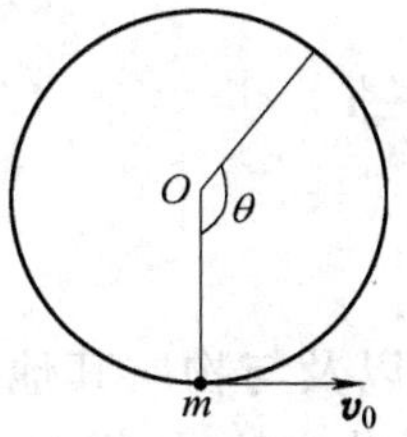

图 2-39

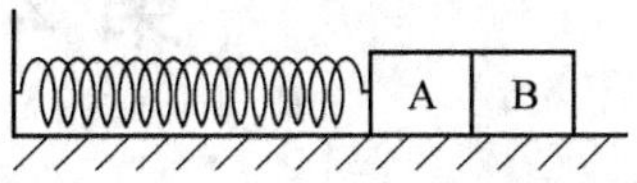

图 2-40

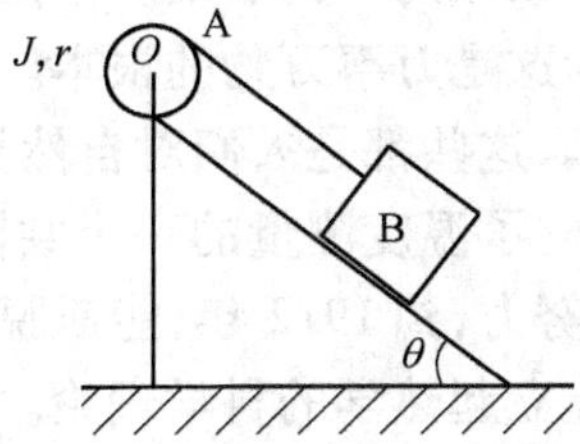

图 2-41

第2篇　热　　学

热学研究物质热运动的规律及其对物质宏观性质的影响，以及与物质其他运动形态之间的转化规律。它起源于人类对冷热现象的探索。人类生存在季节交替、气候变幻的自然界中，冷热现象是他们最早观察和认识的自然现象之一。

在公元前，东西方都出现了热学领域的早期学说。中国战国时代的邹衍创立了五行学说，他把水、火、木、金、土称为五行，认为这是万事万物的根本。古希腊时期，赫拉克利特提出：火、水、土、气是自然界的四种独立元素。这些都是人们对自然界的早期认识。1714 年，华伦海特改良水银温度计，定出华氏温标，建立了温度测量的一个共同的标准，使热学走上了实验科学的道路。经过许多科学家 200 年的努力，到 1912 年，能斯脱提出热力学第三定律后，人们对热的本质才有了正确的认识，并逐步建立起热学的科学理论。

历史上对热的认识出现过两种对立的观点。18 世纪出现过热质说，把热看成是一种不生不灭的流质，一个物体含有的热质多，就具有较高的温度。与此相对立的是把热看成物质的一种运动的形式的观点，俄国科学家罗蒙诺索夫指出，热是分子运动的表现。1840 年以后，焦耳做了一系列的实验，证明热是同大量分子的无规则运动相联系的。焦耳的实验以精确的数据证实了迈尔热功当量概念的正确性，使人们摈弃了热质说，并为能量守恒定律奠定了实验基础。

热学理论有两个方面，一是宏观理论，即热力学；一是微观理论，即统计物理学。它们从不同角度研究热运动，这两个方面相辅相成，构成了热学的理论基础。

热力学是热学理论的一个方面。热力学主要是从能量转化的观点来研究物质的热性质，它揭示了能量从一种形式转换为另一种形式时遵从的宏观规律。热力学是总结物质的宏观现象而得到的热学理论，不涉及物质的微观结构和微观粒子的相互作用。热力学是研究物质热运动的宏观理论，它从基本实验定律出发，通过逻辑推理和数学演绎，找出物质各种宏观性质的关系，得出宏观过程进行的方向及过程的性质等方面的结论。热力学因不涉及物质的微观结构而将物质视为连续体，故不能解释物质宏观性质的涨落。

统计物理学是研究物质热运动的微观理论。从物质由大量微观粒子组成这一基本事实出发，运用统计方法，把物质的宏观性质作为大量微观粒子热运动的统计平均结果，找出宏观量与微观量的关系，进而解释物质的宏观性质。在对物质微观模型进行简化假设后，应用统计物理可求出具体物质的特性；还可应用到比热力学更为广阔的领域，如可解释涨落等现象。

第3章 气体动理论

气体动理论是统计物理学中最基本、最简单的内容，它是从物质的分子结构概念出发，对气体分子运动及相互作用提出一定的假设模型，再根据每个气体分子所遵从的力学规律，利用统计方法找出热运动的宏观量（如压强、温度等）与分子运动微观量的统计平均值之间的关系。本章介绍气体动理论的基本内容。

3.1 分子运动论的基本观点

利用气体动理论的观点可以解释气体的宏观性质及其规律的微观本质，其基本观点是根据物质结构的分子、原子学说和分子热运动的图像而形成的，可归纳为以下三点。

1. 物体由大量分子或原子组成

物质的分子是可以独立存在、并保持该物质原有性质的最小粒子。实验证明，1mol[⊖]任何物质中所含有的分子（或原子、离子）数都是相同的，其值即为阿伏加德罗常数 $N_A=6.02\times10^{23}\mathrm{mol}^{-1}$。在常温常压下，单位体积的物质内包含的分子数（即分子数密度n）十分巨大，例如，氧气的$n=2.5\times10^{19}\mathrm{cm}^{-3}$，水的$n=3.3\times10^{22}\mathrm{cm}^{-3}$。而分子本身的线度（或直径$d$）很小，数量级约为$10^{-10}\mathrm{m}$。分子的质量$m$也很小，如对于氢分子，$m=3.32\times10^{-27}\mathrm{kg}$，对于氧分子，$m=5.31\times10^{-26}\mathrm{kg}$。

组成物质的分子之间有一定的空隙。通常气体分子之间的空隙很大，而液体和固体分子之间的空隙要小得多，所以气体比液体和固体更容易被压缩。

2. 分子永不停息地作无规则的热运动

通过气体的扩散、液体的扩散和固体的扩散等各种扩散现象，说明所有物体的分子都在永不停止地运动着。布朗在1827年用显微镜观察悬浮在水中的植物花粉，发现花粉作纷乱的无定向运动，这种运动称为布朗运动。布朗运动是由杂乱的流体分子碰撞植物颗粒（如花粉）引起的，它虽不是流体分子本身的热运动，却反映了流体分子运动的情况。通过布朗运动，可以间接证明分子运动的无规则性。

实验表明，分子的无规则运动与温度有关。温度越高，分子无规则运动的剧烈程度越高，所以分子的无规则运动也称为分子的无规则热运动或分子的**热运动**。分子热运动的基本特征是分子的永恒运动和频繁的相互碰撞，分子热运动具有混乱性和无序性。一切热现象都是物体内大量分子热运动的集体表现。

3. 分子间有相互作用力

固体和液体的分子之所以会聚集在一起而不分开，是因为分子之间存在相互吸引力；而固体和液体又很难压缩，即使气体也不能无限制地压缩，这说明分子之间除了引力外还存在

⊖ 在国际单位制中，摩尔是物质的量的单位，用符号 mol 表示。1mol 的物质所包含的基本单元数与 0.012kg 碳-12（C-12）的原子数目相等，这个数值称为阿伏加德罗常数 N_A。

斥力。分子力是指分子之间存在的吸引或排斥的相互作用力，气体分子是由电子、质子等组成的复杂带电系统，在本质上分子力属于分子和原子内的电荷之间相互作用的电磁力。分子力曲线如图3-1所示，当分子间距 r 较大时，存在微弱的引力；随着间距 r 的减小，引力逐渐加强，但当两分子靠近到 $r=r_0$（r_0 称为平衡距离）以内时，相互间产生强烈的斥力作用。两分子间相互作用合力的经典经验公式为

$$F=\frac{\lambda}{r^s}-\frac{\mu}{r^t} \tag{3-1}$$

式中，$\frac{\lambda}{r^s}$为斥力；$-\frac{\mu}{r^t}$为引力。当合力 $F=0$ 时，算出平衡距离 $r_0=\left(\frac{\mu}{\lambda}\right)^{\frac{1}{t-s}}$。$r>r_0$ 时，$F<0$，引力起主要作用；$r<r_0$ 时，$F>0$，斥力起主要作用。

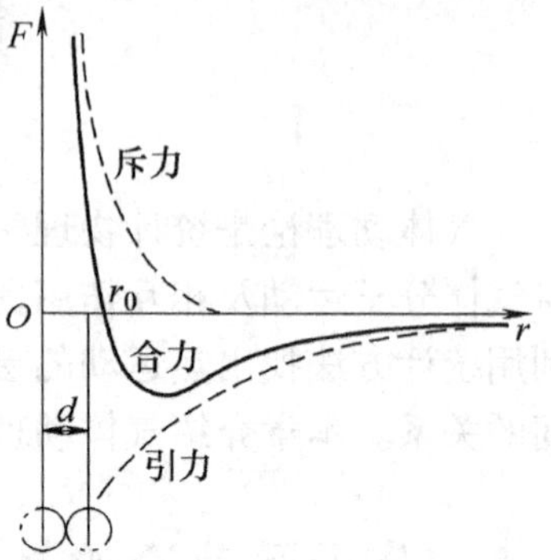

图3-1 分子力

在平衡距离以内，当分子间彼此趋近到距离 d 时，分子将在强大的斥力作用下被排斥开，类似直径为 d 的刚性小球间的“弹性碰撞”过程。d 的平均值称为分子有效直径，数量级约为 10^{-10}m，这就是分子的线度。

3.2 热力学平衡态 气体的状态参量

3.2.1 热力学系统的平衡态

我们把在给定范围内由大量微观粒子所组成的宏观客体称为**热力学系统**（简称系统）；而把能够与所研究的热力学系统发生相互作用的其他物体称为系统的外界（简称外界）。

若热力学系统不受外界影响，即系统与外界不交换任何能量（做功和传递能量）和物质，这种系统是完全封闭的，称为**孤立系统**。对于一个孤立系统，在经过相当长的时间后，此系统整体的宏观性质将不随时间而变化，且具有确定的状态。热力学系统所处的这种状态称为平衡状态，简称**平衡态**。系统处于平衡态时的另一特征，表现为系统内部没有宏观的粒子流和能量流。

应当指出，热力学系统总是不可避免地会与外界发生程度不同的能量和物质传递，理想化的平衡态难以存在。如果系统的宏观性质变化很微小，可以忽略不计，则系统的状态可以近似看成平衡态。

还有一种经常遇到的状态叫稳恒态，稳恒态也不随时间变化，但系统受到外界的影响，在系统内部存在能量流或粒子流。例如，将一根金属棒的两端分别浸入温度不同的两个容器中，两个容器的温度都保持不变。将金属棒作为一个系统来看，由于它的两端存在着恒定的温度差，因此在金属棒内部有稳定的能量流，金属棒上各处的温度也不随时间变化。金属棒处于稳恒态，但却是非平衡态。对平衡态的理解应将“无外界影响”与“不随时间变化”同时考虑，缺一不可。

从微观上看，系统处于平衡态时，组成系统的微观粒子仍处于不停的无规的热运动之

中，只是它们的统计平均效果不随时间变化，因此，热力学平衡态是一种动态平衡，称为**热动平衡**。

3.2.2　气体的状态参量

确定平衡态宏观性质的量称为系统的**状态参量**。对一定量（即质量 m 一定）的气体，当处于平衡态时，可以用压强 p、体积 V 以及温度 T 这三个宏观物理量来描述其状态，这就是气体的状态参量。

1. 体积 V

由于气体的热运动总是使它充满整个容器，因此在忽略气体分子大小的条件下，气体体积的意义是指气体分子自由活动的空间的大小，即容器的容积。在国际单位制中，体积的单位是 m^3（立方米）或 cm^3（立方厘米），体积还有其他单位，如 L（升），其换算关系为 $1L=10^{-3}m^3$。

2. 压强 p

大量气体分子对容器壁碰撞的宏观表现是气体对器壁的压力，压力恒垂直于器壁表面。若以 F 表示压力，S 为器壁的表面积，则作用器壁单位面积上的压力叫压强，用 p 表示，则

$$p=\frac{F}{S} \tag{3-2}$$

在国际单位制中，压强的单位为 Pa（帕斯卡，简称帕）。此外，过去也曾用 mmHg（毫米汞高）和 atm（标准大气压）作为压强的单位，但现在我国规定，二者均为非法定计量单位，它们之间换算关系为

$$1\text{atm}=760\text{mmHg}=101325\text{Pa}$$

3. 温度 T

温度是表征物体冷热程度的物理量，较热的物体具有较高的温度。在本质上，温度的高低反映了物体内部大量分子热运动的剧烈程度。

温度只能通过物体随温度变化的某些特性（例如保持常压的气体或液体的体积）来间接测量，温度的单位和数值表示方法称为**温标**。各种各样温度计的数值都是由各种温标决定的。物理学中常用的温标有热力学温标和摄氏温标。

在热力学温标中温度用符号 T 表示，在国际单位制中，热力学温度的单位是 K（开尔文）。在摄氏温标中温度用符号 t 表示，单位是℃（摄氏度）。摄氏温标与热力学温标的数值关系为

$$t=T-T_0 \tag{3-3}$$

式中，T_0 定义为 273.15K，即规定热力学温度 273.15K 为摄氏温标的零点，273.15K 是水的冰点，比水的三相点热力学温度低 0.01K。

温度是热学中特有的物理量，是热学中的重要概念。以后我们将了解到，温度实质上反映了组成系统的大量微观粒子无规则运动的剧烈程度。由于热力学系统的分子热运动不可能消失（分子被完全冻结），所以热力学温度的绝对零度永远不能达到。在现代物理实验中目前已经实现了仅仅比绝对零度高 0.5×10^{-9}K 的极端低温；而现代技术涉及到的最高温度达到 5×10^{8}K。

3.3 理想气体的物态方程

当具有某一体积 V 的一定量气体在无外力场作用的条件下处于平衡态时，气体内的温度 T、压强 p、密度 ρ（或分子数密度 n）等处处均匀一致，且三个状态参量（p，V，T）存在着一定的关系。其中任一个参量是其余两个参量的函数。凡是表示在平衡态下这些状态参量之间关系的式子，都叫做气体的**物态方程**。物态方程是描述系统平衡态特性的基本方程，不同的热力学系统物态方程的形式及方程中出现的状态参量有可能不同。下面我们考虑一种理想的热力学系统及其物态方程。

3.3.1 理想气体模型

气体分子动理论把气体复杂的宏观性质解释为大量分子无规则运动相互作用的集体行为。在力学中我们用质点、刚体等理想模型来简化实际力学问题的处理，同样地，基于突出研究问题的本质和简化计算的考虑，在气体动理论中人们对分子结构和分子间的相互作用提出了各种微观模型，并作了简化性假设。理想气体模型就是一种根据分子力经验公式式（3-1）和气体性质提出的最简单的气体模型，它将分子看作是无引力的弹性质点。这个模型基于以下几个假设：

1）分子本身的线度比起分子之间的距离来说可以忽略不计，可看作是无体积大小的质点。

2）除碰撞时外，分子之间以及分子与器壁之间无相互作用。

3）分子之间以及分子与器壁之间的碰撞是完全弹性的，即碰撞前后气体分子动能守恒。

4）单个分子的运动遵从牛顿力学定律。

理想气体是突出气体共性、忽略次要因素而提出的理想化模型。一般真实气体，如氮、氧、氢、氦等，在温度不太低，压强不太大时，都可以近似看作是理想气体。理想气体是真实气体的一个理想模型。

3.3.2 理想气体物态方程

实验发现，一定质量的同种理想气体，它在任一状态下的 pV/T 的值都相等。假设使一理想气体由初态（p_1，V_1，T_1）变化到末态（p_2，V_2，T_2），则有

$$\frac{p_1V_1}{T_1}=\frac{p_2V_2}{T_2} \tag{3-4}$$

我们把气体在温度为 273.15K（即 0℃）、压强为 101325Pa（即 1atm）时的状态称为**标准状态**，气体在标准状态下相应的状态参量值用 V_0、p_0、T_0 表示。根据上式有

$$\frac{pV}{T}=\frac{p_0V_0}{T_0}$$

设 m 是气体的质量，M 是气体的摩尔质量（即 1mol 气体的质量），则该气体包含的物质的量（单位为 mol）为 $\nu=\dfrac{m}{M}$。用 $V_{m,0}$ 表示标准状态下气体的摩尔体积（即 1mol 气体的体

积)，则 $V_0 = \nu V_{m,0}$。因此

$$\frac{pV}{T} = \nu \frac{p_0 V_{m,0}}{T_0}$$

根据**阿伏加德罗定律**，在相同的温度和压强下 1mol 任何理想气体的体积都相同；在标准状态下，任何理想气体的摩尔体积都是 $V_{m,0} = 0.0224\text{m}^3/\text{mol}$（即 22.4L/mol）。因此，上式中的$\frac{p_0 V_{m,0}}{T_0}$的值就是一个对各种理想气体都一样的常量。定义

$$R = \frac{p_0 V_{m,0}}{T_0} = \frac{1.013 \times 10^5 \times 22.4 \times 10^{-3}}{273.15}\text{J/(mol·K)} = 8.31\text{J/(mol·K)}$$

R 称为**摩尔气体常数**。我们把得到理想气体的物态方程式（3-4）写成如下形式

$$pV = \nu RT = \frac{m}{M}RT \tag{3-5}$$

上式表示了理想气体在平衡状态下三个状态参量 p、V、T 之间的关系。

由阿伏加德罗常数 N_A（单位摩尔气体包含的分子数都是 $N_A = 6.02 \times 10^{23}\text{mol}^{-1}$）和摩尔气体常数 R，引入另一个普适常量，称为**玻耳兹曼常数** k

$$k = \frac{R}{N_A} = 1.38 \times 10^{-23}\text{J/K}$$

这样，可将式（3-5）写为

$$pV = \nu N_A kT = NkT \tag{3-6}$$

式中，$N = \nu N_A$ 为气体的分子总数。将上式改写为

$$p = \frac{NkT}{V} = nkT \tag{3-7}$$

式中 $n = N/V$ 是单位体积内的气体分子数，即分子数密度。式（3-7）是理想气体物态方程的另一种常用形式

【例题 3-1】 如图 3-2 所示，一柴油机气缸的体积为 $0.827 \times 10^{-3}\text{m}^3$，压缩前缸内气体的温度为 320K，压强为 $8.4 \times 10^4\text{Pa}$。当活塞将气体压缩到原体积的 1/17 时，压强增大到 $4.2 \times 10^6\text{Pa}$，求这时空气的温度（假设气体可视为理想气体）。

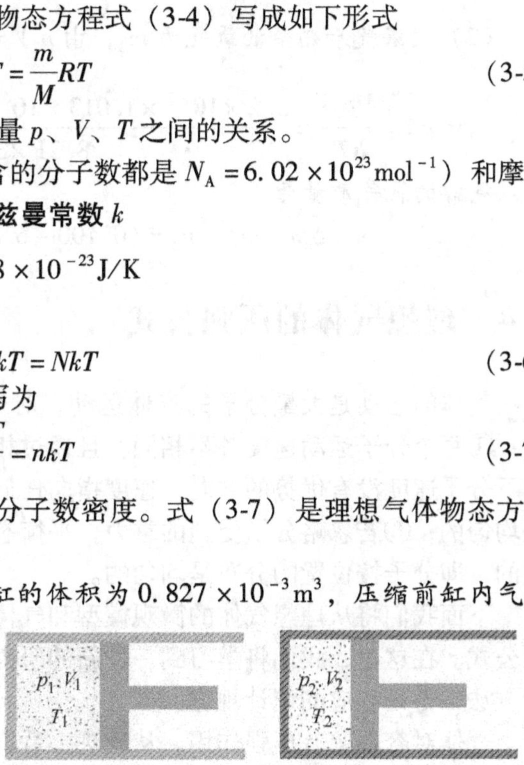

图 3-2

解 设气体由初态（p_1，V_1，T_1）变化到末态（p_2，V_2，T_2），由理想气体物态方程式（3-4）

$$\frac{p_1 V_1}{T_1} = \frac{p_2 V_2}{T_2}$$

可直接求解未知温度 T_2

$$T_2 = \frac{p_2 V_2 T_1}{p_1 V_1} = \frac{p_2 T_1}{p_1} \times \frac{V_2}{V_1} = \frac{4.2 \times 10^6 \times 320}{8.4 \times 10^4} \times \frac{1}{17}\text{K} = 941\text{K}$$

压缩后气体的温度为 941K，此温度远远超过柴油的燃点（即开始发生燃烧的温度），因此，柴油在气缸内将立即燃烧，形成高压气体，推动活塞做功。

注意：在应用物态方程时，气体的温度都是热力学温度。

【例题3-2】 一容器内盛有氧气0.100kg，其压强为1.013×10^6Pa，温度为320K，因容器开关缓慢漏气，稍后测得压强减为原来的5/8，温度降低到300K。求：(1) 容器的体积；(2) 在两次观测之间漏掉多少氧气（氧气的摩尔质量为$M=3.2\times10^{-2}$kg/mol）。

解 (1) 由理想气体物态方程

$$pV=\frac{m}{M}RT$$

求得容器的体积为

$$V=\frac{m_1RT_1}{Mp_1}=\frac{0.100\times8.31\times320}{3.2\times10^{-2}\times1.013\times10^6}\text{m}^3=8.20\times10^{-3}\text{m}^3$$

(2) 设漏气后剩余的氧气为m_2，由$p_2V=\frac{m_2}{M}RT_2$，得到

$$m_2=\frac{Mp_2V}{RT_2}=\frac{3.2\times10^{-2}\times1.013\times10^6\times5/8\times8.20\times10^{-3}}{8.31\times300}\text{kg}=6.66\times10^{-2}\text{kg}$$

所以漏掉的氧气质量为

$$\Delta m=m_1-m_2=(0.100-6.66\times10^{-2})\text{kg}=3.34\times10^{-2}\text{kg}$$

3.4 理想气体的压强公式

气体的运动是大量分子的集体运动，对于这种集体运动，气体动理论有几条统计性假设：①每个分子运动速度各不相同，且通过相互碰撞不断变化；②由于无规则热运动，平衡态下分子速度没有优势的方向，速度指向任何方向都是等概率的，即分子速度按方向的分布是均匀的；③若忽略分子受到的重力，平衡态时每个分子在容器中任何一点出现的概率是相同的，即分子按位置的分布是均匀的。

下面我们将从理想气体的微观模型和气体动理论的统计性假设出发，来推导理想气体压强公式。在这里，我们将学习到一种新的研究方法，这就是研究由大量粒子组成的系统的统计方法，得到相应的统计规律。

气体对容器壁有压强作用，从微观上看，气体的压强p等于大量分子在单位时间内施加在单位面积器壁上的平均冲量，就像密集的雨点打在雨伞上对伞产生一种压力那样

$$p=\frac{\mathrm{d}I}{\mathrm{d}t\cdot\mathrm{d}S}$$

式中，$\mathrm{d}I$为大量分子在$\mathrm{d}t$时间内施加在器壁面积$\mathrm{d}S$上的平均冲量。

设在体积为V的容器中，储有N个质量为m的分子组成的理想气体。在平衡态下，若忽略重力影响，则分子在容器中按位置的分布是均匀的。设分子数密度为n，根据气体动理论的统计性假设，n在容器中是一个常量。为讨论方便，设想将分子按速度分组，第i组分子的速度为$\boldsymbol{v}_i$，分子数为N_i，相应的分子数密度为$n_i=N_i/V$，这样就有$n=n_1+n_2+\cdots+n_i+\cdots=\Sigma n_i$。平衡态下器壁各处压强相等，取笛卡儿坐标系，在垂直于x轴（水平方向）的器壁上任取一小面积$\mathrm{d}S$，计算其所受的压强，如图3-3所示。

在全部速度为$\boldsymbol{v}_i$的第i组分子中，在$\mathrm{d}t$时间内，能与$\mathrm{d}S$相碰的只是那些位于以$\mathrm{d}S$为

底，以 $v_{ix}\mathrm{d}t$ 为高，以v_i 为轴线的小柱体内的分子。此小柱体的体积 $\mathrm{d}V = v_{ix}\mathrm{d}t\mathrm{d}S$，故其中的分子数为 $n_i v_{ix}\mathrm{d}t\mathrm{d}S$ 。

注意：$\mathrm{d}V$ 是一个宏观小、微观大的体积元，例如，取标准状态下空气中的小体积元 $\mathrm{d}V = 10^{-9}\mathrm{cm}^3$ 时，$\mathrm{d}V$ 内仍有约 10^{10} 个分子。实际上，分子数密度 n 就是单位体积元内可能出现的分子数的统计平均值。

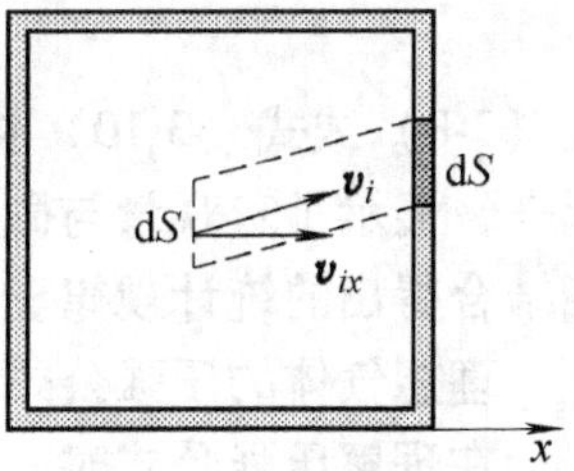

图 3-3　理想气体压强

因为分子被器壁弹回，故单个分子在对 $\mathrm{d}S$ 的一次碰撞中施于 $\mathrm{d}S$ 的冲量为 $2mv_{ix}$，所以 $\mathrm{d}t$ 时间内碰到 $\mathrm{d}S$ 面的第 i 组分子对 $\mathrm{d}S$ 的冲量为

$$2mn_i v_{ix}^2 \mathrm{d}t\mathrm{d}S$$

注意到 $v_{ix}<0$ 的分子不能与 $\mathrm{d}S$ 碰撞，因此，对所有分组中那些 $v_{ix}>0$ 的分子求和，就得到 $\mathrm{d}t$ 时间内、与 $\mathrm{d}S$ 相碰撞的所有分子施与 $\mathrm{d}S$ 的冲量为

$$\mathrm{d}I = \sum_{i(v_{ix}>0)} 2mn_i v_{ix}^2 \mathrm{d}t\mathrm{d}S$$

因容器中气体无整体运动，平均来讲 $v_{ix}>0$ 的分子数等于 $v_{ix}<0$ 的分子数，是总数的一半。故上式中的求和

$$\mathrm{d}I = \frac{1}{2}\Big[\sum_i 2mn_i v_{ix}^2 \mathrm{d}t\mathrm{d}S\Big] = \sum_i mn_i v_{ix}^2 \mathrm{d}t\mathrm{d}S$$

这样就得到压强

$$p = \frac{\mathrm{d}I}{\mathrm{d}S\mathrm{d}t} = m\sum_i n_i v_{ix}^2$$

定义气体分子速度分量平方的平均值

$$\overline{v_x^2} = \frac{\sum_i n_i v_{ix}^2}{n}, \overline{v_y^2} = \frac{\sum_i n_i v_{iy}^2}{n}, \overline{v_z^2} = \frac{\sum_i n_i v_{iz}^2}{n}$$

根据统计性假设，平衡态下分子速度按方向的分布是均匀的，即有$\overline{v_x^2} = \overline{v_y^2} = \overline{v_z^2}$。因为

$$v^2 = v_x^2 + v_y^2 + v_z^2$$
$$\overline{v^2} = \overline{v_x^2} + \overline{v_y^2} + \overline{v_z^2}$$

得

$$\overline{v_x^2} = \overline{v_y^2} = \overline{v_z^2} = \frac{1}{3}\overline{v^2}$$

这样就得到理想气体的压强公式

$$p = mn\overline{v_x^2} = \frac{1}{3}mn\overline{v^2} \tag{3-8}$$

定义分子的**平均平动动能**为

$$\overline{\varepsilon}_{\mathrm{t}} = \frac{1}{2}m\overline{v^2} \tag{3-9}$$

这样，式（3-8）可写成

$$p=\frac{2}{3}n\left(\frac{1}{2}m\overline{v^2}\right)=\frac{2}{3}n\,\overline{\varepsilon}_t \tag{3-10}$$

式（3-8）或式（3-10）将理想气体的宏观参量p与系统的微观量v^2、ε_t的统计平均值联系起来，显示了宏观量与微观量的关系，称为**理想气体的压强公式**，这是力学原理与统计方法相结合得出的统计规律。

理想气体的压强公式是气体动理论的基本公式之一，它揭示了压强的微观本质和统计意义。在理解压强公式时，要注意以下几点：①压强是大量气体分子对器壁碰撞而产生的，它反映了器壁所受大量分子碰撞时所给冲力的统计平均效果。若容器中只有少量几个分子，压强就失去了意义。②压强是个统计平均值。③气体的压强可直接测量，但气体的分子数密度n和分子的平均平动动能不能直接测量。所以压强公式不能直接用实验验证。它的正确性，是以它能很好地解释和推导理想气体的有关定律而被确认。

3.5 理想气体的温度公式

将理想气体的压强公式（3-10）和理想气体的物态方程式（3-7）比较，

$$p=\frac{2}{3}n\left(\frac{1}{2}m\overline{v^2}\right)=\frac{2}{3}n\,\overline{\varepsilon}_t=nkT$$

由这两式得到

$$\overline{\varepsilon}_t=\frac{1}{2}m\overline{v^2}=\frac{3}{2}kT \tag{3-11}$$

上式称为**理想气体的温度公式**。它表明，处于平衡态时的理想气体，其分子的平均平动动能与气体的温度成正比，它揭示了温度的微观实质。

理想气体的温度公式表明了温度这个宏观量与分子的平均平动动能这个微观量的统计平均值相联系，而单个分子平均平动动能是对处于平衡态下系统内的大量分子计算得到的，由此可以看到，只有对由大量分子组成的系统而言，温度才有意义。对单个或少数几个分子，只有动能，无所谓温度。这就是温度的统计意义。

理想气体的温度是气体分子平均平动动能的量度。气体的温度越高，分子的平均平动动能就越大；分子的平均平动动能越大，分子热运动的程度就越剧烈。因此，可以说温度是表征大量分子热运动剧烈程度的宏观物理量。

气体分子的平均平动动能由气体的温度唯一地确定，而不管分子质量是否相等、内部结构是否一样。例如，不同种类的两种理想气体，只要温度T相同，则分子的平均平动动能相同；反之，当它们的分子的平均平动动能相同时，它们的温度一定相同。

【例题3-3】 一容器内储有氧气，其压强$p=1.013\times10^5$Pa，温度$t=27$℃。求：（1）单位体积内的分子数；（2）氧分子的质量；（3）氧分子的平均平动动能。

解 由于容器内压强不太大，温度不太低，所以氧气可以近似视为理想气体。

（1）由$p=nkT$可得单位体积内的分子数

$$n=\frac{p}{kT}=\frac{1.013\times10^5}{1.38\times10^{-23}\times(273.15+27)}\mathrm{m^{-3}}=2.45\times10^{25}\mathrm{m^{-3}}$$

（2）根据氧分子的摩尔质量M和N_A，可求出单个氧分子的质量

$$m=\frac{M}{N_A}=\frac{32\times10^{-3}}{6.023\times10^{23}}\text{kg}=5.31\times10^{-26}\text{kg}$$

(3) 氧分子的平均平动动能

$$\bar{\varepsilon}_t=\frac{3}{2}kT=\frac{3}{2}\times1.38\times10^{-23}\times(273.15+27)\text{J}=6.21\times10^{-21}\text{J}$$

3.6 能量均分定理 理想气体的热力学能

在前面考虑的理想气体模型中，我们仅将气体分子当作质点，只考虑了分子的平动，而没有考虑分子的大小和内部结构。现在将理想气体模型稍作修改和扩展，将理想气体分为单原子分子理想气体，双原子分子理想气体和多原子分子理想气体。对于双原子分子和多原子分子气体，气体分子还可能有转动和分子内部的振动。因此，研究分子热运动的能量时，应将分子的平动动能、转动动能和振动动能都包括进去。它们服从一定的统计规律即能量均分定理，并进一步得到理想气体的热力学能公式。

在双原子分子及多原子分子理想气体中，除分子的平动外，还须进一步考虑气体分子的转动和分子内原子之间的振动。

3.6.1 分子的运动自由度

在利用统计方法计算分子的各种运动动能之前，先介绍运动自由度的概念。自由度是描述物体运动自由程度的物理量。例如，质点在三维空间的运动就比在一维直线上的运动来得自由。在力学中，自由度是指决定一个物体的空间位置所需要的独立坐标数。

一个分子的自由度与分子的具体结构有关。在热力学中一般不涉及原子内部的运动，仍将原子当作质点而将分子当作是由原子质点构成的。氦（He）、氖（Ne）、氩（Ar）等分子只有一个原子，可看成自由质点，要确定一个自由运动质点的空间位置需要3个独立坐标，因此，单原子分子的自由度是3，即它有3个平动自由度。对于刚性双原子分子气体，例如常温下的氢（H_2）、氧（O_2）、氮（N_2）、一氧化碳（CO）等分子，两个原子间连线距离保持不变，就像两个质点之间由一根质量不计的刚性细杆相连着（如同哑铃）（其分子可看作两个原子被一条几何线连接），需要用3个坐标确定其中一个原子的位置，再用2个坐标确定两原子间的相对方位，因此，刚性双原子分子气体的自由度为5。对于刚性三原子或多原子分子，例如常温下的二氧化碳（CO_2）、水蒸气（H_2O）、氨（NH_3）等，具有3个平动自由度和3个转动自由度，总自由度为6。

如果涉及到更高的能量，双原子和多原子分子将变成非刚性的，这时原子间能发生相对振动，分子的振动自由度被激发。但在常温下，振动自由度可以不予考虑。下面只考虑刚性的双原子和多原子分子气体。

3.6.2 能量均分定理

先考察理想气体分子的平动。由式（3-11），一个分子的平均平动动能为

$$\bar{\varepsilon}_t=\frac{1}{2}m\overline{v^2}=\frac{3}{2}kT$$

在平衡态下，应有$\overline{v_x^2}=\overline{v_y^2}=\overline{v_z^2}=\frac{1}{3}\overline{v^2}$，所以

$$\frac{1}{2}m\overline{v_x^2}=\frac{1}{2}m\overline{v_y^2}=\frac{1}{2}m\overline{v_z^2}=\frac{1}{3}\overline{\left(\frac{1}{2}mv^2\right)}=\frac{1}{2}kT \tag{3-12}$$

这表明，分子的每一个平动自由度的平均动能都等于$\frac{1}{2}kT$，这是气体动理论关于分子无规则碰撞的统计性假设的结果，也是分子运动无序性的表现。由于碰撞，平动动能不仅在分子之间交换，而且还可以从一个平动自由度转移到另一个平动自由度上。对于大量分子来说，没有哪个方向上的平动动能特别占优势。

对于刚性的双原子和多原子分子理想气体，还将涉及到分子的转动。在分子的无规则碰撞中，平动和转动之间以及转动各自由度之间也可以交换能量，而且没有哪个自由度在能量的分配上特别占优势。这样就可以将式（3-12）表示的结论推广到更一般的情形：在温度为T的平衡态下，气体分子每个自由度的平均动能都相等，且等于$\frac{1}{2}kT$。这一结论就是**能量均分定理**。

能量均分定理是经典力学中的一条重要的统计规律，适用于大量分子组成的系统，包括气体和较高温度下的液体和固体，适用于分子的平动、转动和振动。经典统计物理可给出定理的严格证明。

3.6.3 理想气体的热力学能

气体分子的运动（平动、转动和振动）能量和分子之间的势能构成气体内部的总能量，称为气体的**热力学能**，也称为内能用U表示，热力学能是分子层次上的热运动能量和分子之间相互作用的势能之和。理想气体不计分子之间的相互作用力，所以分子之间的相互作用势能也就可以忽略不计。对于刚性分子，也不考虑分子内的势能。所以，理想气体的热力学能就只是分子各种运动能量之和。

如果用i表示一个刚性分子的总自由度，按能量均分定理，则一个**分子的平均动能**

$$\bar{\varepsilon}_k=\frac{i}{2}kT \tag{3-13}$$

上式是一个理想气体分子的平均动能，因而，1mol 理想气体的热力学能是

$$U=N_A\bar{\varepsilon}_k=N_A\left(\frac{i}{2}kT\right)=\frac{i}{2}RT \tag{3-14}$$

而质量为m、摩尔质量为$M\left(物质的量\ \nu=\frac{m}{M}\right)$的理想气体热力学能为

$$U=\frac{m}{M}\frac{i}{2}RT=\nu\frac{i}{2}RT \tag{3-15}$$

由此可知，一定量的理想气体的热力学能完全取决于气体分子的自由度和气体的热力学温度，且与热力学温度成正比，而与气体的压强和体积无关。在理想气体的状态变化过程中，如果温度不变，热力学能也不变。理想气体的热力学能只是温度的单值函数，这个结论在与室温相差不大的温度范围内与实验近似相符。对于所讨论的几种理想气体，式（3-15）

中总自由度 i 分别取：单原子分子 $i=3$，刚性双原子分子 $i=5$，刚性多原子分子 $i=6$。

【例题3-4】 求在温度为30℃时氧气分子的平均平动动能、平均动能、平均能量以及 4.0×10^{-3}kg 的氧气的热力学能。

解 由能量均分定理，气体分子的每一个自由度都有相同的平均动能，大小为 $kT/2$。氧分子是双原子分子，自由度 $i=5$。

氧气分子的平均平动动能为

$$\bar{\varepsilon}_t=\frac{3}{2}kT=\frac{3}{2}\times1.38\times10^{-23}\times(273.15+30)\ \mathrm{J}=6.28\times10^{-21}\mathrm{J}$$

氧气分子的平均动能

$$\bar{\varepsilon}_k=\frac{i}{2}kT=\frac{5}{2}\times1.38\times10^{-23}\times(273.15+30)\ \mathrm{J}=1.05\times10^{-20}\mathrm{J}$$

氧气分子的平均能量就是其平均动能

$$\bar{\varepsilon}=\bar{\varepsilon}_k=1.05\times10^{-20}\mathrm{J}$$

4.0×10^{-3}kg 的氧气的热力学能为

$$U=\frac{i}{2}\cdot\frac{m}{M}RT=\frac{5}{2}\cdot\frac{4.0\times10^{-3}}{0.032}\times8.31\times(273.15+30)\mathrm{J}=7.87\times10^{2}\mathrm{J}$$

【例题3-5】 两个容器中分别贮有氦气和氧气，已知氦气的压强是氧气压强的1/2，氦气的容积是氧气的2倍。试问氦气的热力学能是氧气热力学能的多少倍？

解 由理想气体的热力学能公式有

$$\frac{U_1}{U_2}=\frac{\nu_1\frac{i_1}{2}RT_1}{\nu_2\frac{i_2}{2}RT_2}$$

下标1，2分别表示氦气和氧气的有关各量。根据已知条件得到 $p_1V_1=p_2V_2$，再利用理想气体物态方程 $pV=\nu RT$ 可得

$$\nu_1RT_1=\nu_2RT_2$$

氦气是单原子分子，氧气是双原子分子，它们的自由度分别为3和5，所以氦气和氧气的热力学能之比为

$$\frac{U_1}{U_2}=\frac{i_1}{i_2}=\frac{3}{5}$$

即氦气的热力学能是氧气热力学能的3/5倍。

3.7 麦克斯韦速率分布定律

气体分子在无规则热运动中不断发生频繁碰撞，每个分子运动速度的大小和方向不断地发生变化，在某个时刻个别分子的速度具有怎样的数值和方向完全是偶然的。但就大量分子整体而言，在一定条件下，实验和理论都证明气体分子的速率分布遵从一定的统计规律。在近代测定气体分子速率分布的实验成功之前，麦克斯韦、玻耳兹曼等人已从理论（概率论、

统计力学等）上确定了平衡态下气体分子按速率分布的统计规律。本节学习速率分布概念和麦克斯韦速率分布定律的最基本内容。

3.7.1 速率分布概念

由于分子热运动的随机性和偶然性，不可能测出每个分子在任意时刻准确的速率值，我们可采用统计的方法来研究。在气体的平衡态下把分子的速率划分为若干相等的间隔 Δv，然后去统计气体分子处于某一速率间隔 $v \sim v+\Delta v$ 内的分子数 ΔN 占总分子数 N 的百分比 $\Delta N/N$，这也就是每一个分子速率分布在间隔 $v \sim v+\Delta v$ 内的概率。表3-1是氧气分子在273K时的速率分布情况。

表3-1 氧气分子速率分布统计表

速率区间 Δv/（m/s）	分子数百分比 $\Delta N/N$	速率区间 Δv/（m/s）	分子数百分比 $\Delta N/N$
100以下	1.4	400～500	20.6
100～200	8.1	500～600	15.1
200～300	16.5	600～700	9.2
300～400	21.4	700以上	7.7

将 $\Delta N/N$ 除以 Δv 就得到在速率间隔 $v \sim v+\Delta v$ 内、单位速率区间内的相对分子数 $\Delta N/(N\Delta v)$，如果以 $\Delta N/(N\Delta v)$ 为纵坐标，分子速率 v 为横坐标，可得到气体分子速率分布曲线，如图3-4所示。尽管个别分子的速率具有偶然性，但是气体分子速率有着稳定的不随时间变化的概率分布。分子速率很高或很低的分子所占总分子数的百分比甚小，多数分子以中等速率运动。对于任何温度下的任何一种气体都有类似的情况，反映了速率分布的统计规律性。

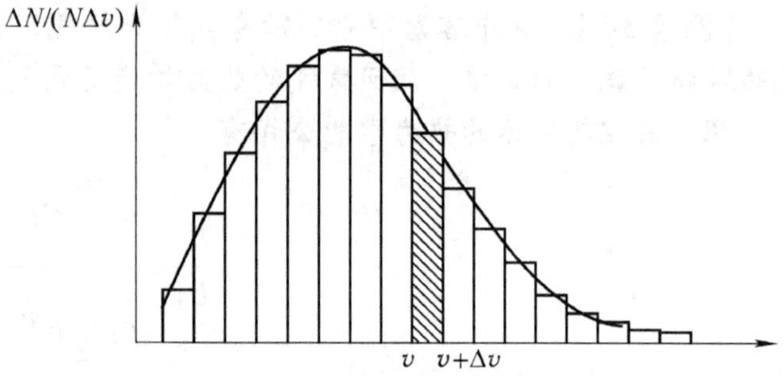

图3-4 分子速率分布情况

3.7.2 速率分布函数

当速率区间 $\Delta v \to 0$ 时，图3-4所示的柱型统计图顶端的折线就变成一条光滑的曲线，用这条曲线可以精确地表示气体分子的速率分布情况，它反映了分子速率分布的一个连续函数。我们将这一函数称作**速率分布函数**，用 $f(v)$ 表示，即

$$f(v)=\lim_{\Delta v\to 0}\frac{\Delta N}{N\Delta v}=\frac{1}{N}\lim_{\Delta v\to 0}\frac{\Delta N}{\Delta v}=\frac{\mathrm{d}N}{N\mathrm{d}v} \tag{3-16}$$

不难看出速率分布函数 $f(v)$ 的物理意义是：速率在 v 附近，单位速率区间的分子数占总分子数的百分比。

式（3-16）可以写成

$$\frac{\mathrm{d}N}{N}=f(v)\mathrm{d}v \tag{3-17}$$

这表示分子速率分布在 $v \sim v+\mathrm{d}v$ 间隔内的分子数 $\mathrm{d}N$ 占总分子数 N 的百分比。

也可以用概率的概念来理解速率分布函数，$\mathrm{d}N/N$ 就是一个分子的速率在 v 附近 $\mathrm{d}v$ 区间内的概率，$f(v)$ 是一个分子的速率在速率 v 附近单位速率区间内的概率。因此，速率分布函数又称为分子速率分布的概率密度。

如果已知函数 $f(v)$ 的具体形式，就可以计算分子速率在任意 $v \sim v+\Delta v$ 速率间隔内的相对分子数（或一个分子速率分布在间隔 $v \sim v+\Delta v$ 内的概率），即

$$\frac{\Delta N}{N} = \int_{v}^{v+\Delta v} f(v)\,\mathrm{d}v$$

将式（3-17）对所有速率区间积分，就得到所有速率区间的分子数占总分子数的百分比的总和，显然总和等于1，即

$$\int_0^N \frac{\mathrm{d}N}{N} = \int_0^{\infty} f(v)\,\mathrm{d}v = 1 \tag{3-18}$$

上式就是分布函数 $f(v)$ 必须满足的**归一化条件**。

3.7.3 麦克斯韦速率分布定律

1859年，麦克斯韦首先从理论上导出：当大量分子的系统处于平衡态时，分子速率分布函数具有下面的具体形式

$$f(v) = 4\pi\left(\frac{m}{2\pi kT}\right)^{\frac{3}{2}} \mathrm{e}^{-\frac{mv^2}{2kT}} v^2 \tag{3-19}$$

式中，T 是系统的热力学温度；m 为分子质量；k 为玻耳兹曼常数。上式就是麦克斯韦速率分布函数或**麦克斯韦速率分布定律**。图3-5是麦克斯韦速率分布曲线，速率 v 附近曲线下面宽度为 $\mathrm{d}v$ 的小窄条面积就是 $f(v)\mathrm{d}v$，它等于分布在此速率区间内的分子数占总分子数的百分比 $\mathrm{d}N/N$。根据分布函数的归一化条件，分布曲线下的总面积不变，恒等于1。

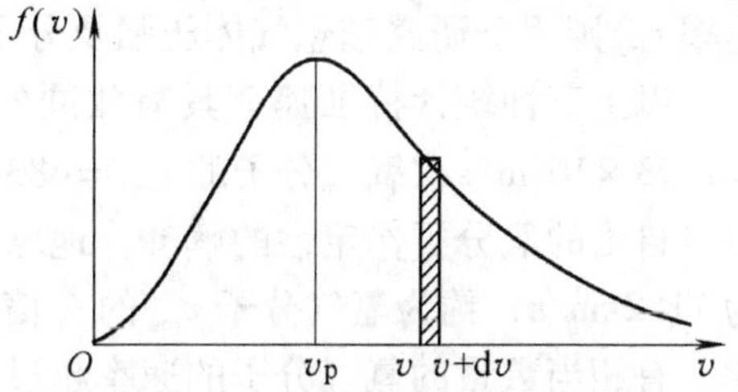

图3-5 麦克斯韦速率分布

麦克斯韦速率分布是大量分子处于平衡态时的统计分布。大量分子的集合从任意非平衡态趋于平衡态，其分子速率分布则趋于麦克斯韦速率分布，其根源在于分子间的频繁碰撞。

1. 分子运动的三种统计速率

麦克斯韦速率分布定律揭示了理想气体分子运动的统计规律性，应用它可以方便地求出平衡状态下分子热运动的几种统计速率。

从麦克斯韦速率分布图中可以看出，速率很大和很小的气体分子数都很少，但在某一速率 v_p 处有一个最大值，若把整个速率范围划分为许多相等的小区间，则分布在 v_p 所在区间内的分子数占总分子数的百分比最大。与速率分布函数 $f(v)$ 极大值对应的速率 v_p 称为**最概然速率**，它可由下式求出

$$\left.\frac{\mathrm{d}f(v)}{\mathrm{d}v}\right|_{v_p} = 0$$

将式（3-19）代入，解得

$$v_p=\sqrt{\frac{2kT}{m}}=\sqrt{\frac{2kN_AT}{mN_A}}=\sqrt{\frac{2RT}{M}}\approx1.41\sqrt{\frac{RT}{M}} \tag{3-20}$$

式中，m 是一个分子的质量；M 是分子摩尔质量。从最概然速率可以粗略判断热平衡态下气体分子速率的分布情况。

从速率分布曲线可以看出，气体分子的速率可以取零到无穷大间的任意值。大量分子速率的算术平均值称为**平均速率**，根据麦克斯韦速率分布函数可以计算气体分子的平均速率 $\bar{v}$

$$\bar{v}=\sqrt{\frac{8kT}{\pi m}}=\sqrt{\frac{8RT}{\pi M}}\approx1.60\sqrt{\frac{RT}{M}} \tag{3-21}$$

根据麦克斯韦速率分布函数还可以计算分子速率平方的平均值。我们在求理想气体的压强公式时就遇到了分子速率平方的平均值，可以得到

$$\overline{v^2}=\frac{3kT}{m}$$

这与式（3-11）是一致的。对其求平方根就得到**方均根速率** v_{rms}

$$v_{rms}=\sqrt{\overline{v^2}}=\sqrt{\frac{3kT}{m}}=\sqrt{\frac{3RT}{M}}\approx1.73\sqrt{\frac{RT}{M}} \tag{3-22}$$

由式（3-20）、式（3-21）、式（3-22）三式确定的最概然速率 v_p、平均速率 $\bar{v}$ 和方均根速率 v_{rms} 都是在统计意义上说明大量分子的运动速率的特征值，它们都与 $\sqrt{T}$ 成正比，与 $\sqrt{m}$ 成反比，$v_p<\bar{v}<v_{rms}$。三种速率有各自不同的应用场合。在讨论大量分子的速率分布时，需要用到最概然速率 v_p；在研究气体分子的迁移现象等问题时，要用到平均速率 $\bar{v}$；而方均根速率 v_{rms} 则用于研究理想气体压强及分子平均动能等问题。

以上三种统计特征速率具有相同的数量级。例如，在27℃（300K）时氢气分子的 $v_{rms}=1.93\times10^3$m/s，氧气分子的 $v_{rms}=483$m/s。利用这个结果可以对地球大气层中为什么几乎没有自由的氢分子作定性的解释。地球表面物体脱离地球引力的逃逸速度（第二宇宙速度）为11.2km/s，约为氢气分子 v_{rms} 的6倍，氧气分子 v_{rms} 的25倍。根据麦克斯韦速率分布定律，有相当数量的氢气分子的速率超过了逃逸速度，从而逃逸出地球的大气层。经过几十亿年后，地球原始大气中大量的氢气和氦基本完全散去，而氧气分子 v_{rms} 只有逃逸速度的1/25，这些气体分子逃逸的可能性就很小，所以今天的地球大气中就保留了大量自由的氧分子和氮气分子（氮分子质量与氧分子质量接近）。

2. 温度与分子质量对速率分布的影响

对给定气体（大量理想气体组成的热力学系统），当温度升高时，分子热运动加剧，速率较大的分子所占百分率增高，最概然速率 v_p 增大，分布曲线的峰值将向速率大的方向移动。由于分布曲线下的总面积不变（恒等于1），所以随着温度的升高，分布曲线向高速区域扩展，峰值变低，曲线变宽，变平坦，这意味着温度越高，速率较大的分子数越多，分子运动越剧烈。图3-6所示的是氮气在不同温度下的麦克斯

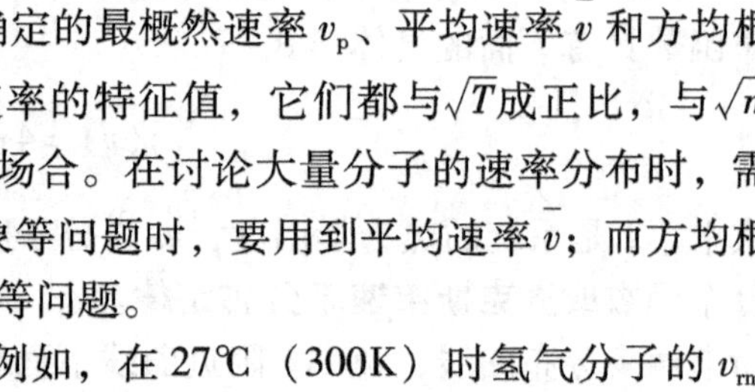

图3-6　氮气分子在不同温度下的速率分布

韦速率分布函数$f(v)$。

在同一温度下（T一定），因气体分子最概然速率v_p与$\sqrt{m}$成反比，所以质量越小的气体分子v_p越大，即速率较大的分子所占百分比越高。曲线向高速区域扩展，曲线变宽变平坦。

【例题3-6】 已知$f(v)$是速率分布函数，说明以下各式的物理意义：(1) $f(v)\mathrm{d}v$；(2) $nf(v)\mathrm{d}v$，其中n是分子数密度；(3) $\int_0^{v_p} f(v)\mathrm{d}v$。

解 (1) $f(v)\mathrm{d}v = \mathrm{d}N/N$，它表示在速率区间$v \sim v+\mathrm{d}v$内的分子数$\mathrm{d}N$占总分子数$N$的百分比，或某分子的速率在$v \sim v+\mathrm{d}v$区间内的概率。

(2) $nf(v)\mathrm{d}v$表示单位体积内，分子速率在$v \sim v+\mathrm{d}v$间隔内的分子数。

(3) $\int_0^{v_p} f(v)\mathrm{d}v$表示在速率区间$0 \sim v_p$内的分子数占总分子数$N$的百分比，或某分子的速率小于$v_p$的概率。

【例题3-7】 计算氧气分子在0℃时的最概然速率、平均速率和方均根速率。

解 已知氧气的摩尔质量为$M=0.032\mathrm{kg/mol}$，摩尔气体常数$R=8.31\mathrm{J/(mol\cdot K)}$，$T=273.15\mathrm{K}$。按以上数据计算出氧气的最概然速率

$$v_p=\sqrt{\frac{2RT}{M}}=\sqrt{\frac{2\times8.31\times273.15}{0.032}}\mathrm{m/s}=376.7\mathrm{m/s}$$

平均速率

$$\bar{v}=\sqrt{\frac{8RT}{\pi M}}=\sqrt{\frac{8\times8.31\times273.15}{3.14\times0.032}}\mathrm{m/s}=425.1\mathrm{m/s}$$

方均根速率

$$v_{rms}=\sqrt{\frac{3RT}{M}}=\sqrt{\frac{3\times8.31\times273.15}{30.032}}\mathrm{m/s}=461.3\mathrm{m/s}$$

计算表明，在0℃时氧气分子的三个统计速率比同温度下空气中声音传播的速度（332m/s）还要大。应该注意，实际上气体分子各以不同的速率在运动，最概然速率、平均速率和方均根速率不过是速率的某种统计平均值而已。

内 容 提 要

1. 分子运动的基本观点

2. 热力学系统的平衡态和状态参量

在不受外界影响的情况下，系统的宏观性质不随时间变化，这就是热平衡态。确定平衡态宏观性质的量称为系统的状态参量。

气体的压强p、体积V以及温度T

3. 理想气体的物态方程

理想气体模型和理想气体的物态方程：$pV=\nu RT=\frac{m}{M}RT$

4. 理想气体的压强和温度

理想气体的压强公式：$p=\frac{1}{3}mn\overline{v^2}=\frac{2}{3}n\bar{\varepsilon}_t$

理想气体的温度公式：$\bar{\varepsilon}_t=\frac{1}{2}m\overline{v^2}=\frac{3}{2}kT$，温度是分子无规则热运动剧烈程度的定量表示。

5. 能量均分定理　理想气体热力学能

气体分子每个自由度的平均动能都相等，且等于$\frac{1}{2}kT$。

一个刚性分子的平均动能：$\bar{\varepsilon}_k=\frac{i}{2}kT$

质量为 m、摩尔质量为 M 的理想气体热力学能：$U=\frac{m}{M}\frac{i}{2}RT=\nu\frac{i}{2}RT$

6. 麦克斯韦速率分布定律

分子速率分布函数：$f(v)=\frac{\mathrm{d}N}{N\mathrm{d}v}$

气体分子的三种统计速率：$v_p=\sqrt{\frac{2RT}{M}}$，$\bar{v}=\sqrt{\frac{8RT}{\pi M}}$，$v_{rms}=\sqrt{\frac{3RT}{M}}$。

习　　题

一、选择题

1. 在热学中可以作为热力学系统的物体 [ ]

A. 只能是气体。　B. 只能是理想气体。

C. 可以是气体、液体或固体。　D. 是单个分子或原子。

2. 热力学系统处于平衡态应理解为 [ ]

A. 系统的宏观性质（p，V，T）不随时间变化的状态。

B. 系统在不受外界影响的条件下，宏观性质（p，V，T）不随时间变化的状态。

C. 系统内各处压强 p 和温度 T 不一定处处相等。

D. 系统内每个分子都处于平衡的状态。

3. 两个体积相同的密闭钢瓶，装着同一种气体，压强相同，它们的温度是否相同？ [ ]

A. 一定相同。　B. 所装气体质量多的温度高。

C. 所装气体质量少的温度高。　D. 无法判断。

4. 一小瓶氮气和一大瓶氦气，它们的压强、温度相同，则正确的说法为 [ ]

A. 单位体积内的原子数不同。　B. 单位体积内的气体质量相同。

C. 单位体积内的气体的分子数不同。　D. 气体的热力学能相同。

5. 麦克斯韦速率分布曲线如图 3-7 所示，图中 A、B 两部分的面积相等，则该图表示 [ ]

A. v_0 为最概然速率。

B. v_0 为平均速率。

C. v_0 方均根速率。

D. 速率大于 v_0 和速率小于 v_0 的分子各占一半。

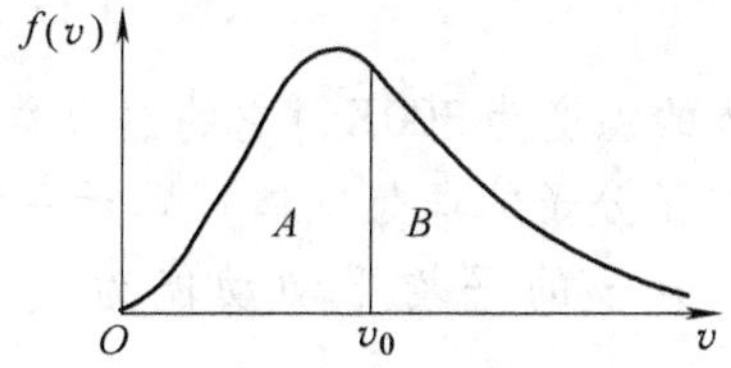

图　3-7

6. 在一定温度下分子速率出现在 v_p、$\bar{v}$ 和 $\sqrt{\overline{v^2}}$ 三值附近 dv 区间内的概率的大小为　[　　]

A. 出现在 $\sqrt{\overline{v^2}}$ 附近的概率最大，出现在 v_p 附近的概率最小。

B. 出现在 $\bar{v}$ 附近的概率最大，出现在 $\sqrt{\overline{v^2}}$ 附近的概率最小。

C. 出现在 v_p 附近的概率最大，出现在 $\bar{v}$ 附近的概率最小。

D. 出现在 v_p 附近的概率最大，出现在 $\sqrt{\overline{v^2}}$ 附近的概率最小。

7. 在容积不变的封闭容器内理想气体分子的平均速率若提高为原来的2倍，则　[　　]

A. 温度和压强都为原来的2倍。

B. 温度为原来的2倍，压强为原来的4倍。

C. 温度为原来的4倍，压强为原来的2倍。

D. 温度和压强都为原来的4倍。

8. 三个容器A、B、C装有同种理想气体，其分子数密度 n 相同，而方均根速率之比为 $\sqrt{\overline{v_A^2}}:\sqrt{\overline{v_B^2}}:\sqrt{\overline{v_C^2}}=1:2:3$，则其压强之比 $p_A:p_B:p_C$ 为　[　　]

A. 1:2:4　　B. 4:2:1　　C. 1:4:9　　D. 1:4:16

9. 一定量的理想气体贮于某一容器内，温度为 T，气体分子的质量为 m。根据理想气体分子模型和统计假设，分子速度在 x 方向分量的平均值为　[　　]

A. $\bar{v}_x=\sqrt{\dfrac{8kT}{\pi m}}$　　B. $\bar{v}_x=\dfrac{1}{3}\cdot\sqrt{\dfrac{8kT}{\pi m}}$　　C. $\bar{v}_x=\sqrt{\dfrac{8kT}{3\pi m}}$　　D. 0

二、填空题

1. 试述气体动理论的基本观点：

(1) ______________________________

(2) ______________________________

(3) ______________________________

2. 两瓶理想气体，种类不同，若分子的平均平动动能相同，但气体的密度不同，那么它们的温度 T 是否相同？__________；压强 p 相同吗？__________。

3. 对于 p、V、T 三个状态参量都相同的氦气和氧气来说，它们的分子数密度之比 n_{O_2}：$n_{He}=$__________。

4. 在常温常压下，物质的量相同的氢气和氮气，当温度相同时，下述量：分子每个自由度的能量________、分子的平均平动动能________、分子的平均动能________、气体的热力学能________是否相同？

5. 1mol 单原子分子理想气体的温度为 300K，它的热力学能为__________J。

6. 1mol 氧气（视为刚性双原子分子的理想气体）贮于一氧气瓶中，温度为 27℃，这瓶氧气的热力学能为________J；分子的平均平动动能为________J；分子的平均动能为________J。

7. 若用 $f(v)$ 表示麦克斯韦速率分布函数，则某个分子速率在 $v \to (v+\mathrm{d}v)$ 区间内的概率为____________，某个分子速率在 $0 \to v_p$ 之间的概率为____________，某个分子速率在 $0 \to \infty$ 之间的概率为____________。

8. 一密度为 ρ，摩尔质量为 M 的理想气体的分子数密度为________。若该气体分子的最概然速率为 v_p，则此气体的压强为________。

9. 密闭容器中贮有一定量的理想气体，若加热使气体的温度升高为原来的 4 倍，则气体分子的平均速率变为原来的____________倍。

三、计算题

1. 试根据理想气体的物态方程 $p = nkT$，证明一定量理想气体的等温、等体、等压三定律 $pV = c_1$，$\dfrac{p}{T} = c_2$ 和 $\dfrac{V}{T} = c_3$。

2. 已知某种理想气体的物态方程为 $pV = cT$，试求该气体的分子总数 N。

3. 目前好的真空设备的真空度可达到 10^{-15}atm（101.325×10^{-15}kPa），求此压力下温度为 27℃时，1m^3 体积中有多少气体分子？

4. 在一具有活塞的容器中盛有一定量的气体，如果压缩气体并对它加热，使它的温度从 27℃升至 177℃，体积减少一半，求气体压强是原来的多少倍？

5. 1mol 的氢气在温度为 27℃时，它的平动动能和转动动能各为多少？

6. 有两个容器，一个装氢（H_2），一个装氩（Ar），均视为理想气体。已知两种气体的体积、质量、温度都相等，用公式证明：(1) 两种气体的压强是否相等？为什么？(2) 每个氢分子和每个氩分子的平均平动动能是否相等？为什么？(3) 两种气体的热力学能是否相等？为什么？

7. 一密封房间的体积为 $5 \times 3 \times 3$m^3，室温为 20℃，室内空气分子热运动的平均平动动能的总和是多少？如果气体温度升高 1.0K，而体积不变，则气体的热力学能变化多少？（已知空气的密度 $\rho = 1.29$kg/m^3，摩尔质量 $M = 29 \times 10^{-3}$kg/mol，且空气分子可认为是刚性双原子分子）

8. 将质量都是 0.28kg 的氮气和氦气由 20℃加热到 70℃，问氮气和氦气的热力学能增加多少？（已知氦气的摩尔质量为 4g/mol）

9. 摩尔质量为 89g/mol 的氨基酸分子和摩尔质量为 5.0×10^4g/mol 的蛋白质分子，它们在 37℃的活细胞内的方均根速率各是多少？

第 4 章　热力学基础

前一章主要从微观角度研究热力学系统平衡态的性质，本章将研究热力学状态变化过程中所遵循的普遍规律。热力学第一定律是热力学系统发生状态变化时在能量上所遵循的规律，本章学习热力学第一定律及其在各种热力学过程中的应用、理想气体的摩尔热容、循环过程等内容，最后介绍宏观过程的方向性和热力学第二定律。

4.1　热力学过程

4.1.1　热力学过程综述

热力学研究与热运动有关的过程中能量转化的关系和过程进行的方向，因此，首先要明确热力学过程的概念。

当系统的状态随时间变化时，我们就说系统在经历一个**热力学过程**，简称过程。如图 4-1 所示，在推动活塞时，压缩气缸内的气体的体积、密度、温度或压强都将变化，在过程中的任意时刻，气体各部分的密度、压强、温度都各不完全相同，这就是非平衡态。例如，在从一个平衡态开始的膨胀过程中，靠近活塞处的密度和压强较低，如果膨胀过程结束，气体分子通过热运动和分子碰撞，气体内部各处的密度、压强等又将重新达到均匀一致，即非平衡态将趋于平衡态。这就是从平衡态经过非平衡态到达另一个平衡态的热力学过程。

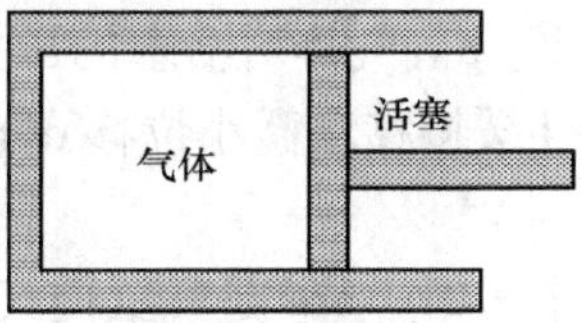

图 4-1　热力学过程

4.1.2　准静态过程

一个过程，如果它任意时刻的中间态都无限接近于一个平衡态，则此过程称为**准静态过程**，也叫做**平衡过程**。要使过程的中间态都是平衡态，热力学过程只有在进行得“无限缓慢”的条件下才可看作是准静态过程。实际发生的过程往往进行得较快，在新的平衡态达到之前系统又继续了下一步变化，这意味着系统在过程中经历了一系列非平衡态。由此可以看出，准静态过程是实际过程无限缓慢进行时的一种理想极限过程，是对实际热力学过程的一个近似和抽象。因此，准静态过程是热力学过程的一个理想模型。在实际的内燃机气缸内，高温气体进行一次膨胀或压缩的时间大约是 10^{-2}s，气体在膨胀或压缩后再次达到平衡态所需的时间约为 10^{-3}s，过程进行的时间约为再次达到平衡态所需时间的 10 倍，因此，从理论上进行研究时，可以将其近似地当作准静态过程来处理。

由于平衡态具有确定的状态参量值，所以作为准静态过程任何一个中间状态都可以在用 V 作为横坐标、p 作为纵坐标的状态图（p-V 图）上表示出来。对于理想气体系统，任一个平衡态可用 p-V 图上的一个点来表示；系统的准静态变化过程可用 p-V 图上的一条曲线表示，称之为**过程曲线**，相应的函数关系称为**过程方程**。注意，只有准静态过程才有过程方程。对于理想气体的准静态过程，过程中的任一状态都同时满足理想气体物态方程和过程方程。

4.2　功与热　热力学能

在研究与热运动有关的过程中，做功和传热是热力学系统与外界之间传递能量的两种常见方式。

4.2.1　准静态过程的功

在力学中已指出，能量是状态的单值函数，功是能量变化的一种量度，系统对外界做功将改变系统的状态和能量。

下面来分析准静态过程的功，为简化问题，只考虑无摩擦准静态过程的功。现在根据力学中关于功的定义，以气缸内气体膨胀为例，导出当气体体积变化时，气体对外界所做的功。当气体作准静态压缩或膨胀时，若活塞与气缸壁间无摩擦，功的大小可以用系统本身的状态参量来计算。

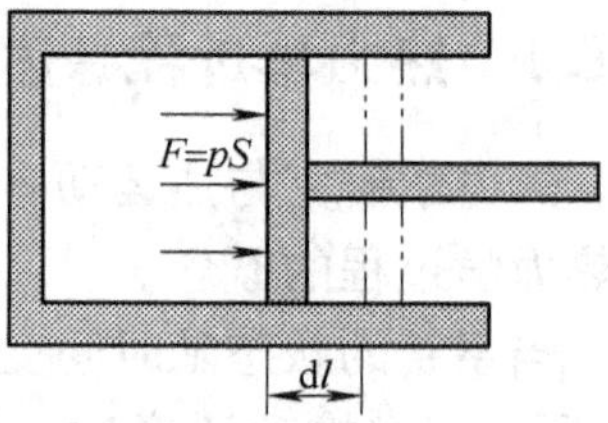

图 4-2　气体的功

如图 4-2 所示，设活塞的面积为 S，气体体积和压强分别为 V、p。气体对活塞的压力大小为 $F=pS$，当气体推动活塞向外缓慢移动微小位移 $\mathrm{d}\boldsymbol{l}$ 时，气体对外界所做的元功为

$$\mathrm{d}W=\boldsymbol{F}\cdot\mathrm{d}\boldsymbol{l}=F\mathrm{d}l=pS\mathrm{d}l=p\mathrm{d}V \tag{4-1}$$

式中，$\mathrm{d}V=S\mathrm{d}l$ 是气缸内气体体积的增量。当 $\mathrm{d}V>0$ 即气体体积膨胀时，$\mathrm{d}W>0$，表示气体对外界做了正功；当 $\mathrm{d}V<0$ 即气体体积被压缩时，$\mathrm{d}W<0$，表示气体对外界做了负功，或者说外界对气体做了功。

当系统经历了一个有限的准静态过程，体积由 V_1 变为 V_2 时，系统对外界做的功为

$$W=\int_{V_1}^{V_2}p\mathrm{d}V \tag{4-2}$$

式（4-1）和式（4-2）两式虽然是通过上述特例推导出来的，但可以证明这是准静态过程中气体做功的一般形式。这个功常称为**体积功**，它实质上仍然是力的功，只是用系统本身的状态参量来表示。如果知道了准静态过程中压强随体积变化的具体形式，即过程方程 $p=p(V)$，将它代入式（4-2）就可计算出气体的体积功。

如果过程方程 $p=p(V)$ 可以用图 4-3 所示的过程曲线 acb 表示，由积分的几何意义可知，用式（4-2）求出的功的大小等于 p-V 图上过程曲线 acb 下的面积。如果气体从状态 a 出发，经过另一个不同的准静态过程 adb 到达状态 b，则这个过程的功就是曲线 adb 下的面积。比较这两条过程曲线下的面积可知，一个准静态过程的功不仅与初态和末态有关，而且还依赖于所经历的中间状态。因此，准静态过程中系统对外界做的功一般与过程的路径有关，功是**过程量**。

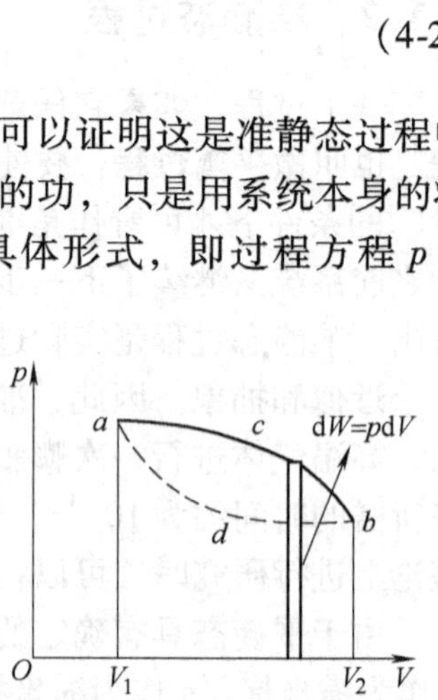

图 4-3　功的计算

【例题4-1】 一定量的理想气体系统从体积为 $V_1 = 10^{-3}\mathrm{m}^3$ 的初态出发，经过一个准静态过程到达末态，其体积变为 $V_2 = 5 \times 10^{-3}\mathrm{m}^3$。设此过程的过程方程为 $p = \dfrac{10}{V^2}$ (Pa)，试求在这个过程中气体对外界所做的功。

解 本题直接将过程方程代入准静态过程功的计算公式（4-2）求解。

对于过程 $p = \dfrac{10}{V^2}$ (Pa)，系统对外做的功为

$$W = \int_{V_1}^{V_2} p\mathrm{d}V = \int_{V_1}^{V_2} \frac{10}{V^2}\mathrm{d}V = -10\left(\frac{1}{V_2} - \frac{1}{V_1}\right)$$

$$= -10\left(\frac{1}{5 \times 10^{-3}} - \frac{1}{10^{-3}}\right)\mathrm{J} = 8 \times 10^3\mathrm{J}$$

4.2.2 热量

实验表明，传递热量也能改变系统的状态和能量。例如，一壶冷水放在火炉上，由于温度不同，火炉向冷水传递热量，水温逐渐升高，改变了水的状态和能量。热量也是能量变化的一种量度。系统由一个状态到另一个状态经历不同过程，吸收（或放出）的热量不同，因此，热量是过程量，其大小不仅与始末状态有关，而且与状态变化过程有关。热量用符号 Q 表示，在国际单位制中热量的单位和能量、功的单位相同，为 J（焦耳）。

传递热量和做功虽然都可改变系统的状态和能量，但它们是两种不同的改变能量的方式，做功是通过物体的宏观位移来实现的；传递热量是由于系统与外界温度不同而发生的。温度不同表示分子的平均能量不同，当外界的分子与系统的分子相互碰撞时就会交换分子能量，从而改变系统中分子热运动的平均能量，即改变了系统的热力学能。

焦耳致力于热功当量的精确测定达40年之久，他用实验证明“功”和“热量”之间有确定的关系，为热力学第一定律的建立确定了牢固的实验基础，其中最重要的实验是利用重物下落带动许多叶片转动，叶片搅动水从而使水温升高。焦耳实验揭示了热量与功之间确定的当量关系（1cal = 4.186J），表明机械运动或电磁运动与热运动之间是可以相互转化的。它启迪人们继续发现了各种物质运动之间的相互转化关系，为能量转化和守恒定律的建立奠定了基础。

4.2.3 摩尔热容 热量的计算

系统与外界之间的热交换一般会引起系统本身的温度变化，这种变化用热容来定量表示。一个系统如果它吸收的热量为 $\mathrm{d}Q$，温度升高了 $\mathrm{d}T$，则系统的热容定义为

$$C = \frac{\mathrm{d}Q}{\mathrm{d}T} \tag{4-3}$$

因此，热容就是系统温度升高 1K 时吸收的热量。1mol 物质的热容称为**摩尔热容**，用 C_m 表示。显然，摩尔热容 C_m 与热容 C 有如下的关系

$$C_\mathrm{m} = \frac{C}{\nu} = \frac{1}{\nu}\frac{\mathrm{d}Q}{\mathrm{d}T} \tag{4-4}$$

式中，ν 是物质的量。

在国际单位制中，热容的单位是J/K（焦耳/开尔文），摩尔热容的单位是J/（mol·K）（焦耳/（开尔文·摩尔））。

根据上式（4-4），准静态过程中系统从外界吸收的热量就可按下式计算

$$dQ = \nu C_m dT \text{ 或 } Q = \int_{T_1}^{T_2} \nu C_m dT \tag{4-5}$$

因系统在过程中吸收或放出的热量与过程有关，故同一系统在不同过程中的热容或摩尔热容有不同的值，因此，C、C_m 也是过程量，只有在确定了变化过程时热容才能完全确定。系统吸热与过程有关，因此，明确系统具体发生的过程对计算热量是十分重要的。

有实际意义的过程常是使热传递过程在一定条件下进行，常用的摩尔热容有摩尔定容热容和摩尔定压热容。系统在体积保持不变过程中的**摩尔定容热容** $C_{V,m}$ 定义为

$$C_{V,m} = \frac{1}{\nu} \frac{dQ_V}{dT} \tag{4-6}$$

式中，Q_V 表示在等体过程中吸收的热量。

系统在压强保持不变过程中的**摩尔定压热容** $C_{p,m}$ 定义为

$$C_{p,m} = \frac{1}{\nu} \frac{dQ_p}{dT} \tag{4-7}$$

式中，Q_p 表示在等压过程中吸收的热量。在下节将结合理想气体的等值过程对它们的计算加以介绍。

各种气体的摩尔定容热容和摩尔定压热容可以由实验确定，在气体的准静态过程中，$C_{V,m}$ 和 $C_{p,m}$ 一般可以当作常量。在4.4节我们将可以看到，对于理想气体，$C_{V,m}$ 和 $C_{p,m}$ 的值可以由理论算出。利用摩尔定容热容 $C_{V,m}$ 和摩尔定压热容 $C_{p,m}$，就可以分别计算出等体过程和等压过程中，系统由温度 T_1 升高到 T_2 时所吸收的热量 Q_V 和 Q_p

$$Q_V = \nu \int_{T_1}^{T_2} C_{V,m} dT = \nu C_{V,m}(T_2 - T_1) \tag{4-8}$$

$$Q_p = \nu \int_{T_1}^{T_2} C_{p,m} dT = \nu C_{p,m}(T_2 - T_1) \tag{4-9}$$

4.2.4 热力学能

在3.6.3节就已经说明，热力学能 U 是分子层次上的热运动能量和分子之间相互作用的势能之和，理想气体的热力学能只是温度的单值函数，因此，理想气体的热力学能是状态量。因为做功与传递热量能改变系统的状态，所以可以通过做功与传递热量这两种方式来改变系统的热力学能。

实验发现，系统在由某一状态变化到另一状态的过程中，虽然做功与传递热量都与过程有关，但做功与传递热量之和却与过程无关，只决定于初态和末态。因此，可以用状态变化过程中外界对系统所做的功和传递的热量之和来定义热力学系统热力学能的变化。在力学中因为保守力做功与过程无关，我们用保守力的功来定义势能，不妨将热力学能的这个定义同势能进行类比。

用 U_1、U_2 分别表示系统初态和末态的热力学能，Q 表示系统从初态变化到末态的过程

中外界对系统传递的热量，W'表示该过程中外界对系统所做的功，则有

$$U_2 - U_1 = Q + W' \tag{4-10}$$

这就是热力学系统热力学能的定义式。上式实际上只定义了两状态之间的热力学能之差，在实用中，系统处于某一状态的热力学能值到底等于多少并不重要，重要的是热力学能的变化。

从微观上看，式（4-10）定义的热力学能应包括系统中所有分子的热运动平动动能、转动动能、振动能量和与分子之间相互作用力对应的分子势能，以及原子和原子核内部的能量等。但在热力学系统经历的过程中，并非上述所有能量都发生变化，如在一般情况下，热力学过程中不涉及原子和原子核内部能量的变化。根据热力学能定义式（4-10），热力学能中可不包括那些在过程中不发生变化的能量，因此在气体动理论中，热力学能定义为系统中所有分子的热运动平动动能、转动动能、振动能量和分子势能的总和。因为在温度不太高的情况下，气体分子的振动能量不发生变化。理想气体模型又忽略了分子间的势能，因分子的刚性而忽略了分子内的势能，所以，理想气体的热力学能只包括所有分子的平动动能和转动动能。

4.3　热力学第一定律

习惯上用 Q 表示系统从外界吸收的热量，用 W 表示系统对外界所做的功，即 $W = -W'$，$\Delta U = U_2 - U_1$ 表示系统热力学能的增量，因此，式（4-10）可写为如下形式

$$Q = U_2 - U_1 + W = \Delta U + W \tag{4-11}$$

这就是**热力学第一定律**的数学表达式。热力学第一定律是热力学的基本定律之一，是能量转换与守恒定律在热现象领域中的具体形式。上式的物理意义是：系统从外界吸收的热量 Q 一部分用来使系统的热力学能增加，另一部分用来对外界做功 W。在式（4-11）中，W、Q 和 ΔU 可正可负，一般规定如下：

$Q>0$ 表示系统从外界吸收热量；

$Q<0$ 表示系统向外界放出热量；

$W>0$ 表示系统对外界做正功；

$W<0$ 表示系统对外界做负功，或者说外界对系统做正功；

$\Delta U>0$ 表示系统热力学能增加；

$\Delta U<0$ 表示系统热力学能减少。

如果系统的初、末两态无限接近，即过程为一无限小过程，则热力学第一定律可表述为

$$\mathrm{d}Q = \mathrm{d}U + \mathrm{d}W \tag{4-12}$$

注意在上式的符号表示中，由于 U 为状态量，所以其微小增量 $\mathrm{d}U$ 也与过程无关。功是过程量，热是在过程中传递的能量，热也是过程量，它们的微小增量 $\mathrm{d}W$ 和 $\mathrm{d}Q$ 也决定于具体的过程。对于气体系统，$\mathrm{d}W = p\mathrm{d}V$，因此，气体系统的热力学第一定律可表述为

$$\mathrm{d}Q = \mathrm{d}U + p\mathrm{d}V \tag{4-13}$$

热力学第一定律实质是包括热现象在内的能量守恒与转换定律，它适用于任何系统的任何过程。功、热量是可以相互转化的，但必须通过系统热力学能的变化来实现。热力学第一定律给出了关于“热量”更为科学的定义：系统吸收的热量就是系统热力学能的增量与系

统对外界做功之和。在应用热力学第一定律时，只要初态和末态是平衡态即可，中间过程所经历的各态不需要一定是平衡态。

热力学第一定律表明：不需要动力、能量或燃料而使机器永远不停地做功的永动机是不可能制成的。在热力学第一定律建立以前，有人企图设计一种循环动作的机器，使系统经历状态变化后又回到原来状态（$\Delta U=0$），但在一个循环中对外所做的功 W 大于它所消耗的能量（如外界向它传递的热量 Q），这种机器叫做第一类永动机。热力学第一定律建立后，人们知道永动机是违背能量守恒定律的，是不可能制成的。

4.4　热力学第一定律对理想气体等值过程的应用

如果在系统状态变化过程中有一个状态参量保持不变，这样的过程称为等值过程。对于理想气体，状态参量有 p、V、T，相应地有等压、等体和等温三种等值过程。本节利用热力学第一定律来分析理想气体的三种准静态等值过程中功、热量和热力学能的计算方法及它们之间的相互转化。由于是准静态过程，过程中的每一个中间态都是平衡态，因此三种等值过程都有相应的过程方程。

4.4.1　理想气体的等体过程

系统体积保持不变的过程称为**等体过程**，过程特征为体积 V 等于常量或 $\mathrm{d}V=0$，代入理想气体物态方程，得到理想气体等体过程的过程方程为

$$p/T=\text{常量} \tag{4-14}$$

在 p-V 图上等体线是一条平行于 p 轴的直线段，如图 4-4 所示。

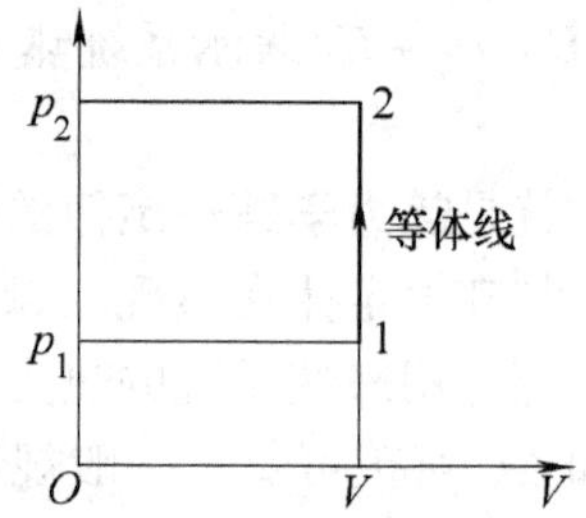

图 4-4　等体过程

等体过程中系统体积不变化，因此系统对外界不做功，从过程曲线也可以看到，等体线下的面积等于零，即

$$\mathrm{d}W_V=0,\quad W_V=0$$

再根据热力学第一定律，等体过程中热力学能的增量就等于系统吸收的热量，即

$$\mathrm{d}U=\mathrm{d}Q_V,\quad \Delta U=U_2-U_1=Q_V$$

根据摩尔定容热容 $C_{V,\mathrm{m}}$的定义式（4-6），在等体过程中 $\mathrm{d}Q_V=\nu C_{V,\mathrm{m}}\mathrm{d}T$。为了计算 $\mathrm{d}Q_V$，需要先求出摩尔定容热容 $C_{V,\mathrm{m}}$。由理想气体的热力学能公式（3-15）

$$U=\nu\frac{i}{2}RT$$

可以计算出理想气体的摩尔定容热容

$$C_{V,\mathrm{m}}=\frac{1}{\nu}\frac{\mathrm{d}Q_V}{\mathrm{d}T}=\frac{1}{\nu}\frac{\mathrm{d}U}{\mathrm{d}T}=\frac{1}{\nu}\frac{\mathrm{d}}{\mathrm{d}T}\left(\nu\frac{i}{2}RT\right)=\frac{i}{2}R \tag{4-15}$$

这就是理想气体摩尔定容热容的公式。上式表明，理想气体的摩尔定容热容是只决定于分子自由度的常量，与气体的温度无关。对于单原子分子，分子自由度 $i=3$，摩尔定容热容 $C_{V,\mathrm{m}}=3R/2$；对于刚性双原子分子，$i=5$，摩尔定容热容 $C_{V,\mathrm{m}}=5R/2$；对于刚性多原子分子，$i=6$，摩尔定容热容 $C_{V,\mathrm{m}}=3R$。

由于理想气体摩尔定容热容是一个由分子的自由度决定的常量，所以理想气体的热力学

能增量或等体过程中系统吸收的热量为

$$\Delta U = Q_V = \int_{T_1}^{T_2} \nu C_{V,\mathrm{m}} \mathrm{d}T = \nu C_{V,\mathrm{m}}(T_2 - T_1) \tag{4-16}$$

理想气体的热力学能是温度的单值函数，其变化只取决于温度的变化，而与气体所经历的过程无关。因此，只要系统是从温度为 T_1 的状态变化到温度为 T_2 的状态，热力学能增量皆可由上式确定，而与连接此两状态之间的过程无关。所以我们常用上式来计算**任意过程的理想气体热力学能变化**

$$\Delta U = \nu C_{V,\mathrm{m}}(T_2 - T_1) \tag{4-17}$$

4.4.2　理想气体的等压过程

系统压强保持不变的过程称为**等压过程**，过程特征为压强 p 等于常量或 $\mathrm{d}p=0$，代入理想气体物态方程，得到理想气体等压过程的过程方程为

$$V/T = 常量 \tag{4-18}$$

在 p-V 图上等压线是一条平行于 V 轴的直线段，如图4-5所示。

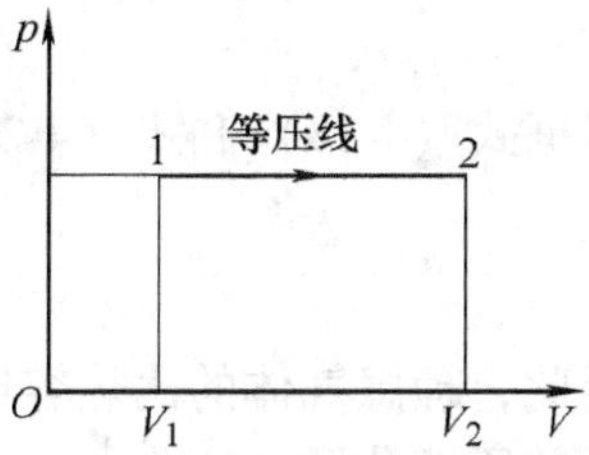

图4-5　等压过程

等压过程中系统压强不变化，因此系统对外界做的功为

$$W_p = \int_{V_1}^{V_2} p\mathrm{d}V = p(V_2 - V_1) = \nu R(T_2 - T_1) \tag{4-19}$$

因为过程曲线下的面积等于过程的功，所以从过程曲线也可以直接得到这个结果。注意，上式中的最后一个等式利用了理想气体的物态方程，即 $pV_1 = \nu RT_1$，$pV_2 = \nu RT_2$。

理想气体的热力学能变化只取决于温度的变化，而与气体所经历的过程无关。因此，等压过程的热力学能变化同样可以利用理想气体的摩尔定容热容按式（4-17）计算

$$\Delta U = \nu C_{V,\mathrm{m}}(T_2 - T_1)$$

根据摩尔定压热容 $C_{p,\mathrm{m}}$的定义式（4-7），在等压过程中 $\mathrm{d}Q_p = \nu C_{p,\mathrm{m}}\mathrm{d}T$。为了计算 $\mathrm{d}Q_p$，需要先求出摩尔定压热容 $C_{p,\mathrm{m}}$。由热力学第一定律式（4-13）及理想气体的热力学能公式（3-15），可以计算出理想气体的摩尔定压热容

$$C_{p,\mathrm{m}} = \frac{1}{\nu}\frac{\mathrm{d}Q_p}{\mathrm{d}T} = \frac{1}{\nu}\frac{\mathrm{d}U + p\mathrm{d}V}{\mathrm{d}T} = \frac{1}{\nu}\frac{\mathrm{d}U}{\mathrm{d}T} + \frac{1}{\nu}\frac{p\mathrm{d}V}{\mathrm{d}T}$$

$$= \frac{1}{\nu}\frac{\mathrm{d}}{\mathrm{d}T}\left(\nu\frac{i}{2}RT\right) + \frac{1}{\nu}\frac{p\mathrm{d}V}{\mathrm{d}T} = \frac{i}{2}R + \frac{1}{\nu}\frac{p\mathrm{d}V}{\mathrm{d}T}$$

再对理想气体物态方程 $pV = \nu RT$ 两边求微分，得到 $p\mathrm{d}V + V\mathrm{d}p = \nu R\mathrm{d}T$，在等压过程中有 $p\mathrm{d}V = \nu R\mathrm{d}T$，将这个关系式代入上式得

$$C_{p,\mathrm{m}} = \frac{i}{2}R + R = \frac{i+2}{2}R \tag{4-20}$$

这就是理想气体摩尔定压热容的公式。上式表明，理想气体的摩尔定压热容同样只决定于分子的自由度，而与气体的温度无关。对于单原子分子，$i=3$，摩尔定压热容 $C_{p,\mathrm{m}} = 5R/2$；对于刚性双原子分子，$i=5$，摩尔定压热容 $C_{p,\mathrm{m}} = 7R/2$；对于刚性多原子分子，$i=6$，摩尔定压热容 $C_{p,\mathrm{m}} = 4R$。因理想气体摩尔定容热容 $C_{V,\mathrm{m}} = iR/2$，从上式还可得到 $C_{p,\mathrm{m}}$与 $C_{V,\mathrm{m}}$之差

$$C_{p,\mathrm{m}} - C_{V,\mathrm{m}} = R \tag{4-21}$$

上式表明，1mol 的理想气体温度升高 1K，等压过程比等体过程多吸收 8.31J 的热量。此式称为**迈耶公式**。这是因为在等压过程中气体吸收的热量一部分用来增加热力学能，一部分用来气体膨胀时对外界做功；而在等体过程中气体吸收的热量全部用来增加热力学能。

利用摩尔定压热容 $C_{p,\mathrm{m}}$ 就可以计算出理想气体在等压过程中系统吸收的热量

$$Q_p = \nu\int_{T_1}^{T_2} C_{p,\mathrm{m}}\mathrm{d}T = \nu C_{p,\mathrm{m}}(T_2 - T_1) \tag{4-22}$$

从上面的等值过程分析可以看到，在计算热量时需要知道相应热力学过程的摩尔热容，不同过程的摩尔热容是不同的。对于气体，$C_{p,\mathrm{m}}$ 与 $C_{V,\mathrm{m}}$ 的差值不可忽略。对于固体和液体，由于它们的体积随温度的变化很小，所以 $C_{p,\mathrm{m}}$ 与 $C_{V,\mathrm{m}}$ 相差很小，一般可不加区别。

在实际应用中，还常用到 $C_{p,\mathrm{m}}$ 与 $C_{V,\mathrm{m}}$ 的比值，叫做**比热容比**，用 γ 表示

$$\gamma = \frac{C_{p,\mathrm{m}}}{C_{V,\mathrm{m}}} \tag{4-23}$$

根据式（4-15）和式（4-20）可得到理想气体的比热容比为

$$\gamma = \frac{i+2}{i} \tag{4-24}$$

因此，理想气体的比热容比大于1，它也只决定于分子的自由度，而与气体的温度无关。对于单原子分子，$i=3$，$\gamma=5/3$；对于刚性双原子分子，$i=5$，$\gamma=7/5$；对于刚性多原子分子，$i=6$，$\gamma=8/6=4/3$。

【例题 4-2】 一气缸中储有氮气（视为刚性分子理想气体），质量为 1.25kg，在标准大气压下缓慢地加热，使温度升高 1K。试求气体膨胀时所做的功、气体热力学能的增量以及气体所吸收的热量。（活塞的质量以及它与气缸壁的摩擦均可不计）

解 因氮气在标准大气压下缓慢地加热，故过程是等压的，等压过程系统对外界做的功为

$$W_p = p(V_2 - V_1) = \nu R(T_2 - T_1) = \frac{1.25}{0.028}\times 8.31\times 1\mathrm{J} = 371.0\mathrm{J}$$

氮气是双原子分子，分子的自由度 $i=5$，其摩尔定容热容 $C_{V,\mathrm{m}}=5R/2=20.78\mathrm{J/(mol\cdot K)}$。因此，气体热力学能的增量为

$$\Delta U = \nu C_{V,\mathrm{m}}(T_2 - T_1) = \frac{1.25}{0.028}\times 20.78\times 1\mathrm{J} = 927.7\mathrm{J}$$

由热力学第一定律，气体在这一过程中吸收的热量为

$$Q_p = \Delta U + W = 1298.7\mathrm{J}$$

等压过程中气体吸收的热量也可以直接根据式（4-22）计算。氮气是双原子分子，其摩尔定压热容 $C_{p,\mathrm{m}}=7R/2=29.09\ \mathrm{J/(mol\cdot K)}$，因此

$$Q_p = \nu C_{p,\mathrm{m}}(T_2 - T_1) = \frac{1.25}{0.028}\times 29.09\times 1\mathrm{J} = 1298.7\mathrm{J}$$

4.4.3 理想气体的等温过程

温度保持不变的过程称为**等温过程**，过程特征是 T 等于常量或 $\mathrm{d}T=0$。等温过程的过程方程为

$$pV=\nu RT=常量 \tag{4-25}$$

将上述过程方程在 p-V 图上画出来就得到一条等温线，显然等温线是双曲线，如图 4-6 所示。

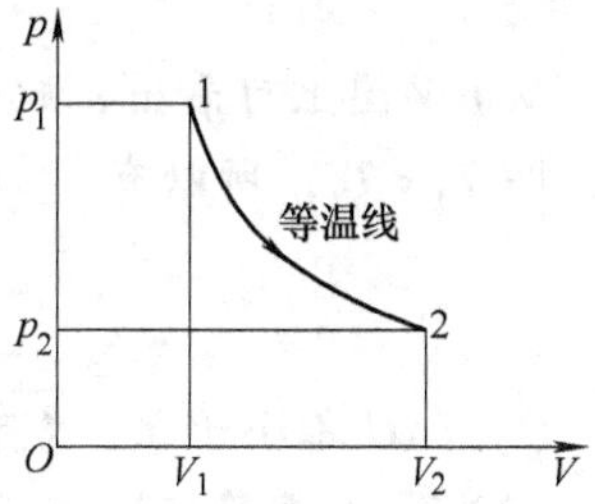

图 4-6　等温过程

对式（4-25）两边微分得

$$p\mathrm{d}V+V\mathrm{d}p=0$$

由此得到 p-V 图上等温线的斜率

$$\frac{\mathrm{d}p}{\mathrm{d}V}=-\frac{p}{V}$$

理想气体的热力学能是温度的单值函数，等温过程中系统的热力学能也保持不变，即

$$\Delta U=0 \text{ 或 } U_1=U_2 \tag{4-26}$$

利用过程方程 $pV=\nu RT$ 可以计算等温过程中系统对外界所做的功为

$$W_T=\int_{V_1}^{V_2}p\mathrm{d}V=\nu\int_{V_1}^{V_2}RT\frac{\mathrm{d}V}{V}=\nu RT\ln\frac{V_2}{V_1}=\nu RT\ln\frac{p_1}{p_2} \tag{4-27}$$

注意，上式中的最后一个等式利用了等温过程的过程方程，即 $p_1V_1=p_2V_2$。

由热力学第一定律可得等温过程中系统吸收的热量全部转化为系统对外界所做的功，因此

$$Q_T=W_T=\nu RT\ln\frac{V_2}{V_1}=\nu RT\ln\frac{p_1}{p_2} \tag{4-28}$$

【例题 4-3】 温度为 25℃、压强为 1atm 的 1mol 刚性双原子分子理想气体，经等温过程体积膨胀至原来的 3 倍。计算这个过程中气体对外所做的功和所吸收的热量。

解 已知 $\frac{V_2}{V_1}=3$，$T=(273+25)\mathrm{K}=298\mathrm{K}$，根据式（4-27），此等温过程气体对外做的功为

$$W_T=\int_{V_1}^{V_2}p\mathrm{d}V=\nu\int_{V_1}^{V_2}RT\frac{\mathrm{d}V}{V}=\nu RT\ln\frac{V_2}{V_1}$$
$$=1\times 8.31\times 298\times \ln 3\mathrm{J}=2.72\times 10^3\mathrm{J}$$

根据式（4-28），此等温过程气体所吸收的热量等于气体对外做的功

$$Q_T=W_T=2.72\times 10^3\mathrm{J}$$

【例题 4-4】 1mol 刚性分子理想气体经历如图 4-7 所示的过程，其中 1→2 是等压过程，2→3 是等体过程，3→1 是等温过程。试分别讨论在这三个过程中，气体吸收的热量、对外所做的功以及气体热力学能的增量是大于、小于还是等于零。

解 （1）1→2 是等压过程。因为 $V_2>V_1$，根据理想气体物态方程，得到 $T_2>T_1$。因此，对 1mol 的理想气体有

$$Q_p=C_{p,\mathrm{m}}(T_2-T_1)>0$$
$$W_p=p(V_2-V_1)=R(T_2-T_1)>0$$
$$\Delta U=C_{V,\mathrm{m}}(T_2-T_1)>0$$

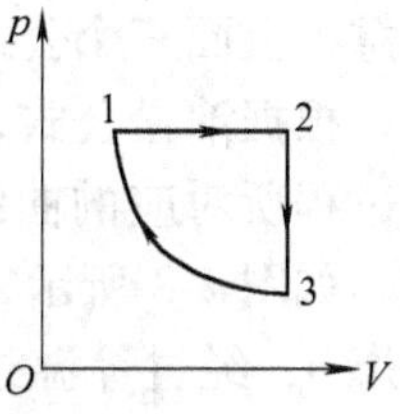

图 4-7

Q_p、W_p、ΔU 都大于零，表明在过程 1→2 中，气体从外界吸收

的热量一部分用来对外做功，其余部分用来增加热力学能。

(2) 2→3 是等体过程，故气体不做功，即

$$W_V = 0$$

从 p-V 图上可看出，此过程中气体的压强变小，根据理想气体物态方程，气体的温度降低，即 $T_3 < T_2$，所以有

$$Q_V = C_{V,\mathrm{m}}\ (T_3 - T_2) < 0$$

$$\Delta U = Q_V < 0$$

Q_V、ΔU 都小于零，表明在过程 2→3 中，气体向外界放出热量，热力学能减少。

(3) 3→1 是等温过程，故热力学能不变化，即

$$\Delta U = 0$$

从 p-V 图上看出，$V_3 > V_1$。根据式（4-28），1mol 理想气体在等温过程中对外界所做的功等于吸收的热量，即

$$W_T = Q_T = RT_1 \ln \frac{V_1}{V_3} < 0$$

W_T 和 Q_T 小于零，表明在等温过程 3→1 中，实际上是外界对气体做了正功，同时气体向外界放出热量，使系统热力学能不变。

4.5 理想气体的绝热过程

系统在和外界无热量交换的条件下进行的过程称为**绝热过程**。绝热过程的特点是系统与外界无热量交换，所以在实际中被良好绝热材料所封闭的系统内进行的过程，或者过程进行得很快以至于来不及和外界进行显著热交换的过程，都可近似地看作是绝热过程，例如内燃机中热气体的突然膨胀、柴油机或压气机中空气的压缩、声波中气体的压缩（稠密）和膨胀（稀疏）等。下面介绍理想气体的准静态绝热过程。

利用热力学第一定律、绝热过程的特点和理想气体物态方程，可以导出理想气体的准静态绝热过程方程如下（推导过程略）

$$pV^{\gamma} = 常量 \qquad (4\text{-}29)$$

这就是准静态绝热过程的过程方程，称为**泊松公式**。其中比热容比 $\gamma = \dfrac{C_{p,\mathrm{m}}}{C_{V,\mathrm{m}}} > 1$。利用理想气体物态方程 $pV = \nu RT$ 和式（4-29），还可以将泊松公式表示成用（V，T）或（p，T）作为变量的形式

$$TV^{\gamma-1} = 常量, p^{\gamma-1}T^{-\gamma} = 常量 \qquad (4\text{-}30)$$

注意，上面三个公式中的常量各不相同。

根据泊松公式，在 p-V 图上可以画出理想气体准静态绝热过程所对应的曲线，称为绝热线，绝热线比等温线更陡一些。如图 4-8 所示，气体从状态 a 出发，经过绝热过程到达状态 b，经过等温过程到达状态 c，体积都从 V_1 膨胀到 V_2，但绝热过程压强下降得比等温过程多，即 $p_b < p_c$。另外，不难看出 $T_b < T_c$。这是因为 $p = nkT$，在等温过程中只有分子数

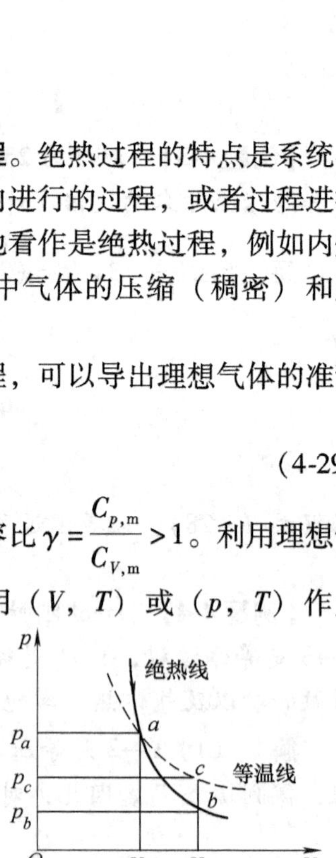

图 4-8 绝热线与等温线比较

密度 n 减小，在绝热过程中除了 n 减小同样的数值外，温度也要降低。所以体积膨胀相同数值时，绝热过程比等温过程压强降低得多些。

绝热过程的热量交换为零，即

$$Q=0$$

根据热力学第一定律式（4-11），绝热过程的功等于系统热力学能的减少，即

$$W_Q=-\Delta U=-\nu C_{V,\mathrm{m}}(T_2-T_1)=\nu C_{V,\mathrm{m}}(T_1-T_2) \tag{4-31}$$

即气体以降低温度、减少系统热力学能为代价对外做功。

【例题 4-5】 一定量的氮气（视为刚性分子理想气体），温度为 300K，压强为 1.013×10^5Pa，将它绝热压缩，使其体积变为原来体积的 1/5，求绝热压缩后的压强和温度。

解 氮气绝热压缩过程如图 4-9 所示，$\dfrac{V_1}{V_2}=5$。氮气是双原子分子，比热容比 $\gamma=7/5=1.4$，由绝热过程方程式（4-29），气体绝热压缩后的压强为

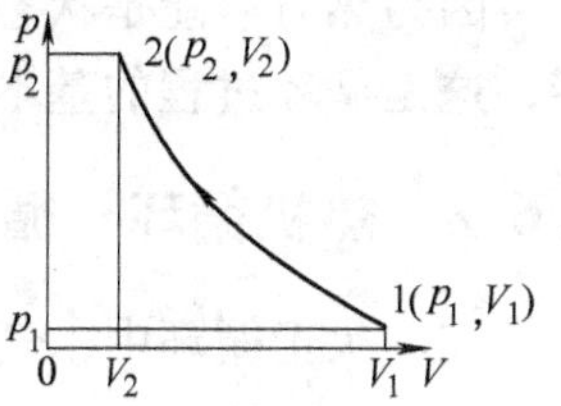

图　4-9

$$p_2=p_1\left(\frac{V_1}{V_2}\right)^\gamma=1.013\times10^5\times5^{1.4}\mathrm{Pa}=9.64\times10^5\mathrm{Pa}$$

由理想气体的物态方程，气体绝热压缩前后的状态参量满足

$$\frac{p_1V_1}{T_1}=\frac{p_2V_2}{T_2}$$

由此求出气体的末态温度

$$T_2=\frac{p_2V_2}{p_1V_1}T_1=\frac{9.64\times10^5}{1.013\times10^5\times5}\times300\mathrm{K}=571\mathrm{K}$$

本题计算结果表明，气体经绝热压缩，外界对气体做正功，气体升温升压。可以推论，若气体绝热膨胀，气体将以热力学能减小为代价对外做正功，从而温度降低，压强减小。可见，借助绝热膨胀过程可以进行降温。

4.6　循环过程

4.6.1　热力学循环过程

在生产技术上，很多机器需要通过物质系统把热与功之间的转换持续不断地进行下去，这就需要利用循环过程来完成。一个系统由某一状态出发，经过一系列状态变化后又回到初始的状态，这样的过程称为**循环过程**，简称循环。循环中所包括的每一个过程叫做分过程，其物质系统亦称为工作物质或简称工质。实际工程应用中的热机和制冷机都可以抽象成一定质量的工作物质周而复始地进行某种循环，研究循环过程的规律在理论和实践上都具有很重要的意义。

若循环的每一阶段都是准静态过程，则此循环可用 p-V 图上的一条闭合曲线表示，如图 4-10 表示，曲线上的箭头表示过程进行的方向，沿顺时针方向进行的循环称为**正循环或热机循环**（见图 4-10a），沿逆时针方向进行的循环称为**逆循环或制冷循环**（见图 4-10b）。

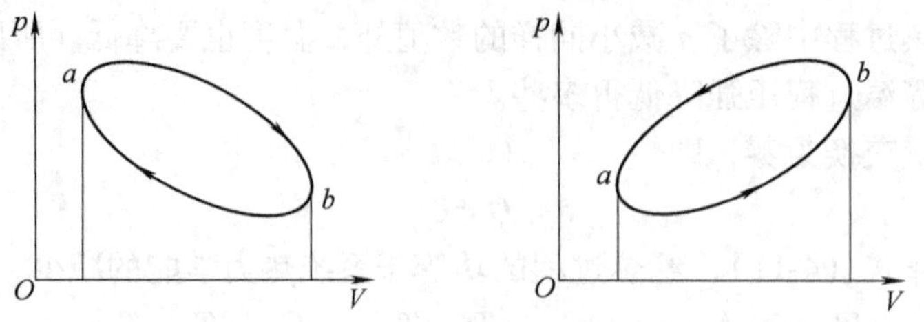

a) 正循环　　b) 逆循环

图 4-10　循环过程

因为热力学能是状态的单值函数，经过一个循环后系统的状态复原，故热力学能增量为零，这是循环过程的基本特点。

4.6.2　热机循环　循环效率

在一次正循环中，气体膨胀时对外界做的功 W_1 在数值上等于图 4-10a 中过程 $a \to b$ 曲线下的面积，气体被压缩时外界对系统做的功 W_2 在数值上等于图 4-10a 中过程 $b \to a$ 曲线下的面积，显然 W_1 大于 W_2，两者之差 $W = W_1 - W_2$ 为气体对外界做的净功，这个净功的量值就等于 p-V 图上循环过程曲线所包围的面积。注意：在循环过程中，常约定用 Q_1、Q_2、W 表示吸热、放热和功的绝对值，这与热力学第一定律中式（4-11）关于 Q 、W 的正负规定有所不同。

各种热机（或热力发动机），如蒸汽机、内燃机、汽轮机等，工质经过周而复始的循环过程持续不断地把热转换为功。在热机中进行的循环是正循环。在热机的每一次循环中，工质从高温热源 T_1 吸收热量 Q_1，增加热力学能，并将一部分热力学能通过做功 W 转化为机械能，另一部分热力学能在低温热源 T_2 中通过放热 Q_2（绝对值）而传给外界，使工质又回到原始状态，热力学能不变。热机循环过程中的能量转化和传递关系可用如图 4-11 所示的工作原理图表示出来。

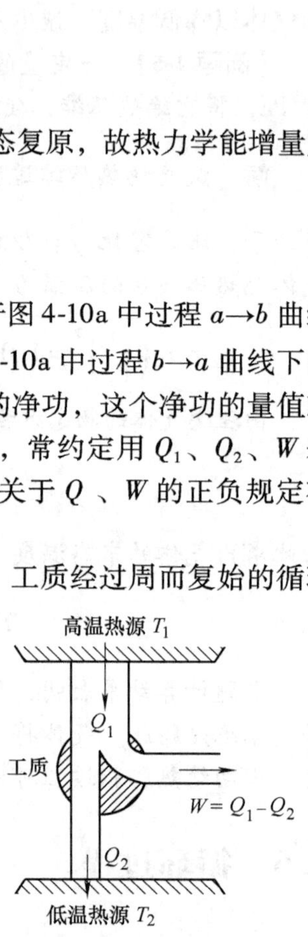

图 4-11　热机循环的工作原理

根据热力学第一定律，系统吸收的净热量转化为对外做的净功 W。那么工质经过一个循环后

$$W = Q_1 - Q_2 \tag{4-32}$$

热机是利用热来做功的机器，其效能用一个循环中工质所吸收的热量 Q_1 有多少转化为有用的功 W 来衡量。因此，**热机效率或循环效率** η 定义为

$$\eta = \frac{W}{Q_1} = 1 - \frac{Q_2}{Q_1} \tag{4-33}$$

在热机循环中，工质总要向外界放出一部分热量，即 Q_2 不能等于零，所以热机效率永远是 $\eta < 1$。例如，早期的蒸汽机效率仅为 5% 左右。

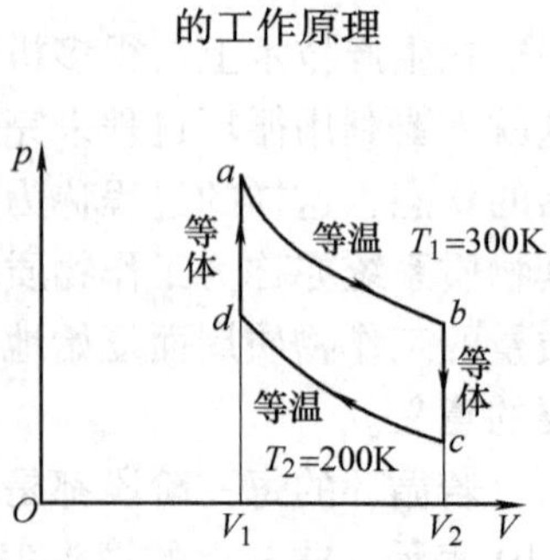

图 4-12

【例题 4-6】　0.32kg 的氧气（视为刚性分子理想气体）

作如图4-12所示的 $abcda$ 循环，$a \to b$ 和 $c \to d$ 为等温过程，$b \to c$ 和 $d \to a$ 为等体过程。设 $V_2 = 2V_1, T_1 = 300\text{K}$，$T_2 = 200\text{K}$，求循环效率。

解 如图所示，氧气系统的物质的量为

$$\nu = \frac{m}{M} = \frac{0.32}{0.032}\text{mol} = 10\text{mol}$$

先求系统在整个循环过程中对外做的净功 W。

$$W = W_{ab} + W_{bc} + W_{cd} + W_{da}$$

因为 $b \to c$ 和 $d \to a$ 为等体过程，故 $W_{bc} = W_{da} = 0$，利用等温过程气体做功的式（4-27），得到

$$W = W_{ab} + W_{cd} = \nu RT_1 \ln\frac{V_2}{V_1} + \nu RT_2 \ln\frac{V_1}{V_2} = \nu R(T_1 - T_2)\ln\frac{V_2}{V_1}$$

$$= 10 \times 8.31 \times (300 - 200) \times \ln 2\text{J} = 5.76 \times 10^3\text{J}$$

再来分析循环过程中的吸热和放热。分过程 $a \to b$ 和分过程 $c \to d$ 都是等温过程，热力学能均不变化，其中 $a \to b$ 是膨胀过程，气体吸热对外做功，$c \to d$ 是压缩过程，外界对气体做功，气体向外放热。分过程 $b \to c$ 和分过程 $d \to a$ 都是等体过程，都不做功，其中 $b \to c$ 降温，热力学能减少，因此向外放热，$d \to a$ 升温，热力学能增加，系统吸热。因此，系统仅在 $a \to b$ 和 $d \to a$ 两分过程吸收热量，吸收的总热量为

$$Q_1 = Q_{ab} + Q_{da} = W_{ab} + \Delta U_{da} = \nu RT_1 \ln\frac{V_2}{V_1} + \nu C_{V,\text{m}}\ (T_2 - T_1)$$

$$= \left[10 \times 8.31 \times 300 \times \ln 2 + 10 \times \frac{5}{2} \times 8.31 \times\ (300 - 200)\right]\text{J}$$

$$= 3.84 \times 10^4\text{J}$$

下面求循环效率。根据式（4-33），该循环效率为

$$\eta = \frac{W}{Q_1} = \frac{5.76 \times 10^3}{3.83 \times 10^4} = 15\%$$

4.7 宏观过程的方向性

热力学第一定律是能量转换与守恒定律在与热现象有关的过程中的具体形式，任何热力学过程都必须遵从热力学第一定律。但是热力学第一定律并未限定过程进行的方向，满足热力学第一定律的热力学过程不一定都能实现。观察与实验表明，自然界中一切与热现象有关的宏观过程都是不可逆的，或者说是有方向性的。

4.7.1 宏观过程的方向性

在自然界中，自然过程都是按一定方向进行的，即具有方向性，反方向的逆过程不能自动进行。例如，所有的生命过程总体上都是沿着向死亡的方向进行的，不可逆转，所谓“自古人生必有死”，讲的也是这个自然规律。鸡蛋摔破，蛋黄蛋青流散，就再也不能恢复成原来的那个鸡蛋了，即所谓“覆水难收”。经验告诉我们，一切自然过程都是不可逆的，是按一定方向进行的。但是这些例子太复杂，热力学研究的是最简单但也是最基本的情况，

下面举三个典型的例子。

在功热转换中，机械功可以完全转化为系统的热力学能。例如，将水盛在绝热壁包围的容器中，使叶片在水中转动，和水摩擦，叶片所做的机械功能全部转化为系统的热力学能，提高水的温度。但相反的过程，即水自动降温，产生水流，推动叶片转动，使叶片自动转动起来，即将一定量的热量自动地转化为机械功，这样的过程却从来没有发生过，它是不可能发生的。因此我们可以说，通过摩擦使功变成热的过程是不可逆的。

在热传导过程中，温度不同的两个物体相互接触，高温物体能自动地将热量传给低温物体，从而使两物体的温度相同而达到热平衡。相反的过程，即热量自动地从处于热平衡的两个物体中的一个传到另一个，使两个物体出现温差，或者是热量自动地从低温物体传到高温物体，使它们的温差越来越大，这样的过程也从来没有出现过，虽然这样的过程并不违反能量守恒定律。因此我们可以说，热量从高温物体传向低温物体的过程是不可逆的。

再来考虑气体的自由膨胀。如图 4-13 所示，一密封容器被中间的隔板分成左右两部分，开始时左边有气体，右边是真空。在隔板被抽掉的瞬间，左边的气体分子将向右边的真空迅速膨胀，最后充满整个容器，达到气体在整个容器中均匀分布的平衡态。相反的过程，即充满整个容器均匀分布的气体自动地收缩到左半部分、使右半部分成为真空的过程，是不可能实现的。因此我们可以说，气体向真空中绝热自由膨胀的过程是不可逆的。

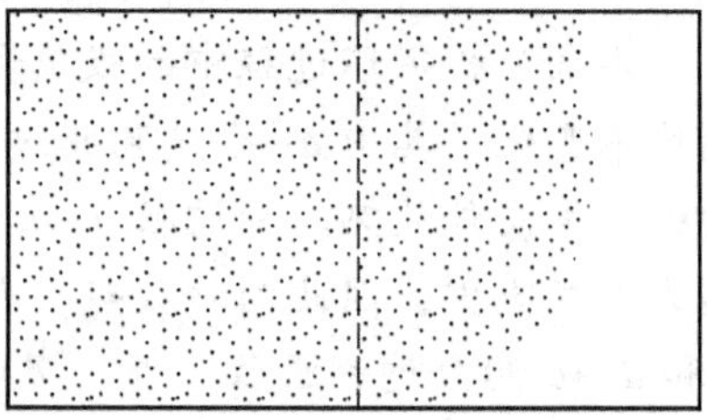

图 4-13 气体的自由膨胀过程

需要注意的是，以上三个过程的不可逆性并不是说与它们各自相反方向进行的过程不能发生，而是不能自动地发生。它们可以发生，但是必然会产生其他后果。例如，蒸汽机的作用就是把热转变为功，只是它只能把一部分的热量转变为功，同时还有部分热量不能做功而传给了低温环境；理想气体的等温膨胀过程，从热源所吸的热能全部变为功，但附带的另一变化是气体的体积变大，即体系的状态改变了。

由于自然界中一切与热现象有关的宏观过程都涉及功热转换或热传导，因此可以说，一切与热现象有关的实际宏观过程都是不可逆的。

4.7.2 不可逆性的相互依存

自然界中各种不可逆过程都是相互依存的，即一种宏观过程的不可逆性保证了另一种过程的不可逆性；反之，若一种实际过程的不可逆性消失了，其他实际过程的不可逆性也随之消失。

首先，我们可以由功转换为热过程的不可逆性推断理想气体自由膨胀的不可逆性。下面用反证法来证明。

1）假设理想气体绝热自由膨胀是可逆的，即气体能自动收缩，回到膨胀前的平衡态，我们将这样的逆过程称为 R 过程。

2）设计一个热力学过程，在这个过程中理想气体与单一热源接触，从中吸取热量 Q 进行等温膨胀，从而对外做功 W。

3）然后通过 R 过程使气体自动收缩，回到等温膨胀前的状态。

上述循环过程所产生的唯一效果是，系统从单一热源吸热，并全部用来对外做功，而没有其他影响，这就是说功转换为热的不可逆性消失了。显然，此结论与功热转换的不可逆性相违背。故理想气体绝热自由膨胀过程是可逆的假设不能成立。

我们还可以证明热传导过程不可逆性与功热转换过程不可逆性的相互依存。下面，同样利用反证法来证明。

1）假设功热转换过程的不可逆性不成立，即功热转换过程是可逆的，则可设计一台理想的单一热源热机，它能从高温热源 T_1 吸收热量 Q_1，使之全部变成功 W，即 $W=Q_1$。

再设计一台制冷机，用上述假想的单源热机输出的功 W 去驱动它，在一次循环中，制冷机从低温热源吸收热量 Q_2，向高温热源放出热量 $W+Q_2=Q_1+Q_2$。将上述假想的单源热机和制冷机组成复合机，如图4-14a所示。该复合机的唯一效果是将热量 Q_2 从低温热源 T_2 传到高温热源 T_1，而不引起其他变化，如图4-14b所示。这样就导致热传导过程不可逆性不成立。

2）假设热传导过程的不可逆性不成立，即热传导过程是可逆的，则可设计一个理想的无需外界功就能工作的制冷机，它能将热量 Q_2 从低温热源 T_2 传到高温热源 T_1 而不引起其他变化。

再设计一台热机，使它在一次循环中从高温热源吸收热量 Q_1，对外做功 W，并向低温热源放出热量 Q_2。将上述假想的制冷机和这台热机组成复合机，如图4-15a所示，该复合机将热量 Q_2 送回到低温热源，从而使低温热源恢复原来的状态。这意味着复合机是一个利用单一热源工作的热机。

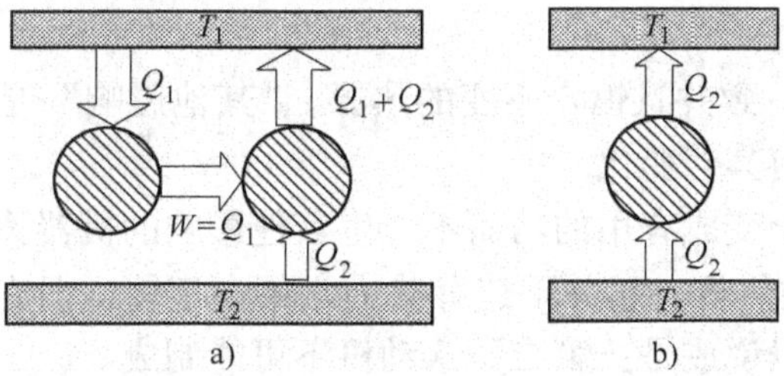

图4-14　假想的自动制冷机

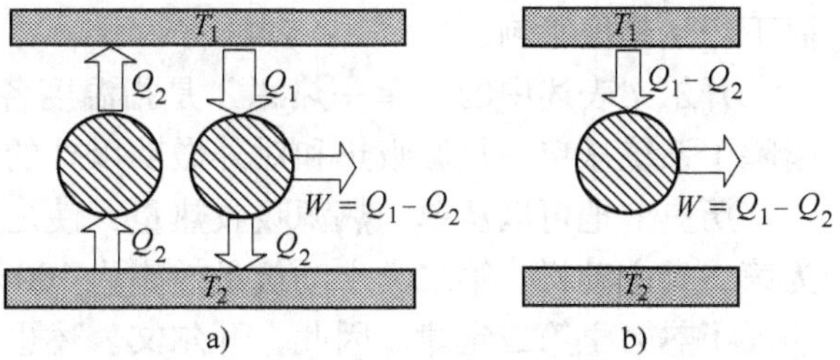

图4-15　假想的热全部转换为功的热机

这样的复合热机的唯一效果是从高温热源 T_1 吸收热量 Q_1-Q_2，使之全部变成功 $W=Q_1-Q_2$，而不引起其他变化，如图4-15b所示。这样就导致功热转换过程的不可逆性不成立。

这样就证明了热传导过程不可逆性与功热转换过程不可逆性之间的相互依存。

自然界中一切与热现象有关的实际宏观过程都是不可逆的，而各种过程的不可逆性是相互关联的。

4.8　热力学第二定律

自然界中与热现象有关的实际宏观过程都是不可逆过程，热力学第二定律概括了热力学过程的不可逆性，是热力学的基本定律之一。热力学第二定律可有多种表述，其中在历史上最具代表性的经典表述有两种，这就是1850年克劳修斯提出的克劳修斯表述和1851年开尔文提出的开尔文表述。

1. 热力学第二定律的克劳修斯表述

当两个不同温度的物体相互接触时，热量将由高温物体向低温物体传递，而不可能自发地由低温物体传到高温物体。

如果借助制冷机，当然可以把热量由低温传递到高温，但要以外界做功为代价，也就是引起了其他变化。

热力学第二定律的克劳修斯表述是：不可能把热量从低温物体传到高温物体而不引起其他变化。

克劳修斯表述中的“其他变化”是指除低温物体放热和高温物体吸热以外的任何其他变化。因此，克劳修斯表述也可以说成是：热量不能自动地从低温物体传到高温物体。

热力学第二定律的克劳修斯表述指明热传导过程是不可逆性，即热量能自动地从高温物体传到低温物体，但不能自动地从低温物体传到高温物体。

2. 热力学第二定律的开尔文表述

功可以完全变成热，但要把热完全变为功而不产生其他影响是不可能的。

例如，热机在一个循环过程中除了将一定量的热量变成机械功外，还必定有一定的热量从高温热源传给低温热源，即对外界产生了影响。

热全部变为功的过程也是有的，如理想气体的等温膨胀。但在这一过程中除了气体从单一热源吸热完全变为功外，还引起了其他变化，即过程结束时，气体的体积增大了。

热力学第二定律的开尔文表述是：不可能从单一热源吸取热量，使之完全变成有用的功而不产生其他影响。

开尔文表述中的“单一热源”是指温度各处一致并且恒定不变的热源，“其他影响”是指除了系统从单一热源吸热和对外做功以外的任何其他变化。

历史上把可以从单一热源吸收热量，使之完全变成有用的功而不产生其他影响的机器称为第二类永动机。第二类永动机是效率为100%的热机，它并不违背热力学第一定律，但它违反了热力学第二定律。因此，开尔文表述也可以说成是：第二类永动机不可能制成。

热力学第二定律的开尔文表述指明了摩擦生热过程的不可逆性，即在不产生其他影响的条件下，功可以完全转换为热，而热不能完全转换为功。

从表面上看，热力学第二定律的克劳修斯表述和开尔文表述是各自独立的，前者是关于热传导过程的不可逆性，后者是关于功热转换过程的不可逆性。根据不可逆性相互依存的观点，我们知道两者是等价的，即：如果一种表述是正确的，另一种表述也必然是正确的；如果一种表述不成立，另一种表述也必然不成立。

4.9 热力学第二定律的微观实质和统计意义

热力学理论以实验事实为依据，具有广泛的普适性和高度的可靠性。但是，热现象的本质究竟是什么？为什么与热相联系的一切宏观过程都是不可逆的？在一定的条件下，系统有从非平衡态过渡到平衡态的自发倾向，这种倾向在宏观上为什么总是单向的？有无可能自动出现相反的倾向？本节首先分析热力学第二定律的微观含义，引入热力学概率，从而阐述热力学第二定律的统计意义。

4.9.1　热力学第二定律的微观含义

我们还是从功热转换过程、热传导过程以及理想气体向真空的绝热自由膨胀过程，来察看这些过程的不可逆性在微观上有什么表现。

在功热转换过程中，例如功变为热的过程是大量分子的定向有序运动转变为无序的热运动，而系统不能将大量分子的无序热运动自动地转化为有序运动。从微观上看，在功热转换过程后系统的分子运动无序性增加了。在热传导过程中，热量自动地从高温物体向低温物体或者从物体的高温部分向低温部分传递，最终达到系统温度到处都相等的平衡状态。温度是大量分子热运动剧烈程度（平均平动动能）的宏观统计量，热传导开始时系统各处温度不均匀，即各处的分子运动剧烈程度有差异，而到达平衡态时系统各处的温度相同，即分子运动剧烈程度都变得一样，大量分子在运动速率分布上的差异消失。这表明，系统中分子运动的无序性由于热传导增加了。在理想气体的绝热自由膨胀过程中，系统中的气体分子从开始时占据某个空间体积中的一部分到膨胀后占据整个空间体积，分子在这个空间内的位置分布变得更加无序。

以上这些分析表明，实际不可逆的热力学过程总是伴随着系统微观状态无序度的增加，或者说，**一切自然过程总是朝着分子热运动更加无序的方向进行**。这就是实际热力学过程在宏观上表现出的不可逆性的微观本质，也是热力学第二定律的微观含义。

4.9.2　热力学概率　热力学第二定律的统计意义

为了得到关于热力学系统无序度的定量描述，下面以气体向真空自由膨胀过程为例来研究。假设一个长方体状的容器被中间的隔板分成等体积的左、右两部分，右部为真空，左部有气体。抽去隔板气体自由膨胀，分子将在整个容器中无规地运动，这是一个与外界不发生任何相互作用的孤立系统。为简明起见，我们用所有分子在左、右两部分的不同分配数目表示系统的一个宏观态；用分子在两部分的具体分布情况（假设分子间可区分）表示系统的一个微观态。

先假设容器中装有4个分子（以不同形状加以区分），开始时，4个分子都在左边，抽出隔板后分子将向右边扩散并在整个容器内无规则运动。隔板被抽出后，4个分子在容器中可能的宏观态及其相应微观态的分布情形如图4-16所示。

按照分子在左右两边位置的分布，每种分子在容器中的分布方式有两种，4个分子在容器中的位置分布方式就有 $2^4=16$ 种。因此，4个分子自由膨胀后有16个微观态，5个宏观态，每个宏观态相应的微观态数目不尽相同。

统计物理中有一个基本假定，称为等概率原理：**对于孤立系统，各种微观态出现的概率是相等的**。因此，哪种宏观态包含的微观态数多，这种宏观态出现的可能性就大，所以各种宏观态不是等概率出现的。由于左右两边的体积相等，故分子在左边和右边出现的概率相等，都是1/2，因此，在 $2^4=16$ 种可能的微观状态中，4个分子全部退回到左边（对应一个宏观态）的可能性即概率为 $1/2^4=1/16$。可以认为4个分子的自由膨胀有可能“可逆”，即它们可能又全部回到左边，但这种宏观态只含有一种微观态，出现的概率最小。分子在左右两边均匀分布（每边各有两个分子）的宏观状态相应的微观态数是6，其数目最多，因此，它是最可能出现的宏观态。

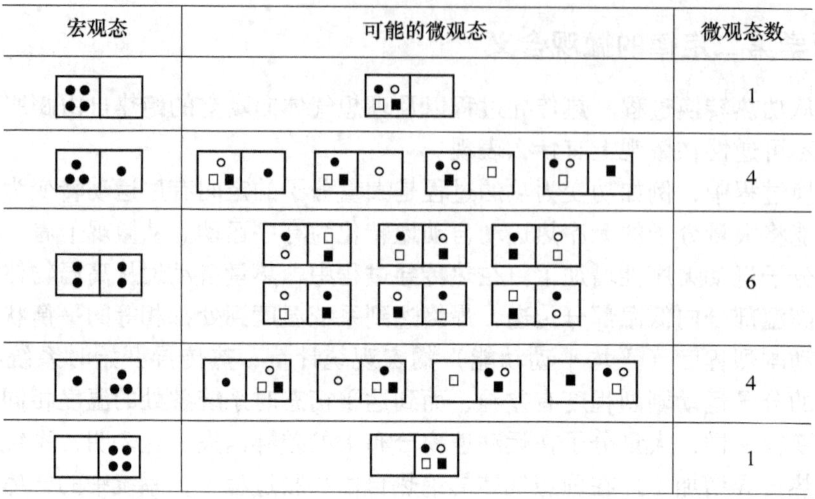

图 4-16 4 个分子在容器中可能的位置分布

不难推出，若有 N 个分子，且 N 个分子全部退回到左边的概率是 $1/2^N$。对于真实理想气体系统 $N\approx10^{23}/\mathrm{mol}$，这些分子全部退回到左边的概率为 $1/2^{10^{23}}$。此数值极小，完全可以视为零，意味着此事件永远不会发生。从任何实际的意义上说，不可能发生此类事件。因此，理想气体自由膨胀过程的不可逆性具有统计意义，即只适合大量分子的情况。

我们把系统任一宏观态对应的微观态数目称为**热力学概率**，用 Ω 表示。因此，热力学概率越大的宏观态出现的概率也越大。

一般来说，若有 N 个分子，则共有 2^N 种可能的微观状态，其中 n 个分子在左、$(N-n)$ 个分子在右这样的一个宏观态分布所对应的热力学概率为

$$\Omega(n)=\frac{N!}{n!\ (N-n)!}$$

图 4-17 是用计算机模拟的 800 个分子的位置分布。左图是平衡态时分子在容器两边的位置分布情况，右图的横坐标为容器左半边分子数 n 与容器内总分子数 N 之比，因此，它标志不同的宏观状态；纵坐标实时累计各个宏观状态出现的次数，某宏观态出现的次数越多，表示其微观态的数目越大，故纵坐标标志各宏观状态的热力学概率。可以看到，分子均匀分布在容器两边时，即在 $n/N=0.5$ 附近，热力学概率有尖锐的极大值。

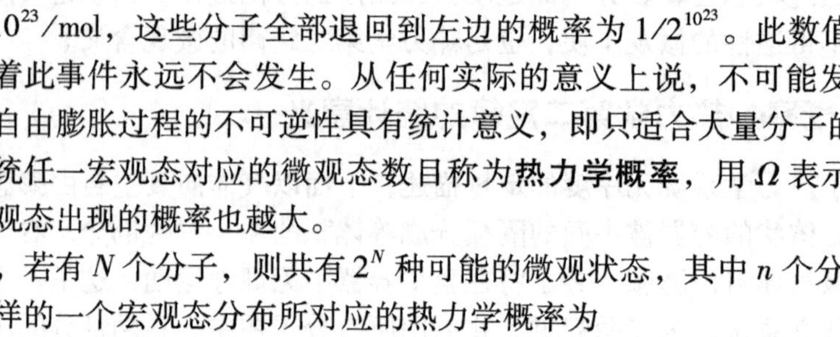

图 4-17 分子在左右两边出现的概率分布

由于存在涨落现象，平衡态时分子在容器两边分布数相等或接近相等。计算表明，分子总数越多，分子在容器两边分布数相等或接近相等的那些宏观态的热力学概率，占各种可能宏观态的热力学概率的总和（即系统微观态总数）的比例就越大。对于数量级为10^{23}个分子组成的宏观系统来说，均匀分布这种宏观态的热力学概率与各种可能宏观态热力学概率的总和的比值几乎为100%。因此，实际的气体系统处于平衡态时，分子在容器中总是均匀分布，所以**孤立系统的平衡态是热力学概率最大的宏观态**。

如果系统开始处于非平衡的宏观态，分子在容器中的分布不均匀，该状态的热力学概率不是最大值，那么系统将通过热运动最终达到均匀分布的平衡态，其热力学概率最大。因此，我们就得到了**热力学第二定律的统计意义**：孤立系统内的热力学过程总是自动朝着热力学概率Ω增大的方向进行，或者说，总是由包含微观状态数目少的宏观状态向包含微观状态数目多的宏观状态进行。

热力学第二定律的统计意义还表现在它所指出的过程方向只是过程进行的最概然的方向，而不是唯一可能的方向。孤立系统朝无序性减少或热力学概率减少的方向进行的过程在原则上并不是不能发生，而是在实际上发生的概率极小，以至于一般不会出现或观测不到。

内 容 提 要

1. 准静态过程　准静态过程的功

系统对外界做的功：$W = \int_{V_1}^{V_2} p\mathrm{d}V$（体积功）

2. 摩尔热容　热量的计算

理想气体的摩尔定容热容$C_{V,\mathrm{m}} = iR/2$和摩尔定压热容$C_{p,\mathrm{m}} = (i+2)R/2$

等体过程系统所吸收的热量：$Q_V = \nu\int_{T_1}^{T_2} C_{V,\mathrm{m}}\mathrm{d}T = \nu C_{V,\mathrm{m}}(T_2 - T_1)$

等压过程系统所吸收的热量：$Q_p = \nu\int_{T_1}^{T_2} C_{p,\mathrm{m}}\mathrm{d}T = \nu C_{p,\mathrm{m}}(T_2 - T_1)$

3. 热力学能

热力学系统热力学能的变化用过程中外界对系统所做的功和传递的热量之和来定义。

4. 热力学第一定律

系统从外界吸收的热量Q一部分用来使系统的热力学能增加，另一部分用来对外界做功W：$Q = U_2 - U_1 + W = \Delta U + W$

5. 理想气体的等体过程

$$\Delta U = Q_V = \nu C_{V,\mathrm{m}}(T_2 - T_1)；\ W_V = 0$$

6. 理想气体的等压过程

$\Delta U = \nu C_{V,\mathrm{m}}(T_2 - T_1)$；$W_p = \int_{V_1}^{V_2} p\mathrm{d}V = p(V_2 - V_1) = \nu R(T_2 - T_1)$；$Q_p = \nu C_{p,\mathrm{m}}(T_2 - T_1)$

迈耶公式　$C_{p,\mathrm{m}} - C_{V,\mathrm{m}} = R$

比热容比 $\gamma = \dfrac{C_{p,\mathrm{m}}}{C_{V,\mathrm{m}}}$

7. 理想气体的等温过程

$$\Delta U = 0;\ Q_T = W_T = \nu RT\ln\frac{V_2}{V_1} = \nu RT\ln\frac{p_1}{p_2}$$

8. 理想气体的绝热过程

绝热过程方程 pV^{γ} = 常量

绝热过程中的能量转换关系 $Q=0; W_Q = -\Delta U = -\nu C_{V,\mathrm{m}}(T_2-T_1) = \nu C_{V,\mathrm{m}}(T_1-T_2)$

9. 热力学循环过程

循环过程的基本特点：系统的状态复原，热力学能增量为零。

热机效率 $$\eta = \frac{W}{Q_1} = 1 - \frac{Q_2}{Q_1}$$

10. 宏观过程的方向性　不可逆过程　不可逆性的相互依存

11. 热力学第二定律

热力学第二定律的两种表述：克劳修斯表述和开尔文表述。

热力学第二定律的微观含义：一切自然过程总是朝着分子热运动更加无序的方向进行。

热力学第二定律的统计意义：孤立系统内的热力学过程总是自动朝着热力学概率 Ω 增大的方向进行。

习　题

一、选择题

1. 如图4-18所示，质量一定的某理想气体由初态 a 经两过程到达末态 c，其中 abc 为等温过程，则 [　　]

A. adc 也是一个等温过程。

B. adc 和 abc 过程吸收的热量相等。

C. adc 过程和 abc 过程做功相同。

D. abc 过程和 adc 过程气体热力学能变化相同。

2. 有两个相同的容器，容积相等，一个盛有氦气，另一个盛有氢气（看成刚性分子），它们的压强和温度都相等，现将5J的热量传给氢气，使氢气的温度升高，如果使氦气也升高同样的温度，则应向氦气传递热量是 [　　]

A. 6J　　B. 5J　　C. 3J　　D. 2J

3. 一定量的某种理想气体起始温度为 T，体积为 V，该气体在下面循环过程中先后经过下列三个平衡过程：(1) 等温膨胀到体积为 $2V$；(2) 等体变化使压强和温度降低；(3) 绝热压缩回到原来体积 V 和温度 T，则此整个循环过程中，气体 [　　]

A. 向外界放热　　B. 对外界做正功　　C. 热力学能增加　　D. 热力学能减少

4. 如图4-19所示，一定量的理想气体经历 bca 过程时放热200J，则经历 $adbca$ 过程时，吸热为 [　　]

A. 1200J　　B. 1000J　　C. 700J　　D. 600J

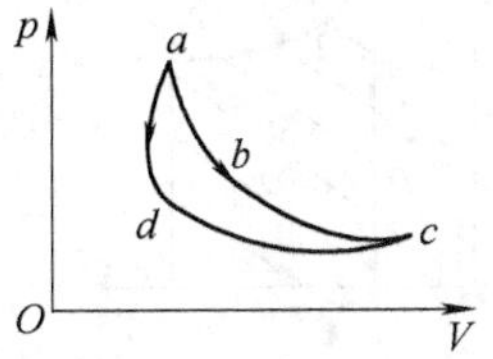

图　4-18

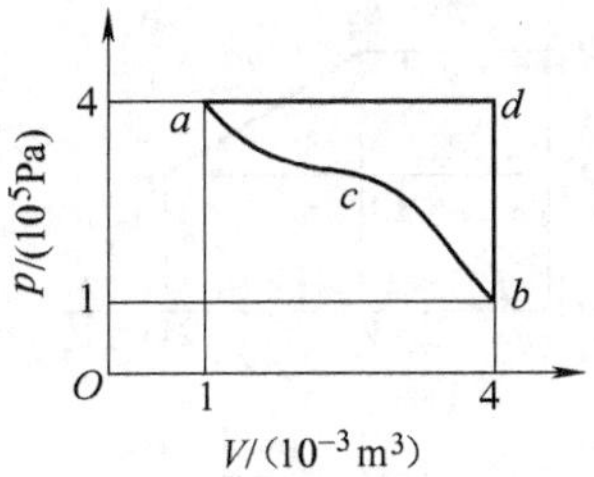

图　4-19

5. 下列说法中，哪些是正确的？　[　　]

(1) 可逆过程一定是准静态过程。

(2) 准静态过程一定是可逆的。

(3) 不可逆过程一定是非准静态过程。

(4) 非准静态过程一定是不可逆的。

A. (1)、(4)　B. (2)、(3)　C. (1)、(3)　D. (1)、(2)、(3)、(4)

6. 关于可逆过程和不可逆过程的判断，正确的是　[　　]

(1) 可逆热力学过程一定是准静态过程。

(2) 准静态过程一定是可逆过程。

(3) 不可逆过程就是不能向相反方向进行的过程。

(4) 凡是有摩擦的过程一定是不可逆的。

A. (1)、(2)、(3)　B. (1)、(2)、(4)　C. (1)、(4)　D. (2)、(4)

7. 根据热力学第二定律，下列哪种说法是正确的？　[　　]

A. 功可以全部转换为热，但热不能全部转换为功。

B. 热可以从高温物体传到低温物体，但不能从低温物体传到高温物体。

C. 气体能够自由膨胀，但不能自动收缩。

D. 有规则运动的能量能够变成无规则运动的能量，但无规则运动的能量不能变成有规则运动的能量。

二、填空题

1. 从任何一个中间状态是否可近似看成平衡态，可将热力学过程分为________过程和________过程，只有________过程才可以用 p-V 图上的一条曲线表示。

2. 在热力学中，系统做功是通过__________来完成的；系统与外界之间传递热量是通过__________来完成的。

3. 理想气体状态变化满足 $p\mathrm{d}V=\nu R\mathrm{d}T$ 为________过程，满足 $V\mathrm{d}p=\nu R\mathrm{d}T$ 为________过程；满足 $p\mathrm{d}V+V\mathrm{d}p=0$ 为________过程。

4. 一定量的某种理想气体在等压过程中对外做功200J。若此种气体为单原子分子气体，则该过程中需吸热________J；若为双原子分子气体，则需吸热________J。

5. 一定量理想气体从 A 状态（$2p_1$、V_1）经历如图4-20所示的直线过程变到 B 状态（p_1、$2V_1$），则 AB 过程中系统做功 $W=$__________；热力学能改变 $\Delta U=$________。

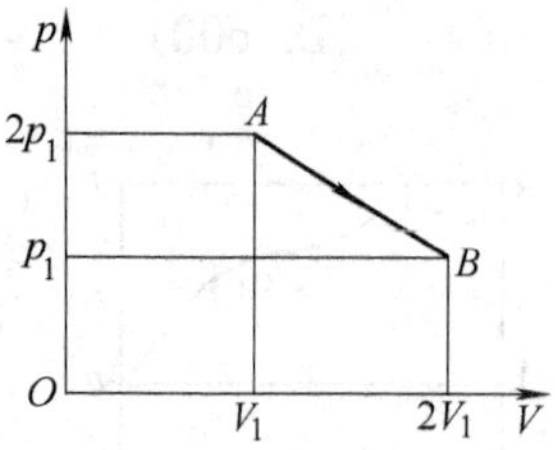

图 4-20

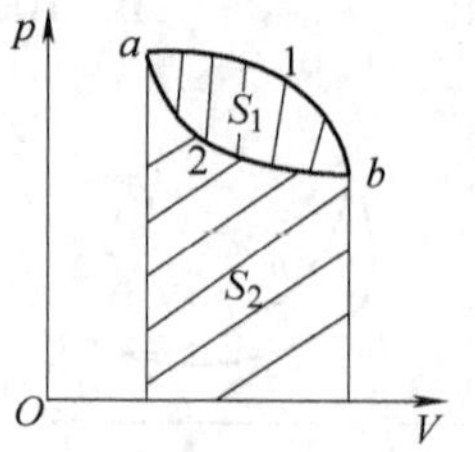

图 4-21

6. 如图4-21所示，已知图中两部分的面积分别为 S_1 和 S_2，那么

(1) 如果气体膨胀过程为 $a \to 1 \to b$，则气体对外做功 $W=$________；

(2) 如果气体进行 $a \to 2 \to b \to 1 \to a$ 的循环过程，则它对外做功 $W=$________。

7. 在一个孤立系统内，一切实际过程都向着________的方向进行。这就是热力学第二定律的统计意义，从宏观上说，一切与热现象有关的实际的过程都是________。

8. 热力学第二定律的克劳修斯表述和开尔文表述是等价的，前者是关于______过程的不可逆性，后者是关于________过程的不可逆性。

9. 所谓第二类永动机是指____________________，它不可能制成是因为违背了________________。

三、计算题

1. 已知某单原子分子理想气体作等压加热，体积膨胀为原来的两倍，试证明气体对外所做的功为其吸收热量的40%。

2. 压强为1atm，体积为 100cm^3 的氮气（视为刚性分子理想气体）压缩到 20cm^3 时，气体热力学能的增量、吸收的热量和所做的功各是多少？假定经历的是下列两种过程：(1) 等温压缩；(2) 先等压压缩，然后再等体升压到同样状态。($1\text{atm}=1.01325\times10^5\text{Pa}$)

3. 将1mol的刚性分子理想气体等压加热，使其温度升高72K，气体吸收的热量等于 $1.60\times10^3\text{J}$。求：(1) 气体所做的功；(2) 该气体的比热容比。

4. 把（视为刚性分子理想气体）氮气放在一个绝热的气缸中进行液化。开始时，氮气的压强为50atm、温度为300K；经急速膨胀后，其压强降至1atm，从而使氮气液化。试问此时氮的温度为多少？

5. 已知2.0mol的氦气（视为刚性分子理想气体），起始的温度是27℃，体积是20L。此氦气先等压膨胀至体积为原体积的2倍，然后作绝热膨胀使其温度仍恢复到起始温度。(1) 在 p-V 图上画出过程的曲线；(2) 在这过程中共吸热是多少？(3) 氦气的热力学能总改变是多少？(4) 氦气所做的总功为多少？(5) 最后的体积为多少？

6. 一可逆热机使1 mol的单原子理想气体经历如图4-22所示的循环，过程 $1\to2$ 是等体过程，过程 $2\to3$ 是绝热过程，而过程 $3\to1$ 是等压过程。试计算这三个过程中每个过程以及整个循环的热量 Q、热力学能变化 ΔU 以及气体所做的功 W。

7. 如图4-23所示，$abcda$ 为1 mol单原子分子理想气体的循环过程，求：(1) 气体循环一次，在吸热过程中从外界共吸收的热量；(2) 气体循环一次对外做的净功；(3) 循环的效率。

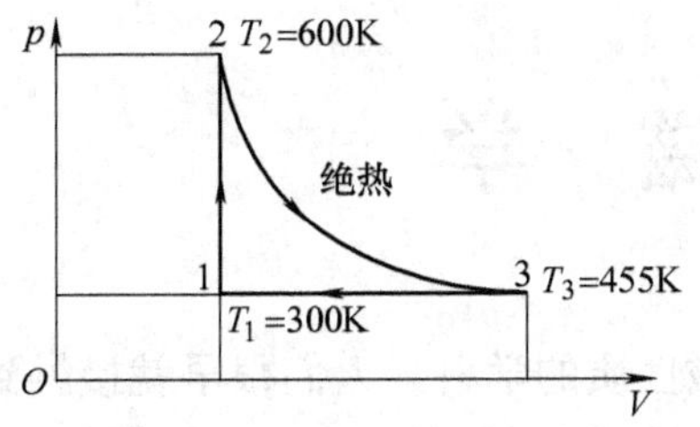

图 4-22

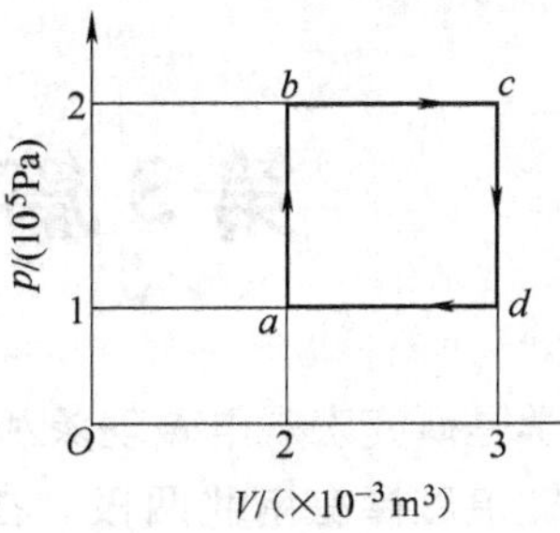

图 4-23

8. 气缸贮有36g水蒸气（可视为刚性分子理想气体），经 $abcda$ 循环过程，如图4-24所示，其中 $a\to b$，$c\to d$ 为等体过程，$b\to c$ 为等温过程，$d\to a$ 为等压过程，试求：(1) W_{da}；(2) ΔU_{ab}；(3) 循环过程水蒸气所做的净功 W；(4) 循环效率 η。

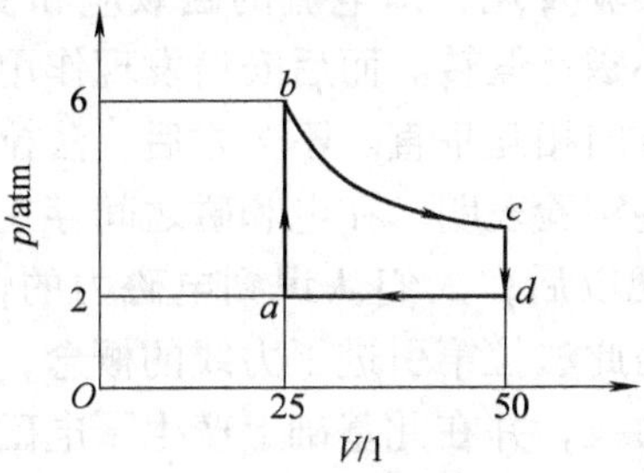

图 4-24

第3篇　电　磁　学

经典电磁学是研究宏观电磁现象和客观物体的电磁性质的学科。人们很早就接触到电和磁的现象，并知道磁棒有南北两极。在18世纪，人们发现电荷有两种：正电荷和负电荷。不论是电荷还是磁极都是同性相斥，异性相吸，作用力的方向在电荷之间或磁极之间的连接线上，力的大小和它们之间距离的平方成反比。在这两点上和万有引力很相似。18世纪末人们发现电荷能够流动，这就是电流。但长期没有发现电和磁之间的联系，磁现象曾被认为是与电现象独立无关的。

电磁学从原来互相独立的两门科学（电学、磁学）发展成为物理学中一个完整的分支学科，主要是基于两个重要的实验发现，即电流的磁效应和变化的磁场的电效应。19世纪前期，奥斯特发现电流可以使小磁针偏转。而后安培发现作用力的方向、电流的方向以及磁针到通过电流的导线的垂直线方向相互垂直。不久之后，法拉第又发现，当磁棒插入导线圈时，导线圈中就产生电流。这些实验表明，在电和磁之间存在着密切的联系。

在电和磁之间的联系被发现以后，人们认识到电磁力的性质在一些方面同万有引力相似，另一些方面却又有差别。为此法拉第引进了力线的概念，认为电流产生围绕着导线的磁力线，电荷向各个方向产生电力线，并在此基础上产生了电磁场的概念。

现在人们认识到，电磁场是物质存在的一种特殊形式。电荷在其周围产生电场，这个电场又以力的形式作用于其他电荷。磁体和电流在其周围产生磁场，而这个磁场又以力的形式作用于其他磁体和内部有电流的物体。电磁场也具有能量和动量，是传递电磁力的媒介，它弥漫于整个空间。

19世纪下半叶，麦克斯韦总结了宏观电磁现象的规律，并引进了位移电流的概念。这个概念的核心思想是：变化着的电场能产生磁场；变化着的磁场也能产生电场。在此基础上他提出了一组偏微分方程来表达电磁现象的基本规律。这套方程称为麦克斯韦方程组，是经典电磁学的基本方程。麦克斯韦的电磁理论预言了电磁波的存在，其传播速度等于光速，这一预言后来为赫兹的实验所证实。于是人们认识到麦克斯韦的电磁理论正确地反映了宏观电磁现象的规律，肯定了光也是一种电磁波。麦克斯韦电磁理论的重大意义不仅在于这个理论支配着一切宏观电磁现象（包括静电、稳恒磁场、电磁感应、电路、电磁波等等），而且还在于它将光学现象统一在这个理论框架之内，深刻地影响着人们认识物质世界的思想。在电磁学的整个理论体系基础上，很快发展起来了对现代文明起重大影响的电工和电子技术，对生产力的发展起着重要的推动作用，从而对社会产生了普遍而重要的影响。

本篇分为三章，第五章学习静止电荷产生的静电场的现象和规律，第六章学习恒定电流产生的磁场的现象和规律，第七章学习电磁感应的现象和规律，并简要介绍电磁场的基本概念。

第5章　静　电　场

相对于观察者静止的电荷所激发的电场称为静电场，场是物质存在的一种特殊形式，是我们研究的不同于以往的对象。本章介绍真空中静电场的基本特性，并从电场对电荷有力的作用、电荷在电场中移动时电场力将对电荷做功这两个方面，引入描述电场的两个重要物理量：电场强度和电势；学习静电场高斯定理和电场强度环路定理；介绍静电场中导体的静电性质以及导体对静电场的影响；最后介绍电容器储能和电场的能量。

5.1　电荷和库仑定律

5.1.1　电荷

自然界中只存在两种电荷，即正电荷和负电荷。历史上约定：用丝绸摩擦的玻璃棒带正电，用毛皮摩擦的塑料棒带负电。带同种电荷的物体互相排斥，带异种电荷的物体互相吸引。要使物体带电，可利用摩擦起电、接触起电、静电感应等方法。

一切电的现象都起源于物质的电结构。在构成物质的原子中通常包含了三种微观粒子，即质子、中子和电子。质子带有一个单位的正电荷，电子带有一个单位的负电荷，中子则不带电荷。因此，原子的电性是由它所包含的质子数和电子数决定的。在正常情况下，原子核所带的质子数与核外的电子数相等，整个原子呈电中性。如果原子中有一个或多个电子离去，原子就表现为带正电；如果原子获得了一个或多个电子，原子就表现为带负电。原子失去或获得电子的过程，称为电离。

在正常情况下，物质是由电中性的原子组成的，其整体也呈电中性。摩擦起电和其他起电过程的大量实验事实表明，一切起电过程其实都是使物体上正、负电荷分离或转移的过程，在这种过程中，电荷既不能消灭，也不能创生，只能使原有的电荷重新分布。由此就可以总结出**电荷守恒定律**：一个孤立系统的总电荷（即系统中所有正、负电荷之代数和）在任何物理过程中始终保持不变。所谓孤立系统，就是指它与外界没有电荷的交换。电荷守恒定律也是自然界中一条基本的守恒定律，在宏观和微观领域中普遍适用，是物理学中普遍的基本定律之一。

根据带电体的性质和相互之间作用力的大小，我们能够确定物体所带电荷量的多少(带电的程度)。物体所带电荷量的量值常以 Q 或 q 表示。在国际单位制中，电荷量的单位是 C（库仑，简称库）。

电子是自然界具有最小电荷量的带电粒子。任一带电体的电荷量都是电子电荷量的整数倍，这就是说，电子电荷量是电荷量的一个基本单元。当带电体的电荷量发生改变时，它只能按电子电荷量的整数倍改变，不能作连续的任意改变。这种电荷量只能一份一份地取分立的、不连续的数值的性质，叫做**电荷的量子化**。不过，常见的宏观带电体所带的电荷量远大于电子的电荷量，在一般灵敏度的电学测试仪器中，电荷的量子性是显示不出来的。因此在分析带电情况时，可以认为电荷是连续变化的。

1906~1917年，密立根用液滴法测定了电子电荷，证明微小粒子带电荷量的变化是不连续的，它只能是基本电荷 e 的整数倍，即粒子的电荷是量子化的。电荷量子化是个实验规律，现有的实验结果已在相当高的精度下检验了电荷的量子化。

迄今所知，电子是自然界中存在的最小负电荷，质子是最小的正电荷。它们的带电量都是**基本电荷** e

$$e = 1.60217733 \times 10^{-19}\mathrm{C}$$

那么基本电荷 e 是不是最基本的呢？在1964年提出的强子结构夸克模型中，夸克带分数电荷，相应的“反夸克”带等量反号的电荷。上(up)夸克的带电荷量为 $2e/3$；下(down)夸克的带电荷量为 $-e/3$；奇异(strange)夸克的带电荷量为 $-e/3$。在这一模型中，夸克是受到“禁闭”的。迄今为止，尚未在实验中找到自由状态的夸克。现在，分数电荷仍是一个悬而未决的命题。不过即使分数电荷存在，仍然不会改变电荷量子化的结论，只不过新的基本电荷量是原来的1/3而已。

5.1.2 库仑定律

带电物体相互间有力的作用，这是电荷的一种对外表现，人们对电现象的认识，就是从这种作用开始的。一般地说，两个带电体之间的相互作用，除了和它们所带的电荷量有关外，还和它们本身的大小、形状、电荷量在带电体上的分布以及周围介质的性质等有关，情况相当复杂。为此，下面我们先讨论最简单的、也是最基本的问题，即两个相对静止的点电荷在真空中相互作用力的规律。

当带电体的形状和大小与它们之间的距离相比能够忽略时，可以将带电体看作是电荷量集中于一个几何点上的点电荷，因此点电荷是对实际带电体的一种简化和抽象，是一个理想化模型。同力学中的质点模型一样，点电荷可以使电学中问题的研究大为简化。

1785年，库仑通过扭秤实验，总结出真空中两个静止的点电荷间相互作用的基本规律，称为真空中的库仑定律，简称**库仑定律**，可表述为：在真空中，两个静止的点电荷 q_1 和 q_2 之间的相互作用力的方向沿着它们的连线，作用力的大小与电荷的电荷量乘积成正比，与它们之间距离 r 的平方成反比，即

$$F = k\frac{q_1 q_2}{r^2} \tag{5-1}$$

式中，比例系数 k 由实验确定。这种静止电荷之间的相互作用力称为静电力，常称为库仑力。

库仑力的方向如图5-1所示，若以 $\boldsymbol{r}$ 表示 q_2 相对于 q_1 的位矢，其大小为 $|\boldsymbol{r}| = r$，方向从 q_1 指向 q_2，则电荷 q_2 受到 q_1 的作用力 $\boldsymbol{F}$，可用矢量形式的库仑定律来表示，即

$$\boldsymbol{F} = k\frac{q_1 q_2}{r^2}\left(\frac{\boldsymbol{r}}{r}\right) = k\frac{q_1 q_2}{r^2}\boldsymbol{e}_r \tag{5-2}$$

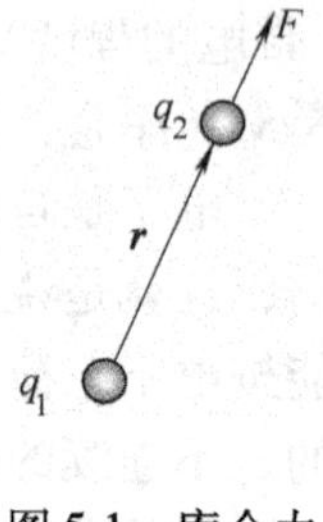

图5-1 库仑力

式中，$\boldsymbol{e}_r = \boldsymbol{r}/r$ 是沿 $\boldsymbol{r}$ 方向的单位矢量，它标志位矢的方向。式（5-2）中，若 q_1、q_2 是同种电荷，乘积 $q_1q_2>0$，$\boldsymbol{F}$ 沿 $\boldsymbol{e}_r$ 的方向，表示库仑力为斥力；若 q_1、q_2 是异种电荷，$q_1q_2<0$，$\boldsymbol{F}$ 沿 $\boldsymbol{e}_r$ 的反方向，表示库仑力为引力。

在国际单位制中，电荷量的单位是C（库），距离的单位是m（米），力的单位是N（牛），这时，库仑定律中的比例系数$k\neq1$，根据间接的实验推断，其值为

$$k=8.9875\times10^{9}(\mathrm{N}\cdot\mathrm{m}^{2})/\mathrm{C}^{2}$$

计算时，我们通常取近似值$k\approx9\times10^{9}(\mathrm{N}\cdot\mathrm{m}^{2})/\mathrm{C}^{2}$。

在电磁学中，我们引入一个新的常量ε_0来取代k

$$\varepsilon_0=\frac{1}{4\pi k}=8.8542\times10^{-12}\mathrm{C}^{2}/(\mathrm{N}\cdot\mathrm{m}^{2})$$

常量ε_0称为真空电容率或真空介电常数。这样，真空中库仑定律便可完整地表示成如下的常用形式，即

$$\boldsymbol{F}=\frac{1}{4\pi\varepsilon_0}\frac{q_1q_2}{r^2}\boldsymbol{e}_r \tag{5-3}$$

再一次强调，库仑定律只适合于两个点电荷的情况。

需要说明的是，虽然引入常量ε_0后库仑定律的形式变得复杂了，但是以后我们将会看到，在由此推导出的重要电磁学公式中，却不会出现4π因子，从而使公式形式变得简洁。

两个点电荷q_1与q_2之间的库仑力是一对作用力与反作用力，如果电荷q_2受到q_1的作用力是$\boldsymbol{F}$，则电荷q_1受到q_2的作用力是$-\boldsymbol{F}$。

库仑定律是直接从实验总结出来的规律，是静电场理论的基础。

【例题5-1】 在氢原子的玻尔模型中，电子在静电力的作用下以一定的半径绕质子转动。设电子圆周轨道半径为$r=5.3\times10^{-11}\mathrm{m}$。试比较它们之间的静电力和万有引力的大小。

解 电子和质子的电荷量和质量分别为：

电子： $q_{\mathrm{e}}=-e,\ m_{\mathrm{e}}=9.1\times10^{-31}\mathrm{kg}$

质子： $q_{\mathrm{p}}=e,\ m_{\mathrm{p}}=1.7\times10^{-27}\mathrm{kg}$

静电力

$$F_{\mathrm{e}}=\frac{e^2}{4\pi\varepsilon_0r^2}=\frac{9.0\times10^{9}\times(1.60\times10^{-19})^2}{(5.3\times10^{-11})^2}\mathrm{N}=8.2\times10^{-8}\mathrm{N}$$

万有引力

$$F_{\mathrm{g}}=\frac{Gm_{\mathrm{e}}m_{\mathrm{p}}}{r^2}=\frac{6.7\times10^{-11}\times9.1\times10^{-31}\times1.7\times10^{-27}}{(5.3\times10^{-11})^2}\mathrm{N}=3.7\times10^{-47}\mathrm{N}$$

它们大小的比值为

$$\frac{F_{\mathrm{e}}}{F_{\mathrm{g}}}=2.2\times10^{39}$$

由此可知，虽然库仑定律和万有引力定律都是平方反比规律，但在原子内部静电力比万有引力大得多，它们相差39个数量级！因此在考虑原子内部的相互作用时，万有引力完全可以忽略不计。

5.1.3 静电力叠加原理

静电力是矢量，满足矢量运算法则。当真空中有两个以上的点电荷时，作用在某一点电荷上的总静电力，等于其他各点电荷单独存在时对该点电荷所施静电力的矢量和。这是**静电力叠加原理**。

如图5-2所示，设$\boldsymbol{F}_1$、$\boldsymbol{F}_2$、$\boldsymbol{F}_3$、…、$\boldsymbol{F}_n$分别为点电荷q_1、q_2、q_3、…、q_n单独存在时对点电荷q作用的静电力，则电荷q所受静电力的合力$\boldsymbol{F}$（矢量和）为

$$\boldsymbol{F} = \sum_{i=1}^{n} \boldsymbol{F}_i = \sum_{i=1}^{n} \frac{1}{4\pi\varepsilon_0} \frac{qq_i}{r_i^2} \boldsymbol{e}_{ri} \tag{5-4}$$

式中，r_i为第i个点电荷q_i到受力电荷q的距离，$\boldsymbol{e}_{ri}$为第i个点电荷q_i指向q的单位矢量。

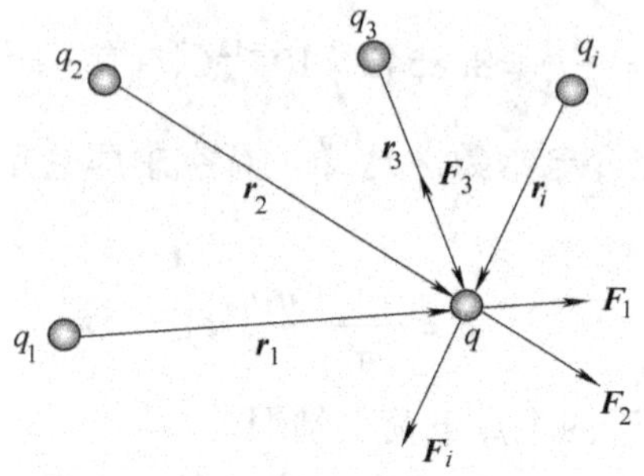

图5-2 静电力的叠加原理

5.2 电场和电场强度

5.2.1 电场

日常生活中的许多实际例子告诉我们，相互作用必须借助于物质来传递，并且相互作用的传递需要一定的时间，也就是说作用是以一定的速度传递的。两个带电体在真空中并未直接接触，那么它们之间的相互作用是如何实现的呢？

对于这个问题，在很长时间内，人们曾认为带电体之间的作用是一种“超距作用”。直到上世纪，人们才从电、磁现象的实践和电磁波的发现中逐渐形成了另一种观点，库仑力不是超距作用，电相互作用是通过场以有限速度传播的。也就是说，任何带电体的周围空间内都存在着一种特殊的物质，这种特殊物质叫做由该带电体所激发的**电场**；当另一个带电体处于该带电体所激发的电场之中时，它就要受到所在处的电场力作用。换句话说，电荷与电荷之间是通过电场这种特殊物质而相互作用的。

例如，两个电荷q_1、q_2间的相互作用，可以看作是q_1作为场源电荷在周围空间激发的电场对电荷q_2有力的作用；也可以看作是q_2作为场源电荷在周围空间激发的电场对电荷q_1有力的作用。电荷之间通过电场传递的的相互作用可以表示为

$$\text{电荷} \rightleftharpoons \text{电场} \rightleftharpoons \text{电荷}$$

电荷之间的相互作用是通过电场这种物质来传递，近代的科学实验充分肯定了场的观点，而且还证实了电场和一切由分子、原子组成的物质一样，也具有能量、动量和质量等重要特征。电场的物质性具体体现在：①给电场中的带电体施以力的作用；②当带电体在电场中移动时，电场力对带电体做功，这表明电场具有能量；③变化的电场以光速在空间传播，表明电场具有动量。电场的动量、质量、能量等特性，体现了它的物质性。但是要注意，电场是一种特殊的物质，它与我们平常所理解的由分子、原子等微粒所构成的物质，在表现的形态上是不相同的，电场与实物之间的显著不同在于电场具有可叠加性。

如果带电体相对于观察者所在的惯性参考系（例如地球等）是静止的，那么在这带电体周围存在的电场称为**静电场**。静止的带电体通过其周围所存在的静电场对其他带电体施加作用的库仑力就是静电力。

5.2.2 电场强度

为描述静止电荷 q 在空间产生的静电场，并研究电场中各点（简称场点）的性质，很自然的做法是根据此电场对其他电荷作用的电场力来定量地分析和描述。为此，可利用一个正电荷 q_0（称其为试验电荷）来检测该电场。对于试验电荷而言，其电量必须很小，以避免由于它的引入而对源电荷 q 的电场产生干扰；其次，其几何尺寸也必须很小，也就是说 q_0 应是点电荷，以便能细致地反映出电场中各点的性质。

如果在电场中某一个确定点上，先后放置一系列量值不同而电性相同的试验电荷，例如 q_0、$2q_0$、$3q_0$、…，实验指出，试验电荷受力的方向相同、而大小不同，相应地为 $\boldsymbol{F}$、$2\boldsymbol{F}$、$3\boldsymbol{F}$、…。显然，在同一点 P 上，有

$$\frac{\boldsymbol{F}}{q_0}=\frac{2\boldsymbol{F}}{2q_0}=\frac{3\boldsymbol{F}}{3q_0}=\cdots=\text{恒矢量}$$

这表明在电场中的某一个确定点上，若试验电荷的量值改变，它所受的力的大小也改变，但后者与前者之比这个矢量却是确定不变的，亦即其大小和方向是一定的。换句话说，在电场中某一确定点上，尽管我们可以引入量值不同的试验电荷，然而，试验电荷所受的力与其量值之比并不因之而变，它与试验电荷的量值无关。

实验还表明，对于电场中不同的点，一般来说矢量 $\boldsymbol{F}/q_0$ 的大小和方向是不同的，但各点分别都有其确定的大小和方向。

由此可见，$\boldsymbol{F}/q_0$ 只与激发电场的场源电荷和电场中各点的位置有关，而与试验电荷 q_0 无关。于是我们可在电场中的每一点上，把所测出的作用于该处试验电荷上的力 $\boldsymbol{F}$ 与 q_0 之比 $\boldsymbol{F}/q_0$，作为描述静电场性质的一个物理量，称为**电场强度**，用 $\boldsymbol{E}$ 表示

$$\boldsymbol{E}=\frac{\boldsymbol{F}}{q_0} \tag{5-5}$$

从上述电场强度的定义式可知，电场中某点的电场强度是一个矢量，其大小等于位于该点的单位正电荷所受的力的大小，也就是说，某一点的电场强度矢量其大小等于单位正电荷在该点所受电场力的大小；其方向与正电荷在该点所受电场力的方向一致，而与负电荷在该点所受电场力的方向相反。

在国际单位制中，电场强度的单位为 N/C（牛顿/库仑）或 V/m（伏/米）。以后可以看到，这两种单位是等同的，在电工学中常常使用后者。

必须指出，电场的存在与否是客观的，与是否引入试验电荷无关。引入试验电荷只是为了检验电场的存在和讨论电场的性质而已。

如图 5-3 所示的点电荷 q，根据式（5-3）和式（5-5），可得点电荷 q 在任意 P 点处的电场强度

$$\boldsymbol{E}=\frac{\boldsymbol{F}}{q_0}=\frac{\frac{1}{4\pi\varepsilon_0}\frac{qq_0}{r^2}\boldsymbol{e}_r}{q_0}=\frac{1}{4\pi\varepsilon_0}\frac{q}{r^2}\boldsymbol{e}_r \tag{5-6}$$

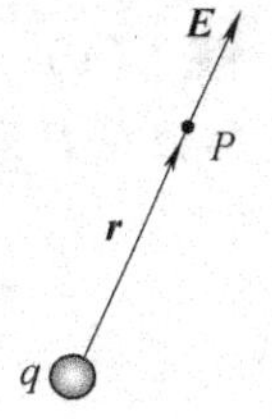

图 5-3 点电荷电场

由此可以看出，如果以点电荷 q 为球心，在到 q 距离 r 相等的球面上所有点的电场强度大小 $\frac{1}{4\pi\varepsilon_0}\frac{q}{r^2}$都相等，即点电荷的电场具有球对称性。当 q 为正电荷即 $q>0$ 时，$\boldsymbol{E}$ 的方向与 $\boldsymbol{r}$ 的方向相同；当 q 为负电荷即 $q<0$ 时，$\boldsymbol{E}$ 的方向与 $\boldsymbol{r}$ 的方向相反。

5.2.3　电场强度叠加原理

在点电荷 q_1、q_2、q_3、…、q_n 共同激发的电场中某场点，放置一个试验电荷 q_0。根据静电力叠加原理，试验电荷所受的力 $\boldsymbol{F}$，等于各个点电荷 q_1、q_2、q_3、…、q_n 单独存在时产生的电场施于试验电荷的力 $\boldsymbol{F}_1$、$\boldsymbol{F}_2$、$\boldsymbol{F}_3$、…、$\boldsymbol{F}_n$ 的矢量和，即

$$\boldsymbol{F}=\boldsymbol{F}_1+\boldsymbol{F}_2+\cdots+\boldsymbol{F}_n$$

用 q_0 除上式两边，并根据电场强度的定义，得到

$$\boldsymbol{E}=\boldsymbol{E}_1+\boldsymbol{E}_2+\cdots+\boldsymbol{E}_n=\sum_{i=1}^{n}\boldsymbol{E}_i \tag{5-7}$$

式中，$\boldsymbol{E}$ 代表这些点电荷同时存在时该点的总电场强度；而等号右边的各项分别是各点电荷（场源电荷）在同一点的电场强度，即电场中任何一点的总电场强度等于各个点电荷在该点各自产生的电场强度的矢量和。这就是**电场强度叠加原理**。电场强度叠加原理是电场的基本性质之一。

5.2.4　电场强度的计算

一般的带电系统可以由任意个点电荷或带电体组成，利用点电荷的电场强度公式（5-6）和电场强度叠加原理，我们可以计算一般电荷系的电场强度。

1. 点电荷系电场的电场强度

如图5-4所示，设点电荷系中各点电荷 q_1、q_2、q_3、…指向空间任意点 P 的位置矢量分别为 $\boldsymbol{r}_1$、$\boldsymbol{r}_2$、$\boldsymbol{r}_3$、…，则根据电场强度叠加原理和点电荷的电场强度，得到 P 点处的电场强度

$$\boldsymbol{E}=\sum_{i=1}^{n}\boldsymbol{E}_i=\sum_{i=1}^{n}\frac{1}{4\pi\varepsilon_0}\frac{q_i}{r_i^2}\boldsymbol{e}_{ri} \tag{5-8}$$

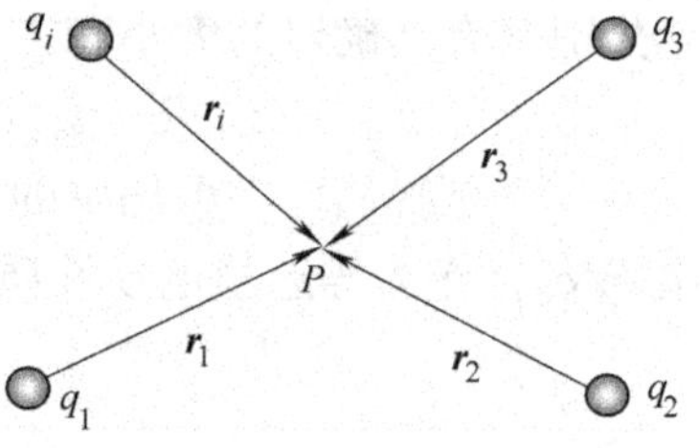

图5-4　点电荷系的电场

【例题5-2】　两个点电荷带等量异号电荷 $+q$、$-q$，相距为 l。如果场点到这两个电荷的距离远大于 l，那么我们把这个带电体系称为**电偶极子**。用 $\boldsymbol{l}$ 表示从 $-q$ 到 $+q$ 的矢量线段，定义矢量 $\boldsymbol{p}=q\boldsymbol{l}$，$\boldsymbol{p}$ 称为**电偶极矩**。试求：(1) 电偶极子中垂线上距中心较远处一点的电场强度；(2) 电偶极子延长线上距中心较远处一点的电场强度。

解　(1) 电偶极子中垂线上距中心较远处一点 P 的电场强度如图5-5a所示。先求 $+q$、$-q$ 单独在 P 点处产生的电场强度

$$\boldsymbol{E}_+=\frac{q\boldsymbol{r}_+}{4\pi\varepsilon_0 r_+^3}$$

$$\boldsymbol{E}_-=\frac{-q\boldsymbol{r}_-}{4\pi\varepsilon_0 r_-^3}$$

$\boldsymbol{P}$ 点处合电场强度为

$$\boldsymbol{E}=\boldsymbol{E}_{+}+\boldsymbol{E}_{-}=\frac{q\boldsymbol{r}_{+}}{4\pi\varepsilon_0 r_{+}^3}+\frac{-q\boldsymbol{r}_{-}}{4\pi\varepsilon_0 r_{-}^3}$$

因 $r>>l$，有 $|\boldsymbol{r}_{+}|=|\boldsymbol{r}_{-}|\approx|\boldsymbol{r}|$，另外有矢量关系 $\boldsymbol{r}_{+}-\boldsymbol{r}_{-}=-\boldsymbol{l}$，所以

$$\boldsymbol{E}\approx\frac{q}{4\pi\varepsilon_0 r^3}(\boldsymbol{r}_{+}-\boldsymbol{r}_{-})=\frac{-q\boldsymbol{l}}{4\pi\varepsilon_0 r^3}=\frac{-\boldsymbol{p}}{4\pi\varepsilon_0 r^3}$$

上式表明：电偶极子中垂线上距离中心较远处一点的电场强度，与电偶极子的电偶极矩成正比，与该点离电偶极子中心的距离的三次方成反比，方向与电偶极矩方向相反。

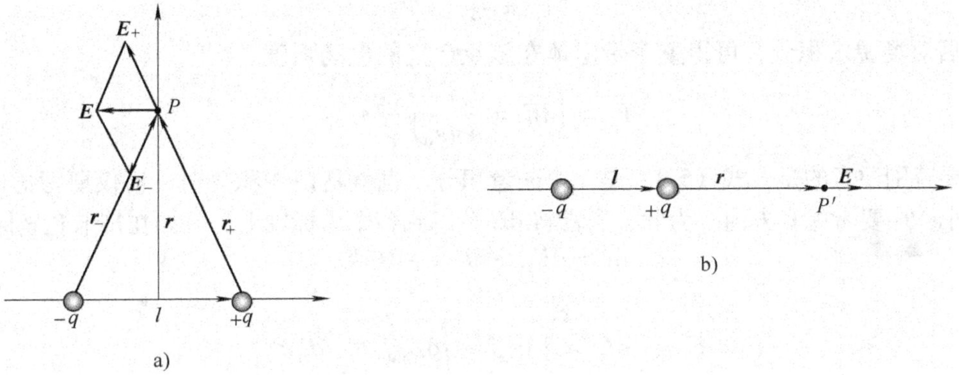

图 5-5

(2) 电偶极子延长线上距中心较远处一点 P'的电场强度如图 5-5b 所示。图中 $\boldsymbol{r}$ 是从电偶极子中心到场点 P'的矢量，用 $\boldsymbol{i}$ 表示水平向右的单位矢量，则在 P'点处的合电场强度等于 $+q$、$-q$ 单独在 P'点处产生的电场强度的矢量和

$$\boldsymbol{E}=\boldsymbol{E}_{+}+\boldsymbol{E}_{-}=\left(\frac{q}{4\pi\varepsilon_0(r-l/2)^2}-\frac{q}{4\pi\varepsilon_0(r+l/2)^2}\right)\boldsymbol{i}$$

因 $r>>l$，有 $\left(r^2-\frac{l^2}{4}\right)^2\approx r^4$，所以可由上式近似求出

$$\boldsymbol{E}=\frac{2\boldsymbol{p}}{4\pi\varepsilon_0 r^3}$$

上式表明：电偶极子延长线上一点的电场强度与电偶极子电偶极矩成正比，与该点离电偶极子中心的距离的三次方成反比，方向与电偶极矩方向相同。

2. 任意带电体（连续带电体）电场中的电场强度

对于一些电荷连续分布的带电体，如一维线分布的带电细杆、带电圆环，二维面分布的带电平板、带电球壳，以及三维体分布的带电球、带电圆柱体等，显然不能直接利用电场强度叠加原理式（5-7）计算它们在空间产生的电场强度。

处理连续带电体问题的一般方法是：虽然不能把整个带电体看成是点电荷来处理，但是任意带电体都可以分成很多电荷元 $\mathrm{d}q$，并可以把它们看作是点电荷，整个带电体产生的电场强度，就可以看作是这些电荷元产生的电场强度的叠加。由于 $\mathrm{d}q$ 是与线元 $\mathrm{d}l$、面元 $\mathrm{d}S$ 或者体积元 $\mathrm{d}V$ 相应的点电荷，因此求电场强度的叠加就需要用积分替代求和。具体方法是：

先取一个电荷元 $\mathrm{d}q$，并当作点电荷，根据连续带电体是一维、二维或者是三维的情况，$\mathrm{d}q$ 可表示为

$$\mathrm{d}q=\lambda\mathrm{d}l \quad 线分布$$
$$\mathrm{d}q=\sigma\mathrm{d}S \quad 面分布$$
$$\mathrm{d}q=\rho\mathrm{d}V \quad 体分布$$

式中，λ 是电荷的线密度；σ 是电荷的面密度；ρ 是电荷的体密度。

再利用点电荷电场强度的公式写出 $\mathrm{d}q$ 在任意场点 P 的电场强度

$$\mathrm{d}\boldsymbol{E}=\frac{1}{4\pi\varepsilon_0}\frac{\mathrm{d}q}{r^2}\boldsymbol{e}_r$$

最后对场源求积分，可得整个带电体在该点产生的电场强度

$$\boldsymbol{E}=\int\mathrm{d}\boldsymbol{E}=\frac{1}{4\pi\varepsilon_0}\int\frac{\mathrm{d}q}{r^2}\boldsymbol{e}_r \tag{5-9}$$

需要特别注意的是，式（5-9）是一个矢量积分，也就是说在积分时，不仅要考虑电场强度的大小，还要考虑其方向。为此，通常将 $\mathrm{d}\boldsymbol{E}$ 分解到各个坐标轴上，例如在笛卡儿坐标系中

$$\mathrm{d}\boldsymbol{E}=\mathrm{d}E_x\boldsymbol{i}+\mathrm{d}E_y\boldsymbol{j}+\mathrm{d}E_z\boldsymbol{k}$$

因此

$$\boldsymbol{E}=\int\mathrm{d}\boldsymbol{E}=\int\mathrm{d}E_x\boldsymbol{i}+\int\mathrm{d}E_y\boldsymbol{j}+\int\mathrm{d}E_z\boldsymbol{k}$$

式中，$\boldsymbol{i}$、$\boldsymbol{j}$、$\boldsymbol{k}$ 分别表示 x、y、z 轴正方向的单位矢量；$\mathrm{d}E_x$、$\mathrm{d}E_y$、$\mathrm{d}E_z$ 分别表示 $\mathrm{d}\boldsymbol{E}$ 在 x、y、z 轴上的分量。

下面通过几个典型例题学习上述计算连续带电体电场强度的方法。

【例题5-3】 求均匀带电细杆的中垂面上任一点（杆外）的电场强度，设细杆的长度为 L，细杆的电荷线密度为 λ。

解 如图5-6所示，求细杆的中垂面上任一点 P 处的电场强度，P 点到细杆的距离为 r。为了求 P 点的电场强度，首先把沿细杆上连续分布的场源电荷分割成无限多个电荷元，求出每一电荷元在 P 点的电场强度，然后根据电场强度叠加原理，用积分法求 P 点的总电场强度。

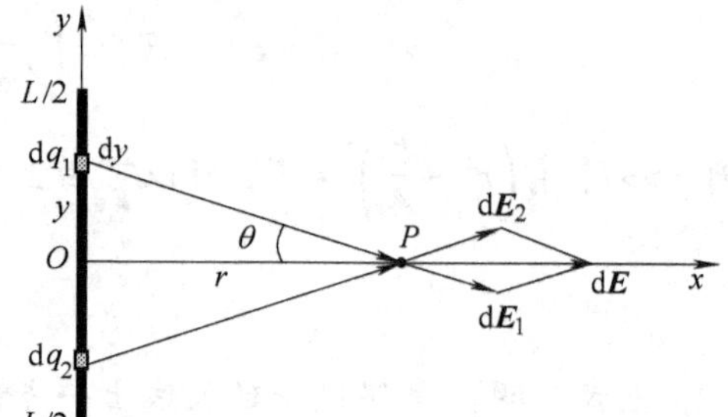

图 5-6

本题中的带电细杆关于其中垂面上下对称，设 $\mathrm{d}q_1$ 和 $\mathrm{d}q_2$ 是细杆上与中垂面对称的两个电荷量相等的电荷元，$\mathrm{d}\boldsymbol{E}_1$ 和 $\mathrm{d}\boldsymbol{E}_2$ 分别为 $\mathrm{d}q_1$ 和 $\mathrm{d}q_2$ 在 P 点处产生的电场强度。显然 $\mathrm{d}\boldsymbol{E}_1$ 和 $\mathrm{d}\boldsymbol{E}_2$ 对连线 OP 完全对称，因此它们的矢量和即合电场强度 $\mathrm{d}\boldsymbol{E}$ 的方向沿着连线 OP。将整个带电细杆上的每一对上下对称的电荷元在点 P 的电场强度叠加，所得的总电场强度 $\boldsymbol{E}$ 的方向也必定沿着连线 OP，即沿着与细杆垂直的方向。

建立坐标系如下：OP 为 x 轴，y 轴沿带电细棒。选电荷元 $\mathrm{d}q_1=\lambda\mathrm{d}y$，$\mathrm{d}q_1$ 在 P 点产生的电场强度大小为

$$\mathrm{d}E_1=\frac{1}{4\pi\varepsilon_0}\frac{\lambda\mathrm{d}y}{r^2+y^2}$$

dq_1 和 dq_2 在 P 点处产生的合电场强度 d$\boldsymbol{E}$ 沿 x 轴方向，其大小为

$$dE = 2dE_1\cos\theta = \frac{1}{2\pi\varepsilon_0}\frac{\lambda dy}{r^2+y^2}\frac{r}{\sqrt{r^2+y^2}}$$

注意，上式中 r 是常量。对上式积分，得到

$$E = \int dE = \int_0^{L/2}\frac{1}{2\pi\varepsilon_0}\frac{\lambda dy}{r^2+y^2}\frac{r}{\sqrt{r^2+y^2}}$$

$$= \frac{\lambda}{4\pi\varepsilon_0 r}\frac{L}{\sqrt{r^2+\left(\frac{L}{2}\right)^2}}$$

这样得到均匀带电细杆的中垂面上任一点处的电场强度

$$\boldsymbol{E} = \frac{\lambda}{4\pi\varepsilon_0 r}\frac{L}{\sqrt{r^2+\left(\frac{L}{2}\right)^2}}\boldsymbol{i}$$

从上述结果可以看出：如果 $L >> r$，则近似有 $\boldsymbol{E} = \frac{\lambda}{2\pi\varepsilon_0 r}\boldsymbol{i}$，电场强度大小 $E = \frac{\lambda}{2\pi\varepsilon_0 r}$。这种情况可以将均匀带电细杆视为无限长。当然实际的物体都是有限大小的，无限长细棒不过是一种数学上的抽象。以后我们会经常遇到“无限大平面”、“无限长的直导线”、“无限长螺线管”等术语，它们都是在类似于上述的相对意义上抽象出来的。

在细杆为无限长的情况下，棒上任一点都可当作中点，任何垂直于细棒的平面都可看成是中垂面。这样，对无限长均匀带电细棒来说，在垂直于它的任一平面上，其电场强度分布情况都是相同的，具有这种特点的电场是轴对称的。

【例题 5-4】 求半径为 R 的均匀带电圆环轴线上任一点的电场强度，圆环上电荷线密度为 λ。

解 如图 5-7 所示，在圆环上取一个微元 dl，dl 带的电荷量 $dq = \lambda dl$，由点电荷电场强度公式，dq 在圆环轴线上任一点 P 产生的电场强度大小为

$$dE = \frac{1}{4\pi\varepsilon_0}\frac{\lambda dl}{R^2+x^2}$$

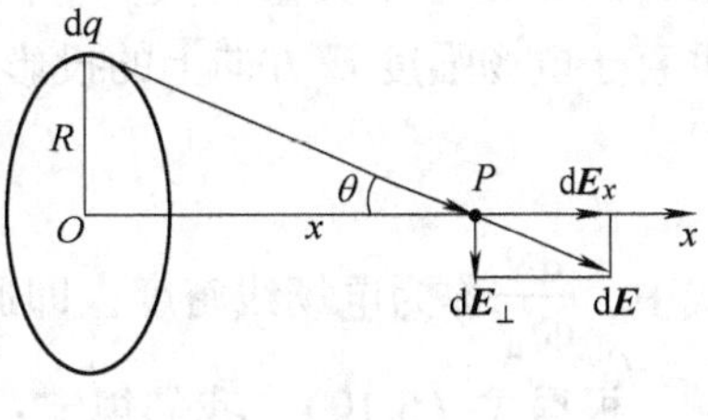

图 5-7

注意，上式中 x 是常量。d$\boldsymbol{E}$ 在 x 方向的分量

$$dE_x = dE\cos\theta = \frac{1}{4\pi\varepsilon_0}\frac{\lambda dl}{R^2+x^2}\frac{x}{\sqrt{R^2+x^2}}$$

由圆环的对称性可知，d$\boldsymbol{E}$ 在垂直于 x 方向的各个分量相互抵消等于零

$$\int dE_{\perp} = 0$$

因此

$$E = \int dE_x = \frac{1}{4\pi\varepsilon_0}\frac{qx}{(x^2+R^2)^{3/2}}$$

所以轴线上各点的电场强度都是沿 x 轴方向，即 $\boldsymbol{E} = E\boldsymbol{i}$。

可以看出：当 $x>>R$ 时，$E=\frac{1}{4\pi\varepsilon_0}\frac{q}{x^2}$，与点电荷的电场强度相同，即在求远离环心处的电场强度时，可以将环上电荷看成全部集中在环心处的一个点电荷，并用点电荷的电场强度公式来求。而当 $x=0$ 时，即在圆心处，$E=0$。

从上面两个例题可以看到，利用电场强度叠加原理求各点的电场强度时，由于电场强度是矢量，具体运算中需将矢量的叠加转化为各分量（标量）的叠加；并且在计算时，关于电场强度的对称性的分析也是很重要的，在某些情形下，它往往能使我们立即看出矢量的某些分量相互抵消而等于零，使计算大为简化。

5.3 高斯定理

5.3.1 电场线

静电场是矢量场，静电场中各点的电场强度，不仅方向可以不同，而且大小一般是空间坐标的矢量函数。为了使电场的分布形象化，表达某一点电场强度的方向和大小可以采用电场线（$\boldsymbol{E}$ 线）的概念。

首先，规定电场线上任意一点 P 的切线给出该点电场强度 $\boldsymbol{E}$ 的方向，电场线上的箭头表示线上各点切线应取的正方向，如图 5-8 所示。利用电场线，可确定它所通过的每一点的电场强度的方向，因而也就可以表示出放在该点上的正电荷所受电场力的方向。但要注意，一般情况下，电场线并非是正电荷受电场力作用而运动的轨道。因为电荷运动方向（即速度方向）不一定沿力的方向。

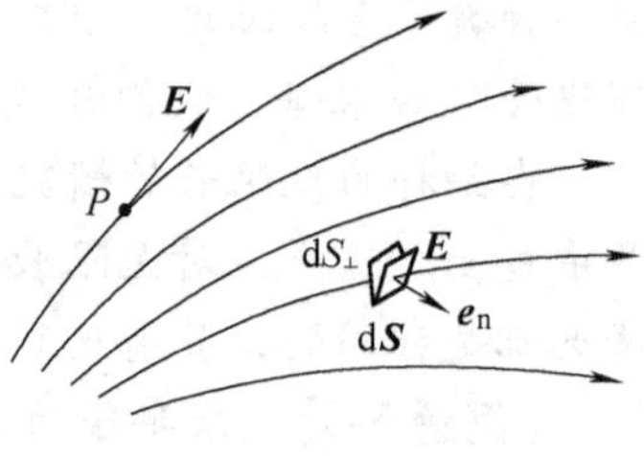

图 5-8 电场线

其次，为了使电场线同时还能够表示出电场强度的大小，如图 5-8 所示，我们在电场中任一点，作一个面积元 $d\boldsymbol{S}=dS\boldsymbol{e}_n$，$d\boldsymbol{S}$ 是一个矢量，其大小等于面积 dS，其方向是面元的法向 $\boldsymbol{e}_n$。$dS_\perp$ 是面元 $d\boldsymbol{S}$ 在垂直于电场强度 $\boldsymbol{E}$ 方向上的投影。使通过面积元 $dS_\perp$ 的电场线条数 dN 满足以下的关系

$$\frac{dN}{dS_\perp}=E \tag{5-10}$$

式中，$\frac{dN}{dS_\perp}$称为电场线密度，即通过垂直于电场方向单位面积的电场线条数。

根据式（5-10），我们规定：在电场中任一点处的电场线密度在数值上等于该点处电场强度的大小。这样，用电场线密度来表示电场强度的大小时，电场线密度大的区域，电场线密集，表示该处的电场强度较强；电场线密度小的区域，电场线较疏稀，表示该处的电场强度较弱。图 5-9 是一些典型电场的电场线图。

电场线是假想的，不是真实的。电场线具有以下性质：（1）电场线起于正电荷（或来自无穷远处），止于负电荷（或伸向无穷远），它们不会在没有电荷的地方中断，电场线不闭合；（2）电场线的疏密表示电场的强弱；（3）电场线不能相交。因为在电场中的任一点处只有一个电场强度，方向唯一，如相交则该处出现两个电场强度方向，所以不能相交。

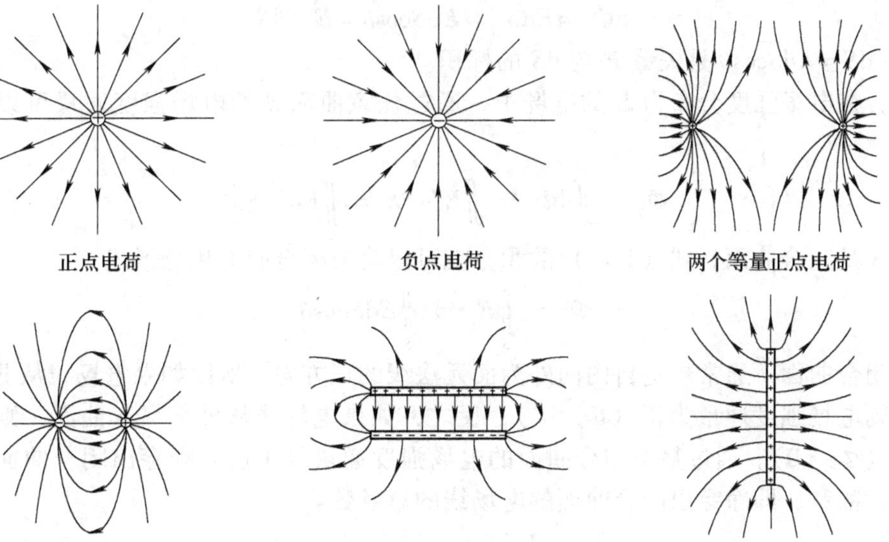

正点电荷　负点电荷　两个等量正点电荷

一对等量异号点电荷　正负等量带电平行平板　带正电荷的平板

图 5-9　几种典型带电体周围的电场线

5.3.2　电场强度通量

我们把穿过电场中任一个给定面积的电场线条数称为**电场强度通量**或 ***E* 通量**，用 $\boldsymbol{\Phi}_e$ 表示。

如果在电场强度为 $\boldsymbol{E}$ 的匀强电场中，面积为 S 的平面与电场强度 $\boldsymbol{E}$ 相垂直，如图 5-10a 所示。由于电场强度在数值上等于通过垂直于电场方向单位面积的电场线条数，那么根据式（5-10），穿过 S 面的电场线条数即电场强度通量为

$$\boldsymbol{\Phi}_e = ES$$

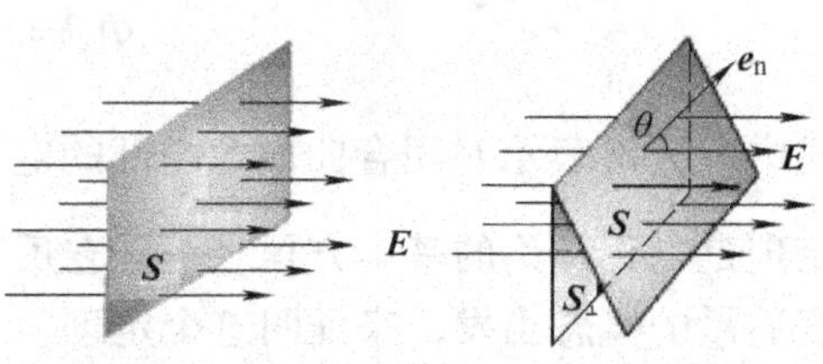

a)　b)

图 5-10　匀强电场通过平面的电场强度通量

a）是（b）在 $\theta=0$ 时的特例　b）是一般情况

如果在电场强度为 $\boldsymbol{E}$ 的匀强电场中，面积为 S 的平面与电场强度 $\boldsymbol{E}$ 不垂直，其法线 $\boldsymbol{e}_n$ 与电场强度 $\boldsymbol{E}$ 成 θ 角，如图 5-10b 所示，那么通过倾斜面积 S 的电场强度通量，应等于通过面积 S 在垂直于 $\boldsymbol{E}$ 的方向上的投影面 $S_\perp$ 的电场强度通量，即

$$\boldsymbol{\Phi}_e = ES_\perp = ES\cos\theta$$

如果在非匀强电场中有一面积为 S 的任意曲面，如图 5-11a 所示，那么，为了求得穿过曲面 S 的电场强度通量，我们可以把曲面 S 划分成许多小面元 $\mathrm{d}S$，$\mathrm{d}S$ 足够小，以致可以把它看为平面，并且在 $\mathrm{d}S$ 范围内电场强度 $\boldsymbol{E}$ 的大小和方向可认为处处相同，如图 5-11b 所示。这样，穿过面元 $\mathrm{d}S$ 的电场强度通量可以表示为

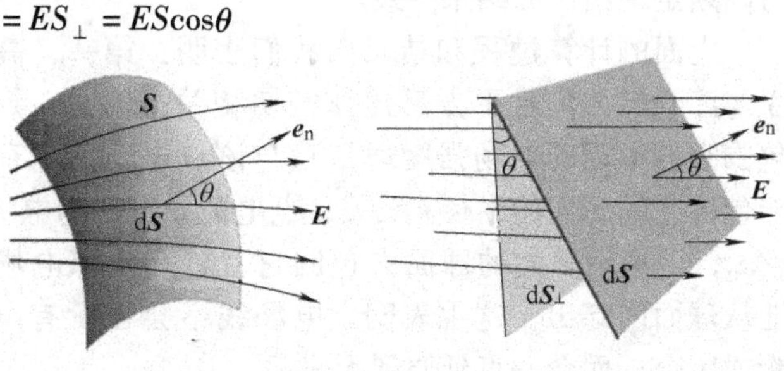

a)　b)

图 5-11　曲面上的电场强度通量

$$\mathrm{d}\varPhi_{\mathrm{e}} = E\mathrm{d}S_{\perp} = E\mathrm{d}S\cos\theta = \boldsymbol{E}\cdot\mathrm{d}\boldsymbol{S}$$

式中，$\boldsymbol{E}\cdot\mathrm{d}\boldsymbol{S}=E\mathrm{d}S\cos\theta$ 是矢量 $\boldsymbol{E}$ 与 $\mathrm{d}\boldsymbol{S}$ 的标积。

这样，在电场强度分布为 $\boldsymbol{E}$ 的电场中，通过任意曲面 S 的电场强度通量可以通过积分得到

$$\varPhi_{\mathrm{e}} = \iint \mathrm{d}\varPhi_{\mathrm{e}} = \iint_S \boldsymbol{E}\cdot\mathrm{d}\boldsymbol{S} = \iint_S E\mathrm{d}S\cos\theta \tag{5-11}$$

如果曲面 S 是闭合曲面，式（5-11）的积分就可以写成闭合曲面积分形式

$$\varPhi_{\mathrm{e}} = \oint\!\!\oint_S \boldsymbol{E}\cdot\mathrm{d}\boldsymbol{S}\oint\!\!\oint_S E\mathrm{d}S\cos\theta \tag{5-12}$$

对于闭合曲面，通常规定自内向外为面元法线的正方向。所以如果电场线从曲面之内向外穿出，则电场强度通量为正（$\varPhi_{\mathrm{e}}>0$）；反之，如果电场线从外部穿入曲面，则电场强度通量为负（$\varPhi_{\mathrm{e}}<0$）。通过整个闭合曲面的电场强度通量等于进入和穿出闭合曲面的电场强度通量的代数和，即净穿出闭合曲面的电场线的总条数。

5.3.3 高斯定理

德国数学家和物理学家高斯曾从理论上证明，静电场中任一闭合曲面上所通过的电场强度通量与这一闭合曲面内所包围的电荷量间存在着确定的量值关系，这一关系被称为**高斯定理**：静电场中通过任何一闭合曲面 S 的电场强度通量，等于该闭合曲面所包围的电荷量除以 ε_0，而与 S 以外的电荷无关，即

$$\varPhi_{\mathrm{e}} = \oint\!\!\oint_S \boldsymbol{E}\cdot\mathrm{d}\boldsymbol{S} = \frac{1}{\varepsilon_0}\sum_i q_i \tag{5-13}$$

式中，$\sum\limits_i q_i$ 表示对闭合曲面 S 内部的电荷量求代数和。该闭合曲面 S 通常称为高斯面。高斯定理是电磁理论的基本方程之一，它反映了电场强度与电荷之间的普遍关系。下面从电场强度通量的概念出发，来证明这个定理。

首先考虑一个点电荷 q 被半径为 r 的球面 S 所包围，并且 q 处于球心。显然，在这样的球面上任意一点，电场强度 $\boldsymbol{E}$ 和该点处面元 $\mathrm{d}\boldsymbol{S}$ 的方向一致，都沿着半径向外，且 $\boldsymbol{E}$ 的大小 E 在整个球面上处处相等。通过整个球面的电场强度通量应为

$$\varPhi_{\mathrm{e}} = \oint\!\!\oint_S \boldsymbol{E}\cdot\mathrm{d}\boldsymbol{S} = \oint\!\!\oint_S E\mathrm{d}S\cos 0 = \oint\!\!\oint_S \frac{q}{4\pi\varepsilon_0 r^2}\mathrm{d}S = \frac{q}{4\pi\varepsilon_0 r^2}\oint\!\!\oint_S \mathrm{d}S = \frac{q}{\varepsilon_0}$$

与高斯定理给出的结果一致。

上面的计算过程和结果向我们表明：第一，高斯定理的成立与库仑定律满足平方反比律密切相关；第二，点电荷 q 对于包围它的球面的电场强度通量只与该点电荷的电荷量有关，而与包围它的球面的半径 r 无关，点电荷 q 发出的电场线总条数是 q/ε_0，无论用多大的球面去包围它，总有全部电场线无一遗漏地从球面内穿出。这也表明，电场线不会在没有电荷的地方中断或闭合，而会一直延伸到无限远。

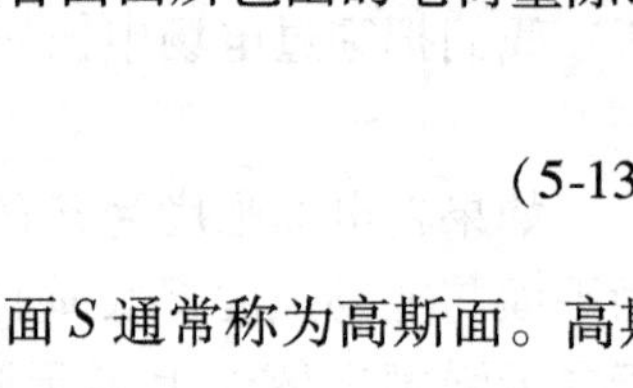

图 5-12 曲面内点电荷的电场强度通量

如果包围点电荷 q 的是一个任意闭合曲面 S，如图 5-12 所示，这时我们以 q 所在点为中心，作球面 S_1，并使 S_1 处于闭合

曲面 S 的外部。根据电场线的连续性，穿过球面 S_1 的电场线，必定也穿过闭合曲面 S。所以穿过任意闭合曲面 S 的电场线条数即电场强度通量必然为 q/ε_0，即

$$\Phi_e = \oint_S \boldsymbol{E} \cdot \mathrm{d}\boldsymbol{S} = \frac{q}{\varepsilon_0}$$

可见，对于包围着一个点电荷的任意闭合曲面，高斯定理是成立的。

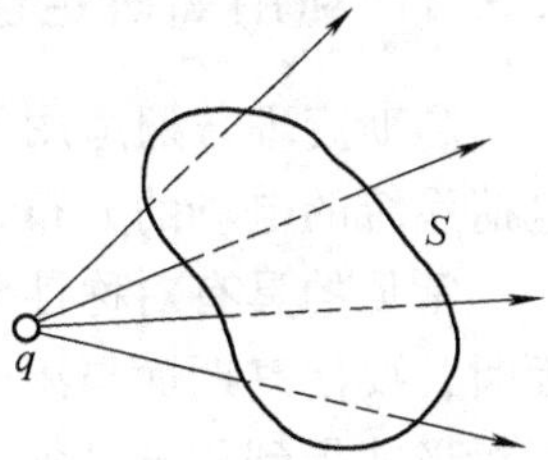

图 5-13　曲面外点电荷的电场强度通量

如果任意闭合曲面 S 不包围电荷，即点电荷 q 处于 S 之外，如图 5-13 所示，在前面的讨论中已经得出结论，电场线不在没有电荷的地方中断，而是一直延伸到无限远。所以由 q 发出的电场线，凡是穿入 S 面的，必定又从 S 面穿出。于是穿过 S 面的电场线净条数必定等于零，即曲面 S 的电场强度通量必定等于零，这也与高斯定理的结论一致，同时说明了高斯面外面的电荷对该面的电场强度通量没有贡献。

上述结论可以推广到点电荷系的电场。设任意闭合曲面 S 包围 n 个点电荷 q_1、q_2、q_3、…、q_n，在曲面 S 外还有 k 个电荷 q_{n+1}、q_{n+2}、q_{n+3}、…、q_{n+k}。根据电场强度叠加原理，在曲面 S 上某点的电场强度

$$\boldsymbol{E} = \boldsymbol{E}_1 + \boldsymbol{E}_2 + \cdots + \boldsymbol{E}_n + \boldsymbol{E}_{n+1} + \boldsymbol{E}_{n+2} + \cdots + \boldsymbol{E}_{n+k}$$

其中 $\boldsymbol{E}_1$、$\boldsymbol{E}_2$、…、$\boldsymbol{E}_{n+k}$是各个相应的点电荷单独存在时在曲面 S 上该点产生的电场强度。根据前面的证明，闭合曲面 S 外的 k 个电荷对 S 面的电场强度通量无贡献，S 面的电场强度通量只决定于其内部的 n 个电荷，于是通过闭合曲面 S 的电场强度通量为

$$\begin{aligned}
\Phi_e &= \oint_S \boldsymbol{E} \cdot \mathrm{d}\boldsymbol{S} \\
&= \oint_S (\boldsymbol{E}_1 + \boldsymbol{E}_2 + \cdots + \boldsymbol{E}_n + \boldsymbol{E}_{n+1} + \boldsymbol{E}_{n+2} + \cdots + \boldsymbol{E}_{n+k}) \cdot \mathrm{d}\boldsymbol{S} \\
&= \left(\oint_S \boldsymbol{E}_1 \cdot \mathrm{d}\boldsymbol{S} + \oint_S \boldsymbol{E}_2 \cdot \mathrm{d}\boldsymbol{S} + \cdots + \oint_S \boldsymbol{E}_n \cdot \mathrm{d}\boldsymbol{S}\right) + \left(\oint_S \boldsymbol{E}_{n+1} \cdot \mathrm{d}\boldsymbol{S} + \oint_S \boldsymbol{E}_{n+2} \cdot \mathrm{d}\boldsymbol{S} + \cdots + \oint_S \boldsymbol{E}_{n+k} \cdot \mathrm{d}\boldsymbol{S}\right) \\
&= \left(\frac{q_1}{\varepsilon_0} + \frac{q_2}{\varepsilon_0} + \cdots + \frac{q_n}{\varepsilon_0}\right) + (0 + 0 + \cdots + 0) \\
&= \frac{1}{\varepsilon_0} \sum_i q_i
\end{aligned}$$

这样就证明了高斯定理式（5-13）。

如果任意闭合曲面 S 包围了一个任意的带电体，这时，可以把带电体划分成很多很小的点电荷 $\mathrm{d}q$，不过这时式（5-13）右边的求和要改为积分，高斯定理可表示为

$$\Phi_e = \oint_S \boldsymbol{E} \cdot \mathrm{d}\boldsymbol{S} = \frac{1}{\varepsilon_0} \int \mathrm{d}q \tag{5-14}$$

需要指出的是，在高斯定理的表达式（5-13）中，等号右端的是包围在高斯面内的电荷量的代数和，而左端的 $\boldsymbol{E}$ 却是空间（包括高斯面内和高斯面外）所有电荷在高斯面上产生的合电场强度。这就是说，高斯面以外的电荷虽然对高斯面的电场强度通量无贡献，但是对高斯面上的电场强度有贡献。由此可以断定，高斯面内若无电荷，高斯面上的电场强度不一定为零；而若高斯面上的电场强度处处为零，高斯面内必定不包围净电荷。

5.3.4　利用高斯定理求电场强度

高斯定理普遍适用于任何静电场，当电荷分布具有某种对称性时，可用高斯定律求出该电荷系统的电场的分布，这比用库仑定律简便。求解的关键是选取适当的高斯面。

常见的具有对称性分布的源电荷有球对称分布、柱对称分布、平面对称分布。选取高斯面时，要使高斯面与源电荷具有相同的对称性，使式（5-13）积分号中的电场强度 $\boldsymbol{E}$ 能以标量形式提到积分号外，即可求出电场强度。下面通过几个例题来说明。

【例题 5-5】 均匀带电球面半径为 R，带电荷量为 Q。求球面内、外的电场强度。

解　应用高斯定理求电场强度时，首先要分析电场分布的对称性。如图 5-14 所示，我们来考虑带电球面外、与球心 O 相距 r 的任一场点 P，点 P 和球心 O 的连线 OP 沿半径方向。由于电荷均匀分布在球面上，故对球面上任一电荷元 $\mathrm{d}q_1$，总可在球面上找到等电荷量的另一电荷元 $\mathrm{d}q_2$，两者对连线 OP 完全对称，故它们在 P 点产生的电场强度 $\mathrm{d}\boldsymbol{E}_1$ 和 $\mathrm{d}\boldsymbol{E}_2$ 对称于连线 OP，显然，它们的矢量和即合电场强度 $\mathrm{d}\boldsymbol{E}$ 的方向沿着连线 OP。将整个带电球面上的每一对对称电荷元在点 P 的电场强度叠加，所得的总电场强度 $\boldsymbol{E}$ 的方向也必定沿着连线 OP，即沿半径方向。

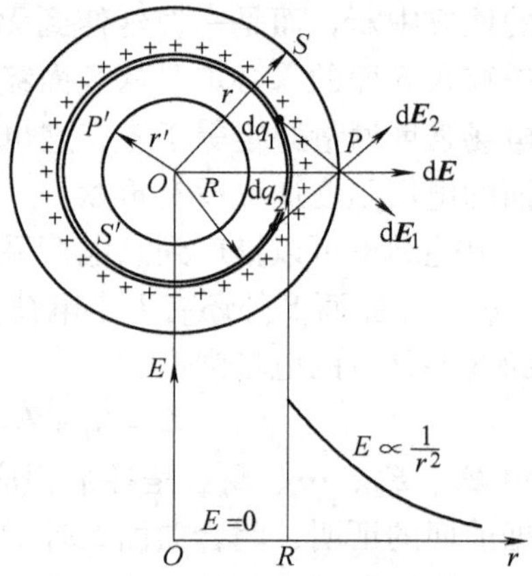

图　5-14

同理，分析通过点 P 并与带电球面同心的球面上各点的电场强度，其方向各自沿所在点的半径向外，即整个电场的电场线呈辐射状，其大小都和点 P 的相同。如果场点 P 在带电球面内，也可进行类似分析。所以，均匀带电球面的电场分布是球对称的。

既然电场是球对称的，我们就取通过点 P 的同心球面作为高斯面 S，面上各点的电场强度 $\boldsymbol{E}$ 的大小处处都和点 P 的电场强度相同，$\boldsymbol{E}$ 的方向各沿其半径而指向球外，与球面上所在点的外法线即面元 $\mathrm{d}\boldsymbol{S}$ 的方向一致，即 $\boldsymbol{E}$ 与 $\mathrm{d}\boldsymbol{S}$ 之间的夹角 $\theta=0$，$\cos\theta=1$。通过此高斯面的电场强度通量为

$$\Phi_{\mathrm{e}} = \oint_S \boldsymbol{E}\cdot\mathrm{d}\boldsymbol{S} = \oint_S E\mathrm{d}S = E\oint_S \mathrm{d}S = E\cdot 4\pi r^2$$

如果所取场点 P 在带电球面外（$r>R$），则高斯面所包围的电荷量 $\sum_i q_i$ 即为球面上所带电荷量 Q。根据高斯定理，有

$$E\cdot 4\pi r^2 = \frac{Q}{\varepsilon_0}$$

$$E = \frac{Q}{4\pi\varepsilon_0 r^2}$$

用 $\boldsymbol{e}_r$ 表示 $\boldsymbol{r}$ 方向的单位矢量（沿半径向外为正方向），可以把电场强度写成矢量式

$$\boldsymbol{E} = \frac{Q}{4\pi\varepsilon_0 r^2}\boldsymbol{e}_r \qquad (r>R) \tag{5-15}$$

若 $Q<0$，则电场强度 $\boldsymbol{E}$ 的方向与 $\boldsymbol{e}_r$ 的方向相反，即沿半径指向球内。

如果所取场点 P' 在带电球面内（$r'<R$），则选取通过点 P' 的同心球面 S' 作为高斯面。

由于球面内没有电荷，即 $\sum_i q_i = 0$，根据高斯定理，有

$$E \cdot 4\pi r'^2 = 0$$

$$E = 0 \qquad (r < R) \tag{5-16}$$

故在球面内，各点的电场强度为零。

由此看到，均匀带电球面外的电场强度分布与球面上的电荷都集中在球心时所形成的点电荷在该区域的电场强度分布一样。在球面内的电场强度均为零。在球面处电场强度不连续，存在突变。

【例题5-6】 设有一个无限大均匀带电平面，单位面积上的带电荷量即电荷面密度为 σ。求该无限大均匀带电平面产生的电场强度。

解 如图5-15所示，在带电平面外任意选一点 P，因电荷均匀分布在无限大的平面上，所以电荷分布对于垂线 OP 是对称的，由对称性分析可知 P 点电场强度必垂直于带电平面，且带电平面两侧电场的分布一定对称于该平面。因此，在离带电平面等距离处的电场强度大小都相等、方向都垂直于带电平面。

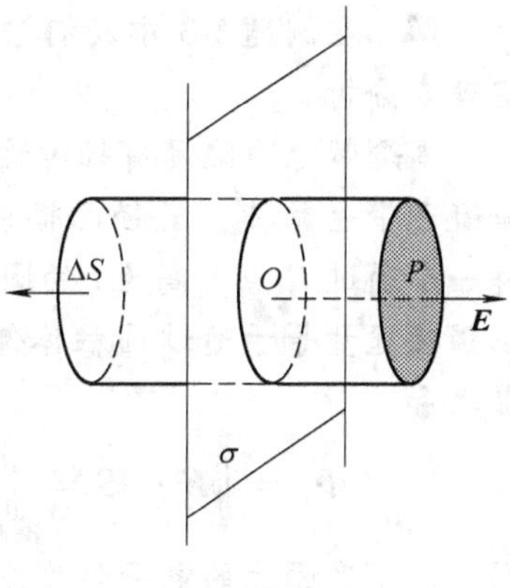

图 5-15

选取一个轴线垂直于带电平面的直圆柱体的表面作为高斯面 S，带电平面平分此圆柱体，场点 P 位于它的一个底面上。由于圆柱体侧面上各点的电场强度方向垂直于侧面的法线方向，$\theta = \pi/2$，$\cos\theta = 0$，所以通过圆柱侧面的电场强度通量为零；又两个对称底面上电场强度相等，故通过它们的电场强度通量也相等，均为穿出（设 $\sigma > 0$），且电场强度方向与底面法向的夹角 $\theta = 0$，$\cos\theta = 1$。设圆柱体两底面积均为 ΔS，则通过高斯面的电场强度通量为

$$\Phi_e = \oint_S \boldsymbol{E} \cdot d\boldsymbol{S} = \iint_{\text{左底面}} \boldsymbol{E} \cdot d\boldsymbol{S} + \iint_{\text{右底面}} \boldsymbol{E} \cdot d\boldsymbol{S} = 2E\int_{\Delta S} dS = 2E\Delta S$$

带电平面与直圆柱体相交的圆面积上的电荷就是高斯面 S 内包围的电荷，即

$$\sum_i q_i = \sigma \Delta S$$

根据高斯定理

$$2E\Delta S = \frac{\sigma \Delta S}{\varepsilon_0}$$

解得

$$E = \frac{\sigma}{2\varepsilon_0} \tag{5-17}$$

式（5-17）表明，电场强度 $\boldsymbol{E}$ 的大小与场点到平面的距离无关。因此，无限大均匀带电平面在其两侧产生的电场都是匀强电场。当 $\sigma > 0$ 时电场强度 $\boldsymbol{E}$ 的方向指离平面；当 $\sigma < 0$ 时电场强度 E 的方向指向平面。

根据上例结果和电场强度叠加原理，还可以求出两个带等量异号电荷、平行的无限大均匀带电平面的电场强度分布。如图5-16所示，设两个平面上的电荷面密度为 $+\sigma$、$-\sigma$，它们在各自两侧产生的电场强度分别为 $\boldsymbol{E}_1$ 和 $\boldsymbol{E}_2$，由式（5-17）可知，$\boldsymbol{E}_1$ 和 $\boldsymbol{E}_2$ 的大小都是

$E=\dfrac{\sigma}{2\varepsilon_0}$，方向如图5-16a所示。因此，在带正电平面的左侧和带负电平面的右侧，$\boldsymbol{E}_1$ 和 $\boldsymbol{E}_2$ 的方向相反，$\boldsymbol{E}_1$ 和 $\boldsymbol{E}_2$ 相互抵消，合电场强度为零；而在两带电平面之间，$\boldsymbol{E}_1$ 和 $\boldsymbol{E}_2$ 的方向相同，合电场强度 $\boldsymbol{E}$ 的大小为

$$E=\frac{\sigma}{\varepsilon_0} \tag{5-18}$$

方向由带正电的平面指向带负电的平面，如图5-16b所示。

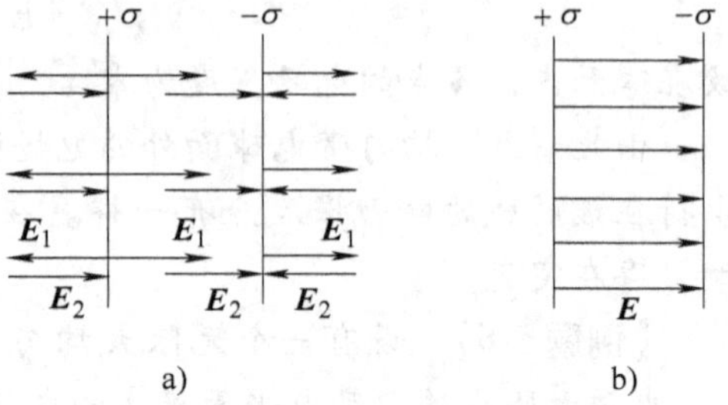

图5-16 两个无限大带电平面的电场

【例题5-7】 设有一无限长均匀带电直细棒，细棒上单位长度的带电荷量即线电荷密度为 λ，求该带电细棒产生的电场强度分布。

解 在例题5-3中我们曾分析过无限长均匀带电直细棒的电场强度分布，现在改用高斯定理来分析。

本题带电系统具有轴对称性，即在距离细棒 r 处任一点 P 的电场强度都相等，方向一定垂直于带电细棒，呈径向辐射状。如图5-17所示，以带电细棒为轴，作一个通过 P 点，高为 l 的圆柱体表面为高斯面 S，通过高斯面 S 的电场强度通量等于通过圆柱体侧面以及上、下底面三部分的电场强度通量之和

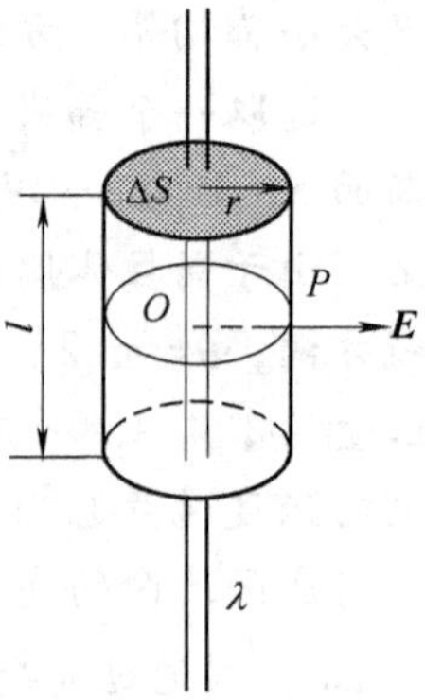

图 5-17

$$\Phi_e=\oiint_S \boldsymbol{E}\cdot d\boldsymbol{S}=\iint_{侧面}\boldsymbol{E}\cdot d\boldsymbol{S}+\iint_{顶面}\boldsymbol{E}\cdot d\boldsymbol{S}+\iint_{底面}\boldsymbol{E}\cdot d\boldsymbol{S}$$

因上、下底面上的电场强度方向与底面法向垂直（即电场强度平行于底面），$\theta=\pi/2$，$\cos\theta=0$，故通过上、下底面上电场强度通量为零，即上式中后两项为零。因此有

$$\oiint_S \boldsymbol{E}\cdot d\boldsymbol{S}=\iint_{侧面}\boldsymbol{E}\cdot d\boldsymbol{S}$$

在侧面上 E 是恒量，且面上各点处的电场强度方向与侧面法向平行，$\theta=0$，$\cos\theta=1$，故

$$\iint_{侧面}\boldsymbol{E}\cdot d\boldsymbol{S}=\iint_{侧面}E dS=E\iint_{侧面}dS=E\cdot 2\pi rl$$

上述高斯面只包含长度为 l 的一段细棒，所包围的电荷量为 λl。根据高斯定理，有

$$\Phi_e=E\cdot 2\pi rl=\frac{\lambda l}{\varepsilon_0}$$

所以距离细棒 r 处一点 P 点的电场强度 $\boldsymbol{E}$ 的大小为

$$E=\frac{\lambda}{2\pi\varepsilon_0 r} \tag{5-19}$$

其方向沿场点到细棒的垂线方向，指向由电荷的符号决定。

这与例题5-3的推论是一致的，但是利用高斯定理计算却简便得多。

从以上几个例题可以看出，利用高斯定理求电场强度的关键是对称性分析。只有当带电体具有一定的对称性时，我们才有可能利用高斯定理求电场强度。虽然这样的带电系统并不多，但由此得到的结果都是很重要的。实际中没有无限大的带电系统，但正如在例题5-3中所分析的，如果要分析的场点到带电体的距离远小于带电体的尺度，并且不是靠近带电体的

端点或边缘时，都可以近似将带电体看作是无限大的带电体。

5.4 静电场的环路定理 电势

前两节从电荷在电场中受到电场力的角度引入了电场强度 $\boldsymbol{E}$，并以 $\boldsymbol{E}$ 描述静电场的性质。由于电荷在静电场中受电场力作用，所以电荷在电场中运动时，电场力就要对它做功。本节将从电场力对电场中的运动电荷做功的特性出发，导出静电场的环路定理，引入描述静电场的另一个物理量——电势。在学习时，读者应经常联系力学中有关功、能的概念，有助于理解本节内容。

5.4.1 静电场力的功

静电场力对电荷做功有什么特点呢？首先考虑一个点电荷的电场。如图 5-18 所示，在点电荷 q 的电场中移动试验点电荷 q_0，$\boldsymbol{r}$ 处电荷 q 的电场强度为 $\boldsymbol{E}$，试验点电荷 q_0 受到的静电力为 $q_0\boldsymbol{E}$。点电荷 q_0 从 $\boldsymbol{r}$ 处移动 $\mathrm{d}\boldsymbol{l}$，电荷 q 的电场对 q_0 做的元功为

$$\mathrm{d}W = q_0\boldsymbol{E}\cdot\mathrm{d}\boldsymbol{l} = q_0E\,|\,\mathrm{d}\boldsymbol{l}\,|\,\cos\theta = q_0\frac{q}{4\pi\varepsilon_0 r^2}\mathrm{d}r$$

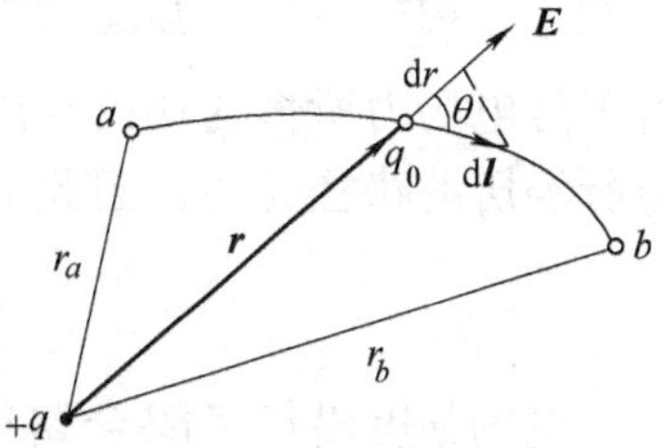

图 5-18 静电场力做功

式中，θ 是 $\boldsymbol{E}$ 与 $\mathrm{d}\boldsymbol{l}$ 之间的夹角；$\mathrm{d}r$ 是位移 $\mathrm{d}\boldsymbol{l}$ 沿电场强度方向的投影。

将点电荷 q_0 从 a 点移到 b 点，通过对上式的积分得到电场力所做的功为

$$W_{ab} = \int_a^b \mathrm{d}W = \int_{r_a}^{r_b}\frac{q_0 q}{4\pi\varepsilon_0 r^2}\mathrm{d}r = \frac{q_0 q}{4\pi\varepsilon_0}\left(\frac{1}{r_a}-\frac{1}{r_b}\right) \tag{5-20}$$

式（5-20）表明，试验点电荷 q_0 在静止点电荷 q 的电场中移动时，静电场力所做的功只与 q_0 的始点和终点位置以及试验电荷 q_0 的量值有关，而与试验电荷 q_0 在电场中所经历的路径无关。这是因为在上述计算中，我们取的是任意路径，且式（5-20）的计算结果并未反映出路径的形状、长短等特征。上述结论对于任何静电场皆适用。

考虑到任何静电场都可看作由点电荷系所激发的，根据电场强度叠加原理，其电场强度 $\boldsymbol{E}$ 是点电荷 q_1、q_2、q_3、…、q_n 单独存在时的电场强度 $\boldsymbol{E}_1$、$\boldsymbol{E}_2$、$\boldsymbol{E}_3$、…、$\boldsymbol{E}_n$ 的矢量和，即

$$\boldsymbol{E} = \boldsymbol{E}_1 + \boldsymbol{E}_2 + \cdots + \boldsymbol{E}_n = \sum_{i=1}^{n}\boldsymbol{E}_i$$

当试验电荷 q_0 在电场 $\boldsymbol{E}$ 中从场点 a 沿任意路径移动到场点 b 时，电场力 $q_0\boldsymbol{E}$ 对试验电荷 q_0 所做的功为

$$\begin{aligned}W_{ab} &= \int_a^b q_0\boldsymbol{E}\cdot\mathrm{d}\boldsymbol{l} = \int_a^b q_0(\boldsymbol{E}_1+\boldsymbol{E}_2+\cdots+\boldsymbol{E}_n)\cdot\mathrm{d}\boldsymbol{l}\\ &= q_0\left(\int_a^b\boldsymbol{E}_1\cdot\mathrm{d}\boldsymbol{l}+\int_a^b\boldsymbol{E}_2\cdot\mathrm{d}\boldsymbol{l}+\cdots+\int_a^b\boldsymbol{E}_n\cdot\mathrm{d}\boldsymbol{l}\right)\\ &= \sum_{i=1}^{n}\frac{q_0 q_i}{4\pi\varepsilon_0}\left(\frac{1}{r_{ia}}-\frac{1}{r_{ib}}\right)\end{aligned} \tag{5-21}$$

即静电场力所做的功等于各个场源点电荷对试验电荷所施电场力做功的代数和。由于每一个

场源点电荷施于试验电荷的电场力所做的功，都与路径无关，因此这些功之代数和也与路径无关。故得结论：试验电荷在任何静电场中移动时，静电场力所做的功，仅与试验电荷以及始点和终点的位置有关，而与所经历的路径无关。

一般地，点电荷 q_0 在任何静电场中移动时，电场力对 q_0 所做的功均与 q_0 移动的路径无关，这一特性叫做**静电场的保守性**，相应的静电场力是**保守力**。类似地，在力学中我们已经知道引力场是保守力场，引力是保守力，引力对质点做功与只取决于起点和终点的位置，而与质点移动的路径无关。

5.4.2 静电场的环路定理

如图 5-19 所示，设试验电荷 q_0 在静电场中从某点 a 出发，经过一个任意闭合路径 L 又回到起点 a，由式（5-20）或式（5-21）可知，电场力做的功应为零，即

$$\oint_L \boldsymbol{E} \cdot \mathrm{d}\boldsymbol{l} = \int_{a(acb)}^{b} q_0 \boldsymbol{E} \cdot \mathrm{d}\boldsymbol{l} + \int_{b(bda)}^{a} q_0 \boldsymbol{E} \cdot \mathrm{d}\boldsymbol{l} = \int_{a(acb)}^{b} q_0 \boldsymbol{E} \cdot \mathrm{d}\boldsymbol{l} - \int_{a(adb)}^{b} q_0 \boldsymbol{E} \cdot \mathrm{d}\boldsymbol{l}$$

由于静电场力所做的功仅与试验电荷以及始点和终点的位置有关，而与所经历的路径无关，因此上式等于零，即

$$\oint_L \boldsymbol{E} \cdot \mathrm{d}\boldsymbol{l} = 0 \tag{5-22}$$

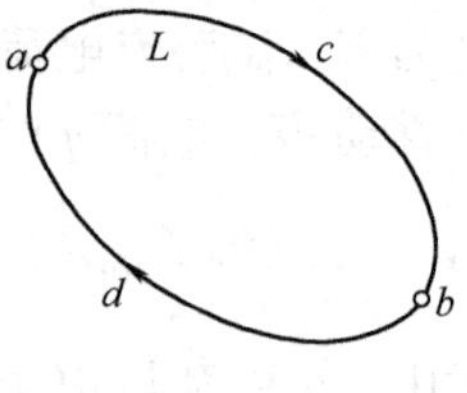

图 5-19 环路积分

电场强度沿任意闭合路径的线积分称为**电场强度 $\boldsymbol{E}$ 的环流**，式（5-22）表明：静电场 $\boldsymbol{E}$ 的环流等于零。这是静电场保守性的另一种表述。式（5-22）反映了静电场的又一个基本规律，称为**静电场的环路定理**。静电场的环路定理是电场力做功与路径无关的必然结果，它是描述静电场规律的另一条重要定理。

静电场的高斯定理和环路定理是描述静电场规律的两条基本定理。高斯定理指出静电场是有源的，环路定理指出静电场是一种保守力场。

5.4.3 电势能 电势和电势差

力学中的重力、万有引力、弹性力是保守力，可以引入相应的重力势能、引力势能和弹性势能来描述质点在保守力场中与位置有关的能量。静电场力做功与路径无关这一特性，表明静电场是保守力场，亦即静电场力是保守力。完全类似地，我们也可以引入一个描述点电荷在电场中与位置有关的能量，这就是电势能。根据电势能可以进一步引入电势和电势差概念。

我们用符号 W_e 表示试验电荷 q_0 在电场中一定的位置处具有的**电势能**，电势能的单位为 J（焦）。设 q_0 在位置 a 时的电势能是 W_{ea}，在位置 b 时的电势能是 W_{eb}，在 q_0 从位置 a 沿任意路径运动到位置 b 的过程中，静电场力所做的功为 W_{ab}。与式（2-44）关于质点势能的定义相类似，我们定义

$$W_{ea} - W_{eb} = W_{ab} = \int_a^b q_0 \boldsymbol{E} \cdot \mathrm{d}\boldsymbol{l} \tag{5-23}$$

当电场力对电荷 q_0 做正功时，电势能减少；当电场力对电荷 q_0 做负功时，电势能增加。

式（5-23）只定义了电荷 q_0 在电场中两点间的电势能差，并没有规定电荷在电场中某

一点的电势能究竟有多大。那么，某一点的电势能如何表述呢？我们知道，求物体在地球表面附近的重力势能，是先选定物体的零势能点后再进行计算的。同样，求电荷 q_0 在电场中某点的电势能时，也要先选定电势能为零的点。通常就取 q_0 在无限距离处作为量度电势能的零点，即取 $W_{e\infty}=0$。按照这个规定，由式（5-23）可得电荷 q_0 在电场中任一点 a 的电势能为

$$W_{ea} = W_{a\infty} = \int_a^{\infty} q_0 \boldsymbol{E} \cdot \mathrm{d}\boldsymbol{l} \tag{5-24}$$

即试验电荷在电场中任一点 a 的电势能，等于电荷 q_0 从点 a 移到无限远处（零电势能处）电场力对它所做的功。一般地说，这个功有正（例如斥力场中）、有负（例如引力场中），电势能也有正有负。

电势能 W_e 属于静电场和试验电荷所组成的系统。由于零电势能的规定的相对性，因此电势能的大小是相对的。

由式（5-23）可知，q_0 在移动过程中，电势能的减小（$W_{ea}-W_{eb}$）与试验电荷的电荷量 q_0 成正比，但是它们的比值

$$\frac{W_{ea}-W_{eb}}{q_0} = \int_a^b \boldsymbol{E} \cdot \mathrm{d}\boldsymbol{l}$$

却与试验电荷的电荷量 q_0 无关，完全由电场强度在 a、b 两点间的线积分决定。我们把单位正电荷处在某位置上的电势能称为**电势**，即

$$V = \frac{W_e}{q_0} \tag{5-25}$$

因此$\dfrac{W_{ea}}{q_0}-\dfrac{W_{eb}}{q_0}=V_a-V_b$，$V_a$ 和 V_b 分别是电场中 a 点的电势和 b 点的电势，显然它们分别等于单位正电荷在 a 点和 b 点的电势能。电势与试验电荷无关。我们把 V_a-V_b 称为电场中 a、b 两点间的**电势差**，用 U_{ab}表示。于是有

$$U_{ab} = V_a - V_b = \int_a^b \boldsymbol{E} \cdot \mathrm{d}\boldsymbol{l} \tag{5-26}$$

式（5-26）就是电势差的定义式，它表明电场中 a、b 两点间的电势差就是单位正电荷在这两点的电势能之差，也就是等于把单位正电荷从 a 点移到 b 点时电场力所做的功。电势差也称电压。

式（5-26）给出的只是电场中两点的电势差，而不是各点的电势。为了确定某点的电势，必须选择一个电势为零的参考点。在理论上，如果电荷分布在有限空间内，则可选择无限远处的电势为零。然而在实际问题中，常选择大地的电势为零。电势能零点的选择与电势零点的选择是一致的，电荷处于电场中电势为零的地方，其电势能也必定为零。如果选择无限远处的电势为零，根据式（5-26）电场中任意一点 a 的电势可以表示为

$$V_a = V_a - V_{\infty} = \int_a^{\infty} \boldsymbol{E} \cdot \mathrm{d}\boldsymbol{l} \tag{5-27}$$

式（5-27）表明电场中某点的电势，等于把单位正电荷从该点经任意路径移到无限远处电场力所做的功。如果知道电场的分布，则可由式（5-27）求得电场中各点的电势。

电势是描述电场能量性质的物理量，电势是标量。在国际单位制中，电势的单位是 J/C（焦耳/库仑），也称为伏特(V)，即 1V＝1J/C。电势能描述电荷与电场相互作用的能量，而

电势只由电场决定。试验电荷为单位电荷时，两者量值相等，但物理意义、单位各不相同。从式（5-27）两边物理量的单位可以看出，电场强度的单位可以用V/m(伏/米)表示。

电势差和电势的单位相同。电势是相对的，而电势差是绝对的。电势差与电势的零点选取无关。

如果已知电场中的电势分布，根据式（5-23），可以方便地利用电势差求出点电荷在电场中移动时电场力所做的功

$$W_{ab} = q_0 U_{ab} = q_0 (V_a - V_b) \tag{5-28}$$

【例题5-8】 选取无限远处为电势零点，求点电荷 q 的电场中任意点的电势分布。

解 如果已知电场强度 $\boldsymbol{E}$，就可以利用式（5-27）计算电势，这是计算电势的一个常用方法。点电荷 q 在任意的 a 点处的电场强度

$$\boldsymbol{E} = \frac{1}{4\pi\varepsilon_0}\frac{q}{r^2}\boldsymbol{e}_r$$

计算式（5-27）的积分，需要从场点 a 到电势零点（无限远处）选取一个积分路径。由于积分的结果与路径无关，我们就可以选取一条便于计算的路径对 $\boldsymbol{E}$ 进行积分。如图5-20所示，选积分路径 L 沿点电荷 q 到 a 点的连线向外（即单位矢量 $\boldsymbol{e}_r$ 的方向），就有 $\boldsymbol{E}\cdot \mathrm{d}\boldsymbol{l} = \boldsymbol{E}\cdot \mathrm{d}\boldsymbol{r} = E\mathrm{d}r$。这样就可计算出 a 点的电势

$$V = \int_a^\infty \boldsymbol{E}\cdot \mathrm{d}\boldsymbol{l} = \int_r^\infty E\mathrm{d}r = \int_r^\infty \frac{1}{4\pi\varepsilon_0}\frac{q}{r^2}\mathrm{d}r = \frac{q}{4\pi\varepsilon_0 r} \tag{5-29}$$

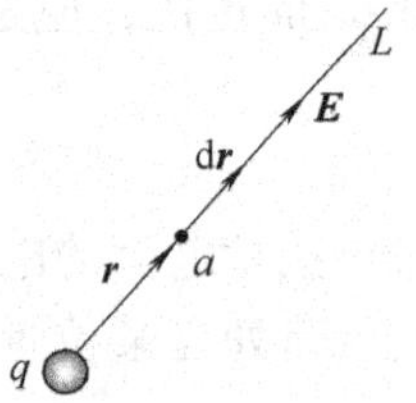

图 5-20

由式（5-29）可知，如果场源点电荷 q 是正的，则电场中所有点的电势都是正的，且离电荷越远电势越低，到无限远处电势为零，这是最小值；如果场源点电荷 q 是负的，则电场中所有点的电势都是负的，且离电荷越远电势越高，到无限远处电势为零，这是最大值。

5.4.4 电势叠加原理

设场源电荷是由分布在有限区域内的若干个点电荷 q_1、q_2、…、q_n 组成的。在这个点电荷系的电场中，根据电场强度叠加原理，任一点的电场强度 $\boldsymbol{E}$ 等于电荷系中各个点电荷 q_1、q_2、…、q_n 分别在该点激发的电场强度 $\boldsymbol{E}_1$、$\boldsymbol{E}_2$、…、$\boldsymbol{E}_n$ 的矢量和。按照矢量标积的分配律，可得场点 a 处的电势为

$$V_a = \int_a^\infty \boldsymbol{E}\cdot \mathrm{d}\boldsymbol{l} = \int_a^\infty (\boldsymbol{E}_1 + \boldsymbol{E}_2 + \cdots + \boldsymbol{E}_n)\cdot \mathrm{d}\boldsymbol{l}$$

$$= \int_a^\infty \boldsymbol{E}_1\cdot \mathrm{d}\boldsymbol{l} + \int_a^\infty \boldsymbol{E}_2\cdot \mathrm{d}\boldsymbol{l} + \cdots + \int_a^\infty \boldsymbol{E}_n\cdot \mathrm{d}\boldsymbol{l}$$

根据式（5-29），上式中右端各项分别为各点电荷单独存在时产生的电场在 a 点的电势，即

$$V_1 = \int_a^\infty \boldsymbol{E}_1\cdot \mathrm{d}\boldsymbol{l} = \frac{q_1}{4\pi\varepsilon_0 r_1},\ V_2 = \int_a^\infty \boldsymbol{E}_2\cdot \mathrm{d}\boldsymbol{l} = \frac{q_2}{4\pi\varepsilon_0 r_2},\cdots,V_n = \int_a^\infty \boldsymbol{E}_n\cdot \mathrm{d}\boldsymbol{l} = \frac{q_n}{4\pi\varepsilon_0 r_n}$$

式中，r_1、r_2、…、r_n 分别为场源点电荷 q_1、q_2、…、q_n 到 a 点的距离。这样

$$V_a = V_1 + V_2 + \cdots + V_n = \sum_{i=1}^n V_i = \sum_{i=1}^n \frac{q_i}{4\pi\varepsilon_0 r_i} \tag{5-30}$$

上述结果表明：点电荷系的电场中某点的电势，等于各个点电荷单独存在时在该点的电势的代数和。这称为**电势叠加原理**。

如果场源电荷在有限区域内是连续分布的，可将它分成无限个电荷元 dq（均为点电荷），这时将式（5-30）的求和改为积分

$$V_a = \int_q \frac{\mathrm{d}q}{4\pi\varepsilon_0 r} \tag{5-31}$$

式中，r 为 dq 到某一场点 a 的距离；积分号下的 q 表示对整个带电体求积分。

【例题 5-9】 如图 5-21 所示，BCD 是以 O 点为圆心，以 R 为半径的半圆弧，在 A 点有一电荷量为 $+q$ 的点电荷，O 点有一电荷量为 $-q$ 的点电荷，线段 $BA=R$，现将一单位正电荷从 B 点沿半圆弧轨道 BCD 移到 D 点，求电场力所做的功。

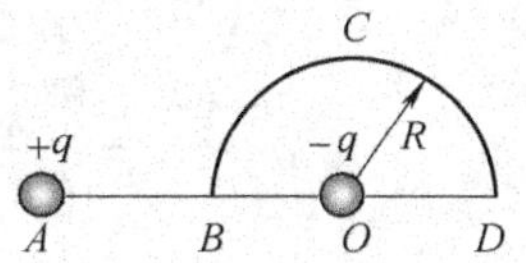

图 5-21

解 根据式（5-23）可知，将一点电荷从 B 点沿任意路径移到 D 点电场力所做的功都一样，都是等于点电荷从 B 点移到 D 点时电势能的减少量。在本题中，由于可以很方便地求出 B 点和 D 点的电势，因此可以直接利用式（5-28）求电场力的功。

由电势叠加原理，B 点和 D 点的电势分别为

$$V_B = \frac{q}{4\pi\varepsilon_0 R} + \frac{-q}{4\pi\varepsilon_0 R} = 0$$

$$V_D = \frac{q}{4\pi\varepsilon_0\ (3R)} + \frac{-q}{4\pi\varepsilon_0 R} = -\frac{q}{6\pi\varepsilon_0 R}$$

B 点和 D 点的电势差为

$$U_{BD} = V_B - V_D = \frac{q}{6\pi\varepsilon_0 R}$$

将一单位正电荷从 B 点沿半圆弧轨道 BCD 移到 D 点，电场力所做的功

$$W_{ab} = q_0 U_{BD} = 1 \times \frac{q}{6\pi\varepsilon_0 R} = \frac{q}{6\pi\varepsilon_0 R}$$

【例题 5-10】 求电偶极子的电势分布。

解 电偶极子的电势分布可根据式（5-30）计算，如图 5-22 所示设电偶极子的电场中任一点 P 到电荷 q 和 $-q$ 的距离分别是 r_+、r_-，利用电势叠加原理得到 P 点的电势

$$V_P = \frac{q}{4\pi\varepsilon_0}\left(\frac{1}{r_+} - \frac{1}{r_-}\right) = \frac{q}{4\pi\varepsilon_0}\,\frac{r_- - r_+}{r_+ r_-}$$

设 P 点到电偶极子中心 O 的距离为 r, r 与电偶极矩方向之间的夹角为 θ，在 $r >> l$ 的情况下有

$$r_+ r_1 \approx r^2,\ r_- - r_+ \approx l\cos\theta$$

代入 P 点的电势的计算公式，即得

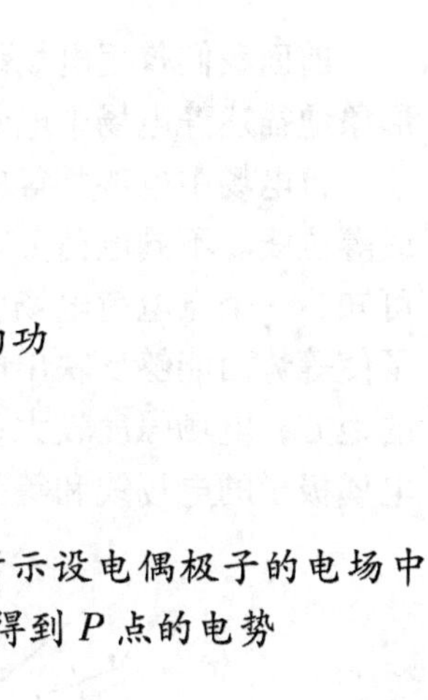

图 5-22

$$V_P = \frac{1}{4\pi\varepsilon_0}\,\frac{ql\cos\theta}{r^2} = \frac{1}{4\pi\varepsilon_0}\,\frac{p\cos\theta}{r^2}$$

根据电偶极矩 $\boldsymbol{p}$ 的定义，$\boldsymbol{p} = q\boldsymbol{l}$，因此上式可写成

$$V = \frac{1}{4\pi\varepsilon_0}\,\frac{\boldsymbol{p}\cdot\boldsymbol{r}}{r^3}$$

【例题 5-11】 求半径为 R 的均匀带电圆环轴线上任一点的电

势，圆环上电荷线密度为 λ。

解 本题是一个求连续带电体的电势问题。如图 5-23 所示，在圆环上取一个微元 dl，dl 带的电荷量 $dq=\lambda dl$，由点电荷的电势公式，dq 在圆环轴线上任一点 P 产生的电势为

$$dV=\frac{1}{4\pi\varepsilon_0}\frac{\lambda dl}{r}=\frac{1}{4\pi\varepsilon_0}\frac{\lambda dl}{\sqrt{R^2+x^2}}$$

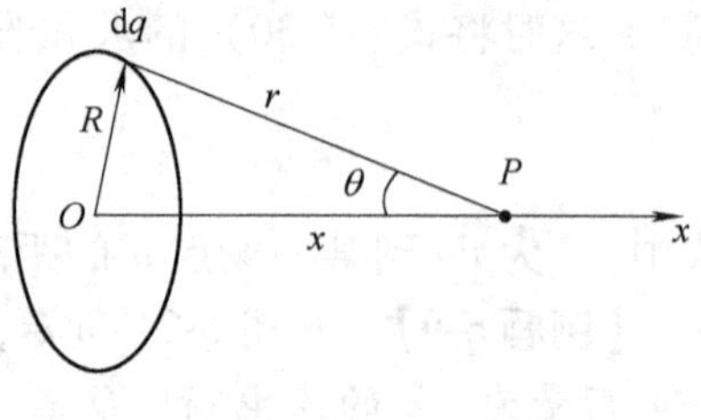

图 5-23

根据电势的叠加原理，对上式积分就得到均匀带电圆环在 P 点的电势

$$V_P=\int_0^{2\pi R}\frac{\lambda dl}{4\pi\varepsilon_0 r}=\frac{\lambda}{4\pi\varepsilon_0 r}\int_0^{2\pi R}dl$$

$$=\frac{\lambda}{4\pi\varepsilon_0}\frac{2\pi R}{r}=\frac{q}{4\pi\varepsilon_0\sqrt{x^2+R^2}}$$

当 $x=0$ 时，即在圆心处，$V_P=\dfrac{q}{4\pi\varepsilon_0 R}$。

将上述例题和例题 5-4 比较，我们可以看到，利用电场强度叠加原理求电场强度时，计算的是矢量积分，具体运算中需将矢量的叠加转化为各分量（标量）的叠加；而在利用电势叠加原理求电势时，计算的是标量积分，求的是代数和，因此求解过程要简洁得多。

5.4.5 等势面

前面我们曾用电场线形象地描述静电场中电场强度的分布，同样我们也可以用等势面来形象地描述静电场中电势的分布。

将电场中电势相等的点连接起来组成的面叫做**等势面**，等势面上的任一曲线叫做等势线或等位线。不同电荷分布的电场具有不同形状的等势面。例如，由点电荷的电势式（5-29）可知，一个点电荷电场中的等势面是以点电荷为中心的一系列同心球面。与电场线类似，为了使等势面能够反映出电场强度的分布，规定两个相邻等势面的电势差相等，等势面较密集的地方，电场强度较大；等势面较稀疏的地方，电场强度较小。图 5-24 所示的是正电荷和电偶极子的电场线和等势面，图中实线表示电场线，虚线表示等势面。

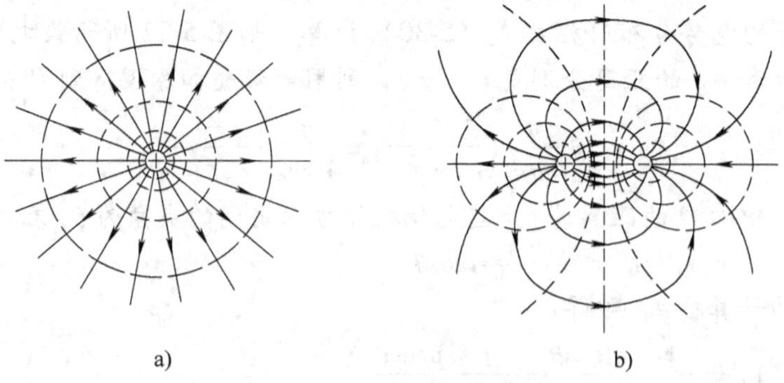

图 5-24 两种常见电场的等势面和电场

a）正点电荷 b）电偶极子

电荷沿等势面移动，电场力不做功，这是等势面的一个性质。如果试验电荷 q_0 在电场

中沿等势面上作位移 d$\boldsymbol{l}$，对应于此位移的电势增量为 dV，根据式（5-28），电场力做的功可以表示为

$$dW = -q_0 dV$$

电荷在等势面上移动，应有 dV=0，所以电场力做的功 dW 也必定为零。

等势面处处与电场线正交，这是等势面的另一个性质。当试验电荷 q_0 在电场强度为 $\boldsymbol{E}$ 的电场中沿等势面做位移 d$\boldsymbol{l}$，电场力做的功还可以表示为另一形式，即

$$dW = q_0 \boldsymbol{E} \cdot d\boldsymbol{l} = q_0 E dl \cos\theta = 0$$

式中，θ 是位移 d$\boldsymbol{l}$ 与该处电场强度 $\boldsymbol{E}$ 之间的夹角，如图 5-25 所示。上面已经证明，电荷沿等势面移动电场力不做功，dW=0，这样就得到

$$\cos\theta = 0, \quad \theta = \frac{\pi}{2}$$

即 d$\boldsymbol{l}$ 与 $\boldsymbol{E}$ 相垂直。因为 d$\boldsymbol{l}$ 是处于等势面上的任意微小位移，所以 $\boldsymbol{E}$ 必定与该处的等势面相垂直。

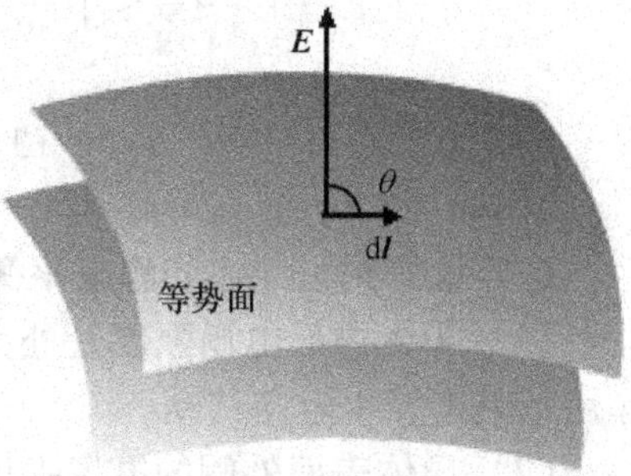

图 5-25 电场线与等势面的关系

另外，我们还可以看到，电场线的方向即电场强度 $\boldsymbol{E}$ 的方向指向电势降落的方向。这是因为沿电场线方向移动正电荷，电场力做正功，正电荷的电势能减少，故电势减小。

与电场线一样，等势面是为了直观描述电场的分布而人为想象出来的。在实际问题中，由于电势比电场强度容易计算，故等势面的分布比较容易通过实验测绘出来。往往是先得到电场的等势面的分布，再根据等势面和电场线之间的关系得到电场的电场线分布，因此画等势面是研究电场的一种极为有用的方法之一。

5.5 静电场中的导体

前面各节我们学习的是真空中的静电场及其性质，本节介绍静电场中导体的静电性质以及电容和电容器的基本概念。

5.5.1 导体的静电平衡条件

从微观角度来看，金属导体是由带正电的晶格点阵和自由电子构成，晶格不动，相当于骨架，而自由电子作热运动并在导体内均匀分布。

当没有外电场时，导体中的正负电荷等量均匀分布，宏观上呈电中性。如图 5-26 所示，当导体处于外电场 $\boldsymbol{E}_0$ 中时，电子受外电场力后作定向运动，引起导体中电荷的重新分布。结果在导体的一侧因电子的堆积而出现负电荷，在另一侧因相对缺少负电荷而出现等量的正电荷。这就是**静电感应**现象，出现的电荷叫感生电荷，感生电荷产生一个附加电场 $\boldsymbol{E}'$，与外电场 $\boldsymbol{E}_0$ 方向相反。因此导体内的合电场为

$$\boldsymbol{E} = \boldsymbol{E}_0 + \boldsymbol{E}'$$

这样的过程可以一直进行下去，直到感生电荷产生的电场 $\boldsymbol{E}'$ 与外电场 $\boldsymbol{E}_0$ 在导体内部完全相互抵消，使导体内部合电场 $\boldsymbol{E}$ 为零，这时电子受到的合力为零，不再发生宏观定向运动，导体两侧的感应电荷达到稳定的分布，我们就说导体达到了静电平衡。

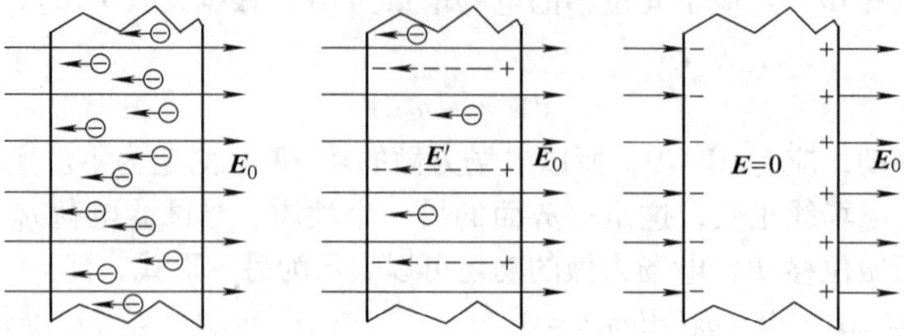

图 5-26 平板导体的静电感应过程

这样就得到了导体的**静电平衡条件**：

(1) 导体内部电场强度处处为零 如果导体内电场强度不为零，自由电子将在电场的作用下继续发生定向移动。

(2) 导体表面外侧的电场强度（电场线）必定和导体表面垂直 这是因为如果导体表面外侧的电场强度和导体表面不垂直，那么电场强度在导体表面就有一切向分量，电子就会在这个切向分量的做用下沿导体表面作定向移动。

静电平衡条件是由导体的电结构特征和静电平衡的要求所决定的，与导体的形状无关。导体在外电场因静电感应到达静电平衡的过程是极为迅速的，对于良导体静电感应过程经历的时间约为 10^{-14}s。

5.5.2 静电平衡导体的性质

导体处于静电平衡时具有以下性质：

1. 导体是一个等势体，其表面是一个等势面 在导体内任意取两点 a 和 b，因为导体内电场强度处处为零，根据式（5-26），a 和 b 两点间的电势差 U_{ab} 为

$$U_{ab} = V_a - V_b = \int_a^b \boldsymbol{E} \cdot \mathrm{d}\boldsymbol{l} = 0$$

因此导体上任意两点的电势都相等，所以整个导体是一个等势体，其表面也必定是一个等势面。

2. 导体表面邻近处任一点的电场强度与该处导体表面上的电荷面密度成正比

如图 5-27 所示，通过在导体表面外无限靠近表面的 P 点，作平行于导体表面的面元 ΔS_1，以此面元为上底面作一个穿过导体表面的扁圆柱表面作为高斯面 S，扁圆柱在导体内的下底面为 ΔS_2，侧面积为 ΔS_3。根据导体的静电平衡性质，导体内部的电场强度为零，因此通过 ΔS_2 的电场强度通量为零。侧面 ΔS_3 分为导体内外两部分，在导体内部的那部分侧面上，电场强度为零，其上的电场强度通量为零；在导体外部的那部分侧面上，电场强度的方向处处与侧面垂直，其上的电场强度通量也为零。因此，通过高斯面 S 的电场强度通量仅为 $E\Delta S_1$。设 P 点处导体表面上的电荷面密度为 σ，则高斯面内包围的电荷量为 $\sigma\Delta S_1$。由高斯定理，得到

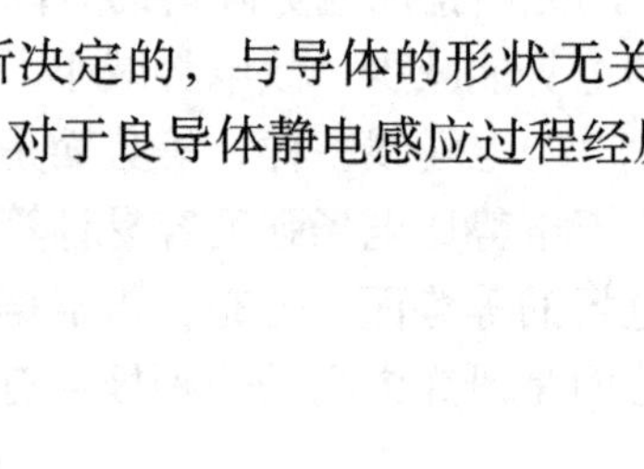

图 5-27 导体表面的电荷面密度

$$E\Delta S_1 = \frac{\sigma \Delta S_1}{\varepsilon_0}$$

$$E = \frac{\sigma}{\varepsilon_0} \tag{5-32}$$

式（5-32）表明导体表面邻近任一点的电场强度大小 E 与该处电荷面密度 σ 成正比。

需要注意的是，这里的电场强度 $\boldsymbol{E}$ 是所有电荷在 P 点处产生的总电场强度，包括导体上的全部电荷和导体外的电荷。当导体外的电荷分布发生变化时，导体上的电荷分布也随着发生改变，直到达到静电平衡状态为止，但此时式（5-32）的关系仍然成立，只不过 E 和 σ 都发生了改变。

实验表明，孤立导体处于静电平衡时，它表面各处的面电荷密度与各处表面的曲率有关，曲率越大的地方，面电荷密度越大。对于具有尖端的带电导体，因尖端曲率大，分布的面电荷密度也大，在尖端附近的电场特别强。当电场强度超过一定程度时，带电导体尖端周围空气中残留的离子在电场力作用下会发生激烈的运动，与尖端上电荷同种的离子将急速地被排斥而离开尖端，形成“电风”；与尖端上电荷异种的离子，因相吸而趋向尖端，并与尖端的电荷中和，而使尖端上的电荷逐渐漏失。急速运动的离子与中性原子碰撞时，还可使原子受激而发光。这些现象称为尖端放电现象。

3. 导体内部各处净电荷为零，电荷只能分布在表面

同样可以用高斯定理来证明这个性质。如图 5-28 所示，假设导体内某处 P 有净电荷 q，则在导体内取高斯面 S 包围 q，应用高斯定理

$$\oiint_S \boldsymbol{E} \cdot \mathrm{d}\boldsymbol{S} = \frac{q}{\varepsilon_0} \neq 0$$

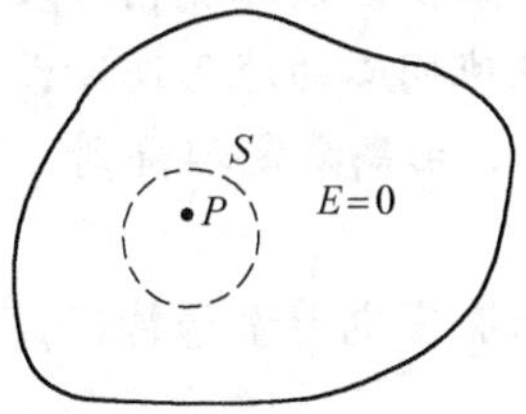

图 5-28　导体内部无电荷

另一方面，由于导体内部任一点电场强度 $\boldsymbol{E} = 0$，因此上述高斯面 S 上的电场强度通量为零，即

$$\oiint_S \boldsymbol{E} \cdot \mathrm{d}\boldsymbol{S} = 0$$

这与假设发生矛盾。故静电平衡时，导体内部不会有净电荷，电荷只分布在其表面。

5.5.3　静电平衡导体的简单应用

如果导体内部有空腔，但是空腔内没有电荷，完全类似地可以利用高斯定理证明，空腔内及导体内部电场强度处处为零，导体内部和导体的内表面上处处皆无电荷，电荷仅仅分布在导体外表面上。

此时，空腔内各点的电势均相等，而且与导体电势相等。因此，如果把空心的导体放在电场中时，电场线将垂直地终止于导体的外表面上，而不能穿过导体进入腔内。这样，放在导体空腔中的物体因空腔导体屏蔽了外电场，而不会受到任何外电场的影响。

当空腔导体内部有带电体时，空腔导体在静电平衡下具有下列性质：

1）空腔内表面有感应电荷。用高斯定律可证明，内表面所带总电荷量与空腔内带电体的电荷量相等、符号相反。

2）空腔外表面上的感应电荷的电荷量与内表面上的电荷量之和，要遵守电荷守恒定律。

3）腔内电荷 q 与内表面的感应电荷 $-q$ 对外部场的贡献恒为零，腔内电场不为零，其电场分布由腔内电荷以及腔内表面上的感应电荷的具体分布决定，如图 5-29a 所示。

如图 5-29b 所示，空腔导体接地时，外表面上的感应电荷被大地电荷中和，所以外表面不带电荷，金属空腔是零等势体。一个接地的空心金属导体隔离了放在它内腔中的带电体与外界带电体之间的静电作用。这就是静电屏蔽的原理。这样的一个空心金属导体，我们称它为静电屏。

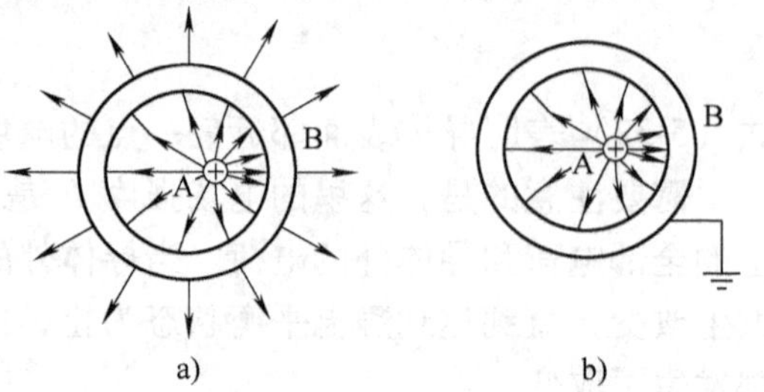

图 5-29 内部有带电体空腔导体的电场

【例题 5-12】 一个带电金属球半径 R_1，带电荷量 q_1，放在另一个带电球壳内，其内外半径分别为 R_2、R_3，球壳带电荷量为 q。试求此系统的电荷、电场分布以及球与球壳间的电势差。如果用导线将球壳和球接一下又将如何？

解 本题要利用高斯定律、电荷守恒定律、导体静电平衡条件以及带电体相连后电势相等知识。设球壳内外表面电荷量为 q_2、q_3。如图 5-30 所示，在球壳内作一个半径为 r、与金属球同心的球形高斯面，高斯面上各点的电场强度都为零，高斯面内包围的电荷量为 $q_1 + q_2$。由高斯定理得到

$$q_1 + q_2 = 0$$

球壳带电荷量保持不变，由电荷守恒定律得

$$q_3 = q - q_2 = q + q_1$$

根据电荷分布的对称性，由高斯定律可求出电场强度分布

$$E = \frac{q_1}{4\pi\varepsilon_0 r^2} \qquad R_1 < r < R_2$$

$$E = \frac{q_1 + q}{4\pi\varepsilon_0 r^2} \qquad r > R_3$$

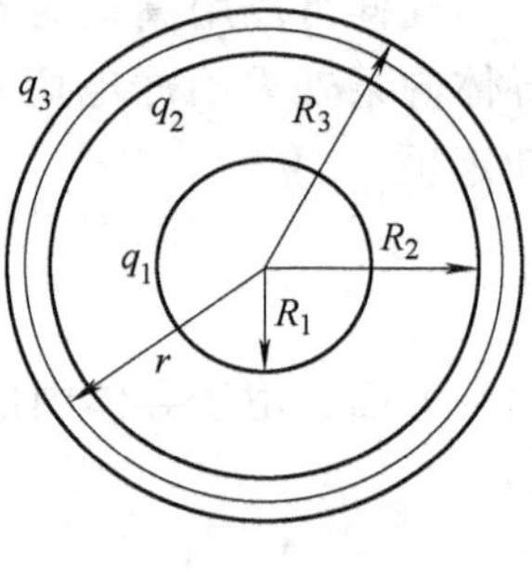

图 5-30

而在金属球与金属壳内部的电场强度为零。

金属球与金属壳之间的电势差为

$$U = \int_{R_1}^{R_2} \frac{q_1}{4\pi\varepsilon_0 r^2}\mathrm{d}r = \frac{q_1}{4\pi\varepsilon_0}\left(\frac{1}{R_1} - \frac{1}{R_2}\right)$$

如果用导线将球和球壳接一下，则金属球壳的内表面和金属球表面的电荷会完全中和，重新达到静电平衡，二者之间的电场强度和电势差均为零。

$$q_1 = 0，\ q_2 = 0$$

球壳外表面仍保持有 $q_1 + q$ 的电量，而且均匀分布，它外面的电场强度仍为

$$E = \frac{q_1 + q}{4\pi\varepsilon_0 r^2} \qquad r > R_3$$

5.5.4 电容器

1. 孤立导体的电容

导体在静电平衡时，整个导体是一个等势体。一个附近无其他带电体或导体的孤立导体

带电荷量为 q 时，导体本身有一确定的电势 V，这个电势等于将单位正电荷从导体表面移至无限远处时电场力所做的功。而单位正电荷受到的电场力就是电场强度，它与导体的带电荷量成正比，因此将导体的带电荷量增大时，各场点的电场强度将正比地增大，电场力所做的功增大，进而导体的电势也将增大同样的倍数。这就是说，孤立导体的电势值与它的带电荷量成正比。我们用电容来描述导体的这种属性

$$C=\frac{q}{V} \tag{5-33}$$

在国际单位制中，电容的单位是F(法拉)，1F＝1C/V(库仑/伏特)。

孤立导体的电容与导体的大小和形状有关，与带电荷量和电势无关。对于具有同样电势的导体，带电荷量愈多，它的电容也愈大。因此导体就像能盛电的容器，我们可以作一个类比：对于几种装有同样高度水的不同几何形状的水桶，盛水最多的水桶的容量最大。且水桶的容量与水桶是否装有水、装多少水无关。

【例题5-13】 求一个半径为 R 的孤立导体球的电容。

解 假设给孤立导体球带上电荷 q，电荷将均匀分布在球面上。因此带电球体在球面内的电场强度均为零，在球面外的电场强度为

$$\boldsymbol{E}=\frac{q}{4\pi\varepsilon_0 r^2}\boldsymbol{e}_r \qquad (r>R)$$

取无限远处为电势零点，则可求出导体球的电势

$$V=\int_R^{\infty}\frac{q}{4\pi\varepsilon_0 r^2}\mathrm{d}r=\frac{q}{4\pi\varepsilon_0 R}$$

根据孤立导体电容的定义，一个半径为 R 的孤立导体球的电容是

$$C=\frac{q}{V}=\frac{q}{\dfrac{q}{4\pi\varepsilon_0 R}}=4\pi\varepsilon_0 R$$

若将地球看作导体球，取地球的半径 $R=6.4\times10^6\mathrm{m}$，它的电容为

$$C=4\pi\varepsilon_0 R=4\pi\times8.85\times10^{-12}\times6.4\times10^6\mathrm{F}=7.11\times10^{-4}\mathrm{F}$$

由此可见，法拉是一个很大的单位，在实际中常采用μF（微法）和pF（微微法）作为电容的单位，它们间的换算关系是

$$1\mu\mathrm{F}=10^{-6}\mathrm{F},\ 1\mathrm{pF}=10^{-6}\mu\mathrm{F}=10^{-12}\mathrm{F}$$

2. 电容器的电容

由两个相互靠近的导体（极板）构成的导体组，称为电容器。电容器带电时常使两极板带上等量异种的电荷。电容器的电容定义为电容器一个极板所带电荷量 q（指它的绝对值）和两极板A、B之间的电势差（不是某一极板的电势）之比，即

$$C=\frac{q}{V_\mathrm{A}-V_\mathrm{B}}=\frac{q}{U_\mathrm{AB}} \tag{5-34}$$

电容器的电容由两极板的大小、形状、相对位置以及极板间填充的绝缘材料等因素决定，与两极板的带电荷量和电势差无关，在量值上等于两导体间的电势差为1V时极板上所带的电荷量。电容器作为一种储藏电荷和电能的元件，被广泛应用于各种电路中，实际的电容器种类繁多，下面介绍几种常见的电容器，并根据式（5-34）来计算它们的电容。

（1）平行板电容器 如图5-31所示，设有两平行的金属极板，每板的面积为S，两板的内表面之间相距为d，并使板面的线度远大于两板的内表面的间距。令极板A带正电$+q$，极板B带等量的负电$-q$。由于板面线度远大于两板的间距，所以除边缘部分以外，两板间的电场可以认为是均匀的，而且电场局限于两板之间。设两板间为真空或充满空气。根据例题5-6中所导出的平行的无限大均匀带电平面的电场强度公式（5-18），两极板间均匀电场的电场强度大小为

$$E=\frac{\sigma_0}{\varepsilon_0}=\frac{q/S}{\varepsilon_0}$$

两极板间的电势差为

$$U_{AB}=Ed=\frac{qd}{\varepsilon_0 S}$$

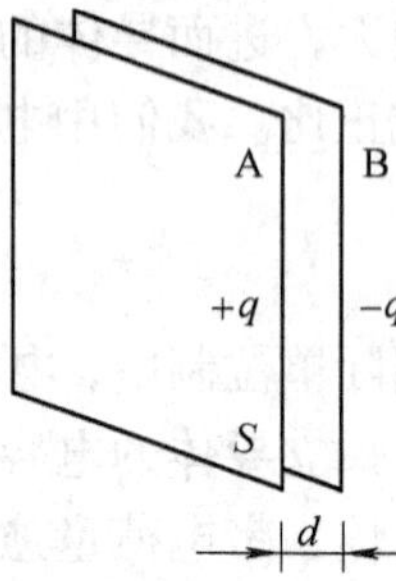

图5-31 平行板电容器

则由电容器电容的定义，得

$$C=\frac{q}{U_{AB}}=\frac{\varepsilon_0 S}{d} \tag{5-35}$$

由式（5-35）可知，C正比于极板面积S，反比于极板间距d。通过使两极板的间距d足够微小，并加大两极板的面积，就可获得较大的电容。

（2）球形电容器 如图5-32所示，球形电容器由两个同心的金属球壳A、B构成，这两个球壳就是电容器的两个极板。设两极板分别带有等量异号电荷$\pm q$，半径分别为R_A、R_B，其间为真空或充满空气。为了得到两极板之间的电势差，需要先求出它们之间的电场分布。显然这个电场是球对称的，在两球壳之间作一个同心球面作为高斯面，高斯面所包围的电荷为q，高斯面上各点的电场强度$\boldsymbol{E}$的大小处处相同，$\boldsymbol{E}$的方向各沿其半径而指向球外。根据高斯定理，有

$$E\cdot 4\pi r^2=\frac{q}{\varepsilon_0}$$

$$E=\frac{q}{4\pi\varepsilon_0 r^2}\qquad (R_A<r<R_B)$$

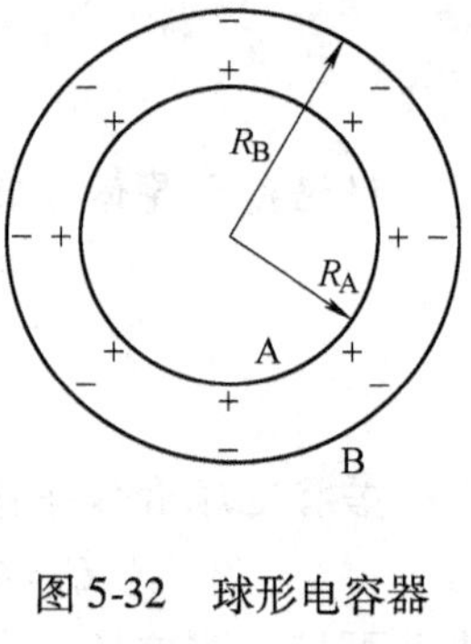

图5-32 球形电容器

两极板间的电势差为

$$U_{AB}=\int_A^B \boldsymbol{E}\cdot d\boldsymbol{l}=\int_{R_A}^{R_B}\frac{q}{4\pi\varepsilon_0 r^2}dr=\frac{q}{4\pi\varepsilon_0 R_A}-\frac{q}{4\pi\varepsilon_0 R_B}$$

所以球形电容器的电容为

$$C=\frac{q}{U_{AB}}=\frac{4\pi\varepsilon_0 R_A R_B}{R_B-R_A} \tag{5-36}$$

若$d=(R_B-R_A)\ll R_A$，则

$$C\approx\frac{4\pi\varepsilon_0 R_A^2}{d}=\frac{\varepsilon_0 S}{d}$$

式中，S是球面的面积。上述结果与平行板电容器的电容相同。

（3）圆柱形电容器 如图5-33所示，圆柱形电容器由两个长直同轴圆柱面状（圆筒）导体组成，其间为真空或充满空气。设内圆筒单位长度的带电荷量即电荷线密度为$+\lambda$，外

圆筒电荷线密度为 $-\lambda$，为了得到两圆筒状极板之间的电势差，需要先求出它们之间的电场分布。

本题带电系统具有轴对称性，即在到轴线距离为 r 的任一点的电场强度大小都相等，方向一定垂直于轴线，呈径向辐射状。完全与例题5-7类似，在两圆柱面之间作一个以 r 为半径、高为 l 的共轴圆柱体表面为高斯面，高斯面所包围的电荷为 λl，高斯面上各点的电场强度 $\boldsymbol{E}$ 的大小处处相同，方向垂直于轴线向外。利用高斯定理

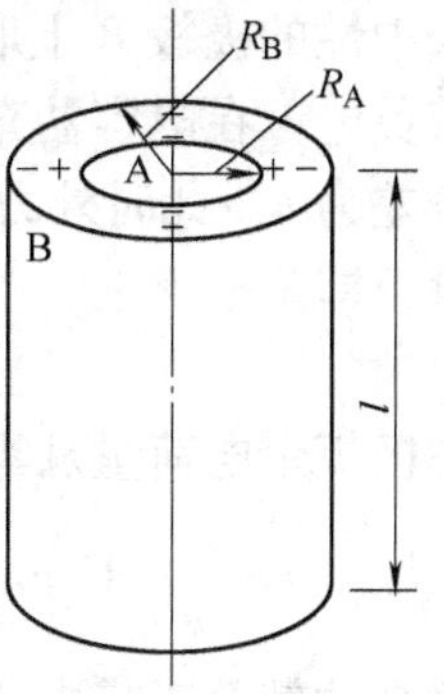

图5-33 柱形电容器

$$E \cdot 2\pi r l = \frac{\lambda l}{\varepsilon_0}$$

求出距离轴线 r 处电场强度 $\boldsymbol{E}$ 的大小为

$$E = \frac{\lambda}{2\pi\varepsilon_0 r}$$

两极板间的电势差为

$$U_{AB} = \int_A^B \boldsymbol{E} \cdot d\boldsymbol{l} = \int_{R_A}^{R_B} \frac{\lambda}{2\pi\varepsilon_0 r} dr = \frac{\lambda}{2\pi\varepsilon_0} \ln \frac{R_B}{R_A}$$

这样就得到长度为 l 的圆柱形电容器的电容

$$C = \frac{q}{U_{AB}} = \frac{\lambda l}{V_A - V_B} = \frac{2\pi\varepsilon_0 l}{\ln \dfrac{R_B}{R_A}} \tag{5-37}$$

圆柱形电容器的应用也较多，同轴电缆实际上就是圆柱形电容器，超高频信号的传输就要使用同轴电缆（如有线电视的传输线）。作为同轴电缆的参数，常采用单位长度的电容

$$C_0 = \frac{2\pi\varepsilon_0}{\ln \dfrac{R_B}{R_A}}$$

从以上三种电容器电容公式的推导，可以归纳推求电容公式的方法：假设电容器两极板上分别带电荷 $\pm q$，先利用高斯定理求两极板间的电场强度分布，再利用电场强度积分法计算两极板间的电势差 U_{AB}（也可利用电势叠加法计算 U_{AB}），所得的 U_{AB} 必然与 q 成正比，最后由电容的定义求出 C，它一定与 q 无关，完全由电容器本身的性质（如几何形状、大小等）所决定。

5.6 静电场的能量

任何带电过程都是正、负电荷的分离过程。在带电系统的形成过程中，外力必须克服电荷之间相互作用的静电力而做功，因此带电系统通过外力做功而获得一定的能量，这能量是从外界能源传递给这一带电系统的。带电系统形成后，根据能量守恒定律，外界能源所供给的能量必定转变为这带电系统的电能。电能在数值上等于外力所做的功，所以任何带电系统形成的静电场都具有一定值的能量。

5.6.1 电容器储能

一个电容器的电容为 C，通过一个充电过程，两极板上的电荷量从0达到 Q，两极板间

的电势差为 U。如图5-34所示，设想平行板电容器的充电过程是这样的，外力不断地从原来中性的极板B上取出正电荷并搬到极板A上，这样A极板带正电，B极板因失去正电荷带负电。在电容器充电过程中某时刻，两极板上的电荷量分别达到 $\pm q$，两极板间相应的电势差为 u。此时外力再将电荷量 dq 从负极板B搬到正极板A，外力做的功等于 dq 电势能的量，即

$$dW = u dq$$

在极板带电荷量从零达到 Q 的整个过程中，外力做的功为

$$W = \int dW = \int u dq = \int_0^Q \frac{q}{C} dq = \frac{Q^2}{2C}$$

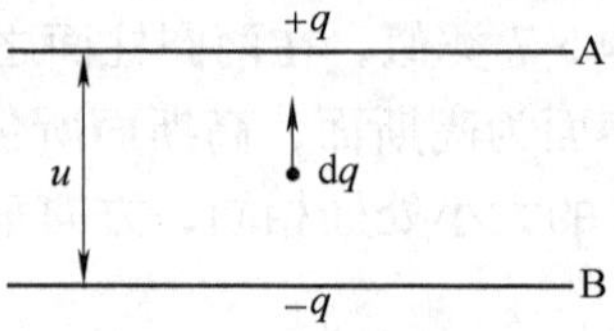

图5-34 电容器充电过程

这个功就等于带电荷量为 Q 的电容器所具有的能量，即储存在电容器中的能量为

$$W_e = W = \frac{Q^2}{2C} \tag{5-38}$$

根据电容器电容的定义式，上式也可写成

$$W_e = \frac{1}{2}CU^2 = \frac{1}{2}QU \tag{5-39}$$

可以将上述结论推广到一般情形：不管电容器的结构如何，式（5-38）对任何电容器都是正确的。

5.6.2 电场的能量 电场能量密度

上面我们以平行板电容器为例，说明了带电系统在带电过程中如何从外界获得能量。现在我们进一步说明这些能量是如何分布的。下面继续以平行板电容器为例，说明带电系统所储藏的能量分布在它所激发的电场空间之中，即电场具有能量。

利用平行板电容器电容公式（5-35），将储存在电容器中的能量式（5-38）改写为

$$W_e = \frac{Q^2}{2C} = \frac{Q^2 d}{2\varepsilon_0 S} = \frac{\varepsilon_0}{2}\left(\frac{Q}{\varepsilon_0 S}\right)^2 Sd = \frac{\varepsilon_0}{2}\left(\frac{\sigma}{\varepsilon_0}\right)^2 Sd$$

式中，σ 是极板上的电荷面密度，而 $\frac{\sigma}{\varepsilon_0}$ 就是两极板之间的电场强度的大小 E。因此

$$W_e = \frac{\varepsilon_0}{2}E^2 V \tag{5-40}$$

这就是**电场的能量**，式中的 $V = Sd$ 是电容器极板间电场所占空间的体积。平行板电容器极板间的电场是均匀的，W_e 与电场所占空间体积成正比，表明平行板电容器的电场能量均匀分布在它的电场中。

将电场能量除以电场体积，即为**电场的能量密度**，故由式（5-40）得

$$w_e = \frac{\varepsilon_0}{2}E^2 \tag{5-41}$$

上述结果虽从均匀电场导出，但可证明它是一个普遍适用的公式。也就是说，在任何非均匀电场中，只要给出场中某点的电场强度，那么该点的电场能量密度就可由式（5-41）确定。

因为能量是物质的状态特性之一，所以它是不能和物质分割开的。电场具有能量，这就证明电场也是一种物质。电场能量定域于电场之中，电场携带了能量。

要计算任一带电系统整个电场中所储存的总能量，只要将电场的能量密度对整个电场空间的体积 V 积分即可

$$W_e = \int_V w_e \mathrm{d}V = \int_V \frac{\varepsilon_0}{2}E^2 \mathrm{d}V \tag{5-42}$$

【例题 5-14】 平行板电容器带电荷量 Q，在保持 Q 不变的情况下将板间间距从 d 缓慢拉动至 $2d$。求电容器能量的变化。

解 平行板电容器的极板间距增大，其电容减小。由于保持 Q 不变，根据式（5-38），电容器能量变化

$$\Delta W_e = W_{e末} - W_{e初} = \frac{Q^2}{2C_末} - \frac{Q^2}{2C_初}$$

$$= \frac{Q^2}{2}\left(\frac{2d}{\varepsilon_0 S} - \frac{d}{\varepsilon_0 S}\right) = \frac{Q^2 d}{2\varepsilon_0 S}$$

显然，电容器能量增加了，因此在这个过程中需要外力做功。

【例题 5-15】 求真空中半径为 R、带电荷量为 Q 的均匀带电球面的电场的能量。

解 先根据高斯定理计算出距球心 r 处的电场强度（参见例题 5-5）

$$E_1 = 0 \quad (r < R)$$

$$E_2 = \frac{1}{4\pi\varepsilon_0}\frac{Q}{r^2} \quad (r \geqslant R)$$

下面根据场积分方法来计算静电能。显然本题中的电场具有球对称性，因此取半径为 r、厚度为 $\mathrm{d}r$ 的薄球壳作为体积元 $\mathrm{d}V = 4\pi r^2 \mathrm{d}r$，根据式（5-42）

$$W_e = \int \frac{1}{2}\varepsilon_0 E^2 \mathrm{d}V = \frac{\varepsilon_0}{2}\int_0^R E_1^2 4\pi r^2 \mathrm{d}r + \frac{\varepsilon_0}{2}\int_R^\infty E_2^2 4\pi r^2 \mathrm{d}r$$

$$= \frac{\varepsilon_0}{2}\int_R^\infty \left(\frac{Q}{4\pi\varepsilon_0 r^2}\right)^4 4\pi r^2 \mathrm{d}r = \frac{Q^2}{8\pi\varepsilon_0 R}$$

本题还可以由电容器储能公式计算。从电场分布上看，均匀带电球面等效于相同半径、相同带电荷量的孤立导体球。半径为 R 的孤立导体球的电容为 $C = 4\pi\varepsilon_0 R$（参见例题 5-13），因此带电荷量为 Q、半径为 R 的均匀带电球面的电场的能量就是相同半径和带电荷量的孤立导体球电容储存的能量，根据式(5-38)得到

$$W_e = \frac{Q^2}{2C} = \frac{Q^2}{2 \times 4\pi\varepsilon_0 R} = \frac{Q^2}{8\pi\varepsilon_0 R}$$

内 容 提 要

1. 库仑定律

真空中点电荷 q_1 和 q_2 之间的作用力：$\boldsymbol{F} = \frac{1}{4\pi\varepsilon_0}\frac{q_1 q_2}{r^2}\boldsymbol{e}_r$

静电力的叠加原理：$\boldsymbol{F} = \sum_{i=1}^{n} \boldsymbol{F}_i = \sum_{i=1}^{n} \frac{1}{4\pi\varepsilon_0}\frac{q q_i}{r_i^2}\boldsymbol{e}_{ri}$

2. 电场强度

电场强度的定义：$\boldsymbol{E}=\dfrac{\boldsymbol{F}}{q_0}$

点电荷的电场：$\boldsymbol{E}=\dfrac{1}{4\pi\varepsilon_0}\dfrac{q}{r^2}\boldsymbol{e}_r$

电场强度叠加原理：$\boldsymbol{E}=\boldsymbol{E}_1+\boldsymbol{E}_2+\cdots+\boldsymbol{E}_n=\sum\limits_{i=1}^{n}\boldsymbol{E}_i$

3. 高斯定理

通过任意曲面 S 的电场强度通量：$\Phi_e=\iint\limits_S\boldsymbol{E}\cdot d\boldsymbol{S}=\iint\limits_S E dS\cos\theta$

高斯定理：$\Phi_e=\oiint\limits_S\boldsymbol{E}\cdot d\boldsymbol{S}=\dfrac{q}{\varepsilon_0}$

利用高斯定理求电场强度，典型对称性带电体的电场强度

4. 静电场的环路定理

静电场力对电荷所做的功与电荷移动的路径无关，静电场力是保守力。

静电场 $\boldsymbol{E}$ 的环流等于零：$\oint\limits_L\boldsymbol{E}\cdot d\boldsymbol{l}=0$

5. 电势能　电势和电势差

静电场力所做的功 W_{ab} 等于电势能 W_e 的减少：$W_{ea}-W_{eb}=W_{ab}=\int_a^b q_0\boldsymbol{E}\cdot d\boldsymbol{l}$

电势是单位正电荷处在某位置上的电势能：$V=\dfrac{W_e}{q_0}$

电势差：$U_{ab}=V_a-V_b=\int_a^b\boldsymbol{E}\cdot d\boldsymbol{l}$

电场中任意一点 a 的电势：$V_a=V_a-V_\infty=\int_a^\infty\boldsymbol{E}\cdot d\boldsymbol{l}$　（$V_\infty=0$）

电势叠加原理：$V_a=V_1+V_2+\cdots+V_n=\sum\limits_{i=1}^{n}V_i=\sum\limits_{i=1}^{n}\dfrac{q_i}{4\pi\varepsilon_0 r_i}$

电场线与等势面的性质

6. 静电场中的导体

静电平衡条件；静电平衡导体的性质

孤立导体的电容：$C=\dfrac{q}{V}$

电容器的电容：$C=\dfrac{q}{V_A-V_B}=\dfrac{q}{U_{AB}}$

7. 真空中静电场的能量

储存在电容器中的能量：$W_e=\dfrac{Q^2}{2C}$

电场能量密度：$w_e=\dfrac{\varepsilon_0}{2}E^2$

电场的能量：$W_e = \int_V w_e \mathrm{d}V = \int_V \frac{\varepsilon_0}{2} E^2 \mathrm{d}V$

习 题

一、选择题

1. 在坐标原点放一正电荷 $+Q$，它在 P 点（$x=+1$，$y=0$）产生的电场强度为 $\boldsymbol{E}$。现在，另外有一个负电荷 $-2Q$，试问应将它放在什么位置才能使 P 点的电场强度为零？ [ ]

A. x 轴上 $x>1$ B. x 轴上 $x<0$ C. x 轴上 $0<x<1$ D. 坐标原点

2. 下列说法中哪一个是正确的？ [ ]

A. 电场中某点电场强度的方向，就是将点电荷放在该点所受的电场力的方向。

B. 在以点电荷为中心的球面上，该电荷产生的电场强度处处相同。

C. 电场强度方向可由 $\boldsymbol{E}=\frac{\boldsymbol{F}}{q_0}$ 定出，其中 q_0 为试验电荷的电荷量，q_0 可正可负，$\boldsymbol{F}$ 为试验电荷所受的电场力。

D. 电场强度由 $\boldsymbol{E}=\frac{\boldsymbol{F}}{q_0}$ 定义，电场强度大小与试验电荷电荷量 q_0 成反比。

3. 如图 5-35 所示，电荷量为 Q 的点电荷被闭合曲面 S 所包围，从无穷远处引另一电荷量为 q 的点电荷至曲面外一点，则 [ ]

A. 曲面 S 的电场强度通量不变，曲面上各点电场强度不变。

B. 曲面 S 的电场强度通量变化，曲面上各点电场强度不变。

C. 曲面 S 的电场强度通量变化，曲面上各点电场强度变化。

D. 曲面 S 的电场强度通量不变，曲面上各点电场强度变化。

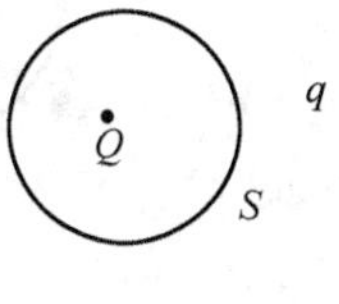

图 5-35

4. 两个同心均匀带电球面，半径分别为 R_a 和 R_b（$R_a<R_b$），所带电荷量分别为 q_a 和 q_b，设某点与球心相距 r，当 $R_a<r<R_b$ 时，该点的电场强度的大小为 [ ]

A. $\frac{1}{4\pi\varepsilon_0}\frac{q_a+q_b}{r^2}$ B. $\frac{1}{4\pi\varepsilon_0}\frac{q_a-q_b}{r^2}$

C. $\frac{1}{4\pi\varepsilon_0}\left(\frac{q_a}{r^2}+\frac{q_b}{R_b^2}\right)$ D. $\frac{1}{4\pi\varepsilon_0}\frac{q_a}{r^2}$

5. 如图 5-36 所示，直线 MN 长为 $2l$，弧 OCD 是以 N 点为中心，l 为半径圆弧，N 点有正电荷 $+q$，M 点有负电荷 $-q$，今将一试验电荷 $+q_0$ 从 O 点出发沿路径 $OCDP$ 移到无穷远处，设无穷远处电势为零，则电场力做功 [ ]

A. $W<0$ 且为有限常量 B. $W>0$ 且为有限常量

C. $W=0$ D. $W=\infty$

6. 如图 5-37 所示，在匀强电场中，将一负电荷从 A 移到 B，则 [ ]

A. 电场力做正功，负电荷的电势能减少。

B. 电场力做正功，负电荷的电势能增加。

C. 电场力做负功，负电荷的电势能减少。

D. 电场力做负功，负电荷的电势能增加。

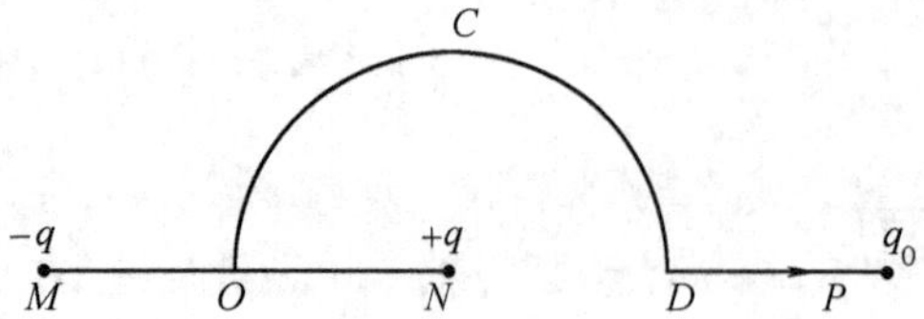

图 5-36

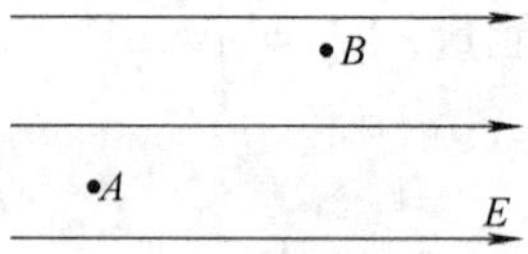

图 5-37

7. 如图5-38所示，在点电荷q的电场中，选取以q为中心、R为半径的球面上一点A处作为电势零点，则与点电荷q距离为r的P点的电势为 [ ]

A. $\dfrac{q}{4\pi\varepsilon_0 r}$　B. $\dfrac{q}{4\pi\varepsilon_0}\left(\dfrac{1}{r}-\dfrac{1}{R}\right)$　C. $\dfrac{q}{4\pi\varepsilon_0(r-R)}$　D. $\dfrac{q}{4\pi\varepsilon_0}\left(\dfrac{1}{R}-\dfrac{1}{r}\right)$

8. 已知厚度为d的无限大带电导体平板，两表面上电荷均匀分布，电荷面密度均为σ，如图5-39所示。则板外两侧的电场强度的大小为 [ ]

A. $E=\dfrac{\sigma}{2\varepsilon_0}$　B. $E=\dfrac{2\sigma}{\varepsilon_0}$　C. $E=\dfrac{\sigma}{\varepsilon_0}$　D. $E=\dfrac{\sigma d}{2\varepsilon_0}$

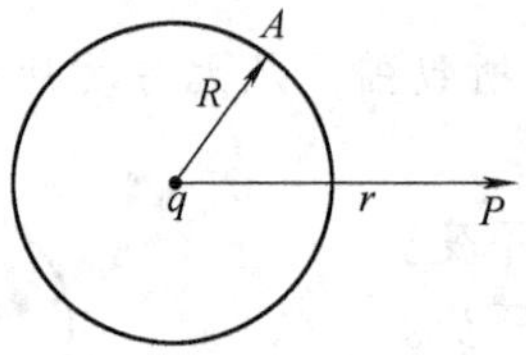

图 5-38

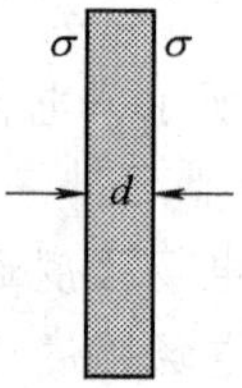

图 5-39

9. 两个半径相同的金属球，一为空心，一为实心，两者的电容值相比较 [ ]

A. 两球电容量值相等　B. 实心球电容值小

C. 实心球电容值大　D. 大小关系无法确定

10. 一平板电容器充电后保持与电源连接，若改变两极板间的距离，则下述物理量中哪个保持不变 [ ]

A. 电容器的电容量　B. 两极板间的电场强度

C. 电容器储存的能量　D. 两极板间的电势差

二、填空题

1. 把两个相同的小球用同样长度的细绳l悬挂于同一点，小球的质量都为m，带等值同号的电荷量q，如图5-40所示，设平衡时两线间夹角2θ很小，则两小球间的距离$x=$ ________。

2. 一半径为R的带有一缺口的细圆环，缺口长度为$d(d \ll R)$。环上均匀带正电，总电荷量为q，如图5-41所示，则圆心O处的电场强度大小$E=$ ________，电场强度方向为________。

3. 半径为R的半球面置于电场强度为$\boldsymbol{E}$均匀电场中，其对称轴与电场强度方向一致，如图5-42所示，则通过该半球面的电场强度通量为________。

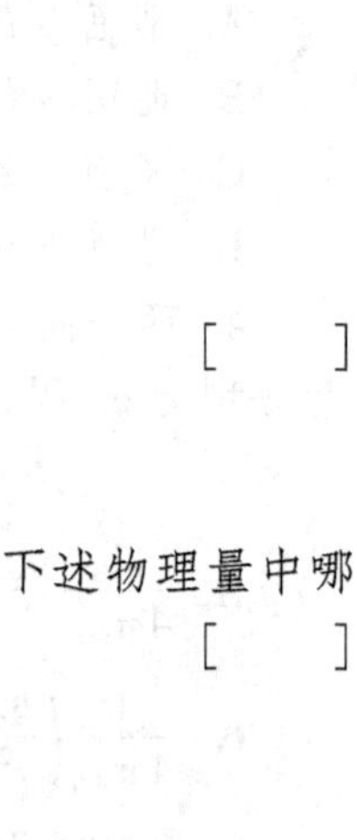

图 5-40

4. 如图5-43所示，点电荷q和$-q$被包围在高斯面S内，则通过该高斯面的电场强度通量$\oint_S \boldsymbol{E}\cdot d\boldsymbol{S}=$__________，式中$\boldsymbol{E}$为__________处的电场强度。

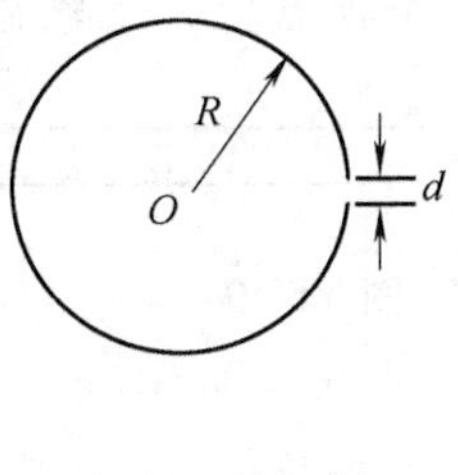

图 5-41

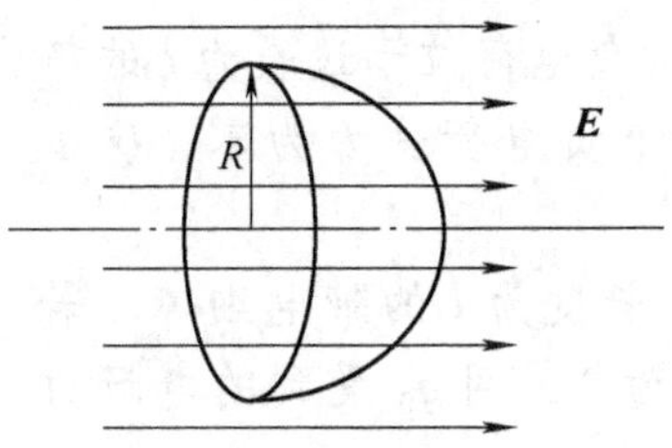

图 5-42

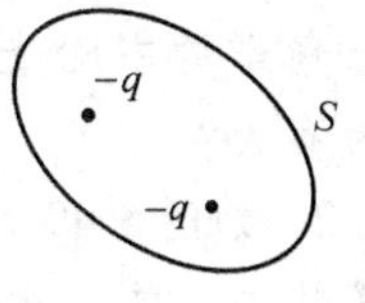

图 5-43

5. 点电荷q_1、q_2、q_3和q_4在真空中的分布如图5-44所示，图中S为高斯面，则通过该高斯面的电场强度通量$\oint_S \boldsymbol{E}\cdot d\boldsymbol{S}=$__________。式中的$\boldsymbol{E}$是高斯面上任一点的电场强度，它等于点电荷__________单独存在时在该点产生电场强度的矢量和。

6. 如图5-45所示，三个平行的无限大均匀带电平面，其电荷面密度都是$+\sigma$，则A、B、C、D四个区域的电场强度分别为：$E_A=$__________，$E_B=$__________，$E_C=$__________，$E_D=$__________。(设方向向右为正)

7. 如图5-46所示，A、B为真空中两个平行的“无限大”均匀带电平面，已知两平面间的电场强度大小为E_0，两平面外侧电场强度大小都为$E_0/3$，方向如图5-46所示。则A、B两平面上电荷面密度分别为$\sigma_A=$__________，$\sigma_B=$__________。

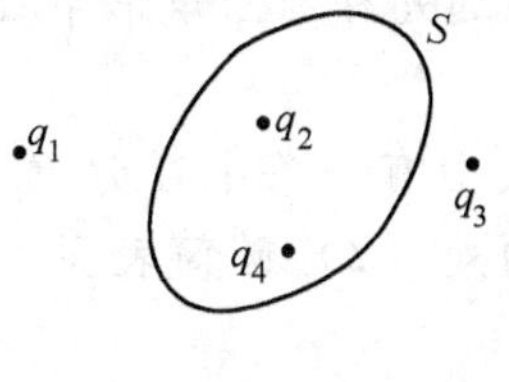

图 5-44

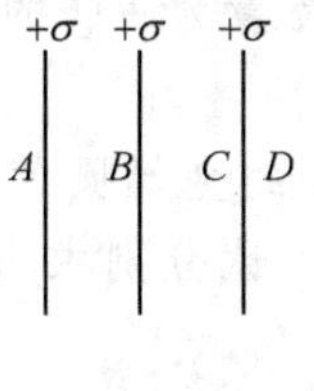

图 5-45

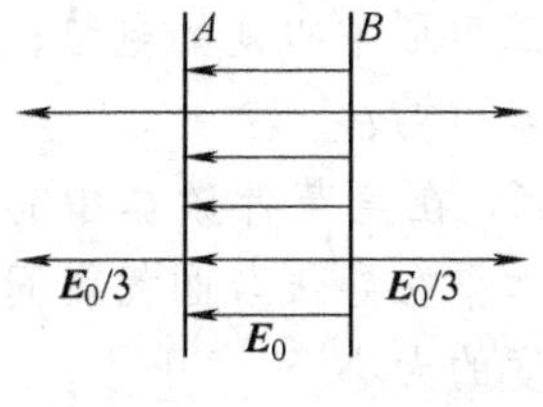

图 5-46

8. 真空中有一半径为R的半圆细环，均匀带电Q，如图5-47所示，设无穷远处为电势零点，则圆心O点的处的电势$V_O=$__________，若将一带电荷量为q的点电荷从无穷远处移到圆心O点，则电场力做功$W=$__________。

9. 如图5-48所示，一无限大均匀带电平面附近设置一与之平行的无限大平面导体板。已知带电面的电荷面密度为σ，则导体板两侧面的感应电荷密度分别为$\sigma_1=$__________和$\sigma_2=$__________。

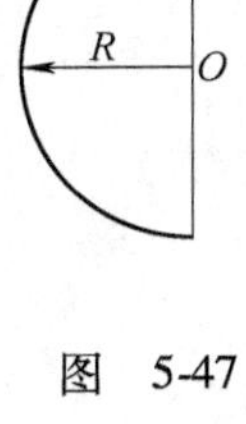

图 5-47

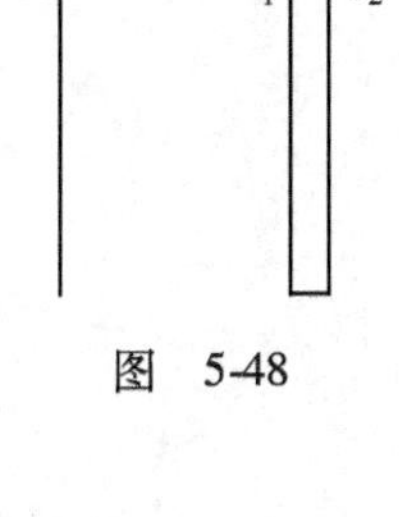

图 5-48

10. 一平行板电容器，极板面积为 S，间距为 d，接在电源上并保持电压恒定为 U。若将极板距离拉开一倍，那么电容器中静电能的改变为__________。

三、计算题

1. 三个电荷量均为 $-q$ 的负电荷位于边长为 l 的等边三角形的三个顶点上，正电荷 Q 放在三角形的中心上。为使每个负电荷受力为零，Q 值应为多大？

2. 如图5-49所示，有一长度为 l 的带电细棒。若电荷均匀分布，电荷线密度为 λ，问 q_0 受到的电场力是多少？

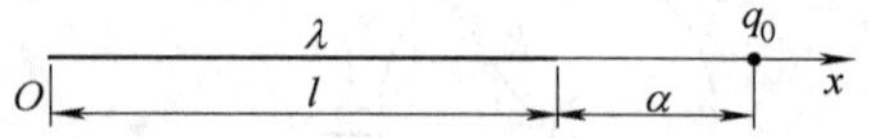

图 5-49

3. 一段半径为 a 的细圆弧，对圆心所张的角为 θ_0，其上均匀分布有正电荷 q，试用 a、q、θ_0 表示出圆心 O 处的电场强度。

4. 求半径为 a 的均匀带电薄圆盘轴线上任一点的电场强度，设圆盘的电荷面密度为 σ。

5. 求真空中半径为 R、带电荷量为 q 的均匀带电球体内外的电场分布。

6. 设半径为 R 的球体，电荷体密度 $\rho = kr(r < R)$，其中 k 为常量，r 为球体上任一点距球心的距离。求带电球体内外的电场强度分布，并画出 $E \sim r$ 关系曲线。

7. 设两个平行带电平板A和B之间的距离 d 很小，面积均为 S，分别带正负电荷 $\pm q$。试求两带电平板间相互作用力的大小。

8. 四个点电荷带电荷量都为 q，分别置于边长为 a 的正方形的四个角上，以无穷远处为电势零点，求正方形中心处的电场强度和电势。

9. 边长为 a 的正三角形，三个顶角上放置电荷量分别为 q、$-q$ 和 $-2q$ 的三个点电荷。求此三角形中心处的电势；若将一个电荷量为 $+Q$ 的点电荷从无限远处移到三角形中心，外力做多少功？

10. 在盖革计数器中有一半径为 R_2 的金属圆筒，在圆筒轴线上有一条半径为 R_1 的导线，如果在导线与圆筒之间加上电压 U，试分别求（1）导线表面处（2）圆筒表面处的电场强度的大小。

11. 求球面半径为 R、总带电荷量为 q 的均匀带电球面的电势分布。

12. 假想从无限远处陆续移来微量电荷使一半径为 R 的导体球带电。(1) 当球上已带有电荷 q 时，再将一个电荷元 dq 从无限远处移到球上的过程中，外力做多少功？(2) 使球上电荷量从零开始增加到 Q 的过程中，外力共做多少功？

13. 一个平行板电容器的电容是 $C = 1000\text{pF}$，充电到电荷量 $Q = 1\times10^{-6}\text{C}$ 后，将输电线断开。求：(1) 极板间的电势差以及此时的电场能量；(2) 将两极板拉开到原距离的两倍，计算拉开前后电场能量的变化，并解释其原因。

第6章　恒定电流的磁场

在前一章我们讨论了导体在静电场中达到静电平衡时的特性，我们看到这时导体内部的电场强度为零，整个导体是一个等势体，导体中的电荷不再作宏观移动。电荷的定向移动形成电流，要在导体内形成不随时间变化的恒定电流，在导体内必须有一个稳恒电场。在电流或运动电荷的周围空间不仅存在电场，也存在磁场。电流或运动电荷间的相互作用不仅有电力还有磁力，而磁力是通过磁场传递的。磁场的基本性质和它所遵循的规律不同于电场，磁力也不同于电力。

本章首先介绍恒定电流的描述，以及电源和电源的电动势等概念，然后学习恒定电流产生的稳恒磁场的性质和规律，以及稳恒磁场对电流和运动电荷的作用。主要内容有：描述磁场的重要物理量磁感应强度的定义，毕奥-萨伐尔定律，磁场的高斯定理，安培环路定理，磁场对载流导线的作用以及洛伦兹力等。

6.1　恒定电流

6.1.1　电流　电流密度

我们把可移动的电荷统称为载流子，载流子的定向运动就形成电流。金属内的载流子是电子，在电解液导体中载流子是正、负离子，在电离的气体中载流子是正、负离子和电子。

一般的导体中，在没有电场作用时电子只作热运动，不能形成电流。在受到电场作用时，载流子将作定向运动从而形成电流，不过这个电场不是静电场，因为静电场作用于导体，将出现静电平衡，导体内部电场将消失，电流只能维持短暂的一瞬间。

我们把单位时间内通过导体截面的电荷量定义为**电流**，用符号 I 表示。设在导体上任取一截面，如果在 Δt 时间内，流过这个截面的电荷量为 Δq，则通过该截面的电流为

$$I=\frac{\Delta q}{\Delta t} \tag{6-1}$$

如果通过该截面的电流是随时间而变的（例如交流电），设在 $\mathrm{d}t$ 时间内通过导体某截面的电荷量为 $\mathrm{d}q$，则通过该截面的瞬时电流为

$$I=\frac{\mathrm{d}q}{\mathrm{d}t} \tag{6-2}$$

电流是标量，但习惯上规定正电荷流动的方向为电流的正方向。在金属导体中，我们实际上把负电荷的移动都想象地看作是正电荷沿着相反方向、即循着电场方向的移动。实验证明，这在效果上是等同的。

在国际单位制中，规定电流为基本量，单位为A（安培，简称安）。我们把1s内通过导体任一截面的电荷量为1C的电流称为1A，即1A＝1C/s。

电流反映了单位时间内载流子通过导体整个截面的状况，不涉及载流子穿越该截面各处

的细节。如图 6-1a 所示，如果导体的粗细不均匀，在大截面上各处和小截面上各处载流子的分布状况显然是不同的。为了描述电流的分布，需要引入另一个物理量，即**电流密度**。电流密度是矢量，导体内某点处电流密度矢量 $\boldsymbol{j}$ 的方向为该点处正电荷的运动方向，其大小等于单位时间内在该点附近垂直于电荷运动方向的单位截面上所通过的电荷量。按以上定义，在导体内某点处取一微小的与该点处正电荷运动方向相垂直的面积元 $\mathrm{d}S_{\perp}$，如果通过 $\mathrm{d}S_{\perp}$ 的电流为 $\mathrm{d}I$，则该点处电流密度矢量 $\boldsymbol{j}$ 可表示为

$$\boldsymbol{j}=\frac{\mathrm{d}I}{\mathrm{d}S_{\perp}}\boldsymbol{e}_{\mathrm{n}}=\frac{\mathrm{d}q}{\mathrm{d}t\mathrm{d}S_{\perp}}\boldsymbol{e}_{\mathrm{n}} \tag{6-3}$$

式中，$\boldsymbol{e}_{\mathrm{n}}$ 是面元 $\mathrm{d}S_{\perp}$ 的法向单位矢量。电流密度的单位是 $\mathrm{A/m^2}$（安培/米^2）。

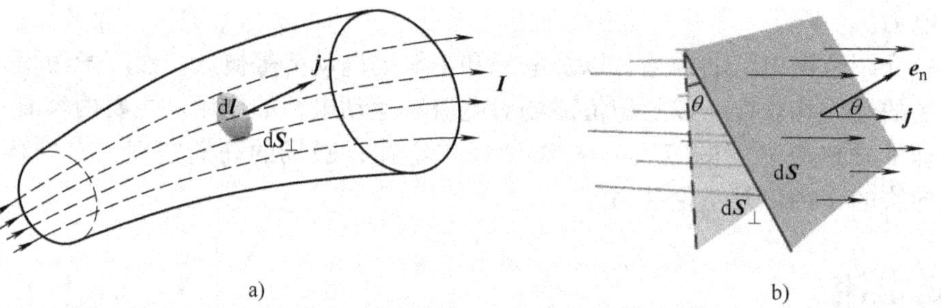

图 6-1 电流与电流密度矢量

如图 6-1b 所示，若某点处的面元 $\mathrm{d}S$ 不垂直于电流，其法线 $\boldsymbol{e}_{\mathrm{n}}$ 与该处电流密度 $\boldsymbol{j}$ 之间有一夹角 θ，则 $\mathrm{d}S_{\perp}=\mathrm{d}S\cos\theta$。根据式（6-3），该处电流可以表示为

$$\mathrm{d}I=j\mathrm{d}S_{\perp}=j\mathrm{d}S\cos\theta=\boldsymbol{j}\cdot\mathrm{d}\boldsymbol{S} \tag{6-4}$$

通过导体中任一曲面 S 的电流 I 可以表示为

$$I=\iint_S\boldsymbol{j}\cdot\mathrm{d}\boldsymbol{S} \tag{6-5}$$

6.1.2 电流的连续性方程和恒定电流条件

在导体内任取一闭合曲面 S，根据电荷守恒定律，单位时间由闭合曲面 S 内流出的电荷量，必定等于在同一时间内闭合曲面 S 所包围的电荷量的减少，也就是下面的关系必须成立

$$\oint\!\!\!\oint_S\boldsymbol{j}\cdot\mathrm{d}\boldsymbol{S}=-\frac{\mathrm{d}q}{\mathrm{d}t} \tag{6-6}$$

这就是电流连续性方程的积分形式。

如果电流密度 $\boldsymbol{j}$ 不随时间变化，这样的电流称为**恒定电流**。电流密度 $\boldsymbol{j}$ 不随时间变化，就要求电流场中的电荷分布也不随时间变化，由分布不随时间变化的电荷所激发的电场，称为**恒定电场**。既然恒定电场中电荷分布不随时间变化，电流连续性方程式（6-6）必定具有下面的形式

$$\oint\!\!\!\oint_S\boldsymbol{j}\cdot\mathrm{d}\boldsymbol{S}=0 \tag{6-7}$$

式（6-7）就是恒定电流连续性方程的积分形式，也称为电流的恒定条件。恒定电流条件表明，在恒定电流场中通过任意闭合曲面的电流必定等于零。

上面所说的恒定电场，是由运动的而分布不随时间变化的电荷所激发的，它服从与静电场同样的基本规律，如高斯定理和环路定理，电势差的概念也同样适用。所以两者通称之为库仑电场。但与静电场中导体内部的电场强度为零不同的是，在恒定电场中导体内部的电场强度不等于零。

6.1.3　电动势

为了在导体内部形成恒定电流必须保证导体两端有恒定的电势差，即需要在导体内建立一个恒定电场。那么如何在导体内建立恒定电场呢？试设想，将一个已充了电的电容器两极板沿外部用导线连接起来，构成闭合回路，电路上将有电流流过。不过，随着两极板电荷量的减少，它们之间的电势差降低，电流很快就消失了。因此，单靠静电场不能在导体中维持稳恒的电流流动，要维持恒定的电流，必须设法沿另一路径（例如沿电容器内部），将流到负极板的正电荷再送回正极板，这样才能在导体两端维持有稳恒的电势差。但要这样做，必须克服两极板间的静电场而做功。能够提供这种功的力，一定是除静电力以外的力，这种力称为**非静电力**。提供非静电力的装置称为**电源**，如化学电池、硅（硒）太阳能电池，发电机等。实际上电源是把其他形式的能量转换为电能的装置。

电流经电源内部从负极板流向正极板的电路叫内电路。电流经电源外部从正极板流向负极板的电路叫外电路。在电源内部，即内电路电荷同时受到恒定电场和非静电性电场的作用，而在外电路却只有恒定电场的作用。静电力使正电荷从高电势移到低电势，而非静电力则是使正电荷从低电势移到高电势。

电源电动势是描述电源非静电力做功能力大小的物理量。如图6-2所示，如果将电源非静电力作用当作一种非静电场，并以电场强度 $\boldsymbol{E}_k$ 表示，则电源的电动势则定义为

$$\varepsilon = \int_{-}^{+} \boldsymbol{E}_k \cdot \mathrm{d}\boldsymbol{l} \tag{6-8}$$

即电源电动势是把单位正电荷从负极板B经内电路搬至正极板A非静电场力所做的功。电动势是标量，它在电路中可取正、反两种方向。我们规定，从负极经电源内部到正极的方向为电动势的方向。

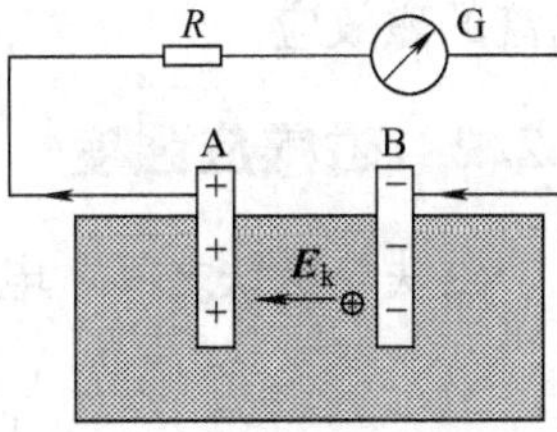

图6-2　电源电动势

ε 越大表示电源将其他形式能量转换为电能的本领越大。其大小与电源结构有关，与外电路无关。

电动势的单位和电势的单位相同，在国际单位制中是V（伏特），1V = 1J/C。

因为外电路中的 $\boldsymbol{E}_k$ 为零，于是我们还可以将电动势表示为非静电场的电场强度 $\boldsymbol{E}_k$ 沿闭合电路上的环流

$$\varepsilon = \oint \boldsymbol{E}_k \cdot \mathrm{d}\boldsymbol{l} \tag{6-9}$$

这是电动势的又一种表示法，它比式（6-8）更具普遍性。

6.2 磁场 磁感应强度

6.2.1 磁的基本现象 电流与磁场

和电现象一样，人们很早就发现了磁现象。但是直到丹麦物理学家奥斯特发现了电流的磁效应，人类才真正开始了磁本质的研究。人们早期对于磁铁基本现象的认识，可归纳为以下几点：

1）磁铁具有吸引铁、镍、钴等物质的性质，称为磁性。磁铁上磁性特别强的区域称为磁极。磁极间存在着相互作用力，称为磁力。将条形磁铁或狭长磁针的中心支撑或悬挂起来，使它能在水平面内自由转动，平衡时它总是沿南北取向，指南的一端称为S极，指北的一端称为N极。

2）如果把一条磁铁折成数段，不论段数多少或各段的长短如何，每一小段仍将形成一个很小的磁铁，仍具有N、S两极，即N极与S极相互依存而不可分离。但是，正电荷或负电荷却可以独立存在，这是磁现象和电现象的基本区别。

1820年，奥斯特首先发现了电流的磁效应。后来安培发现放在磁铁附近的载流导线或载流线圈，也要受到力的作用而发生运动。进一步的实验还发现，磁铁与磁铁之间、电流与磁铁之间以及电流与电流之间都有磁相互作用。上述实验现象导致了人们对“磁性本源”的研究。1822年安培从微观上来解释物质磁性的原因，提出了著名的关于物质磁性本质的假说——分子电流假说，认为一切磁现象的根源是电流，任何物质的分子，都存在着环形电流，即分子电流。组成磁体的分子电流有规则地排列起来，在宏观上就会显示出磁性，磁铁的磁性就是这些分子电流磁效应的总和。安培的分子电流假说指明了一切磁现象都可归结为电流的磁效应。

6.2.2 磁感应强度

磁铁与磁铁之间、电流与磁铁之间以及电流与电流之间的相互作用，是通过磁场来实现

电流（运动电荷）$\rightleftharpoons$ 磁场 $\rightleftharpoons$ 电流（运动电荷）

的。也就是说，任何磁铁、电流或运动电荷周围空间里都存在着磁场，而它们之间的相互作用实际上是磁场间的相互作用，是磁场力的具体体现。磁场与电流（运动电荷）之间的关系是磁场对位于磁场中的电流（或运动电荷）有力的作用，而且当载流导体在磁场中运动时，磁场力对它做功。磁场和电场一样，也具有能量，也是物质存在的一种形式。

描述磁场的基本物理量是**磁感应强度**，用 $\boldsymbol{B}$ 表示。磁感应强度是矢量，磁场既具有方向，又显示强弱，在磁场中任意一点处磁感应强度 $\boldsymbol{B}$ 可用一个运动点电荷 q 在该点所受的磁场力来定义：

（1）当带电粒子在磁场中沿某一方向运动时，受力为零，带电粒子运动的方向就定义为磁感应强度的方向。

（2）当带电粒子的速度$\boldsymbol{v}$沿任意方向时，受力 $\boldsymbol{F}$ 的大小与 $qv\sin\theta$ 成正比，θ 为$\boldsymbol{v}$ 和 $\boldsymbol{B}$ 之间的夹角。而且比值 $F/qv\sin\theta$ 对于确定的场点 P 有唯一的量值。所以，这个比值代表了在该场点处磁场的强弱，因此规定磁感应强度 $\boldsymbol{B}$ 的大小

$$B = \frac{F}{qv\sin\theta} \tag{6-10}$$

磁场作用于运动电荷的磁力大小为

$$F = qvB\sin\theta$$

实验表明：运动点电荷所受的磁场力 $\boldsymbol{F}$ 总是垂直于 $\boldsymbol{v}$ 和 $\boldsymbol{B}$，故又可将上式写成矢量式

$$\boldsymbol{F} = q\boldsymbol{v} \times \boldsymbol{B} \tag{6-11}$$

$\boldsymbol{F}$ 称为**洛伦兹力**。洛伦兹力与速度、磁感应强度构成右手螺旋关系，如图 6-3 所示。

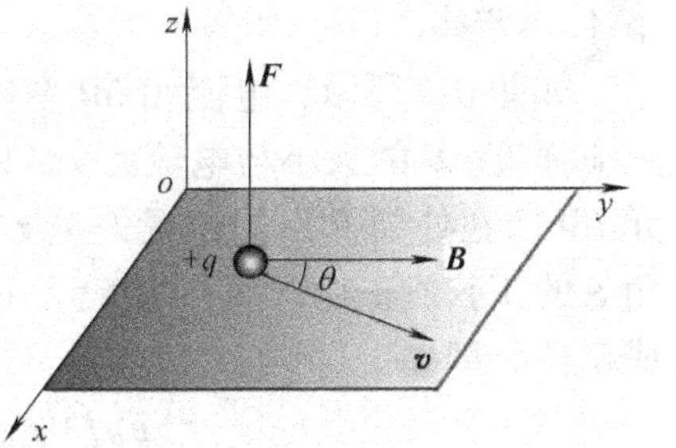

图 6-3 洛伦兹力

当带电粒子的速度垂直于磁感应强度 $\boldsymbol{B}$ 的方向时，电荷受力最大，$F_{max} = qvB$。若电荷静止不动，则电荷不受磁力作用。运动电荷与静止电荷不同之处在于：静止电荷的周围空间只存在静电场，而任何运动电荷或电流的周围空间，除了和静止电荷一样存在电场之外，还存在磁场。电场对处于其中的任何电荷（不论运动与否）都有电场力作用；而磁场则只对运动电荷有磁场力作用。磁力只作用在运动电荷上，这是磁力与电力的显著不同。

在国际单位制中，磁感应强度 $\boldsymbol{B}$ 的国际单位为 T（特斯拉）。磁场还有一个辅助单位，称为 Gs（高斯），$1\text{T} = 10^4\text{Gs}$。

6.3 毕奥-萨伐尔定律

6.3.1 磁场叠加原理

计算恒定电流的磁场的基本方法与在静电场中计算带电体的电场时的方法相似。如图 6-4 所示，为了求恒定电流的磁场，我们也可将载流导线分成无限多个小的载流线元，即在载流导线上沿电流流向取一段长度为 dl 的线元，若线元中通过的恒定电流为 I，则我们就把 Idl 表示为矢量 $I\text{d}\boldsymbol{l}$，$I\text{d}\boldsymbol{l}$ 的方向沿着线元中的电流流向。这一载流线元矢量 $I\text{d}\boldsymbol{l}$ 就称为**电流元**。电流元可作为计算电流磁场的基本单元。

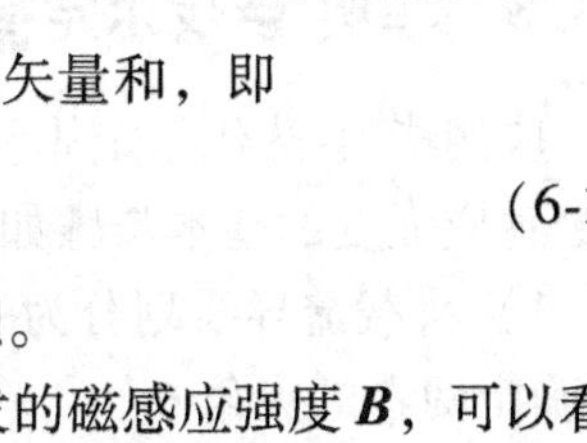

图 6-4 磁场叠加原理

实验证明，在由 n 个电流共同激发的磁场中，某点的磁感应强度 $\boldsymbol{B}$，等于各个电流单独存在时在该点产生的磁感应强度的矢量和，即

$$\boldsymbol{B} = \sum_{i=1}^{n} \boldsymbol{B}_i \tag{6-12}$$

式中，$\boldsymbol{B}_i$ 是第 i 个电流在该点产生的磁场。这就是**磁场叠加原理**。

根据磁场叠加原理，一根载流导线 L 在空间中某点 P 所激发的磁感应强度 $\boldsymbol{B}$，可以看作是这导线上所有电流元 $I\text{d}\boldsymbol{l}$ 在该点激发的磁感应强度 d$\boldsymbol{B}$ 的叠加（矢量和），即

$$\boldsymbol{B} = \int_L d\boldsymbol{B} \tag{6-13}$$

积分号下的 L 表示对整个导线中的电流求积分。

6.3.2 毕奥-萨伐尔定律的内涵

如果知道了电流元 $Id\boldsymbol{l}$ 激发的磁感应强度 $d\boldsymbol{B}$，就可以按照式（6-13）计算任意载流导线在空间任意一点产生的磁场。法国物理学家毕奥、萨伐尔等人，分析了许多电流回路产生磁场的实验数据，根据电流磁作用的实验结果分析得出了电流元产生磁场的规律，这就是毕奥-萨伐尔定律。

如图 6-5 所示，电流元 $Id\boldsymbol{l}$ 在空间某点 P 处产生的磁感应强度 $d\boldsymbol{B}$ 的大小与电流元 $Id\boldsymbol{l}$ 的大小成正比，与电流元 $Id\boldsymbol{l}$ 所在处到 P 点的位置矢量 $\boldsymbol{r}$ 和电流元 $Id\boldsymbol{l}$ 之间的夹角 θ 的正弦成正比，而与电流元 $Id\boldsymbol{l}$ 到 P 点的距离的平方成反比，即

$$dB = \frac{\mu_0}{4\pi}\frac{Idl\sin\theta}{r^2} \tag{6-14}$$

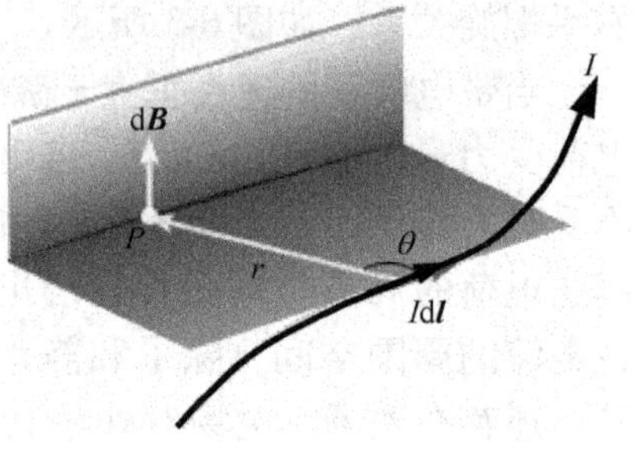

图 6-5 电流元产生的磁场

考虑到电流元 $Id\boldsymbol{l}$、位矢 $\boldsymbol{r}$ 和磁场 $d\boldsymbol{B}$ 三者的方向，电流元的磁场可写成矢量形式

$$d\boldsymbol{B} = \frac{\mu_0}{4\pi}\frac{Id\boldsymbol{l}\times\boldsymbol{r}}{r^3} \tag{6-15}$$

式中，电流元 $Id\boldsymbol{l}$、位矢 $\boldsymbol{r}$ 和磁场 $d\boldsymbol{B}$ 三个矢量的方向之间服从右手螺旋法则，由此可确定电流元磁场 $d\boldsymbol{B}$ 的方向。式（6-15）称为**毕奥-萨伐尔定律**。

式（6-15）中的 μ_0 在国际单位制中称为真空磁导率

$$\mu_0 = 4\pi\times10^{-7}\mathrm{N/A^2} \tag{6-16}$$

由于在实验中无法得到电流元，因而毕奥-萨伐尔定律无法用实验验证。但根据它我们可以计算各种电流分布的磁场，从而间接地证明它的正确性，同时也证明了磁感应强度也遵从矢量叠加原理。

整个电流 I 在 P 点产生的磁感应强度

$$\boldsymbol{B} = \int_L \frac{\mu_0}{4\pi}\frac{Id\boldsymbol{l}\times\boldsymbol{r}}{r^3} \tag{6-17}$$

式（6-17）是一矢量积分，具体计算时要用它在选定的坐标系中的分量式。

6.3.3 毕奥-萨伐尔定律的应用

应用毕奥-萨伐尔定律和磁场叠加原理原则上可以计算任意电流的磁场。计算磁场中各点磁感应强度的基本步骤如下：

1）将载流导线划分为一段段电流元，任选一段电流元 $Id\boldsymbol{l}$，并标出 $Id\boldsymbol{l}$ 到场点 P 的位矢 $\boldsymbol{r}$，确定两者的夹角 θ。

2）根据毕奥-萨伐尔定律，求出电流元 $Id\boldsymbol{l}$ 在场点 P 所激发的磁感应强度 $d\boldsymbol{B}$ 的大小 dB，并由右手螺旋法则确定 $d\boldsymbol{B}$ 的方向。

3）在一般情况下，各电流元 $Id\boldsymbol{l}$ 在所研究的场点产生的 $d\boldsymbol{B}$ 方向不同。故需要建立坐标

系，将 d$\boldsymbol{B}$ 在坐标系中分解。一般在笛卡儿坐标系中

$$\mathrm{d}\boldsymbol{B}=\mathrm{d}B_x\boldsymbol{i}+\mathrm{d}B_y\boldsymbol{j}+\mathrm{d}B_z\boldsymbol{k}$$

对于一些具有对称性分布的电流，常常利用磁场叠加原理对 d$\boldsymbol{B}$ 进行对称性分析，以简化计算。

4）最后，就整个载流导线对 d$\boldsymbol{B}$ 的各个分量分别积分

$$B_x=\int_L \mathrm{d}B_x,\ B_y=\int_L \mathrm{d}B_y, B_z=\int_L \mathrm{d}B_z$$

对积分结果进行矢量合成，求出磁感应强度 $\boldsymbol{B}$，即

$$\boldsymbol{B}=B_x\boldsymbol{i}+B_y\boldsymbol{j}+B_z\boldsymbol{k}$$

【例题 6-1】 长为 L 的载流直导线，其电流为 I，计算导线外任意一点 P 的磁感应强度。

解 如图 6-6 所示，在导体上任意取一个电流元 $I\mathrm{d}\boldsymbol{l}$，电流元在 P 点产生的磁感应强度的大小为

$$\mathrm{d}B=\frac{\mu_0}{4\pi}\frac{I\mathrm{d}l\sin\theta}{r^2}$$

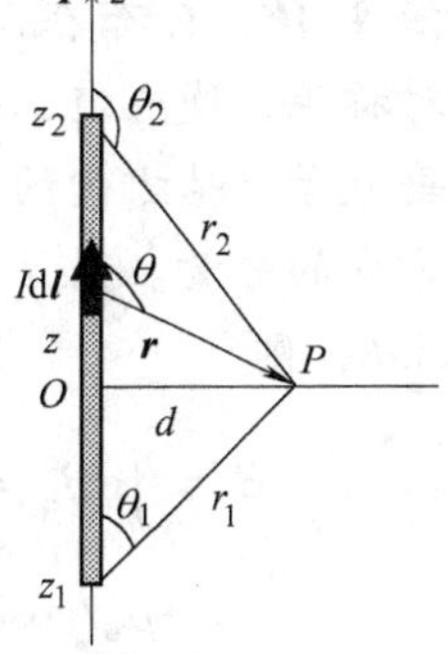

图 6-6

根据式（6-15），所有电流元在 P 点产生的 d$\boldsymbol{B}$ 方向都垂直纸面向里，故直电流在 P 点的 $\boldsymbol{B}$ 方向也垂直页面向里，其大小为

$$B=\frac{\mu_0}{4\pi}\int\frac{I\mathrm{d}l\sin\theta}{r^2}$$

要完成上述积分，需要将各变量统一用一个变量表示出来。我们用电流元在 z 轴上的位置坐标来表示各个变量，设 P 点到电流导线的距离是 d，则有 $\sin\theta=\dfrac{d}{(z^2+d^2)^{1/2}}$，$r=(z^2+d^2)^{1/2}$，另外 d$l$=d$z$。这样得到

$$B=\frac{\mu_0 Id}{4\pi}\int_{z_1}^{z_2}\frac{\mathrm{d}z}{(z^2+d^2)^{3/2}}$$

$$=\frac{\mu_0 I}{4\pi d}\left(\frac{z_2}{r_2}-\frac{z_1}{r_1}\right)=\frac{\mu_0 I}{4\pi d}(\cos\theta_1-\cos\theta_2) \tag{6-18}$$

在上述公式中，要注意 θ_1 和 θ_2 的规定，它们分别是电流的始端和终端至 P 点的连线与电流方向之间的夹角。

显然，上述直电流的磁场具有以导线为轴的轴对称性。在以直导线为中心的同一圆周上，$\boldsymbol{B}$ 的大小都相等，而方向与直电流成右手螺旋关系。不同圆周上 $\boldsymbol{B}$ 的大小不相同；$\boldsymbol{B}$ 与 d 成反比，在导线中部，离导线越近，磁场越强。

下面分析两种特殊情况：

（1）若导线为无限长，即 P 点到导线的距离 $d\ll L$，即 $\theta_1=0$，$\theta_2=\pi$，并令 $d=r$，则磁感应强度的大小为由上式得到

$$B=\frac{\mu_0 I}{2\pi r} \tag{6-19}$$

即无限长的直电流在某点所激发的磁感应强度的大小，正比于电流，反比于该点与直电流间的垂直距离 r。

（2）如果 P 点在载流导线的延长线上，则 $\theta_1=\theta_2=0$（上端），或 $\theta_1=\theta_2=\pi$（下端），则 $B=0$。即在直电流延长线上各点，磁感应强度为零。

【例题 6-2】 一圆形载流线圈（称为圆电流），其半径为 R，电流为 I，计算它在轴线上任意一点 P 的磁感应强度。

解 如图 6-7 所示，在圆电流上任取一个电流元 $I\mathrm{d}\boldsymbol{l}$，它在轴线上 P 点产生的磁感应强度 $\mathrm{d}\boldsymbol{B}$ 的大小为

$$\mathrm{d}B=\frac{\mu_0}{4\pi}\frac{I\mathrm{d}l\sin 90^\circ}{r^2}=\frac{\mu_0}{4\pi}\frac{I\mathrm{d}l}{r^2}$$

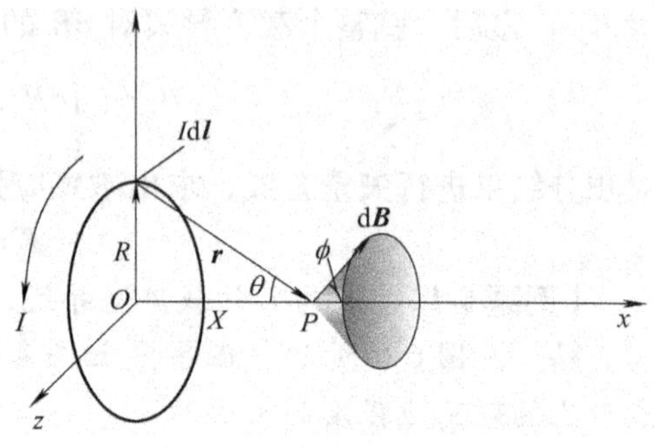

图 6-7

圆电流上各个电流元 $I\mathrm{d}\boldsymbol{l}$ 在 P 点产生的磁感应强度 $\mathrm{d}\boldsymbol{B}$，分布在以 P 点为顶点的圆锥面上。由于对称性，圆电流上的所有电流元产生的各个 $\mathrm{d}\boldsymbol{B}$ 在垂直于 x 轴方向的所有分量逐一抵消，只有沿着 x 方向的分量。设 ϕ 是上述圆锥面的半顶角，$\cos\phi=\sin\theta$，则

$$B=\int \mathrm{d}B_x=\frac{\mu_0 I}{4\pi}\int\frac{\mathrm{d}l\cos\phi}{r^2}$$

$$=\frac{\mu_0 I\cos\phi}{4\pi r^2}\int_0^{2\pi R}\mathrm{d}l=\frac{\mu_0 I\cos\phi}{2r^2}R=\frac{\mu_0 IR^2}{2r^3}$$

注意，在上述积分中，ϕ 和 r 都与积分变量 $\mathrm{d}l$ 无关，可以直接从积分号中提出来。将上述结果写成

$$B=\frac{\mu_0 IR^2}{2(R^2+x^2)^{3/2}} \tag{6-20}$$

$\boldsymbol{B}$ 的方向沿轴线与电流方向成右手螺旋关系。

下面分析两种特殊情况：

（1）在载流线圈在圆心处，$x=0$，由式（6-20）得到圆心处磁感应强度大小为

$$B=\frac{\mu_0 I}{2R} \tag{6-21}$$

如果线圈有 N 匝，通过每匝的电流都为 I，则磁感应强度为

$$B=\frac{\mu_0 NI}{2R} \tag{6-22}$$

（2）在轴线上离线圈很远的地方，$x\gg R$，得

$$B\approx\frac{\mu_0}{2}\frac{R^2 I}{x^3}=\frac{\mu_0}{2\pi}\frac{IS}{x^3} \tag{6-23}$$

式中的 $S=\pi R^2$ 是圆线圈的面积。

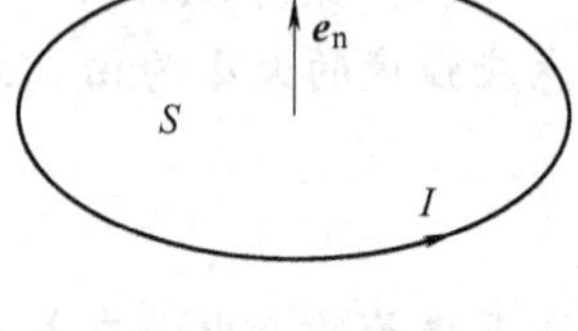

图 6-8 载流线圈的磁矩

在静电场中，我们讨论了电偶极子的电场，并引入电偶极矩量 $\boldsymbol{p}=q\boldsymbol{l}$ 来表示电偶极子。与之相似，我们引入磁矩来描述载流线圈的性质。如图 6-8 所示，设 S 为线圈的面积，I 为线圈通过的电

流，$\boldsymbol{e}_n$ 为线圈平面的正法向单位矢量，$\boldsymbol{e}_n$ 与电流的方向成右手螺旋关系。定义载流平面线圈的**磁矩** $\boldsymbol{m}$ 为

$$\boldsymbol{m} = IS\boldsymbol{e}_n \tag{6-24}$$

即 $\boldsymbol{m}$ 的方向与线圈的正法向一致，量值等于 IS。式（6-24）对任意形状的平面载流线圈都是适用的，磁矩是描述载流线圈本身性质的特征量。

利用磁矩我们可以把式（6-23）改写为矢量表达式

$$\boldsymbol{B} = \frac{\mu_0}{2\pi}\frac{\boldsymbol{m}}{x^3} \tag{6-25}$$

该式与电偶极子轴线上的电场强度表达式相似。

一般地，当圆电流的面积很小，或者场点离圆电流很远时，就可以把圆电流看成是磁偶极子，$\boldsymbol{m}$ 为磁偶极子的磁矩。

【例题6-3】 两根长直导线沿铜环的半径方向引向环上的 a、b 两点，如图6-9所示，并且与很远的电源相连。设圆环由均匀导线弯曲而成，圆环半径为 r，电源电流为 I。求各段载流导线在环心 O 点产生的磁感应强度以及 O 点的合磁场的磁感应强度。

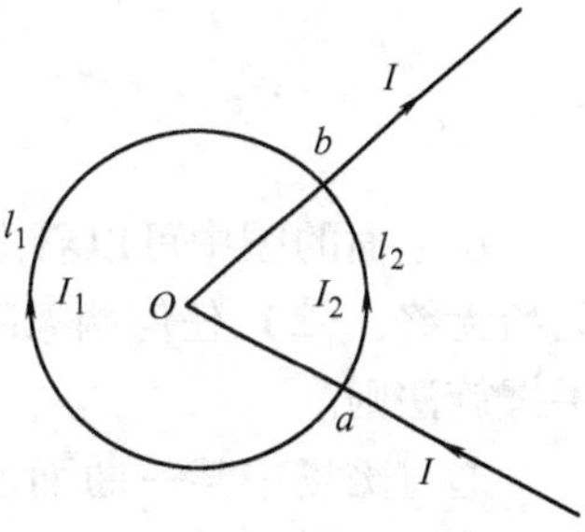

图 6-9

解 因为 O 点在长直导线的延长线上，载流长直导线上的各电流元方向与电流元到 O 点的矢径方向的夹角均为零或者 π，根据毕奥-萨伐尔定律，它们在 O 点产生的磁感应强度为零。

如图6-9所示，I_1 在 O 点产生 B_1

$$B_1 = \frac{\mu_0}{4\pi}\int_0^{l_1}\frac{I_1\mathrm{d}l}{r^2} = \frac{\mu_0}{4\pi}\frac{I_1}{r^2}\int_0^{l_1}\mathrm{d}l = \frac{\mu_0}{4\pi}\frac{I_1 l_1}{r^2}$$

方向垂直环面向里。

I_2 在 O 点产生 B_2

$$B_2 = \frac{\mu_0}{4\pi}\int_0^{l_2}\frac{I_2\mathrm{d}l}{r^2} = \frac{\mu_0}{4\pi}\frac{I_2}{r^2}\int_0^{l_2}\mathrm{d}l = \frac{\mu_0}{4\pi}\frac{I_2 l_2}{r^2}$$

方向垂直环面向外。

由于两段圆弧形导线是并联的，所以

$$\frac{I_1}{I_2} = \frac{R_2}{R_1} = \frac{l_2}{l_1}$$

即 $I_1 l_1 = I_2 l_2$，因此 $B_1 = B_2$ 而方向相反，所以 O 点的合磁感应强度为零。

6.4 磁场的高斯定理

6.4.1 磁感应线 磁通量

对于磁场，也可以仿照电场线引入**磁感应线**（磁力线）来形象地描绘磁场的分布。磁

感应线是一些有向曲线，线上任一点的切向代表该点的磁感应强度 $\boldsymbol{B}$ 的方向，而通过垂直于切向的单位面积上的磁感应线数正比于该点 $\boldsymbol{B}$ 的大小。

在水平放置的玻璃板上，撒上铁屑，使导体通过玻璃板并通上电流，铁屑在磁场的作用下变成小磁针，轻轻地敲击玻璃板，铁屑就会有规则地排列起来，从而描绘出磁场的磁感应线分布。图 6-10 分别是长直电流、圆电流以及通电螺线管的磁感应线。

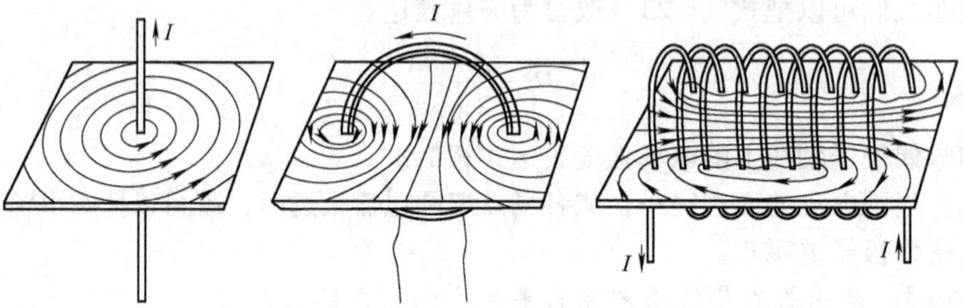

图 6-10　磁感应线

从上面的图中可以看出，磁感应线具有如下特点：（1）磁感线是环绕电流的闭合曲线，无始无终；（2）任何两条磁感线在空间不会相交；（3）磁感线的方向与电流的流向遵守右手螺旋法则。

通过磁场中某一曲面的磁感应线数叫做通过此曲面的**磁通量**。我们知道，磁感应线的疏密程度表示磁场的强弱，磁感应线的切线方向表示磁场的方向。因此，$\boldsymbol{B}$ 可以看成是单位面积上的磁通量。

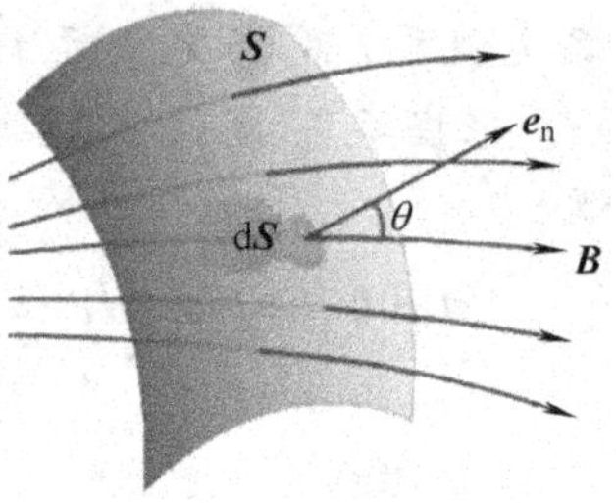

图 6-11　磁通量

如图 6-11 所示，设在空间存在磁感应强度为 $\boldsymbol{B}$ 的磁场，通过曲面 S 上任意面元 $\mathrm{d}\boldsymbol{S}$ 的磁通量定义为

$$\mathrm{d}\Phi_{\mathrm{m}}=\boldsymbol{B}\cdot\mathrm{d}\boldsymbol{S}=B\mathrm{d}S\cos\theta$$

因此，通过曲面 S 的磁通量为

$$\Phi_{\mathrm{m}}=\iint_S\boldsymbol{B}\cdot\mathrm{d}\boldsymbol{S}=\iint_S B\mathrm{d}S\cos\theta \tag{6-26}$$

在国际单位制中，磁通量的单位是 Wb（韦伯），$1\mathrm{Wb}=1\mathrm{T}\cdot\mathrm{m}^2$。

对于闭合曲面，像在电场中那样，一般取向外的指向为正法线的指向。这样从闭合面穿出的磁通量为正，穿入的磁通量为负。

6.4.2　磁场的高斯定理及其应用

由于磁感应线是环绕电流的无头无尾的闭合曲线，对一封闭曲面来说，有多少条磁感应线从闭合面穿入，就有多少条磁感应线从闭合面穿出，穿出的磁通量为正，穿入的磁通量为负，那么穿过任一封闭曲面的磁通量一定为零。

这样就得到**磁场的高斯定理**：磁场中通过任一封闭曲面的磁通量一定为零，即

$$\Phi_{\mathrm{m}}\oint\!\!\!\oint_S\boldsymbol{B}\cdot\mathrm{d}\boldsymbol{S}=\oint\!\!\!\oint_S B\mathrm{d}S\cos\theta=0 \tag{6-27}$$

磁场的高斯定理表明了磁场是一种无源场。将式（6-27）与静电场的高斯定理相比较，

可知自然界中没有与电荷相对应的“磁荷”（或叫单独的磁极）存在。但是1931年英国物理学家狄拉克曾从理论上预言，可能存在磁单极子，并且磁单极子的磁荷同电荷一样也是量子化的。

近几十年来，从月球岩石到深海沉积物，从高能加速器到宇宙射线，人们一直在捕捉磁单极子的踪迹。然而迄今为止，人们还没有发现可以确定磁单极子存在的实验证据。如果实验上找到了磁单极子，那么不仅磁场的高斯定理以至整个电磁理论都将作重大修改，而且将深刻影响有关基本粒子的构造、相互作用的“大统一理论”、宇宙的演化等重大理论问题。

【例题6-4】 如图6-12所示，无限长载流直导线中的电流为I，图中长方形与导线共面，r_1、r_2、l均为已知。求通过长方形所围面积的磁通量。

解 题中磁场由长直载流导线产生，该磁场是不均匀磁场，因此求某一曲面的磁通量时，应先选择一合适的面积元dS，写出该面积元上的磁通量，再对整个曲面积分求总磁通量。

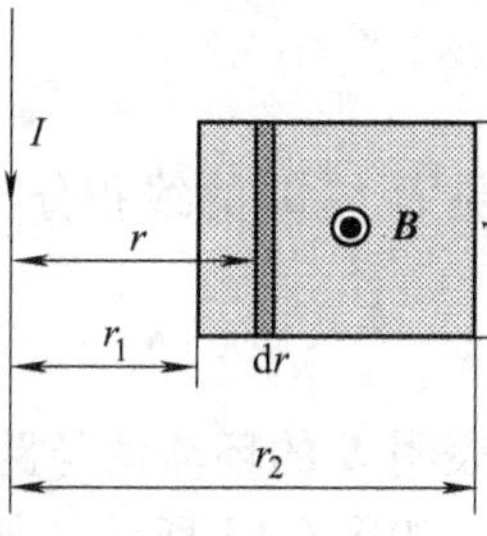

图 6-12

如图6-12所示，在长方形中距导线为r处，取一长为l，宽为dr的长方形面积微元，其面积$\mathrm{d}S=l\mathrm{d}r$，其法线方向与纸面垂直，并令垂直纸面向外为法线的正方向。该面积元上的磁感应强度可认为处处相等，由式（6-19）可知，磁感应强度大小为

$$B=\frac{\mu_0 I}{2\pi r}$$

磁感应强度的方向垂直于纸面向外。

因此，通过dS的磁通量为

$$\mathrm{d}\Phi_{\mathrm{m}}=\boldsymbol{B}\cdot\mathrm{d}\boldsymbol{S}=B\mathrm{d}S=Bl\mathrm{d}r=\frac{\mu_0 I}{2\pi r}l\mathrm{d}r$$

则通过整个长方形面积的总磁通量

$$\Phi_{\mathrm{m}}=\int\mathrm{d}\Phi_{\mathrm{m}}=\int_{r_1}^{r_2}\frac{\mu_0 Il}{2\pi r}\mathrm{d}r=\frac{\mu_0 Il}{2\pi}\ln\frac{r_2}{r_1}$$

6.5　安培环路定理

6.5.1　安培环路定理的导出

我们已经知道，在静电场中，电场强度沿任意闭合路径（曲线）的积分即电场$\boldsymbol{E}$的环流为零

$$\oint_L\boldsymbol{E}\cdot\mathrm{d}\boldsymbol{l}=0$$

这就是静电场的环路定理。在磁场中，磁感应强度$\boldsymbol{B}$沿任意闭合路径的积分即磁场$\boldsymbol{B}$的环流并不一定为零。

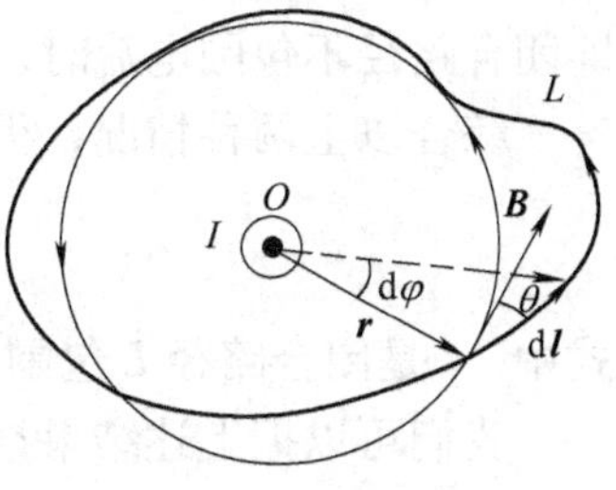

图6-13　安培环路定理

设在真空中有一长直恒定电流I垂直于纸面向外，磁感应线为环绕电流的同心圆。如图6-13所示，考虑在垂直于电流I的平面内的任一包围电流的闭合路径L，并规定路径的绕行方

向为逆时针方向。下面计算 $\boldsymbol{B}$ 的环流 $\oint_L \boldsymbol{B}\cdot \mathrm{d}\boldsymbol{l}$。

在曲线 L 上取一个积分路径元 $\mathrm{d}\boldsymbol{l}$，$\mathrm{d}\boldsymbol{l}$ 处的磁感应强度 $\boldsymbol{B}$ 垂直于 $\boldsymbol{r}$，$\boldsymbol{B}$ 与 $\mathrm{d}\boldsymbol{l}$ 的夹角为 θ，$\mathrm{d}\boldsymbol{l}$ 对圆心 O 张的角度为 $\mathrm{d}\varphi$，根据几何关系得到

$$\boldsymbol{B}\cdot \mathrm{d}\boldsymbol{l} = B\cos\theta \mathrm{d}l = Br\mathrm{d}\varphi$$

在距离导线为 r 的一点的磁感应强度为

$$B = \frac{\mu_0 I}{2\pi r}$$

因此

$$\boldsymbol{B}\cdot \mathrm{d}\boldsymbol{l} = \frac{\mu_0 I}{2\pi r} r\mathrm{d}\varphi = \frac{\mu_0 I}{2\pi}\mathrm{d}\varphi$$

可见 $\boldsymbol{B}$ 与 $\mathrm{d}\boldsymbol{l}$ 的线积分与 $\mathrm{d}\boldsymbol{l}$ 到直导线的距离无关，因此 $\boldsymbol{B}$ 沿此曲线的积分

$$\oint_L \boldsymbol{B}\cdot \mathrm{d}\boldsymbol{l} = \frac{\mu_0 I}{2\pi}\oint \mathrm{d}\varphi = \frac{\mu_0 I}{2\pi}\cdot 2\pi = \mu_0 I$$

这表明 $\boldsymbol{B}$ 的环流值与路径的大小、形状无关。

如图 6-14 所示，如果闭合路径 L 不包围电流，仍然取闭合路径的绕行方向为逆时针方向。以载流直导线为圆心向环路作两条夹角为 $\mathrm{d}\varphi$ 的射线，在路径上截取两个线元 $\mathrm{d}\boldsymbol{l}_1$ 和 $\mathrm{d}\boldsymbol{l}_2$。$\mathrm{d}\boldsymbol{l}_1$ 和 $\mathrm{d}\boldsymbol{l}_2$ 距直导线圆心的距离分别为 r_1 和 r_2，直导线在两个线元处的磁感应强度分别为 $\boldsymbol{B}_1$ 和 $\boldsymbol{B}_2$。从图中可以看出，$\boldsymbol{B}_1$ 和 $\mathrm{d}\boldsymbol{l}_1$ 之间的夹角大于 $\pi/2$，$\boldsymbol{B}_2$ 和 $\mathrm{d}\boldsymbol{l}_2$ 之间的夹角小于 $\pi/2$。利用上面分析的结论可知

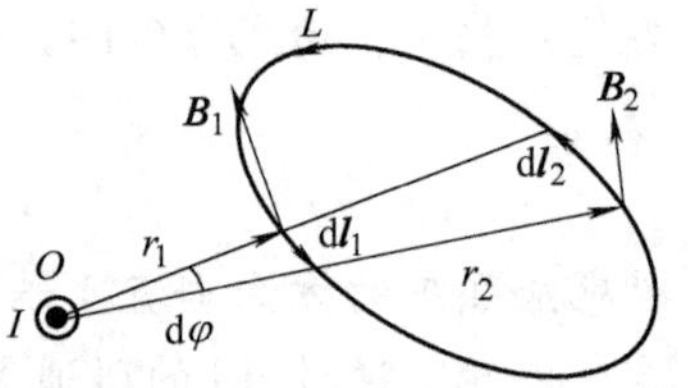

图 6-14 电流在闭合路径外

$$\boldsymbol{B}_1\cdot \mathrm{d}\boldsymbol{l}_1 = -\frac{\mu_0 I}{2\pi r_1} r_1\mathrm{d}\varphi = -\frac{\mu_0 I}{2\pi}\mathrm{d}\varphi$$

$$\boldsymbol{B}_2\cdot \mathrm{d}\boldsymbol{l}_2 = \frac{\mu_0 I}{2\pi r_2} r_2\mathrm{d}\varphi = \frac{\mu_0 I}{2\pi}\mathrm{d}\varphi$$

这样得到

$$\boldsymbol{B}_1\cdot \mathrm{d}\boldsymbol{l}_1 + \boldsymbol{B}_2\cdot \mathrm{d}\boldsymbol{l}_2 = 0$$

从载流直导线中心 O 出发，可以作许多条射线，将闭合路径分割成许多成对的线元，磁感应强度对每对线元的标量积之和都为零，故

$$\oint_L \boldsymbol{B}\cdot \mathrm{d}\boldsymbol{l} = 0$$

即闭合路径不包围电流时，$\boldsymbol{B}$ 的环流值为零。

综合以上两种情况，得到

$$\oint_L \boldsymbol{B}\cdot \mathrm{d}\boldsymbol{l} = \mu_0 I$$

式中，I 是闭合路径 L 包围的电流，闭合路径外面的电流对 $\boldsymbol{B}$ 的环流没有贡献。

我们可以把上述结果推广到一般情形，得到

$$\oint_L \boldsymbol{B} \cdot \mathrm{d}\boldsymbol{l} = \mu_0 \sum_i I_i \tag{6-28}$$

即对真空中恒定电流的磁场，磁感应强度 $\boldsymbol{B}$ 的环流等于穿过积分路径所围面积的所有电流代数和的 μ_0 倍。回路包围的电流的正负与积分路径的方向有关，如果穿过积分路径 L 的电流方向与 L 的环绕方向服从右手螺旋关系，则取 I 为正值，反之则取 I 为负值。另外，式（6-28）右边的电流求和不计积分路径以外的电流。式（6-28）称为**安培环路定理**。

需要注意的是，虽然 $\boldsymbol{B}$ 矢量的环流 $\oint_L \boldsymbol{B} \cdot \mathrm{d}\boldsymbol{l}$ 只与穿过积分路径所围面积的电流有关，但是公式中的 $\boldsymbol{B}$ 是空间所有电流在路径上任一点产生的磁感应强度的矢量和。

静电场 $\boldsymbol{E}$ 的环流为零，说明静电场是保守力场，并由此引入电势的概念。安培环路定理表明，稳恒磁场的 $\boldsymbol{B}$ 矢量环流不为零，这反映了磁场的一种不同于静电场的基本属性。稳恒磁场是非保守场，我们不能引入电势那样的标量函数来描述磁场。如果一个矢量的环流不为零，我们就把这个矢量表示的场称为**涡旋场**或**有旋场**。安培环流定理表明磁场是涡旋的，而电流是磁场涡旋的中心。因此，磁场是无源有旋场。

6.5.2　安培环路定理的应用

安培环路定理反映了磁场的非保守性这个基本性质，是稳恒磁场满足的基本方程之一。另外，在电流分布具有某种对称性时，利用安培环路定理可以很方便地计算磁感应强度。这一点，与在静电场中利用静电场的高斯定理计算电荷分布具有对称性的带电体的电场强度相似。

利用安培环路定理计算电流分布具有某种对称性时的磁感应强度，关键是选择合适的积分路径，使得积分路径上的 $\boldsymbol{B}$ 具有某种共性，能够从积分号中提出。下面举例说明这种计算磁感应强度的简便方法。

【例题 6-5】　试求无限长载流直导线附近的磁场分布。设导线中的电流为 I。

解　在例题 6-1 的推论中，我们已经计算出了无限长载流直导线附近的磁场。现在再用安培环路定理来计算，并加以比较。

由于无限长直导线附近的磁场分布具有以导线为轴的轴对称性，如图 6-15 所示，在导线外任选一点 P，过 P 点作一个垂直于导线的圆形路径，P 点距直导线圆心的距离 r 就是圆的半径。图中电流方向与圆形路径 L 的绕向满足右手螺旋关系，根据安培环路定理

$$\oint_L \boldsymbol{B} \cdot \mathrm{d}\boldsymbol{l} = B\oint_L \mathrm{d}l = B \cdot 2\pi r = \mu_0 I$$

这样就得到与式（6-19）同样的结果

$$B = \frac{\mu_0 I}{2\pi r}$$

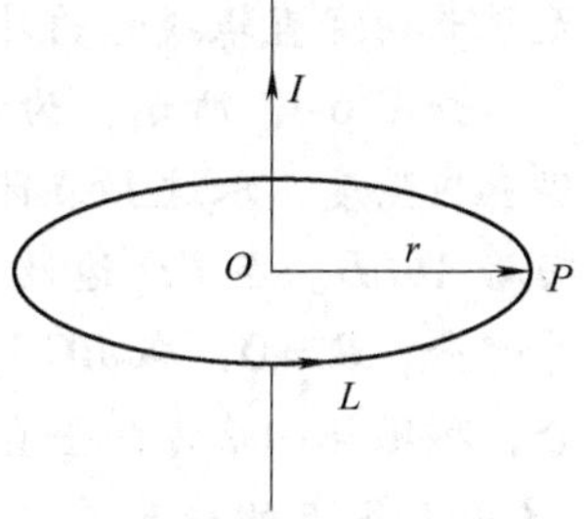

图　6-15

显然，本题的方法要简便得多。

【例题 6-6】　试求一均匀载流的无限长圆柱导体内外的磁场分布。设圆柱体的半径为 R，通过的电流为 I。

解 本题电流在圆柱体横截面上分布均匀，由电流分布的轴对称性，不难得到磁场对圆柱体轴线同样具有对称性，即在到轴的距离为 r 的圆周上（圆周位于垂直于轴线的平面上）各点的磁感应强度大小相等，方向沿圆周切向。如图 6-16 所示，选取过场点 P 的这样的圆周为积分路径 L，电流方向与圆形路径 L 的绕向满足右手螺旋关系，$\boldsymbol{B}$ 的环流为

$$\oint_L \boldsymbol{B}\cdot \mathrm{d}\boldsymbol{l} = B\oint_L \mathrm{d}l = B\cdot 2\pi r$$

对于圆柱体导线外部任意一点，$r>R$，路径 L 包围了整个电流，根据安培环路定理得到

$$B\cdot 2\pi r=\mu_0 I$$

$$B=\frac{\mu_0 I}{2\pi r} \qquad (r>R)$$

这与位于圆柱轴线上同样大小的长直电流产生的磁场是一样的。

对于圆柱体导线内部任意一点，$r<R$，圆形路径 L 包围的电流是 $\frac{\pi r^2}{\pi R^2}I=\frac{r^2}{R^2}I$，圆柱体内部任意一点的磁感应强度可由安培环路定理求出

$$B\cdot 2\pi r=\mu_0\frac{Ir^2}{R^2}$$

$$B=\frac{\mu_0 I}{2\pi R^2}r \qquad (r<R)$$

由此可见，导体内部各点的磁感应强度大小与该点到轴线的距离成正比。

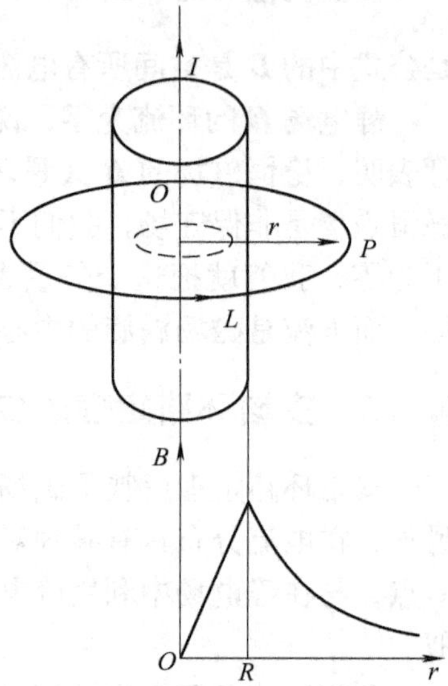

图 6-16

【例题 6-7】 试求无限长载流密绕直螺线管内任一点的磁感应强度。设螺线管单位长度上有 n 匝，通有的电流为 I。

解 无限长密绕直螺线管的每匝都可以视为圆线圈，由对称性分析，磁场只有沿轴向的分量；又因为是无限长，故在与轴等距离的平行线上各点的磁感应强度相等。可以证明，在无限长密绕直螺线管的外部，磁感应强度为零。

如图 6-17 所示，为计算管内一点 P 的磁感应强度，取过 P 点闭合积分路径为矩形回路 $ABCD$。在 CD 边及 BC 边、DA 边的管外部分，$\boldsymbol{B}=0$；在 BC 边、DA 边的管内部分，磁场与回路方向垂直，即 $\boldsymbol{B}\cdot \mathrm{d}\boldsymbol{l}=0$；在 AB 边上各点的磁感应强度大小相等，方向与回路方向一致。回路所包含的电流为 $n\overline{AB}I$，且电流方向与矩形回路 L 的绕向满足右手螺旋关系，根据安培环路定理

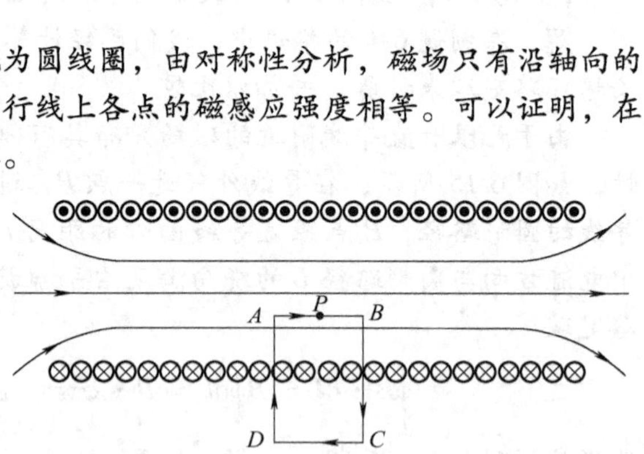

图 6-17

$$\oint_L \boldsymbol{B}\cdot \mathrm{d}\boldsymbol{l}=\int_{AB}\boldsymbol{B}\cdot \mathrm{d}\boldsymbol{l}+\int_{BC}\boldsymbol{B}\cdot \mathrm{d}\boldsymbol{l}+\int_{CD}\boldsymbol{B}\cdot \mathrm{d}\boldsymbol{l}+\int_{DA}\boldsymbol{B}\cdot \mathrm{d}\boldsymbol{l}$$

$$= \int_{AB} \boldsymbol{B} \cdot \mathrm{d}\boldsymbol{l} = B \cdot \overline{AB} = \mu_0 n \overline{AB} I$$

所以

$$B = \mu_0 n I \tag{6-29}$$

这个结果表明无限长直螺线管内任一点的磁感应强度都相等，即管内是匀强磁场。

与上面例题相似的一个问题是密绕螺绕环电流的磁场。如图 6-18 所示，一个绕在环形管上的一组 N 匝圆形电流形成螺绕环，如环上的线圈绕得很紧密，则磁场几乎全部集中在螺绕环内，环外磁场接近为零。由于对称性，与环共轴的圆周上各点的磁感应强度的大小都相等，方向沿圆周切向。

在螺绕环内作半径为 R 的与环同轴的圆为积分回路，由于电流穿过回路 N 次，由安培环路定理，得

$$\oint_L \boldsymbol{B} \cdot \mathrm{d}\boldsymbol{l} = 2\pi R B = \mu_0 N I$$

$$B = \frac{\mu_0 N I}{2\pi R} = \mu_0 n I$$

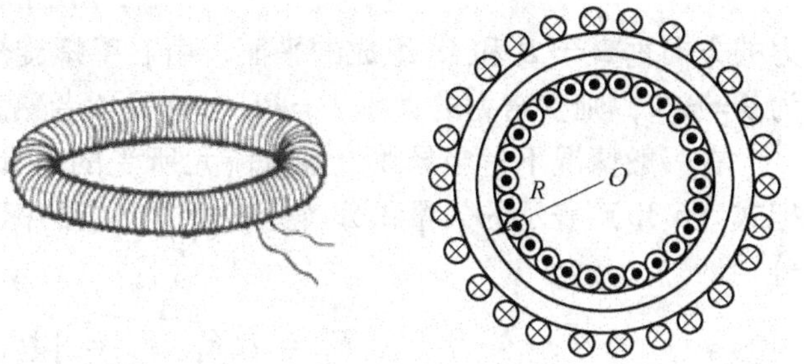

图 6-18　螺绕环及其环内的磁场

式中，$n = N/(2\pi R)$。当环形管的截面积很小时，管的孔径比螺绕环的平均半径小很多，上式中的 R 可以认为是环的平均半径，管内各点的磁场大小实际上接近相等。因此 n 就表示环上单位长度的线圈匝数。管内磁场 $\boldsymbol{B}$ 的方向与电流流向成右手螺旋关系。

因此，螺绕环与无限长螺线管一样，磁场全部集中在管内部，而且计算公式相同。

6.6　磁场对载流导线的作用

电流在其周围空间激发磁场，磁场也是物质存在的一种形式。因此，如果把载流导线或载流线圈放到磁场中，就会受到磁场对它们的作用力，从而引起运动状态的变化。

6.6.1　安培定律

载流导线在磁场中一般要受到磁力的作用。安培观察了大量实验事实，总结出了载流回路中一段电流元在磁场中受力的基本规律。如图 6-19 所示，磁场对电流元 $I\mathrm{d}\boldsymbol{l}$ 的作用力 $\mathrm{d}\boldsymbol{F}$，在数值上等于电流元 $I\mathrm{d}\boldsymbol{l}$ 的大小、电流元所在处的磁感应强度 $\boldsymbol{B}$ 的大小、以及电流元与磁感应强度两者方向间夹角 θ 的正弦之乘积，其数学表达式为

$$\mathrm{d}F = BI\mathrm{d}l\sin\theta$$

$\mathrm{d}\boldsymbol{F}$ 的方向垂直于 $I\mathrm{d}\boldsymbol{l}$ 与 $\boldsymbol{B}$ 决定的平面，并与 $I\mathrm{d}\boldsymbol{l} \times \boldsymbol{B}$ 的方向一致，满足右手螺旋法则。因此上式可写为矢量式

$$\mathrm{d}\boldsymbol{F} = I\mathrm{d}\boldsymbol{l} \times \boldsymbol{B} \tag{6-30}$$

式（6-30）称为**安培定律**。

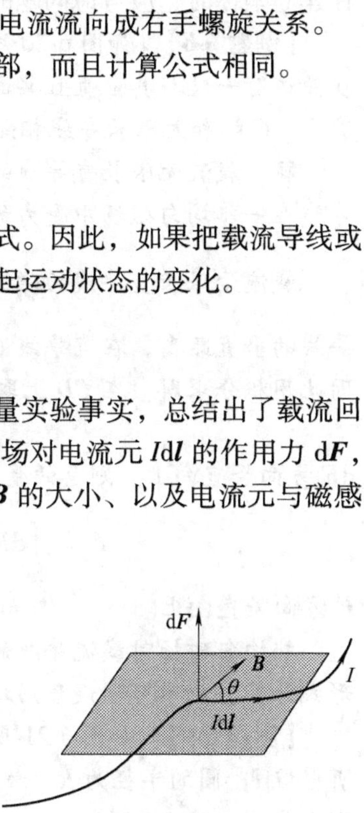

图 6-19　安培力

任何载流导线都是由连续的无限多个电流元所组成的，因此根据安培定律，磁场对有限长度的载流导线的作用力 $\boldsymbol{F}$，

等于各电流元所受磁场力的矢量叠加，即

$$\boldsymbol{F} = \int \mathrm{d}\boldsymbol{F} = \int I\mathrm{d}\boldsymbol{l} \times \boldsymbol{B} \tag{6-31}$$

载流导线所受的磁场力，通常也称为**安培力**。

在计算一段载流导线的安培力时，如果各电流元所受磁场力的方向是一致的，则上式积分就转化成标量积分

$$F = \int \mathrm{d}F = \int BI\mathrm{d}l\sin\theta \tag{6-32}$$

例如，一段长度为L的载流直导线在均匀磁场中受到的安培力，其大小就可表示为

$$F = BIL\sin\theta$$

力的方向垂直于$\boldsymbol{B}$和$\boldsymbol{IL}$组成的平面，由右手螺旋法则确定。如果电流与均匀磁场$\boldsymbol{B}$的夹角为$\theta = \pi/2$，则安培力的大小$F = BIL$，这是读者熟悉的形式。

在一般情况下，当导线上各电流元所受的力$\mathrm{d}\boldsymbol{F}$的方向不一致时，应首先建立坐标系，把式（6-30）表示的矢量积分解为各个方向上的标量积分，即先求$\mathrm{d}\boldsymbol{F}$沿各坐标轴分量的积分

$$F_x = \int_L \mathrm{d}F_x,\ F_y = \int_L \mathrm{d}F_y,\ F_z = \int_L \mathrm{d}F_z$$

然后用安培力的各个坐标分量求得安培力

$$\boldsymbol{F} = F_x\boldsymbol{i} + F_y\boldsymbol{j} + F_z\boldsymbol{k}$$

在建立坐标时，应考虑问题的特点，适当选取坐标轴的取向，以简化计算。

【例题6-8】 如图6-20所示，有一无限长直导线中通有电流I_1，在旁边有一段与其垂直且共面的、长为L的直导线CD，CD上通有电流I_2，C端和无限长导线相距为d。求直导线CD上所受的安培力。

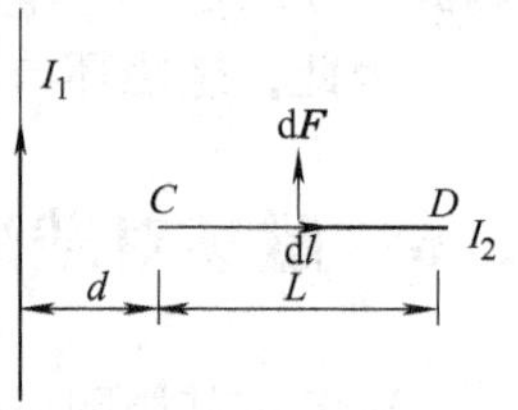

图 6-20

解 载流无限长直导线的磁场是非均匀磁场，本题是求解载流直导线在一非均匀磁场中受力的问题。

载流无限长直导线的磁感应强度大小$B = \dfrac{\mu_0 I_1}{2\pi r}$，其中$r$是离开直导线的垂直距离，在直导线$CD$上各点的磁感应强度的方向垂直于纸面向里，但大小不等，因此用积分求解。在CD上取一长度微元$\mathrm{d}l$，则$\mathrm{d}l$段受安培力$\mathrm{d}F$大小

$$\mathrm{d}F = BI_2\mathrm{d}l$$

$\mathrm{d}\boldsymbol{F}$方向竖直向上。则总的受力$\boldsymbol{F}$大小

$$F = \int_{CD} \mathrm{d}F = \int_{CD} BI_2\mathrm{d}l = \int_d^{d+L} \frac{\mu_0 I_1 I_2}{2\pi r}\mathrm{d}r = \frac{\mu_0 I_1 I_2}{2\pi}\ln\frac{d+L}{d}$$

$\boldsymbol{F}$方向竖直向上。

非均匀磁场对载流导线的安培力，由于载流导线上各点磁感应强度不同，只能采用积分形式计算，切不可错误套用均匀磁场中的结论。

【例题6-9】 如图6-21所示，一段由半圆形导线与沿直径的直导线组成的载流回路，通有电流I，圆的半径为R，放在均匀磁场$\boldsymbol{B}$中，磁场与回路平面垂直。求均匀磁场作用在半圆形载流回路上的力。

解 取坐标系 xoy，磁场作用在回路中底边直线段上的安培力 $\boldsymbol{F}_1$ 大小

$$F_1 = BI \cdot 2R = 2BIR$$

$\boldsymbol{F}_1$ 的方向沿负 y 轴（竖直向下）。

在半圆弧上各段电流元受到的安培力大小都等于

$$\mathrm{d}F = BI\mathrm{d}l$$

方向沿径向向外。半圆弧受到的安培力 $\boldsymbol{F}_2$ 为各个电流元所受力的矢量和。我们将 $\mathrm{d}\boldsymbol{F}$ 分解为 x 方向和 y 方向的分量 $\mathrm{d}\boldsymbol{F}_x$ 和 $\mathrm{d}\boldsymbol{F}_y$，由电流分布的对称性，半圆弧上各个电流元在 x 方向上受到的分力的矢量和为零，只有 y 方向分力对合力 $\boldsymbol{F}_2$ 有贡献

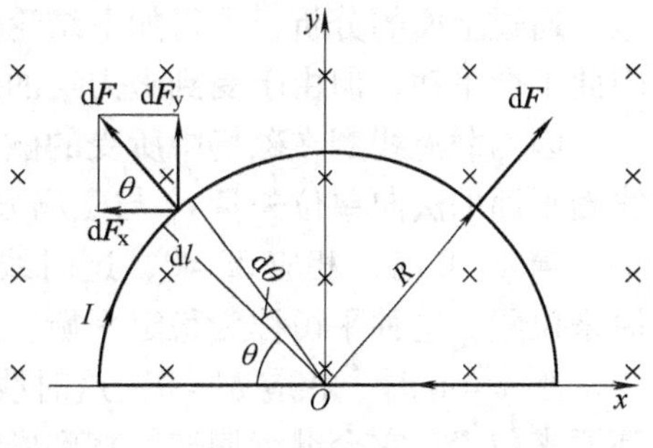

图 6-21

$$F_2 = \int_{\text{半圆弧}} \mathrm{d}F_y = \int_{\text{半圆弧}} BI\mathrm{d}l\sin\theta = \int_0^{\pi} BIR\sin\theta\mathrm{d}\theta = 2BIR$$

$\boldsymbol{F}_2$ 的方向沿 y 轴（竖直向上）。

由于 $\boldsymbol{F}_1$ 和 $\boldsymbol{F}_2$ 大小相等、方向相反，因此均匀磁场作用在半圆形载流回路上的力为零。

6.6.2 磁场对平面载流线圈的作用

下面以矩形平面载流线圈为例，分析平面载流线圈在均匀磁场中的受力情况及其运动。

在磁感应强度为 $\boldsymbol{B}$ 的均匀磁场中，设有一刚性矩形平面载流线圈，边长分别为 l_1 和 l_2，电流为 I，如图 6-22a 所示。设线圈平面的法向单位矢量 $\boldsymbol{e}_n$ 与磁场方向的夹角为 φ，并且 ab 边与 cd 边均与磁场方向垂直。

根据安培定律，分别计算载流线圈四条边受到的磁场力。载流导线 bc 和 ad 所受的安培力 $\boldsymbol{F}_1$、$\boldsymbol{F}_1'$ 大小相等、方向相反，且作用在同一直线上，故相互抵消。载流导线 ab 和 cd 所受的安培力分别为 $\boldsymbol{F}_2$、$\boldsymbol{F}_2'$，并且有 $F_2 = F_2' = BIl_2$，但这两个力不在同一直线，因此形成一力偶（见图 6-22b）。所以磁场作用在线圈上的力矩为

$$M = F_2 l_1 \sin\varphi = BIl_2 l_1 \sin\varphi = BIS\sin\varphi \tag{6-33}$$

根据式（6-24）对载流平面线圈磁矩 $\boldsymbol{m}$ 的定义，式（6-33）可写成矢量式

$$\boldsymbol{M} = \boldsymbol{m} \times \boldsymbol{B} \tag{6-34}$$

这就是载流线圈在均匀磁场中受到的**磁力矩**。当 $\boldsymbol{e}_n$ 与 $\boldsymbol{B}$ 平行时，磁力矩为零；当 $\boldsymbol{e}_n$ 与 $\boldsymbol{B}$ 垂直时，磁力矩最大；当 $\boldsymbol{e}_n$ 与 $\boldsymbol{B}$ 之间有夹角 φ 时，磁场的平行于线圈法向的分量对线圈无任何影响；磁场的垂直于线圈法向的分量对线圈作用有力矩作用。

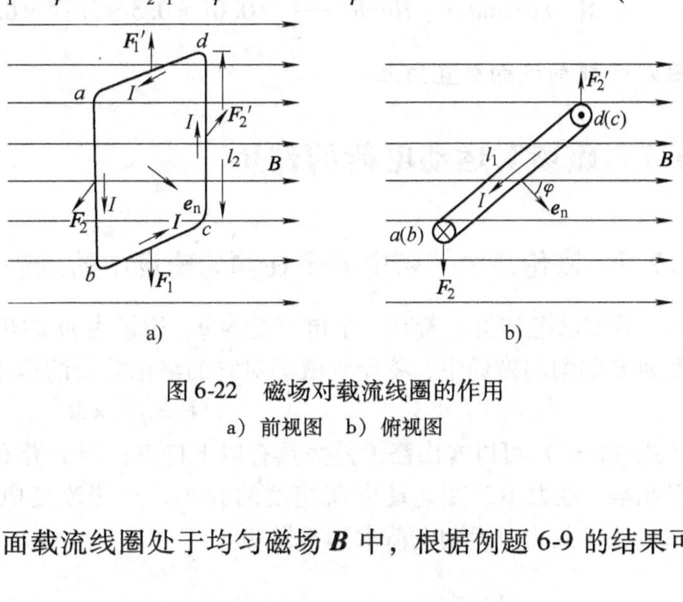

图 6-22 磁场对载流线圈的作用

a）前视图 b）俯视图

假如有一个任意形状的刚性平面载流线圈处于均匀磁场 $\boldsymbol{B}$ 中，根据例题 6-9 的结果可

知，线圈受到的安培力（合力）为零。但是，线圈还受到磁力矩的作用。可以证明，线圈受到的磁力矩仍然是式（6-34）。

通过上面的分析，可得如下结论：在均匀磁场中的平面载流线圈因为受到的合力为零，因此不会平动，但由于受到磁力矩的作用因而可以转动。

因为载流线圈在磁场中所受的磁力矩 M 与 $\sin\varphi$ 成正比，故载流线圈在磁场中的状态和线圈平面的法向单位矢量 $\boldsymbol{e}_n$ 与磁场方向的夹角 φ 有关。下面讨论几种特殊情形。

当 $\varphi=0$ 时，相应 $M=0$，这时线圈处于平衡。此时如果给线圈一个微扰，线圈会回到原来位置，这种平衡称为稳定平衡。这时线圈处于稳定平衡状态。

当 $\varphi=\pi$ 时，相应 $M=0$，这时线圈也处于平衡。但如果给线圈一个微扰，线圈不会回到原来位置，它会继续偏转，直到磁矩 $\boldsymbol{m}$ 的方向转到磁场 $\boldsymbol{B}$ 的方向。这种平衡称为不稳定平衡。这时线圈处于不稳定平衡状态。

当 $\varphi=\pi/2$ 时，线圈所受到的磁力矩最大，此时线圈处于最不稳定状态。

磁电式仪表利用了平面载流线圈在磁场中受到磁力矩的原理。磁电式仪表的内部结构由永久磁铁和放于永久磁铁两极间的可动线圈构成，可动线圈通过发条式弹簧与指针相连。磁电式仪表的工作原理是，当线圈中通有电流时，线圈在磁场中受磁力矩作用会发生偏转，当磁力矩 M 和弹簧的弹性恢复力矩相平衡时，指针停留在一定的位置上指示出线圈中电流的大小。

【例题 6-10】 如图 6-23 所示，一半圆形闭合线圈半径 $R=0.10\text{m}$，通有电流 $I=10\text{mA}$，放在均匀磁场中，磁场方向与线圈平面平行，$B=5.0\times10^3\text{Gs}$。求线圈所受力矩的大小和方向。

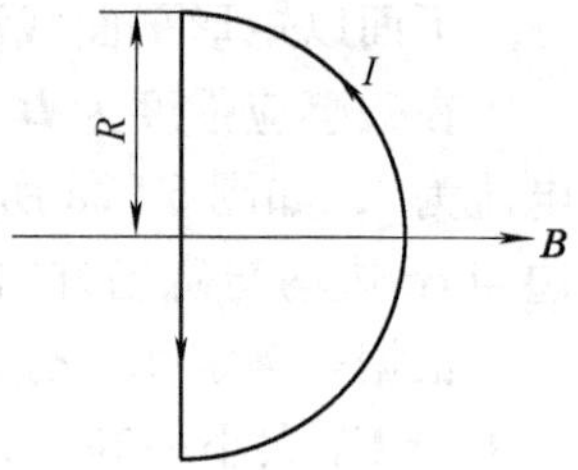

图 6-23

解 根据磁力矩公式（6-34）式

$$\boldsymbol{M}=\boldsymbol{m}\times\boldsymbol{B}$$

式中，$m=IS=\frac{1}{2}I\pi R^2$，$\boldsymbol{m}$ 的方向垂直纸面向外，$\boldsymbol{m}$ 与磁场 $\boldsymbol{B}$ 的夹角 $\theta=\pi/2$，因此

$$M=mB\sin\theta=\frac{1}{2}IB\pi R^2=\frac{1}{2}\times0.01\times0.5\times3.14\times0.1^2\text{N}\cdot\text{m}=7.85\times10^{-5}\text{N}\cdot\text{m}$$

磁力矩 $\boldsymbol{M}$ 的方向垂直向上。

6.7 磁场对运动电荷的作用

6.7.1 洛伦兹力 带电粒子在均匀磁场中的运动

我们已经知道，若有一个电荷量为 q、质量为 m 的带电粒子，以初速度 v 进入磁感应强度为 $\boldsymbol{B}$ 的均匀磁场中，将受到磁场对它的洛伦兹力的作用，即

$$\boldsymbol{F}=q\boldsymbol{v}\times\boldsymbol{B} \tag{6-35}$$

从式（6-35）可以看出洛伦兹力具有以下特点：（1）洛伦兹力始终与电荷的运动方向垂直，因此洛伦兹力不改变运动电荷速度的大小，只能改变电荷速度的方向，使路径发生弯曲；（2）洛伦兹力对运动电荷永远不做功。

在均匀磁场中，如果带电粒子的速度v与磁场$\boldsymbol{B}$方向平行，则洛伦兹力为零，带电粒子的运动状态不受影响。

如图6-24所示，在均匀磁场中，如果带电粒子的速度v垂直磁场$\boldsymbol{B}$方向，则$\boldsymbol{F}$的方向与v的方向、$\boldsymbol{B}$的方向两两垂直。带电粒子的速度大小不变，只改变方向，因而作匀速圆周运动，洛伦兹力$\boldsymbol{F}$起着向心力的作用。设圆周运动的半径为R，则有

$$qvB = \frac{mv^2}{R}$$

由此得到圆周轨道的半径

$$R = \frac{mv}{qB} \tag{6-36}$$

带电粒子作匀速圆周运动的运动周期

$$T = \frac{2\pi R}{v} = \frac{2\pi m}{qB} \tag{6-37}$$

式（6-37）表明圆周运动周期T与速度无关。

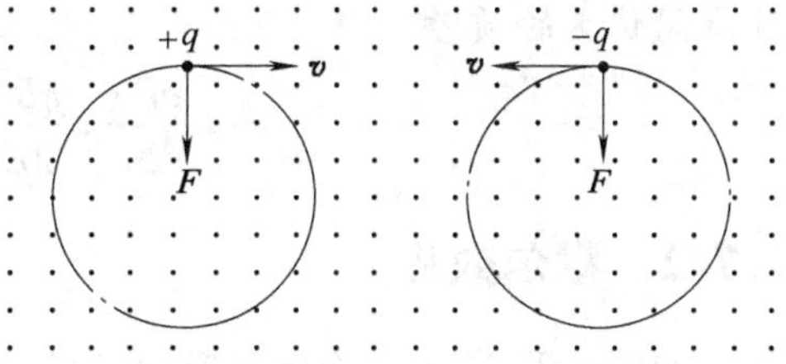

图6-24　带电粒子在均匀磁场中运动

在均匀磁场中，如果带电粒子的速度方向和磁场方向成任意角度θ，将速度v分解为垂直于磁场的分量$v\sin\theta$和平行于磁场方向的分量$v\cos\theta$。垂直速度分量$v\sin\theta$使粒子受到洛伦兹力作用而在垂直于磁场的平面内作匀速圆周运动，平行速度分量$v\cos\theta$使粒子沿磁场方向作匀速直线运动。因此，粒子将作螺旋运动，此时圆周运动半径

$$R = \frac{mv\sin\theta}{qB} \tag{6-38}$$

匀速圆周运动的半径仅与速度的垂直分量有关。转动的周期仍为式（6-37）。

带电粒子在一个转动周期内沿磁场方向前进的距离称为螺旋运动的螺距

$$h = Tv\cos\theta = \frac{2\pi mv\cos\theta}{qB} \tag{6-39}$$

图6-25表示了正电荷的速度和磁场不垂直、成某一角度时所作的螺旋线运动。

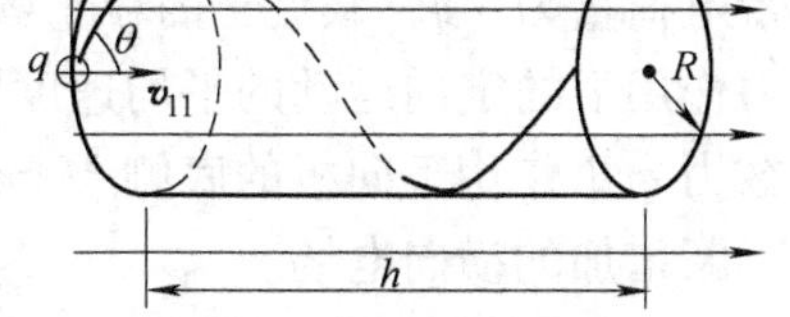

图6-25　正电荷在磁场中的螺旋运动

【例题6-11】　质谱仪是分析同位素的重要仪器，其原理如图6-26所示。从离子源产生的离子，经过狭缝S_1和S_2之间的电场加速后，进入速度选择器（电场为E，磁场为B）。从速度选择器射出的粒子进入与其速度方向垂直的均匀磁场中（磁感应强度也为B）。最后，不同质量的离子打在底片上不同位置处。冲洗底片，得到该元素的各种同位素按质量排列的线系（即质谱）。试分析：(1) 若底片上的线系有三条，则该元素有几种同位素？(2) 速度多大的离子能通过速度选择器？(3) 设离子的电荷量为q，d是底片上某条谱线位置与速度选择器轴线间的距离。试证明该元素的几种同位素的质量可一般表示为

$$m = \frac{qB^2}{2E}d$$

解 (1) 由底片显示知有三种同位素。

(2) 当离子受到的横向电场力和磁力的合力为零，离子才能通过速度选择器，即

$$qE = qvB$$

因此，能通过速度选择器的离子速度大小为

$$v = \frac{E}{B}$$

(3) 通过速度选择器的离子在磁场作用下发生磁偏转，由圆周运动的半径式 (6-36)

$$R = \frac{d}{2} = \frac{mv}{qB}$$

可得同位素的质量

$$m = \frac{qBd}{2v} = \frac{qB^2}{2E}d$$

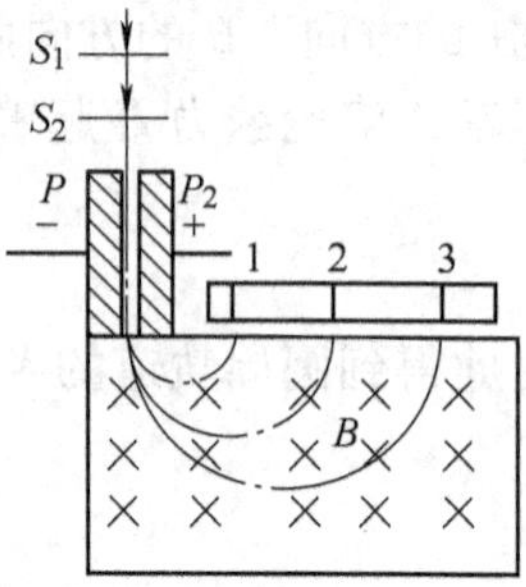

图 6-26

6.7.2 霍尔效应

如图 6-27 所示，将通有电流 I 的金属或半导体板置于磁感应强度为 $\boldsymbol{B}$ 的均匀磁场中，磁场的方向和电流方向垂直。在金属板与电流方向垂直的另外两侧 M 和 N 之间就显示出微弱的横向电势差。这种现象是霍尔在 1879 年首先发现，称为**霍耳效应**)，电势差 $V_M - V_N$ 就称为霍耳电势差（或霍尔电压）。

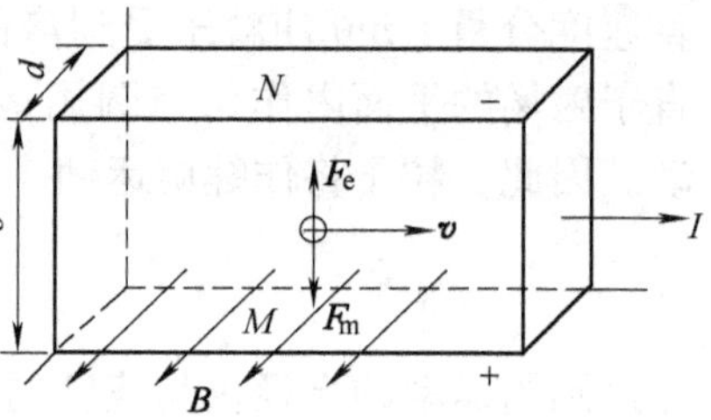

图 6-27 霍耳效应

实验表明：霍尔电势差的方向与载流子电荷的正负有关，而霍耳电势差的大小与电流 I 及磁感应强度的大小 B 成正比，而与板的厚度 d 成反比，即

$$V_M - V_N = R_H \frac{BI}{d} \tag{6-40}$$

其中 R_H 称为霍耳系数。

霍耳效应可用磁场中的载流子受到的洛伦兹力来说明。设图 6-27 中的载流子带正电荷，带电荷量为 $+q$，载流子的粒子数密度（单位体积内的载流数量）为 n，载流子在恒定电场力作用下的定向运动的平均速度即漂移速度为 v，磁场对载流子施加洛伦兹力，它们在洛伦兹力 qvB 作用下向板的底侧 M 聚集，使得在 M、N 两侧出现等量异号电荷，在板内建立起不断增加的横向电场。

当载流子受到的洛伦兹力和横向电场力相等时，载流子不再作侧向运动，在平衡时有

$$qvB = qE$$

设板的侧向宽度为 b，则

$$V_M - V_N = Eb = Bvb \tag{6-41}$$

金属或半导体的载流子在恒定电场的作用下作定向运动形成电流，电流与载流子的平均漂移速度和载流子数密度有关。对于导体而言，载流子是电子，在恒定电场中，导体中分电子除了作杂乱无章的热运动外，还有一个沿电场强度反方向的定向漂移运动。在导体内取一

个与电场垂直的微小面积元 $dS_\perp$，则在 dt 时间内穿过面 $dS_\perp$ 的电荷量 dQ 等于以 $dS_\perp$ 为底、vdt 为高的小圆柱体内所有载流子电荷量 q 的总和，即

$$dQ = qndS_\perp(vdt)$$

因此导体内的电流密度为

$$j = \frac{dQ}{dt \cdot dS_\perp} = nqv \tag{6-42}$$

由此可见，电流密度与载流子数密度以及载流子的漂移速率成正比。

在图 6-27 中，电流的横截面积为 bd，因此电流强度 $I = jbd = nqvbd$，这样得到

$$v = \frac{I}{nqbd}$$

将载流子的漂移速率表达式代入式（6-41），得到霍耳电势差

$$V_M - V_N = \frac{1}{nq}\frac{BI}{d} \tag{6-43}$$

与式（6-40）对比，得到霍耳系数

$$R_H = \frac{1}{nq} \tag{6-44}$$

霍耳系数 R_H 与材料性质有关。

因为半导体的载流子浓度远小于金属电子的浓度且容易受温度、杂质的影响，所以霍耳系数的测量是研究半导体的重要方法之一。利用半导体的霍耳效应制成的器件称为霍耳元件。利用霍耳效应还可以测量载流子的数密度，也可以测量磁场。由于霍尔电势差的指向与载流子电荷的正负有关，因此根据 R_H 的正负即 U_{MN} 的正负就可以判定载流子所带电荷的正负，从而判定是 p 型半导体还是 n 型半导体，如图 6-28 所示。

除了固体中的霍耳效应外，在导电流体中同样也会产生霍耳效应。图 6-29 为磁流体发电机的示意图。将气体加热到很高温度（譬如 2500K 以上）使之电离（这样一种高度电离的气体就是等离子体），并让它通过平行板电极 P、N 之间，在这里有一垂直纸面向里的磁场 $\boldsymbol{B}$，该气体流速为 v，电极间距为 d。正离子在洛伦兹力作用下偏向 P 极板，使 P 板带正电，而负离子偏向 N 极板，使 N 极带负电，从而在两极板间建立起由电极 P 垂直指向电极 N 的电场 $\boldsymbol{E}$。离子在平行板电极 P、N 之间受到方向相反的电场力和洛伦兹力，当两力达到平衡时，极板上电荷不再增加，两极间产生稳定的电势差，这就是霍耳电势差。

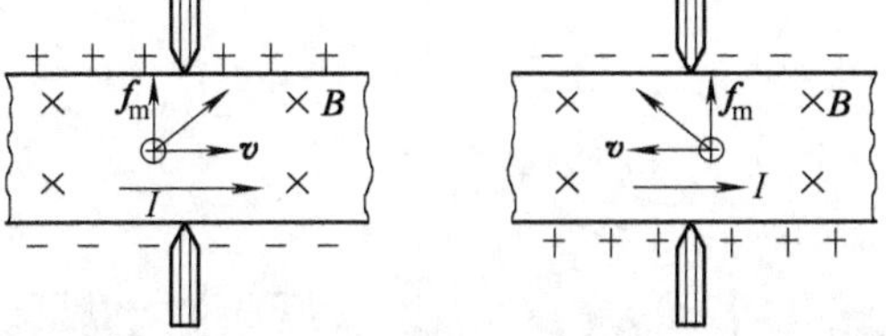

图 6-28 p 型半导体和 n 型半导体的霍耳效应

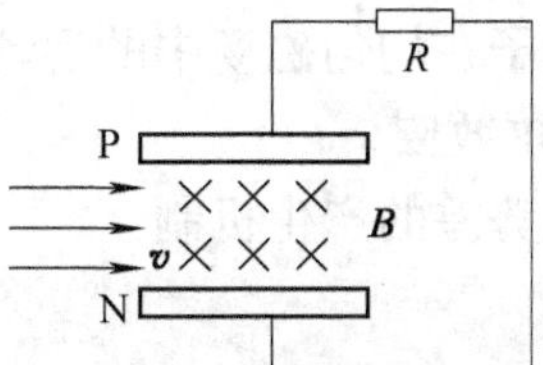

图 6-29 磁流体发电

内 容 提 要

1. 电流和电流密度

恒定电流：电流密度$\boldsymbol{j}$不随时间变化。

2. 电动势

电源电动势描述电源非静电力做功能力的大小：$\varepsilon = \int_{-}^{+} \boldsymbol{E}_{\mathrm{k}} \cdot \mathrm{d}\boldsymbol{l}$

3. 磁感应强度

磁感应强度大小和方向的定义

磁场叠加原理：$\boldsymbol{B} = \sum_{i=1}^{n} \boldsymbol{B}_i$

4. 毕奥-萨伐尔定律

电流元 $I\mathrm{d}\boldsymbol{l}$ 的磁场：$\mathrm{d}\boldsymbol{B} = \dfrac{\mu_0}{4\pi} \dfrac{I\mathrm{d}\boldsymbol{l} \times \boldsymbol{r}}{r^3}$

应用毕奥-萨伐尔定律和磁场叠加原理计算电流的磁场

5. 磁通量　磁场的高斯定理

通过曲面 S 上的磁通量：$\Phi_{\mathrm{m}} = \iint_S \boldsymbol{B} \cdot \mathrm{d}\boldsymbol{S} = \iint_S B\mathrm{d}S\cos\theta$

磁场的高斯定理：$\oiint_S \boldsymbol{B} \cdot \mathrm{d}\boldsymbol{S} = 0$

6. 安培环路定理

安培环路定理：$\oint_L \boldsymbol{B} \cdot \mathrm{d}\boldsymbol{l} = \mu_0 \sum_i I_i$

利用安培环路定理计算具有对称性分布的电流的磁感应强度

7. 安培定律

电流元所受磁场力：$\mathrm{d}\boldsymbol{F} = I\mathrm{d}\boldsymbol{l} \times \boldsymbol{B}$

利用安培定律计算载流导线在磁场中受到的安培力

8. 磁场对平面载流线圈的作用

载流平面线圈的磁矩：$\boldsymbol{m} = IS\boldsymbol{e}_{\mathrm{n}}$

载流线圈在均匀磁场中受到的磁力矩：$\boldsymbol{M} = \boldsymbol{m} \times \boldsymbol{B}$

9. 洛伦兹力

洛伦兹力：$\boldsymbol{F} = q\boldsymbol{v} \times \boldsymbol{B}$

带电粒子在均匀磁场中的运动

10. 霍尔效应

霍耳电势差的产生机制

习　　题

一、选择题

1. 边长为 l 的正方形线圈中通有电流 I，此线圈在 A 点（见图6-30）产生的磁感应强度

$\boldsymbol{B}$ 的大小为 [ ]

A. $\dfrac{\sqrt{2}\mu_0 I}{4\pi l}$ B. $\dfrac{\mu_0 I}{2\pi l}$ C. $\dfrac{\sqrt{2}\mu_0 I}{\pi l}$ D. 0

2. 如图6-31所示，有两根载有相同电流的无限长直导线，分别通过 $x_1=1$、$x_2=3$（任意单位）的点，且平行于 y 轴，则磁感应强度大小 B 等于零 [ ]

A. 在 $x=2$ 的直线上。

B. 在 $x>2$ 的区域。

C. 在 $x<1$ 的区域。

D. 不在 x、y 平面上。

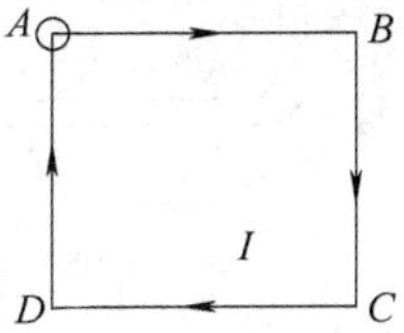

图 6-30

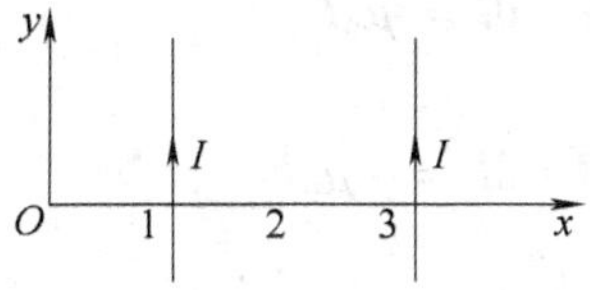

图 6-31

3. 在真空中有半径为 R 的一根半圆形导线，流过的电流为 I，则圆心处的磁感应强度为 [ ]

A. $\dfrac{\mu_0}{4\pi}\dfrac{I}{R}$ B. $\dfrac{\mu_0}{2\pi}\dfrac{I}{R}$ C. $\dfrac{\mu_0}{4}\dfrac{I}{R}$ D. 0

4. 如图6-32所示，电流从 a 点分两路通过对称的圆环形分路，汇合于 b 点，若 ca、bd 都沿环的径向，则在环形分路的环心处的磁感应强度 [ ]

A. 方向垂直环形分路所在平面且指向纸内。

B. 方向垂直环形分路所在平面且指向纸外。

C. 方向在环形分路所在平面，且指向 b。

D. 为零。

5. 如图6-33所示，在一圆形电流 I 所在的平面内，选取一个同心圆形闭合回路 L，则由安培环路定理可知 [ ]

A. $\oint_L \boldsymbol{B}\cdot \mathrm{d}\boldsymbol{l}=0$，且环路上任意一点 $B=0$。

B. $\oint_L \boldsymbol{B}\cdot \mathrm{d}\boldsymbol{l}=0$，且环路上任意一点 $B\neq 0$。

C. $\oint_L \boldsymbol{B}\cdot \mathrm{d}\boldsymbol{l}\neq 0$，且环路上任意一点 $B\neq 0$。

D. $\oint_L \boldsymbol{B}\cdot \mathrm{d}\boldsymbol{l}\neq 0$，且环路上任意一点 $B=$常量。

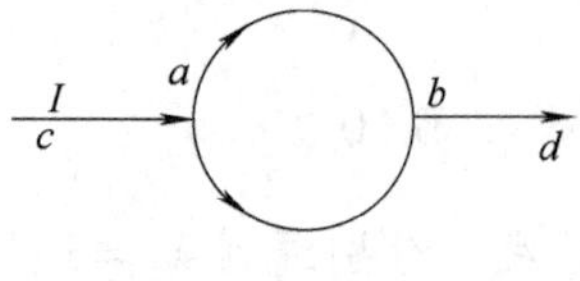

图 6-32

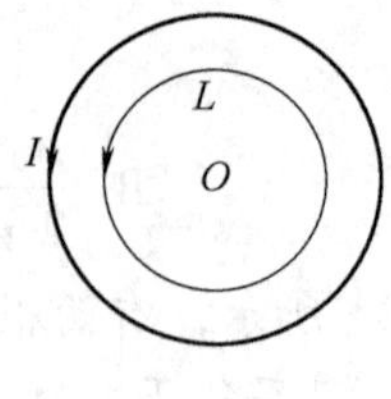

图 6-33

6. 如图6-34所示，流出纸面的电流为$2I$，流进纸面的电流为I，则下述各式中哪一个是正确的 [ ]

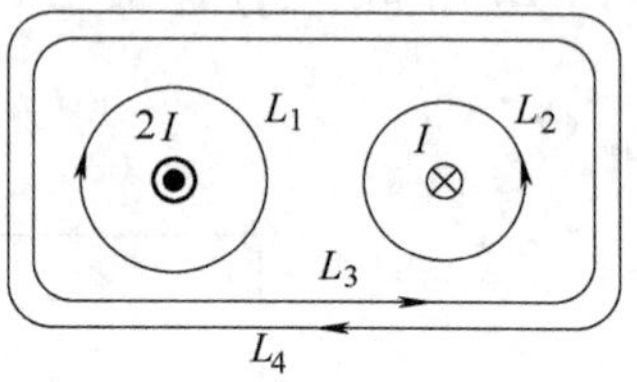

图 6-34

A. $\oint_{L_1} \boldsymbol{B}\cdot \mathrm{d}\boldsymbol{l} = 2\mu_0 I$

B. $\oint_{L_2} \boldsymbol{B}\cdot \mathrm{d}\boldsymbol{l} = \mu_0 I$

C. $\oint_{L_3} \boldsymbol{B}\cdot \mathrm{d}\boldsymbol{l} = -\mu_0 I$

D. $\oint_{L_4} \boldsymbol{B}\cdot \mathrm{d}\boldsymbol{l} = -\mu_0 I$

7. 无限长直圆柱体，半径为R，沿轴向均匀流有电流，设圆柱体内（$r<R$）的磁感应强度大小为B_i，圆柱体外（$r>R$）的磁感应强度大小为B_e，则有 [ ]

A. B_i、B_e均与r成正比。

B. B_i、B_e均与r成反比。

C. B_i与r成反比，B_e与r成正比。

D. B_i与r成正比，B_e与r成反比。

8. 一载有电流I的细导线分别均匀密绕在半径为R和r的长直圆筒上形成两个螺线管（$R=2r$），两螺线管单位长度上的匝数相等。则两螺线管中磁感应强度大小B_R和B_r应满足 [ ]

A. $B_R=2B_r$　　B. $B_R=B_r$　　C. $2B_R=B_r$　　D. $B_R=4B_r$

9. 在匀强磁场中，有两个平面线圈，其面积$A_1=2A_2$，通有电流$I_1=2I_2$，则它们所受的最大磁力矩之比M_1/M_2等于 [ ]

A. 1　　B. 2　　C. 4　　D. 1/4

10. 长直电流I_2与圆形电流I_1共面，并与其一直径相重合（但两者间绝缘），如图6-35所示，设长直电流不动，则圆形电流将 [ ]

A. 向左运动。

B. 向右运动。

C. 绕I_2旋转。

D. 不动。

11. 如图6-36所示，有三个质量相同的质点a、b、c，带有等量的正电荷，它们从相同的高度自由下落，在下落过程中带电质点b、c分别进入如图所示的匀强电场与匀强磁场中，设它们落到同一水平面的动能分别为E_a、E_b、E_c，则 [ ]

A. $E_a < E_b = E_c$

B. $E_a = E_b = E_c$

C. $E_b > E_a = E_c$

D. $E_b > E_c > E_a$

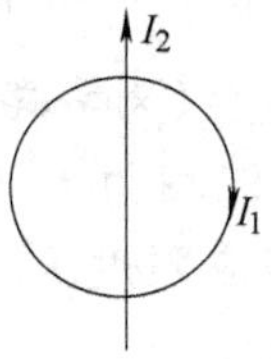

图 6-35

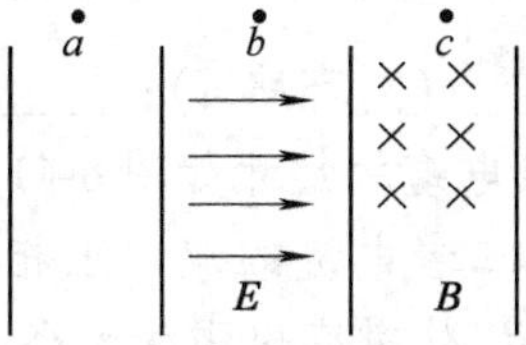

图 6-36

12. 如图6-37所示为四个带电粒子在 O 点沿相同方向垂直于磁感应线射入均匀磁场后的偏转轨迹的照片，磁场方向垂直纸面向外，四个粒子的质量相等，电荷量大小也相等，则其中动能最大的带负电的粒子的轨迹是 [ ]

A. Oa　　B. Ob　　C. Oc　　D. Od

13. 如图6-38所示，一矩形样品，放在一均匀磁场中，当样品中的电流 I 沿 x 轴正向流过时，实验测得样品 A、A' 两侧的电势差 $V_A - V'_A > 0$，设此样品的载流子带负电荷，则磁场方向为 [ ]

A. 沿 x 轴正方向。

B. 沿 x 轴负方向。

C. 沿 z 轴正方向。

D. 沿 z 轴负方向。

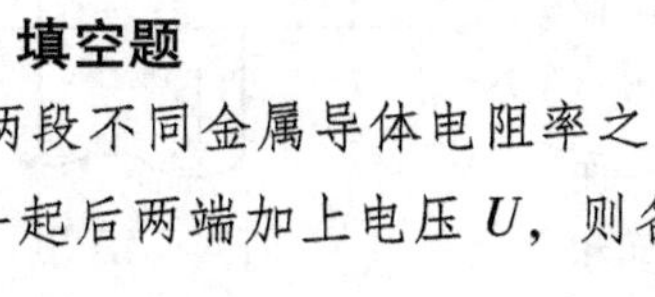

图 6-37

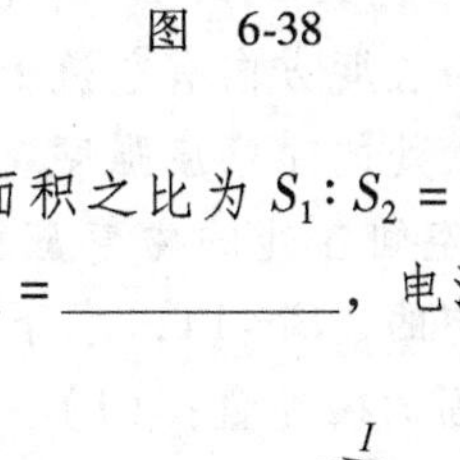

图 6-38

二、填空题

1. 两段不同金属导体电阻率之比为 $\rho_1 : \rho_2 = 1:2$，横截面积之比为 $S_1 : S_2 = 1:4$，将它们串联在一起后两端加上电压 U，则各段导体内电流之比 $I_1 : I_2 =$ ________，电流密度之比 $j_1 : j_2 =$ ________。

2. 弯成直角的无限长直导线，载有电流 $I = 10\text{A}$，在直角决定的平面内，距两段导线的距离都是 $a = 20\text{cm}$ 处的磁感应强度大小 $B =$ ________。($\mu_0 = 4\pi \times 10^{-7}$ N/A^2)

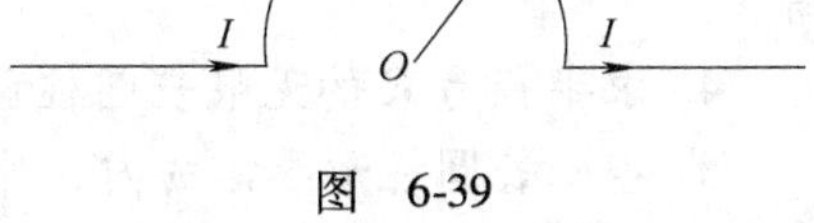

图 6-39

3. 将一根无限长载流导线在一平面内弯成如图6-39

所示的形状，并通以电流 I，则圆心 O 点的磁感应强度 $\boldsymbol{B}$ 的值为__________。

4. 设磁感应强度为 $\boldsymbol{B}=a\boldsymbol{i}+b\boldsymbol{j}+c\boldsymbol{k}(T)$，则通过一半径为 R，开口向 z 正方向的半球壳表面的磁通量的大小为__________ Wb。

5. 两根长直导线通有电流 I，如图6-40所示有三种回路。在每种回路情况下，$\oint \boldsymbol{B}\cdot \mathrm{d}\boldsymbol{l}$ 等于__________（对环路 a）；__________（对环路 b）；__________（对环路 c）。

6. 同轴电缆的尺寸如图6-41所示，它的内外两导体中的电流均为 I，且在横截面上均匀分布，但二者电流的流向正相反，则：（1）在 $r<R_1$ 处磁感应强度大小为__________；（2）在 $r>R_3$ 处磁感应强度大小为__________。

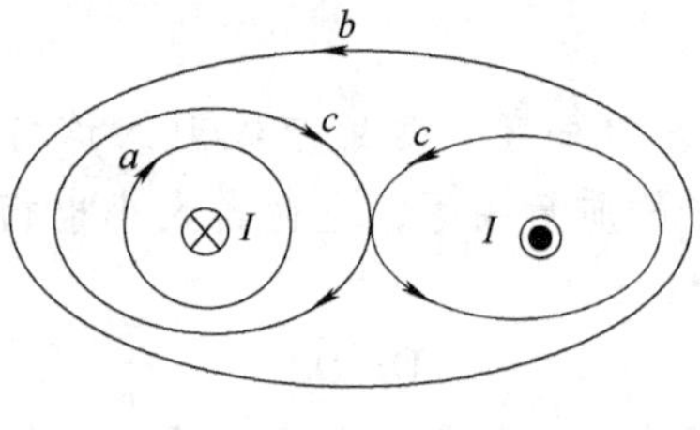

图　6-40

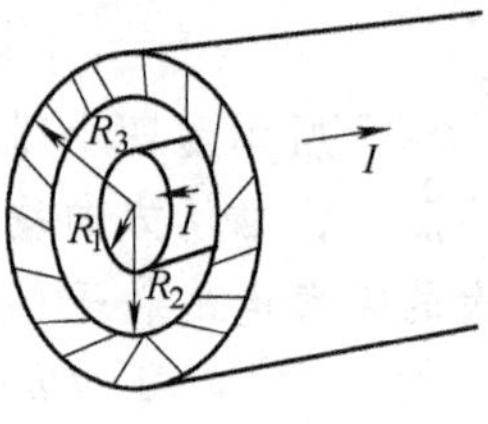

图　6-41

7. 边长分别为 a、b 的 N 匝矩形平面线圈中流过电流 I，将线圈置于均匀外磁场 $\boldsymbol{B}$ 中，当线圈平面的正法向与外磁场方向间的夹角为120°时，此线圈所受的磁力矩的大小为__________。

8. 面积相等的载流圆线圈与载流正方形线圈的磁矩之比为2∶1，圆线圈在其中心处产生的磁感应强度为 B_0，那么正方形线圈中的电流为__________。

9. 磁场中某点的磁感应强度为 $\boldsymbol{B}=0.40\boldsymbol{i}-0.20\boldsymbol{j}(\mathrm{T})$，一电子以速度 $v=0.50\times10^6\boldsymbol{i}+1.0\times10^6\boldsymbol{j}$（m/s）通过该点，则作用于该电子上的磁场力 $\boldsymbol{F}$ 为__________ N。

三、计算题

1. 如图6-42所示，一无限长载流平板宽度为 a，线电流密度（即沿 x 方向单位长度上的电流）为 j，求与平板共面且距平板一边为 b 的任意点 P 的磁感应强度。

2. 在一半径 $R=1.0$cm 的无限长、横截面为半圆形的金属薄片中，沿长度方向有电流 $I=5.0$A 均匀通过。求横截面上半圆的圆心处的磁感应强度。

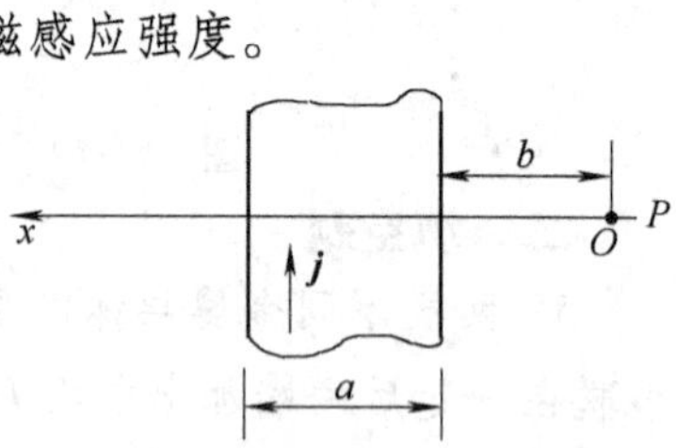

图　6-42

3. 已知空间各处的磁感应强度 $\boldsymbol{B}$ 都沿 x 轴正方向，而且磁场是均匀的，$B=1$T，求下列三种情形中，穿过一面积为 $2\mathrm{m}^2$ 的平面的磁通量：（1）平面与 yz 平面平行；（2）平面与 xz 平面平行；（3）平面与 y 轴平行，又与 x 轴成45°角。

4. 求半径为 R 的无限长圆柱面电流 I 在圆柱面内外的磁场分布。

5. 空心长圆柱形导体的内、外半径分别为 a 和 b，均匀流过电流 I。求导体内部与轴线相距 r 的各点（$a<r<b$）的磁感应强度。

6. 一根长直圆柱形铜导体半径为 R，载有电流 I，电流均匀分布于横截面上。在导体内部通过圆柱中心轴线作宽为 R、单位长的矩形平面 S，如图6-43所示。试计算通过面积 S 的磁通量。

7. 一无限长直导线通以电流 I_1，其旁有一直角三角形线圈通以电流 I_2，线圈与直导线共面，相对位置和尺寸如图6-44所示。试分别求电流 I_1 的磁场对 AB 和 BC 两段载流导线的作用力。

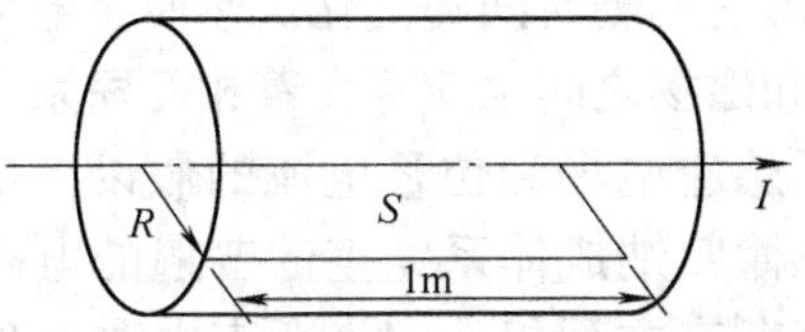

图　6-43

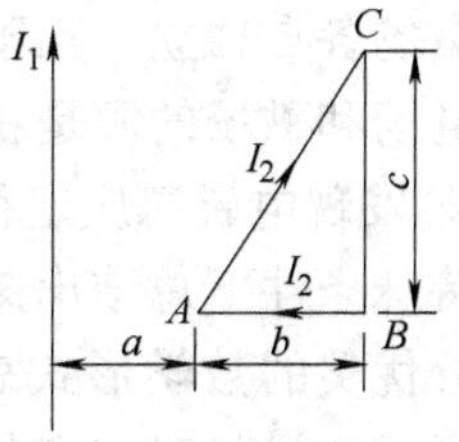

图　6-44

8. 如图6-45所示，在长直导线旁有一矩形线圈，导线中通有电流 I_1，矩形线圈中通有电流 I_2，线圈左边距导线 d，矩形线圈长为 l，宽为 b. 求矩形线圈上所受的合力。

9. 一半径为 $R=0.1\text{m}$ 的半圆形闭合线圈，载有电流 $I=10\text{A}$，放在均匀外磁场中，磁场方向与线圈平面平行，磁感应强度 $B=5.0\times10^{-2}\text{T}$，求线圈所受磁力矩的大小。

10. 如图6-46所示，一均匀磁场的磁感应强度 $B=0.01\text{T}$，一动能为20eV的正电子以与磁场成60°角的方向射入，求该正电子运动轨迹螺旋线的螺距 h、半径 R 和周期 T。

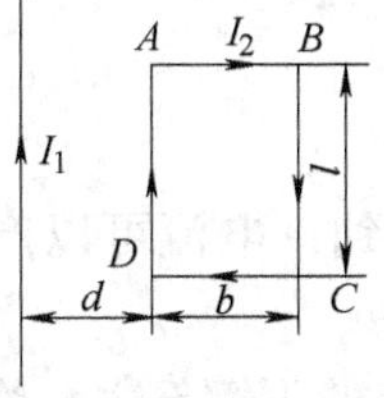

图　6-45

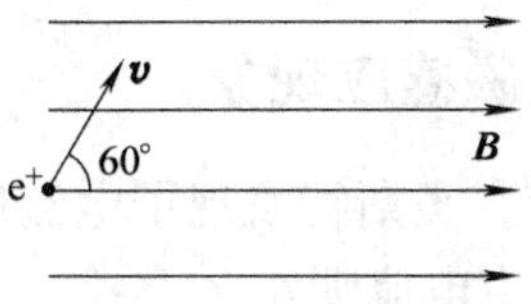

图　6-46

11. 回旋加速器 D 型盒半径 $R=0.48\text{m}$，磁感应强度 $B=1.8\text{Wb/m}^2$。求：(1) 加速氘核所获得的最大动能；(2) 若采用一次加速以获得此能量所需的电势差。

第 7 章　电磁感应与电磁场

到目前为止，我们研究的都是静电场和稳恒磁场的基本规律，在表示这些规律的公式中，电场和磁场各自独立、互不相关，我们也没有考虑它们随时间的变化。然而，电荷和电流作为激发电场和磁场的源是相互关联的，因此电场和磁场之间也应存在着相互联系。自从1831 年法拉第发现电磁感应定律后，麦克斯韦提出了感应电场和位移电流的假设，麦克斯韦进一步把特殊条件下总结出来的电磁现象的实验规律归纳成体系完整的普遍的电磁场理论，并用十分优美的数学形式表示出来，这就是麦克斯韦方程组。麦克斯韦电磁场理论表明，如果电场或磁场随时间变化，则变化的磁场会产生电场，变化的电场又会产生磁场，这样电与磁成为紧密相关、不可分割的电磁场。变化的电场和变化的磁场相互激发，形成变化的电磁场在空间传播，从而预言了电磁波的存在，并计算出电磁波的传播速度等于光速。这一预言被赫兹在 1887 年做的实验所验证，这即证明了麦克斯韦电磁场理论的正确性，又揭示了光的电磁本质。电磁场理论的建立，为电工和无线电工业的建立和发展奠定了基础。

本章重点介绍电磁感应现象及其基本规律，动生电动势和感生电动势，自感和互感，磁场的能量等；然后介绍位移电流的概念和麦克斯韦方程组的积分形式。

7.1　电磁感应的基本规律

7.1.1　电磁感应现象

1820 年，奥斯特发现了电流的磁效应，人们自然地联想到：电流可以产生磁场，磁场是否也能产生电流呢？

从 1822 年到 1831 年，英国物理学家法拉第经过了近十年的不懈努力，终于发现了电磁感应现象，这是电磁学领域中最伟大的成就之一。它不仅为揭示电与磁之间的相互联系和转化奠定了实验基础，促进了电磁场理论的形成和发展，而且为人类广泛利用电能开辟了道路，成为第二次工业和技术革命的开端。下面介绍几种电磁感应现象。

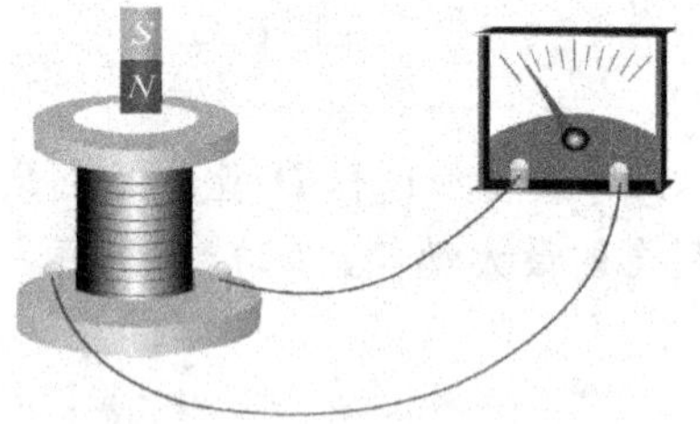

图 7-1　电磁感应现象（一）

现象一：如图 7-1 所示，一个线圈的两端接在检流计上，构成测量回路。当磁棒相对线圈运动时，线圈中产生感应电流。磁棒相对线圈运动得越快，感应电流越大。感应电流的方向与磁棒的运动方向及磁极的方向有关。

现象二：如图 7-2 所示，两个彼此靠得很近的线圈相对静止，线圈 A 和检流计相连。B 线圈与直流电源、电阻器、电键连接成回路。接通或断开线圈 B 中的电流，在线圈 A 中会产生类似于现象一的情形。

现象三：如图 7-3 所示，将一根与电流计连成测量回路的导体棒放在均匀磁场中，当导体棒在恒定磁场中切割磁感应线时，就会在回路中产生感应电流。导体棒运动得越快，感应电流越大。

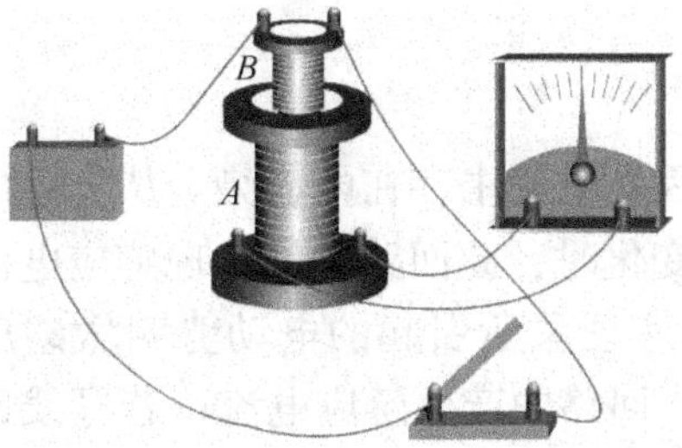

图 7-2　电磁感应现象（二）

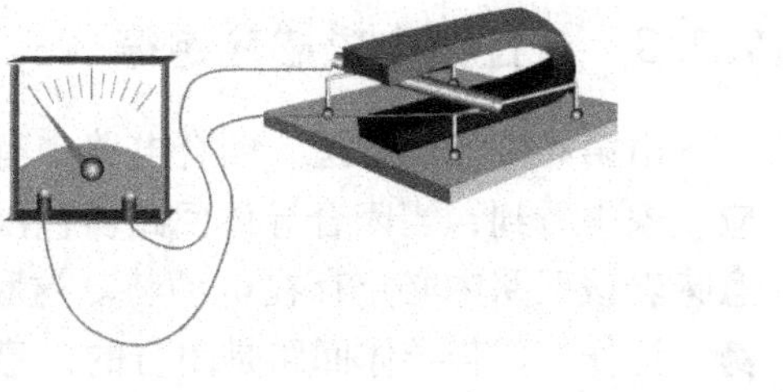

图 7-3　电磁感应现象（三）

在现象一和现象二中，线圈回路中的磁场发生了变化，在现象三中测量回路中的磁场没有变化，但回路面积发生了变化。在以上三种情况下，有一点的变化是共同的，那就是穿过闭合导体回路的磁通量发生了变化。

当穿过闭合导体回路的磁通量发生变化时，不管这种变化是什么原因引起的，在导体回路中就会产生感应电流。这就是电磁感应现象。

7.1.2　楞次定律

1831 年法拉第发现电磁感应现象后，1834 年，俄国物理学家楞次在概括了大量实验事实的基础上，总结出判断感应电流方向的规律，称为**楞次定律**。定律表述如下：闭合导体回路中的感应电流，其流向总是企图使感应电流自己激发的穿过回路面积的磁通量，能够抵消或补偿引起感应电流的磁通量的增加或减少。或者说：回路中感应电流的流向，总是使感应电流激发的穿过该回路的磁通量，反抗回路中原磁通量的变化。

楞次定律也可简练地表述为：感应电流的效果，总是反抗引起感应电流的原因。

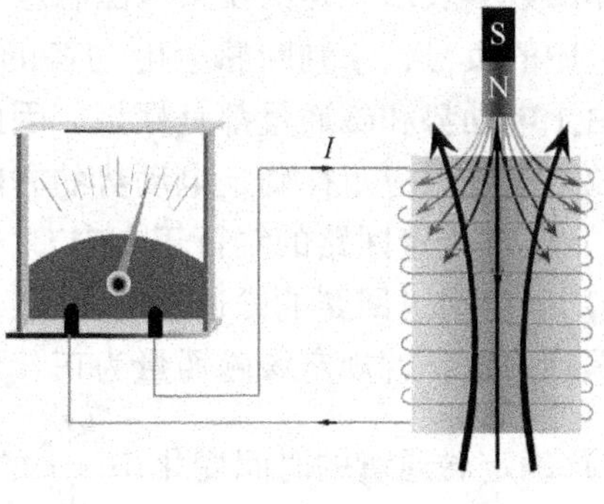

图 7-4　楞次定律

可用楞次定律来确定感应电流的方向。如图 7-4 所示，当将磁铁棒 N 极插入线圈时，通过线圈的磁通量增加，线圈中感应电流所激发的磁场，要反抗线圈中磁通量的增加，故这个磁场的磁感应线方向与磁铁棒的磁感应线方向相反。根据右手螺旋法则，用大拇指指向感应电流所激发的磁场方向，则四指环绕的方向就是感应电流的方向。从上往下看线圈，此时感应电流的流向为逆时针方向。当将磁铁棒 N 极从线圈中拔出时，则穿过线圈内的磁通量减少，那么感应电流所激发的磁场方向应当与磁棒的磁场方向相同，以补偿磁棒在线圈内磁通量的减少。所以，根据右手螺旋法则，线圈中感应电流的流向为顺时针方向。

大量实验现象证明，楞次定律实质上是能量守恒定律在电磁感应现象中的具体体现。例如，导体棒在均匀磁场中作切割磁感应线运动，在回路上产生感应电流，感应电流产生一个作用于导体棒上的安培力，反抗导体棒运动。否则只需一点力使导线棒开始移动，若安培力不去阻挠它的运动，将有无限大的电能出现，显然，这不符合能量守恒定律。

7.1.3 法拉第电磁感应定律

由第6章我们知道，闭合电路中有电流的根本原因是电路中存在电动势。从上述电磁感应现象中看到，当闭合导体回路所包围面积的磁通量变化时，此回路中就出现感应电流，这意味着该回路中必定存在电动势。这种直接由电磁感应现象所引起的电动势叫做**感应电动势**，记作 $\mathscr{E}$。若导体回路是闭合的，感应电动势就会在回路中产生感应电流；若导线回路不是闭合的，回路中仍然有感应电动势，但是不会形成电流。

实验表明，导体回路中感应电动势 $\mathscr{E}$ 的大小与穿过该回路的磁通量的时间变化率成正比，这个结论就是法拉第电磁感应定律。在国际单位制中，此定律可以表示为

$$\mathscr{E} = -\frac{\mathrm{d}\Phi_\mathrm{m}}{\mathrm{d}t} \tag{7-1}$$

负号表示感应电动势总是反抗磁通量的变化，即 $\mathscr{E}$ 的正负总是与磁通量的时间变化率的正负相反。

公式（7-1）是针对单匝回路而言的，如果导体回路是由 N 匝线圈绕制而成的，且穿过每匝线圈的磁通量均相同，都为 Φ_m，则式（7-1）中的磁通量就应该用总磁通量 $\Psi = N\Phi_\mathrm{m}$（称 Ψ 为磁链数）来取代。因此，对 N 匝线圈的感应电动势的计算，应该用下面的表示式

$$\mathscr{E} = -\frac{\mathrm{d}(N\Phi_\mathrm{m})}{\mathrm{d}t} = -\frac{\mathrm{d}\Psi}{\mathrm{d}t} \tag{7-2}$$

法拉第电磁感应定律中的负号反映了感应电动势的方向与磁通量变化状况的关系，是楞次定律的数学表示，是法拉第电磁感应定律的重要组成部分。因此，如何正确理解和运用式(7-2）中的负号，来判断感应电动势的方向，是掌握好法拉第电磁感应定律的一个重要方面。由于电动势和磁通量都是标量，因此它们的“正负”相对于某一指定的方向才有意义。用法拉第电磁感应定律确定电动势的方向，通常遵循以下步骤：

1）任意规定回路的绕行正方向。

2）确定通过回路的磁通量的正负：如果通过回路的磁感应线方向与回路绕行正方向呈右手螺旋关系，就规定该磁通量为正，反之为负。

3）确定磁通量的时间变化率$\frac{\mathrm{d}\Phi_\mathrm{m}}{\mathrm{d}t}$的正负。

4）最后确定感应电动势的正负。当感应电动势为正时，表示感应电动势的方向和回路的绕行正方向相同；当感应电动势为负时，表示感应电动势的方向和回路的绕行正方向相反。

利用欧姆定律，可以求出回路的感应电流。设导体回路的电阻为 R，则通过回路的电流为

$$I = \frac{\mathscr{E}}{R} = -\frac{1}{R}\frac{\mathrm{d}\Phi_\mathrm{m}}{\mathrm{d}t} \tag{7-3}$$

进一步地利用电流和电荷量的关系 $I=\dfrac{dq}{dt}$，得到 $dq=Idt$，由此可以求出一段时间内通过回路的感应电荷量。在 $\Delta t=t_2-t_1$ 时间内流过导线横截面的感应电荷的电荷量为

$$q = \left|\int_{t_1}^{t_2} I\mathrm{d}t\right| = \frac{1}{R}\left|\Phi_{m2}-\Phi_{m1}\right| \tag{7-4}$$

即通过导体的感应电荷量仅与磁通量变化的绝对值成正比，与其变化率无关。只要从实验中测得通过回路导线中任一横截面的电荷量 q，并在回路导线电阻已知的情况下，就可用来测定磁通量的变化值。磁通计就是根据这个原理设计的。

根据法拉第电磁感应定律，只要穿过回路的磁通量发生了变化，在回路中就会有感应电动势产生。引起磁通量变化的原因不外乎两条：其一是回路相对于磁场有运动；其二是回路在磁场中虽无相对运动，但是磁场在空间的分布是随时间变化的，我们将前一原因产生的感应电动势称为动生电动势，而后一原因产生的感应电动势称为感生电动势。

根据引起回路中磁通量变化的原因，将感应电动势分为动生电动势和感生电动势，这仅仅是一种表观区分。实际上，产生感应电动势有两种不同的机制。只要导体在磁场中运动，在导体中就会产生动生电动势，产生动生电动势的机制与导体是否构成回路无关（注意，不构成回路就无法确定磁通量）；只要磁场随时间变化，就会产生感生电动势，产生感生电动势的机制甚至与磁场空间中是否放置了导体无关。后续的两节将深入讨论动生电动势和感生电动势。

【例题7-1】 如图7-5所示，一长直导线与边长为 l_1 和 l_2 的矩形导线框共面，且与它的一边平行。线框以恒定速率 v 沿与长直导线垂直的方向向右运动。若长直导线中的电流为 I，求线框与直导线相距 x 时穿过线框的磁通量，并由此计算线框中感应电动势的大小和感应电流的方向。

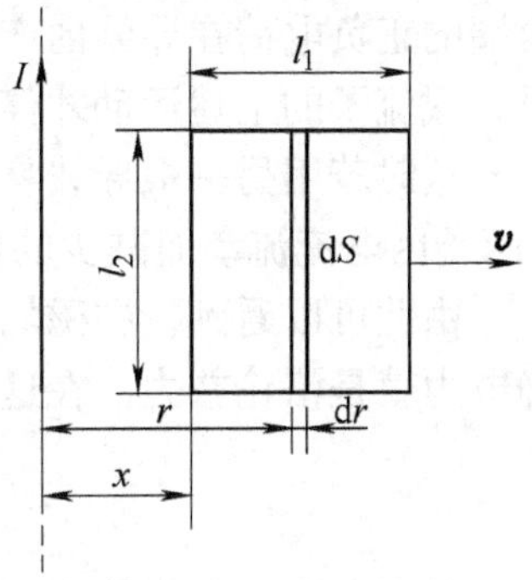

图　7-5

解　电流 I 产生的磁感应强度大小为

$$B=\frac{\mu_0 I}{2\pi r}$$

这是一个不均匀磁场。设 I 方向由下向上，则直导线右边的磁感应强度方向垂直纸面向内。设线框回路的绕行方向为顺时针方向，t 时刻线框与导线相距 x，则穿过线框的磁通量为

$$\Phi_m = \iint_S \boldsymbol{B}\cdot \mathrm{d}\boldsymbol{S} = \int_x^{x+l_1}\frac{\mu_0 I}{2\pi r}l_2\,\mathrm{d}r = \frac{\mu_0 l_2 I}{2\pi}\ln\frac{x+l_1}{x}$$

由法拉第电磁感应定律，线框中感应电动势的大小

$$\mathscr{E} = -\frac{\mathrm{d}\Phi_m}{\mathrm{d}t} = -\frac{\mathrm{d}\Phi_m}{\mathrm{d}x}\frac{\mathrm{d}x}{\mathrm{d}t} = -v\frac{\mathrm{d}\Phi_m}{\mathrm{d}x}$$

$$= \frac{\mu_0 l_2 I}{2\pi}v\left(\frac{1}{x}-\frac{1}{x+l_1}\right)$$

线框以恒定速率 v 沿与长直导线垂直的方向向右运动时，线框所处的磁场越来越弱，因此穿过线框的磁通量越来越少。根据楞次定律，可判断线框中感应电流产生的磁场要补偿磁

通量的减少，因此感应电流的方向为顺时针绕向。当然，也可以按照前面所述的法拉第电磁感应定律来确定电动势方向，显然求出的感应电动势大于零，因此感应电动势产生的感应电流的方向为顺时针绕向。

7.2 动生电动势

7.2.1 动生电动势的产生机制

通常将导体在磁场中运动产生的电动势称为**动生电动势**。动生电动势是如何形成的呢？我们知道电动势是由于非静电力做功产生的，那么产生动生电动势的非静电力又是什么力呢？

如图7-6所示，设有一段导线 ab 在稳恒磁场 $\boldsymbol{B}$ 中运动，导线上任一线元矢量 $\mathrm{d}\boldsymbol{l}$ 在某时刻的速度为$\boldsymbol{v}$，载流子的电荷量为 q（设为正电荷），载流子在洛伦兹力 $\boldsymbol{F}=q\boldsymbol{v}\times\boldsymbol{B}$ 的作用下，从 a 端向 b 端运动。

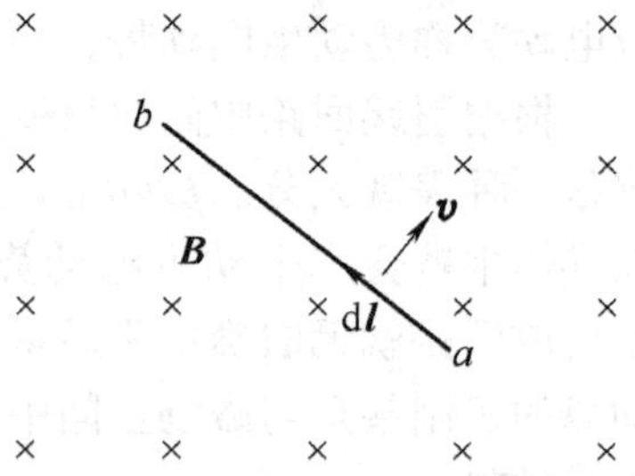

图7-6 动生电动势

导线上所有线元中的载流子都作同样的运动，结果使 b 端积累正电荷，相应地在 a 端出现负电荷。这样立即在导体中产生一个由 b 端指向 a 端的电场，这个电场对载流子施加的电场力与洛伦兹力方向相反，阻碍载流子向 b 端运动。当两端的正负电荷在导体内产生的电场作用于载流子的电场力和载流子受到的洛伦兹力平衡时，载流子的上述运动才停止，导体两端的电势差达到稳定值。

这时若用另一根导线将 a、b 端连起来构成闭合回路，在回路中就出现了感应电流，a、b 两端因电流流动而减少的电荷在失去平衡的洛伦兹力作用下获得不断补充。

由此可以看到，在磁场中运动的导线 ab 就是一个电动势源，与产生该电动势相应的非静电力就是洛伦兹力。在这里，和非静电力相对应的非静电场的电场强度为

$$\boldsymbol{E}_{\mathrm{k}}=\frac{\boldsymbol{F}}{q}=\boldsymbol{v}\times\boldsymbol{B} \tag{7-5}$$

根据电源电动势的定义式（6-8），ab 上的动生电动势可写为

$$\mathscr{E}=\int_a^b\boldsymbol{E}_{\mathrm{k}}\cdot\mathrm{d}\boldsymbol{l}=\int_a^b(\boldsymbol{v}\times\boldsymbol{B})\cdot\mathrm{d}\boldsymbol{l} \tag{7-6}$$

对于闭合导体回路 L，根据电源电动势的定义式（6-9），动生电动势可写为

$$\mathscr{E}=\oint_L(\boldsymbol{v}\times\boldsymbol{B})\cdot\mathrm{d}\boldsymbol{l} \tag{7-7}$$

式（7-6）或式（7-7）不仅揭示了产生动生电动势的根本原因，而且也提供了计算动生电动势的又一种方法。

7.2.2 动生电动势的计算

对于不构成回路的一段导体 ab，可直接应用公式 $\mathscr{E}=\int_a^b(\boldsymbol{v}\times\boldsymbol{B})\cdot\mathrm{d}\boldsymbol{l}$ 计算，具体的方法步骤是：

1）首先沿运动导线假定一个电动势的指向。

2）按电动势的指向，在导线上任取一个线元矢量 d$\boldsymbol{l}$。

3）根据线元 d$\boldsymbol{l}$ 的速度 v 和该处磁感应强度 $\boldsymbol{B}$ 以及两者之间小于 π 的夹角 θ，按矢积的定义，求$v\times\boldsymbol{B}$。$v\times\boldsymbol{B}$ 仍是一个矢量，其大小为 $vB\sin\theta$；方向按右手螺旋法则确定。

4）设矢量$v\times\boldsymbol{B}$ 与 d$\boldsymbol{l}$ 之间小于180°的夹角为 φ，则按矢量标积的定义，$(v\times\boldsymbol{B})\cdot\mathrm{d}\boldsymbol{l}$ 是一个标量，其值即为线元 d$\boldsymbol{l}$ 上的动生电动势，即

$$\mathrm{d}\mathscr{E}=(v\times\boldsymbol{B})\cdot\mathrm{d}\boldsymbol{l}=(vB\sin\theta)\mathrm{d}l\cos\varphi \tag{7-8}$$

5）最后，按电动势的指向对上式进行积分，就得到整个运动导线上的动生电动势

$$\mathscr{E}=\int\mathrm{d}\mathscr{E}=\int_a^b(v\times\boldsymbol{B})\cdot\mathrm{d}\boldsymbol{l}=\int_a^b(vB\sin\theta)\mathrm{d}l\cos\varphi \tag{7-9}$$

6）由以上积分计算得到的动生电动势有正负之分。$\mathscr{E}$为正时，表示电动势的方向与假定的方向相同；$\mathscr{E}$为负时，表示电动势的方向与假定的方向相反。

对于导体回路 L，可应用 $\mathscr{E}=\oint_L(v\times\boldsymbol{B})\cdot\mathrm{d}\boldsymbol{l}$ 计算，也可直接利用法拉第电磁感应定律 $\mathscr{E}=-\dfrac{\mathrm{d}\Phi_\mathrm{m}}{\mathrm{d}t}$计算。

【例题7-2】 如图7-7a 所示，长为 L 的金属棒 ab 绕其一端 a 在垂直于匀强磁场 $\boldsymbol{B}$ 的平面内顺时针转动，导体棒旋转的角速度为 $\boldsymbol{\omega}$。求金属棒上的动生电动势。

解 这是一道求解动生电动势的典型例题，我们既可以用动生电动势公式（7-9）来求解，同时也可以用法拉第电磁感应定律来求解。在用动生电动势的公式求解时，一定要注意磁场 $\boldsymbol{B}$、线元 d$\boldsymbol{l}$、线元的运动速度 v 三者方向间的关系。

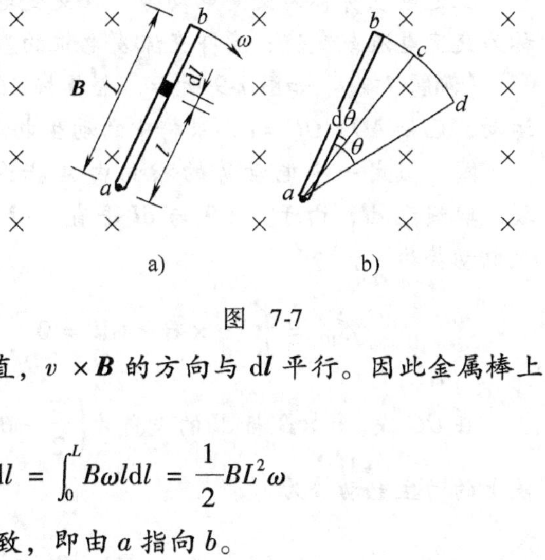

图 7-7

首先利用动生电动势公式求解。假定一个电动势的指向由 a 指向 b，在金属棒上距 a 点为 l 处取线元 d$\boldsymbol{l}$，线元 d$\boldsymbol{l}$ 运动速度方向与 d$\boldsymbol{l}$ 垂直，$v\times\boldsymbol{B}$ 的方向与 d$\boldsymbol{l}$ 平行。因此金属棒上的动生电动势

$$\mathscr{E}=\int_0^L(v\times\boldsymbol{B})\cdot\mathrm{d}\boldsymbol{l}=\int_0^L Bv\mathrm{d}l=\int_0^L B\omega l\mathrm{d}l=\frac{1}{2}BL^2\omega$$

$\mathscr{E}$为正，表示动生电动势的方向与假设的方向一致，即由 a 指向 b。

下面利用法拉第电磁感应定律来求解。如图7-7b 所示，构成扇形回路 $abcda$，选绕行方向为 $abcda$，则回路法向与磁场方向相同，导线转动时，面积减小，且$\dfrac{\mathrm{d}\theta}{\mathrm{d}t}=-\omega$。由于只有 ab 边运动，所以回路中的电动势就是导体棒 ab 上的电动势。所以

$$\mathscr{E}_{abcda}=\mathscr{E}_{ab}=-\frac{\mathrm{d}\Phi_\mathrm{m}}{\mathrm{d}t}=-\frac{\frac{1}{2}BL^2\mathrm{d}\theta}{\mathrm{d}t}=\frac{1}{2}BL^2\omega$$

$\mathscr{E}_{ab}>0$，所以金属棒上动生电动势的方向与绕行方向一致，即由 a 到 b。

试想一下，如果金属棒反向旋转，上述计算结果又将如何？

在本例中，若将金属棒 ab 与外电路连接成闭合电路，则棒 ab 相当于一个电源的内电路。因此，ab 内电路中的电流是由低电势的 a 处流向高电势的 b 处，而外电路中的电流则是由高电势流向低电势。

如果转动的是金属盘，可以将金属圆盘想象为由无数根并联的金属棒组合而成，每根金属棒都与本例类似。因这些金属棒是并联的，所以金属盘从边缘到中心的动生电动势与一根金属棒上的动生电动势相同。法拉第圆盘发电机就是依据这一原理来发电的。

【例题7-3】 如图7-8所示，在匀强磁场 $\boldsymbol{B}$ 中，面积为 S 的 N 匝矩形线圈以角速率 ω 绕固定的轴线 OO' 作匀速转动，轴 OO' 与 $\boldsymbol{B}$ 垂直。求线圈中产生的动生电动势。

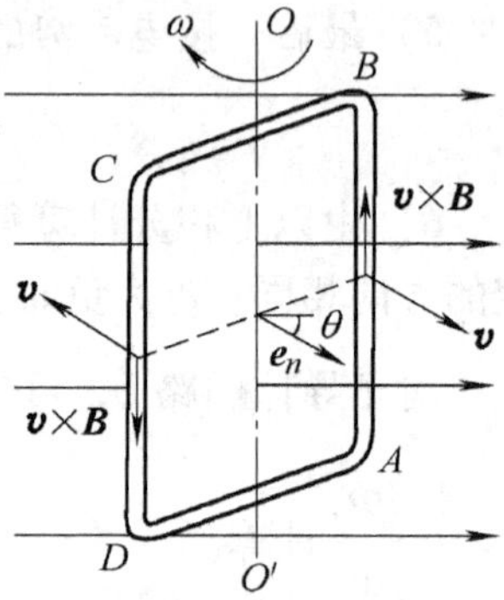

图 7-8

解 在线圈转动的起始时刻 $t=0$，线圈平面与磁场垂直。经过时间 t，线圈平面转过角度 θ，这时通过线圈平面的磁链数 $N\Phi_m$ 为

$$N\Phi_m = NBS\cos\theta$$

N 匝矩形线圈中产生的动生电动势为

$$\mathscr{E} = -\frac{\mathrm{d}(N\Phi_m)}{\mathrm{d}t} = NBS\frac{\mathrm{d}\theta}{\mathrm{d}t}\sin\theta = NBS\omega\sin\omega t$$

上述电动势称为交变电动势，在交变电动势的作用下，线圈中的感应电流也是交变的，称为交变电流或交流，此即交流发电机的基本原理。

【例题7-4】 如图7-9所示，金属杆 AOC 以恒定速度 v 在均匀磁场 $\boldsymbol{B}$ 中垂直于磁场方向运动，已知 $AO=OC=L$，求杆中的动生电动势。

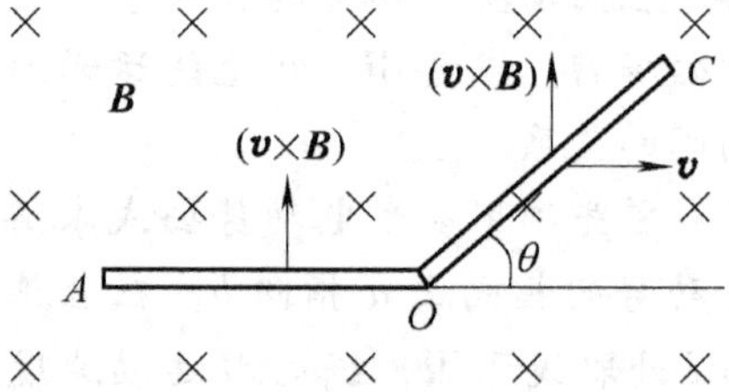

图 7-9

解 假定一个电动势的指向由 A 指向 C。在 AO 段，取线元 $\mathrm{d}\boldsymbol{l}$，由于 $v\times\boldsymbol{B}$ 与 $\mathrm{d}\boldsymbol{l}$ 垂直，所以产生的动生电动势为

$$\mathscr{E}_{AO} = \int_A^O (v\times\boldsymbol{B})\cdot\mathrm{d}\boldsymbol{l} = 0$$

在 OC 段，$v\times\boldsymbol{B}$ 与 $\mathrm{d}\boldsymbol{l}$ 的夹角为 $\left(\frac{\pi}{2}-\theta\right)$，因此 OC 段上的动生电动势为

$$\mathscr{E}_{OC} = \int_O^C (v\times\boldsymbol{B})\cdot\mathrm{d}\boldsymbol{l} = \int_0^L vB\cdot\cos\left(\frac{\pi}{2}-\theta\right)\mathrm{d}l = vBL\sin\theta$$

金属杆中的动生电动势为

$$\mathscr{E} = \mathscr{E}_{AO} + \mathscr{E}_{OC} = vBL\sin\theta$$

由于 $\mathscr{E}>0$，其方向为由 O 指向 C。

【例题7-5】 如图7-10所示，一根长直导线通有电流 I，在此长直导线近旁有一条长为 l 的导体棒 ab，它以速度 v 向右作匀速运动的过程中，保持与长直导线平行。求此棒运动到距离电流 x 处时的动生电动势，并问此棒两端 a、b 哪一端电势较高？

解 导体棒虽然看似在非均匀磁场中运动，但由于导体棒始终与长直载流导线平行，故任一时刻棒上各点的磁感应强度处处相同。

假定导体棒中电动势的指向由 a 到 b，沿此指向在导体棒上任取线元 $\mathrm{d}\boldsymbol{l}$。当导体棒运动到距离电流 x 处时，其所在处磁感应强度的大小都为 $B=\dfrac{\mu_0 I}{2\pi x}$，其方向皆垂直纸面向里。因此 v 垂直于 $\boldsymbol{B}$，且 $v\times\boldsymbol{B}$ 与 $\mathrm{d}\boldsymbol{l}$ 同方向。根据动生电动势公式（7-9），得此时棒中的动生电动势为

$$\mathscr{E}_{ab}=\int_a^b(v\times\boldsymbol{B})\cdot\mathrm{d}t$$

$$=\int_0^L vB\mathrm{d}l=vBL=\frac{\mu_0 IvL}{2\pi x}$$

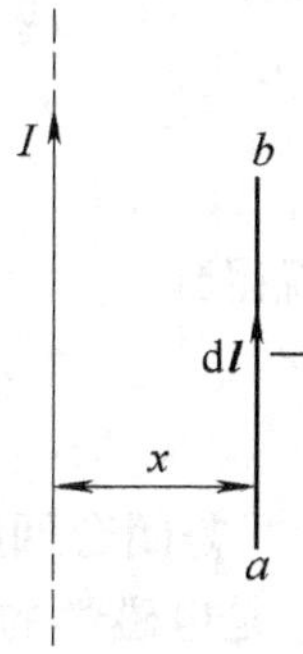

图 7-10

由于 $\mathscr{E}>0$，表明它与所假定的电动势指向一致，即导体棒中的电动势自 a 端指向 b 端。故在导体棒的 b 端积累正电荷，a 端积累负电荷，即 b 端的电势高于 a 端。

7.3 感生电动势

7.3.1 感生电场和感应电动势

当线圈（导体回路）不动而磁场变化时，穿过回路的磁通量也发生变化，由此在回路中激发的感应电动势称为**感生电动势**。建立感生电动势的非静电力是什么呢？我们知道当导体静止时，载流子只有无规则的热运动，它们所受的洛伦兹力在各方向上是杂乱的，不会形成载流子沿导线的定向运动。并且，实验表明静止的电荷在变化的磁场中也受到力的作用。因此建立感生电动势的非静电力不可能是洛伦兹力。

由于这种非静电场力对静止电荷也发生作用，因此它本质上是电场力。大量实验事实表明，感应电动势只取决于变化的磁场，与诸如导体的种类、性质等物理条件无关。麦克斯韦敏锐地感觉到感生电动势的现象预示着有关电磁场的新的效应，他在1861年提出如下假设：变化的磁场在其周围空间激发一种新型的电场，称之为**感生电场或涡旋电场**，用 $\boldsymbol{E}_\mathrm{i}$ 表示。感生电场是在变化磁场的周围空间产生的，而不管这个空间是真空、电介质还是导体。这种电场的存在与空间有无导体无关；但是感生电动势却必须在导体中才能产生，并且不要求导体是闭合电路。若有闭合导体回路存在，导体中的自由电子就会在感生电场的作用下作定向运动，产生感应电流。

感生电场不是静电场，作用在电荷上的力是一种非静电场力，如果有导体或导体回路存在，非静电场力就会产生感生电动势。根据电源电动势的定义式（6-8），一段导体 AB 两端上的感生电动势

$$\mathscr{E}=\int_A^B\boldsymbol{E}_\mathrm{i}\cdot\mathrm{d}\boldsymbol{l}\tag{7-10}$$

若是闭合导体回路 L，应将式（7-10）中的积分改为

$$\mathscr{E}=\oint_L\boldsymbol{E}_\mathrm{i}\cdot\mathrm{d}\boldsymbol{l}\tag{7-11}$$

从法拉第电磁感应定律可以求出感生电场与变化磁场的关系。因为

$$\oint_L \boldsymbol{E}_{\mathrm{i}} \cdot \mathrm{d}\boldsymbol{l} = -\frac{\mathrm{d}\Phi_{\mathrm{m}}}{\mathrm{d}t}$$

而磁通量 $\Phi_{\mathrm{m}} = \iint_S \boldsymbol{B} \cdot \mathrm{d}\boldsymbol{S}$，因此

$$\frac{\mathrm{d}\Phi_{\mathrm{m}}}{\mathrm{d}t} = \frac{\mathrm{d}}{\mathrm{d}t}\iint_S \boldsymbol{B} \cdot \mathrm{d}\boldsymbol{S} = \iint_S \frac{\partial \boldsymbol{B}}{\partial t} \cdot \mathrm{d}\boldsymbol{S}$$

这样就得到

$$\oint_L \boldsymbol{E}_{\mathrm{i}} \cdot \mathrm{d}\boldsymbol{l} = -\iint_S \frac{\partial \boldsymbol{B}}{\partial t} \cdot \mathrm{d}\boldsymbol{S} \tag{7-12}$$

式中，S 是闭合回路包围的面积。式（7-12）反映了变化的磁场和感生电场之间的积分关系，它是电磁学的基本方程之一。

7.3.2 感生电场的性质

感生电场是由随时间变化的磁场激发的，因此虽然它对电荷具有和静电场同样的作用，但它与静电场有着本质的区别。下面把感生电场和静电场的特征进行对比分析，以揭示感生电场的性质。

1. 感生电场的环流不为零

静电场的一个重要性质是电场强度 $\boldsymbol{E}$ 的环流为零，即

$$\oint_L \boldsymbol{E} \cdot \mathrm{d}\boldsymbol{l} = 0$$

而由式（7-12）可知，感生电场 $\boldsymbol{E}_{\mathrm{i}}$ 的环流不为零，说明它不是保守场，而是涡旋场。这是感生电场的一个重要性质，也是它与静电场的重要区别之一。

2. 感生电场的电场线是闭合的

感生电场的环流不为零，我们知道磁感应强度的环流也不为零，与磁感应线类似，感生电场的电场线也是无头无尾的闭合曲线。类似于磁场的高斯定理，通过任意闭合曲面的感生电场的电场强度通量都为零

$$\oiint_S \boldsymbol{E}_{\mathrm{i}} \cdot \mathrm{d}\boldsymbol{S} = 0 \tag{7-13}$$

变化的磁场在其周围激发涡旋状的感生电场，它们在方向上满足左手螺旋关系。例如，当$\partial \boldsymbol{B}/\partial t>0$ 时，$\oint_L \boldsymbol{E}_{\mathrm{i}} \cdot \mathrm{d}\boldsymbol{l} < 0$，此时 $\boldsymbol{E}_{\mathrm{i}}$ 电场线方向与回路的环绕方向相反，如图 7-11 所示。

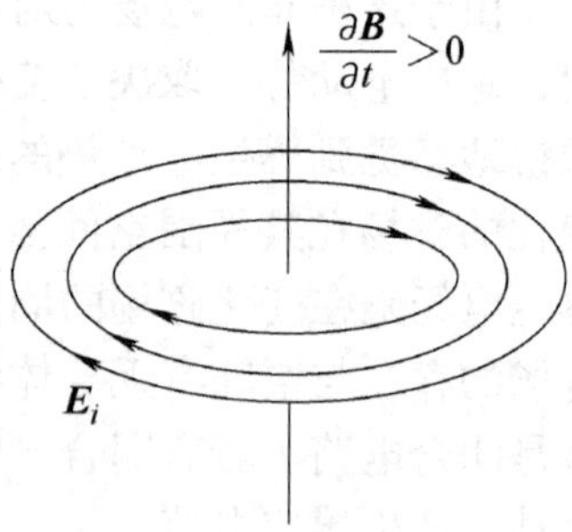

图 7-11 感生电场的电场线

【例题 7-6】 如图 7-12 所示，半径为 R 的圆柱形空间（横截面）内分布着均匀磁场（如长直载流螺线管的中部）。设磁感应强度的大小 B 随时间 t 按 $B=kt$（k 为常量）变化，试求感生电场的分布。

解 圆柱形空间内$\frac{\mathrm{d}B}{\mathrm{d}t}=k$ 是个常量，圆柱体内的均匀磁场始终保持轴对称性分布，所以

变化的磁场所激发的感生电场的电场线是一系列与圆柱的轴线同轴的同心圆。电场线处处与圆线相切，在同一条电场线上的感生电场强度大小相等。

选取半径为 r 的圆周 L 为积分路径，取顺时针方向为环路 L 的正绕向，由式（7-12）

$$\oint_L \boldsymbol{E}_i \cdot d\boldsymbol{l} = \oint_L E_i dl = 2\pi r E_i = -\iint_S \frac{\partial \boldsymbol{B}}{\partial t} \cdot d\boldsymbol{S}$$

$$E_i = -\frac{1}{2\pi r}\iint_S \frac{\partial \boldsymbol{B}}{\partial t} \cdot d\boldsymbol{S}$$

在圆柱形空间内（$r<R$）

$$\iint_S \frac{\partial \boldsymbol{B}}{\partial t} \cdot d\boldsymbol{S} = \iint_S \frac{\partial B}{\partial t} dS = \pi r^2 \frac{dB}{dt} = \pi k r^2$$

$$E_i = -\frac{kr}{2} \qquad (r < R)$$

在圆柱体外（$r>R$）

$$\iint_S \frac{\partial \boldsymbol{B}}{\partial t} \cdot d\boldsymbol{S} = \iint_S \frac{\partial B}{\partial t} dS = \pi R^2 \frac{dB}{dt} = \pi k R^2$$

$$E_i = -\frac{kR^2}{2r} \qquad (r > R)$$

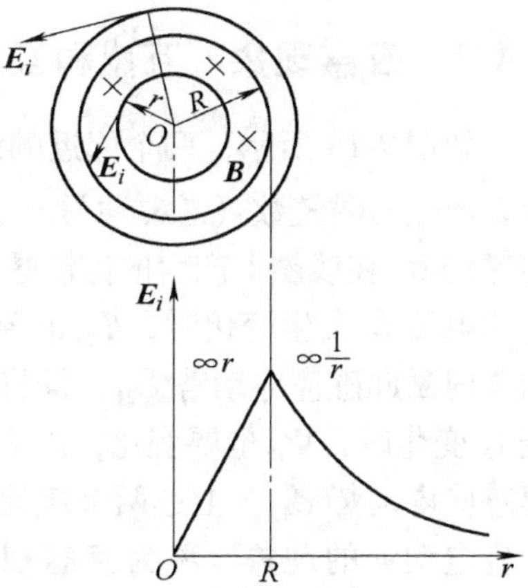

图　7-12

在圆柱体内部和外部，感生电场的方向均取决于磁感应强度 B 随时间的变化率 k。当 $k>0$ 时，电场线方向与回路绕行方向相反，为逆时针方向。当 $k<0$ 时，电场线方向与回路绕行方向相同，为顺时针方向。

由此可见，只要存在变化的磁场，就会在整个空间激发感生电场。

7.3.3　涡电流

如果把一大块导体放在变化着的磁场中或让它相对于磁场运动，在这块导体中也会出现感应电流。由于导体内部处处可以构成回路，任意回路所包围面积的磁通量都在变化，因此这种电流在导体内自行闭合，形成涡旋状，故称为**涡电流**。涡电流在工业和工程技术中有着广泛的应用。

涡电流具有热效应。在金属圆柱体上绕一线圈，当线圈中通入交变电流时，金属圆柱体便处在交变磁场中。由于金属导体的电阻很小，涡电流很大，所以热效应极为显著，可以用于金属材料的加热和冶炼。理论分析表明，涡电流与交变电流的频率成正比，涡电流产生的焦耳热则与交变电流的平方成正比。因此采用高频交流电就可以在金属圆柱体内汇集成强大的涡流，释放出大量的焦耳热，最后使金属自身熔化。这就是高频感应炉的原理。涡电流的热效应还广泛应用在焊接、表面淬火以及制备半导体材料和器件等工艺方面。家用的电磁灶加热和烹饪食品时，也是利用涡电流在铝制容器上的热效应。在真空技术方面，也广泛利用这种方法，把需要抽成真空的仪器或电子器件内的金属部分加热到高温，使吸附在金属表面上的气体逸出而被清除，以提高真空度。例如，制造示波管、显像管、激光管等器件时，利用感应加热玻璃壳内的电极，把电极上吸附的气体释放出来，并被抽走，然后封口。另一方面，导体中发生涡电流，也有有害的一面。在许多电磁设备中常有大块的金属部件，涡电流可使铁芯发热，浪费电能，这就是涡流耗损。

涡电流还具有机械效应。涡电流还可以起到阻尼作用，这就是电磁阻尼。利用磁场对金属板的这种阻尼作用，可制成各种电动阻尼器，例如磁电式电表中或电气机车的电磁制动器中的阻尼装置，就是应用涡电流实现其阻尼作用的。

7.4 互感和自感

7.4.1 互感现象 互感和互感电动势

如图7-13所示，两个邻近的线圈1和2分别通有电流 I_1 和 I_2，I_1 所激发的磁场 $\boldsymbol{B}_1$ 在线圈2产生的磁链数（总磁通量）为 Ψ_{21}，I_2 所激发的磁场 $\boldsymbol{B}_2$ 在线圈1产生的磁链数为 Ψ_{12}。当线圈1中的电流 I_1 发生变化时，Ψ_{21} 也要变化，因而在线圈2内激起感应电动势 $\mathscr{E}_{21}$；同样，线圈2中的电流 I_2 变化时，Ψ_{12} 也要变化，因而在线圈1中也激起感应电动势 $\mathscr{E}_{12}$。上述两个载流回路相互地激起感应电动势的现象，称为**互感现象**，产生的电动势称为**互感电动势**。

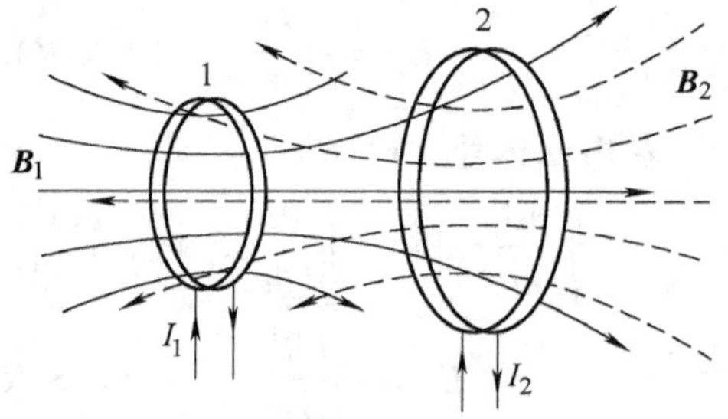

图7-13 互感

假设上面两个线圈的形状、大小、相对位置和周围磁介质都不改变，则根据毕奥-萨伐尔定律，由 I_1 在空间任何一点激发的磁感强度都与 I_1 成正比，相应地，穿过线圈2的磁链数为 Ψ_{21} 也必然与 I_1 成正比，即

$$\Psi_{21}=M_{21}I_1 \tag{7-14a}$$

同理有

$$\Psi_{12}=M_{12}I_2 \tag{7-14b}$$

从实验及能量守恒均可证明

$$M_{21}=M_{12}=M$$

M 就叫做这两个线圈的**互感**。在国际单位制中，互感的单位是H（亨利），1H = 1Wb/A。从 $M=\Psi_{21}/I_1=\Psi_{12}/I_2$ 可知，两个线圈的互感在数值上等于其中一个线圈中的电流为1A时，穿过另一个线圈的磁链数。在式（7-14）成立的条件下，线圈的互感仅取决于线圈自身、线圈间的相对位置以及周围介质的性质，与线圈中是否有电流无关。实际问题中互感的计算一般很复杂，常用实验方法来测定。

设线圈的互感 M 保持不变，由法拉第电磁感应定律，线圈2和线圈1中产生的互感电动势分别为

$$\mathscr{E}_{21}=-\frac{\mathrm{d}\Psi_{21}}{\mathrm{d}t}=-M\frac{\mathrm{d}I_1}{\mathrm{d}t} \tag{7-15a}$$

$$\mathscr{E}_{12}=-\frac{\mathrm{d}\Psi_{12}}{\mathrm{d}t}=-M\frac{\mathrm{d}I_2}{\mathrm{d}t} \tag{7-15b}$$

因此互感 M 的意义还可理解为：两个线圈的互感 M 在数值上等于一个线圈中的电流随时间的变化率为一个单位时，在另一个线圈中所引起的互感电动势的绝对值。式中的负号表示，在一个线圈中所引起的互感电动势，要反抗另一个线圈中电流的变化。

互感在电工和电子技术中应用很广泛。通过互感线圈可以使能量或信号由一个线圈方便地传递到另一个线圈；利用互感现象的原理可制成变压器、感应圈等。但在有些情况中，互感也有害处。例如，有线电话往往由于两路电话线之间的互感而有可能造成串音；收录机、电视机及电子设备中也会由于导线或部件间的互感而妨害正常工作。这些互感的干扰都要设法避免。

【例题7-7】 有两个长为 l 的共轴套装的长直密绕螺线管，半径分别为 R_1 和 R_2（$R_1<R_2$），匝数分别为 N_1 和 N_2，试分别计算它们的互感 M_{12}和 M_{21}，并验证 $M_{12}=M_{21}$。

解 先求第一个线圈对第二个线圈的互感 M_{21}，设线圈 1 中通以电流 I_1，因 $R_1<R_2$，由 I_1 产生的磁场仅存在于半径为 R_1 的圆柱形空间，所以线圈 1 所激发的磁场 B_1 通过线圈 2 的磁链数 Ψ_{21}

$$\Psi_{21}=N_2B_1S_1=\mu_0\frac{N_1N_2}{l}I_1\pi R_1^2$$

由互感的定义有

$$M_{21}=\frac{\Psi_{21}}{I_1}=\mu_0\frac{N_1N_2}{l}\pi R_1^2$$

再求第二个线圈对第一个线圈的互感 M_{12}，设线圈 2 中通以电流 I_2，由 I_2 产生的磁场存在于半径为 R_2 的圆柱形空间，因 $R_1<R_2$，所以线圈 2 所激发的磁场 B_2 通过线圈 1 的磁链数 Ψ_{12}

$$\Psi_{12}=N_1B_2S_1=\mu_0\frac{N_1N_2}{l}I_2\pi R_1^2$$

由互感的定义有

$$M_{12}=\frac{\Psi_{12}}{I_2}=\mu_0\frac{N_1N_2}{l}\pi R_1^2$$

由以上结果可知：$M_{12}=M_{21}$。

7.4.2 自感现象 自感和自感电动势

当一个线圈中的电流发生变化时，它所激发的磁场通过线圈自身的磁通量也将在变化，使线圈自身产生感应电动势，这就是**自感现象**，产生的电动势称为**自感电动势**。

假设线圈通有电流 I，I 所激发的磁场 $\boldsymbol{B}$ 在线圈中产生的磁链数（总磁通量）为 Ψ，根据毕奥-萨伐尔定律，由 I 在空间任何一点激发的磁感强度都与 I 成正比，因此穿过线圈的磁链数为 Ψ 也必然与 I 成正比，即

$$\Psi=LI \tag{7-16}$$

L 称为**自感**。自感的单位也是 H（亨利）。自感在数值上等于线圈中通有单位电流时，通过线圈自身的磁链数。实验上，常用测电流和磁链数来计算自感 L。

设线圈的自感 L 保持不变，由法拉第电磁感应定律，自感电动势

$$\mathscr{E}_L=-\frac{d\Psi}{dt}=-L\frac{dI}{dt} \tag{7-17}$$

自感电动势的方向总是要使它阻碍回路本身电流的变化。当电流变化率为一个单位时，在这个线圈中产生的感应电动势的大小等于该线圈的自感。回路的自感越大，自感应的作用就越强，回路中的电流越不易改变，自感有维持原电路状态的能力，回路的这种性质与力学中物体的惯性有些类似，称为电磁惯性。L 就是这种电磁惯性大小的量度。在式（7-17）成立的条件下，线圈的自感仅取决于回路自身的形状、大小、匝数以及线圈内磁介质的性质，与线圈中是否通有电流无关。

在许多电器设备中，常利用线圈的自感起稳定电流的作用。例如，荧光灯的镇流器就是一个带有铁芯的自感线圈。此外，在电工设备中，常利用自感作用制成自耦变压器或扼流圈。在电子技术中，利用自感器和电容器可以组成谐振电路或滤波电路等。另一方面，通常在具有相当大的自感和通有较大电流的电路中，当扳断开关的瞬时，在开关处将发生强大的火花，产生弧光放电现象，亦称电弧。电弧发生的高温，可用来冶炼、熔化、焊接和切割熔点高的金属，温度可达2000℃以上，有破坏开关、引起火灾的危险。因此通常都用油开关，即把开关放在绝缘性能良好的油里，以防止发生电弧。

【例题 7-8】 求长为 l、横截面面积为 S、单位长度上的匝数为 n 的长直密绕螺线管的自感。

解 假设在长直密绕螺线管的线圈中通上电流 I，则在螺线管中产生的磁场为 $B=\mu_0 nI$，磁场在螺线管的线圈中产生的磁链数为

$$\Psi = nlBS = \mu_0 n^2 ISl$$

根据式（7-16），可求出螺线管的自感

$$L=\frac{\Psi}{I}=\mu_0 n^2 Sl$$

用 $V=Sl$ 表示螺线管的体积，则得到体积为 V 的密绕长直螺线管的自感

$$L=\mu_0 n^2 V \tag{7-18}$$

即长直密绕螺线管的自感与螺线管中的磁介质的磁导率、体积以及单位长度匝数的平方成正比。

7.5 磁场的能量

我们已经知道，电容器是储存电能的器件，电容器中的电能是定域在两极板间的电场中的。一般地，外力克服静电场力移动电荷、建立电场所做的功最后转化为电荷系统或电场的能量。和电场一样，磁场作为物质的一种形式，也具有能量。线圈是储存磁场能量的器件，当它通有电流时，在其周围建立了磁场，磁能也是定域在线圈周围空间的磁场中。

7.5.1 载流线圈的磁能

如图 7-14 所示，在一个含有自感线圈 L 和电阻 R 的简单电路中，通过实验会发现，在闭合和断开电键 S 的短暂时间内，电路中出现变化的电流，线圈中会产生自感电动势。

当电键 S 闭合时，线圈与电源接通，电流由零逐渐增大，线圈中自感电动势方向与电源电动势的方向相反，在线圈中起着阻碍电流增大的作用。可见，电源在建立电流的过程中，不仅要为电路产生焦耳热提供能量，还要克服自感电动势而做功，所做的功转换为磁场的能

量而暂时储存在线圈之中。

显然，线圈中通有恒定电流 I 时储存的磁场能量，应等于电流从零增加至稳定值 I 的过程中，外电源反抗自感电动势所做的功。设上述电路中线圈的自感为 L，在线圈中电流由零增加到稳定值 I 的中间过程中，某一时刻的电流为 $i(0<i<I)$，由式（5-28）可知，在 $\mathrm{d}t$ 时间内，外电源又搬运电荷 $\mathrm{d}q$ 通过灯泡，则电源反抗自感电动势 $\mathscr{E}_L$ 所做的元功是

$$\mathrm{d}W=-\mathscr{E}_L\mathrm{d}q \tag{7-19}$$

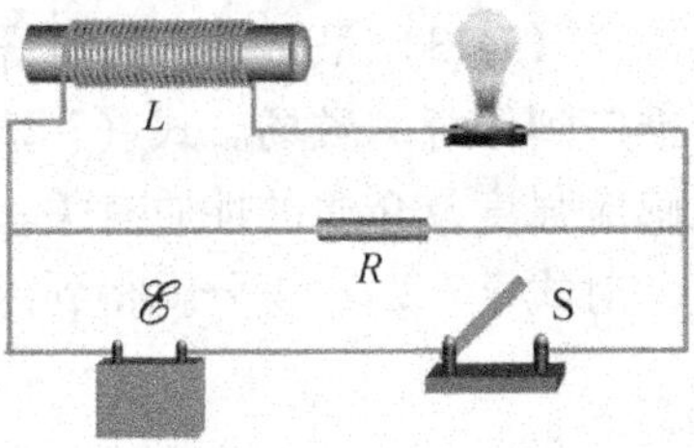

图 7-14　载流线圈的磁能

式中，负号表示自感电动势所做的负功。考虑到 $\mathrm{d}q=i\mathrm{d}t$，以及线圈中的自感电动势为

$$\mathscr{E}_L=-L\frac{\mathrm{d}i}{\mathrm{d}t}$$

将以上关系式代入到式（7-19），得到

$$\mathrm{d}W=Li\mathrm{d}i$$

因此在线圈中电流从零达到 I 的整个过程中，电源做的功为

$$W=\int\mathrm{d}W=\int_0^I Li\mathrm{d}i=\frac{1}{2}LI^2 \tag{7-20}$$

这个功就等于载流为 I 的线圈所具有的能量。因为载流线圈在其周围建立了磁场，所以这个能量也就是储存在磁场中的能量，即储存在载流线圈中的磁能为

$$W_m=W=\frac{1}{2}LI^2 \tag{7-21}$$

可以将上述结论推广到一般情形：不管线圈的结构如何，式（7-21）对任何载流线圈都是适用的。

当电键 S 断开时，电源虽已不再提供能量，但线圈中的自感磁能供应小灯泡继续发光一段时间。可以证明，储存在线圈中的磁能通过自感电动势做功再全部释放出来。

7.5.2　磁场的总能量

在载流线圈磁能公式（7-21）中，并没有体现出与磁场的直接关联，下面就来寻找这一关系。考虑一个单位长度上绕有 n 匝线圈的体积为 V 的长直螺线管，通以电流 I，根据式（6-29），螺线管中的磁感应强度 $B=\mu_0 nI$；根据式（7-18），自感 $L=\mu_0 n^2 V$。将 B 和 L 代入式（7-21），得到储存在螺线管线圈中的磁能

$$W_m=\frac{1}{2}LI^2=\frac{1}{2}\mu_0 n^2 V\frac{B^2}{\mu_0^2 n^2}=\frac{1}{2}\frac{B^2}{\mu_0}V \tag{7-22}$$

这就是用磁感应强度 B 表示的磁场能量。因为理想长直螺线管的磁场完全位于螺线管内部，因此螺线管的体积 V 就是螺线管磁场所占据的体积。将式（7-22）表示的螺线管自感磁能除以磁场所占据的体积，就得到磁场中单位体积所分布的磁场能量即磁场能量密度 w_m

$$w_m=\frac{1}{2}\frac{B^2}{\mu_0} \tag{7-23}$$

这与电场能量密度 $w_e=\frac{\varepsilon_0}{2}E^2$ 具有完全对称的形式。

式（7-23）虽然是从长直螺线管的磁场推导而来，但可以证明它是一个普遍的公式，可以推广到任意的磁场。式（7-23）表明：在任意磁场中任一点的磁场能量密度，仅与该点处磁感应强度及介质的性质有关，这说明磁场能量定域在磁场中。

对式（7-23）积分就得到磁场所储存的总能量

$$W_m=\iiint_V w_m \mathrm{d}V=\iiint_V \frac{1}{2}\frac{B^2}{\mu_0}\mathrm{d}V \tag{7-24}$$

式中的体积积分应遍及磁场存在的全空间。

一般地，当既存在电场又存在磁场时，电磁场中某点的能量密度应为

$$w=w_e+w_m=\frac{\varepsilon_0}{2}E^2+\frac{1}{2}\frac{B^2}{\mu_0} \tag{7-25}$$

电磁场的总能量

$$W=\iiint_V\left(\frac{\varepsilon_0}{2}E^2+\frac{1}{2}\frac{B^2}{\mu_0}\right)\mathrm{d}V \tag{7-26}$$

根据式（7-26）原则上能求出任意电磁场的能量。

【例题7-9】 一根很长的同轴电缆由半径分别为 R_1 和 R_2 的同心圆柱壳组成，电流 I 由内圆柱壳流出，由外圆柱壳返回。求圆柱壳层之间的磁场能量密度分布、单位长度同轴线所储磁能。

解 同轴电缆的电流分布具有轴对称性，根据安培环路定理，磁场仅存在于两同心圆柱壳之间，磁感应强度为

$$B=\frac{\mu_0 I}{2\pi r}\qquad (R_1<r<R_2)$$

两壳层间的磁场能量密度为

$$w_m=\frac{1}{2}\frac{B^2}{\mu_0}=\frac{\mu_0 I^2}{8\pi^2 r^2}$$

在两壳层间取一个半径为 r、厚度为 $\mathrm{d}r$、单位长度的薄圆柱层，其体积为 $\mathrm{d}V=2\pi r\mathrm{d}r$。根据式（7-24）积分，得到单位长度的电缆内总磁场能量

$$W_m=\int_{R_1}^{R_2}\frac{\mu_0 I^2}{8\pi^2 r^2}2\pi r\mathrm{d}r=\frac{\mu_0 I^2}{4\pi}\ln\frac{R_2}{R_1}$$

7.6 麦克斯韦电磁场理论简介

7.6.1 位移电流 全电流的安培环路定理

在稳恒电路中传导电流是处处连续的。在这种电流产生的稳恒磁场中，安培环路定理式（6-28）可以写成

$$\oint_L \boldsymbol{B} \cdot \mathrm{d}\boldsymbol{l} = \mu_0 \iint_S \boldsymbol{j} \cdot \mathrm{d}\boldsymbol{S} \tag{7-27}$$

式中，$\boldsymbol{j}$ 是曲面 S 上的传导电流密度。如图 7-15a 所示，取任意回路 L，穿过以 L 为边界的任意曲面 S_1 或 S_2 的传导电流都相等

$$\iint_{S_1} \boldsymbol{j} \cdot \mathrm{d}\boldsymbol{S} = \iint_{S_2} \boldsymbol{j} \cdot \mathrm{d}\boldsymbol{S} = I$$

但在接有电容器的电路中，情况就不同了。在电容器充放电的过程中，对整个电路来说，传导电流是不连续的。如图 7-15b 所示的电容器充电时的电路，在以 L 为边界的环路上作两个曲面 S_1 和 S_2。S_1 面上有传导电流 I 穿过，S_2 面伸展到电容器内部，因而 S_2 面上没有传导电流穿过。若按 S_1 面计算穿过 L 的电流，等于 I；若按 S_2 面计算，则通过 L 回路的电流为零，即

$$\oint_L \boldsymbol{B} \cdot \mathrm{d}\boldsymbol{l} = \mu_0 \iint_{S_1} \boldsymbol{j} \cdot \mathrm{d}\boldsymbol{S} = \mu_0 I$$

$$\oint_L \boldsymbol{B} \cdot \mathrm{d}\boldsymbol{l} = \mu_0 \iint_{S_2} \boldsymbol{j} \cdot \mathrm{d}\boldsymbol{S} = 0$$

这样就出现了矛盾，说明上述安培环路定理不再成立。安培环路定律在非稳恒场中必须加以修正。安培环路定理在这里失效的根本原因，是由于传导电流在电容器两极板间中断。

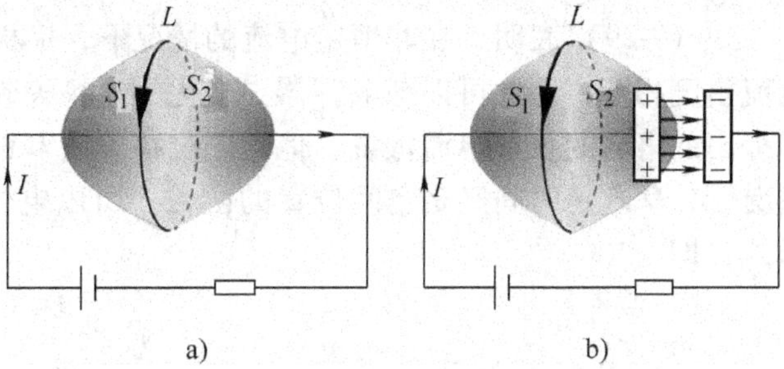

图 7-15 安培环路定理失效

为解决上述矛盾，下面分析电容器在充、放电时导线上的传导电流和极板上电荷、极板间的电场强度对时间的变化率之间的关系。

如图 7-16 所示，在电容器充电过程中的某个时刻，设两个极板上的带电荷量分别为 $\pm q$，极板面积为 S，则极板上的电荷面密度为 $\pm\sigma\left(\sigma = \dfrac{q}{S}\right)$。电容器两极板间是均匀电场，电场强度大小为

$$E = \frac{\sigma}{\varepsilon_0} = \frac{q/S}{\varepsilon_0}$$

在电容器充电时，极板间电场增加，$\dfrac{\mathrm{d}E}{\mathrm{d}t}$ 的方向（中间的箭头）和传导电流同向；在电容器放电时，极板间电场减小，$\dfrac{\mathrm{d}E}{\mathrm{d}t}$ 的方向仍和传导电流同向。因此，在电容器充放电过程中，极板间电场强度时间变化率的方向始终和传导电流同向。

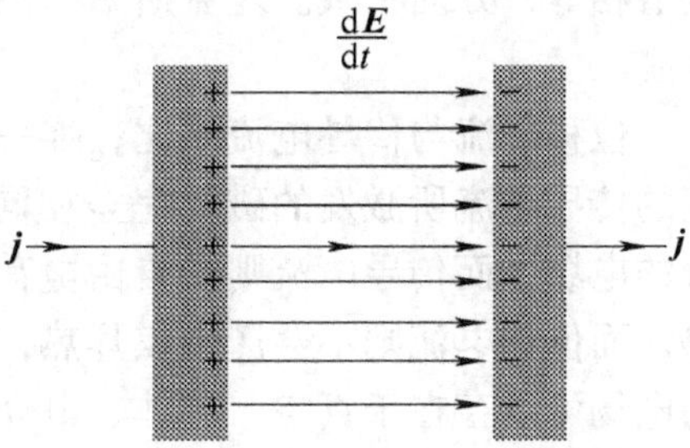

图 7-16 传导电流和极板间变化的电场

按照电荷守恒定律，在任意时刻导线中的传导电流等于极板上电荷量的时间变化率，即

$$I = \frac{\mathrm{d}q}{\mathrm{d}t} = S\frac{\mathrm{d}\sigma}{\mathrm{d}t} = S\varepsilon_0\frac{\mathrm{d}E}{\mathrm{d}t}$$

因此导线中传导电流密度的大小为

$$j=\frac{I}{S}=\varepsilon_0\frac{\mathrm{d}E}{\mathrm{d}t}$$

再考虑到极板间电场强度时间变化率的方向和传导电流同向，因此可将上式写成矢量式

$$\boldsymbol{j}=\varepsilon_0\frac{\mathrm{d}\boldsymbol{E}}{\mathrm{d}t} \tag{7-28}$$

式中，$\boldsymbol{j}$ 是传导电流密度。

下面引入描述电场的一个辅助物理量：在真空中，定义 $\boldsymbol{D}=\varepsilon_0\boldsymbol{E}$，$\boldsymbol{D}$ 称为**电位移矢量**。这样就可以把式（7-28）改写为

$$\boldsymbol{j}=\frac{\mathrm{d}\boldsymbol{D}}{\mathrm{d}t} \tag{7-29}$$

式（7-29）表明，在非恒定电流的情况下，极板间的电位移矢量时间变化率与导线中的电流密度相等，因此可以把电容器中变化的电场等效地看成是一种“电流”。这就是麦克斯韦提出的著名的**位移电流假说**，他把电位移矢量 D 的时间变化率称为**位移电流密度** $\boldsymbol{j}_{\mathrm{d}}$。一般情况下，$\boldsymbol{D}$ 既是时间又是空间位置的函数，所以电位移矢量 $\boldsymbol{D}$ 的时间变化率应写成偏导的形式，即

$$\boldsymbol{j}_{\mathrm{d}}=\frac{\partial\boldsymbol{D}}{\partial t} \tag{7-30}$$

相应的**位移电流** I_{d} 为

$$I_{\mathrm{d}}=\frac{\mathrm{d}}{\mathrm{d}t}\iint_S\boldsymbol{j}_{\mathrm{d}}\cdot\mathrm{d}\boldsymbol{S}=\iint_S\frac{\partial\boldsymbol{D}}{\partial t}\cdot\mathrm{d}\boldsymbol{S}=\frac{\mathrm{d}}{\mathrm{d}t}\iint_S\boldsymbol{D}\cdot\mathrm{d}\boldsymbol{S} \tag{7-31}$$

由于电位移矢量 $\boldsymbol{D}$ 一般与空间位置有关，所以在式（7-31）的积分中电位移矢量的时间变化率用偏导数来表示。$\iint_S\boldsymbol{D}\cdot\mathrm{d}\boldsymbol{S}$ 是电位移矢量的在面积 S 上的通量，因此位移电流 I_{d} 等于电位移矢量的通量的时间变化率。

引入位移电流后，在整个电路中传导电流中断的地方就由位移电流来接替，而且它们的数值相等，方向一致。麦克斯韦的位移电流假说已由它所导出的许多结论和实验结果而得到证实。

位移电流与传导电流相比，唯一共同点仅在于都可以在空间激发磁场，该磁场和与它等值的传导电流所激发的磁场完全相同。但二者本质是不同的：（1）位移电流的本质是变化着的电场，而传导电流则是自由电荷的定向运动；（2）传导电流在通过导体时会产生焦耳热，而位移电流则不会产生焦耳热，位移电流也没有化学效应；（3）位移电流也即变化着的电场可以存在于真空、导体、电介质中，而传导电流只能存在于导体中。

对于普遍的情况，麦克斯韦认为传导电流和位移电流都可能存在，他提出了全电流的概念：传导电流和位移电流之和称为**全电流**

$$I_{全}=I+I_{\mathrm{d}} \tag{7-32}$$

对于任何电路，全电流是处处连续的。运用全电流的概念，可以自然地解释清楚前文所述的电容器充放电过程中电流的连续性问题：若按 S_2 面计算，虽然没有通过 L 回路的传导电流，但在 S_2 面上有位移电流 I_{d} 通过，且 $I_{\mathrm{d}}=I$。

借助于位移电流和全电流的概念，麦克斯韦把安培环路定理推广到变化的电磁场也适用

的普遍形式，得到

$$\oint_L \boldsymbol{B}\cdot \mathrm{d}\boldsymbol{l} = \mu_0(I + I_\mathrm{d}) = \mu_0\left(\iint_S \boldsymbol{j}\cdot \mathrm{d}\boldsymbol{S} + \iint_S \frac{\partial \boldsymbol{D}}{\partial t}\cdot \mathrm{d}\boldsymbol{S}\right) \tag{7-33}$$

式（7-33）称为**全电流的安培环路定理。**

在没有传导电流的真空，安培环路定理表示成更为简洁的形式

$$\oint_L \boldsymbol{B}\cdot \mathrm{d}\boldsymbol{l} = \mu_0\iint_S \frac{\partial \boldsymbol{D}}{\partial t}\cdot \mathrm{d}\boldsymbol{S} \tag{7-34}$$

式（7-34）不仅更清楚地揭示出变化的电场可以激发磁场，而且变化的电场和它激发的磁场在方向上同样满足右手螺旋关系，如图7-17所示。由此可见，位移电流的引入，深刻地揭示了变化电场和磁场的内在联系。

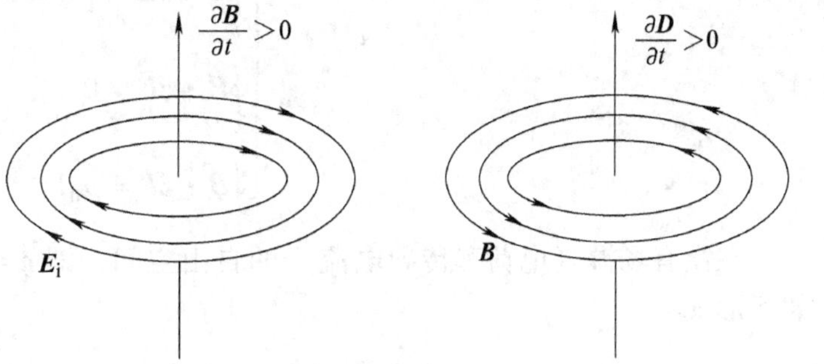

图7-17　变化的磁场和它激发的电场及变化的电场和它激发的磁场

将式（7-34）与感应电场的环流式（7-12）

$$\oint_L \boldsymbol{E}_\mathrm{i}\cdot \mathrm{d}\boldsymbol{l} = -\iint_S \frac{\partial \boldsymbol{B}}{\partial t}\cdot \mathrm{d}\boldsymbol{S}$$

比较，易见两个方程是非常对称的。但有一点不同，变化的磁场和它激发的电场在方向上满足左手螺旋关系。

7.6.2　麦克斯韦方程组的积分形式

麦克斯韦在稳恒场理论的基础上，提出了涡旋电场和位移电流的概念。涡旋电场和位移电流假说的核心思想是：变化的磁场可以激发涡旋电场，变化的电场可以激发涡旋磁场；电场和磁场不是彼此孤立的，它们相互联系、相互激发组成一个统一的电磁场。麦克斯韦进一步将电场和磁场的所有规律综合起来，建立了完整的电磁场理论体系。这个电磁场理论体系的核心就是麦克斯韦方程组。

1873年前后，麦克斯韦提出了表述电磁场普遍规律的四个方程是

$$\begin{cases} \oiint_S \boldsymbol{D}\cdot \mathrm{d}\boldsymbol{S} = q \\ \oiint_S \boldsymbol{B}\cdot \mathrm{d}\boldsymbol{S} = 0 \\ \oint_L \boldsymbol{E}\cdot \mathrm{d}\boldsymbol{l} = -\iint_S \frac{\partial \boldsymbol{B}}{\partial t}\cdot \mathrm{d}\boldsymbol{S} \\ \oint_L \boldsymbol{B}\cdot \mathrm{d}\boldsymbol{l} = \mu_0 I + \mu_0\iint_S \frac{\partial \boldsymbol{D}}{\partial t}\cdot \mathrm{d}\boldsymbol{S} \end{cases} \tag{7-35}$$

这就是麦克斯韦方程组的积分形式。

麦克斯韦方程组中的第一个方程是用电位移矢量表述的高斯定理，它描述了电场的性质。在一般情况下，电场可以是库仑电场、也可以是变化磁场激发的感生电场，而感生电场是涡旋场，它的电场线是闭合的，对封闭曲面的通量无贡献。

第二个方程描述了磁场的性质。磁场可以由传导电流激发，也可以由变化电场的位移电流所激发，它们的磁场都是涡旋场，磁感应线都是闭合线，对封闭曲面的通量无贡献。

第三个和第四个方程描述了变化的电场和磁场相互激发的规律。

当电场和磁场不随时间变化即当$\partial \boldsymbol{B}/\partial t=0$，$\partial \boldsymbol{D}/\partial t=0$时，麦克斯韦方程组就还原为静电场和稳恒磁场的基本方程

$$\begin{cases} \oiint_S \boldsymbol{D}\cdot \mathrm{d}\boldsymbol{S} = q \\ \oiint_S \boldsymbol{B}\cdot \mathrm{d}\boldsymbol{S} = 0 \\ \oint_L \boldsymbol{E}\cdot \mathrm{d}\boldsymbol{l} = 0 \\ \oint_L \boldsymbol{B}\cdot \mathrm{d}\boldsymbol{l} = \mu_0 I \end{cases}$$

在没有场源（电荷和传导电流）的自由空间，即$q=0$，$I=0$，方程组（7-35）就成为如下形式

$$\begin{cases} \oiint_S \boldsymbol{D}\cdot \mathrm{d}\boldsymbol{S} = 0 \\ \oiint_S \boldsymbol{B}\cdot \mathrm{d}\boldsymbol{S} = 0 \\ \oint_L \boldsymbol{E}\cdot \mathrm{d}\boldsymbol{l} = -\iint_S \frac{\partial \boldsymbol{B}}{\partial t}.\mathrm{d}\boldsymbol{S} \\ \oint_L \boldsymbol{B}\cdot \mathrm{d}\boldsymbol{l} = \mu_0 \iint_S \frac{\partial \boldsymbol{D}}{\partial t}\cdot \mathrm{d}\boldsymbol{S} \end{cases} \tag{7-36}$$

麦克斯韦方程组的积分形式反映了空间某区域内的电磁场量和场源之间的关系。在麦克斯韦方程组中，电场和磁场已经成为一个不可分割的整体。该方程组系统而完整地概括了电磁场的基本规律，并预言了电磁波的存在。

麦克斯韦方程组在电磁学中的地位，如同牛顿运动定律在力学中的地位一样。以麦克斯韦方程组为核心的电磁理论是对电磁宏观实验规律的全面总结和高度概括，是经典物理学最引以自豪的成就之一，它所揭示出的电磁相互作用的完美统一，为物理学家树立了这样一种信念：物质的各种相互作用在更高层次上应该是统一的。另外，这个理论被广泛地应用到技术领域。

内 容 提 要

1. 楞次定律　法拉第电磁感应定律

楞次定律：感应电流的效果，总是反抗引起感应电流的原因。

法拉第电磁感应定律：感应电动势 $\mathscr{E}=-\dfrac{\mathrm{d}\Phi_{\mathrm{m}}}{\mathrm{d}t}$，感应电流 $I=\dfrac{\mathscr{E}}{R}=-\dfrac{1}{R}\dfrac{\mathrm{d}\Phi_{\mathrm{m}}}{\mathrm{d}t}$

2. 动生电动势

动生电动势的产生机制：产生动生电动势的非静电力洛伦兹力

动生电动势：$\mathscr{E}=\int_a^b \boldsymbol{E}_{\mathrm{k}}\cdot \mathrm{d}\boldsymbol{l}=\int_a^b(\boldsymbol{v}\times \boldsymbol{B})\cdot \mathrm{d}\boldsymbol{l}$ 或 $\mathscr{E}=\oint_L(\boldsymbol{v}\times \boldsymbol{B})\cdot \mathrm{d}\boldsymbol{l}$

3. 感生电动势和感应电场

感生电动势的产生机制：变化的磁场在其周围空间激发感生电场或涡旋电场 $\boldsymbol{E}_{\mathrm{i}}$，感生电场不是静电场，作用在电荷上的力是一种非静电场力，如果有导体或导体回路存在，非静电场力就会产生感生电动势。感生电场的电场线是闭合的。

感生电动势：$\mathscr{E}=\int_A^B \boldsymbol{E}_{\mathrm{i}}\cdot \mathrm{d}\boldsymbol{l}$ 或 $\mathscr{E}=\oint_L \boldsymbol{E}_{\mathrm{i}}\cdot \mathrm{d}\boldsymbol{l}$

4. 互感现象　互感和互感电动势

线圈的互感：$M=\Psi_{21}/I_1=\Psi_{12}/I_2$

互感电动势：$\mathscr{E}_{21}=-\dfrac{\mathrm{d}\Psi_{21}}{\mathrm{d}t}=-M\dfrac{\mathrm{d}I_1}{\mathrm{d}t}$

5. 自感现象　自感和自感电动势

线圈的自感：$L=\Psi/I$

自感电动势：$\mathscr{E}_{\mathrm{L}}=-\dfrac{\mathrm{d}\Psi}{\mathrm{d}t}=-L\dfrac{\mathrm{d}I}{\mathrm{d}t}$

6. 载流线圈的磁能

储存在载流线圈中的磁能：$W_{\mathrm{m}}=\dfrac{1}{2}LI^2$

7. 真空中磁场的能量

磁场能量密度：$w_{\mathrm{m}}=\dfrac{1}{2}\dfrac{B^2}{\mu_0}$

磁场能量：$W_{\mathrm{m}}=\iiint_V w_{\mathrm{m}}\mathrm{d}V=\iiint_V \dfrac{1}{2}\dfrac{B^2}{\mu_0}\mathrm{d}V$

8. 位移电流　全电流的安培环路定理

位移电流密度：电位移矢量 $\boldsymbol{D}$ 的时间变化率 $\boldsymbol{j}_{\mathrm{d}}=\dfrac{\mathrm{d}\boldsymbol{D}}{\mathrm{d}t}$

位移电流：电位移矢量的通量的时间变化率 $I_{\mathrm{d}}=\dfrac{\mathrm{d}}{\mathrm{d}t}\iint_S \boldsymbol{D}\cdot \mathrm{d}\boldsymbol{S}$

全电流的安培环路定理：$\oint_L \boldsymbol{B}\cdot \mathrm{d}\boldsymbol{l}=\mu_0(I+I_{\mathrm{d}})=\mu_0\left(\iint_S \boldsymbol{j}\cdot \mathrm{d}\boldsymbol{S}+\iint_S \dfrac{\partial \boldsymbol{D}}{\partial t}\cdot \mathrm{d}\boldsymbol{S}\right)$

9. 麦克斯韦方程组的积分形式

变化的磁场可以激发涡旋电场，变化的电场可以激发涡旋磁场，电场和磁场不是彼此孤立的，它们相互联系、相互激发组成一个统一的电磁场。

麦克斯韦方程组的积分形式：表述电磁场普遍规律的四个方程

习　题

一、选择题

1. 如果穿过闭合回路所包围面积的磁通量很大，回路中的感应电动势是否也很大？

[　　]

A. 一定很大　　B. 一定不大　　C. 反而很小　　D. 不一定

2. 一导体圆线圈在均匀磁场中运动，能使其中产生感应电流的一种情况是 [ ]

A. 线圈绕自身直径轴转动，轴与磁场方向平行。

B. 线圈绕自身直径轴转动，轴与磁场方向垂直。

C. 线圈平面垂直于磁场并沿垂直磁场方向平移。

D. 线圈平面平行于磁场并沿垂直磁场方向平移。

3. 尺寸相同的铁环和铜环所包围的面积中，通以相同变化率的磁通量，环中 [ ]

A. 感应电动势不同　　B. 感应电动势相同，感应电流相同

C. 感应电动势不同，感应电流相同　　D. 感应电动势相同，感应电流不同

4. 如图7-18所示，一匀强磁场 $\boldsymbol{B}$ 垂直纸面向里，长为 L 的导线 ab 可以无摩擦地在导轨上滑动，除电阻 R 外，其他部分电阻不计，当 ab 以匀速 v 向右运动时，则外力的大小是 [ ]

A. B^2L^2v　　B. $\dfrac{BLv}{R}$　　C. $\dfrac{B^2L^2v}{R}$　　D. $\dfrac{B^2L^2v}{2R}$

5. 一根长度为 L 的铜棒在均匀磁场 B 中以匀角速度 ω 旋转着，$\boldsymbol{B}$ 的方向垂直铜棒转动的平面，如图7-19，设 $t=0$ 时，铜棒与 Ob 成 θ 角，则在任一时刻 t 这根铜棒两端之间的感应电动势是 [ ]

A. $\omega L^2B\cos(\omega t+\theta)$　　B. $\dfrac{1}{2}\omega L^2B\cos\omega t$　　C. ωL^2B　　D. $\dfrac{1}{2}\omega L^2B$

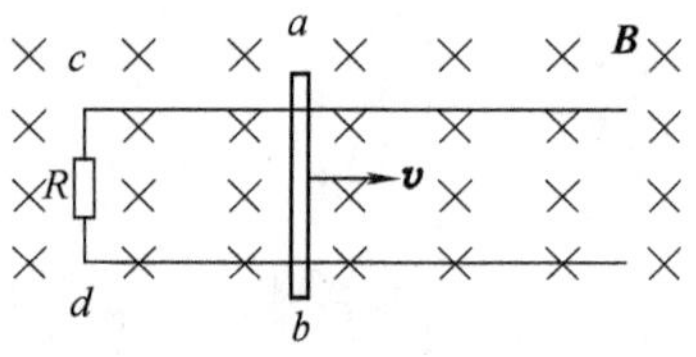

图 7-18

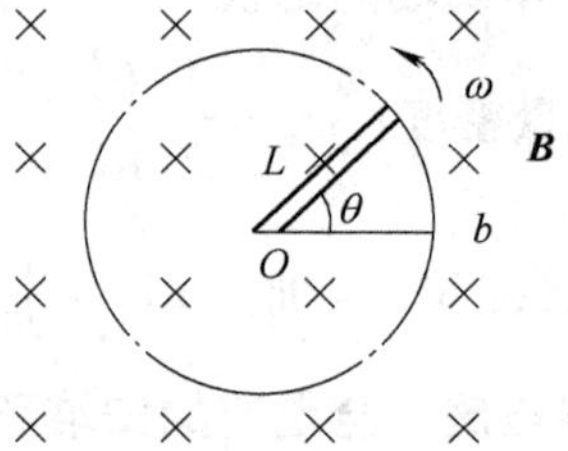

图 7-19

6. 在感应电场中电磁感应定律可以写成 $\oint_L \boldsymbol{E}_k\cdot \mathrm{d}\boldsymbol{l}=-\dfrac{\mathrm{d}\Phi_m}{\mathrm{d}t}$，式中 $\boldsymbol{E}_k$ 为感应电场的电场强度。此式表明 [ ]

A. 闭合曲线 l 上 $\boldsymbol{E}_k$ 处处相等。

B. 感应电场是保守场。

C. 感应电场的电力线不是闭合曲线。

D. 在感应电场中不能像对静电场那样引入电势的概念。

7. 用线圈的自感 L 来表示载流线圈磁场能量的公式 $W_m=\dfrac{1}{2}LI^2$ [ ]

A. 只适用于无限长密绕螺线管。

B. 只适用于单匝圆线圈。

C. 只适用于一个匝数多，且密绕的螺线环。

D. 适用于自感 L 一定的任意线圈。

8. 有两个线圈，线圈1对线圈2的互感为 M_{21}，而线圈2对线圈1的互感为 M_{12}。若它们分别流过 i_1 和 i_2 的变化电流，且 $\left|\frac{\mathrm{d}i_1}{\mathrm{d}t}\right| > \left|\frac{\mathrm{d}i_2}{\mathrm{d}t}\right|$，并设由 i_2 变化在线圈1中产生的互感电动势为 $\mathscr{E}_{12}$，由 i_1 变化在线圈2中产生的互感电动势为 $\mathscr{E}_{21}$，判断下述哪个论断正确？ [ ]

A. $M_{12}=M_{21}$，$\mathscr{E}_{21}=\mathscr{E}_{12}$　　B. $M_{12}\neq M_{21}$，$\mathscr{E}_{21}\neq\mathscr{E}_{12}$

C. $M_{12}=M_{21}$，$\mathscr{E}_{21}>\mathscr{E}_{12}$　　D. $M_{12}=M_{21}$，$\mathscr{E}_{21}<\mathscr{E}_{12}$

9. 有长为 L 截面积为 S 的载流长直螺线管均匀密绕 N 匝线圈，设电流为 I，则管内储藏的磁场能量为 [ ]

A. $\frac{\mu_0 I^2 N^2 S}{2L^2}$　　B. $\frac{\mu_0 I N^2 S}{L^2}$　　C. $\frac{\mu_0 I N^2 S}{2L^2}$　　D. $\frac{\mu_0 I^2 N^2 S}{2L}$

10. 对位移电流，有下述四种说法，请指出哪一种说法正确。 [ ]

A. 位移电流是由变化电场产生的。

B. 位移电流是由线性变化磁场产生的。

C. 位移电流的热效应服从焦尔-楞次定律。

D. 位移电流的磁效应不服从安培环路定理。

二、填空题

1. 长宽分别为 a 和 b 的矩形线框置于均匀磁场 $\boldsymbol{B}$ 中，磁场随时间变化的规律为 $B=B_0\sin\omega t$，线圈平面与磁场方向垂直，则此感应电动势的大小为__________。

2. 将条形磁铁插入与冲击电流计串联的金属环中时，有 $q=2.0\times10^{-5}\mathrm{C}$ 的电荷量通过电流计，若连接电流计的电路总电阻 $R=25\Omega$，则穿过环磁通量的变化 $\Delta\Phi_{\mathrm{m}}=$__________。

3. 如图7-20所示，一很长的直导线通有交变电流 $I=I_0\sin\omega t$，它旁边有一长方形线圈 $ABCD$，长为 L，宽为 $(b-a)$，线圈与导线在同一平面内，则回路 $ABCD$ 中的感应电动势为__________。

4. 如图7-21所示，一段长度为 l 的导线 MN，水平放置在载电流为 I 的竖直长导线旁与竖直导线共面，并由图示位置自由下落，则 t 秒末导线两端的电势差 $V_M-V_N=$__________。

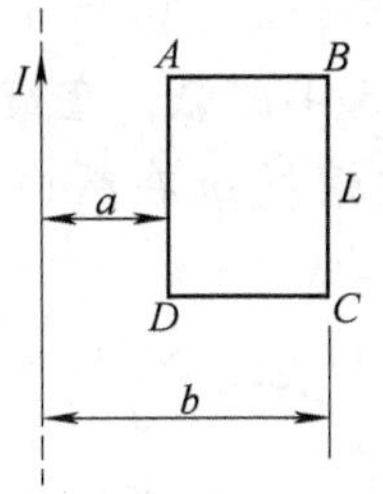

图 7-20

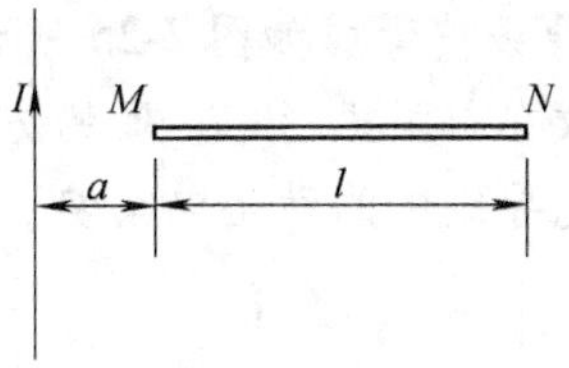

图 7-21

5. 长为 l 的单层密绕管，共绕有 N 匝导线，螺线管的自感为 L，换用直径比原来导线直径大一倍的导线密绕，自感为原来的__________。

6. 有两个长度相同，匝数相同，截面积不相同的长直螺线管，通以相同大小的电流，现在将小螺线管完全放入大螺线管里（两者轴线重合），且使两者产生的磁场方向一致，则小螺线管内的磁场能量密度是原来的__________；若使两螺线管产生的磁场方向相反，则小螺线管中的磁场能量密度为__________（忽略边缘效应）。

7. 半径为 R 的无限长柱形导体上均匀流有电流 I，该导体材料的磁导率为 μ_0，则在导体轴线上的一点的磁场能量密度为__________，在导体内与轴线相距 r 处的磁场能量密度为__________。

三、计算题

1. 在一个长直密绕的螺线管中间放一正方形小线圈，若螺线管长 1m，绕了 1000 匝，通以电流 $I=10\cos(100\pi t)\,\text{A}$，正方形小线圈每边长 5cm，共 100 匝，电阻为 1Ω，求线圈中感应电流的最大值（正方形线圈的法线方向与螺线管的轴线方向一致）。

2. 一导线被弯成如图 7-22 所示的半径为 r 的半圆形回路，若该导线回路在均匀磁场 $\boldsymbol{B}$ 中绕直径轴 CD 以角速度 $\boldsymbol{\omega}$ 匀速旋转，整个回路的电阻为 R，求导线中产生的电动势及回路中的电流。

3. 如图 7-23 所示，一根长为 L 的金属细杆 ab 绕竖直轴 O_1O_2 以角速度 $\boldsymbol{\omega}$ 在水平面内旋转，O_1O_2 在离细杆 a 端 $L/5$ 处，若已知地球磁场在竖直方向的分量为 B，求 ab 两端间的电势差 U_{ab}。

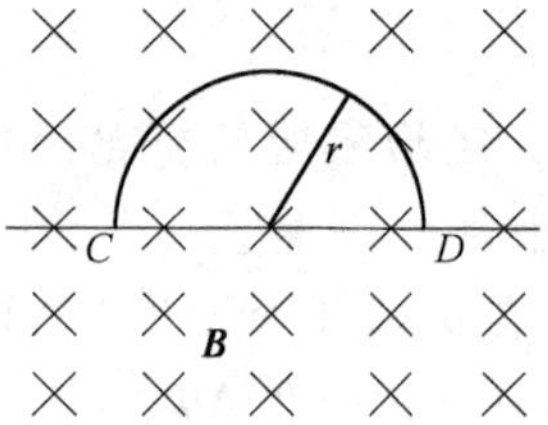

图 7-22

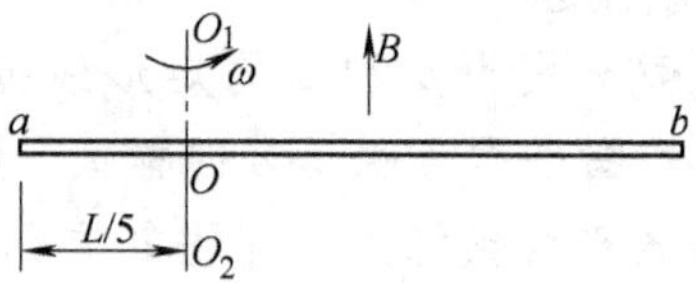

图 7-23

4. 如图 7-24 所示，一载有电流为 I 的长直导线附近有一段导线 MN，导线被弯成半径为 b 的半圆环，半圆面与直导线在同一平面内，半圆中心到直导线距离为 a，当半圆环以速度 v 平行直导线向上运动时，求其两端的电压 U_{MN}。

5. 一导线被弯成如图 7-25 所示形状，$abcd$ 为半径为 R 的 3/4 圆弧，直线段 Oa 长为 R。若此导线放在匀强磁场中，$\boldsymbol{B}$ 的方向垂直纸面向里，导线以角速度 ω 在纸面内绕 O 点匀速转动。求此导线中的动生电动势，并指出电势最高的点。

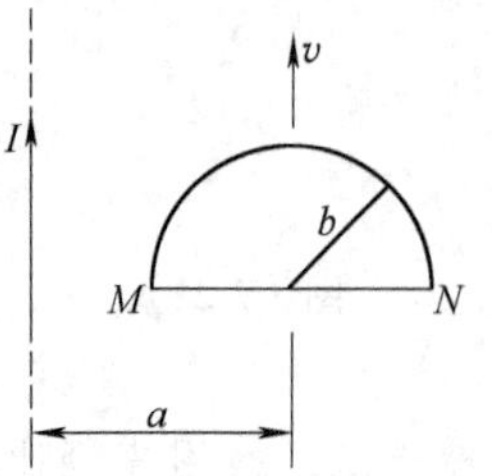

图 7-24

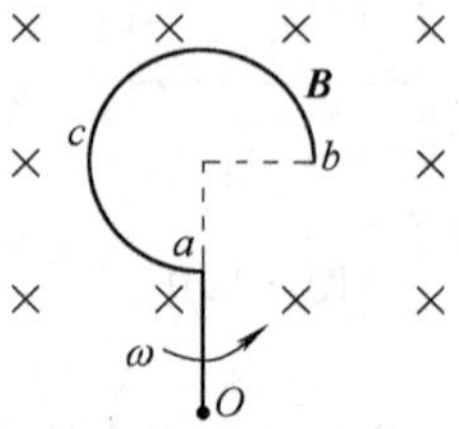

图 7-25

6. 如图7-26所示，在磁导率为μ_0的真空中，有一无限长直导线，与一宽长分别为b和l的矩形线圈处在同一平面内，直导线与矩形线圈的一侧平行，且相距为d。求它们的互感。

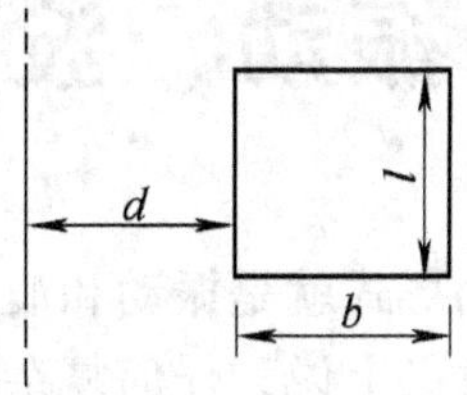

图　7-26

7. 两同轴长直螺线管，大管套着小管，半径分别为a和b，长为$L(L \gg a,\ a > b)$，匝数分别为N_1和N_2，求互感M。

8. 一无限长直导线的横截面积各处的电流密度均相等，总电流为I，求每单位长度导线内所储存的磁能。

第4篇　振动、波动和光学

机械运动中，很普遍的一种运动形式就是振动和波动。狭义地说，通常将具有时间周期性的运动称为振动，但从更广泛的意义上说，任何复杂的非周期运动，可以分解为频率连续分布的无限多个简谐振动的叠加，它们也属于振动的研究范围。振动也不限于机械运动中的振动过程，分子热运动、电磁运动、晶体中原子的运动虽然遵循不同的运动规律，但是就其中的振动过程来说，具有共同的特征。一切物理量，包括非机械量的温度、电荷量、电场强度等量在一定值附近反复变化的过程均是振动。因此振动是自然界及人类生产实践中经常发生的一种普遍运动形式，其基本规律不仅是光学、电学、声学等基础学科中也是机械、造船、建筑、地震、无线电等工程技术中的重要基础知识。

振动状态在空间的传播形成波动，简称波。激发波动的振动系统称为波源。波是自然界广泛存在的一种运动形式，通常将波动分为两大类：一类是机械振动在介质中的传播，称为机械波，如水面波、声波等。另一类是变化的电磁场在空间的传播，如无线电波、光波等等。

光学是一门有悠久历史的学科，它的发展史可追溯到2000多年前。现在我们通常把光学分成几何光学、物理光学和量子光学。几何光学是从几个由实验得来的基本原理出发，来研究光的传播问题的学科。它利用光线的概念、折射、反射定律来描述光在各种媒质中传播的途径，它得出的结果通常总是波动光学在某些条件下的近似或极限。物理光学是从光的波动性出发来研究光在传播过程中所发生的现象的学科，所以也称为波动光学。它可以比较方便地研究光的干涉、光的衍射、光的偏振，以及光在各向异性的媒质中传播时所表现出的现象。1860年前后，麦克斯韦的电磁场理论指出，光是一种电磁现象。在20世纪初，从热辐射、光电效应、光压以及光的化学作用等无可怀疑地证明了光还具有量子性——微粒性。此后，光学开始进入了一个新的时期，成为现代物理学和现代科学技术前沿的重要组成部分。其中最重要的成就，就是发现了爱因斯坦于1916年预言过的原子和分子的受激辐射，并且创造了许多具体的产生受激辐射的技术。

本篇分为三章，第八章学习机械振动中最基本的内容即简谐振动，第九章学习机械波的基本概念和平面简谐波以及波的干涉，第十章学习光的干涉、衍射和偏振等波动光学的基本知识。

第 8 章　机 械 振 动

物体在某一确定位置附近作来回往复的运动称为机械振动，如钟摆、发声体、开动的机器、行驶中的交通工具都有机械振动。机械振动最显著的两个特点：（1）有平衡位置；（2）具有往复性，即围绕平衡位置作来回振动。机械振动有许多不同的分类。按振动规律可分为简谐振动、非简谐振动、随机振动；按产生振动的原因可分为自由振动、受迫振动等；按自由度可分为单自由度系统振动、多自由度系统振动；按振动位移可分为角振动、线振动；按系统参数特征分为线性振动、非线性振动。本章主要学习机械振动中最基本的简谐振动，并介绍同方向同频率的简谐振动合成。

8.1　简谐振动

物体运动时，如果它离开平衡位置的位移按余弦函数（或正弦函数）的规律随时间变化，这样的运动就称为**简谐振动或谐振动**。简谐振动是一种最简单最基本的振动，一切复杂振动均可看作多个简谐振动的合成，简谐振动是研究振动的基础。

8.1.1　简谐振动　简谐振动的运动学方程

下面以弹簧振子为例来研究简谐振动的规律。如图 8-1 所示，弹簧振子由劲度系数为 k，质量不计的轻弹簧和质量为 m 的小球（视为质点）组成。弹簧一端固定，另一端连接小球，小球的平衡位置 O 对应弹簧的原长。在弹簧的弹性限度内小球在无摩擦的水平面上受到的合力就是弹簧的弹性力，将小球偏离其平衡位置 O，释放后小球将作周期振动。根据胡克定律，小球在离开平衡位置的某点 x 处所受到的力 $\boldsymbol{F}$ 为

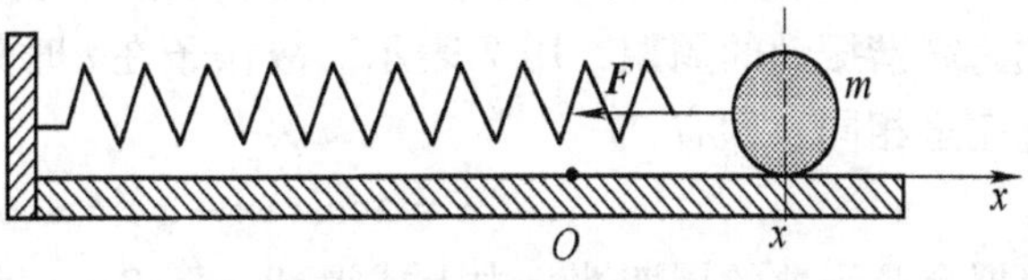

图 8-1　弹簧振子在简谐振动时的受力

$$\boldsymbol{F} = -k\boldsymbol{x} \tag{8-1}$$

这种力与位移大小成正比而方向相反，具有这种特征的力称为**线性回复力**。由于弹簧振子作一维运动，因此我们可以把式（8-1）写成标量式

$$F = -kx$$

根据牛顿第二定律有

$$F = -kx = m\frac{\mathrm{d}^2x}{\mathrm{d}t^2} \tag{8-2}$$

令 $\omega^2 = \dfrac{k}{m}$，即

$$\omega = \sqrt{\frac{k}{m}} \tag{8-3}$$

这样得到弹簧振子振动的动力学方程

$$\frac{\mathrm{d}^2 x}{\mathrm{d}t^2} + \omega^2 x = 0 \tag{8-4}$$

解式（8-4）可求得弹簧振子的位移 x 与时间 t 的函数关系为

$$x = A\cos(\omega t + \varphi) \tag{8-5}$$

式中，A、φ 为积分常数，可由初始条件确定，其意义将在后面叙述。显然，弹簧振子的位移按余弦函数的规律随时间变化，故弹簧振子的运动就是简谐振动，式（8-5）就是**简谐振动的运动学方程**。

一般地，当物体只在线性回复力作用下的运动是简谐振动。也就是说判断质点作简谐振动的动力学依据是式（8-1）。

8.1.2 振幅、频率和相位

下面详细分析简谐振动运动学方程式（8-5）中各个物理量的含义。

1. 振幅

显然，式（8-5）中的常数 A 是简谐振子离开平衡位置的最大位移的绝对值，A 称为简谐振动的**振幅**。

2. 频率和周期

简谐振动具有时间周期性，用周期和频率表示。振动物体完成一次完全振动所需的时间称为简谐振动的**周期**，用 T 表示。故振子在 t 时刻和经过时间 T 后的（$t+T$）时刻的振动状态完全相同，即有

$$x = A\cos(\omega t + \varphi) = A\cos[\omega(t+T) + \varphi]$$

根据余弦函数的周期性，由上式得到 $\omega T = 2\pi$，即

$$\omega = \frac{2\pi}{T} \tag{8-6}$$

单位时间内物体所作的完全振动的次数称为简谐振动的**频率**，用 ν 表示。因为频率等于周期的倒数，即 $T = \frac{1}{\nu}$，所以

$$\omega = \frac{2\pi}{T} = 2\pi\nu \tag{8-7}$$

由式（8-7）可见，由式（8-3）定义的常量 ω 的意义是：在 2π 秒内物体所作的完全振动次数。ω 称为振动的**角频率或圆频率**，其单位是 rad/s（弧度/秒）。简谐振动的周期和频率仅与振动系统本身的物理性质有关。

根据以上关系，简谐振动的余弦表达式（8-5）又可写成如下形式

$$x = A\cos(2\pi\nu t + \varphi) = A\cos\left(\frac{2\pi}{T}t + \varphi\right) \tag{8-8}$$

描述简谐振动位移 x 随时间 t 的变化及其振幅、周期如图 8-2 所示。

3. 相位和初相位

根据简谐振动运动学方程式（8-5），在振幅确定的情况下，简谐振子的运动状态由（$\omega t + \varphi$）完全决定。在一次完全振动过程中，作简谐振动物体的运动状态在任何时刻都不相同，由式（8-5）可知，每一个状态分别与（$\omega t + \varphi$）在 $0 \sim 2\pi$ 范围内的一个值对应。取 $\varphi = 0$（参见图 8-2），我们得到如下表所示的对应关系：

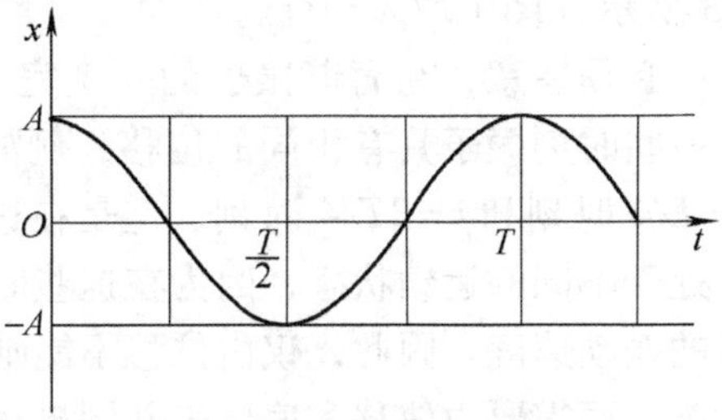

图 8-2 简谐振动的振幅和周期

t	x	$\omega t + \varphi$
0	A	0
$T/4$	0	$\pi/2$
$T/2$	$-A$	π
T	A	2π

因此，将简谐振动运动学方程式（8-5）中的（$\omega t + \varphi$）称为简谐振动的**相位**，相位是决定简谐振子运动状态的重要物理量。

初始时刻 $t = 0$ 时的相位称为**初相位**，显然初相位就是 φ。初相位 φ 决定了开始时刻振子的运动状态。

8.1.3 简谐振动的速度和加速度

根据简谐振动运动学方程式（8-5），不难得到弹簧振子的速度、加速度与时间的函数关系。对式（8-5）求时间的一阶导数，得到振子的运动速度

$$v = \frac{dx}{dt} = -\omega A\sin(\omega t + \varphi) \tag{8-9}$$

对式（8-9）再求时间的一阶导数，得到振子的运动加速度

$$a = \frac{d^2x}{dt^2} = -\omega^2 A\cos(\omega t + \varphi) = -\omega^2 x \tag{8-10}$$

式（8-10）表明，加速度 a 与位移 x 成正比，方向相反。这实际上就是简谐振动的动力学方程式（8-4）。

可以把以上两式改写为

$$v = -\omega A\sin(\omega t + \varphi) = \omega A\cos\left(\omega t + \varphi + \frac{\pi}{2}\right) \tag{8-11}$$

及

$$a = -\omega^2 A\cos(\omega t + \varphi) = \omega^2 A\cos(\omega t + \varphi + \pi) \tag{8-12}$$

因此简谐振子的速度、加速度随时间的变化也是简谐振动，我们把 $v_m = \omega A$ 称为速度振幅，

把 $a_m=\omega^2 A$ 称为加速度振幅。将式（8-5）和以上两式比较可知，位移、速度、加速度都作简谐振动，它们的角频率相同，但是它们的振幅和初相位都不同。速度 v 的初相位是（$\varphi+\pi/2$），加速度 a 的初相位是（$\varphi+\pi$）。简谐振动的位移、速度、加速度随时间的变化如图8-3所示（图中取 $\varphi=0$）。

必须注意，在简谐振子的一个完全振动周期中，有一些时刻振子具有相同的位移，例如在图8-3中的 $t=T/4$ 时刻和 $t=3T/4$ 时刻，但是在这些时刻振子却是处于不同的运动状态，因为在这些时刻振子具有不同的振动速度。因此，仅由位移不能唯一地确定振动状态，而需要由位移和速度来共同描述。在一次完全振动过程中，每一个状态的相位（$\omega t+\varphi$）是唯一的，这就是我们用相位来确定振动状态的原因。

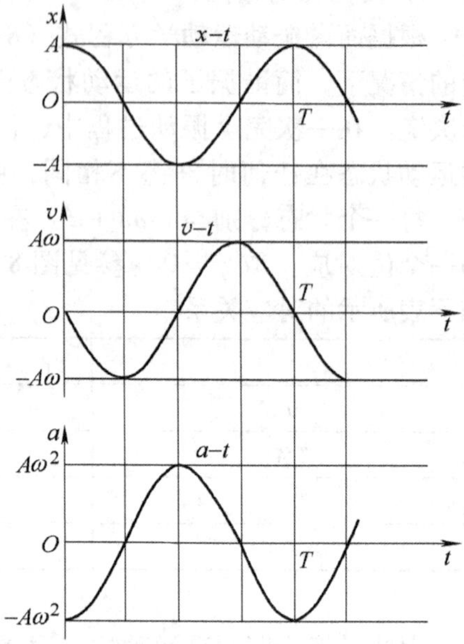

图 8-3　简谐振动的位移、速度和加速度

前面已经说过，式（8-5）中的振幅 A 和初相位 φ 由振动的初始条件确定。设 $t=0$ 时，振子的初始位移为 x_0，初始速度为 v_0，将此初始条件分别代入弹簧振子的位移、速度的表示式（8-5）和式（8-9），得

$$\begin{cases}x_0=A\cos\varphi\\ v_0=-\omega A\sin\varphi\end{cases}$$

由此解得

$$\begin{cases}A=\sqrt{x_0^2+\dfrac{v_0^2}{\omega^2}}\\ \varphi=\arctan\left(-\dfrac{v_0}{\omega x_0}\right)\end{cases}\tag{8-13}$$

另外，应用后面叙述的简谐振动旋转矢量表示法，确定 A、φ 将更为方便。

【例题8-1】　一个轻弹簧竖直悬挂，下端挂一质量 $m=0.1\text{kg}$ 的物体，平衡时可使弹簧伸长 $l=9.8\times10^{-2}\text{m}$，如图8-4所示。今使物体在平衡位置获得大小 $v_0=1\text{m/s}$、方向向下的初速度，则物体将在竖直方向运动。（1）试证物体作简谐运动，并写出运动学方程；（2）求速度和加速度及其最大值；（3）求最大回复力。

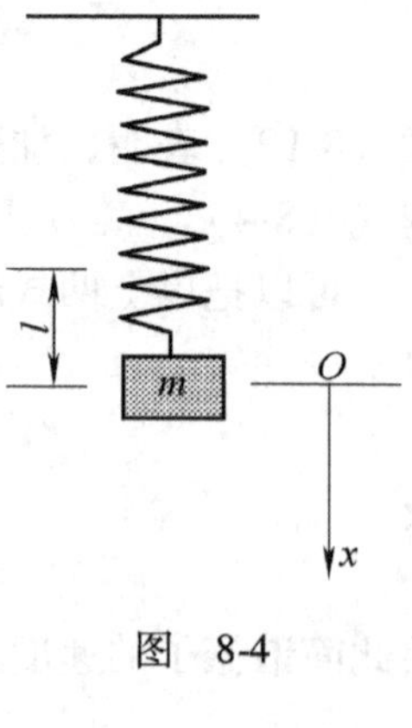

图　8-4

解　（1）取物体平衡时的位置为坐标原点 O，竖直向下为 x 轴正方向，如图8-4所示。物体在平衡位置时所受合力为零，即

$$mg-kl=0\tag{1}$$

在任一位置 x 处，物体所受合力为

$$F=mg-k(l+x)\tag{2}$$

其中 mg 为重力，$-k(l+x)$ 为弹性力，劲度系数 $k=mg/l$。联立两式求解得

$$F=-kx$$

即物体所受外力与位移成正比，而方向相反，所以该物体作简谐运

动。由牛顿第二定律得

$$m\frac{d^2x}{dt^2} = -kx$$

或

$$\frac{d^2x}{dt^2} + \omega^2 x = 0 \tag{3}$$

式中，$\omega = \sqrt{\frac{k}{m}}$。因 $k = mg/l$，故得

$$\omega = \sqrt{\frac{g}{l}} = \sqrt{\frac{9.8}{9.8 \times 10^{-2}}}\text{rad/s} = 10\text{rad/s}$$

设方程（3）的解为

$$x = A\cos(\omega t + \varphi) \tag{4}$$

依题意，$t=0$ 时，有

$$x_0 = A\cos\varphi = 0$$
$$v_0 = -\omega A\sin\varphi = 1\text{m/s}$$

由此可得

$$A = \sqrt{x_0^2 + \left(\frac{v_0}{\omega}\right)^2} = \frac{v_0}{\omega} = \frac{1}{10}\text{m} = 0.1\text{m}$$

由 $\cos\varphi = 0$，得 $\varphi = \pm\frac{\pi}{2}$，但因 $\sin\varphi < 0$，所以只能取 $\varphi = -\frac{\pi}{2}$。将 ω、A、φ 代入式（4）即得简谐振动运动学方程为

$$x = 0.1\cos\left(10t - \frac{\pi}{2}\right)\text{m}$$

（2）物体的速度和加速度为

$$v = \frac{dx}{dt} = -\omega A\sin(\omega t + \varphi) = -\sin\left(10t - \frac{\pi}{2}\right)\text{m/s}$$

$$a = \frac{dv}{dt} = -\omega^2 A\cos(\omega t + \varphi) = -10\cos\left(10t - \frac{\pi}{2}\right)\text{m/s}^2$$

速度和加速度的最大值为

$$v_{max} = \omega A = 1\text{m/s}$$
$$a_{max} = \omega^2 A = 10\text{m/s}^2$$

（3）最大回复力与最大位移相对应，即有

$$F_{max} = |kx_{max}| = m\omega^2 A = 0.1 \times 10\text{N} = 1\text{N}$$

由本例可知，凡是运动系统除本身的回复力之外还有恒力作用时，该系统仍可作简谐运动，只要以振子所受合力为零的位置作为坐标原点，则可按式（8-5）立刻写出简谐运动方

程。从数学上看，只是一个坐标平移的变换。

【例题8-2】 已知某质点作简谐运动，振动曲线如图8-5所示，试根据图中数据写出简谐振动运动学方程。

解 设简谐振动运动学方程为

$$x = A\cos(\omega t + \varphi)$$

由图8-5可见，振幅 $A = 2\text{cm}$；当 $t = 0$ 时，有

$$x_0 = 2\cos\varphi = \sqrt{2}\text{cm}$$

这样得到初相位可以取

$$\varphi = \pm\frac{\pi}{4}$$

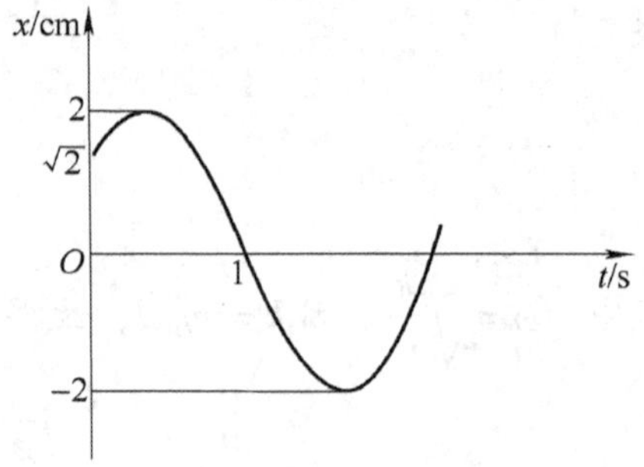

图 8-5

因为表示简谐振动运动学方程的曲线的斜率就是振动速度$\frac{dx}{dt}$，由振动曲线可以看到，在 $t = 0$ 时刻曲线的斜率大于零，故 $t = 0$ 时刻的速度大于零，由简谐振动运动学方程可得

$$v_0 = -2\omega\sin\varphi > 0$$

即 $\sin\varphi < 0$，由此得到初相位只能是 $\varphi = -\frac{\pi}{4}$。

类似地，从振动曲线可以看到，当 $t = 1\text{s}$ 时有

$$x_1 = 2\cos\left(\omega - \frac{\pi}{4}\right) = 0$$

$$v_1 = -2\omega\sin\left(\omega - \frac{\pi}{4}\right) < 0$$

联立以上两式解得 $\omega - \frac{\pi}{4} = \frac{\pi}{2}$，则 $\omega = \frac{3}{4}\pi$　rad/s，因此得到简谐振动运动学方程

$$x = 2\cos\left(\frac{3}{4}\pi t - \frac{\pi}{4}\right)\text{cm}$$

8.2　简谐振动的旋转矢量表示法

简谐振动的规律除了用简谐振动的运动学方程和振动曲线表示外，还可以采用旋转矢量表示法。旋转矢量表示法可以更直观地说明简谐振动运动学方程中各个特征物理量的意义。

如图8-6所示，一个矢量 $\boldsymbol{A}$ 绕其一端点 O 以角速度 ω 逆时针匀角速转动，其矢端 M 作匀速圆周运动，该圆称为参考圆，M 点称为参考点，矢量 $\boldsymbol{A}$ 称为**旋转矢量**。设 $t = 0$ 时刻，$\boldsymbol{A}$ 与 x 轴夹角为 φ，t 时刻，$\boldsymbol{A}$ 转过 ωt 角，则参考点 M

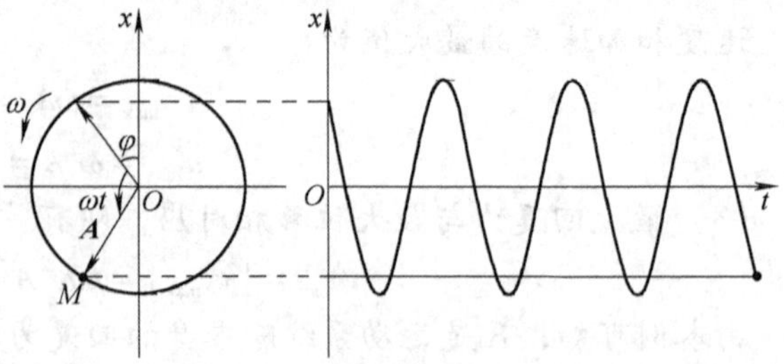

图8-6　简谐振动的旋转矢量表示法

在 x 轴上投影点坐标为 $x=A\cos(\omega t+\varphi)$。显然投影点将作简谐振动，简谐振动的振幅、角频率、初相位分别与旋转矢量 $\boldsymbol{A}$ 的大小、旋转角速度、初始时刻 $\boldsymbol{A}$ 与 x 轴夹角一一对应。$\boldsymbol{A}$ 旋转一周，其投影点作一次完全振动，所需时间 $T=\dfrac{2\pi}{\omega}$ 为简谐振动周期，一秒内 $\boldsymbol{A}$ 转过的周数为简谐振动频率。简谐振动的这种表示法称为**旋转矢量法或振幅矢量法**。

用旋转矢量 $\boldsymbol{A}$ 来表示简谐振动形象直观，一目了然，用它来确定振幅 A 和初相位 φ 十分方便，在后面分析两个以上简谐振动的合成时更为有用。

【例题 8-3】 一个弹簧振子在水平方向运动，振幅 $A=2.0\times10^{-2}$m，周期 $T=0.5$s。当 $t=0$ 时，试分别写出以下两种初始条件下简谐振动的运动学方程。(1) 质点位于 $x_0=1.0\times10^{-2}$m 处，向 x 轴负方向运动；(2) 质点位于 $x_0=-1.0\times10^{-2}$m 处，向 x 轴正方向运动。

解 (1) 根据题意，$t=0$ 时，$x_0=A/2$，且 $v_0<0$，可得旋转矢量的初始位置如图 8-7a 所示。由图 8-7a 可得简谐振动的初相位

$$\varphi=\frac{\pi}{3}$$

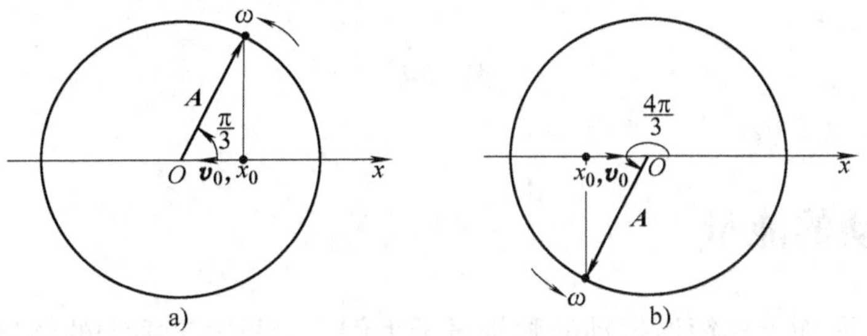

图 8-7

由此及 $\omega=2\pi/T=4\pi\text{rad/s}$，$A=2.0\times10^{-2}$m，可得简谐振动运动学方程为

$$x=2.0\times10^{-2}\cos\left(4\pi t+\frac{\pi}{3}\right)\text{m}$$

(2) 根据题意，$x_0=-A/2$，且 $v_0>0$，可得旋转矢量的初始位置如图 8-7b 所示。由图 8-7b 可得振动初相位

$$\varphi=\frac{4}{3}\pi \text{ 或 } \varphi=-\frac{2\pi}{3}$$

因此，简谐振动运动学方程为

$$x=2.0\times10^{-2}\cos\left(4\pi t-\frac{2\pi}{3}\right)\text{m}$$

【例题 8-4】 一质点作简谐振动，周期为 T，求：(1) 质点自平衡位置沿 x 轴正向运动至最大位移处的时间；(2) 质点自平衡位置沿 x 轴正向运动至最大位移 1/2 处的时间。

解 (1) 根据题意，如图 8-8a 所示，简谐振子处于平衡位置时，相应的旋转矢量对应于时刻 t_1；简谐振子处于最大位移位置时，相应的旋转矢量对应于时刻 t_2。质点自平衡位置沿 x 轴正向运动至最大位移处的时间，就是旋转矢量 $\boldsymbol{A}$ 由时刻 t_1 的位置以角速度 ω 转到时

刻t_2的位置所需的时间。由于这两个时刻旋转矢量间的夹角为$\pi/2$，故可得所求时间为

$$t_2 - t_1 = \frac{\pi/2}{\omega} = \frac{\pi/2}{2\pi/T} = \frac{T}{4}$$

（2）质点处于平衡位置和最大位移1/2处相应的旋转矢量如图8-8b所示。由于这两个时刻旋转矢量间的夹角为$\pi/6$，采用同样的方法可得所求时间为

$$t_2 - t_1 = \frac{\pi/6}{\omega} = \frac{\pi/6}{2\pi/T} = \frac{T}{12}$$

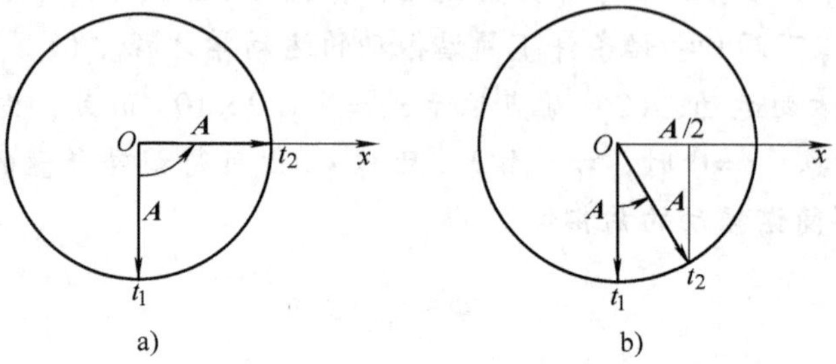

图 8-8

8.3 简谐振动的能量

下面仍以在水平面上作简谐振动的弹簧振子为例，分析简谐振动的能量及其变化。由于振子只受到弹性力这一个保守力作用，故系统的能量守恒。设在任一时刻t，振子位移为x，速度为v，则其弹性势能E_p、动能E_k分别为

$$E_p = \frac{1}{2}kx^2 = \frac{1}{2}kA^2\cos^2(\omega t + \varphi)$$
$$E_k = \frac{1}{2}mv^2 = \frac{1}{2}m\omega^2A^2\sin^2(\omega t + \varphi) = \frac{1}{2}kA^2\sin^2(\omega t + \varphi) \tag{8-14}$$

其中利用了关系$k = m\omega^2$。式（8-14）表明：动能最大时，势能最小；势能最大时，动能最小。动能与势能在不停地相互转换。弹簧振子系统的总机械能

$$E = E_p + E_k = \frac{1}{2}kA^2 = \frac{1}{2}m\omega^2A^2 \tag{8-15}$$

不随时间变化，E为一恒量。总机械能E与振幅的平方成正比，这表明简谐振动的振幅也是表征其能量的物理量。

简谐振动的动能、势能及总能量随时间的变化如图8-9所示，请注意势能曲线与x-t曲线、动能曲线与v-t曲线之间的对应关系。

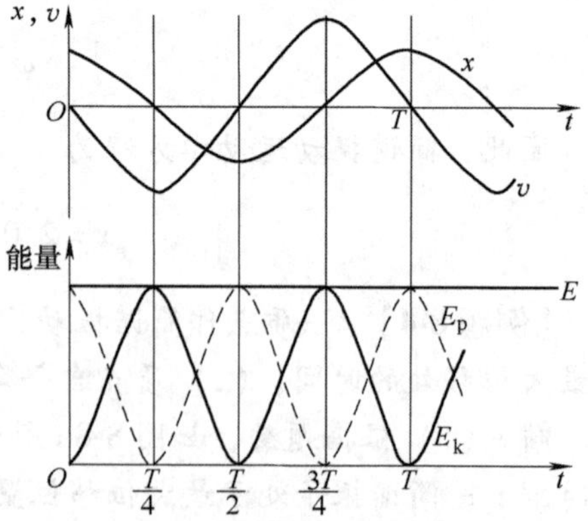

图8-9 简谐振动的能量

【例题8-5】 质量为0.10kg的物体，以振幅4.0×10^{-2}m作简谐运动，其最大加速度为$a_{\max}=4.0\text{m/s}^2$，试求：(1) 振动的周期；(2) 通过平衡位置的动能；(3) 总能量；(4) 物体在什么位置时其动能和势能相等？

解 (1) 因加速度的振幅$a_{\max}=A\omega^2$，故简谐振动角频率

$$\omega=\sqrt{\frac{a_{\max}}{A}}=10\text{rad/s}$$

由此得到振动的周期

$$T=\frac{2\pi}{\omega}=0.628\text{s}$$

(2) 因为物体通过平衡位置时的速度为最大，故此时动能也达到最大

$$E_{\text{k,max}}=\frac{1}{2}mv_{\max}^2=\frac{1}{2}mA^2\omega^2$$

将已知数据代入得到物体通过平衡位置的动能

$$E_{\text{k,max}}=8.0\times10^{-3}\text{J}$$

(3) 最大动能等于总能量，因此总能量

$$E=E_{\text{k,max}}=8.0\times{}^{-3}\text{J}$$

(4) 当动能和势能相等时有$E_\text{p}=E_\text{k}$，因此

$$E_\text{p}=\frac{1}{2}E=4.0\times10^{-3}\text{J}$$

由$E_\text{p}=\frac{1}{2}kx^2=\frac{1}{2}m\omega^2x^2$得到

$$x^2=\frac{2E_\text{p}}{m\omega^2}=8.0\times10^{-4}\text{m}^2$$

$$x=\pm2.83\times10^{-2}\text{m}$$

即物体在离平衡位置的距离为2.83×10^{-2}m的两侧时，其动能和势能相等。

8.4 同方向同频率简谐振动的合成

在实际问题和具体过程中，振动往往是由好几个振动合成的。当一个质点同时参与几个振动时，这时质点所作的振动就是这几个振动的合成。例如，当两列声波同时传到某点时，该点处空气的振动就同时参与了两个振动。一般的振动合成比较复杂，本节只学习同方向同频率的简谐振动的合成。

设有两个在同方向的简谐振动x_1和x_2，它们具有相同频率，但有不同的振幅和初相位

$$x_1(t)=A_1\cos(\omega t+\varphi_1)$$
$$x_2(t)=A_2\cos(\omega t+\varphi_2)$$

以上两个振动的相位差为$(\varphi_2-\varphi_1)$。

x_1 和 x_2 的合振动为

$$x(t)=x_1(t)+x_2(t)=A_1\cos(\omega t+\varphi_1)+A_2\cos(\omega t+\varphi_2)$$

进行三角函数运算，上式可以写成

$$x=A\cos(\omega t+\varphi) \tag{8-16}$$

其中

$$A=\sqrt{A_1^2+A_2^2+2A_1A_2\cos(\varphi_2-\varphi_1)} \tag{8-17}$$

$$\varphi=\arctan\frac{A_1\sin\varphi_1+A_2\sin\varphi_2}{A_1\cos\varphi_1+A_2\cos\varphi_2} \tag{8-18}$$

式（8-16）表明，合振动 x 仍为简谐振动，其振动频率仍与原来的振动相同。A 和 φ 分别是合振动的振幅与初相位。

式（8-16）表示的合成振动，也可用简谐振动的旋转矢量法直观地表示。如图 8-10 所示，用旋转矢量 $\boldsymbol{A}_1$ 和 $\boldsymbol{A}_2$ 分别表示两个简谐振动 x_1 和 x_2，$\boldsymbol{A}_1$ 和 $\boldsymbol{A}_2$ 的合矢量 A 按矢量合成的平行四边形法则确定，$\boldsymbol{A}$ 表示合振动 $x=x_1+x_2$。由于 $\boldsymbol{A}_1$、$\boldsymbol{A}_2$ 的长度一定，并且以相同的角速度 ω 绕 O 点作逆时针旋转，所以 $\boldsymbol{A}_1$ 和 $\boldsymbol{A}_2$ 之间的夹角（$\varphi_2-\varphi_1$）在旋转过程中始终保持不变。由此可见，合矢量 $\boldsymbol{A}$ 的长度不变，且以相同的角速度 ω 绕 O 点作逆时针旋转，即 $\boldsymbol{A}$ 表示的合振动 x 也是简谐振动，矢量 $\boldsymbol{A}$ 即为表示合振动的旋转矢量，其大小 A 就是合振动的振幅，初始时刻 $\boldsymbol{A}$ 与 x 轴之间的夹角 φ 即为合振动的初相位角。从图中几何关系不难求出合振动的振幅 A 和初相位 φ，它们的值与式（8-17）和式（8-18）相同。

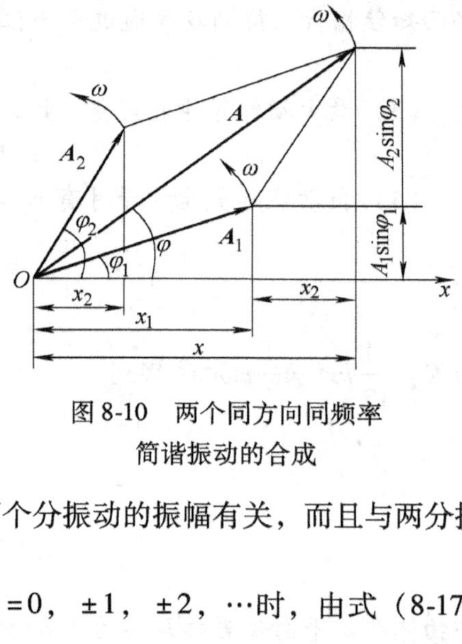

图 8-10 两个同方向同频率简谐振动的合成

从式（8-17）看到，合振动的振幅 A 不仅与原来两个分振动的振幅有关，而且与两分振动的相位差（$\varphi_2-\varphi_1$）有关。下面讨论几种典型情形。

1）当两分振动的相位同相，即当 $\varphi_2-\varphi_1=2k\pi$，$k=0$，$\pm1$，$\pm2$，…时，由式（8-17）得到

$$A=A_1+A_2$$

此时合振动的振幅最大；

2）当两分振动的相位反相，即当 $\varphi_2-\varphi_1=(2k+1)\pi$，$k=0$，$\pm1$，$\pm2$，…时，由式（8-17）得到

$$A=|A_1-A_2|$$

此时合振动的幅最小；

3）若两分振动的相位既不同相也不反相，即当（$\varphi_2-\varphi_1$）为其他值时，合振动的振幅介于 $A=A_1+A_2$ 和 $A=|A_1-A_2|$ 之间。

图 8-11 所示表示了以上三种情况下的两个同方向同频率的简谐振动及其合成的简谐振动、相应的旋转矢量。

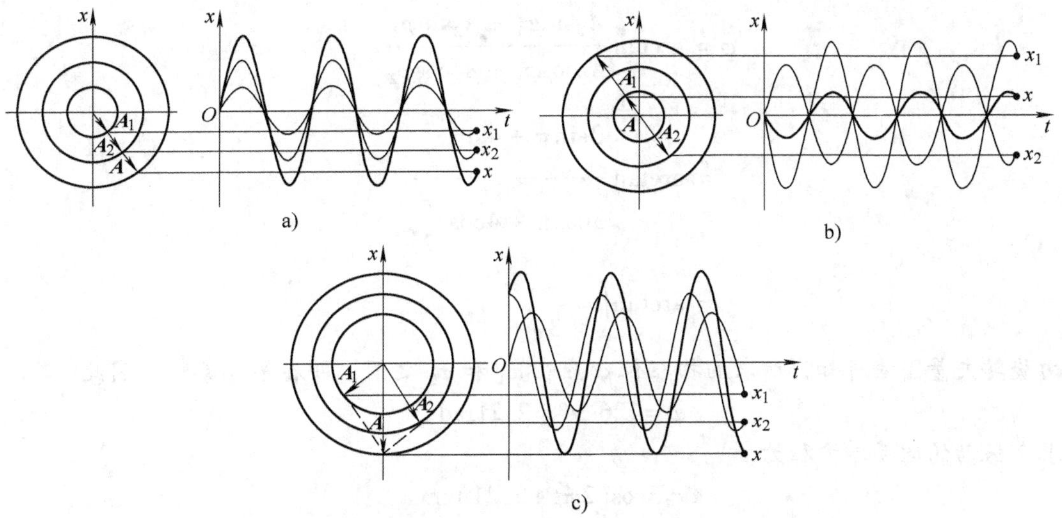

图 8-11　相位差对简谐振动的合成的影响
a）同相　b）反相　c）其他

图 8-10 所示的合振动旋转矢量 $\boldsymbol{A}$ 也可以看成将 $\boldsymbol{A}_1$，$\boldsymbol{A}_2$ 首尾相连后，从 $\boldsymbol{A}_1$ 始端到 $\boldsymbol{A}_2$ 的末端所画出的矢量，即 $\boldsymbol{A}_1$，$\boldsymbol{A}_2$ 和 $\boldsymbol{A}$ 构成一个三角形，这就是矢量合成的三角形法则，如图 8-12 所示。多个同方向同频率简谐振动的合成，运用矢量合成的多边形法则更为方便，此时各分矢量首尾相连，从第一个矢量的始端到最后一个矢量的末端所画出的矢量即为合矢量。

【例题 8-6】　有两个振动方向相同的简谐振动，其运动学方程分别为

$$x_1=3\cos(2\pi t+\pi)\,\text{cm}$$

$$x_2=4\cos\left(2\pi t+\frac{\pi}{2}\right)\text{cm}$$

求它们的合振动的运动学方程。

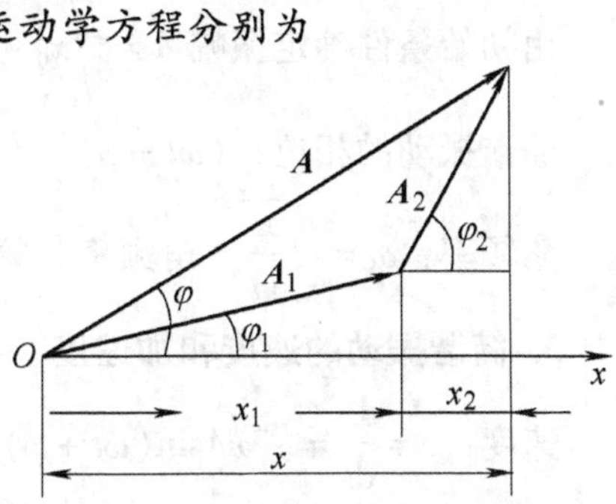

图 8-12　矢量合成的三角形法则

解　简谐振动的合成问题可以采用解析法即直接利用式（8-16）～式（8-18），或者采用旋转矢量法求解，本题采用第一种方法。由题意可知 x_1 和 x_2 是两个振动方向相同，频率也相同的简谐振动，其合振动也是简谐振动，设合振动的运动学方程为

$$x=A\cos(\omega t+\varphi)$$

则合振动的圆频率与分振动的圆频率相同，即

$$\omega=2\pi\quad \text{rad/s}$$

合振动的振幅为

$$\begin{aligned}A&=\sqrt{A_1^2+A_2^2+2A_1A_2\cos(\varphi_2-\varphi_1)}\\&=\sqrt{9+16+2\times3\times4\times\cos\left(-\frac{\pi}{2}\right)}\ \text{cm}\\&=5\text{cm}\end{aligned}$$

合振动的初相位为

$$\varphi = \arctan\frac{A_1\sin\varphi_1 + A_2\sin\varphi_2}{A_1\cos\varphi_1 + A_2\cos\varphi_2}$$

$$= \arctan\frac{3\sin\pi + 4\sin\frac{\pi}{2}}{3\cos\pi + 4\cos\frac{\pi}{2}}$$

$$= \arctan\left(-\frac{4}{3}\right)$$

由旋转矢量图法可知，所求的初相位 φ 应在 φ_1 和 φ_2 之间，即在第二象限，因此

$$\varphi = 126.9° = 2.21\text{rad}$$

故所求合振动的运动学方程为

$$x = 5\cos(2\pi t + 2.21)\text{cm}$$

内 容 提 要

1. 简谐振动

弹簧振子的动力学特征：受到线性回复力 $\boldsymbol{F} = -k\boldsymbol{x}$ 作用。

简谐振动的运动学方程：$x = A\cos(\omega t + \varphi)$

2. 简谐振动的特征量

由初始条件确定振幅 $A = \sqrt{x_0^2 + \frac{v_0^2}{\omega_2}}$和初相位 $\varphi = \arctan\left(-\frac{v_0}{\omega x_0}\right)$

简谐振动的相位：$(\omega t + \varphi)$

角频率：$\omega = \sqrt{\frac{k}{m}}$；角频率、频率和周期的关系：$\omega = 2\pi\nu = \frac{2\pi}{T}$

3. 简谐振动的速度和加速度

速度：$v = \frac{\mathrm{d}x}{\mathrm{d}t} = -\omega A\sin(\omega t + \varphi)$

加速度：$a = \frac{\mathrm{d}^2 x}{\mathrm{d}t^2} = -\omega^2 A\cos(\omega t + \varphi) = -\omega^2 x$

4. 简谐振动的旋转矢量表示法

旋转矢量 $\boldsymbol{A}$ 的投影点作简谐振动，简谐振动的振幅、角频率、初相位分别与旋转矢量 $\boldsymbol{A}$ 的大小、旋转角速度、初始时刻 $\boldsymbol{A}$ 与 x 轴夹角一一对应。

5. 简谐振动的能量

势能：$E_\mathrm{p} = \frac{1}{2}kx^2 = \frac{1}{2}kA^2\cos^2(\omega t + \varphi)$

动能：$E_\mathrm{k} = \frac{1}{2}mv^2 = \frac{1}{2}m\omega^2 A^2\sin^2(\omega t + \varphi) = \frac{1}{2}kA^2\sin^2(\omega t + \varphi)$

总能量守恒：$E = E_\mathrm{p} + E_\mathrm{k} = \frac{1}{2}kA^2 = \frac{1}{2}m\omega^2 A^2$

6. 同方向同频率简谐振动的合成

同方向同频率两个简谐振动 $x_1(t)=A_1\cos(\omega t+\varphi_1)$，$x_2(t)=A_2\cos(\omega_t+\varphi_2)$ 合成后仍为同频率的简谐振动。

合振动：$x=A\cos(\omega t+\varphi)$

合振动的振幅：$A=\sqrt{A_1^2+A_2^2+2A_1A_2\cos(\varphi_2-\varphi_1)}$

合振动的初相位：$\varphi=\arctan\dfrac{A_1\sin\varphi_1+A_2\sin\varphi_2}{A_1\cos\varphi_1+A_2\cos\varphi_2}$

合振幅最大条件：两分振动的相位同相，即 $\varphi_2-\varphi_1=2k\pi$，$k=0$，$\pm1$，$\pm2$，…

合振幅最小条件：两分振动的相位反相，即 $\varphi_2-\varphi_1=(2k+1)\pi$，$k=0$，$\pm1$，$\pm2$，…

习　　题

一、选择题

1. 对一个作简谐振动的物体，下面哪种说法是正确的？ [　　]

A. 物体在 x 轴正方向的端点时，速度和加速度都达到最大值。

B. 物体位于平衡位置且向 x 轴负方向运动时，速度和加速度都为零。

C. 物体位于平衡位置且向 x 轴正方向运动时，速度最大，加速度为零。

D. 物体在 x 轴负方向的端点时，速度最大，加速度为零。

2. 一弹簧振子，当把它水平放置时，它作简谐振动，若把它竖直放置或放在光滑斜面上，如图 8-13 所示下面情况正确的是 [　　]

A. 竖直放置作简谐振动，放在光滑斜面上不作简谐振动。

B. 竖直放置不作简谐振动，放在光滑斜面上作简谐振动。

C. 两种情况都作简谐振动。

D. 两种情况都不作简谐振动。

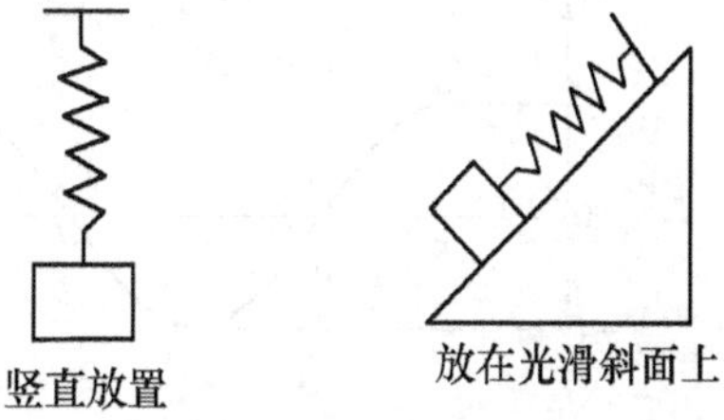

图　8-13

3. 如图 8-14 所示，质量为 m 的物体，由劲度系数为 k_1 和 k_2 的两个轻弹簧连接，在光滑导轨上作微小振动，其振动频率为 [　　]

A. $2\pi\sqrt{\dfrac{k_1k_2}{m}}$　　B. $2\pi\sqrt{\dfrac{k_1+k_2}{m}}$　　C. $\dfrac{1}{2\pi}\sqrt{\dfrac{k_1+k_2}{mk_1k_2}}$　　D. $\dfrac{1}{2\pi}\sqrt{\dfrac{k_1k_2}{m\ (k_1+k_2)}}$

4. 如图 8-15 所示，质量为 m 的物体由劲度系数为 k_1 和 k_2 的两个轻弹簧连接，在光滑导轨上作微小振动，则该系统的振动频率为 [　　]

A. $2\pi\sqrt{\dfrac{k_1k_2}{m}}$　　B. $\dfrac{1}{2\pi}\sqrt{\dfrac{k_1+k_2}{m}}$　　C. $\dfrac{1}{2\pi}\sqrt{\dfrac{k_1+k_2}{mk_1k_2}}$　　D. $\dfrac{1}{2\pi}\sqrt{\dfrac{k_1k_2}{m\ (k_1+k_2)}}$

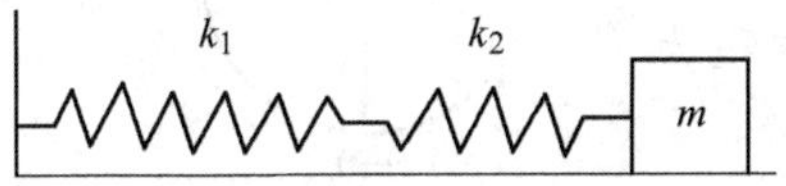

图　8-14

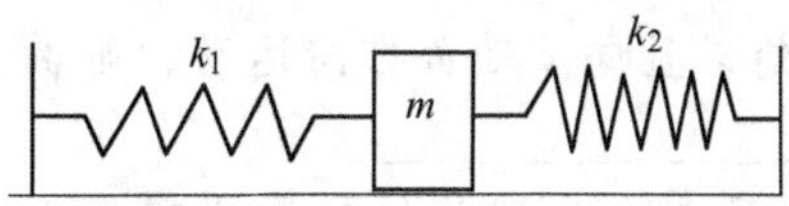

图　8-15

5. 一弹簧振子作简谐振动，总能量为E，若振幅增加为原来的2倍，振子的质量增加为原来的4倍，则它的总能量为 [ ]

A. $2E$ B. $4E$ C. E D. $16E$

6. 玩具汽枪内弹簧的劲度系数为$k=20\text{N/m}$，射击前弹簧被压缩3.0cm，则5.0g的子弹向上射出的高度为 [ ]

A. 8m B. 10m C. 16m D. 18m

7. 已知有同方向的两简谐振动，它们的运动学方程分别为

$$x_1=5\cos(10t+0.75\pi)\text{cm}, x_2=6\cos(10t+0.25\pi)\text{cm}$$

则合振动的振幅为 [ ]

A. $\sqrt{61}$cm B. $\sqrt{11}$cm C. 11cm D. 61cm

二、填空题

1. 一质量为m的质点在力$F=-\pi^2 x$作用下沿x轴运动，其运动的周期为________。

2. 如图8-16所示为一水平弹簧简谐振子振动曲线，振子处在位移为零、速度为$-\omega A$、加速度为零和弹性力为零的状态，对应曲线上的________点，振子处在位移的绝对值为A、速度为零、加速度为$-\omega^2 A$和弹性力为$-kA$的状态，则对于曲线上的________点。

3. 一简谐振动的振动曲线如图8-17所示，相应的以余弦函数表示的运动学方程为$x=$________m。

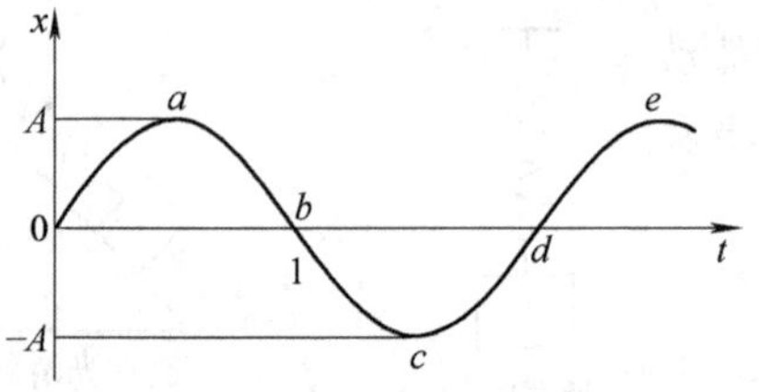

图8-16

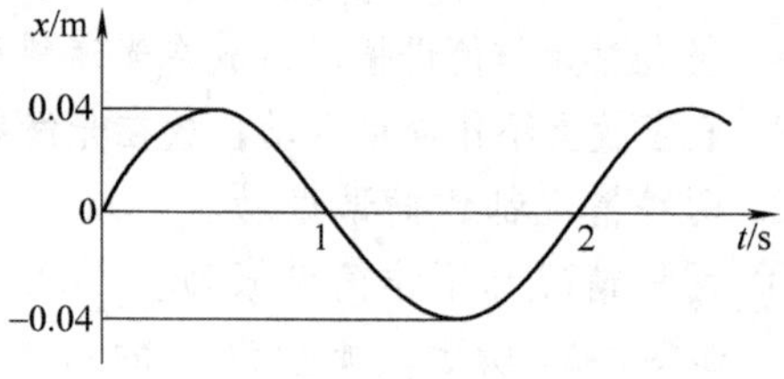

图8-17

4. 一物体作简谐振动，其运动学方程为$x=0.04\cos(5\pi t/3-\pi/2)$m。

(1) 此简谐振动的周期$T=$________。

(2) 当$t=0.6$s时，物体的速度$v=$________。

5. 一物体作简谐振动，周期为T，振幅为A，求在第一个周期内经过：(1) 由平衡位置到$x=A$处所需的时间为________； (2) 由平衡位置到$x=A/2$处所需的时间为________。

6. 一质点沿x轴作简谐振动，振动范围的中心点为x轴的原点，已知周期为T，振幅为A。若$t=0$时质点处于$x=A/2$处，且向x轴负方向运动，则简谐振动运动学方程为$x=$________。

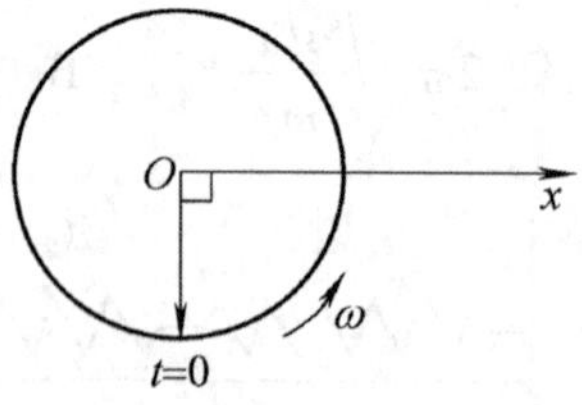

图 8-18

7. 图8-18中用旋转矢量法表示了一个简谐振动，旋转矢量的长度为0.04m，旋转角速度大小$\omega=4\pi$ rad/s，此简

谐振动以余弦函数表示的运动学方程为 $x=$__________。

8. 质量为 m 的物体和一个弹簧组成的弹簧振子，其振动周期为 T，当它作振幅为 A 的简谐振动时，此系统的振动能量 $E=$__________。

9. 一质量为 100 克的物体作简谐振动，振幅为 1.0cm，加速度的最大值为 4.0cm/s^2。以平衡位置势能为零。(1) 总振动能量为__________J；(2) 过平衡点的动能为__________J；(3) 在距平衡点__________处势能与动能相等。

三、计算题

1. 已知一个简谐振动的振幅 $A=2\text{cm}$，角频率 $\omega=4\pi\text{rad/s}$，以余弦函数表达运动规律时的初相位 $\varphi=\pi/2$。试画出位移和时间的关系曲线（振动曲线）。

2. 如图 8-19 所示，一弹簧一端固定在天花板上，另一端挂着两个质量均为 1.0kg 的物体，此时弹簧伸长 2.0cm，静止不动。若挂在下面的一个物体自己脱落下来。不计弹簧质量，求剩下的物体的振幅和周期。

3. 如图 8-20 表示的是简谐振动的位移 $x(t)$ 图，求简谐振动的运动学方程。

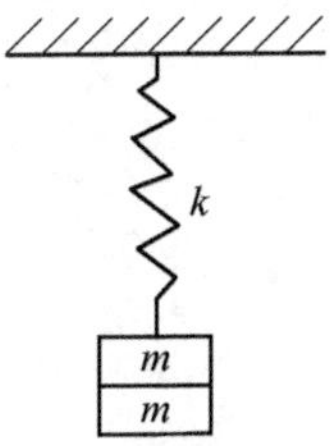

图 8-19

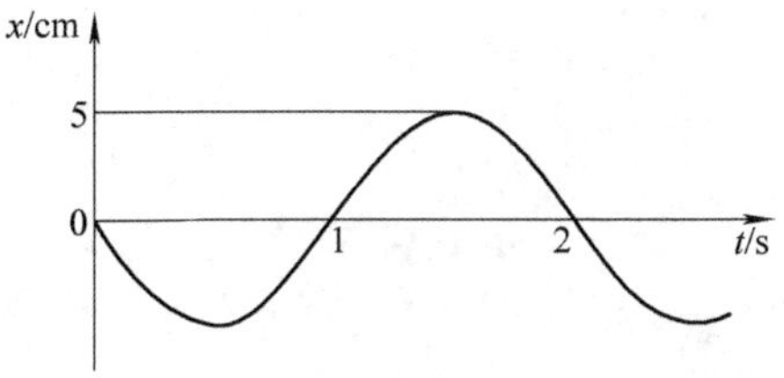

图 8-20

4. 一质点沿 x 轴作简谐振动，其圆频率 $\omega=10\text{rad/s}$，试分别写出以下两种初始状态下的运动学方程：(1) 其初始位移 $x_0=7.5\text{cm}$，初始速度 $v_0=75.0\text{cm/s}$；(2) 其初始位移 $x_0=7.5\text{cm}$，初始速度 $v_0=-75.0\text{cm/s}$。

5. 一质量为 0.02kg 的质点作简谐振动，其运动学方程为 $x=0.60\cos(5t-\pi/2)\text{m}$。求：(1) 质点的初速度；(2) 质点在正向最大位移一半处所受的力。

6. 已知某质点作简谐运动，振动曲线如图 8-21 所示，试根据图中数据，求 (1) 运动学方程；(2) 与 P 点对应的相位；(3) 到达与 P 点相应状态所需的时间。

7. 两个质点在同方向作同频率、同振幅的简谐振动。在振动过程中，每当它们经过振幅一半的地方时相遇，而运动方向相反。求它们的相位差，并画出相遇处的旋转矢量图。

8. 如图 8-22 所示，有一水平弹簧振子，弹簧的劲度系数 $k=24\text{N/m}$，重物的质量 $m=6\text{kg}$，重物静止在平衡位置上，设以一水平恒力 $F=10\text{N}$ 向左作用于物体（不计摩擦），使之由平衡位置向左运动了 0.05m，此时撤去力 F，当重物运动到左方最远位置时开始计时，求物体振动的运动学方程。

9. 一质点作简谐振动，其运动学方程为：$x=6.0\times10^{-2}\cos(\pi t/3-\pi/4)\text{m}$。

(1) 当 x 值为多大时，系统的势能为总能量的一半？

(2) 质点从平衡位置移动到此位置所需最短时间为多少？

10. 一简谐振子同时参与两个简谐振动，它们的运动学方程分别为 $x_1 = 4\cos3t$，$x_2 = 2\cos(3t+\pi)$，求合振动的运动学方程。

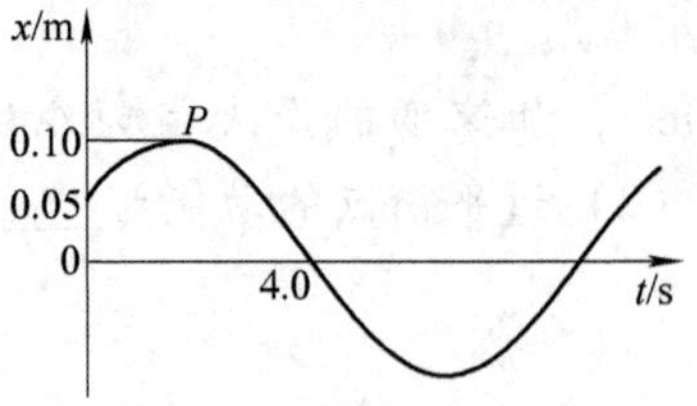

图 8-21

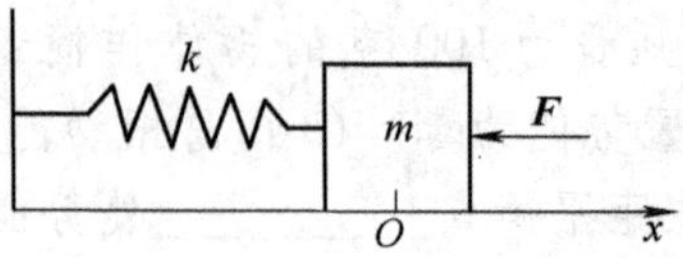

图 8-22

第9章　机　械　波

振动状态在空间的传播形成波动，简称波。激发波动的振动系统称为波源。波是自然界广泛存在的一种运动形式，通常将波动分为两大类：一类是机械振动在介质中的传播，称为机械波，如水面波、声波等。另一类是变化的电磁场在空间的传播，如无线电波、光波等等。

不管是机械波还是电磁波，波动都具有如下共同特征：(1) 波动具有一定的传播速度，并伴随着能量的传播。(2) 波动具有时空周期性，对空间某一定点，振动随时间的变化具有时间周期性，而固定一个时刻来看，空间各点的振动分布也具有空间周期性。(3) 波动具有可入性和可叠加性。可入性指在空间同一区域可同时经历两个或两个以上的波，因而波可以叠加。干涉和衍射是波所特有的现象，观察干涉、衍射现象是鉴别波动过程最有力的手段。

本章学习机械波的基本内容，介绍波的产生和描述、波的衍射现象、波的干涉等。

9.1　机械波的产生和传播

机械振动在弹性介质中传播时形成机械波。机械振动必须依赖于介质质点间的弹性力联系才得以传播，故也称为弹性波。波动过程中各介质质点均在各自的平衡位置附近作振动，质点本身并不传播，只是振动状态在空间的逐点传递。某点的振动借助于弹性力带动邻近质点振动，进而又带动更远一点的质点振动，于是在空间形成波动。

在波动传播过程中，介质中振动相位相同的各点组成的面叫做**波阵面**或**波面**。由于波阵面上所有质点振动的相位都相同，所以波阵面又称为同相面。随着波的传播，波阵面在空间不断推进。在各向同性介质中，波的传播方向与波阵面垂直，称为**波射线**或**波线**。

波阵面为一平面的波称为平面波，平面波的同相面为一系列平行平面。波阵面为一球面的波称为球面波，例如由点光源发出的光波就是一种球面波。远离球面波源中心的波阵面近似为平面，例如到达地面的太阳光波可看成为平面波。

9.1.1　横波和纵波

质点振动方向与波的传播方向相互垂直的波称为**横波**，质点振动方向与波的传播方向相互平行的波称为**纵波**。若质点的振动是简谐振动，则相应的波称为**简谐波**。

在机械波中，横波是由于介质的切变弹性引起的，因此固体可以传播横波，柔软的弦线也能传播横波。由于液体和气体没有切变弹性，所以横波不能在液体和气体中传播。

在机械波中，纵波是由介质的体变弹性或长变弹性引起的，所以固体、液体和气体中都能传播纵波。例如声音在空气中传播时，气体分子的振动方向与波传播的方向平行，所以它是一种纵波。

一根轻弹簧，一端被拉至水平后上下抖动。轻弹簧可看作是一系列由弹性力联系起来的质元组成，可进一步将质元视为一个个质点，端点的振动在轻弹簧上逐点传播形成横波，轻弹簧上的横波如图 9-1 所示。类似地，抓住弹性介质（如一根轻弹簧）的一端沿长度方向来回振动，将在长度方向形成纵波，如图 9-2 所示。

观察上述波动过程，我们发现介质中的质点始终在某一位置附近振动，介质质点本身并不传播，波动是波源的振动状态在空间的逐点传递。

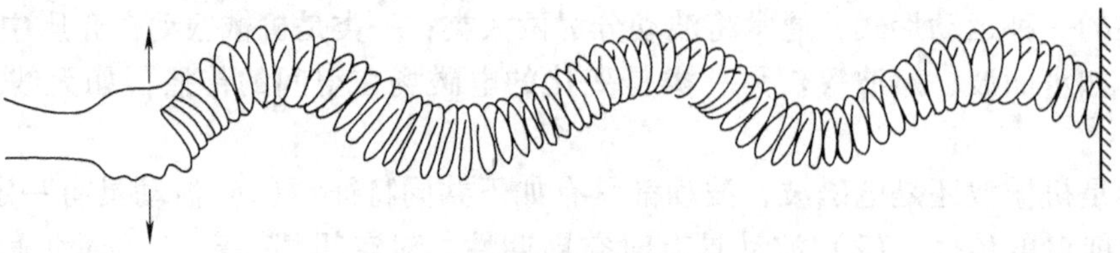

图 9-1 轻弹簧上的横波

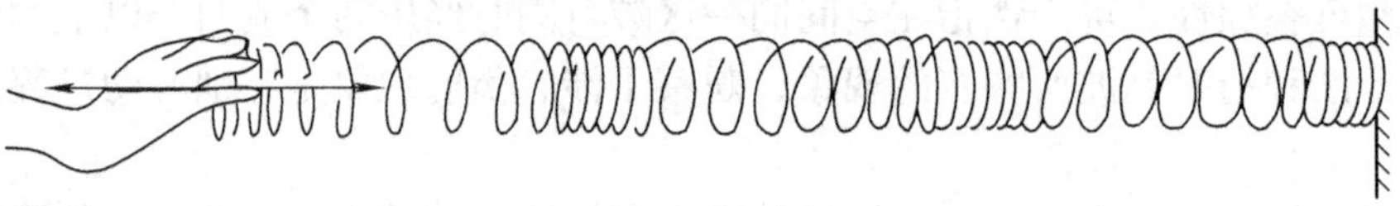

图 9-2 轻弹簧中的纵波

9.1.2 波长、周期、频率与波速

描述波动的几个主要物理量是波长、频率、周期和波速。

1. 波长

在波传播方向上相邻的振动状态相同的两个点之间的距离称为一个波长，也就是波形曲线上一个完整波形的长度，用 λ 表示。

2. 波的周期和频率

一个完整的波形通过波线上某一固定点所需的时间称为波的周期，用 T 表示。波的周期也就是波前进一个波长的距离所需的时间。单位时间内通过波线上某一固定点的完整波形的数目称为波的频率，用 ν 表示。周期和频率互为倒数的关系，即

$$\nu = \frac{1}{T} \tag{9-1}$$

在波源静止的情况下，由波源激发的波的周期和频率等于波源的振动周期和频率，但它们的物理意义不同。

3. 波速

波是波源振动状态（相位）的传播过程，单位时间内某一振动状态传播的距离即某一振动状态在介质中的传播速度称为波速，用 u 表示。波速和波动过程中某一介质质点的振动速度是物理含义完全不同的两个物理量，须注意两者的区别。

波动理论和实验都证明，机械波的波速取决于传播介质的弹性和密度，与波源的振动频率无关。下面给出几种各向同性的均匀介质中的波速公式。

绳或弦上的横波波速

$$u=\sqrt{\frac{T}{\rho}} \tag{9-2}$$

式中，T 为绳或弦中的张力；ρ 为单位长度的绳或弦的质量。

固体中的波速

$$u=\sqrt{G/\rho}\text{（横波）} \tag{9-3}$$

$$u=\sqrt{\frac{E}{\rho}}\text{（纵波）} \tag{9-4}$$

式中，G 和 E 分别为介质的切变模量和弹性模量，ρ 为介质的质量密度。需要指出，式（9-4）是近似的，仅当纵波沿细棒长度方向传播时才是准确的。

液体和气体中纵波波速

$$u=\sqrt{\frac{K}{\rho}} \tag{9-5}$$

式中，K 为介质的体积模量。

4. 波长、频率和波速之间的关系式

根据上述各个物理量的定义，在一个波动周期内，某一振动状态传播的距离就是一个波长，因此波长、频率、周期和波速之间有如下关系

$$\lambda=uT=\frac{u}{\nu} \tag{9-6}$$

9.2 平面简谐波的表达式

波源和波动所到达的各点均作简谐振动，这样的平面波称为**平面简谐波**。如果波源作简谐振动，那么在均匀介质中所形成的波就是简谐波。简谐波是最简单、最基本的波。

9.2.1 平面简谐波表达式的导出

下面从简谐振动的运动学方程来推导平面简谐波的表达式。设一平面简谐波沿 x 正方向传播，坐标原点 O 处的简谐振动的运动学方程为

$$y_0(t)=A\cos(\omega t+\varphi_0) \tag{9-7}$$

式中，ω 为振动圆频率；φ_0 为原点处振动的初相位。

波是振动状态的传播，若波以波速 u 沿 x 正方向传播，则原点处的状态传到 x 处所需的时间是 x/u。因此 t 时刻在离原点距离为 x 处的振动状态，就是（$t-x/u$）时刻原点处的振动状态，即有

$$y(x,t)=A\cos\left[\omega\left(t-\frac{x}{u}\right)+\varphi_0\right] \tag{9-8}$$

式（9-8）反映了介质中各质点在不同时刻的振动，即在任一时刻 t，x 处质点的位移 $y(x,t)$，它就是**平面简谐波的表达式**。注意 y 是指质点离开其平衡位置的位移，横波时 y 与 x 轴方向垂直，纵波时 y 与 x 轴方向平行。

若波沿 x 轴负方向传播，则 t 时刻在坐标 x 处的振动状态，就是（$t+x/u$）时刻原点处

的振动状态，这样得到沿 x 轴负方向传播的波的表达式

$$y(x,t)=A\cos\left[\omega\left(t+\frac{x}{u}\right)+\varphi_0\right] \tag{9-9}$$

利用关系式 $\omega=2\pi/T=2\pi\nu$ 以及 $uT=\lambda$，沿 x 轴正方向传播平面简谐波的波动表达式还可写成以下形式

$$y(x,t)=A\cos\left[2\pi\left(\frac{t}{T}-\frac{x}{\lambda}\right)+\varphi_0\right] \tag{9-10}$$

$$y(x,t)=A\cos\left[2\pi\left(\nu T-\frac{x}{\lambda}\right)+\varphi_0\right] \tag{9-11}$$

9.2.2 平面简谐波表达式的物理意义

从数学上看，平面简谐波的表达式（9-8）是空间位置 x 和时间 t 两个自变量的函数，下面分析其物理意义。

1）当 t 为某一定值时，即在某一特定时刻（定时），式（9-8）表示的是该时刻介质质点的位移 y 随质点位置 x 的变化，用图画出即为周期为 λ 的波形图 $y(x)$，如图9-3所示。在任意时刻，波形都是余弦曲线。

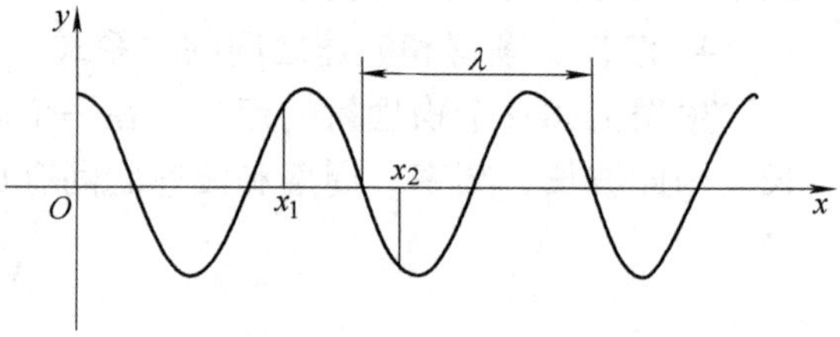

图9-3 给定时刻各质点的位移

由波形图可以看出，在同一时刻，距离坐标原点 O 分别为 x_1、x_2 的两点的相位是不同的。由式（9-10）可得两点的相位差

$$\Delta\varphi=\varphi_1-\varphi_2=\left[2\pi\left(\frac{t}{T}-\frac{x_1}{\lambda}\right)+\varphi_0\right]-\left[2\pi\left(\frac{t}{T}-\frac{x_2}{\lambda}\right)+\varphi_0\right]=2\pi\frac{x_2-x_1}{\lambda}=2\pi\frac{\Delta x}{\lambda}$$

式中，$\Delta x=x_2-x_1$ 称为**波程差**。上式即

$$\Delta\varphi=2\pi\frac{\Delta x}{\lambda} \tag{9-12}$$

这表明相位差是波程差的 $\frac{2\pi}{\lambda}$ 倍，或者说波程差是波长的多少倍，其相位差就是 2π 的多少倍。式（9-12）就是相位差与波程差的关系式。对于沿 x 轴正方向传播的简谐波，当 x_2 大于 x_1 时，有 $\Delta\varphi=\varphi_1-\varphi_2>0$，即 $\varphi_2<\varphi_1$，表明 x_2 处相位 φ_2 落后于 x_1 处相位 φ_1。

2）当 x 一定时，即波线上的某一定点 x，式（9-8）表示的是质点位移 y 随时间 t 变化的运动学方程，这就是位移对时间的余弦振动曲线 $y(t)$，如图9-4所示。介质中任一质点都作简谐振动，不同位置处质点振动的周期均为 T，振幅均为 A，但初相位 $\left(\varphi_0-\frac{\omega x}{u}\right)$ 因点 x 不同而不同。

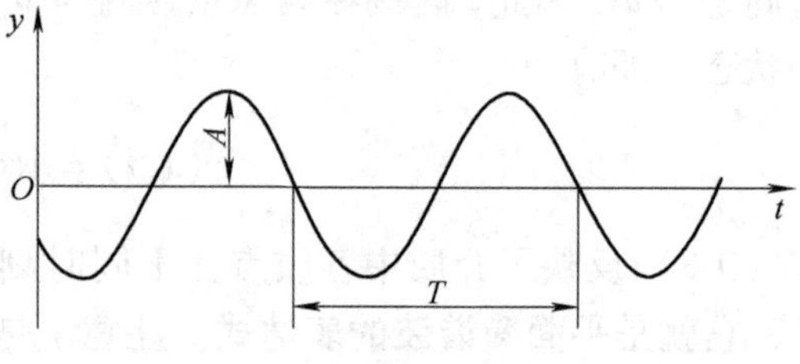

图9-4 给定质点的位移时间曲线

3）当 x 和 t 都变化时，式（9-8）表示任

一质点在任一时刻的位移 $y(x, t)$。图9-5分别画出了 t 时刻和稍后的 $t+\Delta t$ 时刻的波形图。

考虑这两个时刻的波形图上两个相邻的相位相同的点 A 和 B，A 表示 t 时刻 x_1 处质点的某个振动状态，B 表示 $(t+\Delta t)$ 时刻 x_2 处质点具有同样的振动状态，即 A 和 B 具有相同的相位，应用式(9-11)有

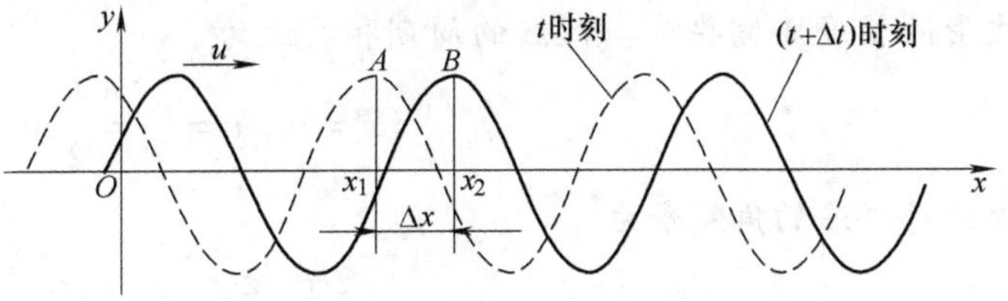

图9-5 波的传播

$$2\pi\left[\left(\nu t-\frac{x_1}{\lambda}\right)+\varphi_0\right]=2\pi\left\{\left[\nu(t+\Delta t)-\frac{x_2}{\lambda}\right]+\varphi_0\right\}$$

由上式可得到

$$x_2-x_1=\nu\lambda\Delta t=u\Delta t$$

由此可见，在 Δt 时间内整个波形向前传播了一段距离 $\Delta x=x_2-x_1$，而传播的速度就是波速 u。这表明波的传播是相位的传播，是运动状态的传播，或者是整个波形的传播，所以这种波又叫**行波**或前进波，波速 u 又称为**相速**。

【例题9-1】 设一平面简谐波的波动表达式为

$$y=0.1\cos\pi\left(10t-\frac{x}{10}\right)\text{m}$$

求：(1) 该波的波速、波长、周期和振幅；(2) $x=10$m 处质点振动的运动学方程及该质点在 $t=2$s 时的振动速度；(3) 求 x 轴上 20m 与 60m 两处质点振动的相位差。

解 (1) 将波动表达式写成如下标准形式

$$y=0.1\cos2\pi\left(\frac{t}{0.2}-\frac{x}{20}\right)\text{m}$$

再与式(9-10)比较可得振幅 $A=0.1$m，波长 $\lambda=20$m，周期 $T=0.2$s，波速 $u=\lambda/T=100$m/s。

(2) 将 $x=10$m 代入上式，整理后可得

$$y=0.1\cos(10\pi t-\pi)\text{m}$$

这就是距原点10m处质点振动的运动学方程。

将上式对 t 求导，可得距原点10m处质点的振动速度为

$$v=-1.0\pi\sin(10\pi t-\pi)\ \text{m/s}$$

将 $t=2$s 代入上式，得到 $v=0$。故该处质点在 $t=2$s 时的振动速度为零。

(3) 令 $x_1=20$m，$x_2=60$m，根据式(9-12)，x_1、x_2 两处质点振动的相位差为

$$\Delta\varphi=\varphi_1-\varphi_2=\frac{2\pi}{\lambda}(x_2-x_1)=\frac{2\pi}{20}(60-20)\text{rad}=4\pi\text{rad}$$

这表明这两处质点的振动状态相同。

【例题9-2】 某平面简谐波在 $t=0$ 和 $t=1$s 时的波形如图9-6所示。试求：(1) 波的周期、波长和角频率；(2) 写出此平面简谐波的表达式。

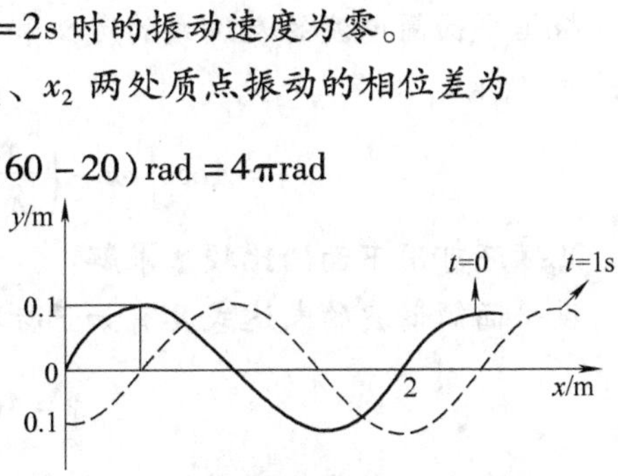

图 9-6

解 (1) 由图9-6可见振幅和波长分别为 $A=$

0.1m，$\lambda=2\text{m}$。在 $t=0$ 到 $t=1\text{s}$ 时间内，波形向 x 轴正方向移动了 $\lambda/4$，因此移动一个完整波形的长度 λ 需要4s。故波的周期和波速为

$$T=4\text{s},\ u=\frac{\lambda}{T}=\frac{1}{2}\text{m/s}$$

由此可得波的角频率为

$$\omega=\frac{2\pi}{T}=\frac{2\pi}{4}\text{rad/s}=\frac{\pi}{2}\text{rad/s}$$

（2）设原点 O 处质点振动的运动学方程为

$$y_0=A\cos(\omega t+\varphi_0)$$

由图9-6可以看出，$t=0$ 时，O 处质点的位移为零，即

$$y_0=A\cos\varphi_0=0$$

因此 O 处质点振动的初相位 φ_0 为

$$\varphi_0=\pm\frac{\pi}{2}$$

由图9-6还可以看出，$t=0$ 时，O 处质点将向负的位移方向运动，因此质点振动的速度小于零，即

$$v_0=-A\omega\sin\varphi_0<0$$

故 φ_0 只能取

$$\varphi_0=\frac{\pi}{2}$$

所以，此平面简谐波的表达式为

$$y(x,t)=A\cos\left[\omega\left(t-\frac{x}{u}\right)+\varphi_0\right]$$
$$=0.1\cos\left(\frac{\pi}{2}t-\pi x+\frac{\pi}{2}\right)\text{m}$$

【例题9-3】 一列平面波沿 x 轴正向传播，波长为 λ，已知在 $x_0=\lambda/4$ 处的质点简谐振动的运动学方程为 $y_0=A\cos\omega t$，试写出该平面波的表达式。

解 因为在坐标为 x 的 P 点处，振动相位要比 x_0 处的相位落后

$$\frac{2\pi}{\lambda}\left(x-\frac{\lambda}{4}\right)=\frac{2\pi}{\lambda}x-\frac{\pi}{2}$$

因此根据平面简谐波的表达式的定义和 x_0 处简谐振动的运动学方程，可写出平面简谐波的表达式

$$y=A\cos\left[\omega t-\left(\frac{2\pi}{\lambda}x-\frac{\pi}{2}\right)\right]=A\cos\left(\omega t-\frac{2\pi}{\lambda}x+\frac{\pi}{2}\right)$$

此题还可用下面的比较法求解：

设平面简谐波的表达式具有如下标准形式

$$y=A\cos\left(\omega t-\frac{2\pi}{\lambda}x+\varphi_0\right)$$

将 $x_0=\lambda/4$ 代入上式，就得到 x_0 处质点简谐振动的运动学方程为

$$y_0 = A\cos\left(\omega t - \frac{\pi}{2} + \varphi_0\right)$$

将上式与题中所给的 $x_0 = \lambda/4$ 处质点的运动学方程 $y_0 = A\cos\omega t$ 相比较，得到

$$\varphi_0 = \frac{\pi}{2}$$

将 φ_0 代入平面简谐波的表达式的标准形式即得

$$y = A\cos\left(\omega t - \frac{2\pi}{\lambda}x + \frac{\pi}{2}\right)$$

9.3 波的能量 波的能量密度

机械波在介质中传播时，波动传到的各质点都在各自的平衡位置附近振动。由于各质点有振动速度，因而它们具有振动动能。同时因介质发生形变，它们还具有弹性势能。下面以平面简谐纵波在固体细长棒中的传播为例分析平面简谐波的能量。

9.3.1 波的能量

设平面简谐波在密度为 ρ 的介质中传播，波的表达式为

$$y = A\cos\omega\left(t - \frac{x}{u}\right)$$

选取介质中一个很小的质元 ΔV，其质量 $\Delta m = \rho\Delta V$。现在考察这个质元的能量。当有波传到该质元时，其振动速度为

$$v = \frac{\partial y}{\partial t} = -A\omega\sin\omega\left(t - \frac{x}{u}\right)$$

而这段质元的振动动能为

$$\Delta E_{\mathrm{k}} = \frac{1}{2}(\Delta m)v^2$$

以速度 v 代入上式得到

$$\Delta E_{\mathrm{k}} = \frac{1}{2}(\rho\Delta V)A^2\omega^2\sin^2\omega\left(t - \frac{x}{u}\right) \tag{9-13}$$

介质中质元由于弹性形变而产生弹性势能，可以证明质元的弹性势能为

$$\Delta E_{\mathrm{p}} = \frac{1}{2}(\rho\Delta V)A^2\omega^2\sin^2\omega\left(t - \frac{x}{u}\right) \tag{9-14}$$

因此 $\Delta E_{\mathrm{k}} = \Delta E_{\mathrm{p}}$，质元的总机械能 ΔE 为

$$\Delta E = \Delta E_{\mathrm{k}} + \Delta E_{\mathrm{p}} = \rho A^2\omega^2(\Delta V)\sin^2\omega\left(t - \frac{x}{u}\right) \tag{9-15}$$

由式（9-13）和式（9-14）可见，在波传播过程中，介质中任一质元的动能和势能同相地随时间变化，它们在任一时刻都有完全相同的值。在质元通过平衡位置时，速度有最大值，因此其动能、势能和总机械能均同时达到最大值；在质元的位移最大时，速度为零，因此其动能、势能和总机械能均又同时为零。

弹性介质中各质元的振动动能和弹性势能的这种关系是波动中质点不同于孤立振动系统的一个重要特点。由式（9-15）可见，质元的总能量是不守恒的，而是随时间作周期性变化。对于给定的时刻，所有质元的总能量又随 x 作周期性变化。这表明，沿着波动传播的方向，每一质元都在不断地从后方介质获得能量，使能量从零逐渐增大到最大值，又不断地把能量传递给前方的介质，其能量从最大变为零。如此周期性地重复，能量就随着波动过程，从介质的这一部分传到另一部分。所以波动是能量传递的一种方式。波动过程中，每个质元本身的能量并不守恒，这与简谐振动的能量守恒不同。

9.3.2　波的能量密度

为了精确地描述波的能量分布，引入波的能量密度概念。单位体积介质中的能量就是**能量密度**，用 w 表示。由式（9-15）可得 t 时刻、x 处介质的能量密度

$$w=\frac{\Delta E}{\Delta V}=\rho A^2\omega^2\sin^2\omega\left(t-\frac{x}{u}\right) \tag{9-16}$$

可见介质中各质点的能量密度 w 是随时间作周期性变化的。

能量密度在一个波动周期 T 内的平均值称为**平均能量密度**，以 $\overline{w}$ 表示，即

$$\overline{w}=\frac{1}{T}\int_0^T\rho A^2\omega^2\sin^2\omega\left(t-\frac{x}{u}\right)\mathrm{d}t=\frac{1}{2}\rho A^2\omega^2 \tag{9-17}$$

式（9-17）表明，平均能量密度和介质的密度、振幅的平方以及频率的平方成正比。

9.3.3　能流和能流密度

波的能量是随波的行进在介质中传播的，就像能量在介质中流动一样。我们将单位时间内通过介质中某一面积的能量称为通过该面积的**能流**，用 P 表示。如图9-7所示，在介质中垂直于波速方向取一面积 S，则在单位时间内通过面积 S 的能量就等于该面后方体积为 uS 的长方体介质中的能量，即

$$P=uSw=uS\rho A^2\omega^2\sin^2\omega\left(t-\frac{x}{u}\right)$$

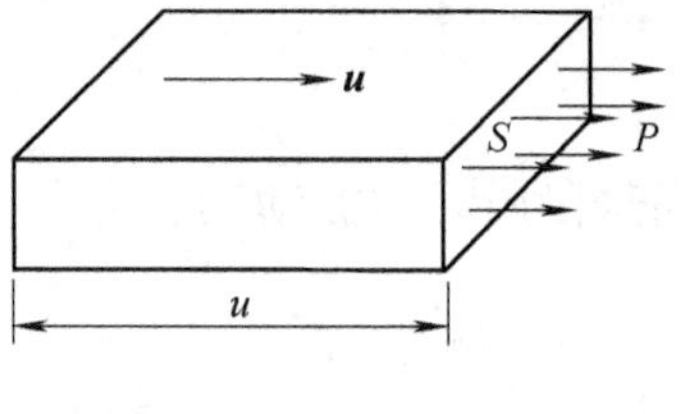

图9-7　通过面 S 的能流

显然能流 P 是随时间周期性变化的。通常取其一个周期的时间平均值，利用平均能量密度式（9-17）即得通过 S 面积的平均能流

$$\overline{P}=uS\overline{w}=\frac{1}{2}uS\rho A^2\omega^2 \tag{9-18}$$

为了描述能流的空间分布，定义**平均能流密度**，其大小是通过与波的传播方向垂直的单位面积的平均能流，用 I 表示

$$I=\frac{\overline{P}}{S}=\overline{w}u=\frac{1}{2}\rho A^2\omega^2u \tag{9-19}$$

平均能流密度与波的传播速度、振幅的平方、频率的平方以及介质密度成正比。平均能流密度越大，单位时间内通过单位面积的能量就越多，波就越强。因此平均能流密度是波的强弱的一种量度，平均能流密度又称为**波的强度**。在国际单位制中平均能流密度的单位是W/m^2。

【例题9-4】　用聚焦超声波的方法，可以在液体中产生平均能流密度为120kW/cm^2 的

大功率超声波。设波源作简谐振动，频率为500kHz，液体的密度为1g/cm³，声速为1500m/s。求液体质点振动的振幅。

解 根据平均能流密度（波的强度）公式（9-19），$I=\frac{1}{2}\rho A^2\omega^2u$，得到液体质点振动的振幅

$$A=\frac{1}{\omega}\sqrt{\frac{2I}{\rho u}}=\frac{1}{2\pi\times5\times10^5}\sqrt{\frac{2\times120\times10^7}{1\times10^3\times1.5\times10^3}}\text{m}=1.27\times10^{-5}\text{m}$$

对于这样强的超声波，它在液体中的振幅实际上是很小的。

9.4 惠更斯原理

我们知道，波在均匀各向同性介质中传播时，波阵面的形状不变，波线也保持为直线，沿途不会改变波的传播方向。例如波在水面上传播时，只要沿途不遇到什么障碍物，波阵面的形状总是相似的，圆圈形的波阵面始终是圆圈，直线形的波前始终保持直线。也就是说，波沿直线传播。

可是，当波在传播过程中遇到障碍物时，或当波从一种介质传播到另一种介质时，波阵面的形状和波的传播方向（即波线方向）将发生改变。例如水波可以通过障碍物的小孔，在小孔后面出现圆形的波，原来的波阵面将改变，就好像是以小孔为新的波源一样。它所发射出去的波叫**子波**。

因此可见，波源的振动引起介质中邻近各点的振动，故可以将波动到达的任一点都看作新的波源。从这种观点出发，惠更斯在1690年提出了关于波动传播的**惠更斯原理**：波动传到的各点都可以看作是发射子波的新波源，其后任意时刻，这些子波的包络面就是新的波阵面，过子波中心向子波和包络面切点所引的射线即为新的波线。

对于任何波动过程（机械波或电磁波），不论其介质是否均匀，是各向同性还是各向异性，子波的波面形状可能不同，但惠更斯原理总是适用的。根据惠更斯原理可知，当波在各向同性的均匀介质中传播时，保持波阵面的几何形状不变。

按照惠更斯原理，用作图法就能确定波传播的方向。只要知道某一时刻的波阵面，就可用几何方法来决定以后任一时刻的波阵面和新的波射线，因而在很广泛的范围内解决了波的传播问题。但是，惠更斯原理不能说明波的强度分布。

平面波和球面波的传播过程，如图9-8和图9-9所示。

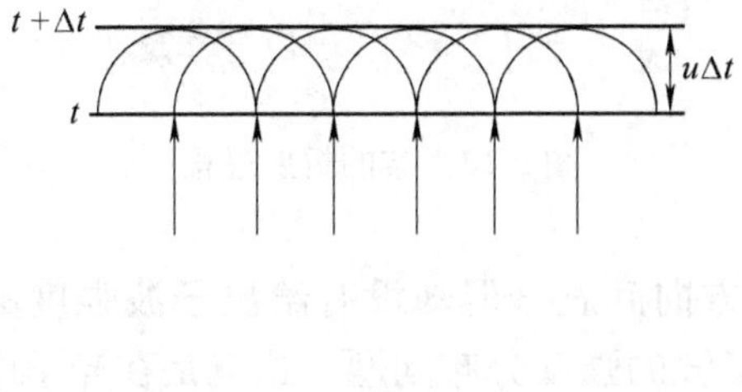

图9-8 平面波的传播过程

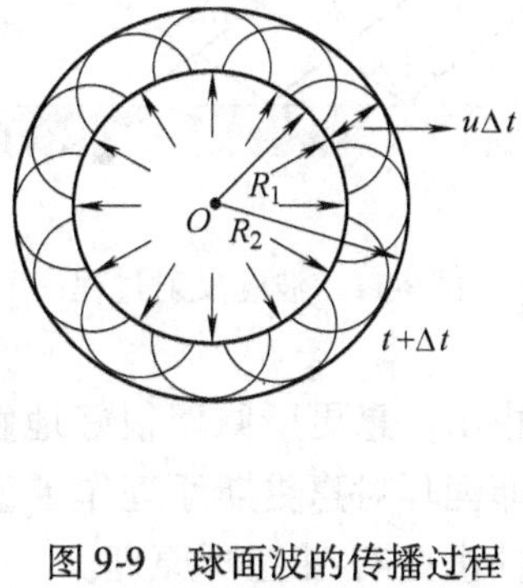

图9-9 球面波的传播过程

波在传播过程中遇到障碍物时，能绕过障碍物的边缘，在障碍物的阴影区内继续传播，这就是波的**衍射**现象。衍射是波动的一个重要特征。用惠更斯原理可以解释波的衍射现象。在衍射过程中，波阵面的几何形状和波的传播方向均发生改变，衍射现象明显与否，和障碍物的尺寸有关。例如，当平面波通过一狭缝时，若缝的宽度远大于波的波长，波表现为直线传播；若缝的宽度略大于波长，在缝的中部，波的传播仍保持原来的方向，在缝的边缘处，波阵面弯曲，波的传播方向改变，波绕过障碍物向前传播；若缝的宽度小于波长（相当于小孔），衍射现象更加明显，波阵面由平面变成球面。平面波通过一个小孔衍射时的波阵面变化如图9-10所示。声波的波长与所遇到的障碍物尺寸相当，因此声波的衍射现象较明显。

图9-10 平面波的小孔衍射

波入射到两种介质分界面上时，传播方向发生改变，发生反射、折射现象。实验发现，反射和折射现象满足反射定律和折射定律。波的反射和折射现象可以根据惠更斯原理用作图法加以说明。如图9-11所示，设有一平面波传到两种介质的界面，t时刻入射波的波阵面传到AC位置，在A点先与界面相遇，然后依次在E点、B点相遇，设C点到达B点的时刻为$t+\Delta t$。在$t+\Delta t$时刻，从A点发出的子波半径为$u_1\Delta t$，从A、B的中点E点发出的子波半径为$u_1\Delta t/2$，这些子波的包络面就是BD表示的平面，与BD垂直的方向就是反射波的方向。从图中可以看出，$\triangle ADB$与$\triangle BCA$全等，因此$\angle ABC$与$\angle BAD$相等，进而得到$i=i'$，这就是反射定律。

如图9-12所示，设有一平面波传到两种介质的界面，t时刻入射波的波阵面传到AC位置，在A点先与界面相遇并进入第二种介质，然后依次从E点、B点进入第二种介质，设C点到达B点的时刻为$t+\Delta t$。在$t+\Delta t$时刻，在第二种介质中，从A点发出的子波到达D点，半径为$u_2\Delta t$，从A、B的中点E点发出的子波半径为$u_2\Delta t/2$，这些子波的包络面就是BD表示的平面，与BD垂直的方向就是折射波的方向。因为$CB=u_1\Delta t=AB\sin i$，$AD=u_2\Delta t=AB\sin r$，由此得到$\frac{\sin i}{\sin r}=\frac{u_1}{u_2}$，这就是折射定律。

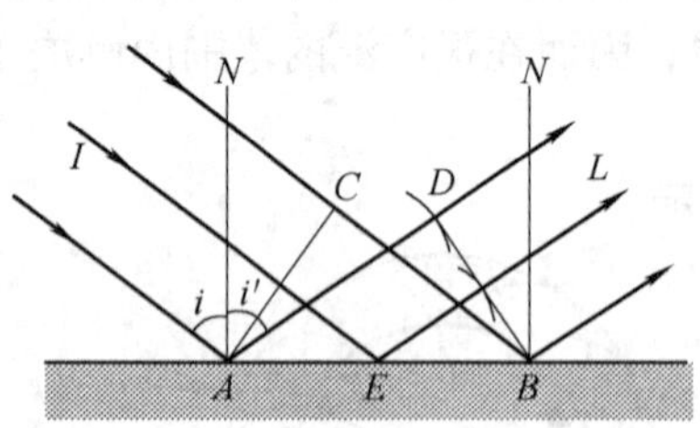

图9-11 波的反射过程

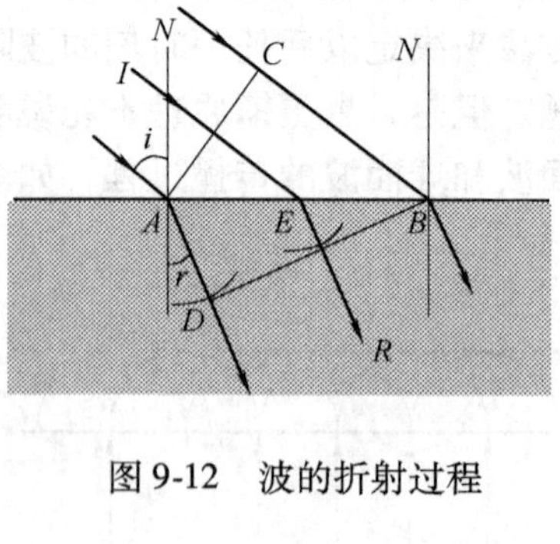

图9-12 波的折射过程

应该指出，惠更斯原理很好地解释了波的传播方向问题，但却没有给出子波强度的分布，后来菲涅耳对惠更斯原理作了重要补充，解决了波的强度分布问题，这就是在光学中有重要应用的惠更斯-菲涅耳原理。

9.5 波的叠加原理 波的干涉 驻波

波动的一个重要特征是具有可叠加性，从本节起我们从波的叠加原理出发，来研究波的干涉和衍射等重要特性。

9.5.1 波的叠加原理

当几列波同时在一种介质中传播时，每列波的特征量如振幅、频率、波长、振动方向等，都不会因为有其他波的存在而改变。例如，乐队合奏或几个人同时谈话时，声波并不因在空间互相交叠而变成另外一种什么声音，所以我们能够辨别出各种乐器或各人的声音来。波的这种独立性，使得当几列波在空间的某一点相遇时，每列波都单独引起介质中该处质元的振动，并不因其他波的存在而有所改变。

几个波源产生的波，如果波强度不太大，它们在传播过程相遇时，每个波的波长、频率、振动方向、传播方向等都不因其他波的存在而改变。或者说，各个波互相间没有影响，每个波的传播就像其单独存在时一样。这称为**波传播的独立性原理**。

当几列波在介质中某点相遇时，该点的振动是各个波单独存在时在该点引起振动的合振动，即该点的位移是各个波单独存在时在该点引起的位移的矢量和。这种波动传播过程中出现的各分振动独立地参与叠加的事实称为**波的叠加原理**。

9.5.2 波的干涉

如果两个波源的振动频率相同、振动方向相同、相位相同或相位差恒定，这样的两个波源称为相干波源，从相干波源发出的波称为相干波。上述三个条件称为波的**相干条件**。

两个相干波在空间某点相遇时，它们在该点引起的两分振动有恒定的相位差。但是对于空间不同的点，有着不同的恒定相位差。因而在空间某些点处，振动始终加强（干涉最大），而在另一些点处，振动始终减弱或完全抵消（干涉最小）。这种现象称为**干涉**。如图9-13所示，在水面上用两个同相位的点波源产生圆形波，就可以看到水波的干涉现象。

下面从波的叠加原理来说明波的干涉现象，如图9-14所示，设有两个频率相同的波源 S_1 和 S_2，其振动表达式分别为

$$y_{10}(S_1,t)=A_{10}\cos(\omega t+\varphi_{10}) \tag{9-20a}$$

$$y_{20}(S_2,t)=A_{20}\cos(\omega t+\varphi_{20}) \tag{9-20b}$$

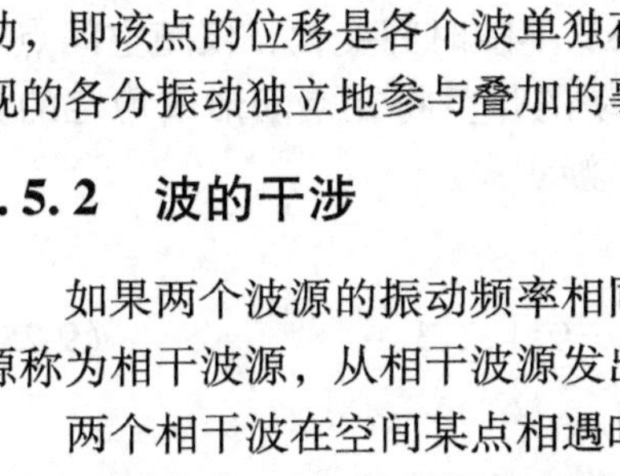

图9-13 水面波的干涉现象

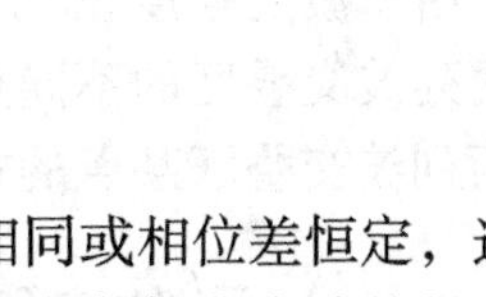

图9-14 波的叠加

两个波源的振动传播到 P 点后，它们的相位比波源处有一落后，设 S_1 和 S_2 到 P 点的距离分别是 r_1 和 r_2，根据式（9-12），它们在 P 点独自所引起的振动分别比各自的波源处落后 $\frac{2\pi r_1}{\lambda}$、$\frac{2\pi r_2}{\lambda}$。因此 t 时刻它们在 P 点独自所引起的振动分别为

$$y_1(P,t)=A_1\cos\left(\omega t+\varphi_{10}-\frac{2\pi}{\lambda}r_1\right) \tag{9-21a}$$

$$y_2(P,t)=A_2\cos\left(\omega t+\varphi_{20}-\frac{2\pi}{\lambda}r_2\right) \tag{9-21b}$$

这是两个同方向同频率的简谐振动的合成，与式（8-16）类似，它们在 P 点引起的合振动为

$$y=y_1+y_2=A\cos(\omega t+\varphi_0) \tag{9-22}$$

其中 A 由下式确定

$$A^2=A_1^2+A_2^2+2A_1A_2\cos\Delta\varphi \tag{9-23}$$

式中，$\Delta\varphi$ 定义了在相遇点两个振动的相位差

$$\Delta\varphi=(\varphi_{20}-\varphi_{10})-\frac{2\pi}{\lambda}(r_2-r_1) \tag{9-24}$$

从式（9-24）看到，两列波在空间各点的振动相位差 $\Delta\varphi$ 不随时间变化，仅随空间点 P 的位置变化。由于波的强度正比于振幅的平方，因而合振动的强度将在空间形成稳定的分布，从而在两列波交叠区的不同点形成振动加强或减弱的干涉现象。

如果在两列波交叠区某点的相位差 $\Delta\varphi$ 满足条件

$$\Delta\varphi=(\varphi_{20}-\varphi_{10})-\frac{2\pi}{\lambda}(r_2-r_1)=\pm 2k\pi,k=0,1,2,3,\cdots \tag{9-25}$$

此时

$$A=A_{max}=A_1+A_2$$

即合振动加强，式（9-25）称为**干涉相长**的条件。

如果在两列波交迭区某点的相位差 $\Delta\varphi$ 满足条件

$$\Delta\varphi=(\varphi_{20}-\varphi_{10})-\frac{2\pi}{\lambda}(r_2-r_1)=\pm(2k+1)\pi,k=0,1,2,3,\cdots \tag{9-26}$$

此时

$$A=A_{min}=|A_1-A_2|$$

即合振动减弱，式（9-26）称为**干涉相消**的条件。

当两相干波源为同相波源即 $\varphi_{20}-\varphi_{10}=0$ 时，干涉相长条件可简化为

$$\delta=r_2-r_1=\pm k\lambda,k=0,1,2,3,\cdots \tag{9-27}$$

干涉相消的条件可简化为

$$\delta=r_2-r_1=\pm(2k+1)\frac{\lambda}{2},k=0,1,2,3,\cdots \tag{9-28}$$

以上两式中 $\delta=(r_2-r_1)$ 是波程差。所以上列两式表明，当两列相干波在空间叠加时，若波源振动的相位相同，则在波程差等于零或等于波长的整数倍的各点振幅为极大（干涉加强）；在波程差等于半波长的奇数倍的各点，振幅为极小（干涉减弱）。

【例题9-5】 如图9-15所示，相干波源 S_1 和 S_2 相距 $\lambda/4$（λ 为波长），S_1 的相位比 S_2 的相位超前 $\pi/2$，两列波的振幅均为 A，并且在传播过程中保持不变。P、Q 为 S_1 和 S_2 连线两侧的任意点。求 P、Q 二点的合成波振幅。

解 波源的振动传到空间任一点引起的两个振动的相位差为

$$\Delta\varphi = \varphi_{20} - \varphi_{10} - \frac{2\pi}{\lambda}(r_2 - r_1)$$

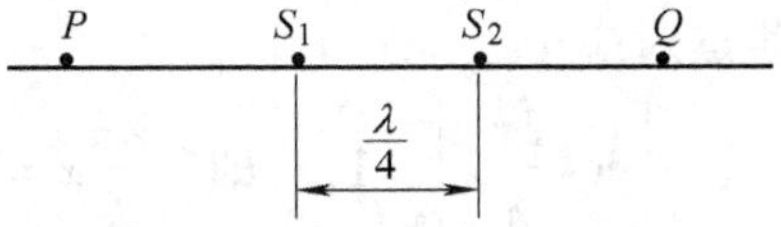

图 9-15

由题意，$\varphi_{20} - \varphi_{10} = -\dfrac{\pi}{2}$。

对于 P 点，$r_2 - r_1 = \overline{S_2P} - \overline{S_1P} = \dfrac{\lambda}{4}$。因此

$$\Delta\varphi = -\frac{\pi}{2} - \frac{2\pi}{\lambda}\frac{\lambda}{4} = -\pi$$

即 S_1 和 S_2 的振动传到 P 点时，相位相反，所以 P 点的合振幅为

$$A_P = |A_1 - A_2| = A - A = 0$$

因此，在 S_1 和 S_2 连线的左侧延长线上各点，均因干涉而静止。

同理，对于 Q 点，$r_2 - r_1 = \overline{S_2Q} - \overline{S_1Q} = -\dfrac{\lambda}{4}$

$$\Delta\varphi = -\frac{\pi}{2} - \frac{2\pi}{\lambda}\left(-\frac{\lambda}{4}\right) = 0$$

即 S_1 和 S_2 的振动传到 Q 点时，相位相同。所以 Q 点的合振幅为

$$A_Q = |A_1 + A_2| = A + A = 2A$$

可见在 S_1 和 S_2 连线的右侧延长线上各点，均因干涉而加强。

9.5.3 驻波

驻波是波的干涉的特例。设有沿 x 轴正、反两方向传播的两列简谐波，两列波的表达式分别为

$$y_1 = A\cos\left(\omega t - \frac{2\pi}{\lambda}x\right) \tag{9-29}$$

$$y_2 = A\cos\left(\omega t + \frac{2\pi}{\lambda}x\right) \tag{9-30}$$

上述两列波的振动频率、振动方向和振幅都相同，初相位差恒定。其合成波即为驻波

$$y = y_1 + y_2 = A\cos\left(\omega t - \frac{2\pi}{\lambda}x\right) + A\cos\left(\omega t + \frac{2\pi}{\lambda}x\right)$$

由此得到驻波的表达式

$$y = 2A\cos\frac{2\pi}{\lambda}x\cos\omega t \tag{9-31}$$

从驻波的表达式可以看出，驻波上各点（即给定一个 x）都在作简谐振动，各点振动的

频率相同，就是原来两个波的频率。但各点振幅随位置的不同而不同，按 $\left|2A\cos\frac{2\pi}{\lambda}x\right|$ 的规律随 x 变化。图 9-16 所示的是驻波在一些特征时刻的波形（粗曲线），图中 B 点是坐标原点。

在驻波中那些振幅最大的点，如图 9-16 中的 B、D、F、H，称为**波腹**。这些点对应于

$$\left|\cos\frac{2\pi}{\lambda}x\right|=1,\quad 即\quad \frac{2\pi}{\lambda}x=k\pi \tag{9-32}$$

根据式（9-32）可得波腹的位置

$$x=k\frac{\lambda}{2},\ k=0,\pm1,\pm2,\pm3,\cdots$$

驻波中有些质点始终静止，即振幅为零，如图 9-16 中的 A、C、E、G、I，这些点称为**波节**。这些点对应于

$$\cos\frac{2\pi}{\lambda}x=0,\quad 即\quad \frac{2\pi}{\lambda}x=(2k+1)\frac{\pi}{2} \tag{9-33}$$

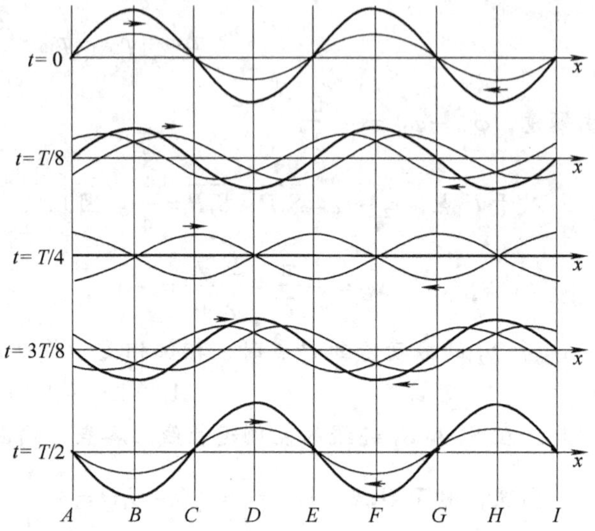

图 9-16　驻波的形成

由此可得波节的位置

$$x=(2k+1)\frac{\lambda}{4},\quad k=0,\pm1,\pm2,\pm3,\cdots$$

从波腹和波节的位置不难看出，相邻两波腹间或相邻两波节间的距离都是 $\lambda/2$，而相邻波腹与波节间的距离都是 $\lambda/4$。因此，可通过测量波节间的距离，来确定波长。

从驻波方程式（9-31）还可以看出，各点振动的相位与 $\cos\frac{2\pi}{\lambda}x$ 的正负有关，凡是使 $\cos\frac{2\pi}{\lambda}x>0$ 的各点处，振动的相位均为 ωt，凡是使 $\cos\frac{2\pi}{\lambda}x<0$ 的各点处，振动的相位均为 $(\omega t+\pi)$。

因子 $\cos\frac{2\pi}{\lambda}x$ 在相邻两波节之间具有相同的符号，而在一个波节两侧的符号相反。因此，在相邻两波节之间，所有质点的振动相位都相同，振动的速度方向相同；在波节两侧，质点的振动反相，振动的速度方向相反。图 9-17 表示某个时刻的一段驻波，此时左半边所有质点的位移都同时到达了负最大值，而右半边所有质点的位移都同时到达了正最大值。

综上所述，在驻波中，两相邻波节间各质元振幅不同，但具有相同的相位；在同一波节两侧的各质元振幅也不同，但其振动相位相反。

在波向前传播途中垂直地遇到障碍物（或遇到另一种介质的边界面）发生反射时，由于反射波和入射波是传播方向相反的相干波，因而干涉叠加的结果，就会形成驻波。当入射波垂直入射到界面，且界面为固定端（其位移始终为零）时，端点处一定为波节，即入射

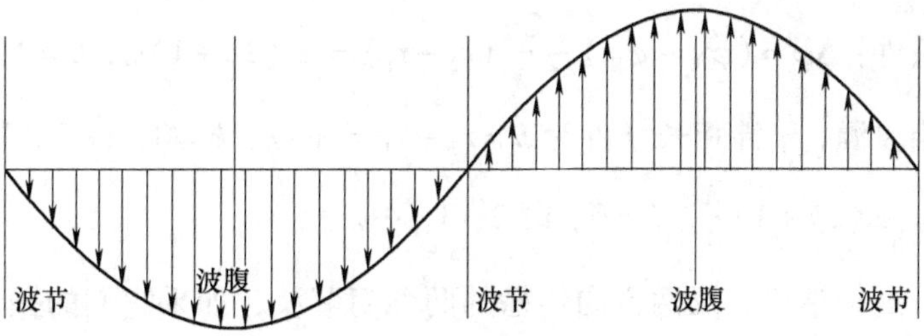

图9-17　驻波的相位

波与反射波在端点的振动相位差一定是 π，说明入射波在固定端反射时其相位有 π 的突变，因为相距半个波长的两点间相位差为 π，故这种现象又称为**半波损失**。例如，弹性弦上的横波在固定端反射时，由于反射点固定不动，而该点的振动是入射波和反射波在此引起振动的合振动，故反射波和入射波在反射点的振动相位一定相反，即存在半波损失。

当界面为自由端时，该处出现波腹，入射波和反射波同相位，说明反射时没有相位突变，不产生半波损失。

一般情况下，入射波在两种介质的分界面上反射时是否产生半波损失，取决于介质的密度与波速之乘积，相对较大的称为波密介质，相对较小的称为波疏介质。当波从波疏介质向波密介质入射时，反射波就出现半波损失；反之，无半波损失。

电磁波（包括光波）在反射时也存在相位突变现象，这将在下一章讨论。

内 容 提 要

1. 机械波

产生机械波需要波源和弹性介质。描述波动的特征量是波速 u、波长 λ、波的周期 T(或频率 ν)，角频率 ω。其关系式为 $\lambda = uT$，$\omega = 2\pi/T = 2\pi\nu$。

2. 平面简谐波

沿 x 轴正方向传播的平面简谐波波动表达式：$y(x,t) = A\cos\left[\omega\left(t - \dfrac{x}{u}\right) + \varphi_0\right]$

3. 波的能量　能流

能量：平面简谐波中任一质元的动能和势能相等，质元的总能量不是守恒的，而是随时间作周期性变化。

平均能流密度（波的强度）：$I = \overline{w}u = \dfrac{1}{2}\rho A^2\omega^2 u$

4. 惠更斯原理

波动传到的各点都可以看作是发射子波的新波源，其后任意时刻这些子波的包络面就是新的波阵面。

5. 波的干涉

波的独立传播和叠加原理

相干条件：频率相同、振动方向相同、相位相同或相位差恒定

干涉相长的条件：$\Delta\varphi = (\varphi_{20} - \varphi_{10}) - \dfrac{2\pi}{\lambda}(r_2 - r_1) = \pm 2k\pi$，$k = 0, 1, 2, 3, \cdots$

干涉相消的条件：$\Delta\varphi=(\varphi_{20}-\varphi_{10})-\frac{2\pi}{\lambda}(r_2-r_1)=\pm(2k+1)\pi$，$k=0, 1, 2, 3, \cdots$

如果是为同相波源，干涉相长条件为$\delta=r_2-r_1=\pm k\lambda$，$k=0, 1, 2, 3, \cdots$，干涉相消的条件为$\delta=r_2-r_1=\pm(2k+1)\frac{\lambda}{2}$，$k=0, 1, 2, 3, \cdots$。

驻波的产生：沿x轴正、反两方向传播的两列简谐波，如果它们的振动频率、振动方向和振幅都相同，初相位差恒定，就会叠加形成驻波。

驻波的特征：有波腹和波节，相邻波腹和相邻波节之间间隔均为半个波长；相邻波节之间质点相位相同，波节两侧质点相位相反。

习　题

一、选择题

1. 当一平面简谐波通过两种不同的均匀介质时，不会变化的物理量是　　[　　]

A. 波长和频率　　B. 波速和频率

C. 波长和波速　　D. 频率和周期

2. 已知一平面简谐波的表达式为$y=A\cos(at-bx)$，a、b为正值，则　　[　　]

A. 波的频率为a　　B. 波的传播速度为b/a

C. 波长为π/b　　D. 波的周期为$2\pi/a$

3. 如图9-18所示，一平面简谐波沿x轴正向传播，坐标原点O振动的运动学方程为$y=A\cos(\omega t+\varphi_0)$，则$B$点振动的运动学方程为　　[　　]

A. $y=A\cos[\omega t-(x/u)+\varphi_0]$　　B. $y=A\cos\omega[t+(x/u)]$

C. $y=A\cos\{\omega[t-(x/u)]+\varphi_0\}$　　D. $y=A\cos\{\omega[t+(x/u)]+\varphi_0\}$

4. 一周期为T的横波沿x轴正方向传播，若t时刻波形曲线如图9-19所示，则在$t+T/4$时刻x轴上的1、2、3三点的振动位移分别是　　[　　]

A. A，0，$-A$　　B. $-A$，0，A

C. 0，A，0　　D. 0，$-A$，0

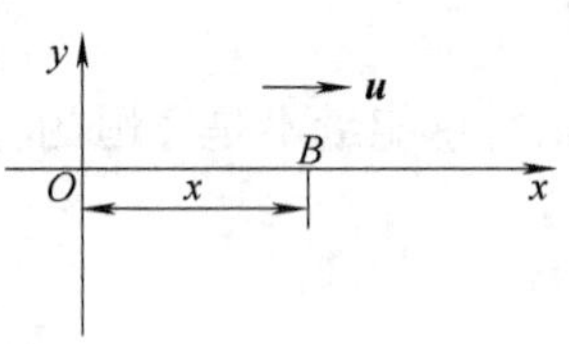

图　9-18

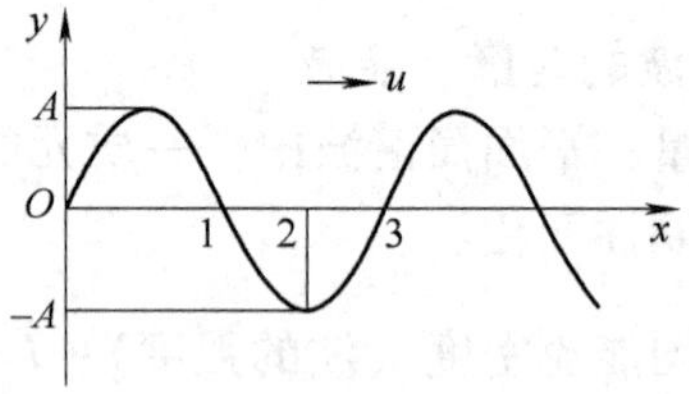

图　9-19

5. 图9-20为$t=0$时刻，以余弦函数表示的沿x轴正方向传播的平面简谐波的波形。则O点处质点振动的初相位是　　[　　]

A. $\pi/2$　　B. 0

C. $3\pi/2$　　D. π

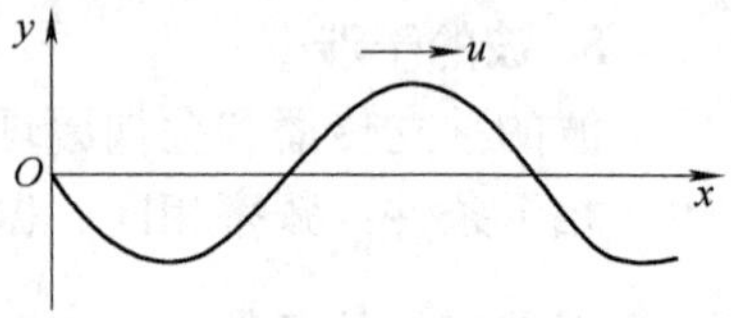

图　9-20

6. 波的能量随平面简谐波传播，下列几种说法中正确的是　　[　　]

A. 因简谐波传播到的各介质质元均作简谐振动，故其能量守恒。

B. 各介质质元在平衡位置处的动能和势能都最大，总能量也最大。

C. 各介质质元在平衡位置处的动能最大，势能最小。

D. 各介质质元在最大位移处的势能最大，动能为零。

7. 一平面简谐波在弹性介质中传播，在介质质元从平衡位置运动到最大位移处的过程中 [ ]

A. 它的动能转换成势能。

B. 它的势能转换成动能。

C. 它把自己的能量传给相邻的一段质元，其能量逐渐增大。

D. 它把自己的能量传给相邻的一段质元，其能量逐渐减小。

8. 在同一介质中两列相干的平面简谐波的强度之比 $I_1/I_2=4$，则两列波的振幅之比 A_1/A_2 是 [ ]

A. 4　　B. 2　　C. 16　　D. 1／4

9. 在驻波中，两个相邻波节间各质点的振动是 [ ]

A. 振幅相同，相位相同　　B. 振幅不同，相位相同

C. 振幅相同，相位不同　　D. 振幅不同，相位不同

二、填空题

1. 一平面简谐波沿 x 轴正方向传播，已知 $x=0$ 处振动的运动学方程为 $y=\cos(\omega t+\varphi_0)$，波速为 u，坐标为 x_1 和 x_2 两点的振动相位差是________。

2. 一平面简谐机械波沿 x 轴正方向传播，波动表达式为 $y=0.2\cos(\pi t-\pi x/2)$m，则 $x=-3$m 处介质质点的振动加速度 a 的表达式为________。

3. 一个余弦横波以速度 u 沿 x 轴正向传播，t 时刻波形曲线如图9-21所示。试分别指出图中 A、B、C 各点处介质质元在该时刻的运动方向：A、________；B、________；C、________。

4. 图9-22为沿 x 轴正方向传播的平面简谐波在 $t=0$ 时刻的波形图。由图可知原点 O 和1、2、3、4 各点的振动初相位分别为________；________；________；________；________。

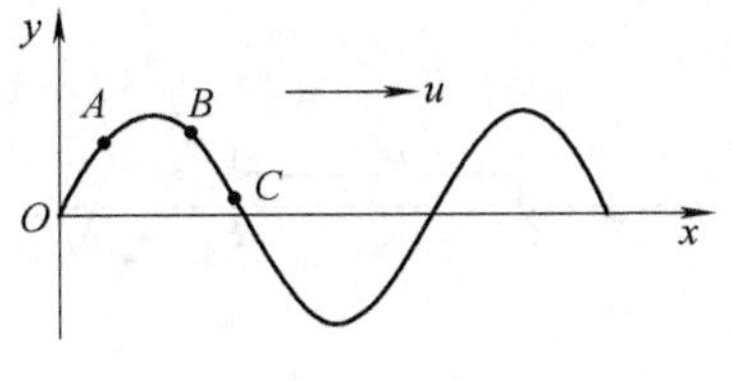

图 9-21

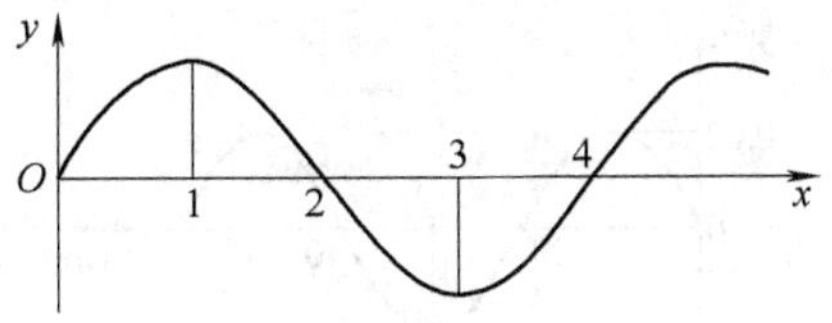

图 9-22

5. 强度为 I 的平面简谐波通过垂直于波速方向、面积为 S 的平面，则通过该平面的平均能流是________。

6. 一平面简谐波在截面面积为 $3.00\times10^{-2}\text{m}^2$ 的空气管中传播，若在10s内通过截面的能量为 2.70×10^{-2}J，则波的平均能流密度为________。

7. 如图9-23所示，P、Q 为两个同相位、同频率、同振幅的相干波源，它们在同一种

媒质中，设振幅为A，波长为λ，P、Q间的距离为$3\lambda/2$。R为P、Q连线上P、Q两点之外的任意一点，则P点发出的波在R点的振动与自Q点发出的波在R点的振动的相位差为________；R点的合振幅为________。

8. 如图9-24所示，P点距波源S_1和S_2的距离分别为3λ和$10\lambda/3$，λ为两列波在介质中的波长，若P点的合振幅总是极大值，则两波源应满足的条件是________。

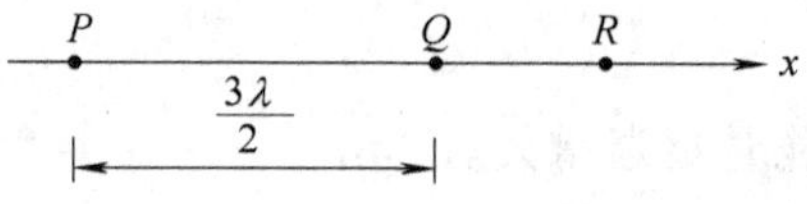

图 9-23

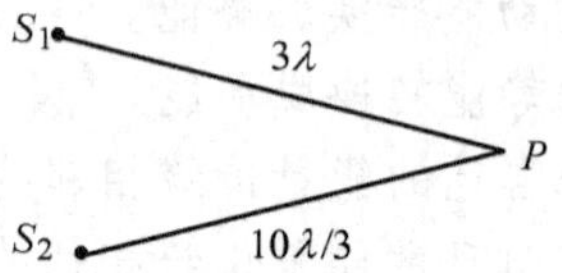

图 9-24

9. 某时刻驻波的波形曲线如图9-25所示，则a、b两点处的相位差是________；a、c两点处的相位差是________。

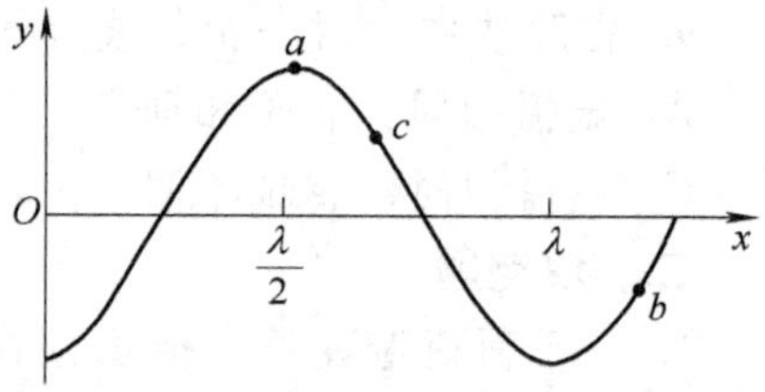

图 9-25

三、计算题

1. 如图9-26所示为一平面简谐波在$t=0$时刻的波形图，试写出P和Q两处质点振动的运动学方程，并画出P处质点与Q处质点的振动曲线，其中波速$u=20\text{m/s}$。

2. 已知平面余弦波波源的振动周期$T=1/2\text{s}$，所激起的波波长$\lambda=10\text{m}$，振幅为0.1m，当$t=0$时，波源处质点振动的位移恰为正方向的最大值，取波源处为原点并设波沿x正方向传播，求：（1）波的表达式；（2）传播方向上距离波源为$\lambda/2$处质点振动的运动学方程。

3. 如图9-27所示，一平面简谐波沿Ox轴正向传播，波速为u，若P处质点振动的运动学方程为$y_P=A\cos(\omega t+\varphi)$。求：（1）$O$处质点振动的运动学方程；（2）该波的波动表达式。

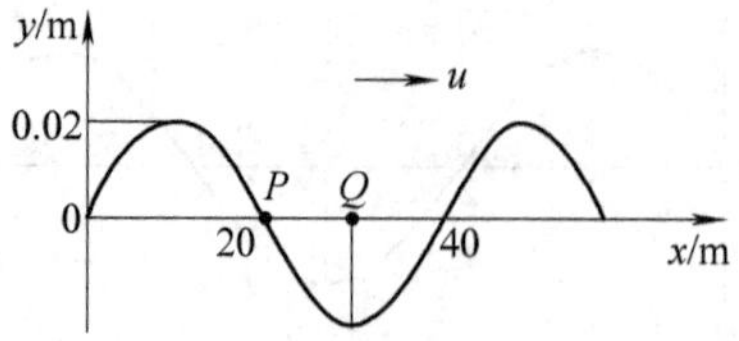

图 9-26

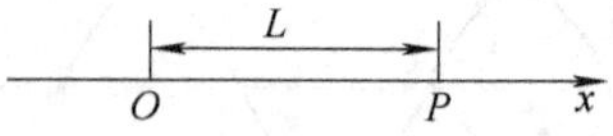

图 9-27

4. 一平面简谐波沿x轴正向传播，其振幅和圆频率分别为A和ω，波速为u，设$t=0$时的波形曲线如图9-28所示。（1）写出此波的表达式；（2）求距O点分别为$\lambda/8$和$3\lambda/8$两处质点振动的运动学方程；（3）求距O点分别为$\lambda/8$和$3\lambda/8$两处的质点在$t=0$时的振动速度。

5. 沿x轴负方向传播的平面简谐波在$t=2\text{s}$时刻的波形曲线如图9-29所示，设波速$u=0.5\text{m/s}$，求原点处振动的运动学方程。

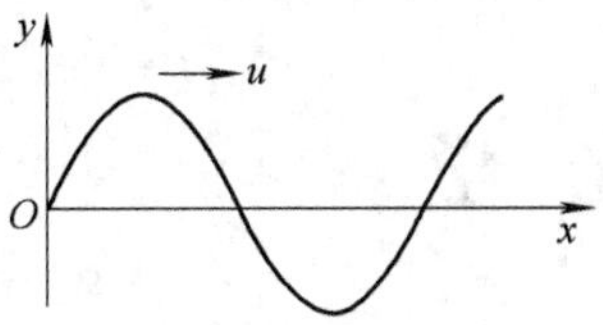

图 9-28

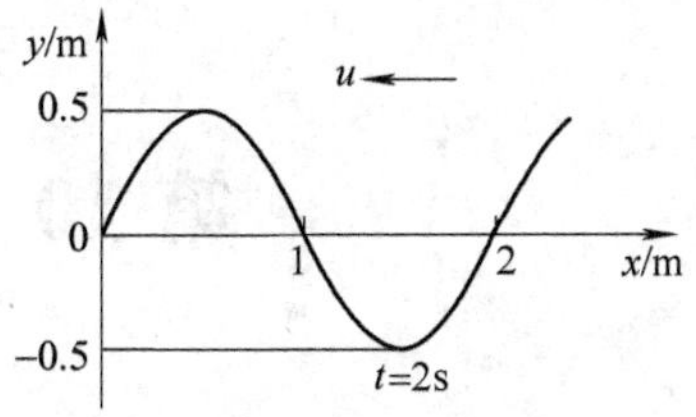

图 9-29

6. 一弹性波在介质中传播的速度 $u=10^3\text{m/s}$，振幅 $A=1.0\times10^{-4}\text{m}$，频率 $\nu=10^3\text{Hz}$，介质的密度为 $\rho=800\text{kg/m}^3$。求：(1) 波的平均能流密度；(2) 一分钟内垂直通过一面积 $S=4.0\times10^{-4}\text{m}^2$ 的总能量。

7. 如图 9-30 所示，两相干波源 S_1 和 S_2 相距 $\dfrac{3\lambda}{4}$，λ 为波长，设两波在 S_1S_2 连线上传播时，它们的振幅都是 A，并且不随距离变化。已知在该直线上在 S_1 左侧各点的合成波强度为其中一个波强度的 4 倍，求两波源的初相位差是多少？

8. 两相干波波源位于同一介质中的 A、B 两点，如图 9-31 所示。其振幅相等，频率皆为 100Hz，B 比 A 的相位超前 π。若 A、B 相距 30.0m，波速为 $u=400\text{m/s}$，试求 AB 连线上因干涉而静止的各点的位置。

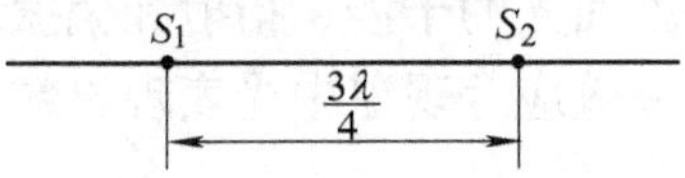

图 9-30

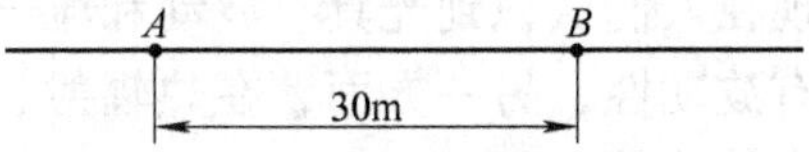

图 9-31

9. 如图 9-32 所示，S_1 和 S_2 为同一介质中的相干波源，其振动的运动学方程分别为 $y_1=0.1\cos2\pi t\text{m}$，$y_2=0.1\cos(2\pi t+\pi)\text{m}$。它们传到 P 点相遇，已知波速 $v=20\text{m/s}$，$PS_1=40\text{m}$，$PS_2=50\text{m}$，试求两波在 P 点的分振动运动学方程及合振动的振幅。

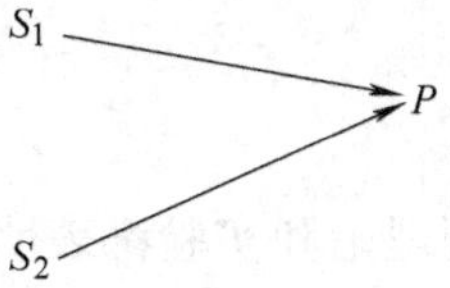

图 9-32

第10章　波动光学

我们已经知道光是一种电磁波，但是历史上人们对光的本性的认识有两种不同的学说，这就是以惠更斯为代表的波动说和以牛顿为代表的微粒说。波动说最初认为光是一种机械波；微粒说认为光是由微粒组成，这些微粒可在真空中或透明媒质中以巨大的速度作直线运动，也可以从不透明媒质的表面反射。波动说和微粒说都能解释光的反射和折射现象，但是在解释光从空气进入水中的折射现象时两种观点得出的结论不同。波动说认为水中的光速小于空气中的光速，微粒说却认为水中的光速大于空气中的光速。在当时由于光速还无法精确测量，所以难以判断是非。从17世纪到18世纪末牛顿的微粒说占据了统治地位，直到19世纪初，由于光的偏振、光的干涉、光的衍射等现象的发现，以及实验测量出水中的光速小于空气中的光速，光的波动说才进入它的辉煌时期。

19世纪60年代麦克斯韦建立了光的电磁理论，1905年爱因斯坦对光的本质提出新的观点，即认为光是具有一定能量和动量的粒子流，这种粒子称为光子。光子理论得到了光电效应等一系列新现象的验证。

现在人们认识到光具有波动和粒子的两重性质，一方面光的干涉、衍射和偏振现象表明光具有波动性；另一方面，在热辐射、光电效应和康普顿效应等现象中光表现出粒子性。这就是光的波粒二象性。

本章我们将介绍光的干涉、光的衍射和光的偏振，这是波动光学的基本内容。

10.1　光的干涉　杨氏双缝干涉

10.1.1　光的干涉

1. 普通光源的发光机制

光源就是发光的物体。近代物理理论和实验都表明，原子或分子的能量具有不连续的一系列分立值，这些分立值称为能级。原子或分子通常总是趋于处在能量最低的基态，如果它们受到外界的某种激励，就会吸收一定的能量从基态跃迁到能量较高的激发态。处在激发态的原子或分子是不稳定的，它们会自发地跃迁回到基态或较低能量的激发态。在这个过程中每个分子或原子将向外辐射电磁波，或者说辐射出光子，发出了光。这种现象称为自发辐射。普通光源的发光以自发辐射为主。

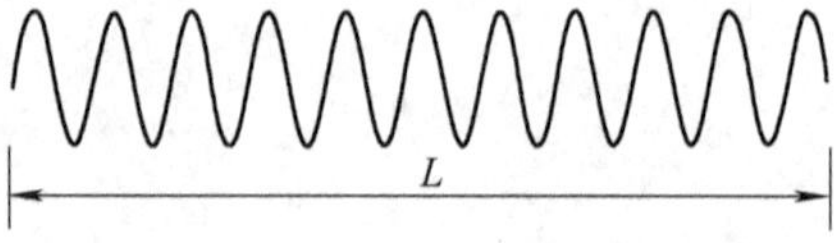

图10-1　原子跃迁发出的光波列

原子从高能级到低能级的跃迁过程经历的时间是很短的，约为10^{-8}s，这可以看作是一个原子一次发光所持续的时间。一个原子一次发光只能发出一段长度有限、频率一定、振动方向一定的光波，这一段在时间上很短、在空间上也是有限长的光波称为一个**波列**，图10-1是原子光波列的示意图。由于每个原子或分子发光都是断断续续的，即有间歇性，因此上述任意一列光波的发射都是偶然的，无相互联系，其频率、相位、振动方向也各不相同，因此普通光源的发光具有随机性。

普通光源的发光具有二个显著的特点：间歇性和无规则性。在实际的光源内，有非常多的原子在发光。我们所观察到的光是由光源中的许多原子发出的许许多多相互独立的波列组成的。尽管在有些条件下，可以使这些波列的频率相同，但是当两个独立的光源，或同一光源上的两部分发出的光相叠加时，这些波列的光振动方向一般各不相同，相位差也不能保持恒定，因此不可能产生干涉现象。

综上所述，原子或分子是物质发光的基元，它们每次发出一个有限长的波列，这些波列是不相干的，这就是普通光源的发光机制。

光的颜色由光的频率决定，而频率一般仅由光源决定，与介质无关，但光的波长和波速在不同的介质中一般要改变。因而常用真空中的波长来反映光的颜色。光的波长常用纳米（nm）作为单位（$1\text{nm}=10^{-9}\text{m}$）。

只有单一波长的光称为**单色光**。由各种频率的单色光复合而成的光称为复色光，白光是复色光。太阳光中的可见光就是波长连续分布的白光，波长范围约为400~760nm，相应的频率范围约为$4.3\times10^{14}\sim7.5\times10^{14}\text{Hz}$。白光通过三棱镜时发生色散，形成一个连续光谱。有些物质的光谱是分立的线光谱。

严格的单色光是不存在的，任何光源发出的光都有一定的频率范围，且每种频率的光所对应的强度是不同的。以波长（频率）为横坐标，光的谱强度（指单位波长间隔的光波强度）为纵坐标画出的如图10-2所示的曲线称为光谱曲线（谱线）。谱线所对应的波长范围越窄，谱线就越尖锐，光的单色性就越好。

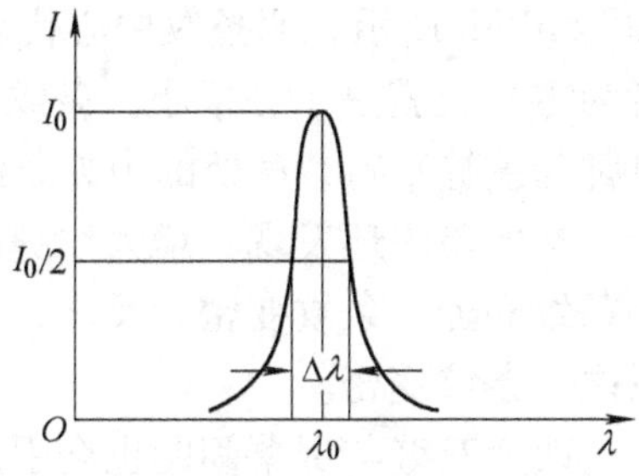

图10-2 光谱曲线

设最大谱强度I_0对应的波长为λ_0，将谱强度下降到$I_0/2$的两点之间的波长范围$\Delta\lambda$称为**谱线宽度**。钠光灯、汞灯等普通光源谱线宽度的数量级为$0.1\sim10^{-3}\text{nm}$，激光谱线宽度的数量级为10^{-9}nm。

2. 光的相干性

干涉现象是波动过程的基本特征之一，与机械波的干涉相似，光的干涉现象表现为在相遇区域形成稳定的、有强有弱（明暗不同）的光强分布。在光波的两个场量$\boldsymbol{E}$和$\boldsymbol{H}$中，对人眼和感光仪器起主要作用的是电矢量$\boldsymbol{E}$，因此将$\boldsymbol{E}$称为**光矢量**。光波的相干条件是：**光矢量的振动方向相同，频率相同，相位差恒定**。我们将满足相干条件的光称为**相干光**，产生相干光的光源称为相干光源。当两束以上的相干光相遇时，就会产生干涉。

对于机械波，其波源连续地振动，发出连续不断的简谐波，因此两列振动方向相同的同频率的简谐波在相遇时是相干的，观察机械波的干涉现象较为容易。但是由于光源发光的特点，用两个独立的同频率的单色光源却不一定能获得光的干涉图样。

3. 相干光的获得

从普通光源的发光机制可知，来自两个独立光源的光是非相干光，而来自同一光源的两个不同部分的光也不是相干光。但是可以利用普通光源获得相干光，其基本原理是：把由光源上某一点发出的同一个光波列设法分成两部分，并沿两条不同的路径传播，然后再使它们相遇，从而使这两部分的光叠加起来。由于这两部分光实际上来自点光源发出的同一波列，所以它们满足相干条件，因而是相干光。

从普通光源获得相干光的方法有两种：一种方法是在从一点光源发出的光波波阵面上放置并列的几个小孔或单缝，这些小孔或单缝可视为同相位的发射子波的波源，通过小孔或单缝分离出的光束始终是同相的，因此它们是相干光，这种方法称为**分割波阵面**方法，下面将要学习的杨氏双缝干涉就采用了这种方法。另一种方法是通过部分反射和部分透射，将一束光分为若干部分相干光，这种方法称为**分割振幅**方法，在下一节学习的薄膜干涉就是利用这种方法获得相干光。

10.1.2 杨氏双缝干涉

托马斯·杨所做的演示光的干涉现象的实验，第一次把光的波动学说建立在坚实的实验基础上，杨根据他的实验推算出光的波长，第一次测定了这个重要的物理量。

如图10-3a所示，在单色点光源前放一狭缝 S，S 前对称地放置有与 S 平行的两条平行狭缝 S_1 和 S_2，S_1 和 S_2 之间的距离很小（约为0.2mm），S_1 和 S_2 位于从 S 发出的子波的同一波阵面上，因此 S_1 和 S_2 构成一对相干光源。这里采用的是分割波阵面法来获得相干光。在与狭缝之间的距离约为1m的观察屏上出现一系列稳定的明暗相间的条纹，即干涉条纹，如图10-3b所示，明条纹中心代表光强极大也就是干涉极大，暗条纹中心代表光强极小（或者为零）也就是干涉极小。条纹间的距离（确切地说是相应条纹中心间的距离）彼此相等，且都与狭缝平行，O 处的中央条纹是明条纹。

在实验中还发现：增大双缝间距，中央明条纹中心位置不变，其他各级条纹相应向中央明条纹靠近，条纹变密；反之，条纹变稀疏。改变入射光波长，若波长增大，条纹变稀疏；反之，条纹变密。

改变双缝与屏幕间距也会引起条纹的变化。D 减小，中央明条纹中心位置不变，其他各级条纹相应向中央明条纹靠近，条纹变密；反之，条纹变稀疏。

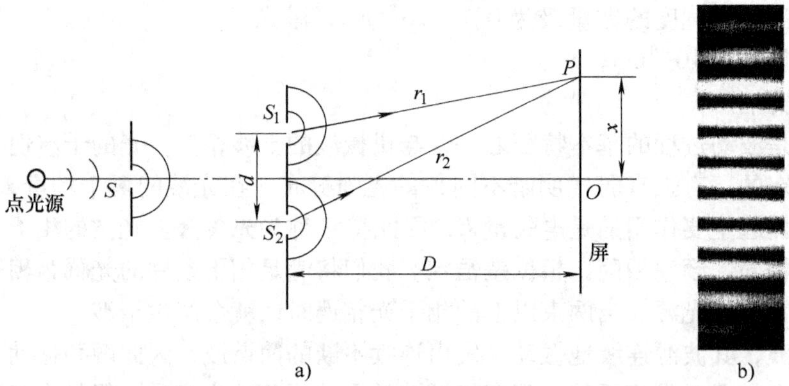

图10-3 杨氏双缝干涉

a）干涉实验示意图 b）干涉图

如图10-3a所示，设双缝的间距为 d，双缝到屏的距离为 D，O 为屏幕中心，双缝到屏上 P 点的距离分别为 r_1 和 r_2，P 点到 O 点的距离为 x。从同相波源 S_1 和 S_2 发出的两束光到

达 P 点处的波程差仅由两束光的路程差决定。故波程差

$$\delta = r_2 - r_1$$

由几何关系可得

$$r_1^2 = D^2 + \left(x - \frac{d}{2}\right)^2,\ r_2^2 = D^2 + \left(x + \frac{d}{2}\right)^2$$

上面两式相减，得到

$$r_2^2 - r_1^2 = (r_2 + r_1)(r_2 - r_1) = 2xd$$

由于 $D >> d$，且在实验中只能在 O 点两侧很有限的范围内观测到干涉条纹，亦即 $D >> x$，故近似有 $r_2 + r_1 \approx 2D$。将此关系代入上式得

$$\delta = r_2 - r_1 = \frac{d}{D}x \tag{10-1}$$

根据两相干同相波源干涉相长条件式（9-27），当两束光到达 P 点的波程差

$$\delta = \pm k\lambda, k = 0,1,2,3,\cdots \tag{10-2}$$

时干涉极大。将式（10-1）代入上式就得到干涉明条纹所在的位置

$$x = \pm k\frac{D\lambda}{d} \qquad k = 0,1,2,\cdots \tag{10-3}$$

满足上述条件的点在屏幕上是一条条平行于狭缝的直线，因此在屏上出现直线明条纹。$k=0$ 对应于零级或中央明条纹，位于 O 点处（$x=0$）；$k=1$，2，…分别对应于1，2，…级明条纹，由于 x 可取正负值，因此这些明条纹是相对中央明条纹两侧对称分布的。

根据两相干同相波源干涉相消条件式（9-28），当两束光到达 P 点的波程差

$$\delta = \pm(2k+1)\frac{\lambda}{2},\ k = 0,1,2,3,\cdots \tag{10-4}$$

时干涉极小。将式（10-1）代入上式就得到干涉暗条纹所在的位置

$$x = \pm\left(k + \frac{1}{2}\right)\frac{D\lambda}{d} \qquad k = 0,1,2,3,\cdots \tag{10-5}$$

满足上述条件的点在屏幕上也是一条条平行于狭缝的直线，因此在屏上出现直线暗条纹。$k=0$，1，2，…，分别对应于1，2，3，…级暗条纹。由于 x 可取正负值，因此这些暗条纹同样是相对中央明条纹两侧对称分布的。

从式（10-3）、式（10-5）看到，相邻明条纹中心之间、相邻暗条纹中心之间的间距都是

$$\Delta x = \frac{D\lambda}{d} \tag{10-6}$$

因此干涉条纹是**等距离分布的直条纹**。从式（10-6）还可以看到，D、λ 一定时，条纹间距 Δx 与 d 成反比，所以双缝间距要小，否则条纹间距会因过密而无法分辨。例如，当 $\lambda=500\text{nm}$，$D=1\text{m}$ 时，若希望 $\Delta x>0.5\text{mm}$，就必须要求 $d<1\text{mm}$。

如果用白光照射，从式（10-3）可知，各单色光的中央明条纹位置都在屏幕中央，各色光合成后仍为白光，而其他各级明条纹的位置和条纹间距都与波长成正比。因此，除了中央明条纹仍为白光外，其两侧因各色光的波长不同而呈现彩色条纹，同一级各单色光明条纹形成一个内紫外红的彩色光谱。

利用如图10-4所示的洛埃镜实验装置也能实现双缝干涉，图中S为狭缝光源，发出的光一部分直接照射到屏幕上，一部分以接近于90°的入射角射向平面镜后被反射到屏上，它们相当于从光源S和它的虚像光源S_1所发出的光，这两部分光是相干光，因此在重叠区内产生干涉，从而在屏上出现干涉条纹。

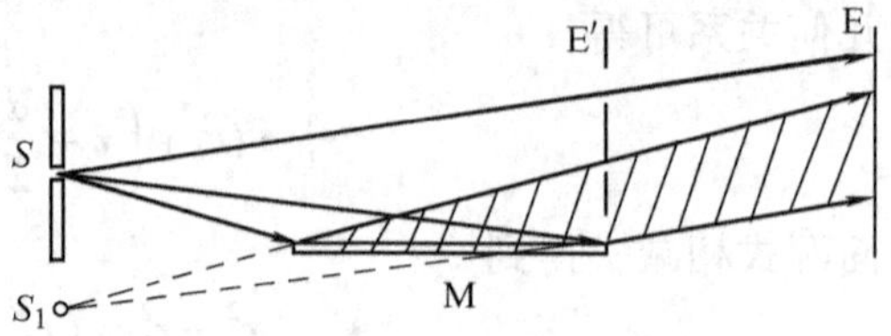

图10-4 洛埃镜实验

洛埃镜实验对干涉条纹的计算也基本与杨氏实验相同，但是有一点差别，即屏幕上明、暗条纹位置与杨氏实验正好相反。在洛埃镜实验中，若将观察屏E移至与平面镜接触（图中E′位置），在接触点入射光和反射光的几何光程相等，因此这里本来应该出现明条纹，而实验上却观察到暗条纹，这说明在该处入射光和反射光相位相反，两者相消。由于入射光是直射光，到达接触点时其相位不会改变，因此对此现象的解释只能是：光从空气射向玻璃平板发生反射时，反射光的相位跃变了π，相当于产生了半个波长的附加波程差$\lambda/2$。

我们将折射率较大的介质称为光密介质，将折射率较小的介质称为光疏介质。电磁学理论和实验表明：当光从光疏介质正入射（入射角$i\approx0°$）或掠射（$i\approx90°$）到光密介质界面反射时，反射光较入射光有π的相位突变，或者说产生**半波损失**。这一点与前一章9.5.3节所述的机械波从波疏介质垂直入射到波密介质界面上反射时的情形类似。洛埃镜实验是半波损失的一个实验验证。

【例题10-1】 以单色光照射到相距为0.2mm的双缝上，双缝与屏幕的垂直距离为1m。(1) 从第一级明条纹到同侧的第四级明条纹间的距离为7.5mm，求单色光的波长；(2) 若入射光的波长为600nm，求相邻两明条纹间的距离。

解 (1) 根据杨氏双缝干涉明条纹的条件

$$x=\pm k\frac{D\lambda}{d}\qquad k=0,1,2,\cdots$$

以$k=1$和$k=4$代入上式，得

$$\Delta x_{14}=x_4-x_1=\frac{D\lambda}{d}(4-1)=\frac{3D\lambda}{d}$$

由此可算出单色光的波长为

$$\lambda=\frac{\Delta x_{14}d}{3D}=\frac{7.5\times0.2}{3\times1\times10^3}\text{mm}=5\times10^{-4}\text{mm}=500\text{nm}$$

(2) 根据杨氏双缝干涉条纹间距公式$\Delta x=\dfrac{D\lambda}{d}$，将数值代入，算得入射光的波长为600nm时相邻两明条纹的间距为

$$\Delta x=\frac{1\times10^3\text{mm}\times600\text{nm}}{0.2\text{mm}}=3\times10^6\text{nm}=3\text{mm}$$

【例题10-2】 在杨氏实验装置中，双缝相距为0.4mm，双缝与屏幕的垂直距离为1m。采用加有蓝绿色滤光片的白光光源，其波长范围为$\Delta\lambda=100$nm。试计算同侧第2级明条纹在屏幕上延展的宽度。

解 本题中入射的不是单色光，因此各级明条纹都有一定的宽度。设该蓝绿光的波长范

围为 $\lambda_1 \to \lambda_2$，相应于 λ_1 和 λ_2，它们各自的干涉条纹中第 2 级明条纹的位置分别为

$$x_{\lambda_2} = 2\frac{D}{d}\lambda_2,\ x_{\lambda_1} = 2\frac{D}{d}\lambda_1$$

因此，第 2 级干涉明条纹在屏幕上延展的宽度为

$$x_{\lambda_2} - x_{\lambda_1} = 2\frac{D}{d}(\lambda_2 - \lambda_1) = \frac{2D}{d}\Delta\lambda$$

将题中数值代入，得到

$$x_{\lambda_2} - x_{\lambda_1} = \frac{2\times 1\times 10^3\text{mm}}{0.4\text{mm}}\times 100\text{nm} = 5\times 10^5\text{nm} = 0.5\text{mm}$$

10.2 光程 薄膜的等厚干涉

10.2.1 光程

在双缝干涉中，两束相干光都在同一种介质中传播，光的波长不发生变化。如果光在传播过程中经过了不同的介质，那么由于光在不同介质中折射率不同，光的波长也不同，因此就不能直接由几何路程的波程差来计算相位差。例如，设光在真空（空气也近似看作真空）中的波长为 λ，在折射率为 n 的介质中的波长为 λ_n，那么光在真空中传播 λ 的距离和光在介质中传播 λ_n 的距离都会产生相位差 2π。所以在计算光经过不同介质引起的相位差时，需要引入光程的概念。

设频率为 ν 的单色光在折射率为 n 的介质中的传播速率为 u，波长为 λ_n，在真空中的传播速率为 c，波长为 λ。因为

$$n = c/u = (\lambda\nu)/(\lambda_n\nu) = \lambda/\lambda_n$$

则有

$$\lambda_n = \frac{\lambda}{n} \tag{10-7}$$

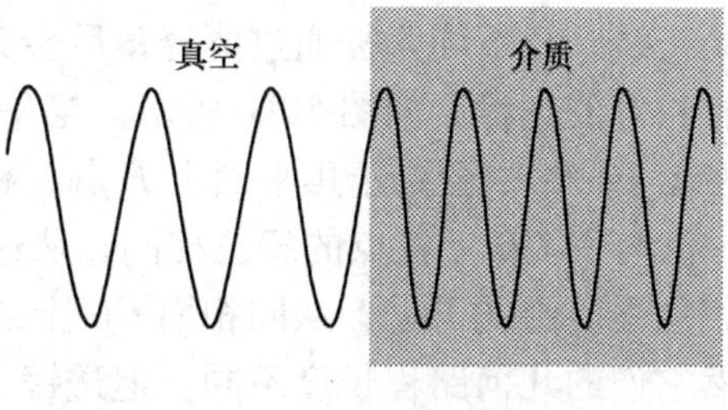

图 10-5 光在不同介质中的波长

由于 $n>1$，光在介质中的波长 λ_n 要比光在真空中的波长 λ 短。图 10-5 所示的是光从真空入射到折射率为 1.5 的介质后的波长变化。

设光在介质中传播几何路程 r 所需时间为 t，则

$$r = ut = ct/n$$

即 $nr = ct$。由此定义**光程**

$$L = nr \tag{10-8}$$

因此介质中的光程就是几何路程与介质折射率的乘积，它等于在相同的时间内光在真空中所通过的路程。因此，光程是将光在介质中传播的距离换算成真空中的长度。

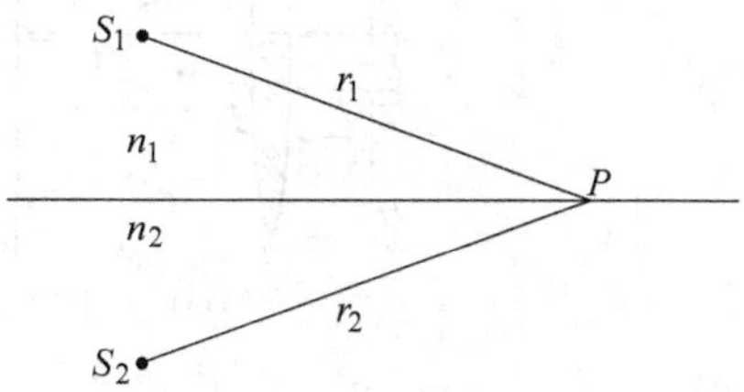

图 10-6 光程

如图 10-6 所示，设两束相干光分别在折射率为 n_1 和 n_2 的介质中传播了几何路程 r_1 和 r_2 后相

遇，则它们之间的光程差

$$\delta = n_2 r_2 - n_1 r_1 \tag{10-9}$$

若两束光的初相位相同，则它们在相遇时的相位差

$$\Delta\varphi = 2\pi\left(\frac{r_2}{\lambda_2} - \frac{r_1}{\lambda_1}\right) = \frac{\pi}{\lambda}(n_2 r_2 - n_1 r_1)$$

式中，λ_1 和 λ_2 分别是光在两种介质中的波长；λ 是光在真空中的波长。利用式（10-9），得到相位差与相应的光程差之间的关系为

$$\Delta\varphi = \frac{2\pi}{\lambda}\delta \tag{10-10}$$

综上所述，当两相干光在传播过程中经过了不同介质和路径后相遇叠加，形成干涉极大和干涉极小的条件需要用相位差或者光程差来表示。现在我们可以把式（10-2）和式（10-4）中的波程差理解为光程差，当两相干光到达某点的光程差等于真空中波长的整数倍时，发生干涉极大形成明条纹；当两相干光到达某点的光程差等于真空中半波长的奇数倍时，发生干涉极小形成暗条纹。这样就得到用光程差表示的干涉相长和干涉相消的条件如下：

干涉相长的条件是

$$\delta = \pm k\lambda \qquad k = 0,1,2,3,\cdots \tag{10-11}$$

干涉相消的条件是

$$\delta = \pm(2k+1)\frac{\lambda}{2} \quad k = 0,1,2,3,\cdots \tag{10-12}$$

作为一个例子，我们来说明薄透镜的等光程性。我们知道，平行光线或从物点发出的不同光线，经不同路径通过薄透镜后会聚成为一个明亮的实像，说明从物点到像点，各光线具有相等的光程。如图 10-7 所示，当平行光束通过透镜后，在图 10-7a 中会聚于焦点 F 点，在图 10-7b 中会聚于焦平面上 P 点，相互加强成为一个亮点。这是由于在垂直于平行光的某一波阵面 GH 上各点的相位相同，从这些点发出的光线到达焦平面后相位仍然相同，因而互相加强。由此可见，从同相面 GH 上的 A、B、C、D、E 各点经透镜到达 P 点的各光线，虽然它们的几何路程长度不同，但透镜的折射率比空气的折射率大，几何路程较长的光线在透镜内的路程较短，而几何路程较短的光线在透镜内的路程较长。这样就使得从同相面 GH 上各点到达会聚点的各光线的光程总是相等的。由此可见，使用透镜只能改变光波的传播路径，但不引起附加的光程差。

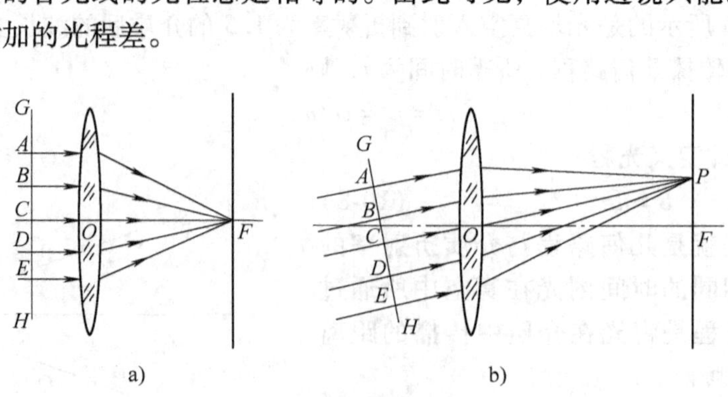

图 10-7　光通过透镜时的光程

10.2.2 薄膜的等厚干涉

薄膜干涉是日常生活中常见的光学现象，例如在太阳光下，肥皂泡或水面上的油膜上都呈现出彩色条纹。很多精密测量和检验都用到薄膜干涉的原理。本节介绍薄膜的等厚干涉条纹。

1. 空气劈尖

如图10-8所示，两块平面玻璃片，一端相叠合，另一端之间夹一薄纸片，两玻璃片之间就形成一劈形空气膜，称为空气劈尖。如图10-9所示，用单色平行光垂直照射空气劈尖，光线 a 经劈尖上、下表面反射，形成两条反射光 b 和 c。光线 b 和光线 c 是同一条入射光线 a 在空气劈尖上表面分出来的两部分，其频率相同，光矢量振动方向基本平行，而且相位差保持不变，故它们是相干光，它们的强度都小于光线 a 的强度，而光的强度与光矢量振幅的平方成正比，这相当于入射光的振幅被“分割”了，这种获得相干光的方法就是分振幅法。光线 b 和 c 在表面附近相遇而产生干涉。由于劈尖顶角很小，实际上光线 a、b、c 几乎都垂直于空气劈尖表面。

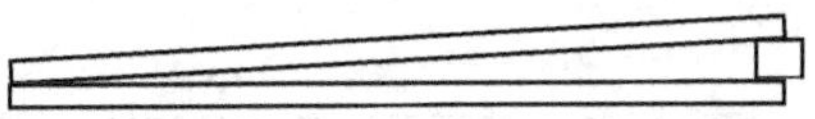

图10-8 两玻璃板之间的空气劈尖

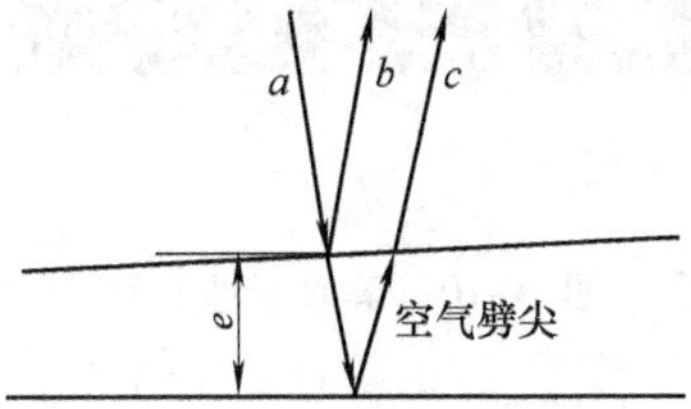

图10-9 单色平行光的干涉

空气劈尖上下的介质都是玻璃，在劈尖的下表面光线反射时，由于光是从光疏介质空气几乎正入射到光密介质玻璃界面，故存在半波损失。因此在计算从空气劈尖上下表面反射的光 b、c 间的光程差时，需要加上半个波长的附加光程差 $\lambda/2$。如图10-9所示，在空气劈尖厚度为 e 的地方，b、c 的光程差包括几何路程引起的光程差和附加光程差 $\lambda/2$。设空气的折射率近似为1，则几何路程引起的光程差为 $2e$，因此 b、c 的光程差等于

$$\delta = 2e + \frac{\lambda}{2} \tag{10-13}$$

根据干涉相长和相消条件式（10-11）及式（10-12），得到空气劈尖干涉明、暗条纹的条件是

$$\delta = 2e + \frac{\lambda}{2} = \begin{cases} k\lambda \quad (k=1,2,\cdots) & (\text{明条纹}) \\ (2k+1)\dfrac{\lambda}{2} (k=0,1,2,\cdots) & (\text{暗条纹}) \end{cases} \tag{10-14}$$

需要注意上式中 k 的取值范围。特别地，在劈尖的棱边即厚度 $e=0$ 处，由于光程差 $\delta = \frac{\lambda}{2}$，因此实际上观察到的是暗条纹。

劈尖干涉条纹产生在劈尖表面附近，从式（10-14）可以看出，同一条干涉明或暗条纹下对应的空气膜的厚度 e 都相等，因此在空气膜上表面的同一等厚线上形成同一级次的一条

干涉条纹，这样形成的干涉条纹称为**等厚干涉条纹**。等厚干涉条纹的形状与膜的等厚线形状相同。因此劈尖干涉条纹是一系列平行于劈尖棱边的明暗相间的直条纹，如图10-10所示。

下面分析劈尖干涉条纹的间距。如图10-11所示，设劈尖顶角为θ，由式（10-14）可以看出，相邻明条纹（或暗条纹）对应的空气层厚度差为半个波长即$\lambda/2$。在劈尖上表面上任意两相邻明条纹（或暗条纹）之间的距离l与相应的空气层厚度差Δe满足几何关系

$$\Delta e = l\sin\theta = \frac{\lambda}{2}$$

$$l = \frac{\lambda}{2\sin\theta} \approx \frac{\lambda}{2\theta} \tag{10-15}$$

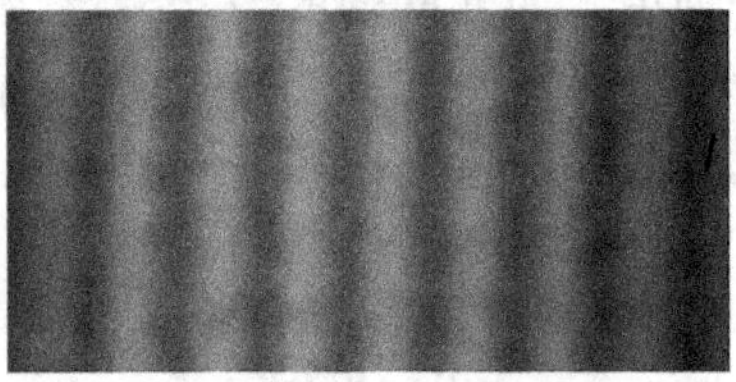

图10-10 等厚干涉条纹

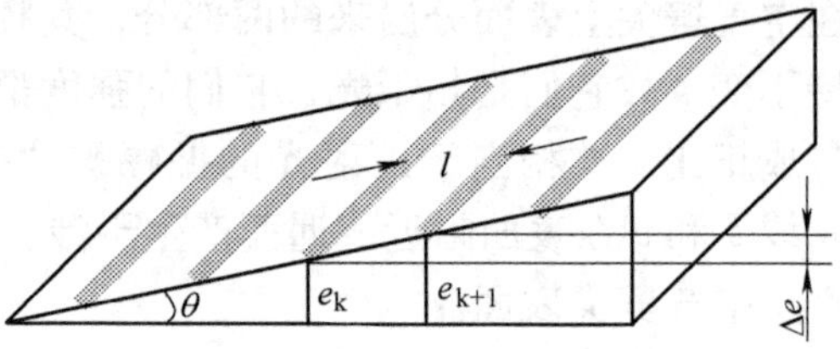

图10-11 等厚干涉条纹的间距

这就是劈尖干涉条纹的间距与劈尖顶角θ的关系。从式（10-15）可以看到，干涉条纹是等间距明暗相间分布的。θ越小，l越大，条纹越疏；θ越大，l越小，条纹越密。劈尖顶角θ大到一定限度，条纹就不能区分，观察不到干涉条纹。通常要求$\theta \ll 1$。

如果两块平面玻璃片之间不是空气，而是其他的介质，例如将上述空气劈尖放入水或其他液体中就是这种情形。设介质薄膜的折射率为n，那么光线b，c间的光程差等于

$$\delta = 2ne + \frac{\lambda}{2} \tag{10-16}$$

同样地分析可知，干涉条纹的形状仍然是与棱边平行等间距明暗相间的直条纹。但是相邻干涉条纹对应的介质薄膜厚度差为$\lambda/(2n)$，干涉条纹间距为$\lambda/(2n\theta)$。

利用劈尖干涉可以检验光学表面的平整度，能查出约0.1微米的凹凸缺陷，还能测量微小角度、细丝的直径或薄片的厚度。图10-12a是表面平整的工件的等厚干涉条纹，图10-12b是存在极小凸凹不平的工件的等厚干涉条纹。观测干涉条纹弯曲的情况，可判断工件表面是凹痕还是凸痕，以及痕的深浅。

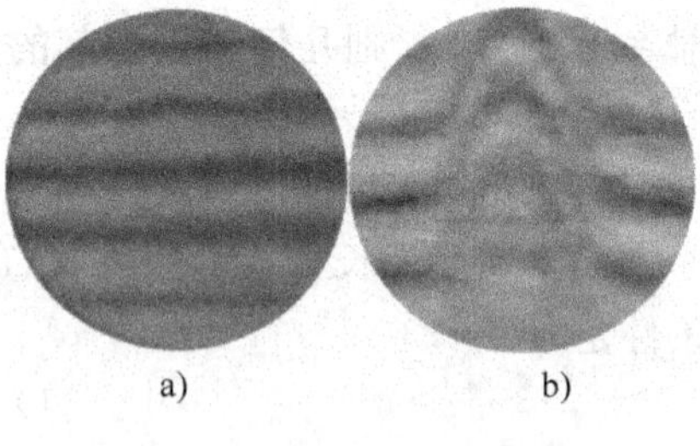

图10-12 用等厚干涉条纹检验表面质量

【例题10-3】 两平板玻璃之间形成一个顶角$\theta = 10^{-4}$rad的空气劈尖，若用波长$\lambda =$ 600nm的单色光垂直入射。(1) 试求第15条明条纹距劈尖棱边的距离；(2) 劈尖中充以某种液体后，观察到第15条明条纹在玻璃上移动了0.95cm，试求该液体的折射率。

解 (1) 根据劈尖干涉明条纹的条件式（10-14），第k级明条纹相应的劈尖厚度为

$$e_k=\left(k-\frac{1}{2}\right)\frac{\lambda}{2}$$

则第 k 级干涉明纹距棱边的距离为

$$L_k=\frac{e_k}{\sin\theta}\approx\frac{e_k}{\theta}=\frac{(2k-1)\lambda}{4\theta}$$

代入题中数据计算第 15 条明条纹距劈尖棱边的距离

$$L_{15}=\frac{(2\times15-1)\times600\times10^{-9}}{4\times10^{-4}}\text{m}=4.35\times10^{-2}\text{m}=4.35\text{cm}$$

(2) 若劈尖中充以某种液体，则液体层上、下表面反射光的光程差变为 $2ne+\frac{\lambda}{2}$，即光程差加大，此时各级明条纹对应的薄膜厚度减少，变成

$$e_k'=\left(k-\frac{1}{2}\right)\frac{\lambda}{2n}$$

第 k 级干涉明条纹距棱边的距离为

$$L_k'=\frac{(2k-1)\lambda}{4n\theta}$$

因此第 k 级干涉明条纹在玻璃片上将向棱边方向移动

$$\Delta L=L_k-L_k'=\frac{(2k-1)\lambda}{4\theta}-\frac{(2k-1)\lambda}{4n\theta}=L_k\left(1-\frac{1}{n}\right)$$

劈尖中充以某种液体后，观察到第 15 条明纹在玻璃上移动了 0.95cm，因此液体的折射率为

$$n=\left(1-\frac{\Delta L}{L_{15}}\right)^{-1}=\left(1-\frac{0.95}{4.35}\right)^{-1}=1.28$$

2. 牛顿环

如图 10-13 所示，在一块平板玻璃上放一曲率较小的平凸透镜，在两者之间形成一层平凹球面形的空气薄层。用平行光垂直入射，从平凸透镜凸球面所反射的光和从平板玻璃上表面所反射的光发生等厚干涉，干涉条纹是以平玻璃与平凸透镜的接触点为圆心的一组同心圆环，这就是**牛顿环**。

在实际观察中常常测量的是牛顿环暗条纹的半径 r，它与该处空气膜厚度 e 以及凸球面的半径 R 的关系为

$$r^2=R^2-(R-e)^2=2eR-e^2$$

略去二阶小量 e^2 得

$$e=r^2/2R$$

因此厚度为 e 的空气薄层上下表面反射的光线之间的光程差为

$$\delta=2e+\frac{\lambda}{2}=\frac{r^2}{R}+\frac{\lambda}{2}$$

根据干涉相消条件式（10-12）得到牛顿环暗条纹

$$\frac{r^2}{R}+\frac{\lambda}{2}=(2k+1)\frac{\lambda}{2}\qquad(k=0,1,2,\cdots)$$

由此得到牛顿环暗条纹的半径

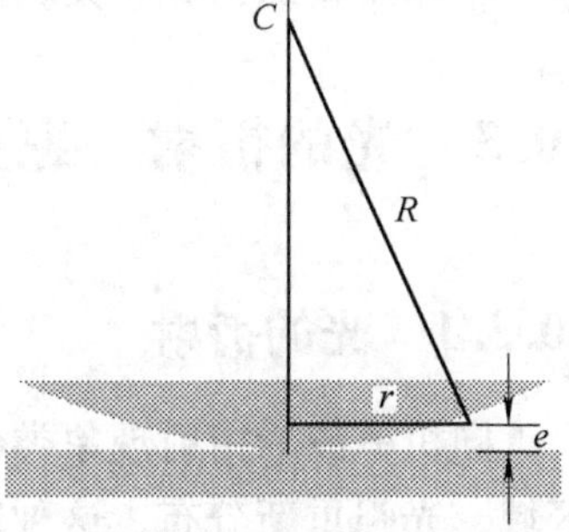

图 10-13 牛顿环装置的结构

$$r=\sqrt{kR\lambda}\qquad (k=0,1,2,\cdots) \tag{10-17}$$

牛顿环中心（$r=0$）是暗环，k 越大，暗环的半径越大，即级数高的条纹在外。因暗环的半径正比于$\sqrt{k}$，因此 k 越大，相邻暗纹的半径之差越小，所以牛顿环是**内疏外密的一系列同心圆环**。

由于存在半波损失，牛顿环中心为暗环。图 10-14 是实际拍摄的牛顿环照片。

在牛顿环实验装置中，从平板玻璃透射出来的光也有干涉，其条纹与反射光的干涉条纹明暗互补。

【例题 10-4】 观察牛顿环的装置如图 10-15 所示。波长 $\lambda=589\text{nm}$ 的钠光平行光束，经部分反射部分透射的平面镜 M 反射后，垂直入射到牛顿环装置上。今用读数显微镜 T 观察牛顿环，测得第 k 级暗环半径 $r_k=4.00\text{mm}$，第 $k+5$ 级暗环半径 $r_{k+5}=6.00\text{mm}$。求平凸透镜 A 的球面曲率半径 R 及暗环的 k 值。

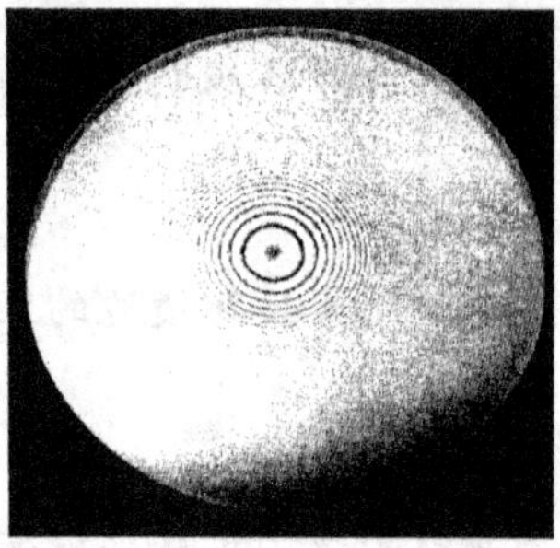

图 10-14　牛顿环

解　按题意，这是空气薄膜牛顿环，第 k 级和第 $k+5$ 级暗环半径分别为

$$r_k=\sqrt{kR\lambda},\ r_{k+5}=\sqrt{(k+5)R\lambda}$$

从以上两式消去 k 得到平凸透镜 A 的球面曲率半径

$$R=\frac{r_{k+5}^2-r_k^2}{5\lambda}$$

$$=\frac{(6.00^2-4.00^2)\times10^{-6}}{5\times589\times10^{-9}}\text{m}=6.79(\text{m})$$

从第 k 级暗环半径 $r_k=\sqrt{kR\lambda}$，得到级数

$$k=\frac{r_k^2}{R\lambda}$$

再将前面求出的球面曲率半径代入上式得到

$$k=\frac{(4.0\times10^{-3})^2}{6.79\times589\times10^{-9}}=4$$

即半径为 4.00mm 的暗环为第 4 级暗环。

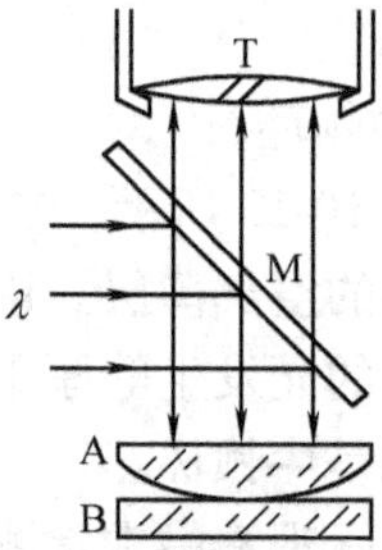

图　10-15

在实验室中，常用牛顿环来测定光波的波长或平凸透镜的曲率半径。在工业上常用牛顿环来检查透镜的加工质量，根据牛顿环的疏密来判断工件与样品的差异。

10.3　光的衍射　惠更斯-菲涅尔原理　单缝夫琅禾费衍射

10.3.1　光的衍射

同机械波的衍射现象类似，光波在传播过程中遇到障碍物，也偏离直线传播而进入阴影区域，光强重新分布，这种现象称为光的**衍射现象**。衍射现象是否显著，取决于障碍物的线度与光的波长的相对比值，只有当障碍物的线度减小到与光的波长可比拟时，衍射现象才明显。

根据光源和观察屏离障碍物的距离，可将光的衍射分为菲涅耳衍射和夫琅禾费衍射两类。

当障碍物（衍射孔）与光源、障碍物与观察屏之间的距离其中之一为有限远时，所发生的衍射称为**菲涅耳衍射**，如图 10-16 所示。

当障碍物（衍射孔）与光源、障碍物与观察屏之间的距离均为无限远时，所发生的衍射称为**夫琅禾费衍射**，这类衍射的特点是使用平行光，如图 10-17a 所示。为压缩空间距离可以使用透镜，将入射到衍射孔以及从衍射孔出射的光线变成平行光并汇聚到屏上，以实现夫琅禾费衍射，如图 10-17b 所示。

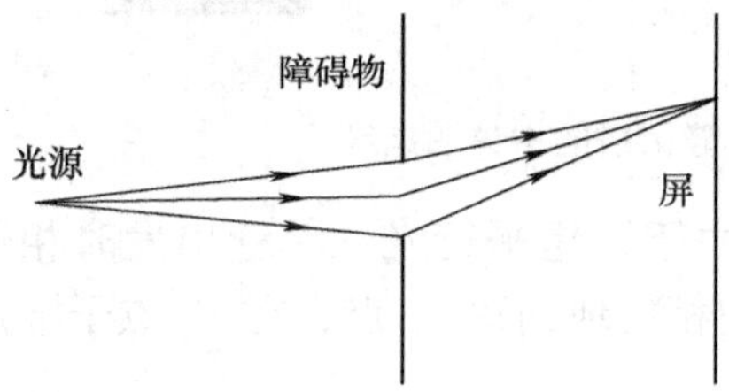

图 10-16 菲涅耳衍射

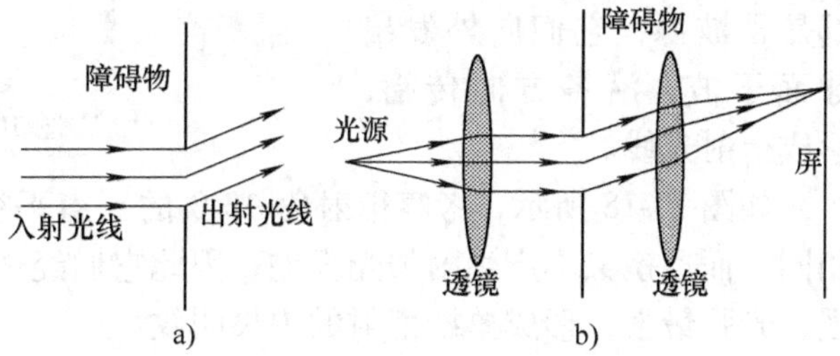

图 10-17 夫琅禾费衍射

衍射和干涉一样，也是波动的重要特征。从理论上分析，干涉和衍射都是光波发生相干叠加的结果，通常在实验中既有干涉现象又有衍射现象，它们之间并没有严格的区别，只是衍射的理论计算较为复杂一些。

10.3.2 惠更斯-菲涅尔原理

惠更斯原理指出，波阵面上各点都可看作子波波源。利用惠更斯原理，可以定性地从某时刻的已知波阵面位置求出下一时刻的波阵面位置。但惠更斯原理的子波假设不涉及子波的强度和相位，因而无法解释衍射图样中的光强分布。

菲涅耳在惠更斯的子波假设基础上，提出了子波相干叠加的思想，从而建立了反映光的衍射规律的惠更斯-菲涅耳原理。这个原理指出：波阵面前方空间某点处的光振动取决于到达该点的所有子波的相干叠加。

利用惠更斯-菲涅耳原理，原则上能计算不同形状障碍物衍射的光强度分布问题，但计算较为复杂。在一些特殊情形例如下面要介绍的单缝夫琅禾费衍射，可以利用简单的几何方法计算衍射的光强分布。

10.3.3 单缝夫琅禾费衍射

如果一个狭缝的宽度 a 远小于其长度，这样的矩形孔就是单缝。单缝夫琅禾费衍射的实验装置示意图及衍射图样如图 10-18 所示，单色平行光垂直入射到单缝上，从单缝出射的光可以看成是由一系列传播方向不同的平行光束组成。衍射光线和缝面法线的夹角称为**衍射角**，图中只画出了一组衍射角为 θ 的衍射平行光束。而每组这样的平行光束，都是由缝面上各面元发出的向同一方向传播的光组成，它们被单缝后的透镜会聚到位于透镜焦平面处的屏上某点，在屏上可以观察到一组平行于单缝的明暗相间的衍射条纹。屏幕中心为中央明条纹，两侧是对称分布的其他明条纹，中央明条纹亮度很大，其宽度为两边明条纹的两倍，两边明条纹亮度很弱，且离中央明条纹越远，亮度也越弱。

下面用菲涅耳半波带法来解释夫琅禾费单缝衍射现象。平行光垂直入射到单缝，故单缝缝面与入射光的波阵面平行，根据惠更斯-菲涅耳原理，单缝缝面上每一面元都是子波源，它们向外发出球面子波，沿各方向传播，形成衍射光线。

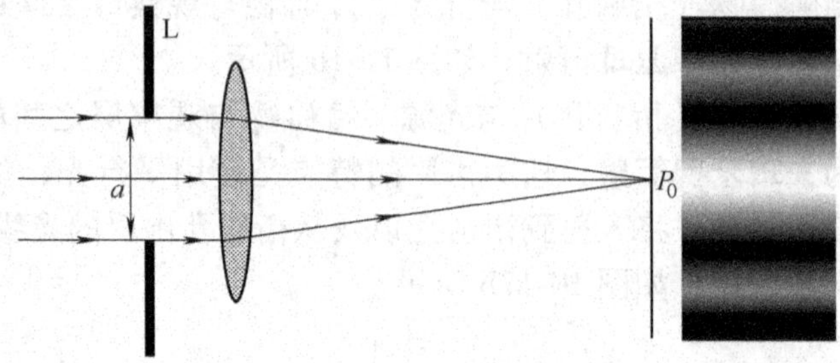

图 10-18　单缝衍射的中央明条纹

如图 10-18 所示，考察衍射角 $\theta=0$ 的一束平行光，由于这组平行光从单缝出发时相位相同，而透镜又不产生附加光程差，因此它们经透镜后同相位地到达 P_0 点，在 P_0 点干涉加强，光强最强，形成单缝衍射的中央明纹。

如图 10-19 所示，进一步考察衍射角 θ 不为零的一束平行光，它们经透镜会聚于屏上 P_1 点。作辅助平面 AC 使之垂直于衍射线 BC，则 AC 面与这束衍射平行光的波阵面平行，因透镜不产生附加的光程差，即从 AC 面各点到达 P_1 点的光程都相等。

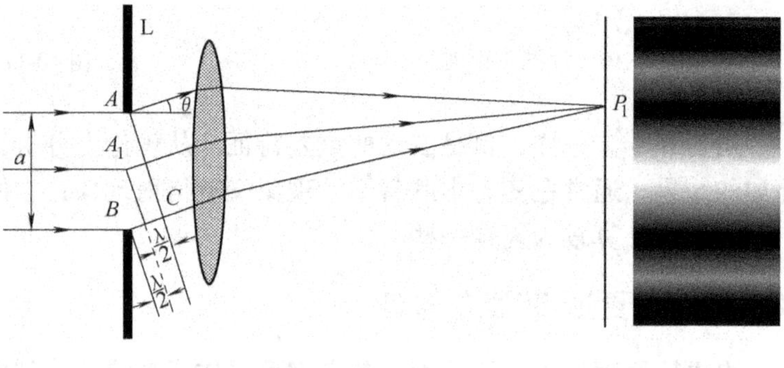

图 10-19　单缝衍射的第 1 级暗条纹

因此，从缝面 AB 上发出的这束平行光到达 P_1 点的光程差仅取决于它们从 AB 面到 AC 面时的光程差。从缝面 AB 上 A、B 两处子波源发出的光线到达 P_1 点的光程差最大，等于 BC

$$BC = a\sin\theta$$

如果衍射角 θ 满足

$$BC = a\sin\theta = \lambda = 2\,\frac{\lambda}{2}$$

即 BC 等于半波长的 2 倍，我们就可以用相距为半个波长的平行于 AC 的平面，将缝面 AB 划分为 2 个条带 AA_1、A_1B，这样的条带称为菲涅耳半波带。显然，从这两个半波带上的任意两个对应点，例如它们的顶点 A、A_1，发出的平行光线到达 P_1 点的光程差都是为 $\lambda/2$，即相位差为 π，因此它们将因相互干涉而抵消。由此可见，从相邻两个半波带上所发出的平行衍射光到达 P_1 点的光振动将干涉相消，P_1 点处形成暗条纹，这是第 1 级暗条纹。

一般地，如果某个衍射角 θ 正好能使 BC 等于半波长的偶数倍，即**缝面 AB 正好能被划分为偶数个半波带**，同上面的分析，各个相邻半波带的衍射光成对干涉相消，因此在 P 点出现暗条纹。这样就得到出现单缝衍射暗条纹的条件

$$a\sin\theta = \pm 2k\frac{\lambda}{2} = \pm k\lambda \qquad k=1,2,3,\cdots \tag{10-18}$$

式中，k 为暗条纹的级数。

下面分析除中央明条纹以外的其他明条纹。明条纹的位置也就是光强极大值的位置，在单缝衍射中除中央明条纹以外的其他各级明条纹亮度很弱且宽度较窄，它们的精确位置实际上是不易分辨的，因此我们完全可以合理地将两相邻暗条纹的中间位置近似看作是明条纹的位置。这样就可以由暗条纹的条件式（10-18）求出衍射的明条纹条件。

由于第 k 级明条纹位于第 k 级暗条纹和第 $k+1$ 级暗条纹中间，根据式（10-18），第 k 级明条纹的衍射角 θ_k 可近似由下式确定

$$a\sin\theta_k = \frac{k\lambda + (k+1)\lambda}{2} = (2k+1)\frac{\lambda}{2}$$

当衍射角 θ 较小时，条纹在屏上的位置 $x = f\tan\theta \approx f\sin\theta \approx f\theta$，容易证明：此时按上式确定的第 k 级明条纹位于第 k 级和第 $k+1$ 级暗条纹的正中间。

上式表明，第 k 级明条纹的衍射角 θ_k 正好能使 BC 等于半波长的奇数倍，即**缝面 *AB* 正好能被划分为奇数个半波带**。这就是出现单缝衍射明条纹的条件

$$a\sin\theta = \pm(2k+1)\frac{\lambda}{2} \qquad k=1,2,3,\cdots \tag{10-19}$$

式中，k 为亮条纹的级数。注意 k 的最小取值为 1。

如果某个衍射角 θ 不能使 BC 等于半波长的整数倍，即缝面 AB 不能被划分为整数个半波带，那么以衍射角 θ 出射的平行光束经透镜会聚在屏上时，其光强介于明条纹和暗条纹之间。

用菲涅耳半波带法可以很好地说明单缝衍射的光强分布特征。中央明条纹是单缝上所有子波在屏上干涉加强形成的，因此它的光强最大。式（10-18）和式（10-19）中 $2k$ 和（$2k+1$）是缝面被分成的半波带的数目，正负号表示各级明暗条纹对称分布在中央明条纹两侧。

再来分析明暗条纹的间距。一般将屏幕中央两侧第 1 暗条纹之间的区域都看成是零级（或中央）明条纹的范围，因此它的衍射角范围由下式确定

$$-\lambda < a\sin\theta < \lambda$$

显然中央明条纹对应的半角宽度 $\Delta\theta_0$ 就是第 1 级暗纹对应的衍射角 θ_1。由于 θ_1 通常很小，因此有

$$\Delta\theta_0 = \theta_1 \approx \sin\theta_1 = \frac{\lambda}{a} \tag{10-20}$$

因此中央明条纹的角宽度为

$$2\Delta\theta_0 = \frac{2\lambda}{a} \tag{10-21}$$

通过类似的分析不难发现，其他各级明条纹的角宽度都一样，且都是中央明条纹角宽度的一半。

在单缝衍射实验中，衍射图样还具有以下特点：缝越窄，条纹分散得越开，衍射现象越明显；反之，条纹向中央靠拢；衍射条纹宽度随波长的减小而变窄。这些都可以利用式

(10-20) 加以解释。

图 10-20 所示的曲线是单缝衍射的光强随衍射角的分布，可见单缝衍射光能量集中在中央零级明条纹处。

如果用白光作为光源，各个波长的中央明条纹都在同一位置，故中央明条纹仍然为白色。由于其他各级明条纹的衍射角与波长有关，故两侧各级明条纹都为彩色条纹。在两侧某一级彩色条纹中，各种单色光的条纹将按波长排列，衍射角最小的是紫色，最大的是红色，形成内紫外红分布的衍射光谱。

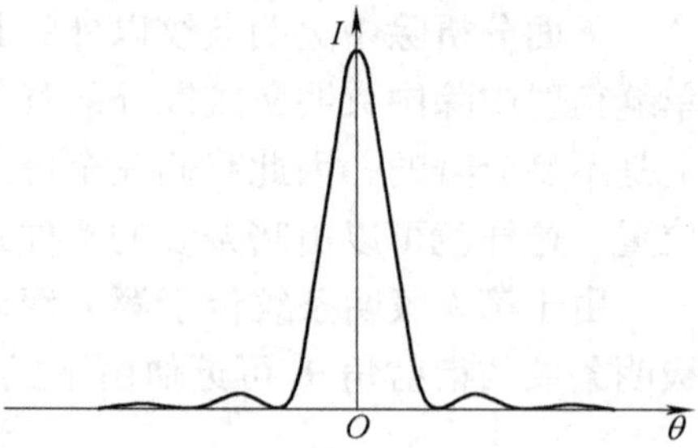

图 10-20　单缝夫琅禾费衍射的光强

【例题 10-5】　用单色平行可见光垂直照射到缝宽为 $a = 0.5\text{mm}$ 的单缝上，在缝后放一焦距 $f = 100\text{cm}$ 的透镜，则在位于焦平面的观察屏上形成衍射条纹。已知在屏上离中央明条纹中心为 1.5mm 处的 P 点为明条纹，求：(1) 入射光的波长；(2) 该点的明条纹级次和对应的衍射角，以及此时单缝波面可分出的半波带数；(3) 中央明条纹的角宽度。

解　(1) 根据衍射装置上的几何关系，P 点明条纹的衍射角可以近似由下式求出

$$\tan\theta = \frac{x}{f} = \frac{1.5}{1000} = 1.5\times10^{-3}$$

由上式可知 θ 角很小，因而有 $\tan\theta \approx \sin\theta \approx \theta$，由出现明条纹的条件式 (10-19)

$$\lambda = \frac{2a\sin\theta}{2k+1} = \frac{2a\tan\theta}{2k+1}$$

取不同的 k 值代入上式计算得

$$k=1\text{ 时，}\lambda_1 = 500\text{nm}；\ k=2\text{ 时，}\lambda_2 = 300\text{nm}$$

因 λ_2 为不可见光，所以入射光波长为 500nm。

(2) 因为 $k=1$，故 P 点明条纹为第 1 级明条纹，其衍射角为

$$\theta \approx \sin\theta = \frac{3\lambda}{2a} = 1.5\times10^{-3}\text{rad} = 5.2'$$

与明条纹对应的半波带数为 $(2k+1)$，故半波带数为 3。

(3) 根据式 (10-21)，中央明条纹的角宽度

$$2\Delta\theta_0 = \frac{2\lambda}{a} = 2\times\frac{5\times10^{-4}}{0.5}\text{rad} = 2\times10^{-3}\text{rad}$$

10.4　光栅　光栅衍射

10.4.1　光栅

光栅是由大量等宽等间距的平行狭缝所组成的光学器件。用金刚石尖端在玻璃板上刻划等间距的平行刻痕，由于刻痕毛糙，它们不透光，因此相邻刻痕之间的部分就相当于可透光的狭缝。这样的装置就称为透射光栅。

如图 10-21 所示，光栅上每个狭缝的宽度 a 和相邻两缝间不透光部分的宽度 b 之和称为光栅常数

$$d=a+b \tag{10-22}$$

d 就是相邻两缝对应点之间的距离，它是表征光栅性能的一个重要常数。

一个精制的光栅，在 1cm 内的刻痕可以达到一万多条以上。如在 1 英寸（2.54cm）宽度上分布有 12000 条缝的光栅，它的光栅常数等于

$$d=a+b=\frac{2.54\text{cm}}{12000}=2.1\times10^{-6}\text{m}$$

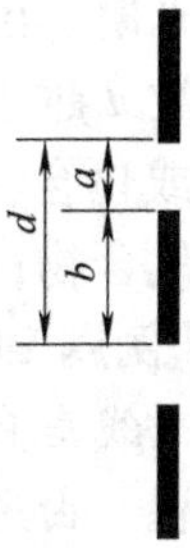

图 10-21 光栅

10.4.2 光栅衍射

如图 10-22a 所示的是光栅衍射的示意图，一束平行单色光垂直照射在光栅上，设光栅常数为 d，光栅的总缝数为 N。通过每一狭缝向不同方向发射的光通过光栅后面的透镜聚集在屏幕上不同的位置，屏幕放在透镜的焦平面上。在光栅衍射中，每个单缝都发生单缝衍射，且每个缝的衍射条纹在屏上完全重合。而从各个单缝发出的光又是相干光，因此通过光栅不同缝的光在相遇的区域又要发生干涉。由此可见，光栅衍射是衍射和干涉的综合结果。

图 10-22b 是光栅衍射条纹，与单缝衍射条纹相比，光栅衍射条纹有明显的不同。光栅衍射的显著特点是：明条纹细而明亮，明条纹之间的暗区较宽，易于分辨。

如图 10-22a 所示，从光栅上相邻两条缝中沿 θ 方向发射的两束相邻光束间的光程差都为 $\delta=d\sin\theta$，类似于双缝干涉，当

$$d\sin\theta=\pm k\lambda,\ k=0,1,2,\cdots \tag{10-23}$$

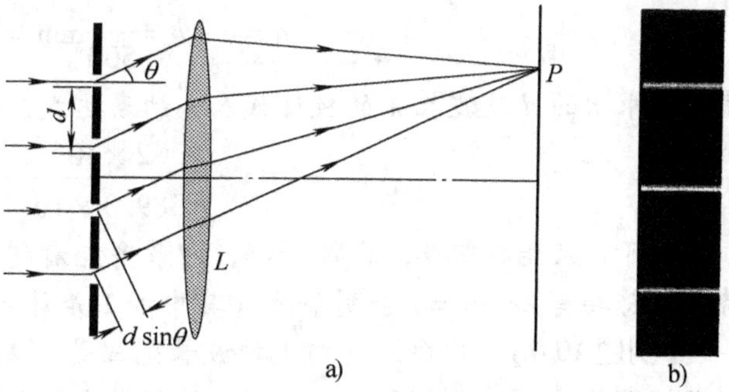

图 10-22 光栅衍射

a）光栅衍射示意图 b）光栅衍射条纹

时，从光栅各个缝发出的各束光强度都相等，它们将因干涉而相互加强，在屏上出现明条纹。设光栅的缝数为 N，干涉极大时的合振幅是单个缝透过光的振幅的 N 倍，因此明条纹的光强为单缝衍射光强的 N^2 倍。故缝数越多，条纹越明亮。式（10-23）称为**光栅方程**，满足光栅方程的明条纹称为**主极大**。式（10-23）中的 k 称为衍射级，相应于 $k=0$，1，2，…的明条纹称为零级（中央）主极大、1 级主极大、2 级主极大等，正负号表示各级主极大对称分布于中央主极大的两侧。注意，理论分析和实验都表明，在两个主极大之间由于各个缝之间的光相互干涉还会产生强度很小的次极大和极小（完全相消）。

虽然我们可以利用单缝衍射条纹来测定光波的波长，但是要想使单缝各级衍射条纹分开，缝宽必须很小，但这样又使通过的光强太弱，为了克服这一困难，实际上测定光波的波长时，往往利用光栅所形成的衍射现象。光栅的缝数 N 很大，明条纹细锐，因此主极大明条纹相应的衍射角 θ 可以精确测定，从而按式（10-23）可以较为精确地测定单色光波波长 λ。

根据光栅方程式（10-23），当复色光入射时，除中央明条纹外，不同波长的同级明条纹以不同的衍射角出现，这样就形成光栅光谱。例如当白光垂直入射时，由于各个波长的中央零级明条纹对应的衍射角都是零，因此它们并没有分开，仍为白光。对于其他各级主极大，不同波长的光对应的衍射角不相同，因此除中央明条纹以外的各级明条纹都形成颜色连续变化的光谱。由光栅方程还可知，不同波长按由短到长的次序自中央向外侧依次分开排列；光栅常数 d 越小，或光谱级次越高，则同一级衍射光谱中的各色谱线分散得越开。由于不同元素（或化合物）各有自己特定的光谱，所以根据谱线的成分，可分析出发光物质所含的元素或化合物；还可从谱线的强度定量分析出元素的含量。

【例题10-6】 用每毫米刻有500条栅纹的光栅，观察 $\lambda=589.3\text{nm}$ 的钠光谱线。试问在平行光线垂直入射光栅时，最多能看到第几级明条纹？总共有多少条明条纹？

解 由光栅方程 $d\sin\theta=k\lambda$ 得

$$k=\frac{d}{\lambda}\sin\theta$$

可见 k 的可能最大值对应于 $\sin\theta=1$。注意，由于 $\sin\theta=1$ 时，$\theta=\pi/2$，因此实际上这个衍射角的条纹是不会出现在屏幕上的。

按题意，每毫米中刻有500条栅纹，所以光栅常数为

$$d=a+b=\frac{1}{500}\text{mm}=2\times10^{-6}\text{m}$$

将上面求出的 d 及波长 λ 的数值代入 k 的表达式，并设 $\sin\theta=1$，得

$$k=\frac{2\times10^{-6}}{589.3\times10^{-9}}=3.4$$

由于 k 只能取整数，故取 $k=3$，即最多能看到第3级明条纹，根据光栅条纹对称分布的特点，总共有 $2k+1=7$ 条明条纹（其中加1是计入中央零级明条纹）。

【例题10-7】 用白光（白光的波长范围是从 $\lambda_{紫}=400.0\text{nm}$ 到 $\lambda_{红}=760.0\text{nm}$）垂直入射到光栅常数 $d=2.0\times10^{-6}\text{m}$ 的光栅。试问第2级和第3级光栅光谱中的谱线是否会重叠？

解 白光入射时，除中央明条纹之外的各级明条纹都是有一定宽度的光谱，各级光谱在屏幕上展开的角范围由该级条纹中紫光和红光的衍射角决定。对第 k 级光谱，角位置的范围从 $\theta_{k紫}$ 到 $\theta_{k红}$。根据光栅方程 $d\sin\theta=k\lambda$，对第2级光谱，红光的衍射角为

$$\theta_{2红}=\arcsin\frac{k\lambda}{d}=\arcsin\frac{2\times7.6\times10^{-7}}{2.0\times10^{-6}}=49.5°$$

对第3级光谱，紫光的衍射角为

$$\theta_{3紫}=\arcsin\frac{k\lambda}{d}=\arcsin\frac{3\times4.0\times10^{-7}}{2.0\times10^{-6}}=36.9°$$

因为 $\theta_{2红}>\theta_{3紫}$，故第2级和第3级光栅光谱中的谱线有部分重叠。

10.5　光的偏振

10.5.1　光的偏振　线偏振光和自然光

电磁波理论告诉我们，光波是电磁波，电磁波是变化的电场和变化的磁场在空间相互激

发形成的。在电磁波传播过程中，电场强度 $\boldsymbol{E}$（光矢量）和磁感应强度 $\boldsymbol{B}$ 都始终与波的传播方向垂直，并构成右手螺旋关系。因此光波是横波。在远离波源的自由空间中传播的电磁波可近似地看成是平面波，平面电磁波的传播方式如图 10-23 所示。

在垂直于光波传播方向的平面内，光矢量可能有不同的振动方向，通常将光矢量保持在特定振动方向上的状态称为偏振态，光振动的这种方向特征即**光的偏振**。光的干涉和衍射现象揭示了光的波动性，光的偏振现象表明光是横波。本章主要讨论偏振光的产生和检验及偏振光遵从的基本规律。

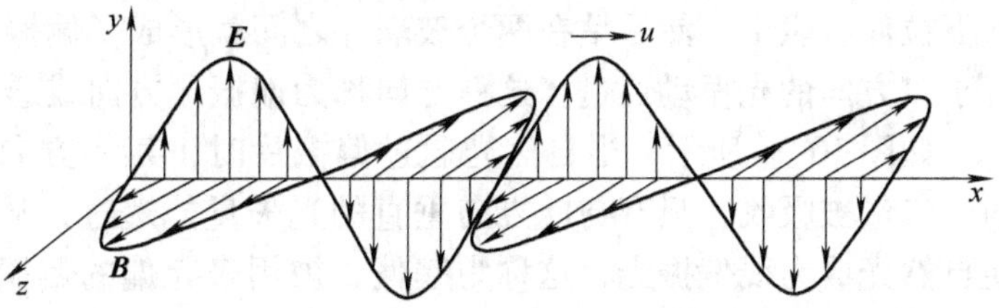

图 10-23 平面电磁波

虽然光矢量 $\boldsymbol{E}$ 的振动方向总是与光的传播方向垂直，但光的偏振表明光矢量 $\boldsymbol{E}$ 的振动方向相对于光的传播方向来说不一定具有对称性，即光矢量具有振动方向的选择性。而纵波的振动方向总是与波的传播方向平行，故纵波的振动方向是唯一的，不存在偏振性问题。

若光矢量 $\boldsymbol{E}$ 只在垂直于传播方向的平面内沿一个固定方向振动，此即为**线偏振光**，简称**偏振光**。

光矢量的振动方向与光传播方向构成的平面称为振动面，线偏振光的振动面是固定不动的。线偏振光的表示方法如图 10-24 所示，图中 k 表示光的传播方向，图 10-24a 中带箭头的短线表示光振动在纸面内，图 10-24b 中圆点表示光振动垂直于纸面。

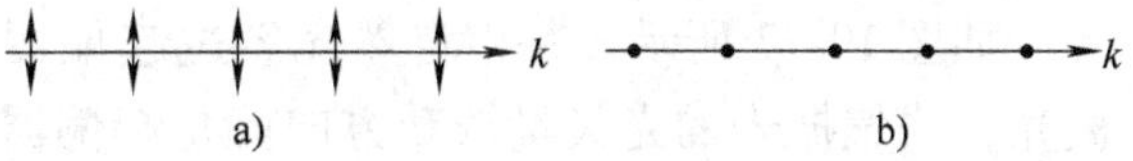

图 10-24 线偏振光示意图

a）光振动方向在纸面内 b）光振动方向垂直于纸面

普遍光源如太阳、白炽灯、钠灯等发光时，组成光源的原子自发或受激辐射光波列是随机的，各个光波列的振动方向、频率和相位不尽相同。在垂直于光传播方向的平面内，光矢量可以在任何方向振动，没有哪一个方向比其他方向更占优势，即在所有的方向上光矢量振动的概率都相等，在所有的方向上光矢量的振幅也相等。这样的光称为**自然光**。我们可以将自然光在任意两个相互垂直的方向上分解为振幅相等的两个光矢量，它们的光强度都是自然光光强的一半。但是由于自然光中各个光矢量之间无固定的相位关系，所以分解的这两个相互垂直的光矢量之间并无固定的相位关系，不能把它们叠加成一个具有某一方向的合矢量。

自然光的表示方法如图 10-25 所示，圆点表示垂直于纸面的光振动，带箭头的短线表示在纸面内的光振动，圆点和短线等距离分布，表示这两个方向的光振动强度相同，没有哪一个方向的光振动占优势。

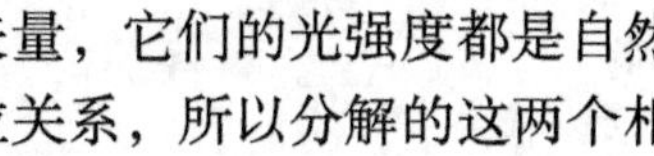

图 10-25 自然光示意图

若光波中虽然像自然光一样包含各种方向的振动，但是在某特定方向上的振动占有优势，例如在某一方向上的振幅最大，而在与之垂直的另一方向上的振幅最小，则这种偏振光称为**部分偏振光**。这种优势越大，其偏振化程度越高。部分偏振光的两个相互垂直的光振动也没有任何固定的相位关系。

10.5.2 起偏和检偏 马吕斯定律

二向色性的有机晶体，如硫酸碘奎宁、电气石或聚乙烯醇薄膜在碘溶液中浸泡后，在高温下拉伸、烘干，然后粘在两个玻璃片之间就形成了偏振片。它有一个特定的方向，只让平行于该方向的光振动通过，这一方向称为偏振化方向或透振方向。

如图10-26所示，当自然光通过偏振片时，某一方向上的光矢量被吸收，只有与此方向垂直的光矢量能透过，从而使自然光成为线偏振光，这称为起偏，被用来起偏的偏振片称为**起偏器**。显然，从起偏器透出的线偏振光的光强是入射自然光光强的1/2。

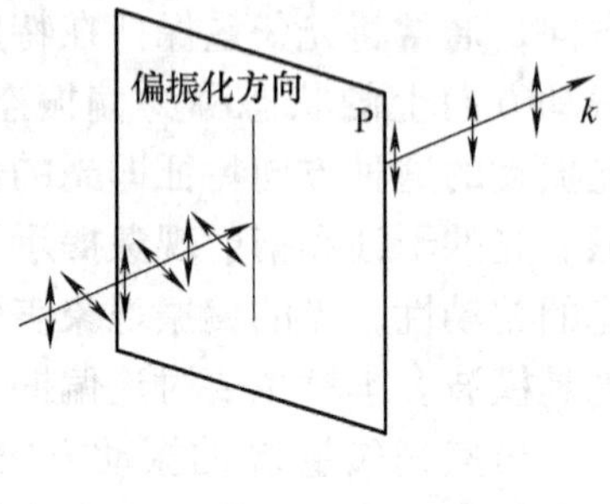

图10-26 偏振片起偏

在光路上放一块起偏器，不仅可以使自然光变成线偏振光，还可以用来检验某光线是不是偏振光。当旋转作为起偏器的偏振片时，在偏振片后观察，若透射的光强不发生变化，则入射光为自然光；若光强发生从全明到全暗的变化，则可确定入射到偏振片上的光为偏振光，因此该偏振片可进行检偏，用来进行检偏的偏振片称为**检偏器**。

如图10-27所示，一束自然光经过起偏器后，成为一束光振幅为 A_0、光强为 I_0 的线偏振光，线偏振光的光矢量振动方向就是起偏器的偏振化方向 OM。设 α 为起偏器偏振化方向 OM 与检偏器偏振化方向 $O'N$ 间的夹角，透过检偏器以后，透射光强变为 I。

如图10-28所示，将入射到检偏器的光振动分解为平行于和垂直于 $O'N$ 的两个分量，垂直于 $O'N$ 的分量不能通过检偏器，只有平行于 $O'N$ 的分量

$$A = A_0\cos\alpha$$

才能通过检偏器。因光强正比于光振动振幅的平方，所以从检偏器透射出来的光强 I 与 I_0 之比为

$$\frac{I}{I_0}=\frac{A^2}{A_0^2}=\frac{(A_0\cos\alpha)^2}{A_0^2}$$

即

$$I = I_0\cos^2\alpha \tag{10-24}$$

这一关系称为**马吕斯定律**。

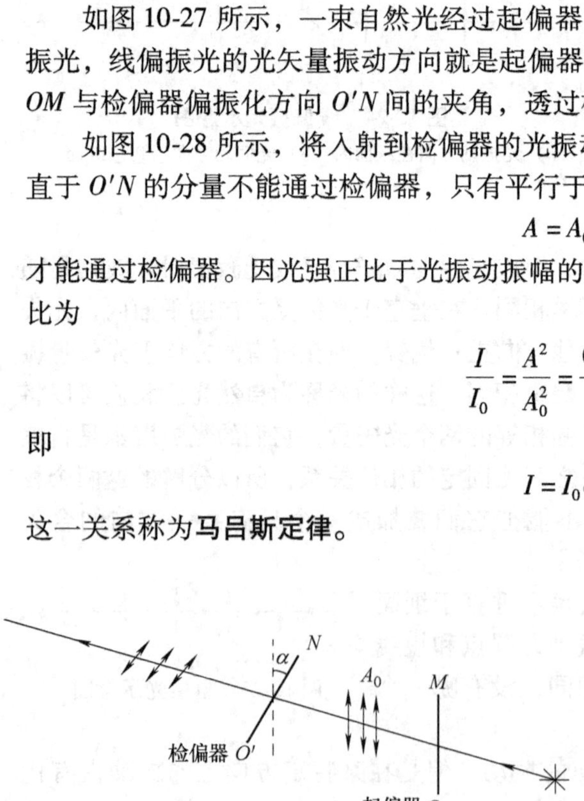

图10-27 检偏振

图10-28 马吕斯定律

当 $\alpha=0°$ 或 $180°$ 即起偏器和检偏器的偏振化方向平行时，透射光最强，为 I_0。当 $\alpha=90°$ 或 $270°$ 即起偏器和检偏器的偏振化方向垂直时，透射光强为零。当 α 为其他值时，光强介于0和 I_0 之间。因此从检偏器透射出来的光强随检偏器的偏振化方向而变化。

【例题10-8】 在两个偏振化方向正交的偏振片之间插入第三个偏振片。(1) 当最后透过的光强为入射自然光强的1/8时，求插入的第三个偏振片的偏振化方向；(2) 若使最后透射光强为零，则第三个偏振片应怎样放置?

解 (1) 设入射的自然光光强为 I_0，则通过第一个偏振片后，光强为 $I_0/2$。设 α 为插入的第三个偏振片与第一个偏振片偏振化方向之间的夹角，则第二个偏振片与第三个偏振片偏振化方向之间的夹角为 $(90°-\alpha)$。根据题意和马吕斯定律，光经过三个偏振片后的光强为

$$\frac{I_0}{2}\cos^2\alpha\cdot\cos^2(90°-\alpha)=\frac{I_0}{8}$$

解得

$$\sin2\alpha=1,\ \alpha=45°$$

(2) 若最后透射出来的光强为零，同理有

$$\frac{I_0}{2}\cos^2\alpha\cdot\cos^2(90°-\alpha)=0$$

解得

$$\sin2\alpha=0,\ \alpha=0°\text{或}\ \alpha=90°$$

【例题10-9】 一束光是自然光和偏振光的混合光，让它垂直通过一偏振片，若以此入射光束为轴旋转偏振片时，测得透射光强度的最大值是最小值的5倍。求入射光束中，自然光与线偏振光的光强比值。

解 设入射光束中自然光强为 I_0，线偏振光的光强为 I_1，则入射光垂直通过偏振片后的最大光强和最小光强分别为

$$I_{max}=\frac{1}{2}I_0+I_1$$

$$I_{min}=\frac{1}{2}I_0$$

又因透射光强度的最大值是最小值的5倍，则

$$I_{max}=5I_{min}$$

所以入射光中的自然光与线偏振光的光强比值为

$$\frac{I_0}{I_1}=\frac{1}{2}$$

10.5.3 布儒斯特定律

早在1809年马吕斯就发现，当自然光在两种各向同性介质分界面上反射、折射时，不仅光的传播方向要改变，而且光的振动状态也要改变。反射光和折射光不再是自然光，折射光变为部分偏振光，反射光一般也是部分偏振光。反射光中垂直于入射面的光振动多于平行于入射面的光振动，折射光中平行于入射面的光振动多于垂直于入射面的光振动。如图10-

29 所示。

自然光入射到两种介质分界面，当入射角满足一定条件时，折射光和反射光的传播方向相互垂直。实验和麦克斯韦电磁理论均表明：此时反射光中只有光振动垂直于入射面的线偏振光，而折射光仍为部分偏振光，如图10-30所示。使反射光变为线偏振光的入射角i_0称为

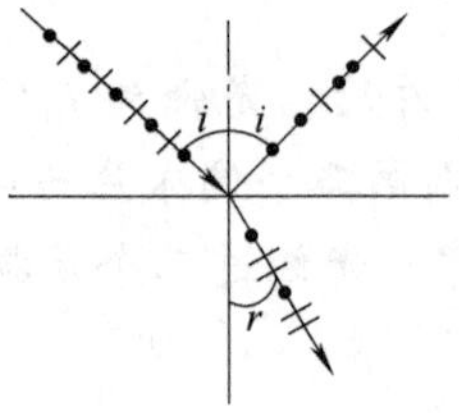

图 10-29　自然光反射折射

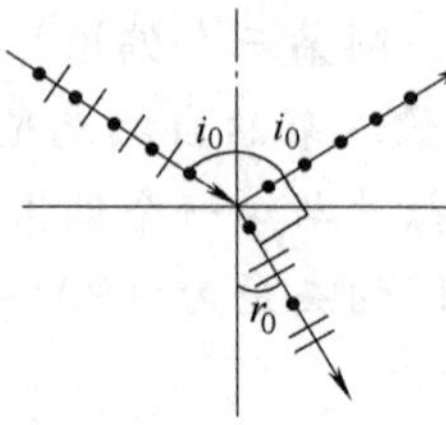

图 10-30　反射光起偏条件

起偏角，此时的折射角为r_0，如上所述，折射光和反射光的传播方向相互垂直，应满足关系$i_0+r_0=90°$。根据折射定律

$$n_1\sin i_0=n_2\sin r_0=n_2\cos i_0$$

即

$$\tan i_0=\frac{n_2}{n_1} \tag{10-25}$$

式中，n_1和n_2分别为上、下介质的折射率。这一关系称为**布儒斯特定律**，因此起偏角i_0又称**布儒斯特角**。例如，光线自空气射向折射率为$n=1.6$的玻璃，则布儒斯特角$i_0=58°$。

当自然光以起偏角入射到两种介质的界面时，反射光为偏振光，折射光仍为部分偏振光。对处于空气中的一般玻璃，反射光的强度约占入射光光强的7%，仅占很小一部分。由此可见，入射光中垂直于入射面的绝大部分光振动能量和平行于入射面的全部光振动能量，都被折射进入第二种介质，因此折射光比反射光的光强大得多。为了增强反射光的强度和提高折射光的偏振化程度，可以让自然光通过由许多相互平行的、由相同玻璃片组成的玻璃片堆。当自然光以布儒斯特角入射到这个玻璃片堆时，垂直于入射面的振动在每一个分界面上都要被反射掉一部分，而与入射面平行的振动都不被反射。这样除反射光为偏振光外，多次折射后的折射光的偏振化程度将越来越高，最后也非常接近线偏振光，但反射和折射偏振光的振动面相互垂直。自然光在反射和折射时的这种偏振特性，也可以用作起偏和检偏的装置。

到达地球上空的太阳光并不完全是从太阳直接照射的，部分是从其他行星反射来的，因此我们观察到的太阳光并不是真正的自然光。如果我们通过一个偏振片来观察太阳光，将发现来自天空的太阳光是部分偏振光。天文学家根据从行星表面反射的太阳光的偏振性质，推断出金星表面覆盖着水滴或冰晶，并确定土星光环是由冰晶所组成。

内 容 提 要

1. 光的干涉

光的相干条件：光矢量的振动方向相同，频率相同，相位差恒定。

2. 杨氏双缝干涉

干涉明条纹所在的位置：$x = \pm k\dfrac{D\lambda}{d}$　　$k = 0, 1, 2, \cdots$

干涉条纹是等距离分布的直条纹，相邻明条纹之间、相邻暗条纹之间的间距 $\Delta x = \dfrac{D\lambda}{d}$。

3. 光程

光程 $L = nr$，相位差与相应的光程差 δ 之间的关系：$\Delta\varphi = \dfrac{2\pi}{\lambda}\delta$

干涉相长的条件：$\delta = \pm k\lambda$，$k = 0, 1, 2, 3, \cdots$

干涉相消的条件：$\delta = \pm(2k+1)\dfrac{\lambda}{2}$，$k = 0,1,2,3,\cdots$

4. 薄膜的等厚干涉

空气劈尖干涉明、暗条纹的条件：

$$\delta = 2e + \frac{\lambda}{2} = \begin{cases} k\lambda & (k = 1,2,\cdots) \quad (\text{明条纹}) \\ (2k+1)\dfrac{\lambda}{2} & (k = 0,1,2,\cdots) \quad (\text{暗条纹}) \end{cases}$$

空气劈尖干涉条纹特点：平行于劈尖棱边的明暗相间的直条纹；等厚干涉条纹

劈尖干涉条纹间距与劈尖顶角 θ 的关系：$l \approx \dfrac{\lambda}{2\theta}$

牛顿环暗条纹：$r = \sqrt{kR\lambda}$　　$(k = 0, 1, 2, \cdots)$

牛顿环干涉条纹的特点：内疏外密的一系列同心圆环

5. 光的衍射

惠更斯-菲涅耳原理。

分析单缝夫琅禾费衍射的半波带法

单缝衍射暗条纹的条件：$a\sin\theta = \pm 2k\dfrac{\lambda}{2} = \pm k\lambda$　$k = 1, 2, 3, \cdots$

单缝衍射明条纹的条件：$a\sin\theta = \pm(2k+1)\dfrac{\lambda}{2}$　$k = 1,2,3,\cdots$

单缝衍射条纹的角分布特点，各级明条纹的角宽度

光栅及光栅常数

光栅方程：$d\sin\theta = \pm k\lambda$，$k = 0, 1, 2, \cdots$

光栅衍射条纹的特点

6. 光的偏振

线偏振光和自然光，起偏和检偏

马吕斯定律：$I = I_0\cos^2\alpha$

自然光在分界面上反射和折射时的偏振特点

起偏角，布儒斯特定律：$\tan i_0 = \dfrac{n_2}{n_1}$

习 题

一、选择题

1. 在杨氏双缝实验中，若两缝之间的距离稍为加大，其他条件不变，则干涉条纹将 [ ]

A. 变密　　B. 变稀　　C. 不变　　D. 消失

2. 在真空中波长为 λ 的单色光，在折射率为 n 的均匀透明介质中从 A 沿某一路径传播到 B，若 A、B 两点的相位差为 3π，则路径 AB 的长度为 [ ]

A. 1.5λ　　B. $1.5n\lambda$　　C. 3λ　　D. $1.5\lambda/n$

3. 如图10-31所示，由空气中一单色点光源 S 发出的光，一束掠入射到平面反射镜M上，另一束经折射率为 n、厚度为 d 的媒质薄片后直接射到屏E上 P 点。如果 $SA=AP=l$，$SP=D$，则两相干光束 SAP 与 SP 在 P 点的光程差为 [ ]

A. $\delta=2l-D$　　B. $\delta=2l-D-(n-1)d+\lambda/2$

C. $\delta=2l-D-(n-1)d$　　D. $\delta=2l-D+\lambda/2$

4. 如图10-32所示，设在双缝干涉实验中，屏幕E上的 P 点是亮条纹，如将缝 S_2 盖住，并在 S_1S_2 连线的垂直平分面处放一反射镜M，则此时 [ ]

A. P 点处为暗条纹。　　B. P 点处仍然是亮条纹。

C. 无干涉条纹。　　D. 无法确定 P 点是亮条纹还是暗条纹。

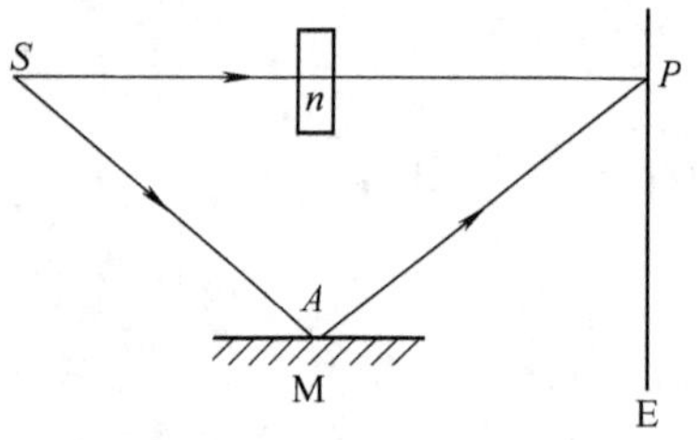

图 10-31

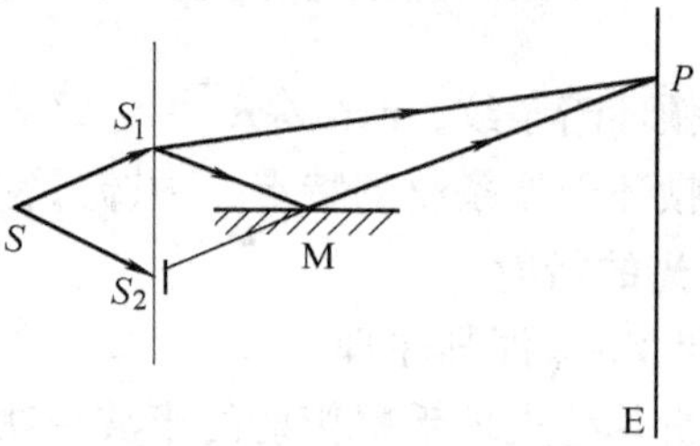

图 10-32

5. 用波长为 λ 的单色光垂直照射到空气劈尖上，观察等厚干涉条纹。当劈尖角增大时，观察到的干涉条纹的间距将 [ ]

A. 增大　　B. 减小　　C. 不变　　D. 无法确定

6. 用波长为 λ 的单色平行光垂直照射牛顿环装置，观察从空气膜上下两表面反射的光形成的牛顿环。第四级暗纹对应的空气膜厚度为 [ ]

A. 4λ　　B. 2λ　　C. 4.5λ　　D. 2.25λ

7. 平行单色光垂直入射到单缝上，观察夫琅禾费衍射。若屏上 P 点处为第2级暗纹，则单缝处波面相应地可划分为几个半波带 [ ]

A. 一个　　B. 两个　　C. 三个　　D. 四个

8. 波长为 λ 的单色光垂直入射到狭缝上，若第1级暗纹的位置对应的衍射角为 $\theta=\pm\pi/6$，则缝宽的大小为 [ ]

A. $\lambda/2$　　B. λ　　C. 2λ　　D. 3λ

9. 波长 $\lambda=550\text{nm}$ 的单色光垂直入射于光栅常数 $d=2\times10^{-4}\text{cm}$ 的平面衍射光栅上，可能观察到的光谱线的最大级次为 [ ]

A. 2　　B. 3　　C. 4　　D. 5

10. 一束白光垂直照射在一光栅上，在形成的同一级光栅光谱中，偏离中央明纹最远的是 [ ]

A. 紫光　　B. 绿光　　C. 黄光　　D. 红光

11. 把两块偏振片一起紧密地放置在一盏灯前，使得后面没有光通过。当把一块偏振片旋转180°时会发生何种现象 [ ]

A. 光强先增加，然后减小到零。

B. 光强始终为零。

C. 光强先增加后减小，然后又再增加。

D. 光强增加，然后减小到不为零的极小值。

12. 强度为 I_0 的自然光通过两个偏振化方向互相垂直的偏振片后，出射光强度为零。若在这两个偏振片之间再放入另一个偏振片，且其偏振化方向与第一偏振片的偏振化方向夹角为30°，则出射光强度为 [ ]

A. 0　　B. $3I_0/8$　　C. $3I_0/16$　　D. $3I_0/32$

13. 自然光以60°的入射角照射到某透明介质表面时，反射光为线偏振光。则 [ ]

A. 折射光为线偏振光，折射角为30°

B. 折射光为部分偏振光，折射角为30°

C. 折射光为线偏振光，折射角不能确定

D. 折射光为部分偏振光，折射角不能确定

二、填空题

1. 在双缝干涉实验中，若使两缝之间的距离减小，则屏幕上干涉条纹间距________，若使单色光波长减小，则干涉条纹间距________。

2. 如图10-33所示，在双缝干涉中若把一厚度为 e，折射率为 n 的薄云母片，覆盖在 S_1 缝上，中央明纹将向________移动。覆盖云母片后，两束相干光到达原中央明纹 O 处的光程差为________。

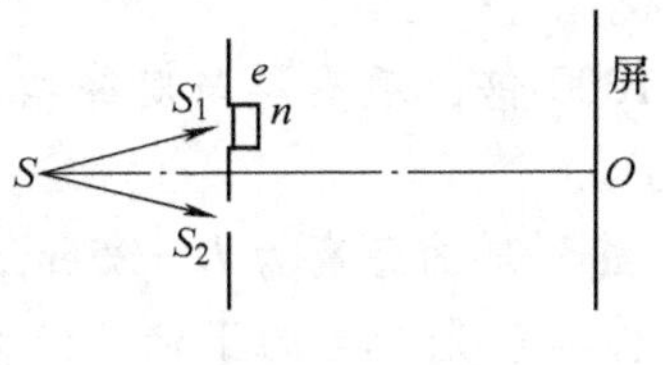

图 10-33

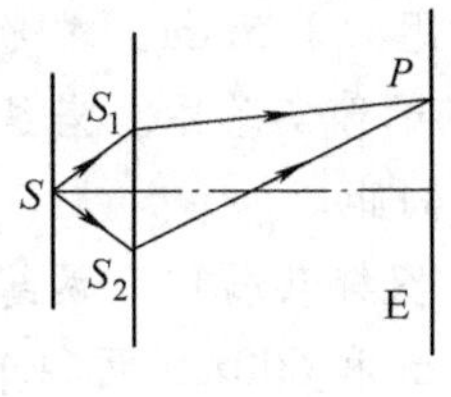

图 10-34

3. 如图10-34所示，在双缝干涉实验中，$SS_1=SS_2$，用波长为 λ 的光照射双缝 S_1 和 S_2，通过空气后在屏幕E上形成干涉条纹，已知 P 点处为第三级明条纹，则 S_1 和 S_2 到 P 点的光程差为________；若将整个装置放于某种透明液体中，P 点为第四级明条纹，则该液体的折射率 $n=$________。

4. 如图10-35所示，当单色光垂直入射薄膜时，经上下两表面反射的两束光发生干涉。当 $n_1<n_2<n_3$ 时，其光程差为________；当 $n_1=n_3<n_2$ 时，其光程差为________。

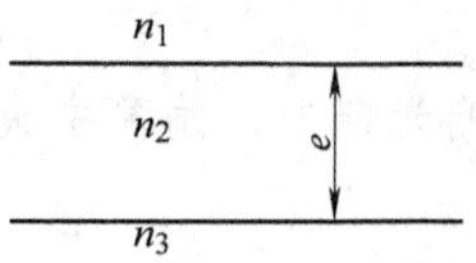

图 10-35

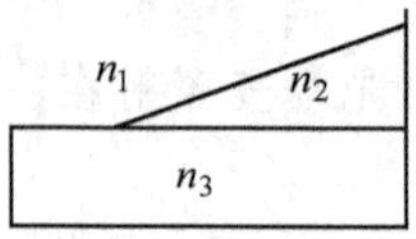

图 10-36

5. 用波长为 λ 的单色光从上到下垂直照射如图10-36所示的劈尖膜（$n_1>n_2>n_3$），观察反射光干涉，劈尖顶角处为________条纹，从劈尖顶算起，第2条明条纹中心所对应的厚度为________。

6. 单色光垂直照射在劈尖上，产生等厚干涉条纹，为了使条纹的间距变小，可采用的方法是：使劈尖角________，或改用波长较________的光源。

7. 波长为 λ 的单色光垂直照射在缝宽为 $a=4\lambda$ 的单缝上，对应 $\theta=30°$ 衍射角，单缝处的波面可划分为________半波带，对应的屏上条纹为________条纹。

8. 平行单色光垂直入射在缝宽为 $a=0.15\text{mm}$ 的单缝上，缝后有焦距 $f=400\text{mm}$ 的凸透镜，在其焦平面上放置观察屏幕，现测得屏幕中央明条纹两侧的两个第3级暗纹之间的距离为8mm，则入射光的波长为 $\lambda=$________。

9. 在单缝实验中，如果上下平行移动单缝的位置，衍射条纹的位置________。

10. 平行单色光垂直入射到平面衍射光栅上，若增大光栅常数，则衍射图样中明条纹的间距将________，若增大入射光的波长，则明条纹间距将________。

11. 振幅为 A 的线偏振光，垂直入射到一理想偏振片上。若偏振片的偏振化方向与入射偏振光的振动方向夹角为60°，则透过偏振片的振幅为________。

12. 强度为 I_0 的自然光，通过偏振化方向互成30°角的起偏器与检偏器后，光强度变为________。

三、计算题

1. 在双缝干涉实验中，双缝与屏间的距离 $D=1.2\text{m}$，双缝间距 $d=0.45\text{mm}$，若测得屏上干涉条纹间距为1.5mm，求光源发出的单色光的波长 λ。

2. 在双缝干涉实验中，若缝间距为所用光波波长的1000倍，观察屏与双缝相距50cm，求相邻明纹的间距。

3. 在杨氏双缝实验中，两缝之间的距离 $d=0.5\text{mm}$，缝到屏的距离为 $D=25\text{cm}$，若先后用波长为400nm和600nm两种单色光入射，求：(1) 两种单色光产生的干涉条纹间距各是多少？(2) 两种单色光的干涉条纹第一次重叠处距屏中心距离为多少？各是第几级条纹？

4. 用波长为 λ_1 的单色光照射空气劈尖，从反射光干涉条纹中观察到劈尖装置的 A 点处为暗条纹，若连续改变入射光波长，直到波长变为 $\lambda_2(\lambda_2>\lambda_1)$ 时，A 点再次变为暗条纹，求 A 点处的空气薄膜厚度。

5. 如图10-37所示，利用空气劈尖测细丝直径，观察到30条明条纹，且30条明纹间的距离为4.295mm，已知单色光的波长 $\lambda=589.3\text{nm}$，$L=28.88\times10^{-3}\text{m}$，求细丝直

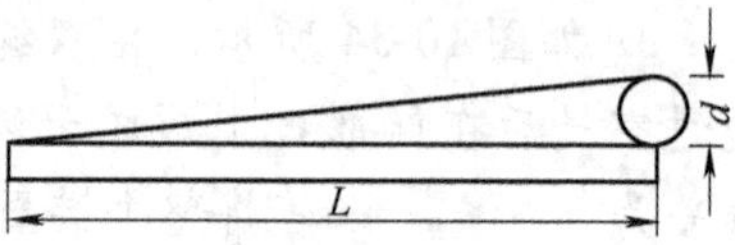

图 10-37

径 d。

6. 用单色光观察牛顿环，测得某一暗环直径为3.00mm，它外面第5个暗环的直径为4.60mm，平凸透镜的曲率半径为1.03m，求此单色光的波长。

7. 在单缝衍射实验中，透镜焦距为0.5m，入射光波长 $\lambda=500\text{nm}$，缝宽 $a=0.1\text{mm}$。求：(1) 中央明条纹宽度；(2) 第1级明条纹宽度。

8. 在单缝夫琅禾费衍射实验中，第1级暗条纹的衍射角为0.4°，求第2级亮条纹的衍射角。

9. 波长为520nm的单色光垂直投射于每厘米2000条刻线的平面衍射光栅上，求第一级衍射主极大所对应的衍射角。

10. 一束具有两种波长 λ_1 和 λ_2 的平行光垂直照射到一个衍射光栅上，测得波长 λ_1 的第3级主极大与 λ_2 的第4级主极大衍射角均为30°，已知 $\lambda_1=560\text{nm}$，求：(1) 光栅常数 d；(2) 波长 λ_2。

11. 使自然光通过两个偏振化方向成60°的偏振片，透射光强为 I_1。今在这两个偏振片之间再插入另一个偏振片，它的偏振化方向于前两个偏振片均成30°角，则透射光强是多少？

12. 有两个偏振片，当它们偏振化方向间的夹角为30°时，一束单色自然光穿过它们，出射光强为 I_1；当它们偏振化方向间的夹角为60°时，另一束单色自然光穿过它们，出射光强为 I_2，且 $I_1=I_2$。求两束单色自然光的强度之比。

13. 釉质是不透明的材料，今测得釉质的起偏振角 $i_0=58.0°$，试求它的折射率。

第 5 篇　近代物理学

在物理学发展史上，曾有过物理学理论的三次大综合。第一次综合建立起一个完整的力学理论体系。19 世纪 40 年代能量守恒定律的发现，揭示了各种物质运动形式不仅可以相互转化，而且在量上还有确定的关系。这样，力学、热学、化学就都贯通在一起，使牛顿力学成为各门物理科学的理论基础，这是物理学第二次伟大的综合，气体动理论就是这次大综合的产物。法拉第、麦克斯韦电磁理论的建立，又把电学、磁学和光学合成一体，完成了物理学第三次伟大的综合，并为现代人类文明发展开辟了新的道路。

物理学的巨大成功使当时不少物理学家认为，物理学理论已接近最后完成，今后只能在细节上作些补充和发展，物理学已发展到顶峰。然而，经典物理学的理论体系在 19 世纪末、20 世纪初却开始出现了危机。英国的著名物理学家开尔文勋爵指出："我们仍然期待着第二个牛顿来给我们一种关于以太的理论，它将不仅包括电和磁的事实，光辐射的事实，而且还可能包括引力的事实。"他认为，经典物理学晴朗的天空出现了两朵云，第一朵就是"以太漂移问题"，第二朵是与黑体辐射有关的"紫外灾难问题"。X 射线、放射性和电子的发现揭开了 20 世纪物理学革命的序幕，而量子概念的建立和相对论的建立，是 20 世纪初发生在物理学领域的一场革命。

量子物理世界的大门是在黑体辐射问题研究中打开的，普朗克假设能量在辐射过程中不是连续的，而是一股股的"再不可分"的涓流被释放或吸收。普朗克的量子理论是牛顿以后自然哲学所经受的最巨大、最深刻的变革，能量的量子思想奠定了现代微观物理的基础，以量子概念为基础的量子力学在微观领域代替了经典的牛顿力学。20 世纪初物理学中除了普朗克的量子假设之外的另一项伟大成就是爱因斯坦的相对论，狭义相对论对空间和时间的概念进行了革命性的变革，并且否定了以太的概念，肯定了电磁场是一种独立的、物质存在的特殊形式。由于空间和时间是物质存在的普遍形式，所以狭义相对论对于物理学产生了广泛而又深远的影响。

近代物理学的发展不仅使物理学、化学、生物学、天文学和地学等基础科学从经典形态发展到现代形态，产生了一批崭新的义叉自然科学，使自然科学理论发展到新的现代水平，同时也使我们全面进入了原子能、电子技术、激光、生物工程的应用时代，微电子技术、信息技术、生物工程技术、新材料、新能源、航天、海洋和核技术等新兴技术得到迅速发展和广泛应用，这些技术的发展将使社会的生产和生活发生巨大变化。

本篇分为两章，第 11 章学习狭义相对论，第 12 章学习量子论的一些基本实验基础和基本概念、基本理论。

第 11 章　狭义相对论

经典力学是以牛顿力学为基础的，它是宏观物体在远小于光速的低速范围内运动规律的总结。牛顿力学假定时间、长度和质量这三个基本物理量都与物体的运动状态（速度）无关，或者说这些量与在哪一个参考系中进行测量无关，而这种假设并没有加以论证。进一步的研究和实验都表明，当物体的运动速度接近光速时，上述假设就不再成立。所以牛顿力学只是在低速范围内近似正确，对于高速运动问题必须建立新的力学，这就是爱因斯坦建立的相对论力学。

相对论是 20 世纪初物理学取得的最伟大的成就之一，尽管它的一些概念和结论与人们的日常经验大相径庭，但它已被大量实验证明是正确的理论。现在相对论已经成为现代物理学以及现代工程技术中极为重要的理论基础。相对论分为适用于惯性参考系的狭义相对论和适用于一般参考系并包括引力场在内的广义相对论。本章只对狭义相对论的基本内容作简要介绍，主要有狭义相对论的基本原理、洛伦兹变换、狭义相对论的时空观以及相对论动力学的主要结论。

11.1　伽利略变换　经典力学的时空观

11.1.1　伽利略相对性原理　伽利略变换

物体的运动就是它的位置随时间的变化，为了定量研究这种变化，必须选定适当的参考系，速度、加速度等力学量以及力学定律都是对一定的参考系才有意义。早在 1632 年伽利略就研究发现，描述力学现象的规律不随观察者所选用的惯性系而变，或者说牛顿第二定律在一切惯性系中都具有相同的形式，这就是**伽利略相对性原理或力学相对性原理**。因此，一切彼此作匀速直线运动的惯性系，对于描写运动的力学规律来说，是完全等价的，并不存在任何一个比其他惯性系更为优越的惯性系。

为了从理论上证明伽利略相对性原理，我们先讨论经典力学中的时空变换关系。如图 11-1 所示，设有两个惯性系 S 和 S′，它们的 y、z 轴和 y'、z' 轴相互平行，x 轴和 x' 轴相互重合，且 S′相对于 S 以速度 $\boldsymbol{u}$ 沿 x 轴正方向作匀速运动。以 $\boldsymbol{r}$ 表示在 S 系中观测到某质点 P 的位置，$\boldsymbol{r}'$表示在 S′系中观测到某质点 P 的位置。

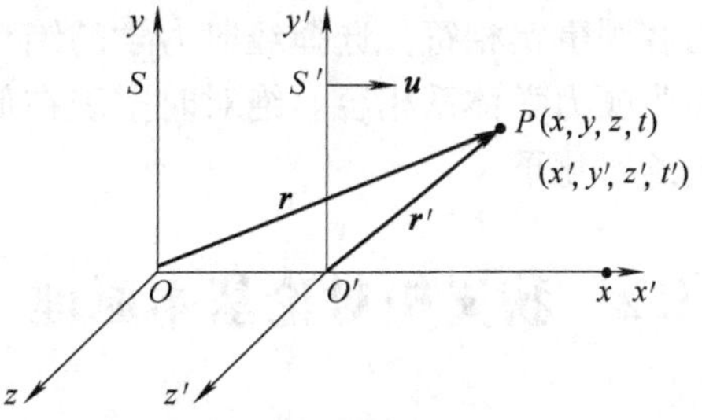

图 11-1　伽利略变换

我们把质点在某一时刻处于某一位置 P 称作一个事件。为了简单而又不失普遍性，我们选择原点 O 和 O'重合时作为计时起点（此时 $t=t'=0$），并用 t 和 t'分别表示在 S 系和 S′系观测同一事件发生的时刻，显然，同一事件在不同参考系有不同的时空坐标（x, y, z, t）和（x', y',

z'，t')。在经典力学中，时间间隔和空间间隔的量度在惯性系 S 和 S′中是一样的，不会因参考系的运动而变化，而且时空是相互独立的。故有

$$\begin{cases} x' = x - ut \\ y' = y \\ z' = z \\ t' = t \end{cases} \tag{11-1}$$

上式就是**伽利略变换**。

将式（11-1）对时间 t 求导，就得经典力学的速度变换关系

$$v_x' = v_x - u,\ v_y' = v_y,\ v_z' = v_z \tag{11-2}$$

这就是经典力学中两个惯性系中的速度变换式。

对式（11-2）关于 t 再求一次导，便得到加速度变换的关系式

$$a_x' = a_x,\ a_y' = a_y,\ a_z' = a_z \tag{11-3}$$

即在伽利略变换下，对不同惯性系而言，加速度是不变量。

牛顿力学中的质点质量与质点的运动速度没有关系，因而不受参考系的影响；牛顿力学的力只与质点的相对位置或相对运动有关，因而也与参考系无关。所以在所有作匀速直线运动的惯性系中，牛顿运动定律都采用同样的形式，即

$$\boldsymbol{F} = m\boldsymbol{a}, \qquad \boldsymbol{F}' = m\boldsymbol{a}'$$

这表明，牛顿运动定律在伽利略变换下保持形式不变，即力学规律在所有惯性系中都是相同的，这正是力学相对性原理的数学表达式。

11.1.2 经典力学的时空观

我们注意到，导出伽利略变换有两个前提：一是长度的测量与参考系无关；二是时间的测量与参考系无关，并且时间与空间相互独立且与物质的运动无关。

牛顿在 1687 年出版的科学巨著《自然哲学的数学原理》中，对绝对时空进行了详细的描述。他的基本观点是：绝对的、真实的数学时间，就其本质而言，是永远均匀地流逝着的，与任何外界事物无关；绝对空间，就其本质而言，与外界任何事物无关，而永远是相同的和不动的。

可见，伽利略变换中蕴含着绝对时空观。在牛顿那个时代，绝对时间与绝对空间的概念与客观事实相符。选择经典力学的绝对时空观，既是人们对空间和时间概念的理论总结，又与牛顿力学体系相容。绝对时空观在低速宏观范围内相当精确地成立，于是被人们理所当然地绝对化了。

11.2 狭义相对论基本原理 洛伦兹变换

11.2.1 伽利略变换的失效

19 世纪末，作为电磁学基本规律的麦克斯韦方程组得到了确立，它的一个重要成果是预言了电磁波的存在，并证明了电磁波在真空中的传播速度等于真空中的光速 c，从而揭示了光的电磁本性。按麦克斯韦方程组，光沿各个方向的传播速率不仅与光源的运动无关，而

且与参考系的选择及光的传播方向无关，即真空中的光速在所有惯性参考系中都是一个普适常量，这显然与伽利略速度变换相矛盾。例如，相对地面以速率 u 运动的飞船上向前发出一束激光，飞船上的观察者测得的速率为 c，按照伽利略速度变换，地面上的观察者测出的速率为 $c+u$。适用于所有力学规律的力学相对性原理在研究光的传播（电磁规律）时遇到了困难，即电磁学规律（麦克斯韦方程组）不是对所有的惯性系都成立，而是只对其中的一个惯性系成立，在这个独一无二的特殊惯性系中光速是 c，这个惯性系称为绝对（静止）参考系，也称为以太参考系。相对于以太参考系的运动称为绝对运动，寻找以太和确定地球相对于以太参考系的绝对速度成为 19 世纪末物理学的一个重要课题。

为了寻找以太参考系这种特殊惯性系，美国物理学家迈克耳孙和莫雷设计了一个精巧的实验，它通过测量光速沿不同方向的差异来寻找以太。实验的基本思路是：假如以太参考系是真实存在的，地球应该在以太中运动，那么这种运动应该影响光相对于地球的速度，并且应产生一些可观察的光学效应，使我们能确定地球相对于以太的运动。但是在不同地点、不同时间反复进行的实验都没有出现预期的实验结果，迈克耳孙-莫雷实验表明绝对参考系的以太并不存在。

迈克耳孙-莫雷实验的结果使我们看到，要解决伽利略变换和电磁理论的矛盾，出路只有一条：放弃伽利略变换。伽利略变换赖以存在的基础是经典时空观，因此，必须放弃经典时空观，建立新的时空观。

11.2.2 狭义相对论的基本原理

爱因斯坦相信，麦克斯韦理论像一切其他自然规律一样，也应服从相对性原理，麦克斯韦的预言在任何一个惯性参考系也应该是正确的。爱因斯坦将相对性原理提高到作为基本假定的地位。他在 1905 年提出了两条基本假设，并在此基础上建立了狭义相对论。这两条假设，经过实践的检验，被认为是正确的，所以称为狭义相对论的两条基本原理。

1. 相对性原理

在所有惯性系中，物理定律的表达形式都相同。

2. 光速不变原理

在所有惯性系中，真空中的光速具有相同的量值 c 而与参考系无关。也就是说，不管光源与观察者之间的运动速度如何，在任一惯性系中的观察者所测到的真空中的光速都是相等的。

相对性原理显然是力学相对性原理的推广。爱因斯坦的这个推广具有深刻的意义。试想，倘若相对性原理仅局限于机械运动，那么光、电磁学的物理定律在不同惯性系中就具有不同的形式，虽然不能用力学的方法来判断本系统的绝对运动，但可用光学、电磁学的方法判断，这就意味着绝对参考系的存在显然与事实不符。

光速不变原理表明，光速与光源和观察者的运动状态无关，承认光速不变，就要更新伽利略变换，放弃经典力学中绝对空间和绝对时间的概念。光速不变原理是相对论时空观的基础。到目前为止的所有实验都指出：光速不依赖于观察者所在的参考系，而且与光源的运动无关。

11.2.3 洛伦兹变换

爱因斯坦提出的狭义相对论的两条基本原理表明，需要寻找一种新的变换式来代替经典力学的伽利略变换。

这种变换式应当满足以下条件：①通过这种变换，物理学定律都应该保持自己的数学表达式不变；②通过这种变换，真空中光速在一切惯性系中保持不变；③这种变换在低速运动条件下转化为伽利略变换。爱因斯坦根据狭义相对论的两条基本原理，建立了狭义相对论的坐标变换式，即所谓的洛伦兹变换。

如图 11-2 所示，为简明起见，我们假设参考系 S′以速率 u 相对于惯性系 S 沿彼此重合的 $x(x')$ 轴正方向运动，而 y 轴和 y' 轴以及 z 轴和 z' 轴分别保持平行。当原点 O 和 O' 重合时，取时间零点 $t=t'=0$。在这种情况下，表示同一事件的时空坐标（x，y，z，t）和（x'，y'，z'，t'）之间遵从下述**洛伦兹变换**

$$\begin{cases} x'=\dfrac{x-ut}{\sqrt{1-\left(\dfrac{u}{c}\right)^2}} \\ y'=y \\ z'=z \\ t'=\dfrac{t-\dfrac{u}{c^2}x}{\sqrt{1-\left(\dfrac{u}{c}\right)^2}} \end{cases} \tag{11-4}$$

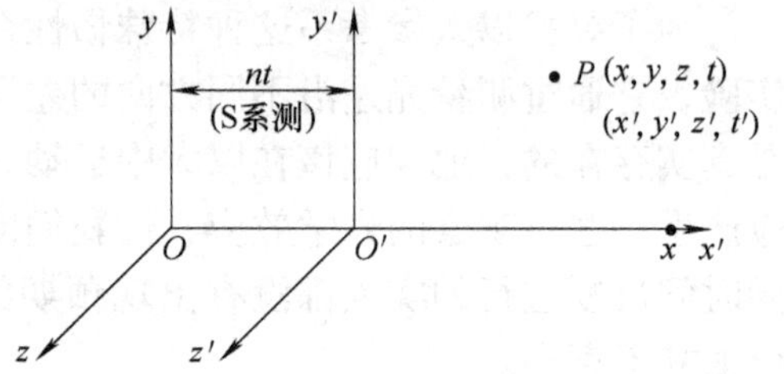

图 11-2 洛伦兹变换

根据相对性原理，S 和 S′系的物理方程应有相同的表达形式。由于 S′系相对于 S 系以速率 u 沿 x 轴运动，等价于 S 系相对于 S′系以 $-u$ 沿 x' 轴运动，因此，将 S→S′变换中的 u 改为 $-u$，把带撇和不带撇的量作对应变换后，便得到由 S′→S 变换式为

$$\begin{cases} x=\dfrac{x'+ut'}{\sqrt{1-\left(\dfrac{u}{c}\right)^2}} \\ y=y' \\ z=z' \\ t=\dfrac{t'+\dfrac{u}{c^2}x'}{\sqrt{1-\left(\dfrac{u}{c}\right)^2}} \end{cases} \tag{11-5}$$

上式又称为**洛伦兹逆变换**。

对于洛伦兹变换，应注意以下几点：

1）式（11-4）中不仅 x' 是 x，t 的函数，而且 t' 也是 x，t 的函数，反之亦然，并且还都与两个惯性系之间的相对速率 u 有关。与伽利略变换迥然不同，它集中反映了狭义相对论关于时间、空间和物质运动三者之间的紧密联系。

2）当两惯性系的相对运动速率 u 远小于光速 c 即 $\dfrac{u}{c}\to 0$ 时，不难发现洛伦兹变换就转换为伽利略变换，或者说，经典的伽利略变换是洛伦兹变换在低速情形下的近似。

3）由洛伦兹变换可以看到，两惯性系间的相对速率必须满足 $1-\dfrac{u^2}{c^2}>0$，或者 $u<c$，否则洛伦兹变换就失去意义。于是，我们得到了一个十分重要的结论：任何物体的运动速度均

不会超过真空中的光速，或者说真空中的光速是物体运动的极限速度。现代物理实验中的大量事例都说明，高能粒子的速率是以光速为极限的。

11.3　狭义相对论时空观

通过洛伦兹变换可以得到狭义相对论中关于同时性的相对性、时间间隔和空间距离测量等一系列全新的结论，从而建立起狭义相对论的时空观。

11.3.1　同时性的相对性

在狭义相对论中，同时性是相对的。在某一惯性系中同时发生的两事件，在另一相对它运动的惯性系中并不一定同时发生，这一结论叫做**同时性的相对性**。

同时性的相对性可以从洛伦兹变换得到证明。设 A、B 两事件在 S 系和 S′系中的时空坐标分别为（x_1，t_1）、（x_2，t_2），（x_1'，t_1'）、（x_2'，t_2'）。由洛伦兹变换式（11-4）有

$$t_1' = \frac{t_1 - \frac{u}{c^2}x_1}{\sqrt{1-\left(\frac{u}{c}\right)^2}}$$

$$t_2' = \frac{t_2 - \frac{u}{c^2}x_2}{\sqrt{1-\left(\frac{u}{c}\right)^2}}$$

将上述两式相减

$$t_1' - t_2' = \frac{(t_1 - t_2) - \frac{u}{c^2}(x_1 - x_2)}{\sqrt{1-\left(\frac{u}{c}\right)^2}} \tag{11-6}$$

如果 A、B 是在 S 系不同地点同时发生的两个事件，即 $x_1 \neq x_2$、$t_1 = t_2$，则

$$t_1' - t_2' = -\frac{u}{c^2}\,\frac{(x_1 - x_2)}{\sqrt{1-\left(\frac{u}{c}\right)^2}} > 0$$

即 $t_1' > t_2'$。在 S′系中的观察者看来，A、B 不是同时发生的，B 比 A 先发生。

同样地可以证明，在 S′系中不同地点同时发生的事件，在 S 系中不是同时发生的。

综上所述可得：在一个惯性系中不同地点同时发生的事件在另一个与之作相对运动的惯性系中观察不会是同时发生的。因此，同时性是相对的，而不是绝对的。

需要特别注意的是，如果在一个惯性系中同一地点同时发生的事件，在另外任何一个惯性系中观察也一定是同时发生的。由式（11-6）可知，如果 $x_1 = x_2$，$t_1 = t_2$，则 $t_1' = t_2'$。

当两惯性系的相对运动速度 u 远小于光速 c 即 $\frac{u}{c} \to 0$ 时，由式（11-6）可以看到，如果 $t_1 = t_2$，那么一定有 $t_1' = t_2'$，也就是说，不管是否是同一地点同时发生的两个事件，在任何参考系中都是同时的。这就是经典力学中的同时性。

11.3.2 时间膨胀

在相对论中，两个事件之间的时间间隔也与参考系有关。下面从洛伦兹变换出发，来推导在不同惯性系中测量的两个事件时间间隔之间的关系。设在S′系中同一地点x'处发生了两个事件，或者说事件发生地相对于参考系是静止的。第一个事件发生在t_1'时刻，第二个事件发生在t_2'时刻，则这两个事件的时间间隔为$\Delta t'=t_2'-t_1'$。我们把在某一参考系中同一地点先后发生的两个事件之间的时间间隔称为**固有时**，一般用τ_0表示，它是由相对于事件发生地点静止的惯性系中的观察者所测出的时间间隔。

现在S系中来测量这两个事件，观察到第一个事件发生在t_1时刻，第二个事件发生在t_2时刻，两个事件之间的时间间隔为$\Delta t=t_2-t_1$，Δt用τ表示。

由洛伦兹逆变换式（11-5）

$$t_1=\frac{t_1'+\frac{u}{c^2}x'}{\sqrt{1-\left(\frac{u}{c}\right)^2}},\quad t_2=\frac{t_2'+\frac{u}{c^2}x'}{\sqrt{1-\left(\frac{u}{c}\right)^2}}$$

两式相减，得到

$$\Delta t=t_2-t_1=\frac{t_2'-t_1'}{\sqrt{1-\left(\frac{u}{c}\right)^2}}=\frac{\Delta t'}{\sqrt{1-\left(\frac{u}{c}\right)^2}}$$

我们可以将上式写成

$$\tau=\frac{\tau_0}{\sqrt{1-\left(\frac{u}{c}\right)^2}} \tag{11-7}$$

上式表明，在相对于事件发生地点运动的惯性系中所测出的事件之间的时间间隔τ要比与在相对于事件发生地点静止的惯性系中所测出的时间间隔τ_0长一些，这就是所谓的**时间膨胀**。

时间膨胀是一种相对效应。如果在S系中某一地点x处发生的两个事件的时间间隔为Δt，此时固有时则是$\tau_0=\Delta t$，在S′系中观察者测量，这两个事件之间的时间间隔为$\Delta t'$，此时$\tau=\Delta t'$。则根据洛伦兹变换式（11-4）同样可以证明：$\tau=\dfrac{\tau_0}{\sqrt{1-u^2/c^2}}>\tau_0$。

总之，在与事件发生的地点相对静止的惯性系中所测量出的时间间隔即固有时最短，而在与事件发生地点作相对运动的惯性系中测量出的时间间隔较长。

时间膨胀效应还可表述为**运动的时钟变慢**。设S′系中某一地点有一时钟，其两次读数形成了如前所述的发生在同一地点的两个事件，其时间间隔为$\Delta t'$s。同样的两次读数在S系中测量，其间隔是Δts，Δt大于$\Delta t'$。则S系中的观察者把相对于他运动的那只S′中的钟和自己参考系中的钟比较，发现S′中的那只钟变慢了，因此他认为运动的时钟较慢。反之，S′系中的观察者也会认为S系中的那只钟变慢了。

时间膨胀效应是一种相对论效应，与钟的种类和结构无关。时间膨胀效应已经得到了实验的证实。下面以不稳定粒子的平均寿命实验为例来说明。μ子是带负电的不稳定粒子，它的电荷与电子电荷相等，质量约为电子质量的207倍。μ子静止时的平均寿命约为2.0×10^{-6}s，宇宙射线在距地球表面约10^4m的大气层中形成的μ子，如果没有时间膨胀效应，即使以光速运动也只能走600m，在到达地面以前就消失在大气层中了。但是由于时间膨胀效应，地球上测量的μ子寿命变长，一个具有10GeV能量的μ子速率$v\approx0.9999945c$，按式（11-7）可算出地球参考系中测量出的μ子平均寿命膨胀为μ子静止时平均寿命的95倍，完全可以到达地面。类似的高速不稳定粒子平均寿命延长效应，在宇宙射线或加速器的现代实验中是十分平常的现象。

当两惯性系的相对运动速度u远小于光速c即$\frac{u}{c}\to0$时，由式（11-7）可以看到，$\tau=\tau_0$，也就是说两个事件的时间间隔在任何参考系中测量都是一样的。

【例题11-1】 一飞船以$u=9\times10^3$m/s的速率相对于地面匀速飞行。飞船上的钟走了5s，地面上的钟经过了多少时间？

解 飞船上的钟测量的时间间隔5s是固有时τ_0，所以飞船上的这段时间τ用地面上的钟测量，根据式（11-7）得到

$$\tau=\frac{\tau_0}{\sqrt{1-\left(\frac{u}{c}\right)^2}}=\frac{5}{\sqrt{1-(9\times10^3)^2/(3\times10^8)^2}}\text{s}=5.000000002\text{s}$$

这表明，对于飞船这样大的速率，其时间膨胀效应实际上很难测出。

【例题11-2】 在6000m的高空大气层中产生了一个μ介子，以速度$u=0.998c$飞向地球。假定该介子在其自身的静止系中的寿命等于其平均寿命2.0×10^{-6}s。试以地球为参考系来判断该μ介子能否到达地球。

解 考虑一个静止寿命$\tau_0=2.0\times10^{-6}$s的μ介子，若按经典理论计算，即使它以真空光速$c=3\times10^8$m/s运动，它一生也只能通过$3\times10^8\times2\times10^{-6}$m=600m，根本不可能到达地球。根据狭义相对论，可以对此给出合理的说明。

对于地球上的观察者，由于时间膨胀效应，其寿命延长了，衰变前经历的时间为

$$\tau=\frac{\tau_0}{\sqrt{1-\left(\frac{u}{c}\right)^2}}=\frac{2.0\times10^{-6}}{\sqrt{1-(0.998)^2}}=3.16\times10^{-5}\text{s}$$

μ介子在这段时间内飞行的距离为$d=u\tau=9480$m，因$d>6000$m，故该μ介子能到达地球。

11.3.3 长度收缩

长度的测量是和同时性概念密切相关的。在某一参考系中测量棒的长度就是要测量它的两端在同一时刻的位置之间的距离。这一点在测量相对于参考系静止的棒的长度时并不明显地重要，因为它两端的位置不变，不管是否同时记录两端的位置，结果总是一样的。但在测量运动的棒的长度时，同时性的考虑就带有决定性的意义了。例如，要测量正在行进的汽车的长度l，就必须在同一时刻记录车头的位置x_2和车尾的位置x_1，然后算出$l=x_2-x_1$。如果两个位置不是在同一时刻记录的，例如，在记录了x_1之后过一会再记录x_2，则x_2-x_1就和两次记录的时间间隔有关系。它的数值不能代表汽车的长度。

在相对论中，物体的长度也与参考系有关。下面从洛伦兹变换出发来推导不同惯性系中

测量的物体长度之间的关系。

设一细长棒沿水平方向固定在S′系中，即细长棒相对于参考系S′是静止的。测量到细长棒两端坐标分别为x_2'、x_1'。我们把在与待测物体相对静止的惯性系中测得的物体长度称为**固有长度**，用l_0表示。因此，S′系中细长棒的长度即为固有长度$l_0=x_2'-x_1'$。现在S系中t时刻同时测量该细长棒两端位置，得到两端坐标分别为x_2、x_1，则S系中测量到的细长棒长度$l=x_2-x_1$。我们可以把测量细长棒两个端点的坐标看作是两个事件，这两个事件在两个参考系的时空坐标满足洛伦兹变换式（11-4），因此有

$$x_1'=\frac{x_1-ut}{\sqrt{1-\left(\frac{u}{c}\right)^2}},\quad x_2'=\frac{x_2-ut}{\sqrt{1-\left(\frac{u}{c}\right)^2}}$$

将以上两式相减得到

$$x_2'-x_1'=\frac{x_2-x_1}{\sqrt{1-\left(\frac{u}{c}\right)^2}}$$

我们可以将上式写成

$$l=\sqrt{1-\left(\frac{u}{c}\right)^2}\,l_0 \tag{11-8}$$

上式表明，在与物体相对运动的惯性系中测得的物体长度l，要比在与物体相对静止的惯性系中测得的固有长度l_0短，这称为**长度收缩**。

长度收缩也是一种相对效应。如果细长棒静止在S系中，它的固有长度则是$l_0=x_2-x_1$。在S′系中观察者同时测量它的两端坐标得到的长度，是在与细长棒相对运动的惯性系中测得的物体长度，此时$l=x_2'-x_1'$，则根据洛伦兹逆变换式（11-5）同样可以证明：$l=\sqrt{1-\left(\frac{u}{c}\right)^2}\,l_0<l_0$。

总之，在与物体相对静止的惯性系中测得的固有长度l_0最长，而在与物体作相对运动的惯性系中测得的物体长度l要短一些。

注意两惯性系只有在作相对运动的方向才有相对论效应，由于y、z方向上无相对运动，所以无相对论长度收缩效应。

当两惯性系的相对运动速度u远小于光速c即$\frac{u}{c}\to 0$时，由式（11-8）可以看到，$l=l_0$，也就是说两点之间的空间距离在任何参考系中测量都是一样的。

【例题11-3】 当原长为5m的飞船以$u=9\times10^3\text{m/s}$的速率相对于地面匀速飞行时，从地面上测量，它的长度是多少？

解 根据式（11-8），在地面上测量的飞船长度为

$$l=l_0\sqrt{1-\left(\frac{u}{c}\right)^2}=5\sqrt{1-(9\times10^3/3\times10^8)^2}\text{m}\approx 4.999999998\text{m}$$

这表明，对于飞船这样大的速率，其洛伦兹收缩效应实际上也很难测出。

11.3.4 狭义相对论时空观

根据洛伦兹变换可以看到，在一个惯性系中时间的差异，在另一个惯性系中可反映为空

间位置的不同，反之亦然。这意味着空间不再是与时间无关的盛有宇宙万物的一个无形的永不运动的框架，时间亦不再是与空间无关的不断均匀流逝的长河。时间和空间是紧密联系在一起的。

同时性的相对性导致了时间和空间的量度也具有相对性，它们都与参考系的选择有关，即时间、空间的量度与运动具有不可分割的联系，并没有脱离运动的绝对时间和绝对空间，在谈到时空量度时一定要指明是在什么参考系中测量的。

总之，时间和空间是紧密联系的，且与运动有着密切的联系，这就是狭义相对论的时空观。

当参考系之间的运动速度远小于光速，即 $u \ll c$ 时，$t=t'$，$\tau=\tau_0$，$l=l_0$，狭义相对论时空观变成了伽利略变换，它反映的是绝对时空观。所以在低速运动情况下，绝对时空观仍然适用。这表明，绝对时空观是狭义相对论时空观在低速情况下的合理近似。

11.4 狭义相对论动力学基础

我们已经指出，经典力学的基本定律在伽利略变换下保持形式不变，然而，这些定律在洛伦兹变换下就不再能保持形式不变，也就是说，经洛伦兹变换后，这些定律在不同惯性系中具有不同的形式。但按相对论的基本假设，在不同惯性参考系中，力学规律应有同样的形式。因此，必须按相对论的要求，对经典的质量、动量、能量等概念作必要的修改，同时把质量守恒、动量守恒、能量守恒这些普遍规律保存下来，建立起狭义相对论动力学。

11.4.1 相对论质量

如果我们仍然定义质点的动量是 $\boldsymbol{p}=m\boldsymbol{v}$，要使动量守恒定律在洛伦兹变换下保持不变，则质点的质量 m 不能再认为是一个与其速率 v 无关的常量。从理论上可证明运动粒子的质量与运动粒子的速率 v 有如下关系

$$m=\frac{m_0}{\sqrt{1-\left(\frac{v}{c}\right)^2}} \tag{11-9}$$

式中，m_0 是粒子在相对于参考系静止时的质量，称为**静质量**；m 是粒子相对于参考系以速率 v 运动时的质量，又称为**相对论质量**。注意：式（11-9）中的 v 不是两个参考系间的相对速率，而是某一粒子相对于某一参考系的运动速率。运动粒子的质量与运动粒子的速率 v 的关系，使我们认识到物质与运动是相互关联的。

如果$\frac{v}{c} \ll 0$，则 $m \approx m_0$，这时可认为物体的质量与它的速率无关，等于其静止质量，这就是牛顿力学讨论的情况。牛顿力学是相对论力学在低速情况下的近似。

例如，当一火箭以 $v=11.2\text{km/s}$ 的速率运动时，$m=1.0000000009m_0$。而当微观粒子以接近光速的速率 $v=0.98c$ 运动时，$m=5.03m_0$。

如果 $v \to c$，则 $m \to \infty$，这说明当物体的速度接近光速时，其质量变得很大，在恒定力的作用下，使之再加速就很困难，这可以理解为一切物体的运动速度都不可能达到和超过光速的原因。

当 $v=c$ 时，若 $m_0\neq 0$，则 $m=\infty$，这是无意义的；若此时 $m_0=0$，则 m 可有一定量值。只有静止质量为零的粒子才能以光速运动。

11.4.2 相对论动量

根据动量的定义和式（11-9），可得相对论动量的表示式为

$$\boldsymbol{p}=m\boldsymbol{v}=\frac{m_0}{\sqrt{1-\left(\frac{v}{c}\right)^2}}\boldsymbol{v} \tag{11-10}$$

式（11-10）说明动量与速度之间不再是成比例关系。当 $\frac{v}{c}<<0$ 时，由于 $m\approx m_0$，则有 $\boldsymbol{p}=m_0\boldsymbol{v}$，相对论动量与经典动量一致。

在相对论力学中，仍用动量随时间的变化率定义质点受到的作用力，即

$$\boldsymbol{F}=\frac{\mathrm{d}\boldsymbol{p}}{\mathrm{d}t}=\frac{\mathrm{d}}{\mathrm{d}t}(m\boldsymbol{v})=m\frac{\mathrm{d}\boldsymbol{v}}{\mathrm{d}t}+\boldsymbol{v}\frac{\mathrm{d}m}{\mathrm{d}t} \tag{11-11}$$

上式为相对论动力学的基本方程，它形式上与牛顿第二定律 $\boldsymbol{F}=\frac{\mathrm{d}\boldsymbol{p}}{\mathrm{d}t}=\frac{\mathrm{d}(m\boldsymbol{v})}{\mathrm{d}t}$ 相同，但对质量、动量应有不同的认识。可以证明：相对论动力学的基本方程（11-11）在洛伦兹变换下形式保持不变。

式（11-11）说明：力既可改变物体的速度，又可改变物体的质量；力 $\boldsymbol{F}$ 与加速度 $\frac{\mathrm{d}\boldsymbol{v}}{\mathrm{d}t}$ 的方向一般不会相同；只有在 $v<<c$ 时 $\left(\text{此时}\frac{\mathrm{d}m}{\mathrm{d}t}=0\right)$，$\boldsymbol{F}=m\boldsymbol{a}$ 才有效；当 $v\to c$ 时，$m\to\infty$，在有限的力的作用下，加速度 $a=\frac{\mathrm{d}v}{\mathrm{d}t}\to 0$，因此，速度不能无限增加，物体速度以真空中的光速为极限。

11.4.3 相对论动能

设静止质量为 m_0 的自由质点作一维运动，外力 $\boldsymbol{F}$ 作用在这个质点上。用 E_k 表示粒子速率为 v 时的动能，根据质点的动能定理，力对粒子做的功等于粒子动能的增量

$$\mathrm{d}E_\mathrm{k}=F\mathrm{d}x=Fv\mathrm{d}t$$

从相对论力学的基本方程 $F=\frac{\mathrm{d}(mv)}{\mathrm{d}t}$ 得 $F\mathrm{d}t=\mathrm{d}(mv)$，因此

$$\mathrm{d}E_\mathrm{k}=\mathrm{d}(mv)v=(\mathrm{d}m)v\,v+m(\mathrm{d}v)v$$

$$\mathrm{d}E_\mathrm{k}=v^2\mathrm{d}m+mv\mathrm{d}v \tag{11-12}$$

再对相对论质量式(11-9)两边微分

$$\mathrm{d}m=\frac{m_0v\mathrm{d}v}{c^2(1-(v/c)^2)^{3/2}}=\frac{mv\mathrm{d}v}{c^2(1-(v/c)^2)}=\frac{mv\mathrm{d}v}{c^2-v^2}$$

得到

$$mv\mathrm{d}v=(c^2-v^2)\mathrm{d}m$$

将上式代入式(11-12)，最后得到

$$dE_k = c^2 dm$$

粒子静止(动能为零)时质量为 m_0,速度为 v(动能为 E_k)时质量为 m,对上式两边进行积分

$$\int_0^{E_k} dE_k = \int_{m_0}^{m} c^2 dm$$

得到

$$E_k = mc^2 - m_0c^2 \tag{11-13}$$

这就是相对论动能公式。可以证明,这个公式一般成立。

当 $v \ll c$ 时,对式(11-13)作泰勒展开

$$E_k = mc^2 - m_0c^2 = m_0c^2\left(\frac{1}{\sqrt{1-(v/c)^2}} - 1\right) = \frac{1}{2}m_0v^2 + \frac{3}{8}m_0\frac{v^4}{v^2} + \cdots \approx \frac{1}{2}m_0v^2$$

这表明，牛顿力学的动能公式就是相对论动能公式的低速极限。

根据式（11-9）和式（11-13），可以得到粒子速率由动能表示的关系为

$$v^2 = c^2\left[1 - \left(1 + \frac{E_k}{m_0c^2}\right)^{-2}\right] \tag{11-14}$$

上式表明：当粒子的动能由于力对其做功而增大时，速率也增大，但速率的极限是 c。而按照牛顿定律，动能增大时，速率可以无限增大。

11.4.4　相对论能量　质能关系

我们将 mc^2 称为粒子以速率 v 运动时的**总能量** E，m_0c^2 称为粒子的**静止能量**或**静能**，用 E_0 表示，即

$$E = mc^2 \tag{11-15}$$

$$E_0 = m_0c^2 \tag{11-16}$$

静止能量是一个崭新的概念，宏观物体的静止能量实际上包括组成该物体的所有微观粒子的动能、势能等一切形式的能量，是物体热力学能的总和。虽然一般不知道这一切形式能量的详细情况，但狭义相对论给出了它与静质量成正比的关系。

式（11-15）表明，一定的质量相应于一定的能量，二者的数值只相差一个恒定的因子 c^2。式（11-15）是相对论的**质能关系**，这是狭义相对论的重要结论之一，它反映物质的基本属性——质量与能量的不可分割的关系。但质量和能量不是同一概念：质量表征物体的惯性及其相互间的万有引力；能量表征物质系统的状态及其变化。

式（11-13）可写成

$$E_k = E - E_0 \tag{11-17}$$

即动能为总能量和静止能量之差。

放射性蜕变、原子核反应均证明了相对论的质能关系。

【例题 11-4】　一个静止质量是 m_0 的粒子以速率 $v=0.8c$ 运动，问此时粒子的质量和动能分别是多少？

解　根据相对论质量公式（11-9），当粒子的速率为 v 时的质量为

$$m = \frac{m_0}{\sqrt{1-(v/c)^2}} = \frac{m_0}{\sqrt{1-0.8^2}} = \frac{5}{3}m_0$$

根据相对论动能公式（11-13），当粒子的速率为 v 时的动能为

$$E_k = mc^2 - m_0c^2 = \left(\frac{5m_0}{3} - m_0\right)c^2 = \frac{2}{3}m_0c^2$$

即粒子的动能是其静止能量的 2/3。

11.4.5 相对论的动量和能量关系

经典力学中动量和能量关系为 $E_k = \frac{p^2}{2m}$，它在洛伦兹变换下形式要发生变化。根据相对论的质能关系可推出相对论的动量和能量关系为

$$E = mc^2 = \frac{m_0}{\sqrt{1-(v/c)^2}}c^2$$

$$\left(\frac{E}{c}\right)^2 - p^2 = \frac{m_0^2c^2}{1-(v/c)^2} - p^2 = \frac{m_0^2c^2}{1-(v/c)^2} - m^2v^2 = \frac{m_0^2c^2}{1-(v/c)^2} - \frac{m_0^2v^2}{1-(v/c)^2} = m_0^2c^2$$

即

$$E^2 = c^2p^2 + m_0^2c^4 \tag{11-18}$$

上式即为**相对论动量能量关系式**。

对于光子，其静止质量 $m_0 = 0$，根据式（11-18）可以得到如下关系

$$p = \frac{E}{c} \tag{11-19}$$

这就是光子的动量和能量关系。

内 容 提 要

1. 牛顿绝对时空观

长度和时间的测量与参考系无关。

伽利略变换：$x' = x - ut \quad y' = y \quad z' = z \quad t' = t$

2. 狭义相对论基本原理

相对性原理：物理定律在一切惯性系中都有相同的形式。

光速不变原理：在任何惯性系中，真空中的光速 c 都相等。

3. 洛伦兹变换

洛伦兹变换：$x' = \frac{x - ut}{\sqrt{1-u^2/c^2}} \quad y' = y \quad z' = z \quad t' = \frac{t - \frac{u}{c^2}x}{\sqrt{1-u^2/c^2}}$

4. 狭义相对论时空观

时间、长度、物质的运动三者紧密相关。

（1）同时的相对性：在某一惯性系中同时发生的两事件，在另一相对它运动的惯性系中并不一定同时发生。

（2）时间膨胀：$\tau = \frac{\tau_0}{\sqrt{1-u^2/c^2}}$

（3）长度收缩：$l = l_0\sqrt{1-u^2/c^2}$

5. 相对论质量：$m=\dfrac{m_0}{\sqrt{1-v^2/c^2}}$

6. 相对论能量：静能 $E_0=m_0c^2$，动能 $E_k=mc^2-m_0c^2$，总能量 $E=mc^2$

7. 相对论动量、能量关系：$E^2=(cp)^2+E_0^2$

习　　题

一、选择题

1. (1) 对某观察者来说，发生在某惯性系中同一地点、同一时刻的两个事件，对于相对该惯性系作匀速直线运动的其他惯性系中的观察者来说，它们是否同时发生？

(2) 在某惯性系中发生于同一时刻、不同地点的两个事件，它们在其他惯性系中是否同时发生？

关于上述两个问题的正确答案是　[　　]

A. (1) 同时，(2) 不同时　　B. (1) 不同时，(2) 同时

C. (1) 同时，(2) 同时　　D. (1) 不同时，(2) 不同时

2. 在狭义相对论中，下列说法中哪些是正确的？　[　　]

(1) 一切运动物体相对于观察者的速度都不能大于真空中的光速。

(2) 质量、长度、时间的测量结果都随物体与观察者的相对运动状态而改变。

(3) 在一惯性系中发生于同一时刻、不同地点的两个事件在其他一切惯性系中也是同时发生的。

(4) 惯性系中的观察者观察一个与他作匀速相对运动的时钟时，会看到这时钟比与他相对静止的相同的时钟走得慢些。

A. (1)，(3)，(4)　　B. (1)，(2)，(4)

C. (1)，(2)，(3)　　D. (2)，(3)，(4)

3. 在某地发生两件事，与该处相对静止的甲测得时间间隔为 4s，若相对甲作匀速直线运动的乙测得时间间隔为 5s，则乙相对于甲的运动速度是　[　　]

A. $4c/5$　　B. $c/5$　　C. $2c/5$　　D. $3c/5$

4. 根据天体物理学的观察和推算，宇宙正在膨胀，太空中的天体都离开我们的星球而去。假定在地球参考系上观察到一颗脉冲星（发出周期性脉冲无线电波的星）的脉冲周期为 0.50s，且这颗星正在以运行速度 $0.8c$ 离我们而去，那么这颗星的固有脉冲周期应是

[　　]

A. 0.10s　　B. 0.30s　　C. 0.50s　　D. 0.83s

5. 宇宙飞船相对地面以速度 u 作匀速直线飞行，某一时刻飞船头部的宇航员向飞船尾部发出一个光信号，经过 Δt（飞船上的钟）时间后，被尾部的接收器收到，则由此可知飞船的固有长度为　[　　]

A. $c\Delta t$　　B. $u\Delta t$　　C. $c\Delta t\sqrt{1-(u/c)^2}$　　D. $\dfrac{c\Delta t}{\sqrt{1-(u/c)^2}}$

6. 设某微观粒子的总能量是它的静止能量的 k 倍，则其运动速度的大小为（以 c 表示真空中的光速）　[　　]

A. $\frac{c}{k-1}$ B. $\frac{c}{k}\sqrt{1-k^2}$ C. $\frac{c}{k}\sqrt{k^2-1}$ D. $\frac{c}{k+1}\sqrt{k(k+2)}$

二、填空题

1. 已知惯性系S′相对于惯性系S系以$0.5c$的匀速度沿x轴的方向运动，若从S′系的坐标原点O'沿x轴正方向发出一光波，则S系中测得此光波的波速为________。

2. π^+介子是不稳定的粒子，在它自己的参考系中测得平均寿命是2.6×10^{-8}s，如果它相对实验室以$0.8c$的速度运动，那么实验室坐标系中测得的π^+介子的寿命是________。

3. 牛郎星距离地球约16l. y.（光年），宇宙飞船以________的匀速度飞行，将用4a（年）的时间（宇宙飞船上的钟指示的时间）抵达牛郎星。

4. 某加速器将电子加速到能量$E=2.0\times10^6$eV时，该电子的动能为________eV。（电子的静止质量$m_{e0}=9.11\times10^{-31}$kg，1eV$=1.60\times10^{-19}$J）

5. 设电子静止质量为m_{e0}，将一个电子从静止加速到速率为$0.6c$，需做功________。

6. 当粒子的动能等于它的静止能量时，它的运动速度为________。

三、计算题

1. 静止的μ子的平均寿命约为$\tau_0=2\times10^{-6}$s。今在8km的高空，由于π介子的衰变产生一个速度为$u=0.998c$的μ子，问此μ子有无可能到达地面？

2. 一艘宇宙飞船船身固有长度为$l_0=90$m，相对于地面以$u=0.8c$的匀速度从一观测站的上空飞过。(1) 观测站测得飞船的船身通过观察站的时间间隔是多少？(2) 宇航员测得船身通过观察站的时间间隔是多少？

3. 要使电子的速度从$v_1=1.2\times10^8$m/s增加到$v_2=2.4\times10^8$m/s，必须对它做多少功？（电子的静止质量$m_e=9.11\times10^{-31}$kg）

4. 设快速运动的介子的能量约为$E=3000$MeV，这种介子在静止时的能量为$E_0=100$MeV。若这种介子的固有寿命是$\tau_0=2\times10^{-6}$s，求它在实验室运动的距离。

5. 某一宇宙射线中的介子的动能$E_k=7m_0c^2$，其中m_0是介子的静止质量。试问在实验室中观察到它的寿命是它的固有寿命的多少倍？

第12章　波 和 粒 子

在解释光电效应和氢原子的光谱等实验事实时，爱因斯坦、玻尔等物理学家意识到在微观世界中存在一种新的效应，这就是量子效应。从此，一种不同于宏观理论的量子论逐步建立起来。尽管这种早期的量子理论不尽完善，在很大程度上是经典概念和量子假设的混合物，但这是物理学发展中的一个里程碑。1924 年德布罗意提出物质波概念后，人们认识到微观粒子具有波粒二象性，在此基础上逐步建立了描述微观世界的量子力学理论。

本章首先介绍光电效应、玻尔氢原子理论，在这些问题中电磁辐射都表现出量子性，即光的量子性。然后介绍德布罗意波假设、微观粒子运动状态的不确定关系等有关微观粒子波动性的基本概念。

12.1　光电效应　爱因斯坦方程

德国物理学家普朗克在研究受到加热的物体按什么方式发射电磁波的黑体辐射问题时，于 1900 年提出了具有划时代意义的能量量子的概念，从而打开了量子物理世界的大门。1905 年爱因斯坦利用量子论成功地解释了著名的光电效应，从而使量子论得到进一步的发展。

12.1.1　光电效应的实验规律

金属在光照射下发射出电子，这个现象称为**光电效应**。从金属表面逸出的电子称为**光电子**，光电子运动形成光电流。研究光电效应的装置如图 12-1 所示，在一个真空管内装有阴极 K 和阳极 A，阴极 K 为金属板，当单色光通过石英窗口射到金属板 K 上时，金属板便释放光电子。如果在 A，K 两端加上电压 U，则光电子飞向阳极，回路中形成光电流，光电流的大小由电流表读出。实验结果如下。

1. 光电流

对于一定强度的入射光，光电流 i 随加在两电极上电压 U 的增加先是增大，然后趋于一个饱和值 i_s，如图 12-2 所示。当入射光频率和电压 U 固定时，饱和光电流 i_s 与入射光强度 I 成正比，这意味着单位时间内从阴极表面发射出的光电子数与入射光强成正比。

2. 光电子初动能

从阴极发射出来的光电子具有一定的初动能，它们可以克服反向电场力做功到达阳极。只有当反向电压为某个数值 U_c 时，光电流才减少为零。这个反向电压 U_c 称为光电效应的**截止电压**。实验表明，光电子的最大初动能与入射光强无关。eU_c 是光电子克服截止电场力所做的功，能够做功 eU_c 因而刚好能到达阳极的光电子应具有最大的初动能。设从阴极发射的光电子最大初速度为 v_m，电子的质量为 m_e，则有

$$\frac{1}{2}m_e v_m^2 = eU_c \tag{12-1}$$

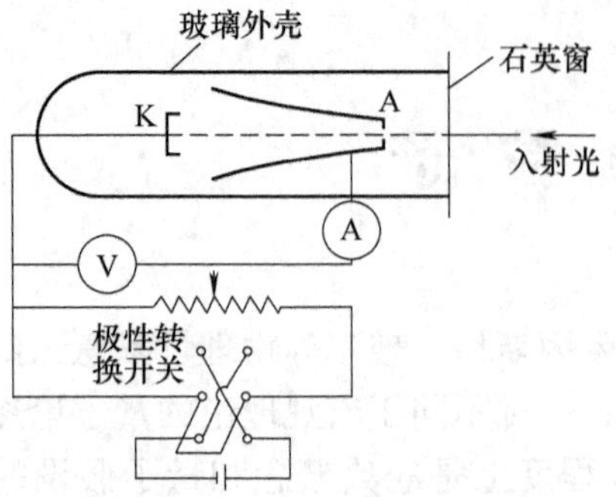

图 12-1　光电效应实验装置

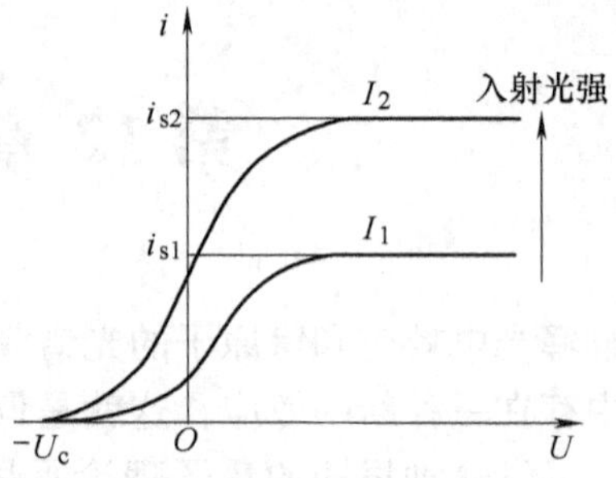

图 12-2　光电效应的实验规律

3. 截止频率

改变入射光的频率，光电效应的截止电压 U_c 则随之变化。实验发现：截止电压 U_c 与入射光频率之间具有如图 12-3 所示的线性关系

$$U_c = K\nu - U_0 \tag{12-2}$$

式中，K、U_0 都是正值，K 是普适恒量，对所有的金属都是相同的；U_0 则对不同金属有不同的值，对同一金属为恒量。利用式（12-1）得到

$$\frac{1}{2}m_e v_m^2 = eK\nu - eU_0 \tag{12-3}$$

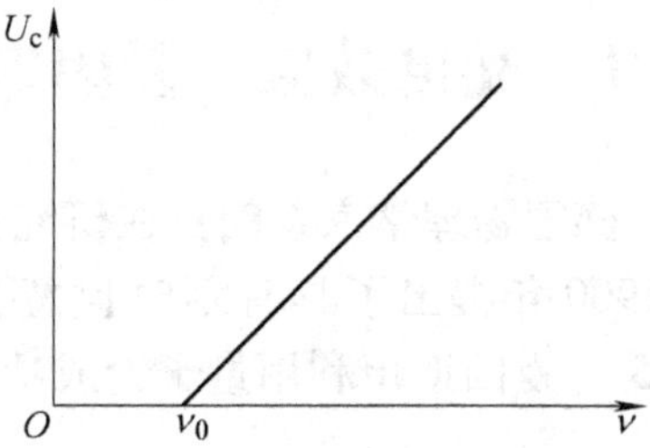

图 12-3　遏止电压与频率成线性关系

这表明，光电子的最大初动能随入射光频率线性变化，而与入射光强无关。上式还给出了对入射光频率的约束条件

$$\nu \geqslant \frac{U_0}{K} \tag{12-4}$$

即 ν 必须满足上述条件，才能产生光电效应。定义一个与金属有关的恒量

$$\nu_0 = \frac{U_0}{K} \tag{12-5}$$

因此我们看到：对于用某种材料制成的金属，存在一个极限频率 ν_0，当入射光频率 $\nu < \nu_0$ 时，无论入射光强多大、照射时间多长，都不会产生光电效应，这个极限频率 ν_0 叫做光电效应的临界**截止频率**，又叫做**红限频率**。例如，钠的截止频率为 4.39×10^{14}Hz（绿光），有些金属的截止频率不在可见光波段。

4. 瞬时效应

光电效应是瞬时的，实际上几乎观察不到时间延迟（时间间隔小于 10^{-9}s）。

【例题 12-1】　在一个光电效应实验中，以波长为 530nm 的光照射到一种金属的表面上，产生的光电子的动能遍及 0 到 4.8×10^{-19}J，欲阻止住最快的光电子到达阳极，需施加的最小电压为多大?

解　本题中所求的最小电压就是对于此种入射光的截止电压 U_c，因为最快的光电子具有最大的初动能，根据式（12-1），有

$$U_c = \frac{1}{2}m_e v_m^2/e = \frac{4.8\times10^{-19}}{1.6\times10^{-19}}\text{eV} = 3.0\text{eV}$$

12.1.2 光的波动说遇到的困难

光的波动理论仅能解释上述实验结果1，即光电流随着光强的增大而增加。这是因为入射光强越大，金属接受到的能量越多，故发射出的电子就越多。而其他实验事实结果则完全不能用波动理论来解释。按照光的波动理论，入射光照射到金属上连续地向金属输送能量，金属中的电子从入射光中吸收能量，作受迫振动，电子连续地吸收能量使振幅越来越大，当振动的能量积累到一定值时，电子才能逸出金属表面成为光电子。光波的能量决定于光波的强度，而后者与波的振幅平方成正比。不管入射光的频率是多大，总可以通过增大波振幅的办法使入射光达到足够的强度，以便使金属中的电子获得足以逸出金属表面的能量。所以不应有截止频率来限制入射光的频率，任意频率的光波入射都能产生光电效应。逸出电子的初动能也将随入射光强的增大而增大，与入射光频率无关。

再研究一下光电效应的时间响应问题。设电子吸收能量的面积为原子半径平方的量级，以钾原子为例，原子半径取 $r=0.5\times10^{-10}$m，已知一个电子脱离钾原子需要1.8eV的能量，按照经典电磁理论计算，一个距离功率为1W的光源3m处的原子积累到1.8eV能量大约要一个多小时。而实验事实是，只要光的频率超过红限，不论光怎样弱，光电子几乎是瞬时发射出来的。

12.1.3 爱因斯坦方程

1905年爱因斯坦将普朗克的量子假设加以发展，认为不仅发射光的振子具有量子性，发出的光也有量子性，即光在被发射、被吸收和传播时能量都是量子化的，可将光看作是一束以光速 c 运动的粒子流，这种粒子称为光量子或**光子**，每个光子的能量由光的频率决定，大小为

$$\varepsilon = h\nu \tag{12-6}$$

式中，h 为**普朗克常量**，它是一个很小的量，$h=6.626\times10^{-34}\,\mathrm{J\cdot s}$。普朗克常量是一个普适常量。

因此，光的能流密度 S 决定于单位时间内垂直通过单位面积上的光子数 N，即 $S=Nh\nu$。同普朗克的量子假设一样，爱因斯坦的光子假设在当时也是十分大胆的。

按照爱因斯坦的光子理论，光照射到金属阴极，光子一个一个地打在金属的表面，发生光子与金属中电子的碰撞，电子要么与光子发生碰撞吸收一个光子，要么因为没有发生碰撞而完全不吸收。如果电子吸收了一个光子，电子吸收的能量一部分用来提供解脱表面束缚所需的能量，另一部分变成从金属中射出后的电子动能。由于金属中的电子被表面束缚的程度各不相同，因此将电子从金属内移到表面外所需要的能量也是各不相同的，电子被束缚得越紧，这个能量就越大。移走束缚最小的电子所需要的能量称为金属的**逸出功**或**功函数**，用 A 表示。逸出功取决于金属材料的特性，常见金属逸出功的数量级为 10^0eV，例如钠的逸出功是2.28eV，铜的逸出功是4.70eV。

从以上分析可以看出，光照射后从金属表面射出的光电子带有不同的动能，其范围从零到某个最大值。根据能量守恒定律，光子携带的能量与逸出功（最小束缚能）之差等于发射出的电子最大初动能，即

$$h\nu=\frac{1}{2}m_{e}v_{m}^{2}+A \tag{12-7}$$

式（12-7）称为光电效应的**爱因斯坦方程**。

爱因斯坦方程可以解释光电效应的所有实验结果。入射光强大，表明单位时间内垂直通过单位面积上的光子数N大，于是在金属中单位时间内吸收光子的电子数就多，从而饱和光电流i_s就大。但不论入射光强大小如何，一个电子一次只吸收一个光子，故从式（12-7）可以直接解释光电子的初动能与频率的线性关系，与入射光强无关。如果入射光的频率低，则光子的能量小，当光子的能量$h\nu$小于金属的逸出功A时，电子吸收了这样的一份能量不足以克服金属表面的束缚，此时无论光强多大，也不会有光电子逸出。所以光电效应存在截止频率，令式（12-7）中的初动能为零，可求得用A和h表示的截止频率

$$\nu_0=\frac{A}{h} \tag{12-8}$$

另外，光照射到金属阴极，实际上是单个能量为$h\nu$的光子束入射到阴极，光子与阴极内的电子发生碰撞。当电子一次性地吸收了一个光子后，便获得了$h\nu$的能量而立刻从金属表面逸出，没有时间延迟，即光电效应是瞬时的。

比较式（12-3）和式（12-7），还可以得到常量K和U_0的数值

$$K=\frac{h}{e},\ U_0=\frac{A}{e} \tag{12-9}$$

利用光电效应中光电流与入射光强成正比的特性，可以制造光电转换器，实现光信号与电信号之间的相互转换。这些光电转换器如光电管等，广泛应用于光功率测量、光信号记录、电影、电视和自动控制等诸多方面。

【例题12-2】 一个光电管的发射极的截止波长为500nm，如果某种入射光的截止电压是2.5V，求此种入射光的波长。

解 利用式（12-8）可以算出发射极的逸出功A

$$A=h\nu_0=\frac{hc}{\lambda_0}=\frac{6.626\times10^{-34}\times3.0\times10^{8}}{500\times10^{-9}}\text{J}=3.98\times10^{-19}\text{J}$$

根据光电效应的爱因斯坦方程式（12-7），并利用式（12-1），得到

$$\frac{hc}{\lambda}=eU_c+A$$

$$\lambda=\frac{hc}{eU_c+A}=\frac{6.626\times10^{-34}\times3.0\times10^{8}}{1.6\times10^{-19}\times2.5+3.98\times10^{-19}}\text{m}$$

$$=2.491\times10^{-7}\text{m}=249.1\text{nm}$$

12.2 光的波粒二象性

1916年爱因斯坦又提出，光子不仅具有能量，而且还有质量、动量等粒子共有的一般特性。根据相对论的质量能量关系，光子的质量为

$$m=\frac{\varepsilon}{c^2}=\frac{h\nu}{c^2} \tag{12-10}$$

光子以光速运动，因此光子的动量

$$p = mc = \frac{h\nu}{c} = \frac{h}{\lambda} \tag{12-11}$$

能量ε和动量p描述了光子的粒子性，而频率ν和波长λ描述了光子的波动性，这种双重性质称为**光的波粒二象性**，它们之间通过式（12-10）和式（12-11）由普朗克常量h联系起来。在光的干涉、衍射和偏振等现象中，光表现出明显的波动性，而在这里光却表现出粒子性，在经典理论中这种观点是无法接受的，如何理解光的这种波粒二象性呢？首先应该看到，这里所说的波或者粒子都是经典观念中对物质运动图像的一种抽象和近似，这种抽象和近似不能用来恰当地描述微观世界，微观世界的事物有着与宏观世界的事物不同的性质和规律，从这个意义上说，光既不是经典观念中的波，也不是经典观念中的粒子。另外，在对光的本性的理解上，不应在波动性和粒子性之间进行简单的非此即彼的取舍，而应将其视为光的本性在不同侧面的反应，一般来说，在光与物质的相互作用过程中，光的粒子性表现得较为显著；在光的传播过程中，光的波动性表现得较为明显。

光具有粒子性，那么受到光照射的物体就会感受到**光压**，就像雨点撞击伞面对雨伞施加压力一样。由于光子的能量和动量十分微小，因此光子对反射面的光压也是很微弱的。列别捷夫在1900年就精确测定了微小的光压，现在使用激光可以产生相当高的光压。存在光压这一事实本身意义很大，证明了光不仅具有能量，还具有质量和动量。在天体物理学中，光压能产生可观的效应，例如当彗星接近太阳时，它的尾巴总是朝着背向太阳的方向，就是因为尾部的微粒受到光压的推斥作用引起的。

爱因斯坦发展了普朗克的量子思想，提出了光量子学说，成功地说明了光电效应的实验规律，揭示了光既具有波动属性又具有粒子属性——波粒二象性，为此，他荣获1921年的诺贝尔物理学奖。

【例题12-3】 一种学生用激光器的波长为633nm，激光器的输出功率为3.0mW，光束截面积为2.0mm²。试求：（1）每秒钟有多少光子通过光束的横截面？（2）若该光束垂直入射到一个面积为2.0mm²的光滑表面并全部反射，则此表面受到的光压是多少？

解 （1）每秒钟通过光束横截面的能量为0.003J，而每个光子的能量为$h\nu = hc/\lambda$，因此，每秒钟通过光束横截面的光子数为

$$N = \frac{\text{功率}}{\text{一个光子能量}} = \frac{0.003 \times 633 \times 10^{-9}}{6.626 \times 10^{-34} \times 3.0 \times 10^{8}} \text{个/s} = 9.55 \times 10^{15} \text{个/s}$$

（2）每个光子的动量为

$$p = \frac{h}{\lambda} = \frac{6.626 \times 10^{-34}}{633 \times 10^{-9}} \text{kg} \cdot \text{m/s} = 1.047 \times 10^{-27} \text{kg} \cdot \text{m/s}$$

光子在表面反射时，其动量由p改变为$-p$，故一个光子对表面的冲量大小为$2p$，而每秒钟撞击表面的光子数为N，因此，光束每秒钟作用在表面上的冲量，即作用在表面上的冲力的大小F为

$$F = 2pN = 2 \times 1.047 \times 10^{-27} \times 9.55 \times 10^{15} \text{kg} \cdot \text{m/s}^2 = 2.00 \times 10^{-11} \text{kg} \cdot \text{m/s}^2$$

表面受到的光压

$$P = \frac{F}{S} = \frac{2.00 \times 10^{-11}}{2.0 \times 10^{-6}} \text{N/m}^2 = 1.0 \times 10^{-5} \text{N/m}^2$$

12.3 玻尔氢原子理论

12.3.1 氢原子光谱的规律性

原子发光是原子的重要特性，而光谱学的数据对研究物质结构具有重要的意义。在19世纪末，已有很多分析气体放电时产生的分立光谱的实验工作。最轻、最简单的原子就是氢原子，它由一个质子和一个电子组成，氢原子具有最简单的光谱。利用非常精密的分光镜测量，人们找到了氢原子在可见光和不可见光范围内的谱线序列。1885年，巴尔末应用归纳法，将氢原子的光谱波长用下列经验公式来表示

$$\lambda = B\frac{n^2}{n^2-4} \tag{12-12}$$

式中，$B=365.47\text{nm}$；n 为正整数，当 $n=3，4，5，\cdots$ 时，上式给出 H_α，H_β，$H_\gamma\cdots$ 等谱线波长。

光谱学中也常用**波数** $\sigma=\frac{1}{\lambda}$ 这个物理量，σ 的意义是单位长度内所含有的波的数目，用波数来表示式（12-12）

$$\sigma=\frac{1}{\lambda}=\frac{4}{B}\left(\frac{1}{2^2}-\frac{1}{n^2}\right) \tag{12-13}$$

此式称为**巴尔末公式**，在可见光范围内的谱线称为氢原子光谱的巴尔末系。

1889年，里德伯提出了更一般的氢原子光谱序列的**里德伯公式**

$$\sigma=R_\infty\left(\frac{1}{k^2}-\frac{1}{n^2}\right) \tag{12-14}$$

$$k=1，2，3，\cdots \quad n=k+1，k+2，k+3\cdots$$

其中，$R_\infty=\frac{4}{B}=1.0967758\times10^7\text{m}^{-1}$，称为**里德伯常量**。这个公式与实验观测结果符合得很好，相当精确地反映了氢原子光谱的实验规律。公式中不同的 k 为不同的线系，对应于同一个 k 值、不同的 n 值构成线系中的不同谱线。氢原子光谱有以下线系

$k=1$ 莱曼系（紫外） $k=2$ 巴尔末系（可见）

$k=3$ 帕邢系（红外） $k=4$ 布喇开系（远红外）

$k=5$ 普芳德系（远红外） $k=6$ 哈弗莱系（远红外）

图12-4是用摄谱仪摄得的氢、氦和汞的光谱图（可见光部分），它们是一系列线光谱。

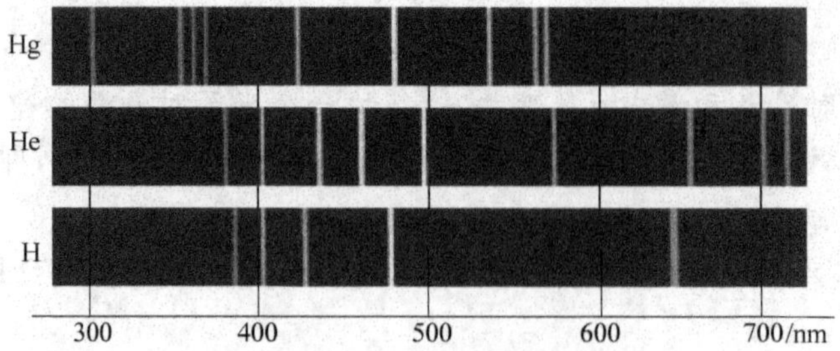

图12-4 线光谱

12.3.2 玻尔的氢原子理论简介

对原子光谱线系经验公式的解释，需要知道原子的内部结构。然而直到20世纪初，人们对原子内部结构还不清楚，这个问题困扰着许多物理学家，他们提出了种种不同的原子模型。卢瑟福根据 α 粒子散射实验提出了原子结构的核式模型，但是根据经典物理理论和原子结构的核式模型却无法解释原子光谱。

按照卢瑟福的原子模型，在最简单的氢原子中，一个电子绕着带正电的原子核作圆周运动。由于匀速圆周运动是加速运动，而按照经典电磁场理论，一个作加速运动的带电粒子将会发射电磁波，因此，电子在作圆周运动的过程中将发射电磁波。如果电子作圆周运动的周期是 T，则它发射的电磁波的周期也是 T。随着电子不断地发射电磁波，原子的能量不断地被消耗，使得电子的轨道半径连续不断地变小，因而运动的周期也在不断地变小，进而发射出的电磁波的频率（$1/T$）也是连续变化的。所以在这个过程中，原子发射出的电磁波的频率在不断增大，而且频谱是连续的。更为关键的是，随着这样的辐射过程的进行，电子最终将与原子核相遇，因此，这样的原子在经典理论中是一个不稳定的系统。以氢原子为例，假定在 $t=0$ 时刻，电子处在半径为 10^{-10}m（原子半径的数量级）的轨道上，则到时刻 $t=1.1\times10^{-10}$s，电子的轨道半径就变为零，即落在原子核上。然而，物质世界中的原子却是稳定地存在着的。

从表面上看，原子结构的核式模型存在着困难，它既无法说明原子的稳定结构，也不能解释原子光谱的线状分立谱特征。然而，原子结构的核式模型却被大量的实验所证实，至今仍然被确认是完全正确的。因此，以上困难实际上揭示了经典物理理论所描绘的原子内部运动图像是不正确的。

玻尔在卢瑟福的原子结构核式模型的基础上，仍然利用经典力学的概念，但把量子化的概念应用到原子系统的状态上，认为原子态是量子化的，他于1913年提出了下面的二个基本假设，建立了氢原子的量子论，很好地解释了氢原子光谱的实验规律。

1）**定态假设**：原子系统只能处在一系列不连续的能量状态，在这些状态中，氢原子的核静止不动，电子绕核作匀速圆周运动。虽然电子绕核转动，具有加速度，但并不辐射电磁波，这些状态称为原子的**定态**，相应的能量为 E_1，E_2，E_3，…（$E_1<E_2<E_3\cdots$）。通过吸收或发射电磁辐射，或者通过原子间的碰撞，原子从一个定态变成另一个定态，原子的能量相应地从一个值跳变到另一个值，而不能任意连续地变化。

2）**跃迁假设**：当原子从能量为 E_n 的定态跃迁到另一能量为 E_k 的定态时，就要吸收或放出一个光子，光子频率 ν_{kn} 由下式决定

$$\nu_{kn}=\frac{|E_n-E_k|}{h} \tag{12-15}$$

式中，h 为普朗克常量。上式又称为玻尔频率假设。

从原子的分立光谱事实和普朗克、爱因斯坦的光量子论，玻尔提出的这两条假设是十分自然的，然而却与经典物理学的概念和理论存在着尖锐的矛盾。

氢原子中的电子绕核作匀速圆周运动所需的向心力是原子核对电子的静电吸引力，设电子的质量为 m_e，电子绕核转动的圆周轨道半径和速率分别为 r、v，根据牛顿运动定律有

$$\frac{e^2}{4\pi\varepsilon_0 r^2} = m_e \frac{v^2}{r} \tag{12-16}$$

电子的动能为 $E_k = \frac{1}{2}m_e v^2$，系统的势能为 $E_p = -\frac{e^2}{4\pi\varepsilon_0 r}$，利用上式得到原子的能量为

$$E = E_k + E_p = \frac{1}{2}m_e v^2 - \frac{e^2}{4\pi\varepsilon_0 r} = -\frac{e^2}{8\pi\varepsilon_0 r} \tag{12-17}$$

根据玻尔的定态假设，原子系统只能处在一系列不连续的能量状态，从上式看出，电子绕核运动的轨道半径也只能取一些不连续的值。那么电子圆周轨道的半径究竟只能取哪些分立值呢？为此玻尔当时提出了另外一个确定原子定态的附加量子化条件：电子绕核作定态运动的轨道角动量 $\boldsymbol{L}$ 的大小只能是 $\hbar\left(\hbar = \frac{h}{2\pi}\right)$ 的整数倍，即

$$L = n\hbar = n\frac{h}{2\pi} \quad n = 1,\ 2,\ 3 \tag{12-18}$$

式中，$\hbar = 1.054 \times 10^{-34}\ \mathrm{J \cdot s}$，称为**约化普朗克常量**，它是原子角动量的基本单元，上式称为角动量**量子化条件**。只有满足这个条件的圆周运动轨道才是允许存在的。因此，上式又称为玻尔轨道量子化条件。

按照经典力学，电子圆周运动的角动量大小为 $L = m_e vr$，根据角动量量子化条件式（12-18），利用式（12-16），消去 v 得

$$r_n = n^2\left(\frac{\varepsilon_0 h^2}{\pi m_e e^2}\right) \quad n = 1,\ 2,\ 3,\ \cdots \tag{12-19}$$

利用式（12-17），求出原子定态的能量为

$$E_n = -\frac{1}{n^2}\left(\frac{m_e e^4}{8\varepsilon_0^2 h^2}\right) \quad n = 1,\ 2,\ 3,\ \cdots \tag{12-20}$$

从以上两式可以看出，r_n 正比于 n^2，而 E_n 反比于 n^2，原子定态的轨道半径和能量都是一系列不连续的分立值，即原子内部的运动状态及其相应的能量是量子化的，正整数 $n = 1$，2，3…，称为量子数。定态能量 E_n 对于所有量子数 n 的取值集合就构成了原子的分立能谱，而其中的每一个分立能量就是一个**能级**，如图 12-5 所示。以量子数 n 所表征的能级 E_n 和半径为 r_n 的轨道运动，就代表了原子内部运动的第 n 个量子化定态。

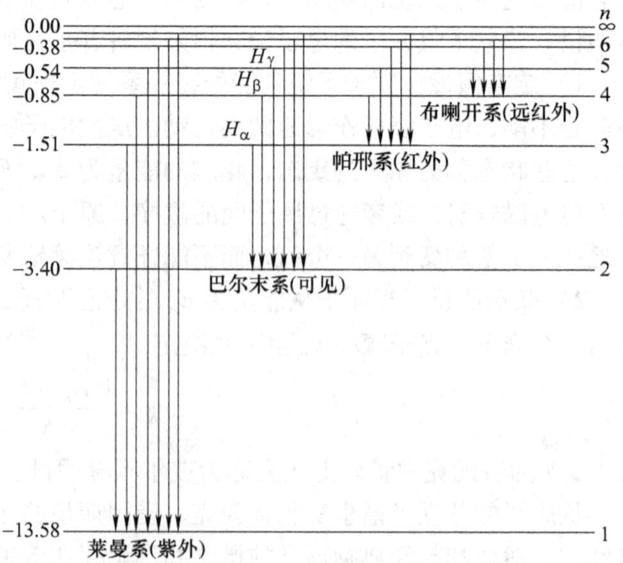

图 12-5　氢原子的能级及其光谱系

根据式（12-20），$n = 1$ 时原子定态的能量最低，这个定态称为原子的基态，其余的与 $n = 2，3，4\cdots$ 相应的那些定态，能量依次升高，分别

称为第一、第二、第三激发态。当 $n\to\infty$ 时 $E_n\to 0$，能级趋于连续，$n=\infty$ 时达到最高能量零。$E_n<0$ 说明原子的定态都是束缚态。若原子的能量 $E>0$，表明原子已发生电离，此时能量可连续变化。根据式（12-19），从基态到各个激发态的相应轨道半径是逐渐增大的。我们算出氢原子基态（$n=1$）的能量和轨道半径

$$E_1=-\frac{m_e e^4}{8\varepsilon_0^2 h^2}=-2.17\times10^{-18}\text{J}=-13.6\text{eV}$$

$$a_0=\frac{\varepsilon_0 h^2}{\pi m_e e^2}=0.529\times10^{-10}\text{m}$$

a_0 称为氢原子第一玻尔轨道半径，简称**玻尔半径**。

按照玻尔的跃迁假设，当原子从高能级 E_n 向低能级 E_k 跃迁时，发射一个光子，其频率和波数为

$$\nu_{nk}=\frac{E_n-E_k}{h}$$

$$\sigma_{nk}=\frac{1}{\lambda}=\frac{\nu_{nk}}{c}=\frac{E_n-E_k}{hc}=\frac{m_e e^4}{8\varepsilon_0^2 h^3 c}\left(\frac{1}{k^2}-\frac{1}{n^2}\right)$$

$$k=1,\ 2,\ 3,\ \cdots\quad n=k+1,\ k+2,\ k+3,\ \cdots$$

上式与氢原子光谱的实验规律式（12-14）一致，并由此得到氢原子里德伯常量的理论值为

$$R_{\text{H}}=\frac{m_e e^4}{8\varepsilon_0^2 h^3 c}=1.0973731\times10^7\text{m}^{-1}$$

R_{H} 与实验值 R_∞ 符合得相当好。然而 R_{H} 与 R_∞ 之间还是有一些差别，这主要是由于我们在前面假设了原子核静止不动，相当于将原子核的质量看成无限大（与电子的质量相比而言）。对此进行修正，得到的理论值 R_{H} 与实验值 R_∞ 符合得更好。

利用 R_{H} 就可将波数写成

$$\sigma=R_{\text{H}}\left(\frac{1}{k^2}-\frac{1}{n^2}\right)\tag{12-21}$$

$$k=1,\ 2,\ 3,\ \cdots\quad n=k+1,\ k+2,\ k+3,\ \cdots$$

这就是氢原子光谱的实验规律式（12-14）。

这样，玻尔理论就成功地解释了氢原子光谱的规律性，并且从理论上导出了氢原子里德伯常量的正确表示式。但是，玻尔理论本身具有结构性的缺陷，没有逻辑上的统一性。它是经典理论与量子假设的混合物，既沿用了质点坐标、速度和轨道等经典力学概念来描述原子内部的运动，又人为地引入了两条量子假设和角动量量子化条件，而这些假设和条件缺乏令人信服的理论依据。玻尔理论中的原子定态、跃迁、轨道角动量量子化等概念现在仍然有效，它对量子力学的发展有很大贡献。

【例题12-4】 在气体放电管中，用能量为12.5eV的电子通过碰撞使氢原子激发，问受激发的氢原子向低能级跃迁时，能发射哪些波长的光谱线？

解 设氢原子全部吸收电子的能量后最高激发到第 n 个能级，此能级的能量为 $-\frac{13.6}{n^2}\text{eV}$，所以

$$E_n - E_1 = 13.6 - \frac{13.6}{n^2}$$

把 $E_n - E_1 = 12.5\text{eV}$ 代入上式得

$$n^2 = \frac{13.6}{13.6 - 12.5} = 12.36$$

所以 $n = 3.5$。因为 n 只能取整数，所以氢原子最高能激发到 $n = 3$ 的能级，于是能产生 3 条谱线。

从 $n = 3 \to n = 1$

$$\sigma_1 = R_\infty \left(\frac{1}{1^2} - \frac{1}{3^2} \right) = \frac{8}{9} R_\infty$$

$$\lambda_1 = \frac{9}{8R_\infty} = \frac{9}{8 \times 1.096776 \times 10^7}\text{m} = 102.6\text{nm}$$

从 $n = 3 \to n = 2$

$$\sigma_2 = R_\infty \left(\frac{1}{2^2} - \frac{1}{3^2} \right) = \frac{5}{36} R_\infty$$

$$\lambda_2 = \frac{36}{5R_\infty} = \frac{36}{5 \times 1.096776 \times 10^7}\text{m} = 656.5\text{nm}$$

从 $n = 2 \to n = 1$

$$\sigma_3 = R_\infty \left(\frac{1}{1^2} - \frac{1}{2^2} \right) = \frac{3}{4} R_\infty$$

$$\lambda_3 = \frac{4}{3R_\infty} = \frac{4}{3 \times 1.096776 \times 10^7}\text{m} = 121.6\text{nm}$$

12.4 德布罗意波

氢原子光谱的实验规律表明，原子内部的运动有不容置疑的量子性。另一方面，从玻尔氢原子理论的局限性可以看到，原子内电子的运动一定具有某种用经典物理学理论不能描述的基本性质。后来理论和实验都发现，电子既具有粒子性又具有波动性，这种基本性质称为电子的**波粒二象性**。实验证实，所有的实物粒子都具有波粒二象性。实物粒子的波动性用德布罗意波描述。

12.4.1 德布罗意波假设

1924 年德布罗意在光的波粒二象性的启发下提出了实物粒子也具有波粒二象性。他根据光子波粒二象性的公式（12-10）和公式（12-11），通过类比方法提出了实物粒子与之相似的**德布罗意关系式**

$$E = mc^2 = h\nu \tag{12-22}$$

$$p = mv = \frac{h}{\lambda} \tag{12-23}$$

上述公式将一个能量为 E、动量大小为 p 的粒子与一个频率为 ν、波长为 λ 的单色平面波联系起来。表征自由粒子波动性的单色平面波通常称为**德布罗意波**，或者**物质波**，其波长

由式（12-23）得到

$$\lambda=\frac{h}{p}=\frac{h}{mv} \tag{12-24}$$

式中，m 是粒子的质量，上式称为**德布罗意公式**。

对于一个宏观物体来说，例如一颗飞行的子弹，假设其质量 $m=10^{-2}\text{kg}$，速率 $v=5.0\times10^{2}\text{m/s}$，对应的德布罗意波长为

$$\lambda=\frac{h}{mv}=\frac{6.626\times10^{-34}}{5.0\times10^{2}\times10^{-2}}=1.32\times10^{-34}\text{m}=1.32\times10^{-25}\text{nm}$$

计算所得的德布罗意波长小到惊人的程度，以至于无法测量。但是，对于微观物体，如电子，$m_e=9.1\times10^{-31}\text{kg}$，速度 $v=5.0\times10^{6}\text{m/s}$，如果不考虑相对论效应，对应的德布罗意波长与晶体的晶格间距有相同的数量级

$$\lambda=\frac{h}{m_e v}=\frac{6.626\times10^{-34}}{9.1\times10^{-31}\times5\times10^{6}}\text{m}=1.46\times10^{-10}\text{m}=0.146\text{nm}$$

电子一般通过加速电场来获得一定的动能，不考虑相对论效应，经加速电压 U 加速后的电子，其动能为

$$E_k=\frac{p^2}{2m_e}=eU$$

故电子的德布罗意波波长可用加速电压 U 表示为

$$\lambda=\frac{h}{p}=\frac{h}{\sqrt{2em_e}}\cdot\frac{1}{\sqrt{U}}=\frac{1.225}{\sqrt{U}}\ (\text{nm}) \tag{12-25}$$

式中，电压 U 的单位是 V。

12.4.2 德布罗意假设的实验验证

前面的计算表明，宏观物体其物质波波长非常小，很难显示其波动性，而电子的德布罗意波波长与晶格间距有相同的数量级，可以产生干涉和衍射现象。于是人们想到，利用晶格长度约为原子线度的晶体，通过衍射实验，来检测微观粒子的德布罗意波。在德布罗意关于实物粒子具有波动性假设的论文发表 3 年以后，有不少电子衍射实验证实了电子具有波动性，其中最有代表性的是电子的散射实验、透射实验和双缝干涉实验。这些实验有力地证明了德布罗意物质波假说的正确性，下面分别加以介绍。

电子散射的典型实验是 1927 年的戴维孙—革末实验。戴维孙和革末的实验装置简图如图 12-6 所示，电子由电子枪射入，垂直投射到镍单晶的某个晶面上，电子束经晶格散射后，用探测器测量沿各个方向散射的电子束强度。实验发现，当加速电子的电压 $U=54\text{V}$ 时，在 $\varphi=50°$ 的方向上散射电子束的强度最大。如果把电子看成德布罗意波，就可以利用衍射理论对此加以解释，从而验证了物质波的存在。

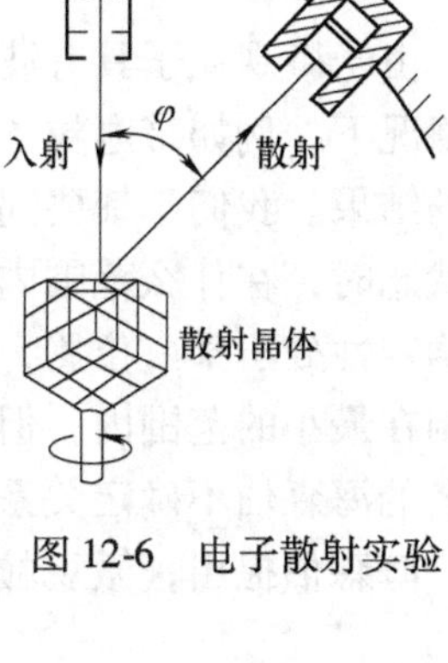

图 12-6 电子散射实验

电子穿过晶体薄片后产生的衍射，与 X 射线通过晶体的衍射极其类似。汤姆逊也在 1927 年用实验证明了电子在穿过金属片后也像 X 射线一样产生衍射现象，图 12-7 是电子射线通过多

晶时的衍射图样。

1961年，约恩孙直接做了电子双缝干涉实验，从屏上摄得了类似杨氏双缝干涉图样的照片，干涉图样如图12-8所示。这个实验更加直接地说明了电子的波动性。在这个实验中，即使我们控制电子，使之一个接一个地向双缝发射，仍然出现干涉图样。

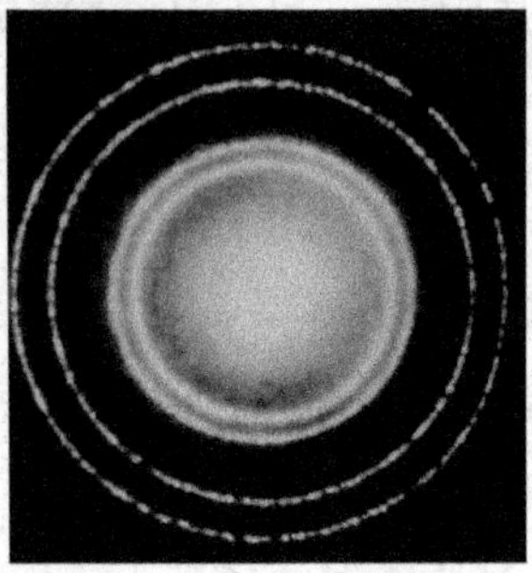

图12-7 电子的衍射图样

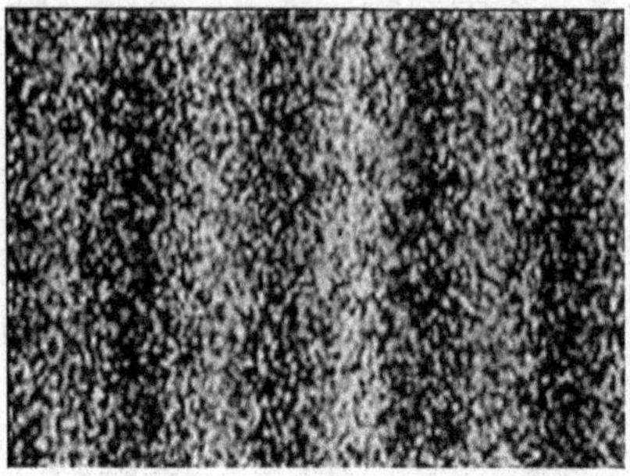

图12-8 电子的双缝干涉图样

微观粒子波动性的发现使我们对物质世界的认识前进了一大步，一切微观粒子都具有波粒二象性。在现代科技中，广泛利用了微观粒子的波动性来产生衍射效应。例如，我们知道光学仪器的分辨本领与波长成反比，而电子的德布罗意波长比光波长短很多，例如在10万V的加速电压下，电子的波长只有0.004nm，比可见光短10万倍左右，因而利用电子波代替光波制成电子显微镜就可以有极高的分辨本领。现代的电子显微镜的分辨能力可以达到0.1nm，不仅可以直接看到如蛋白质一类的大分子，而且能分辨单个原子，为研究物质结构提供了有力的工具。另外，利用中子的波动性制成的中子摄谱仪已成为研究固体微观结构的最有效的手段之一。

【例题12-5】 在电子显微镜中，若要使电子波的波长为0.07nm，求对电子的加速电压。

解 根据式(12-25)，电子波的波长 $\lambda = \frac{1.225}{\sqrt{U}}$ (nm)，因此，电子的加速电压为

$$U = \left(\frac{1.225}{\lambda}\right)^2 = \left(\frac{1.225}{0.07}\right)^2 \text{V} = 306.3\text{V}$$

12.5 海森伯不确定关系式

由于微观粒子具有波粒二象性，所以就不能再将它们视为经典概念中的物体。然而在某些情况下，例如带电粒子在加速器中的运动，用经典的质点模型来处理问题仍能得到相当满意的结果。我们不禁要问：运用“位置”和“动量”这样的经典概念来描写微观粒子的运动状态时，在什么范围内是有效的呢？海森伯认为，在量子力学中，一个电子只能以一定的不确定性处于某一位置，同时也只能以一定的不确定性具有某一速度，可以把这些不确定性限制在最小的范围内，但不能等于零。经过大约一年时间的研究，海森伯于1927年提出了著名的海森伯不确定关系。

海森伯提出，微观粒子的动量和位置坐标不能同时准确地确定，例如在 x 方向上，电子

的位置不确定量 Δx 和动量在该方向上分量的不确定量 Δp_x，它们的乘积约为普朗克常量的数量级。下面我们利用电子单缝衍射实验来推导不确定量 Δx 和 Δp_x 之间的关系。

如图12-9所示，设有一束电子，以速度v沿y轴射向屏AB上的单缝，缝宽为a，在屏幕CD上得到衍射图样。对于一个电子来说，我们不能确切地知道它是从单缝中的哪一点通过的，我们只能说它是从宽为a的缝中通过的，因此，电子位置在x方向上的不确定量为$\Delta x = a$。由于衍射的缘故，显然电子在通过单缝后在x方向上的动量分量p_x不再为零，而具有各种不同的量值。如果只考虑衍射主极大区域，即近似认为电子都进入了中央亮条纹，那么电子在通过单缝后的最大偏转角就是衍射第一级极小对应的衍射角θ_1。根据单缝衍射暗条纹条件式（10-18），有

$$\sin\theta_1 = \frac{\lambda}{a}$$

根据动量矢量$\boldsymbol{p}$的合成可知，电子在x方向上动量分量p_x的大小将被限制在

$$0 \leqslant p_x \leqslant p\sin\theta_1$$

的范围内，即x方向动量分量p_x的不确定量Δp_x为

$$\Delta p_x = p\sin\theta_1 = \frac{h}{\lambda}\frac{\lambda}{a} = \frac{h}{a} = \frac{h}{\Delta x}$$

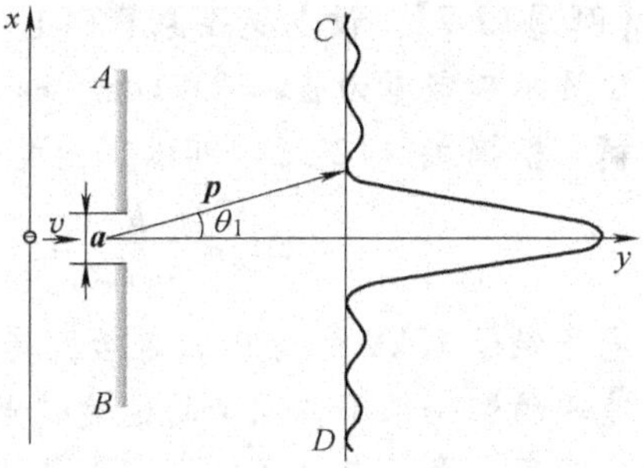

图12-9 电子的单缝衍射强度曲线

将上式写成下述形式

$$\Delta x \cdot \Delta p_x = h$$

如果考虑衍射次极大，Δp_x还要大些，即$\Delta p_x \geqslant p\sin\theta_1$，因此，一般地有

$$\Delta x \cdot \Delta p_x \geqslant h \tag{12-26}$$

这就是海森伯分析得到的**不确定关系**。这个关系表明，由于粒子的波动性，粒子在某个方向上的动量和位置坐标不能同时准确地确定，其不确定量的乘积不小于普朗克常量。不确定关系表明，如果粒子的位置测量得越准确（Δx 越小），那么其动量就越不确定（Δp_x 越大），反之亦然。

以上所述的不确定关系告诉我们，在一个单一实验中，要同时测量位置和动量或者时间和能量到任意精度是不可能的，它们的测量精度受到一个终极的、不可逾越的限制。这种限制不是由于仪器的误差或人为测量误差造成的，而是波粒二象性的必然结果。我们只能说，粒子位置不确定性越大（a 越宽），粒子的动量就越确定，反之亦然。不确定关系是自然界的客观规律，是量子力学中的一个基本原理。

不确定关系界定了本节开始提出的经典轨道概念的有效范围。利用不确定关系进行数量级估计，能判断微观粒子的运动在什么情形下表现出波动性，又在什么情形下表现出粒子性。

电子的波动性已开始对现代电子计算机的发展产生影响。近五十年来，计算机芯片的集成度按摩尔定律，即大约每十八个月就提高一倍的速度指数增长。目前计算机芯片的布线密度已达到0.1μm。这种微型化的发展将使我们面对尺寸仅为纳米量级的超微型电脑元件。当计算机芯片的布线密度很大时，根据不确定性关系，电子将表现出波动性，电子不再被束缚，会有量子干涉效应，这种效应甚至会破坏芯片的功能。近几年来，科学家们已提出了多

种量子计算的方案，并在此基础上研制量子计算机。

【例题 12-6】 设子弹的质量为0.01kg，枪口的直径为0.5cm，试求子弹射出枪口时横向速率的不确定量。

解 枪口直径可以当作子弹射出枪口时位置的不确定量Δx，由于$\Delta p_x = m\Delta v_x$，由不确定关系式（12-26），得到子弹射出枪口时横向速率的不确定量

$$\Delta v_x \geqslant \frac{h}{m\Delta x} = \frac{6.626\times10^{-34}}{0.01\times0.5\times10^{-2}}\text{m/s} = 1.33\times10^{-29}\text{m/s}$$

和子弹飞行速率每秒几百米相比，上述速率的不确定量是微不足道的，所以子弹的运动速度是确定的。本题表明，对于宏观物体完全不必考虑其波动性。

【例题 12-7】 设电视显像管中电子的加速电压为10kV，电子枪口直径为0.01cm，电子横向位置不确定量为$\Delta x = 0.01\text{cm}$。试求电子速率的不确定值。

解 根据式（12-26）可以算出电子速度的不确定值为

$$\Delta v_x \geqslant \frac{h}{m_e\Delta x} = \frac{6.626\times10^{-34}}{9.11\times10^{-31}\times10^{-4}}\text{m/s} = 7.27\text{m/s}$$

电子经过10kV的电压加速后，其速率约为$6\times10^7\text{m/s}$，故$\Delta v_x \ll v$，所以不确定关系对电子速率的影响很小，电子的速度仍然是相当确定的，波动不起什么实际影响，电子的粒子性特征明显，电子运动仍可按经典力学处理。

【例题 12-8】 设原子的线度为10^{-10}m，求原子中电子速率的不确定值。

解 本题中$\Delta x \approx 10^{-10}\text{m}$，根据式（12-26）可以算出原子中电子速率的不确定值为

$$\Delta v_x \geqslant \frac{h}{m_e\Delta x} = \frac{6.626\times10^{-34}}{9.11\times10^{-31}\times10^{-10}}\text{m/s} = 7.27\times10^{6}\text{m/s}$$

按照玻尔理论可估算出氢原子中电子的轨道运动速率约为10^6m/s，因此，原子中电子速度的不确定量与速度本身的大小可比，甚至还大。因此，对原子范围内的电子，谈论其速度的大小没有什么实际意义，在任一时刻它没有确定的位置和速率，也没有确定的轨道，这时电子的波动性十分显著，必须用波动性理论来处理。

内容提要

1. 光电效应

光电效应是光子与金属中束缚电子的相互作用。

光子的能量：$\varepsilon = h\nu$

爱因斯坦方程：$h\nu = \frac{1}{2}m_e v_m^2 + A$，式中$A$为逸出功，$\frac{1}{2}m_e v_m^2$为电子最大初动能。

截止频率（红限）：$\nu_0 = \frac{A}{h}$。

2. 光的波粒二象性

光子的质量和动量：$m = \frac{\varepsilon}{c^2} = \frac{h\nu}{c^2}$，$p = mc = \frac{h\nu}{c} = \frac{h}{\lambda}$

3. 玻尔氢原子理论

氢原子光谱的里德伯公式：$\sigma = R_\infty\left(\frac{1}{k^2} - \frac{1}{n^2}\right)$，$k = 1, 2, 3, \cdots$ $n = k+1, k+2, k+3, \cdots$

玻尔氢原子量子论的假设：

1）定态假设：原子系统只能处在一系列不连续的能量状态，即原子的定态，相应的能量为 E_1，E_2，E_3，…（$E_1 < E_2 < E_3 < \cdots$）。

2）跃迁假设：$\nu_{kn} = \dfrac{|E_n - E_k|}{h}$

角动量量子化条件：$L = n\hbar = n\dfrac{h}{2\pi}$　$n = 1, 2, 3$

氢原子定态的轨道半径：$r_n = n^2\left(\dfrac{\varepsilon_0 h^2}{\pi m_e e^2}\right) = n^2 a_0$　$n = 1, 2, 3\cdots$

氢原子定态的能量：$E_n = -\dfrac{1}{n^2}\left(\dfrac{m_e e^4}{8\varepsilon_0^2 h^2}\right) = -\dfrac{E_1}{n^2}$　$n = 1, 2, 3\cdots$

4. 德布罗意波假设

所有的实物粒子都具有波粒二象性。一个质量为 E、动量为 p 的粒子的德布罗意波的频率 ν 和波长 λ：$\nu = \dfrac{E}{h}$，$\lambda = \dfrac{h}{p} = \dfrac{h}{mv}$

5. 不确定关系

粒子在某个方向上的动量和位置坐标不能同时准确地确定，不确定关系可用下式表示：$\Delta x \cdot \Delta p_x \geqslant h$

习　　题

一、选择题

1. 用频率为 ν 的单色光照射某种金属时，逸出光电子的最大动能为 E_k；若改用频率为 2ν 的单色光照射此金属，则逸出光电子的最大初动能为　[　　]

A. $2E_k$　B. $2h\nu - E_k$　C. $h\nu - E_k$　D. $h\nu + E_k$

2. 某金属产生光电效应的红限波长为 λ_0，今以波长为 λ（$\lambda < \lambda_0$）的单色光照射该金属，金属释放出的电子（质量为 m_e）的动量大小为　[　　]

A. h/λ　B. h/λ_0　C. $\sqrt{\dfrac{2m_e hc(\lambda_0 - \lambda)}{\lambda\lambda_0}}$　D. $\sqrt{\dfrac{2m_e hc}{\lambda_0}}$

3. 根据玻尔氢原子理论，氢原子中的电子在第一和第三轨道上运动速率之比 v_1/v_3 是　[　　]

A. 1/3　B. 1/9　C. 3　D. 9

4. 将处于第一激发态的氢原子电离，需要的最小能量为　[　　]

A. 13.6eV　B. 3.4eV　C. 1.5eV　D. 0eV

5. 关于不确定关系 $\Delta x \Delta p_x \geqslant h$ 有以下几种理解，其中正确的是　[　　]

（1）粒子的动量不可能确定。

（2）粒子的坐标不可能确定。

（3）粒子的动量和坐标不可能同时确定。

（4）不确定关系不仅适用于电子和光子，也适用于其他粒子。

A.（1），（2）　B.（2），（4）　C.（3），（4）　D.（4），（1）

二、填空题

1. 在光电效应实验中，测得某金属的截止电压 U_c 与入射光频率 ν 的关系曲线如图 12-10 所示，由此可知该金属的红限频率 ν_0 = ______ Hz；逸出功 A = ______ eV。

2. 已知某金属的逸出功为 A，用频率为 ν_1 的光照射该金属能产生光电效应，则该金属的红限频率 ν_0 = ________，截止电势差 U_c = ________。

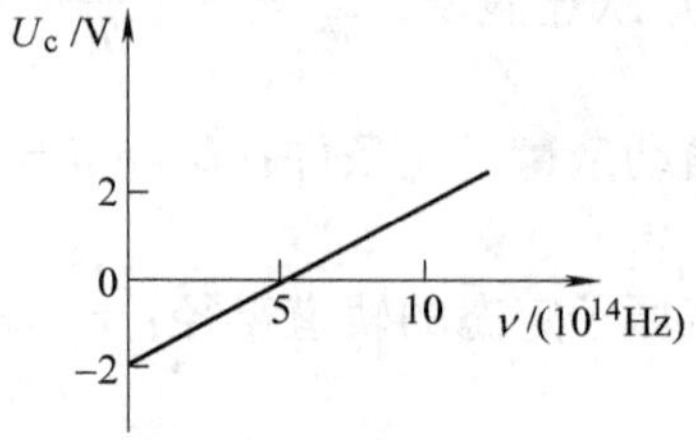

图　12-10

3. 根据玻尔氢原子理论，若大量氢原子处于主量子数 $n=5$ 的激发态，则跃迁辐射的谱线可以有______条，其中属于巴耳末系的谱线有______条。

4. 氢原子由定态 l 跃迁到定态 k 可发射一个光子。已知定态 l 的电离能为 0.85eV，又知使氢原子从基态激发到定态 k 所需能量为 10.2eV，则在上述跃迁中氢原子所发射的光子的能量为________ eV。

5. 运动速率等于在 300K 时方均根速率的氢原子的德布罗意波长是________。质量为 $m=1\text{g}$，以速度 $v=1\text{cm/s}$ 运动的小球的德布罗意波长是________。（氢原子质量 $m_H=1.67\times10^{-27}\text{kg}$）

6. 在电子单缝衍射实验中，若缝宽为 $a=0.1\text{nm}$（$1\text{nm}=10^{-9}\text{m}$），电子束垂直射在单缝上，则衍射的电子横向动量的最小不确定量 Δp = ________ kg·m/s。

三、计算题

1. 已知从铝金属逸出一个电子需要 4.2eV 的能量，若用可见光投射到铝的表面，能否产生光电效应？为什么？

2. 如图 12-11 所示为在一次光电效应实验中得出的曲线，(1) 求证对不同材料的金属，AB 线的斜率相同；(2) 由图上数据求出普朗克常量 h。

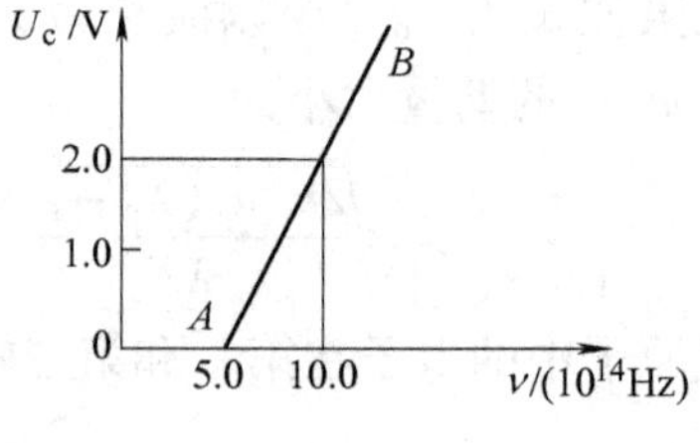

图　12-11

3. 处于基态的氢原子被外来单色光激发后发出的仅有三条谱线，问此外来光的频率为多少？

4. 处于基态的氢原子吸收了一个能量为 $h\nu=15\text{eV}$ 的光子后，其电子成为自由电子，求该电子的速率。

5. 同时确定能量为 1keV 的电子的位置与动量时，若位置的不确定值在 0.01nm 以内，则动量不确定值的相对比值 $\Delta p/p$ 至少为多少？

习 题 答 案

第 1 章

一、选择题

1. D 2. D 3. B 4. C 5. D 6. C 7. B 8. A 9. D

二、填空题

1. $\boldsymbol{r}=\frac{1}{3}t^3\boldsymbol{i}+\frac{1}{4}t^4\boldsymbol{j}$；$v=(4\boldsymbol{i}+8\boldsymbol{j})\text{m/s}$ 2. $v_0\cos\theta_0$；0；g；g 3. B；$A^2/R+4\pi B$ 4. 1s；1.5m；0.5rad；4.2m/s^2 5. $2g$；0 6. $g/5$；$2g/5$ 7. $2\pi\sqrt{\frac{l\cos\theta}{g}}$ 8. $g\sin\theta$；$2g\cos\theta$

三、计算题

1. (1) $6\boldsymbol{i}+11\boldsymbol{j}$，$3\boldsymbol{i}+8\boldsymbol{j}$，$4\boldsymbol{j}$；(2) $3\boldsymbol{i}+6\boldsymbol{j}$，大小6.71m，方向与$x$轴夹角63.4°；(3) $3\boldsymbol{i}+6\boldsymbol{j}$；(4) $y=\frac{2}{9}x^2+3$ 2. (1) $v=1-t^2$，$x=3+t-\frac{1}{3}t^3$；(2) $a=-2\text{m/s}^2$，$x=3\frac{2}{3}\text{m}$；(3) $\Delta x=\frac{2}{3}\text{m}$ 3. $\frac{H}{H-h}v$ 4. (1) 0.141m，0.471m；(2) 0.236m/s，0.071m/s 5. (1) $v(t)=v_0e^{-kt}$；(2) v_0/k 6. $v=\sqrt{v_0^2+kx_0^2-kx^2}$ 7. (1) $-\pi\text{rad/s}^2$；(2) $25\pi\text{rad/s}$，625；(3) $25\pi\text{m/s}$，$625\pi^2\text{m/s}^2$ 8. $\sqrt{\frac{R}{c}}-\frac{b}{c}$ 9. $a_n=230.4\text{m/s}^2$，$a_\tau=4.8\text{m/s}^2$，$\theta=32\text{rad}$；0.55s 11. $\mu_s mg/(\cos\theta+\mu_s\sin\theta)$ 12. $\frac{m_2-m_1}{m_1+m_2}g$，$\frac{2m_1m_2}{m_1+m_2}g$ 13. 602N，方向向上；584N，方向向下 14. $\frac{2F_0T}{m}$ 15. 2N 16. $3.6\times10^4\text{km}$

第 2 章

一、选择题

1. D 2. C 3. D 4. B 5. B 6. D 7. D 8. B 9. A

二、填空题

1. 20；0 2. 3 3. 595.5 4. $\frac{1}{2}m\omega^2A^2$ 5. −18 6. $-\frac{Gm_{地}m}{6R}$ 7. $\sqrt{\frac{2G(m'+m)}{d}}$ 8. $\sqrt{Rg}$ 9. $\frac{2(m_1-m_2)g}{(m_1+m_2)l}$ 10. $\frac{3g}{2l}\sin\theta$

三、计算题

1. 1kg·m/s；10N 2. $20\boldsymbol{i}+4\boldsymbol{j}+8\boldsymbol{k}$N·s；$20\boldsymbol{i}+4\boldsymbol{j}+8\boldsymbol{k}$N·s 3. $\sqrt{2}mv$

4. 0.2km/h 5. $1.83\times10^{6}\text{kg}\cdot\text{m}^2/\text{s}$；0 6. 4.1×10^{16}rad/s 7. 21.7cm

8. 2×10^5J 9. 16J 10. 13m/s 11. $\sqrt{\dfrac{2F_0}{km}}$ 12. 85m 13. −298J

14. 与竖直方向夹角131°49′ 15. $\sqrt{\dfrac{2Gm_{地}h}{R(R+h)}+v_0^2}$ 16.（1）6.0m/s；（2）0.158m

17. $v_1=m_2\sqrt{\dfrac{2G}{(m_1+m_2)l}}$，$v_2=m_1\sqrt{\dfrac{2G}{(m_1+m_2)l}}$ 18. $a=\dfrac{mr^2}{mr^2+J}g\sin\theta$，$T=\dfrac{J}{mr^2+J}mg\sin\theta$

第3章

一、选择题

1. C 2. B 3. C 4. A 5. D 6. D 7. D 8. C 9. D

二、填空题

1. 物体由大量分子或原子组成；分子永不停息地作无规则的热运动；分子间有相互作用力 2. 相同；不一定相同 3. 1∶1 4. 相同；相同；相同 5. 3739.5J

6. 6232.5；6.21×10^{-21}；1.035×10^{-20} 7. $f(v)\mathrm{d}v$；$\int_0^{v_p}f(v)\mathrm{d}v$；$\int_0^{\infty}f(v)\mathrm{d}v=1$

8. $\dfrac{1}{2}\rho v_p^2$ 9. 2

三、计算题

2. $\dfrac{c}{k}$ 3. 2.45×10^{10}个/m³ 4. 3 5. 3.74×10^3J；2.49×10^3J 6. 不等；相等；不等 7. 4.16×10^4J 8. 1.04×10^4J；4.36×10^4J 9. 2.9×10^2m/s；12m/s

第4章

一、选择题

1. D 2. C 3. B 4. B 5. A 6. C 7. C

二、填空题

1. 准静态，非准静态；准静态 2. 物体的宏观位移；分子之间的相互碰撞 3. 等压；等体；等温 4. 500；700 5. $\dfrac{3}{2}p_1V_1$；0 6. S_1+S_2；$-S_1$ 7. 热力学概率增大；不可逆的 8. 热传导；功变热 9. 从单一热源吸热，在循环中不断对外做功的热机；热力学第二定律

三、计算题

2.（1）−16.3J；（2）−8.1J 3.（1）589.3J；（2）1.6 4. 98.0K

5.（2）12465J；（3）0；（4）12465J；（5）1.1×10^2L 6.（1）等体3.74×10^3J，3.74×10^3J，0；（2）绝热0，-1.81×10^3J，1.81×10^3J；（3）等压-3.22×10^3J，-1.93×10^3J，-1.29×10^3J；（4）整个循环0.52×10^3J，0，0.52×10^3J 7.（1）800J；（2）100J；（3）12.5% 8.（1）-0.05065×10^5J；（2）3.039×10^4J；（3）5.47×10^3J；（4）13.4%

第 5 章

一、选择题

1. B 2. C 3. D 4. D 5. C 6. D 7. B 8. C 9. A 10. D

二、填空题

1. $\left(\dfrac{q^2 l}{2\pi\varepsilon_0 mg}\right)^{\frac{1}{3}}$ 2. $\approx\dfrac{qd}{8\pi^2\varepsilon_0 R^3}$，从 O 点指向缺口中心点 3. $\pi^2 E$ 4. 0；高斯面 S 上面积元 d$\boldsymbol{S}$ 处 5. $(q_2+q_4)/\varepsilon_0$，q_1，q_2，q_3，q_4 6. $3\sigma/(2\varepsilon_o)$；$\sigma/(2\varepsilon_o)$；$\sigma/(2\varepsilon_o)$；$3\sigma/(2\varepsilon_o)$ 7. $-2\varepsilon_0 E_0/3$；$4\varepsilon_0 E_0/3$ 8. $Q/(4\pi\varepsilon_o R)$；$-qQ/(4\pi\varepsilon_o R)$ 9. $-\dfrac{\sigma}{2}$；$\dfrac{\sigma}{2}$

10. $-\dfrac{1}{4}\dfrac{\varepsilon_0 S}{d}U^2$

三、计算题

1. $\dfrac{\sqrt{3}}{3}q$ 2. $\dfrac{q_0\lambda l}{4\pi\varepsilon_0 a(l+a)}$ 3. $-\dfrac{q}{2\pi\varepsilon_0 a^2\theta_0}\sin\dfrac{\theta_0}{2}\boldsymbol{j}$ 4. $\dfrac{\sigma}{2\varepsilon_0}\left[1-\dfrac{x}{\sqrt{a^2+x^2}}\right]$

5. $r>R$ 时 $E=\dfrac{q}{4\pi\varepsilon_0 r^2}$；$r<R$ 时 $E=\dfrac{qr}{4\pi\varepsilon_0 R^3}$ 6. $r>R$ 时 $E=\dfrac{kr^2}{4\varepsilon_0}$；$r<R$ 时 $E=\dfrac{kR^4}{4\varepsilon_0 r^2}$

7. $\dfrac{q^2}{2\varepsilon_0 S}$ 8. 0；$\dfrac{\sqrt{2}q}{\pi\varepsilon_0 a}$ 9. $-\dfrac{\sqrt{3}qQ}{2\pi\varepsilon_0 a}$ 10. (1) $\dfrac{U}{R_1\ln(R_2/R_1)}$；(2) $\dfrac{U}{R_2\ln(R_2/R_1)}$

11. $\dfrac{q}{4\pi\varepsilon_0 r}(r\geqslant R)$，$\dfrac{q}{4\pi\varepsilon_0 R}(r\leqslant R)$ 12. (1) $\dfrac{q}{4\pi\varepsilon_0 R}\mathrm{d}q$；(2) $\dfrac{Q^2}{8\pi\varepsilon_0 R}$

13. (1) 1×10^3V，5×10^{-4}J；(2) 5×10^{-4}J

第 6 章

一、选择题

1. A 2. A 3. C 4. D 5. B 6. D 7. D 8. B 9. C 10. B 11. C 12. C 13. C

二、填空题

1. 1∶1，4∶1 2. 1.7×10^{-5}T 3. $\dfrac{\mu_0 I}{4a}$ 4. $\pi R^2 c$Wb 5. $\mu_0 I$；0；$2\mu_0 I$

6. (1) $\dfrac{\mu_0 Ir}{2\pi R_1^2}$；(2) 0 7. $\sqrt{3}NabIB/2$ 8. $\dfrac{aB_0}{\mu_0\sqrt{\pi}}$ 9. $0.8\times10^{-13}\boldsymbol{k}$

三、计算题

1. $\dfrac{\mu_0 j}{2\pi}\ln\dfrac{a+b}{b}$ 2. -6.37×10^{-5}T 3. (1) ±2Wb；(2) 0；(3) -1.41Wb

4. $\dfrac{\mu_0 I}{2\pi r}$ $(r>R)$，0 $(r<R)$ 5. $\dfrac{\mu_0 I(r^2-a^2)}{2\pi(b^2-a^2)r}$ 6. $\dfrac{\mu_0 I}{4\pi}$ 7. $\dfrac{\mu_0 I_1 I_2}{2\pi}\ln\dfrac{a+b}{a}$，$\dfrac{\mu_0 I_1 I_2 c}{2\pi(a+b)}$

8. $\dfrac{\mu_0 I_1 I_2}{2\pi}\left(\dfrac{1}{d}-\dfrac{1}{d+b}\right)$ 9. 7.9×10^{-3}N·m

10. 4.73×10^{-3}m, 1.31×10^{-3}m, 3.57×10^{-9}s　11. (1) 2.87×10^{-12}J; (2) 1.8×10^{7}V

第 7 章

一、选择题

1. D 2. B 3. D 4. C 5. D 6. D 7. D 8. C 9. D 10. A

二、填空题

1. $-ab\omega B_0\cos\omega t$　2. 5×10^{-4}Wb　3. $-\frac{\mu_0 l\omega}{2\pi}\left(\ln\frac{b}{a}\right)I_0\cos\omega t$　4. $\frac{\mu_0 Igt}{2\pi r}\ln\frac{a+l}{a}$

5. 1/4　6. 4倍; 0　7. 0; $\frac{\mu_0 I^2 r^2}{8\pi^2 R^4}$

三、计算题

1. 0.99A　2. $\frac{1}{2}B\pi r^2\omega\sin\omega t$, $\frac{B\pi r^2\omega\sin\omega t}{2R}$　3. $-\frac{3}{10}\omega BL^2$　4. $-\frac{\mu_0 Iv}{2\pi}\ln\frac{a+b}{a-b}$

5. $\frac{5}{2}B\omega R^2$, O 点　6. $\frac{\mu l}{2\pi}\ln\frac{d+b}{d}$　7. $\mu_0 N_1 N_2\pi b^2/L$　8. $\frac{\mu_0 I^2}{16\pi}$

第 8 章

一、选择题

1. C 2. C 3. D 4. B 5. B 6. D 7. A

二、填空题

1. $2\sqrt{m}$　2. b; a、e　3. $0.04\cos\left(\pi t-\frac{\pi}{2}\right)$　4. (1) 1.2s; (2) −0.209m/s

5. (1) $T/4$; (2) $T/12$　6. $A\cos\left(2\pi\frac{t}{T}+\frac{\pi}{3}\right)$　7. $0.04\cos\left(4\pi t-\frac{\pi}{2}\right)$　8. $2\pi^2 m\frac{A^2}{T^2}$

9. (1) 2.0×10^{-3}; (2) 2.0×10^{-3}; (3) 0.707cm

三、计算题

1. $x=0.02\cos(4\pi t+\pi/2)$m　2. 1.0cm, 0.2s　3. $x=5\cos\left(\pi t+\frac{\pi}{2}\right)$cm

4. (1) $x=10.6\times10^{-2}\cos(10t-\pi/4)$; (2) $x=10.6\times10^{-2}\cos(10t+\pi/4)$　5. (1) 3.0m/s; (2) −0.15N　6. (1) $x=0.10\cos\left(\frac{5}{24}\pi t-\frac{\pi}{3}\right)$; (2) 0; (3) 1.6s　7. $\frac{2\pi}{3}$

8. $x=0.204\cos(2t+\pi)$　9. (1) $\pm4.24\times10^{-2}$m; (2) 0.75s　10. $2\cos3t$

第 9 章

一、选择题

1. D 2. D 3. C 4. A 5. C 6. B 7. D 8. B 9. B

二、填空题

1. $\frac{\omega}{u}(x_2-x_1)$　2. $-0.2\pi^2\cos\left(\pi t+\frac{3}{2}\pi\right)$　3. 向下; 向上; 向上

4. $\pi/2$; 0; $-\pi/2$; π; $\pi/2$　5. IS　6. 9.0×10^{-2}J/(s·m²)　7. 3π; 0　8. 振动方

向相同、频率相同、S_2 的相位比 S_1 的相位超前 $2\pi/3$　　9. π; 0

三、计算题

1. $y_P=0.20\cos(\pi t-\pi/2)\mathrm{m}$, $y_Q=0.20\cos(\pi t-\pi)\mathrm{m}$　　2. (1) $y=0.1\cos4\pi\left(t-\dfrac{x}{20}\right)$;
(2) $y=0.1\cos(4\pi t-\pi)$　　3. (1) $y_0=A\cos[\omega(t+L/u)+\varphi]$;
(2) $y=A\cos(\omega[t-(x-L)/u]+\varphi\}$　　4. (1) $y=A\cos[\omega(t-x/u)+\pi/2]$;
(2) $y=A\cos(\omega t+\pi/4)$, $y=A\cos(\omega t-\pi/4)$; (3) $-\sqrt{2}A\omega/2$, $\sqrt{2A\omega/2}$
5. $y=0.5\cos(\pi t/2+\pi/2)$　　6. (1) $1.6\times10^5\mathrm{W/m^2}$;
(2) $3.8\times10^3\mathrm{J}$　　7. $\dfrac{3\pi}{2}$　　8. $x=2k\mathrm{m}(k=0, \pm1, \pm2, \cdots, \pm7)$
9. $y_{1P}=0.1\cos2\pi t$, $y_{2P}=0.1\cos2\pi t$, 0.20m

第 10 章

一、选择题

1. A　2. D　3. B　4. A　5. B　6. B　7. D　8. C　9. B　10. D　11. A　12. D
13. B

二、填空题

1. 增大; 减小　　2. 上; $(n-1)e$　　3. 3λ; 4/3　　4. $2n_2e$; $2n_2e+\dfrac{\lambda}{2}$　　5. 明; $\dfrac{\lambda}{2n_2}$
6. 增大; 小　　7. 4; 暗　　8. 500nm　　9. 不会改变　　10. 变小; 变大　　11. $A/2$
12. $3I_0/8$

三、计算题

1. 562.5nm　　2. 0.05cm　　3. (1) 0.2mm, 0.3mm; (2) 0.6mm, 3 级和 2 级
4. $\lambda_1\lambda_2/2(\lambda_2-\lambda_1)$　　5. $5.94\times10^{-5}\mathrm{m}$　　6. 590nm　　7. (1) 5mm; (2) 2.5mm
8. 1°　　9. 6°　　10. (1) $3.36\times10^{-6}\mathrm{m}$; (2) 420nm　　11. $9I_1/4$　　12. 1/3　　13. 1.6

第 11 章

一、选择题

1. A　2. B　3. D　4. B　5. A　6. C

二、填空题

1. c　　2. $4.33\times10^{-8}\mathrm{s}$　　3. $2.91\times10^8\mathrm{m/s}$　　4. 1.49×10^6　　5. $0.25m_{e0}c^2$
6. $\dfrac{1}{2}\sqrt{3}c$

三、计算题

1. 有可能　　2. (1) $2.25\times10^{-7}\mathrm{s}$; (2) $3.75\times10^{-7}\mathrm{s}$　　3. $4.72\times10^{-14}\mathrm{J}$
4. $1.798\times10^4\mathrm{m}$　　5. 8 倍

第 12 章

一、选择题

1. D 2. C 3. C 4. B 5. C

二、填空题

1. 2.1 2. A/h；$(h\nu_1 - A)/e$ 3. 10；3 4. 2.55 5. 0.145nm；6.63×10^{-20}nm 6. 6.63×10^{-24}

三、计算题

1. 不能 2. (1) 斜率为 h/e；(2) 6.4×10^{-34}J·s 3. 2.92×10^{15}Hz 4. 7.0×10^{5}m/s 5. 3.88

附　　录

附录 A　SI 单位制中的单位

1　SI 基本单位

量的名称	单位名称	单位符号
长度	米	m
质量	千克(公斤)	kg
时间	秒	s
电流	安[培]	A
热力学温度	开[尔文]	K
物质的量	摩[尔]	mol
发光强度	坎[德拉]	Cd
[平面]角*	弧度	rad
立体角*	球面度	sr

带*的表示 SI 辅助单位

2　常用的 SI 导出单位

量的名称	SI 导出单位			
	名称	符号	表示式	
			用 SI 单位	用 SI 基本单位
频率	赫[兹]	Hz	—	s^{-1}
力、重力	牛[顿]	N	—	$m \cdot kg \cdot s^{-2}$
压力、压强、应力	帕[斯卡]	Pa	$N \cdot m^{-2}$	$m^{-1} \cdot kg \cdot s^{-2}$
能[量]、功、能量	焦[耳]	J	$N \cdot m$	$m^2 \cdot kg \cdot s^{-2}$
功率、辐[射能]、通量	瓦[特]	W	$J \cdot s^{-1}$	$m^2 \cdot kg \cdot s^{-3}$
电荷[量]	库[仑]	C	—	$s \cdot A$
电压、电动势、电势[位]	伏[特]	V	$W \cdot A^{-1}$	$m^2 \cdot kg \cdot s^{-3} \cdot A^{-1}$
电容	法[拉]	F		$m^2 \cdot kg^{-1} \cdot s^4 \cdot A^2$
电阻	欧[姆]	Ω	$V \cdot A^{-1}$	$m^2 \cdot kg \cdot s^{-3} \cdot A^2$
电导	西[门子]	S	$A \cdot V^{-1}$	$m^{-2} \cdot kg^{-1} \cdot s^3 \cdot A^2$
磁通[量]	韦[伯]	Wb	$V \cdot s$	$m^2 \cdot kg \cdot s^{-2} \cdot A^{-1}$
磁通[量]密度 磁感应强度	特[斯拉]	T	$Wb \cdot m^{-2}$	$kg \cdot s^{-2} \cdot A^{-1}$
电感	亨[利]	H	$Wb \cdot A^{-1}$	$m^2 \cdot kg \cdot s^{-2} \cdot A^{-2}$
摄氏温度	摄氏度	°C	—	K
光通量	流[明]	Lm	—	cd · sr
[光]照度	勒[克斯]	Lx	$Lm \cdot m^{-2}$	$m^{-2} \cdot cd \cdot sr$

附录 B 常用基本物理常量(CODATA2002 年推荐值)

物理量	符号	精确数值	计算用值	单 位
真空中光速	c	299 792 458	3.00×10^{8}	$m\cdot s^{-1}$
真空电容率	ε_0	$8.854\ 187\ 817\cdots\times10^{-12}$	8.85×10^{-12}	$F\cdot m^{-1}$
真空磁导率	μ_0	$4\pi\times10^{-7}$	$4\pi\times10^{-7}$	$N\cdot A^{-2}$
玻耳兹曼常数	k	$1.380\ 6505(24)\times10^{-23}$	1.38×10^{-23}	$J\cdot K^{-1}$
引力常量	G	$6.6742(10)\times10^{-11}$	6.67×10^{-11}	$m^3\cdot kg^{-1}\cdot s^{-2}$
阿伏加德罗常数	N_A	$6.022\ 1415(10)\times10^{23}$	6.02×10^{23}	mol^{-1}
摩尔气体常数	R	$8.314\ 472(15)$	8.31	$J\cdot mol^{-1}\cdot K^{-1}$
斯忒藩-玻尔兹曼常量	σ	$5.670\ 400(40)\times10^{-8}$	5.67×10^{-8}	$Wm^{-2}K^{-4}$
电子伏	eV	$1.602\ 176\ 53(14)\times10^{-19}$	1.60×10^{-19}	J
基本电荷	e	$1.602\ 176\ 53(14)\times10^{-19}$	1.60×10^{-19}	C
里德伯常量	R_∞	10 973 731.568 525(73)	1.10×10^{7}	m^{-1}
普朗克常量	h	$6.626\ 0693(11)\times10^{-34}$	6.63×10^{-34}	$J\cdot s$
	$\bar{h}=\frac{h}{2\pi}$	$1.054\ 571\ 68(18)\times10^{-34}$	1.05×10^{-34}	$J\cdot s$
电子质量	m_e	$9.109\ 3826(16)\times10^{-31}$	9.11×10^{-31}	kg
质子质量	m_p	$1.672\ 621\ 71(29)\times10^{-27}$	1.67×10^{-27}	kg
中子质量	m_n	$1.674\ 927\ 28(29)\times10^{-27}$	1.67×10^{-27}	kg
原子质量单位	m_u	$1.660\ 538\ 86(28)\times10^{-27}$	1.66×10^{-27}	kg

参 考 文 献

[1] 吴王杰. 大学物理学[M]. 北京：高等教育出版社，2005.

[2] 丁俊华. 物理(工)[M]. 沈阳：辽宁大学出版社，1999.

[3] 程守洙，江之永. 普通物理教学[M]. 5 版. 北京：高等教育出版社，1998.

[4] 马文蔚. 物理学[M]. 4 版. 北京：高等教育出版社，1999.

[5] 恽瑛，夏西平. 大学物理学[M]. 2 版. 北京：高等教育出版社，1996.

《物理(工)自学考试大纲》

出 版 前 言

为了适应社会主义现代化建设事业对培养人才的需要，我国在20世纪80年代初建立了高等教育自学考试制度。高等教育自学考试是个人自学、社会助学和国家考试相结合的一种高等教育形式，是我国高等教育体系的重要组成部分。实行高等教育自学考试制度，是落实宪法规定的“鼓励自学成才”的重要措施，是提高中华民族思想道德和科学文化素质的需要，也是培养和选拔人才的一种途径。自学考试应考者通过规定的专业课程考试并经思想品德鉴定达到毕业要求的，可以获得毕业证书，国家承认学历，并按照规定享有与普通高等学校毕业生同等的有关待遇。经过20多年的发展，高等教育自学考试已成为我国高等教育基本制度之一，为国家培养造就了大批专门人才。

高等教育自学考试是标准参照性考试。为科学、合理地制定高等教育自学考试的考试标准，提高教育质量，全国高等教育自学考试指导委员会（以下简称“全国考委”）按照国务院发布的《高等教育自学考试暂行条例》的规定，组织各方面的专家，根据自学考试发展的实际情况，对高等教育自学考试专业设置进行了研究，逐步调整、统一了专业设置标准，并陆续制定了相应的专业考试计划。在此基础上，全国考委各专业委员会按照专业考试计划的要求，从培养和选拔人才的需要出发，组织编写了相应专业的课程自学考试大纲，进一步规定了课程学习和考试的内容与范围，使考试标准更加规范、具体和明确，以利于社会助学和个人自学。

近年来，为更好地贯彻十六大和全国考委五届二次会议精神，适应经济社会发展的需要，反映自学考试专业建设和学科内容的发展变化，全国考委各专业委员会按照全国考委的要求，陆续进行了相应专业的课程自学考试大纲的修订或重编工作。全国考委物理组参照全日制普通高等学校相关课程的教学基本要求，结合自学考试工科类专业考试工作的实践，组织编写了新的《物理（工）自学考试大纲》，现经教育部批准，颁发施行。

《物理（工）自学考试大纲》是该课程编写教材和自学辅导书的依据，也是个人自学，社会助学和国家考试的依据，各地教育部门、考试机构应认真贯彻执行。

全国高等教育自学考试指导委员会

二〇〇七年五月

目　录

第一部分　课程的性质及其设置的目的 ………… 1

（一）课程的性质、地位和任务 ………… 1

（二）本课程的基本要求和重点 ………… 1

（三）本课程与其他相关课程的联系、分工或区别 ………… 1

第二部分　课程内容与考核要求 ………… 2

第一篇　力学 ………… 2

第一章　质点运动学和牛顿运动定律 ………… 2

一、课程内容 ………… 2

二、自学要求 ………… 2

三、考核知识点及考核要求 ………… 2

第二章　守恒定律 ………… 3

一、课程内容 ………… 3

二、自学要求 ………… 4

三、考核知识点及考核要求 ………… 4

第二篇　气体动理论和热力学基础 ………… 5

第三章　气体动理论 ………… 5

一、课程内容 ………… 5

二、自学要求 ………… 6

三、考核知识点及考核要求 ………… 6

第四章　热力学基础 ………… 6

一、课程内容 ………… 6

二、自学要求 ………… 7

三、考核知识点及考核要求 ………… 7

第三篇　电磁学 ………… 8

第五章　静电学 ………… 8

一、课程内容 ………… 8

二、自学要求 ………… 9

三、考核知识点及考核要求 ………… 9

第六章　恒定电流的磁场 ………… 10

一、课程内容 ………… 10

二、自学要求 ………… 10

三、考核知识点及考核要求 ………… 11

第七章　电磁感应与电磁场 ………… 11

一、课程内容 ………… 11

二、自学要求 …… 12
三、考核知识点及考核要求 …… 12
第四篇　振动、波动和波动光学 …… 13
第八章　机械振动 …… 13
一、课程内容 …… 13
二、自学要求 …… 13
三、考核知识点及考核要求 …… 13
第九章　机械波 …… 14
一、课程内容 …… 14
二、自学要求 …… 14
三、考核知识点及考核要求 …… 14
第十章　波动光学 …… 15
一、课程内容 …… 15
二、自学要求 …… 15
三、考核知识点及考核要求 …… 15
第五篇　近代物理基础 …… 16
第十一章　狭义相对论基础 …… 16
一、课程内容 …… 16
二、自学要求 …… 16
三、考核知识点及考核要求 …… 16
第十二章　波和粒子 …… 16
一、课程内容 …… 16
二、自学要求 …… 17
三、考核知识点及考核要求 …… 17
实验内容及实验考核要求 …… 17
一、建议实验内容 …… 17
二、实验考核要求 …… 18
三、实验误差理论和数据处理 …… 18
第三部分　相关说明与实施要求 …… 19
一、制定自学考试大纲的目的及其作用 …… 19
二、关于自学教材 …… 19
三、关于自学要求 …… 19
四、关于考核知识点及考核要求 …… 19
五、学习方法建议 …… 21
六、对社会助学的建议 …… 21
七、关于命题考试的规定 …… 21
参考样卷 …… 22
参考样卷答案 …… 27
对制定《物理（工）自学考试大纲》的几点说明 …… 29

第一部分　课程的性质及其设置的目的

（一）课程的性质、地位和任务

物理学是研究物质及其运动基本规律的学科，物理学基础知识是构成人的科学素养的重要组成部分，是科学技术发展的原始动力，也是自然科学和工程技术的基础。每一个科学工作者和工程技术人员都应当必备这些基础知识。《物理（工）》是高等教育自学考试工科类多数专业必修的一门重要的基础课，也是一门必要的科学素质教育课程。

通过本课程的设置，相关各专业的考生不仅可以学到物理学的基本理论，而且可以学习物理学的思维和研究方法，了解物理学的基本发展过程和在现代社会中的一些应用，提高考生的科学素质和分析解决问题的基本能力，培养考生的辩证唯物主义世界观和严谨求实的科学态度以及开拓创新的探索精神。

本课程也可为相关专业的许多后续课程打下必要的物理基础。

（二）本课程的基本要求和重点

本课程要求考生通过学习，获得物理学中力学、电磁学、分子物理与热力学、振动、波动、光学和量子物理等方面的最基本的知识，能够应用简单的微积分与矢量方法对物理习题和问题进行计算和分析。

本课程的重点包括力学、电磁学等内容。本课程的难点之一是近代物理，它比较抽象，但充满创新和启示。考生应当首先认真研读教材，理解各部分的物理内容。在此基础上，记住一些常用的公式。要抓住重点，不要把太多的时间花在一些细节的推导上。可通过选择、填充、计算等多种形式的物理习题的练习，掌握相关的物理理论及其应用方法、计算技巧。同时，锻炼自己的自学能力、形象思维和抽象思维的能力、分析问题和解决问题的能力。在顺利通过课程考试的同时，提高自身的科学素养。

（三）本课程与其他相关课程的联系、分工或区别

大学物理与中学物理有许多的联系和交叉，考生如果具备一定的中学物理基础，将对本课程的学习具有较大的帮助。同时，本课程的学习需要用到基本的微积分和矢量运算方法等数学知识，考生在自学本课程时，应对这些相关的数学知识已经有所掌握。

本课程与有关专业的一些后续课程，如电工、电子、电路课程，流体力学、工程力学和工程热力学课程等有较紧密的联系，但又有不同的分工。比如物理中的电磁学部分主要研究场，而电路类课程侧重研究电路。物理中的相关内容是这些后续课程的重要基础。

第二部分 课程内容与考核要求

第一篇 力 学

第一章 质点运动学和牛顿运动定律

一、课程内容

1. 参考系、质点

 1.1 参考系和坐标系。

 1.2 质点。

2. 位矢、速度和加速度

 2.1 位置矢量和位移矢量。

 2.2 速度和加速度。

3. 圆周运动

 3.1 法向和切向加速度。

 3.2 角位移、角速度和角加速度。

 3.3 线量与角量间的关系。

4. 牛顿运动定律

 4.1 牛顿第一定律，惯性。

 4.2 牛顿第二定律，质量，力的叠加原理。

 4.3 牛顿第三定律。

5. 力学中常见的几种力

6. 牛顿运动定律的应用

二、自学要求

1. 理解参考系和坐标系的概念，质点的概念。

2. 掌握位置矢量和位移矢量、瞬时速度和瞬时加速度概念及其应用。

3. 理解力、惯性、质量等概念和牛顿三定律。

4. 掌握隔离体分析力的解题方法，掌握用牛顿运动定律分析力学问题的步骤。

本章重点：位置矢量和位移矢量，瞬时速度和瞬时加速度；牛顿运动定律及其应用。

三、考核知识点及考核要求

1. 参考系、质点

 • 领会：参考系和坐标系的概念。

2. 位矢、速度和加速度
   - 领会：位置矢量和位移矢量概念以及二者的区别、瞬时速度概念和瞬时加速度概念及其矢量表示式。
   - 简单应用：解运动学中的两类问题。
3. 圆周运动
   - 领会：角位移、角速度和角加速度概念。
   - 简单应用：法向和切向加速度，线量与角量间的关系。
4. 牛顿运动定律
   - 领会：牛顿第一定律、惯性的概念、力的概念以及它与物体运动状态改变间的因果关系。
   - 领会：牛顿第二定律的内容和矢量表示式、质量的概念、力的叠加原理。
   - 领会：牛顿第三定律的内容和意义。
   - 简单应用：力的合成和分解方法。
5. 力学中常见的几种力
   - 简单应用：万有引力，重力，弹性力，摩擦力。
6. 牛顿运动定律的应用
   - 综合应用：用牛顿运动定律和隔离体分析法求解简单的力学问题。

第二章 守恒定律

一、课程内容

1. 动量与冲量，质点的动量定理

   1.1 动量与冲量。

   1.2 质点的动量定理。

2. 质点系的动量定理

   2.1 质点系的内力与外力。

   2.2 质点系的动量定理。

3. 动量守恒定律

   3.1 质点系的动量守恒定律。

   3.2 动量守恒定律成立的条件。

   3.3 沿某一方向的动量守恒定律。

4. 质点的角动量定理和角动量守恒定律

   4.1 质点的角动量。

   4.2 力矩。

   4.3 质点的角动量定理。

   4.4 质点角动量守恒定律。

5. 功 动能定理

5.1 功，功率。

5.2 动能定理。

6. 保守力，势能

6.1 保守力与非保守力。

6.2 势能。

7. 功能原理

7.1 质点系的动能定理。

7.2 功能原理。

8. 机械能守恒定律

9. 刚体的定轴转动

9.1 刚体 刚体的平动和定轴转动。

9.2 刚体的定轴转动定律。

9.3 刚体定轴转动的角动量定理和角动量守恒定律。

二、自学要求

1. 了解功和功率的概念。
2. 理解并掌握动量定理、角动量定理、动能定理的内容以及简单应用。
3. 理解并掌握动量守恒定律、角动量守恒定律和机械能守恒定律的意义及其成立条件。
4. 理解刚体定轴转动定律以及简单应用。

本章重点：三个定理（动量定理、角动量定理和动能定理）和三个守恒定律（动量守恒定律、角动量守恒定律和机械能守恒定律）。

三、考核知识点及考核要求

1. 动量与冲量，质点的动量定理
   - 领会：动量与冲量的概念以及二者间的关系和区别。
   - 简单应用：质点的动量定理。
2. 质点系的动量定理
   - 领会：质点系的内力和外力等概念、质点系动量定理的内容和意义，特别要求掌握：只有外力才能改变质点系的总动量。
3. 动量守恒定律
   - 领会：动量守恒定律的意义及其成立条件。
   - 综合应用：能够在分析具体过程的基础上正确应用动量守恒定律解决某些力学问题。
4. 质点的角动量定理和角动量守恒定律
   - 领会：角动量的概念和计算公式、力矩的概念和计算公式。
   - 简单应用：质点的角动量定理。
   - 简单应用：质点的角动量守恒定律。
5. 功，动能定理
   - 简单应用：功和功率的计算。
   - 综合应用：动能定理。

6. 保守力，势能
   - 识记：力学中哪些常见的力是保守力，重力势能、万有引力势能、弹簧弹性势能公式。
   - 领会：保守力做功的特点、势能的概念。
7. 功能原理
   - 领会：机械能概念。
   - 简单应用：功能原理。
8. 机械能守恒定律
   - 领会：机械能守恒定律及其在物理学中的重要意义。
   - 综合应用：机械能守恒定律的内容、成立条件和应用。
9. 刚体的定轴转动
   - 领会：刚体定轴转动的角动量定理和角动量守恒定律。
   - 简单应用：刚体定轴转动定律。

第二篇　气体动理论和热力学基础

第三章　气体动理论

一、课程内容

1. 分子运动论的基本观点
2. 热力学平衡态　气体的状态参量
   2.1　热力学系统的平衡态。
   2.2　气体的状态参量。
3. 理想气体物态方程
   3.1　理想气体模型。
   3.2　理想气体物态方程。
4. 理想气体的压强公式
5. 理想气体的温度公式
6. 能量均分定理，理想气体的热力学能
   6.1　分子的运动自由度。
   6.2　能量均分定理。
   6.3　理想气体的热力学能。
7. 麦克斯韦速率分布定律
   7.1　速率分布概念。
   7.2　速率分布函数。
   7.3　麦克斯韦速率分布定律。

二、自学要求

1. 理解气体的平衡状态、状态参量等概念，掌握理想气体物态方程及其应用。
2. 理解理想气体微观模型的概念和意义，了解理想气体压强公式和温度公式，理解压强和温度的微观实质和统计意义。
3. 了解能量均分定理的内容和意义，掌握理想气体的热力学能公式，理解理想气体热力学能只是温度的函数。
4. 了解速率分布函数的概念和麦克斯韦速率分布定律的内容。

本章重点：理想气体物态方程，压强和温度的微观实质和意义，理想气体的热力学能。

三、考核知识点及考核要求

1. 分子运动的基本概念
   - 识记：气体分子运动的基本概念。
2. 气体的状态参量、平衡状态
   - 领会：气体的状态参量、平衡状态概念。
3. 理想气体物态方程
   - 领会：理想气体的概念。
   - 综合应用：理想气体物态方程。
4. 理想气体的压强公式
   - 领会：理想气体微观模型、压强的微观实质和统计意义。
   - 识记：理想气体压强公式。
5. 理想气体的温度公式
   - 识记：理想气体温度公式。
   - 领会：温度的微观实质和统计意义。
6. 能量均分定理，理想气体的热力学能
   - 识记：能量均分定理的内容。
   - 领会：气体分子运动的自由度概念、理想气体的热力学能概念，理想气体热力学能与温度的关系。
   - 简单应用：理想气体热力学能公式。
7. 麦克斯韦速率分布定律
   - 识记：速率分布函数。
   - 识记：麦克斯韦速率分布函数的意义，三种统计速率。

第四章　热力学基础

一、课程内容

1. 热力学过程

   1.1　热力学过程综述。

1.2　准静态过程。

2. 功与热量　热力学能

2.1　准静态过程的功。

2.2　热量。

2.3　摩尔热容　热量的计算。

2.4　热力学能。

3. 热力学第一定律

4. 热力学第一定律对理想气体等值过程的应用

4.1　理想气体的等体过程。

4.2　理想气体的等压过程。

4.3　理想气体的等温过程。

5. 理想气体的绝热过程

6. 循环过程

6.1　热力学循环过程。

6.2　热机循环　循环效率。

7. 宏观过程的方向性

7.1　宏观过程的方向性。

7.2　不可逆性的相互依存。

8. 热力学第二定律

9. 热力学第二定律的微观实质和统计意义

9.1　热力学第二定律的微观含义。

9.2　热力学概率　热力学第二定律的统计意义。

二、自学要求

1. 掌握热力学第一定律的内容、意义和数学表达式。
2. 掌握运用热力学第一定律计算等体、等压、等温过程中功、热量、热力学能改变的方法。
3. 了解绝热过程，掌握热机循环过程的效率的简单计算。
4. 了解宏观过程的方向性和不可逆过程的概念。
5. 了解热力学第二定律的两种表达法，了解热力学第二定律的微观实质和统计意义。

本章重点：热力学第一定律。

三、考核知识点及考核要求

1. 热力学过程

• 领会：准静态过程的定义。

2. 功、热量、热力学能

• 领会：准静态过程中的功。

• 领会：热量的概念，气体摩尔热容的概念，明确热容与过程有关的性质。

• 领会：热力学能的概念。

3. 热力学第一定律

• 综合应用：热力学第一定律的内容、意义和数学表达式。

- 综合应用：准静态过程中功、热量、热力学能增量计算方法，p-V 图。

4. 热力学第一定律对于理想气体等值过程的应用
   - 简单应用：理想气体摩尔定容热容 $C_{V,\mathrm{m}}$、摩尔定压热容 $C_{P,\mathrm{m}}$ 的公式及其相互关系。
   - 综合应用：各种等值过程中功、热量、热力学能改变的计算。
5. 理想气体的绝热过程
   - 识记：绝热方程 PV^{γ} = 常量。
   - 领会：绝热过程的含义。
6. 循环过程
   - 领会：热机循环过程的定义及其特征。
   - 简单应用：热机循环效率。
7. 宏观过程的方向性，可逆过程与不可逆过程
   - 识记：自然界中一切与热现象有关的宏观过程都是不可逆过程。
8. 热力学第二定律
   - 识记：热力学第二定律的两种表述。热力学第二定律的微观实质和统计意义。

第三篇 电 磁 学

第五章 静 电 场

一、课程内容

1. 电荷和库仑定律
   1.1 电荷，电荷守恒定律。
   1.2 库仑定律。
   1.3 静电力叠加原理。
2. 电场和电场强度
   2.1 电场。
   2.2 电场强度。
   2.3 电场强度的叠加原理。
3. 高斯定理
   3.1 电场线。
   3.2 电场强度通量。
   3.3 高斯定理。
   3.4 利用高斯定理求电场强度。
4. 静电场的环路定理 电势
   4.1 静电场力的功。

4.2 静电场的环路定理。

4.3 电势能 电势与电势差。

4.4 电势叠加原理。

4.5 等势面。

5. 静电场中的导体

5.1 导体的静电平衡条件。

5.2 静电平衡导体的性质。

5.3 电容器。

6. 静电场的能量

6.1 电容器储能。

6.2 电场的能量。电场能量密度。

二、自学要求

1. 理解电场强度和电势的概念，掌握电场强度和电势的计算方法。
2. 掌握高斯定理及其应用。理解静电场电场强度的环路定理。
3. 了解导体与电场的相互影响。掌握有关真空中电容和电场能量的最基本知识。

本章重点：高斯定理和电场强度的环路定理；电场强度和电势的概念及计算。

三、考核知识点及考核要求

1. 静电的基本现象和规律
   - 识记：物质的电结构。
   - 领会：会用电荷守恒定律解释静电的基本现象。
   - 简单应用：会用库仑定律讨论和计算电荷受力的有关问题。
2. 电场 电场强度
   - 识记：点电荷的电场中电场强度的表达式。
   - 领会：电场强度的定义。
   - 综合应用：能运用电场强度的定义、点电荷的电场强度和电场强度叠加原理及对称性分析，计算点电荷系及具有电荷均匀分布的连续带电体的电场强度。
3. 高斯定理
   - 识记：静电场电场线的特点。
   - 领会：电场强度通量的概念及高斯定理的物理内涵。
   - 简单应用：电场强度通量的简单计算和运用。
   - 综合应用：会用高斯定理计算电荷分布具有某些对称性的电场的电场强度。
4. 电势
   - 识记：静电场力做功的特点。点电荷的电场中电势的表达式。等势面与电场线的关系。
   - 领会：静电场电场强度的环路定理。电势与电势差的定义。电场力的功与电势能增量的关系。电势能和电势的关系。
   - 简单应用：会计算静电场力的功。
   - 综合应用：会由电势和电势差的定义、点电荷的电势和电势的叠加原理及对称性分析，计算点电荷系及电荷均匀分布的连续带电体的电势和电势差。

5. 静电场中的导体
   - 识记：导体的静电平衡条件。静电平衡时导体上电荷及电势分布的特点。
   - 领会：电容的定义。
   - 简单应用：会计算平行板电容器等简单电容器的电容。
   - 综合应用：会由电荷守恒定律、静电平衡条件及高斯定理分析、计算导体内、外的电场强度与电势。

6. 静电场的能量
   - 简单应用：会计算电容器储存的能量。会计算简单情形下电场的能量密度和能量。

第六章 恒定电流的磁场

一、课程内容

1. 恒定电流
   1.1 电流密度。稳恒电场。
   1.2 电动势。
2. 磁场 磁感应强度
   2.1 电流与磁场。磁的基本现象。
   2.2 磁感应强度。
3. 毕奥-萨伐尔定律
   3.1 毕奥-萨伐尔定律。真空磁导率。
   3.2 毕奥-萨伐尔定律的应用，平面载流线圈的磁矩。
4. 磁场的高斯定理
   4.1 磁通量，磁感应线。
   4.2 磁场的高斯定理。
5. 安培环路定理
   5.1 安培环路安理。
   5.2 安培环路定理的应用。
6. 磁场对载流导线的作用
   6.1 安培定律。
   6.2 磁场对平面载流线圈的作用。
7. 磁场对运动电荷的作用
   7.1 洛伦兹力。
   7.2 带电粒子在均匀磁场中的运动。
   7.3 霍耳效应。

二、自学要求

1. 理解磁感应强度和磁通量的概念。掌握磁感应强度和磁通量的计算方法。

2. 理解磁场的高斯定理。掌握毕奥-萨伐尔定律、安培环路定理及其应用。
3. 掌握磁场对载流导线和载流线圈的作用和运动电荷在磁场中受力及运动的规律。
4. 了解霍耳效应。

本章重点：磁感应强度的计算。安培环路定理、安培定律及其应用。

三、考核知识点及考核要求

1. 恒定电流
   - 识记：导体中产生稳恒电流的条件。
   - 领会：电流密度和电源电动势的概念。
2. 磁场　磁感应强度
   - 识记：磁的基本现象。电流的磁效应。
   - 领会：磁感应强度的定义。
3. 毕奥-萨伐尔定律
   - 识记：载流线圈的磁矩。
   - 综合应用：会用毕奥-萨伐尔定律及磁场叠加原理计算简单形状的载流导线产生的磁感应强度。
4. 磁场的高斯定理
   - 识记：磁感应线的特点。
   - 领会：磁场的高斯定理。
   - 简单应用：磁通量的计算。
5. 安培环路定理
   - 综合应用：会用安培环路定理分析和计算某些特定分布电流产生的磁感应强度。
6. 磁场对载流导线的作用
   - 识记：安培定律的形式。
   - 简单应用：会判断载流线圈在磁场中的转动方向并计算载流线圈在均匀磁场中所受的力矩。
   - 综合应用：会用安培定律和力的叠加原理计算简单形状的载流导线在磁场中所受的安培力。
7. 磁场对运动电荷的作用力
   - 识记：霍耳效应。
   - 综合应用：会分析、计算带电粒子在均匀磁场中所受的洛伦兹力及其圆周运动。

第七章　电磁感应与电磁场

一、课程内容

1. 电磁感应的基本规律

   1.1　电磁感应现象。产生感应电流的条件。

   1.2　楞次定律。

1.3 法拉第电磁感应定律。感应电动势。

2. 动生电动势

2.1 动生电动势的产生机制。

2.2 动生电动势的计算。

3. 感生电动势

3.1 感生电场和感生电动势。

3.2 感生电场的性质。

3.3 涡电流。

4. 互感和自感

4.1 互感现象。互感电动势。互感。

4.2 自感现象。自感电动势。自感。

5. 磁场的能量

5.1 载流线圈的磁能。

5.2 磁场的能量。磁能密度。

6. 麦克斯韦电磁场理论简介

6.1 位移电流。全电流的安培环路定理。

6.2 麦克斯韦方程组的积分形式。

二、自学要求

1. 理解法拉第电磁感应定律和楞次定律。
2. 理解感应电动势的概念。掌握动生电动势和感生电动势的计算。
3. 理解自感和互感。掌握简单的互感和自感的计算。
4. 掌握自感储能的计算，理解磁场的能量密度和磁场能量。
5. 理解感生电场，了解位移电流的概念。了解麦克斯韦电磁场理论和麦克斯韦方程组的积分形式。

本章重点：法拉第电磁感应定律。感应电动势的计算。

三、考核知识点及考核要求

1. 电磁感应的基本规律

- 识记：产生感应电流和感应电动势的条件。
- 综合应用：会根据法拉第电磁感应定律和楞次定律计算感应电动势的大小并判断感应电动势的方向。

2. 动生电动势和感生电动势

- 识记：感生电场的电场强度与磁场变化的关系。涡电流的产生。
- 领会：产生动生电动势的非静电力是洛伦兹力。产生感生电动势的非静电力是感生电场对电荷的作用力。感生电场与静电场的异同。
- 简单应用：会运用法拉第电磁感应定律计算感生电动势的大小，并判断感生电动势的方向。
- 综合应用：会计算动生电动势的大小，并判断动生电动势的方向。

3. 互感和自感

- 识记：互感与自感现象的产生。

•简单应用：会计算简单情形下的互感和自感。

4. 磁场的能量

•识记：磁场的能量密度。

5. 麦克斯韦电磁场理论简介

•识记：位移电流密度和位移电流。麦克斯韦方程组的积分形式。

第四篇　振动、波动和波动光学

第八章　机 械 振 动

一、课程内容

1. 简谐振动、简谐振动的运动学方程

1.1　简谐振动、简揩振动的运动学方程。

1.2　振幅、频率和相位。

1.3　简谐振动的速度和加速度。

2. 简谐振动的旋转矢量表示法

3. 简谐振动的能量

4. 同方向同频率简谐振动的合成

二、自学要求

1. 理解简谐振动及描述简谐振动的方法。
2. 掌握简谐振动的基本规律。
3. 理解同方向、同频率的两个简谐振动的合成。

本章重点：相位概念及简谐振动的基本规律。

三、考核知识点及考核要求

1. 简谐振动

•识记：简谐振动、描述简谐振动的三个特征量（振幅、频率、相位），其中特别注意相位。简谐振动的速度和加速度。

•领会：简谐振动的运动学方程。

•简单应用：给出简谐振动的特征量能导出运动学方程或反之；给出运动初始条件，求出振幅和初相位。

2. 简谐振动的旋转矢量表示法

•简单应用：简谐振动的旋转矢量表示法。

3. 简谐振动的能量

•识记：简谐振动的动能、势能、总能及其特点。

4. 同方向、同频率简谐振动的合成

•简单应用：能运用合成公式求出在什么条件下合振幅达最大值或最小值。

第九章 机 械 波

一、课程内容

1. 机械波的产生和传播

 1.1 横波和纵波。

 1.2 波长、周期、频率与波速。

2. 平面简谐波的表达式

3. 波的能量、波的能量密度

 3.1 波的能量。

 3.2 波的能量密度。

 3.3 能流和能流密度。

4. 惠更斯原理

5. 波的叠加原理 波的干涉 驻波

 5.1 波的叠加原理。

 5.2 波的干涉。

 5.3 驻波。

二、自学要求

1. 理解机械波形成和传播的条件。

2. 掌握由已知质点的简谐振动方程得出平面简谐波表达式的方法。

3. 了解波的叠加原理，理解波的相干条件。

4. 掌握两波干涉时振幅加强和减弱的条件。

5. 了解驻波的概念。

本章重点：平面简谐波表达式，波的相干条件，两波干涉时振幅加强和减弱的条件。

三、考核知识点及考核要求

1. 机械波的产生和传播

 • 识记：横波和纵波的区别，波长、波速、波的频率及其相互关系。

2. 平面简谐波的表达式

 • 领会：平面简谐波表达式的物理意义，振动曲线和波形曲线。

 • 简单应用：会求平面简谐波表达式，会计算沿波线两点间距离与相位差的关系。

3. 波的能量 波的能量密度

 • 识记：波的能量、能量密度和能流。

 • 领会：波的能量与振动能量的比较。

4. 惠更斯原理

 • 领会：惠更斯原理。

5. 波的叠加原理 波的干涉 驻波

 • 识记：驻波的形成，波腹、波节、半波损失、驻波中各点的振动情况。

• 领会：波的叠加原理、波的干涉现象。两波在相遇点干涉的必要条件。
• 简单应用：会计算两波干涉时，干涉极大和极小点的位置。

第十章 波动光学

一、课程内容

1. 光的干涉　杨氏双缝干涉
2. 光程　薄膜的等厚干涉
3. 光的衍射　惠更斯-菲涅尔原理　单缝夫琅禾费衍射
4. 光栅　光栅衍射
5. 光的偏振
   5.1　光的偏振　自然光和线偏振光。
   5.2　起偏和检偏　马吕斯定律。
   5.3　布儒斯特定律。

二、自学要求

1. 了解光波是一种电磁波。
2. 由原子或分子的发光特点理解普通光源是非相干光源。
3. 了解获得相干光的方法。
4. 掌握计算明、暗条纹的光程差条件。
5. 理解薄膜干涉。
6. 理解等厚干涉条纹的特征及实际中的应用，理解劈尖干涉，了解牛顿环。
7. 理解光的衍射与单缝衍射明、暗条纹的角位置。
8. 理解光栅衍射公式。
9. 理解自然光和线偏振光，理解马吕斯定律及布儒斯特定律，了解线偏振光的获得方法和检验方法。

本章重点：薄膜干涉明、暗纹的计算，单缝衍射明、暗纹的计算及光栅公式。

三、考核知识点及考核要求

1. 光的干涉、杨氏双缝干涉
   • 识记：杨氏实验装置。几种获得相干光的方法。
   • 简单应用：相干条件、杨氏双缝干涉明、暗纹的计算。
2. 光程、薄膜干涉、等厚干涉（劈尖）
   • 识记：薄膜干涉现象。观察干涉条纹的装置。用劈尖干涉检验加工平面的不平度。
   • 领会：光程的概念，薄膜干涉中两相干光光程差的分析，劈尖干涉条纹的特征。
   • 简单应用：光程和光程差的计算，劈尖干涉的简单计算。
3. 光的衍射，惠更斯-菲涅尔原理，单缝夫琅禾费衍射
   • 识记：单缝夫琅禾费衍射条纹的特点。
   • 领会：半波带法。

• 简单应用：能用单缝夫琅禾费衍射公式进行简单计算。

4. 光栅衍射，平面透射光栅
   • 识记：比较光栅衍射条纹与单缝衍射条纹的异同。
   • 简单应用：会用光栅公式进行简单计算。
5. 光的偏振，自然光和线偏振光，起偏和检偏，马吕斯定律，布儒斯特定律
   • 识记：光的横波特性，自然光和线偏振光的特点。起偏和检偏的方法。
   • 简单应用：马吕斯定律，布儒斯特定律及其简单计算。

第五篇　近代物理基础

第十一章　狭义相对论基础

一、课程内容

1. 经典力学的时空观，伽俐略变换
2. 狭义相对论的基本原理，洛伦兹变换
3. 狭义相对论的时空观，同时的相对性，长度收缩，时间延缓
4. 狭义相对论动力学基础：质量和速度的关系，质量和能量的关系，能量与动量的关系。

二、自学要求

1. 了解爱因斯坦狭义相对论的两个基本原理。
2. 了解狭义相对论的时空观，理解同时性、长度收缩、时间延缓。
3. 了解狭义相对论中质量和速度的关系，质量和能量的关系。

本章重点：狭义相对论的两个基本原理，质量和能量的关系，能量与动量的关系。

三、考核知识点及考核要求

1. 狭义相对论的基本原理
   • 识记：狭义相对论的两条基本原理。
   • 识记：相对论的时空观。
   • 简单应用：同时的相对性，长度收缩，时间延缓。
2. 相对论动力学的主要结论
   • 简单应用：质量和速度的关系，质量和能量的关系，能量与动量的关系。

第十二章　波 和 粒 子

一、课程内容

1. 光电效应，爱因斯坦方程

2. 光的波粒二象性
3. 氢原子光谱的实验规律，玻尔理论、氢原子能级
4. 德布罗意假设、物质波、电子衍射实验
5. 海森伯不确定关系式

二、自学要求

1. 了解光子概念，爱因斯坦方程，光的波粒二象性。
2. 了解氢原子光谱，玻尔理论，氢原子能级。
3. 了解德布罗意波的概念，不确定关系式。

本章重点：光和实物粒子的波粒二象性。

三、考核知识点及考核要求

1. 光电效应，爱因斯坦方程
   - 识记：光子的能量和动量。
   - 领会：爱因斯坦方程及其对光电效应的解释。
   - 简单应用：能用爱因斯坦方程计算光电效应。
2. 光的波粒二象性
   - 识记：光的波粒二象性。
3. 氢原子光谱的实验规律，玻尔理论，氢原子能级
   - 识记：氢原子光谱的实验规律。
   - 领会：量子化假设、定态、能级、能级跃迁。
   - 简单应用：用氢原子能级公式进行简单计算。
4. 德布罗意假设、物质波、电子衍射实验
   - 识记：物质波假设的公式。
5. 海森伯不确定关系
   - 识记：一维坐标与动量的不确定关系式。

实验内容及实验考核要求

一、建议实验内容

力学部分：1）长度和固体密度测量；2）重力加速度的测量；3）动量守恒定律的验证；4）刚体的转动惯量实验；5）固体比热的测定；6）弹性模量的测量；7）固体膨胀系数的测量；8）谐振动的研究。

电磁学部分：1）电磁学基本仪器、电学元件伏安特性的测量；2）灵敏电流计的研究；3）用单臂电桥（也称惠斯登电桥）测电阻；4）学生式电位差计；5）磁场的测量；6）用恒定电流模拟静电场；7）示波器的原理和使用。

光学和近代物理：1）牛顿环实验；2）光栅实验；3）分光计实验；4）迈克尔孙干涉仪实验；5）全息照相实验；6）夫兰克-赫兹实验；7）光电效应实验。

由各地主考院校编写出相应的实验大纲及实验指导书。

二、实验考核要求

由各地主考学校或委托有关的社会助学单位根据本地实验条件规定考生由以上实验中选做7～9个实验。每次实验课内为3个小时的可选做7个实验；课内为2学时可选做9个实验。实验各部分大体可参照如下比例分配：

测量误差及数据处理基础知识、力学和热学实验　　3个

电磁学实验　　2～3个

光学及近代物理实验　　2～3个

三、实验误差理论和数据处理

测量误差及数据处理基础知识为必修，要求掌握测量误差的基本知识，具有正确处理实验数据的基本能力。具体内容如下：（1）测量误差的基本概念，采用不确定度方法对直接测量和间接测量的误差进行评估。（2）处理实验数据的一些常用方法，包括列表法、作图法和最小二乘法等。

每个物理实验的要求大致与高等工科大学本科相同。由各地主考学校或助学单位的指导老师掌握。实验成绩由指导老师评定。

第三部分　相关说明与实施要求

一、制定自学考试大纲的目的及其作用

课程自学考试大纲是根据专业考试计划的要求，结合自学考试的特点制订的。其目的是对个人自学、社会助学和课程考试命题进行指导和约定。

课程自学考试大纲明确了课程自学内容及其深广度，规定出课程自学考试的范围和标准，是编写自学考试教材的依据，也是进行自学考试命题的依据。

二、关于自学教材

《物理（工)》，全国高等教育自学考试指导委员会组编，吴王杰主编，机械工业出版社出版，2007 年版。

三、关于自学要求

自学要求中指明了课程的基本内容，以及对基本内容要求掌握的程度。

属于自学要求中的知识点构成了课程内容的主体部分。因此，自学要求中的内容是自学考试中考核的主要内容。自学要求中对内容掌握程度的要求是依据专业考试计划和专业培养目标确定的。因此，在自学考试中将按自学要求中提出的掌握程度对基本内容进行考核。

在自学要求中，对其各部分内容掌握程度的要求由低到高分为三个层次，其表达用词依次是：了解；理解；掌握。

为有效地指导个人自学和社会助学，在各章的自学要求中都指明了基本内容中的重点内容或难点内容。

本课程共 6 学分。

四、关于考核知识点及考核要求

课程中各章的内容均由若干知识点所组成。在自学考试命题中知识点就是考核点。因此，课程自学考试大纲中所规定的考试内容是以分解为考核知识点的形式给出。

因各知识点在课程中的地位、作用及知识自身的特点不同，对各知识点分别按不同的能力层次确定其考核要求。

物理学科一般将能力界定为六个方面，即理解能力、推理能力、分析综合能力、应用数学方法处理物理问题的能力、发现问题的能力、实验能力等。

理解能力：理解物理概念、物理规律的确切含义，物理规律的适用条件，以及它们在简单情况下的应用；能够清楚认识概念和规律的表达形式（包括文字表述和数学表达）；能够鉴别关于概念和规律的似是而非的说法；理解相关知识的区别和联系。

推理能力：能够根据已知的知识和物理事实、条件，对物理问题进行逻辑推理和论证，得出正确的结论或作出正确的判断，并能把推理过程正确地表达出来。

分析综合能力：能够独立地对所遇到的问题进行具体分析、研究，弄清其中的物理状态、物理情境，找出其中起重要作用的因素及有关条件；能够把一个复杂的问题分解为若干较简单的问题，找出它们之间的联系；能够提出解决问题的方法，运用物理知识综合解决所遇到的问题。

应用数学方法处理物理问题的能力：物理学中普遍而广泛地采用矢量和微积分等高等数学方法。一方面要能够把物理概念和规律用数学语言列出物理量之间的关系式来进行推演和计算，另一方面要能够从数学的表达式中体会和挖掘丰富的物理内涵，分析运算结果，探索相应的物理结论。

发现问题的能力：能够面对具体、实际的物理情境发现问题，并能探究解决问题的方法，建立合理的物理模型、运用合适的数学方法加以解决。

实验能力：能独立地完成“实验大纲”中所列的实验，能明确实验目的、理解实验原理、掌握实验方法，会使用仪器，会观察、分析实验现象，会利用正确的误差理论及方法分析处理实验数据，并得出结论，对结论进行分析和评价；能发现问题、提出问题，并制定解决方案；能运用已学过的物理理论、实验方法和实验仪器处理问题，包括简单的设计性实验。

而我国的自学考试工作者和有关教育测量专家参照布鲁姆教育目标分类方法结合中国实际提出了一套用于自学考试的四层次的认知目标分类法，称为认知能力层次，或认知层次，表示为：识记（Ⅰ）、领会（Ⅱ）、简单应用（Ⅲ）、综合应用（Ⅳ）。这四个认知层次从低到高依次是：识记；领会；简单应用；综合应用。它们之间是递升的关系，后者必须建立在前者的基础上。

结合物理学科的能力划分，我们将四个认知层次表述为：

识记（Ⅰ）　要求考生能够识别和记忆本课程中有关物理概念及规律的主要内容（如定义、定理、定律、表达式、公式、原理、重要结论、方法及特征、特点等），并能够根据考核的不同要求，作出正确的表述、选择和判断。

领会（Ⅱ）　要求考生能够领悟和理解本课程中有关物理概念及规律的内涵与外延，理解物理概念、物理规律的确切含义，物理规律的适用条件，能够鉴别关于概念和规律的似是而非的说法；理解相关知识的区别和联系，并能够根据考核的不同要求对物理问题进行逻辑推理和论证，作出正确的判断、解释或说明。

简单应用（Ⅲ）　要求考生能够根据已知的知识和物理事实、条件，对物理问题进行逻辑推理和论证，得出正确的结论或作出正确的判断，并能把推理过程正确地表达出来。还可运用本课程中的少量知识点，利用简单的数学方法分析和解决一般应用问题，如简单的计算、绘图和分析等。

综合应用（Ⅳ）　要求考生能够面对具体、实际的物理情境发现问题，并能探究解决问题的方法，建立合理的物理模型，根据具体问题列出物理量之间的关系式，进行推导和求解，必要时会用简单的微积分和矢量方法解决问题，并根据结果得出物理结论，如分析、计算、绘图和论证等。

需要特别说明的是，试题的难易程度与认知层次的高低不是一个概念。试题的难易程度是指思维过程的复杂程度和数学处理的繁简与技巧，而能力层次的要求是指对物理概念和规律的理解深度和对规律的综合应用能力。在各个认知层次中，都有不同难度的试题。

五、学习方法建议

1. 本课程内容广泛，知识丰富、体系完整，并需要一定的数学基础，因此对自学考试者有一定的难度。应考者应从思想上认识本门课程对祖国现代化建设及提高自身素质的重要性与必要性，认识物理学的生动内容与现代社会的密切联系，在学习中逐步提高兴趣，同时要下决心准备付出相当的努力，克服困难，获得物理学的系统知识。

2. 要注意重点内容与一般知识学习相互结合，在广泛了解、深入理解的基础上掌握重点，突破难点，逐步形成系统化的基本知识结构，以便于记忆，有利于举一反三，灵活运用。

3. 为理解基本概念和原理，应考者要注意的是如何从基本事实、典型现象、实验结果形成概念和规律，要重视知识形成的背景、思路和方法，注意总结所学知识的来龙去脉，避免死记硬背或简单套用公式。

4. 对于必要的数学基础知识，建议在学习本课程时，进行及时复习。

5. 对基本概念与原理的表述，应注意学习科学语言的简洁性和严格性，这样就易于掌握数学公式的定量表述及其科学意义。应当记住教材中各部分的内容提要所列出的主要公式。

6. 独立完成一些典型习题，是加深理解、学会运用、巩固学习成果的必要一环，也是准备考试的重要方法之一。必须克服困难，力求独立完成作业，方能真正达到学习的目的。

六、对社会助学的建议

1. 社会助学的目的是帮助考生系统地学习本门课程，达到课程大纲规定的各项要求。要熟知考试大纲对本课程总的要求和各章的知识点，准确理解对各知识点要求达到的认知层次和考核要求，并在辅导过程中帮助考生掌握这些要求，不要随意增删内容和提高或降低要求。

2. 要引导考生着重理解和掌握基本概念及其应用，全面提高考生的科学思维方法和分析问题解决问题的能力，从总体上培养考生的科学素质。不应仅仅把通过考试作为辅导的唯一目的。

3. 社会助学辅导可参考本大纲所列的自学教材循序渐进。

七、关于命题考试的规定

1. 考试采用笔试，考试时间为 150 分钟，考试时允许携带无存储功能的简易计算器及作图工具（三角板、圆规、直尺等），用蓝或黑色圆珠笔或钢笔作答。

2. 本大纲各章所列考核知识点所规定的内容均属命题考试内容。命题时应注意试题的覆盖面，在一份试题中按章计算的覆盖面不低于 80%，要突出重点，加大重点内容的覆盖密度。力学和电磁学所占分数比例大约为 50%。

3. 合理安排试题以满足对不同能力层次的要求。在一份试卷中四种认知层次所占的分数比例约为识记占 20%、领会占 30%、简单应用占 35%、综合应用占 15%。

4. 合理安排试题的难度，做到难易适中，将试题按难易程度分为易、较易、较难和难四个等级，每份试卷中这四种难度的试题所占分数比例按顺序分别约为 3∶4∶2∶1。

5. 本课程命题考试的主要题型有单项选择题（四选一）、填空题、简单计算题、计算题（包括必要的作图）、分析计算题等。

6. 本课程考试满分为 100 分，达到 60 分者为及格，及格者得 5 学分，待考生获得有关实验的合格成绩后，可再得 1 学分，考生获得 6 学分后，才可获得本课程的单科合格证书。

参考样卷

200×年××月高等教育自学考试全国统一命题考试

物 理（工） 试卷

（课程代码 0420）

本试卷共 6 页，满分 100 分，考试时间 150 分钟。

总　　分		题　号	一	二	三	四
核 分 人		题　分	40	18	32	10
复 查 人		得　分				

得分	评卷人	复查人

一、单项选择题（本大题共 20 小题，每小题 2 分，共 40 分）**在每小题列出的四个备选项中只有一个是符合题目要求的，请将其代码填写在题后的括号内。错选、多选或未选均无分。**

1. 某质点作直线运动的运动学方程 $x=3t-5t^3+6$（SI），则该质点作 【　　】

A. 匀加速直线运动，加速度沿 x 轴正方向

B. 匀加速直线运动，加速度沿 x 轴负方向

C. 变加速直线运动，加速度沿 x 轴正方向

D. 变加速直线运动，加速度沿 x 轴负方向

2. 质点作半径为 R 的变速圆周运动时的加速度大小为（v 表示任一时该质点的速率） 【　　】

A. $\frac{\mathrm{d}v}{\mathrm{d}t}$　B. $\left[\left(\frac{\mathrm{d}v}{\mathrm{d}t}\right)^2+\left(\frac{v^4}{R^2}\right)\right]^{1/2}$　C. $\frac{\mathrm{d}v}{\mathrm{d}t}+\frac{v^2}{R}$　D. $\frac{v^2}{R}$

3. 用一恒力 $\boldsymbol{F}$ 推一静止物体，作用时间为 Δt，物体始终处于静止状态，则在 Δt 时间内恒力 $\boldsymbol{F}$ 对物体的冲量和该物体所受合力的冲量大小分别为 【　　】

A. 0，0　B. 0，$F\Delta t$　C. $F\Delta t$，$F\Delta t$　D. $F\Delta t$，0

4. 一不受外力的力学系统有两个质点组成，它们之间只有引力作用。则此系统 【　　】

A. 动量守恒，机械能守恒

B. 动量守恒，机械能不守恒

C. 动量不守恒，机械能守恒

D. 动量不守恒，机械能不守恒

5. 在温度为 T 的双原子分子理想气体中，一个分子的平均平动动能是 【　　】

A. $\frac{1}{2}kT$　B. kT　C. $\frac{3}{2}kT$　D. $\frac{5}{2}kT$

6. 如图所示，点电荷 Q 被封闭曲面 S 所包围，在 S 面外有一电荷 q，再将电荷 q 移至无穷远处，比较移走 q 前后，通过 S 面的电场强度通量 【　】

A. 不变，曲面上各点电场强度不变

B. 变化，曲面上各点电场强度不变

C. 变化，曲面上各点电场强度变化

D. 不变，曲面上各点电场强度变化

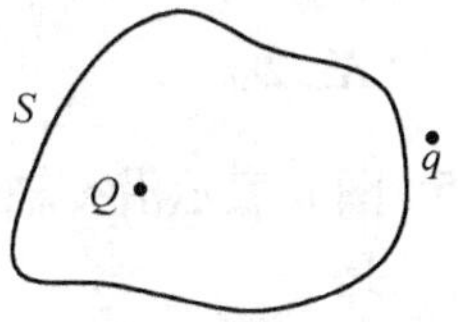

题 6 图

7. 半径为 R 的均匀带电球面，若其电荷面密度为 σ，则在距离球面 R 处的电场强度大小为 【　】

A. $\dfrac{\sigma}{\varepsilon_0}$　B. $\dfrac{\sigma}{2\varepsilon_0}$　C. $\dfrac{\sigma}{4\varepsilon_0}$　D. $\dfrac{\sigma}{8\varepsilon_0}$

8. 一正方形的四个顶点上分别放置四个点电荷 q、q、$-q$、$-q$，如题所示，设无穷远处电势为零，则在正方形中心 O 点处 【　】

A. 电场强度不为零，电势为零

B. 电场强度为零，电势不为零

C. 电场强度和电势都为零

D. 电场强度和电势都不为零

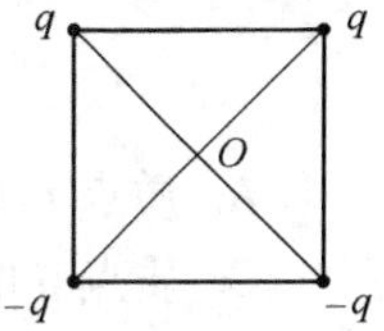

题 8 图

9. 在静电场中，电场线为均匀分布的平行直线，对其中一条电场线上任意两点的电场强度 $\boldsymbol{E}$ 和电势 V 进行比较 【　】

A. $\boldsymbol{E}$ 相同，V 不同　B. $\boldsymbol{E}$ 不同，V 相同

C. $\boldsymbol{E}$ 不同，V 不同　D. $\boldsymbol{E}$ 相同，V 相同

10. 具有一定厚度的导体球壳的内、外半径分别为 R_1 和 R_2，导体球壳原不带电，现将一带电荷量为 q 的点电荷放置在球心 O 处，如图所示，则导体球壳内、外表面的电荷量 q_1 和 q_2 分别为 【　】

A. 0，0　B. $-q$，0　C. $-q$，q　D. q，$-q$，

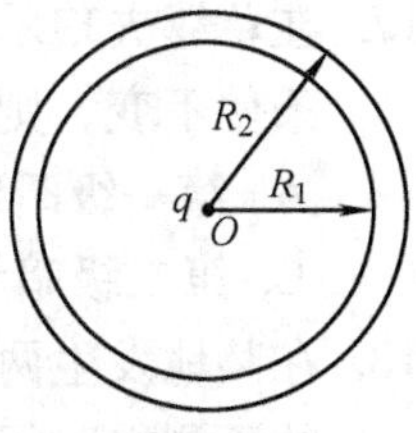

题 10 图

11. 用两种方法使某一弹簧振子作简谐振动。

方法 1：使其从平衡位置压缩 Δl 后由静止开始释放。

方法 2：使其从平衡位置拉伸 $2\Delta l$ 后由静止开始释放。

若两次振动的周期和总能量分别用 T_1、T_2 和 E_1、E_2 表示，则 【　】

A. $T_1 = T_2$，$E_1 = E_2$　B. $T_1 = T_2$，$E_1 \neq E_2$

C. $T_1 \neq T_2$，$E_1 = E_2$　D. $T_1 \neq T_2$，$E_1 \neq E_2$

12. 有两个同方向、同频率的简谐振动，其表达式分别为 $x_1 = 9\cos\left(\omega t + \dfrac{\pi}{6}\right)$（SI）和 $x_2 = 5\cos\left(\omega t - \dfrac{5\pi}{6}\right)$（SI），则它们的合振动初相为 【　】

A. $-\dfrac{2\pi}{3}$　B. $\dfrac{\pi}{6}$　C. $\dfrac{\pi}{2}$　D. π

13. 一弹簧振子在光滑水平面上作简谐振动，当位移为零时，其动能与总能量的比值为 【　】

A. 1/4　B. 1/3　C. 1/2　D. 1

14. 频率为 2Hz 的平面简谐波，从 a 点传到 b 点所需时间为 0.25s，则 a、b 两点的相位差 $\varphi_a-\varphi_b$ 为 【 】

A. 2π　　B. $\frac{3}{2}\pi$　　C. π　　D. $\frac{\pi}{2}$

15. 图 a 表示沿 x 轴正向传播的平面简谐波在 $t=0$ 时刻的波形图，则图 b 中 y-t 曲线表示的是 【 】

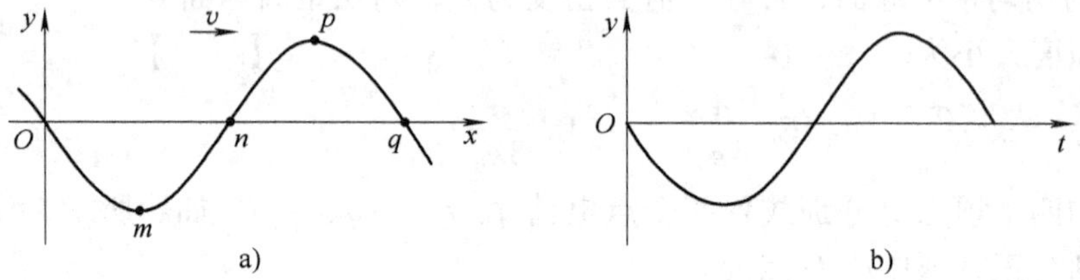

题 15 图

A. 质点 m 的振动曲线　　B. 质点 n 的振动曲线

C. 质点 p 的振动曲线　　D. 质点 q 的振动曲线

16. 一平面简谐波在弹性媒质中传播，在某一瞬时，媒质中某质元正处于平衡位置，此时它的 【 】

A. 动能为零，势能最大　　B. 动能为零，势能为零

C. 动能最大，势能最大　　D. 动能最大，势能为零

17. 在单缝夫琅禾费衍射实验中，观察屏上某处出现第三级暗纹。若将缝宽缩小一半，其他条件不变，则在原来第三级暗纹处将出现 【 】

A. 第一级暗纹　　B. 第一级明纹

C. 第二级暗纹　　D. 第二级明纹

18. 在某地发生两件事，静止位于该地的甲测得时间间隔为 4s，若相对于甲作匀速直线运动的乙测得时间间隔为 5s，则乙相对于甲的运动速度是（c 表示真空中光速） 【 】

A. (4/5) c　　B. (3/5) c　　C. (2/5) c　　D. (1/5) c

19. 德布罗意波的能量 E、动量 p 和频率 ν、波长 λ 之间的关系为 【 】

A. $E=h\nu$，$P=h/\lambda$　　B. $E=h\lambda$，$P=h/\nu$

C. $E=h/\nu$，$P=h\lambda$　　D. $E=h/\nu$，$P=h\nu$

20. 用来解释光电效应的爱因斯坦方程为 $h\nu=\frac{1}{2}mv_{\mathrm{m}}^2+A$，其中 【 】

A. $h\nu$ 是光子的动量　　B. h 是爱因斯坦常量

C. A 是逸出功　　D. m 是光子的质量

得分	评卷人	复查人

二、填空题（本大题共 6 小题，每小题 3 分，共 18 分）

请在每小题的空格中填上正确答案。错填、不填均无分。

21. 以初动量 $\boldsymbol{p}_0$ 水平抛出一质点。当它下落 h 高度时，水平方向动量大小为________（忽略空气阻力）。

22. 如图所示，小球沿固定光滑的1/4圆弧从A点由静止开始下滑，圆弧半径为R，则小球在A点处的切向加速度a_τ = ________。

23. 若某理想气体的体积为V，压强为p，温度为T，一个分子的质量为m，k为玻耳兹曼常量，R为摩尔气体常数，则该理想气体的分子总数N = ________。

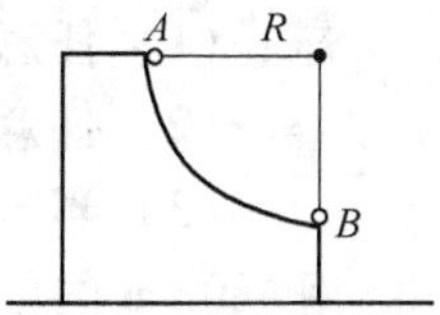

题22图

24. 一摩尔理想气体初状态温度为T_1，末状态温度为T_2（$T_2>T_1$），C_V是理想气体的摩尔定容热容，则$-C_V(T_2-T_1)$表示理想气体经________过程对外做的功。

25. 如图，在静电场中，将一个电子从a点移动到b点电场力做功8.0×10^{-15}J，再将电子从b点移回到a点，电场力做功A = ________J.

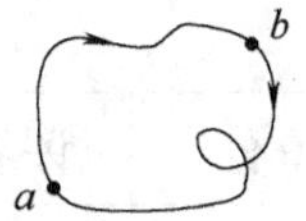

题25图

26. 飞船以相对速度v向着大熊星座作匀速直线运动，在飞船上发射一个速度大小为c的光信号，则该信号相对大熊星座的速度大小为________。

得分	评卷人	复查人

三、计算题Ⅰ（本大题共4小题，每小题8分，共32分）**要写出主要的过程。只有答案，没有任何说明和过程，无分。**

27. 理想气体经历如图所示的循环过程。其中$a\to b$、$c\to d$为等压过程；$b\to c$、$d\to a$为等容过程。a、b、c、d四个状态的压强和体积数据已标在图中。已知在一个循环过程中气体向外界放出的热量为3.7×10^3J. 求循环效率η.

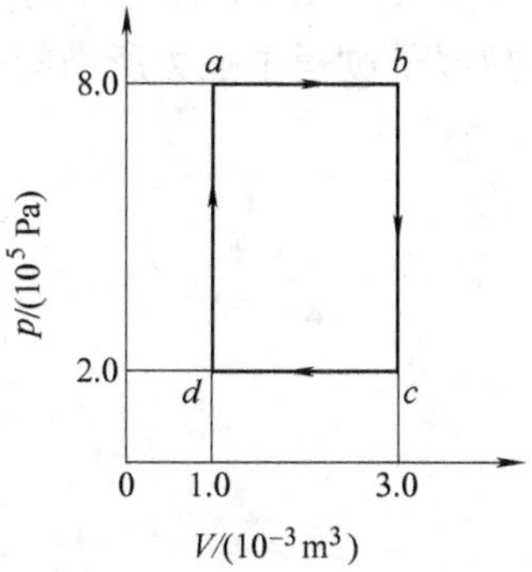

题27图

28. 真空中一无限长直导线旁放一边长为a的正方形线圈，长直导线沿y轴方向，BC边沿x轴方向，AB边与y轴的距离为a，如图所示。当长直导线中通有稳恒电流I_1，正方形线圈中通有稳恒电流I_2时，求：电流I_1产生的磁场对BC边作用的安培力的大小和方向。

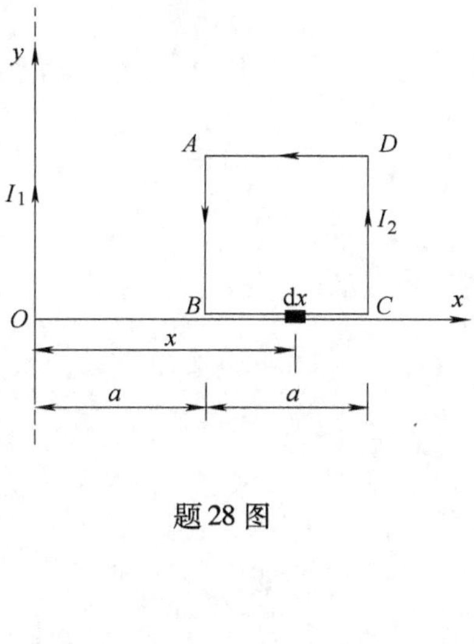

题28图

29. 电阻 $R=2\Omega$ 的闭合导体回路置于变化磁场中，通过回路包围面积的磁通量与时间的关系为 $\Phi=(5t^2+8t-2)\times10^{-3}\mathrm{Wb}$，式中 t 以秒为单位。（忽略感应电流产生的磁场）

求：（1）任意时刻回路中感应电动势的大小。

（2）任意时刻回路中感应电流的大小。

（3）当 $t=2\mathrm{s}$ 时，回路中感应电流的大小。

30. 用480mm 的单色平行光垂直入射在每厘米有5000条刻痕的透射光栅上，问最多能观察到第几级明纹。

得分	评卷人	复查人

四、计算题Ⅱ（本题10分）

要写出解题所依据的定理、定律、公式及相应的分析图，并写出主要的过程。只有答案，没有任何说明和过程，无分。

31. 如图所示，水平光滑桌面 O 点处有一光滑小孔，绳子（不计质量）一端伸入孔中，另一端系一质量为 $m=1.0\times10^{-2}\mathrm{kg}$ 的小球。该小球沿半径 $R_1=4.0\times10^{-1}\mathrm{m}$ 的圆周作匀速率圆周运动，这时从孔下拉绳的力为 $1.0\times10^{-3}\mathrm{N}$. 如果继续向下拉绳，直到使小球沿半径为 $R_2=1.0\times10^{-1}\mathrm{m}$ 的圆周作匀速率圆周运动时为止，这时小球的速率是多少？在下拉绳子过程中拉力所做的功是多少？

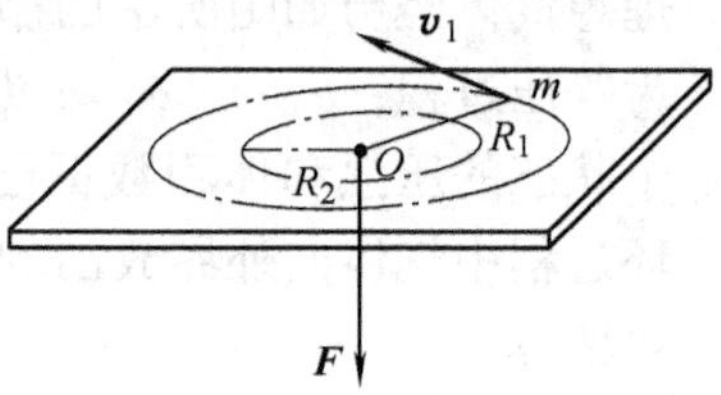

题31图

200×年××月高等教育自学考试全国统一命题考试

物理（工）试题参考答案

（课程代码　0420）

一、单项选择题（本大题共20小题，每小题2分，共40分）

1. D	2. B	3. D	4. A	5. D
6. D	7. C	8. A	9. A	10. C
11. B	12. B	13. D	14. C	15. B
16. C	17. B	18. B	19. A	20. C

二、填空题（本大题共6个小题，每小题3分，共18分）

21. p_0　　22. g

23. $\frac{pV}{kT}$　　24. 绝热

25. -8.0×10^{-15}　　26. c（或3×10^{8}m/s）

三、计算题Ⅰ（本大题共4小题，每小题8分，共32分）

27. 解：循环过程做功等于矩形面积

$$W=\Delta p\Delta V=6.0\times10^{5}\times2.0\times10^{-3}\text{J}=1.2\times10^{3}\text{J}$$

$$Q_{吸}=Q_{放}+W=4.9\times10^{3}\text{J}$$

$$\therefore\quad \eta=\frac{W}{Q_{吸}}=\frac{1.2}{4.9}=24.5\%$$

28. 解：

长直导线所产生的磁场大小为

$$B=\frac{\mu_0 I_1}{2\pi r}$$

安培力大小公式

$$\mathrm{d}F=I_2B\mathrm{d}l$$

边BC所受安培力大小

$$F=\int_a^{2a}I_2\frac{\mu_0 I_l}{2\pi x}\mathrm{d}x=\frac{\mu_0}{2\pi}I_1I_2\ln2$$

方向向上

29. 解：

（1）法拉第电磁感应定律$\boldsymbol{\varepsilon}=-\frac{\mathrm{d}\Phi}{\mathrm{d}t}$

$$\boldsymbol{\varepsilon}=\left|-\frac{\mathrm{d}\Phi}{\mathrm{d}t}\right|=(10t+8)\times10^{-3}\text{V}$$

（2）$I=\frac{\varepsilon}{R}=(5t+4)\times10^{-3}\mathrm{A}$

（3）当 $t=2\mathrm{s}$，$I=1.4\times10^{-2}\mathrm{A}$

30. 解：

光栅常数 $d=\frac{10^{-2}}{5000}=2\times10^{-6}\mathrm{m}$

由光栅公式

$d\sin\varphi=k\lambda$

能观察到光谱的级次应满足

$\varphi<\frac{\pi}{2}$

$k=\frac{d\sin\varphi}{\lambda}=\frac{2\times10^{-6}}{480\times10^{-9}}=4.17$

取最大正整数，故能观察到第4级明纹

四、计算题Ⅱ（本大题共1小题，每小题10分，共10分）

31. 解：

向心力 $F_n=m\frac{v_1^2}{R_1}$

根据质点角动量守恒定律

$mv_1R_1=mv_2R_2$

$v_2=\frac{R_1}{R_2}\sqrt{\frac{F_nR_1}{m}}=8.0\times10^{-1}\mathrm{m/s}$

根据质点动能定理

$A=\frac{1}{2}mv_2^2-\frac{1}{2}mv_1^2$

$A=\frac{F_nR_1}{2}\left(\frac{R_1^2}{R_2^2}-1\right)=3.0\times10^{-3}\mathrm{J}$

对制定《物理（工）自学考试大纲》的几点说明

《物理（工）自学考试大纲》是根据全国高等教育自学考试各相关专业委员会的专业考试计划要求及全国高等教育自学考试指导委员会五届二次会议精神编写的。

《物理（工）自学考试大纲》提出初稿后，由全国高等教育自学考试专业委员会物理组组织专家在北京师范大学召开了审稿会，并根据审稿意见作了认真修改。嗣后，由物理组专业委员会主任、北京师范大学王若桢教授，秘书长北京师范大学狄增如教授，东南大学解希顺教授进行通审、定稿。

《物理（工）自学考试大纲》适合电子、机械、工程等各相关专业（独立本科段）使用，由东南大学解希顺教授负责编写。北京邮电大学葛森林教授担任主审，并主持了审稿会。参加本大纲审稿并提出修改意见的还有北京工业大学严隽霖教授。

对参加本大纲编写、审稿的同志以及在审稿会期间给予支持的学校表示感谢。

全国高等教育自学考试指导委员会

专业委员会物理组

2006 年 10 月